Modellbildung und Simulation der Dynamik von Kraftfahrzeugen

Dieter Schramm · Manfred Hiller ·
Roberto Bardini

Modellbildung und Simulation der Dynamik von Kraftfahrzeugen

3., aktualisierte und ergänzte Auflage

Springer Vieweg

Dieter Schramm
Universität Duisburg-Essen
Duisburg
Deutschland

Roberto Bardini
BMW Group
München
Deutschland

Manfred Hiller
Universität Duisburg-Essen
Duisburg
Deutschland

Die Darstellung von manchen Formeln und Strukturelementen war in einigen elektronischen Ausgaben nicht korrekt, dies ist nun korrigiert. Wir bitten damit verbundene Unannehmlichkeiten zu entschuldigen und danken den Lesern für Hinweise.

ISBN 978-3-662-54480-8 ISBN 978-3-662-54481-5 (eBook)
https://doi.org/10.1007/978-3-662-54481-5

Die Deutsche Nationalbibliothek verzeichnet diese Publikation in der Deutschen Nationalbibliografie; detaillierte bibliografische Daten sind im Internet über http://dnb.d-nb.de abrufbar.

Springer Vieweg

Gedruckt auf säurefreiem und chlorfrei gebleichtem Papier

Springer Vieweg ist Teil von Springer Nature
Die eingetragene Gesellschaft ist Springer-Verlag GmbH, DE
Die Anschrift der Gesellschaft ist: Heidelberger Platz 3, 14197 Berlin, Germany

Vorwort

Das nun bereits in der dritten Auflage vorliegende Buch behandelt die Grundlagen der Dynamik von Kraftfahrzeugen und deren mathematische Modellbildung und Simulation. Das Spektrum reicht von Einspurmodellen bis hin zu komplexen, räumlichen Mehrkörpermodellen. Der Leser wird in die Lage versetzt, eigene Simulationsmodelle zu entwickeln, kommerzielle Programme einzusetzen und deren Grundlagen zu verstehen, eine geeignete Modellierung auszuwählen und die Ergebnisse von Simulationen zu bewerten. Insbesondere wird der Prozess der Modellerstellung vom realen Fahrzeug bis zum mathematischen Modell sowie anhand von Beispielen die Validierung der Ergebnisse beschrieben.

Das Buch richtet sich an Studierende und Promovierende der Ingenieurwissenschaften, die Vorlesungen auf dem Gebiet der Fahrzeugtechnik besuchen oder eine Arbeit in diesem Umfeld anfertigen. In gleichem Maße richtet es sich aber auch an Entwickler und Forscher, die sich mit fahrdynamischen Fragestellungen beschäftigen oder Simulationsprogramme einsetzen. Da die Modellbildung der Fahrdynamik von Kraftfahrzeugen sich stark an mathematischen Methoden orientiert, werden im Buch durchgehend mathematische Methoden eingesetzt. Der Leser sollte daher über mathematische Grundkenntnisse verfügen, wie sie in den ersten drei Semestern eines ingenieurwissenschaftlichen Studiums an Fachhochschulen und Universitäten vermittelt werden. Diese dritte Auflage des Buches enthält eine Reihe von Korrekturen sowie aktuelle Ergänzungen in einigen Kapiteln, u. a. weitere Beispiele zur Simulation von Standard Fahrmanövern sowie einen Beitrag zur Konzeptionierung, Implementierung und Anwendung von Fahrsimulatoren. Darüber hinaus wurde das Buch für das Lesen auf aktuellen digitalen Ausgabemedien vorbereitet.

An der Überarbeitung und Neugestaltung dieses Buches waren neben den Autoren weitere Personen beteiligt. Wir danken ganz besonders Herrn Frederic Kracht M.Sc. für die sorgfältige Überarbeitung der Beispiele sowie die Koordination der Korrekturen. Wir danken darüber hinaus allen Lesern, die durch wertvolle Kommentare zur erfolgreichen Erstellung der dritten Auflage beigetragen haben.

Duisburg, im November 2017

Dieter Schramm
Manfred Hiller
Roberto Bardini

Nomenklatur und Bezeichnungen

Variable und physikalische Größen Die Namen von Variablen und physikalischen Größen werden in der Regel kursiv geschrieben. Die Bezeichnungen von Orten (Punkten), Komponenten und Namen von Koordinatensystemen, Zahlen sowie Standardfunktionen, wie z. B. „sin“ oder „cos“, werden nicht kursiv geschrieben.

Für Vektoren und Tensoren sowie Matrizen gilt zusätzlich:

- Vektoren werden durch fett gedruckte Kleinbuchstaben, Tensoren und Matrizen durch fett gedruckte Großbuchstaben dargestellt.
- Zeitliche Ableitungen werden durch Punkte über der jeweiligen Größe gekennzeichnet.

Spezielle Notation für physikalische Vektoren Die Indizierung von Vektoren und Tensoren erfolgt entsprechend folgender Regeln:

- Ein rechts unten stehender Index dient als Bezeichnungs- und Zählvariable. Er kennzeichnet z. B. den Körper oder das Koordinatensystem der betreffenden Größe.
- Bei Größen, die relativ zu anderen Größen beschrieben werden, kennzeichnet ein Index links unten den Bezugskörper oder das Bezugskoordinatensystem. Ein fehlender Index kennzeichnet das Inertialsystem als Bezugssystem.
- Für den Fall, dass ein physikalischer Vektor oder Drehtensor in Koordinaten angegeben wird, erfolgt die Angabe des Koordinatensystems, in dem die Koordinaten angegeben werden, durch einen linken oberen Index. Ist kein Index angegeben, so handelt es sich um einen physikalischen Vektor oder Drehtensor ohne Angabe eines spezifischen Koordinatensystems.
- Operatoren wie Potenzen, Transponierung, Invertierung sowie Ableitungen nach anderen Größen als der Zeit werden durch ein entsprechendes Zeichen rechts oben gekennzeichnet.
- Die Ableitung nach der Zeit wird über die jeweilige Variable gekennzeichnet. Dort können auch weitere Kennzeichnungen erfolgen wie z. B. Überstriche „$^{-}$“ oder Tilden „$^{\sim}$“.

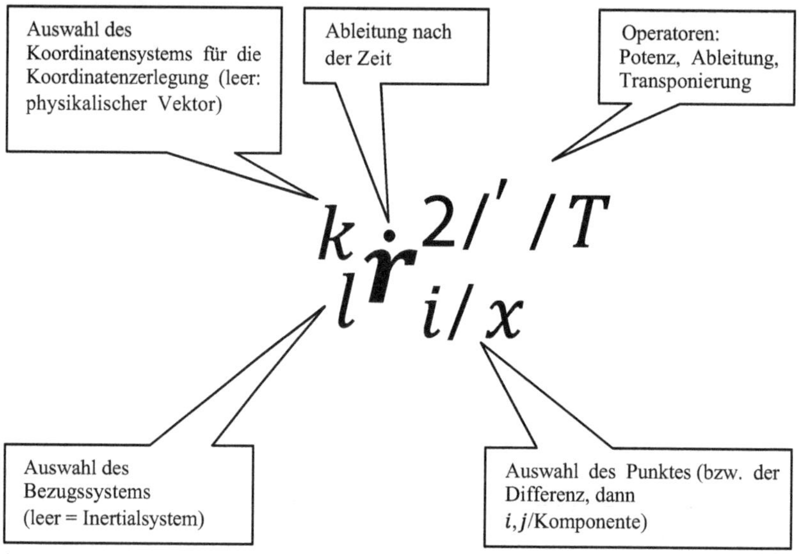

Beispiele für Indizierungen

$\dot{\boldsymbol{r}}_i$	Absolutgeschwindigkeit des Punktes P_i
$\dot{\boldsymbol{r}}_{i,j}$	absolute zeitliche Veränderung des Differenzvektors $\boldsymbol{r}_j - \boldsymbol{r}_i$
${}_k\dot{\boldsymbol{r}}_i$	Relativgeschwindigkeit von „P_i“ bezüglich des Bezugssystems „k“
${}^i_k\boldsymbol{v}_j$	Absolutgeschwindigkeit des Punktes P_j relativ zum Koordinatensystem „k“, koordinatenweise dargestellt im Koordinatensystem „i“
${}^j\boldsymbol{T}_i$	Drehtensor, der die Koordinatendarstellung eines Vektors „$\boldsymbol{a}$“ im Koordinatensystem „i“ in das Koordinatensystem „j“ transformiert: „${}^j\boldsymbol{a} = {}^j\boldsymbol{T}_i\,{}^i\boldsymbol{a}$“.

Partielle Ableitungen einer m-dimensionalen Vektorfunktion

$$f(x) = \begin{bmatrix} f_1(x_1, \cdots, x_n) \\ \vdots \\ f_m(x_1, \cdots, x_n) \end{bmatrix}$$

nach den Koordinaten eines n-dimensionalen Vektors x werden in einer (m,n)-dimensionalen Funktional- oder JACOBI-Matrix angeordnet:

$$\frac{\partial \boldsymbol{f}(\boldsymbol{x})}{\partial \boldsymbol{x}} = \begin{bmatrix} \frac{\partial f_1(\boldsymbol{x})}{\partial \boldsymbol{x}} \\ \vdots \\ \frac{\partial f_m(\boldsymbol{x})}{\partial \boldsymbol{x}} \end{bmatrix} = \begin{bmatrix} \frac{\partial f_1(\boldsymbol{x})}{\partial x_1} & \cdots & \frac{\partial f_1(\boldsymbol{x})}{\partial x_n} \\ \vdots & \ddots & \vdots \\ \frac{\partial f_m(\boldsymbol{x})}{\partial x_1} & \cdots & \frac{\partial f_m(\boldsymbol{x})}{\partial x_n} \end{bmatrix}.$$

Beispiele für physikalische Vektoren und ihre Darstellung

$\boldsymbol{e}_{x_i}, \boldsymbol{e}_{y_i}, \boldsymbol{e}_{z_i}$	Einheitsvektoren für Basissysteme
$\boldsymbol{u}_i$	normierter Richtungsvektor (Gelenkachsen)
$\boldsymbol{r}_i$	Ortsvektor zum Bezugspunkt O_i des „Objekts" (Körpers) „i"
$\boldsymbol{r}_{\bar{i}}$	Ortsvektor zum Vorgänger des Bezugspunktes O_i
$\boldsymbol{s}_i$	Ortsvektor zum Schwerpunkt S_i
$\boldsymbol{p}_i$	Ortsvektor zum „point of interest" P_i (z. B. Kraftangriffspunkt)
$\boldsymbol{r}_{i,j} = \boldsymbol{r}_j - \boldsymbol{r}_i$	Differenzvektor zwischen zwei Bezugspunkten $\mathrm{P}_i, \mathrm{P}_j$
$\boldsymbol{v}_i, \dot{\boldsymbol{v}}_i, \boldsymbol{a}_i$	Geschwindigkeit, Beschleunigungen
$\boldsymbol{\omega}_i, \dot{\boldsymbol{\omega}}_i, \boldsymbol{\alpha}_i$	Winkelgeschwindigkeit, Winkelbeschleunigungen
$\boldsymbol{F}_i$	Kraft
$\boldsymbol{L}_i, \boldsymbol{T}_i$	Drehmoment
$\boldsymbol{\Theta}_{S_i}, \theta_{S_i}$	Trägheitstensor, Trägheitsmoment
$\boldsymbol{T}_i$	Drehtensor
$(x, y, z)_i$	Koordinatensystem (K_i)
$\mathrm{K}_i = \{\mathrm{O}_i; x_i, y_i, z_i\}$	Koordinatensystem (K_i), alternative Schreibweise
x_i, y_i, z_i	Koordinatenachsen
ξ_i, η_i, ζ_i	Koordinatenachsen

Skalare

m_i	Masse
$i, j, k \ldots$	Indizes
N, n	Anzahl von Elementen, Komponenten (z. B. n_β, N_β)
α	Winkel
f	Freiheitsgrade (auch f_i)

Vektoren und Matrizen

$\boldsymbol{E}, \boldsymbol{I}$	Einheitsmatrix, Einheitstensor
$\boldsymbol{g}$	Vektor der impliziten Bindungsgleichungen
$\boldsymbol{q}$	Vektor der verallgemeinerten Koordinaten
$\boldsymbol{M}$	Massenmatrix
$\boldsymbol{b}$	Vektor der verallgemeinerten Zentripetal- und Corioliskräfte
$\boldsymbol{Q}$	verallgemeinerte Kräfte
$\boldsymbol{\beta}$	relative oder natürliche Gelenkkoordinaten
$\boldsymbol{e}^{(i)}$	$\left[0, 0, \ldots \underbrace{, 1,}_{i} \ldots, 0, 0 \right]$
$\boldsymbol{w}$	Lagekoordinaten
$\boldsymbol{Z}$	Reaktionskräfte

Trigonometrische Funktionen Aus Platzgründen wird häufig beispielsweise statt „$\cos\varphi$“ die Kurzform „$c\varphi$“ und statt „$\sin\varphi$“„ $s\varphi$“ verwendet.

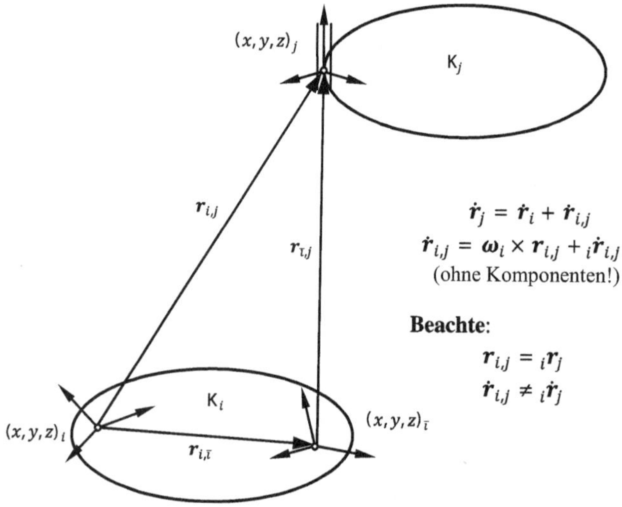

Inhaltsverzeichnis

1 Einleitung 1
1.1 Aufgabenstellung 1
1.1.1 Modellierung technischer Systeme 4
1.1.2 Systembegriff 5
1.1.3 Simulation und Simulationsumgebung 6
1.1.4 Fahrzeugmodelle 6
1.2 Gesamtfahrzeugmodelle 10
1.2.1 Fahrzeugmodelle und Anwendungsgebiete 12
1.2.2 Kommerzielle Fahrzeugsimulationssysteme 12
1.3 Inhaltsübersicht 16
1.4 Internetseite zum Buch 16
Literatur 17

2 Mathematische und kinematische Grundlagen 19
2.1 Vektoren 19
2.1.1 Elementare Rechenregeln für Vektoren 19
2.1.2 Physikalische Vektoren 20
2.2 Koordinatensysteme und Komponenten 21
2.2.1 Koordinatensysteme 21
2.2.2 Komponentenzerlegung 21
2.2.3 Zusammenhang zwischen den Komponentendarstellungen 22
2.2.4 Eigenschaften der Transformationsmatrix 24
2.3 Lineare Vektorfunktionen und Tensoren 2. Stufe 24
2.4 Freie Bewegung des starren Körpers 26
2.4.1 Allgemeine Bewegung des starren Körpers 26
2.4.2 Relativbewegung 30
2.4.3 Wichtige Bezugssysteme 32
2.5 Drehbewegungen 33
2.5.1 Räumliche Drehung und Winkelgeschwindigkeit in allgemeiner Form 33

2.5.2 Parametrisierung von Drehbewegungen ... 34
2.5.3 Drehzeiger und Drehtensor ... 36
2.5.4 Drehzeiger und Winkelgeschwindigkeit ... 38
2.5.5 KARDAN-Winkel ... 38
Literatur ... 42

3 Kinematik von Mehrkörpersystemen ... 43
3.1 Struktur kinematischer Ketten ... 43
3.1.1 Topologische Modellierung ... 43
3.1.2 Kinematische Modellierungen ... 45
3.2 Gelenke in kinematischen Ketten ... 46
3.2.1 Gelenke in räumlichen kinematischen Ketten ... 47
3.2.2 Gelenke in ebenen kinematischen Ketten ... 49
3.2.3 Gelenke in sphärischen kinematischen Ketten ... 49
3.2.4 Klassifizierung von Gelenken ... 50
3.3 Freiheitsgrade und verallgemeinerte Koordinaten ... 51
3.3.1 Freiheitsgrade kinematischer Ketten ... 51
3.3.2 Beispiele aus der Fahrwerkskinematik ... 53
3.3.3 Verallgemeinerte Koordinaten ... 54
3.4 Grundprinzipien des Zusammenbaus kinematischer Ketten ... 55
3.4.1 Sparse-Methoden – Absolutkoordinaten-Formulierung ... 58
3.4.2 Vector-Loop-Methoden – Gelenkkoordinaten-Formulierung ... 59
3.4.3 Topologische Methoden – Minimalkoordinaten-Formulierung ... 61
3.5 Kinematik des Gesamtsystems ... 62
3.5.1 Grundidee ... 62
3.5.2 Blockschaltbilder und kinematische Netze ... 63
3.5.3 Relativkinematik des räumlichen Gelenkvierecks ... 65
3.5.4 Relative Kinematik, absolute Kinematik und globale Kinematik ... 67
3.5.5 Beispiel: Doppelquerlenkerradaufhängung ... 69
Literatur ... 71

4 Bewegungsgleichungen komplexer Mehrkörpersysteme ... 73
4.1 Fundamentalgleichung der Dynamik für Punktmassen ... 74
4.2 Das JOURDAINsche Prinzip ... 75
4.3 LAGRANGEsche Gleichungen erster Art für Punktmassen ... 75
4.4 LAGRANGEsche Gleichungen zweiter Art für starre Körper ... 77
4.5 Das d'ALEMBERTsche Prinzip für starre Körper und Bewegungsgleichungen in Minimalkoordinaten ... 78
4.6 Computergestütztes Aufstellen der Bewegungsgleichungen für Mehrkörpersysteme mit kinematischen Schleifen ... 80
4.6.1 Kinematische Differentiale der Absolutkinematik der Körper ... 81
4.6.2 Bewegungsgleichungen ... 83
4.6.3 Beispiel: Dynamik einer räumlichen Mehrkörperschleife ... 85
Literatur ... 92

5 Kinematik und Dynamik des Fahrzeugaufbaus . . . 95
5.1 Fahrzeugfestes Referenzsystem . . . 95
5.2 Kinematische Analyse des Fahrgestells . . . 98
5.2.1 Einbindung der Radaufhängungskinematik . . . 98
5.2.2 Bewegungsgleichungen . . . 100
Literatur . . . 101

6 Modellierung und Analyse von Radaufhängungen . . . 103
6.1 Funktion von Radaufhängungssystemen . . . 103
6.2 Typen von Radaufhängungen . . . 105
6.2.1 Starrachsen . . . 106
6.2.2 Verbundlenkerachsen . . . 107
6.2.3 Längslenkerachsen . . . 107
6.2.4 Schräglenkerachsen . . . 108
6.2.5 Doppelquerlenkerachsen . . . 110
6.2.6 Radaufhängungen nach dem McPherson-Prinzip . . . 111
6.2.7 Mehrlenkerachsen . . . 112
6.3 Kenngrößen von Radaufhängungen . . . 114
6.4 Eindimensionale Viertelfahrzeugmodelle . . . 117
6.5 Räumliches Modell einer McPherson-Radaufhängung . . . 121
6.5.1 Kinematische Analyse . . . 122
6.5.2 Explizite Lösung . . . 126
6.6 Räumliches Modell einer Fünfpunkthinterradaufhängung . . . 131
6.6.1 Kinematische Analyse . . . 132
6.6.2 Implizite Lösung . . . 134
6.6.3 Simulationsergebnisse des räumlichen Viertelfahrzeugmodells . . . 138
Literatur . . . 143

7 Modellierung des Rad-Straße-Kontaktes . . . 145
7.1 Aufbau des Reifens . . . 146
7.2 Grundsätzliche Beschreibung der Kraftwirkung zwischen Rad und Straße . . . 147
7.3 Stationäre Reifenkontaktkräfte . . . 147
7.3.1 Reifen unter Vertikallast . . . 149
7.3.2 Rollwiderstand . . . 150
7.3.3 Reifen unter Umfangskraft . . . 151
7.3.4 Reifen unter Seitenkraft . . . 162
7.3.5 Einfluss des Radsturzes auf die Reifenseitenkraft . . . 165
7.3.6 Einfluss der Radlast auf die Radkräfte in der Lauffläche . . . 166
7.3.7 Grundsätzliche Struktur der Radkräfte . . . 166
7.3.8 Überlagerung von Umfangs- und Seitenkräften . . . 166
7.4 Reifenmodelle . . . 168
7.4.1 Die Kontaktpunkt-Geometrie . . . 171

7.4.2 Die Kontaktgeschwindigkeiten ... 175
7.4.3 Berechnung der Schlupfgrößen ... 177
7.4.4 Magic Formula-Modelle (Pacejka 2006) ... 177
7.4.5 Magic Formula-Modelle für überlagerten Umfangs- und Querschlupf ... 179
7.4.6 HSRI-Reifenmodell ... 181
7.5 Instationäres Reifenverhalten ... 183
Literatur ... 184

8 Modellierung des Antriebsstranges ... 187
8.1 Antriebskonzepte ... 187
8.2 Modellbildung ... 187
8.2.1 Bewegungen des Motorblocks ... 189
8.2.2 Modell des Antriebsstranges ... 189
8.2.3 Motorlager ... 191
8.2.4 Modellierung der Gleichlaufgelenke ... 195
8.3 Modell des Motors ... 198
8.4 Relativkinematik des Antriebsstranges ... 199
8.5 Absolutkinematik des Antriebsstranges ... 202
8.6 Bewegungsgleichungen ... 202
8.7 Diskussion von Simulationsergebnissen ... 204
Literatur ... 205

9 Kraftkomponenten ... 207
9.1 Kräfte und Momente in Mehrkörpersystemen ... 207
9.1.1 Reaktionskräfte ... 209
9.1.2 Eingeprägte Kräfte ... 210
9.2 Betriebsbremse ... 210
9.3 Luftkräfte ... 212
9.4 Feder- und Dämpferkomponenten ... 214
9.4.1 Federelemente ... 214
9.4.2 Dämpferelemente ... 215
9.4.3 Parallel geschaltete Kraftelemente ... 216
9.4.4 In Reihe geschaltete Kraftelemente ... 216
9.5 Stabilisatoren ... 217
9.5.1 Passive Stabilisatoren ... 217
9.5.2 Aktive Stabilisatoren ... 220
9.6 Gummi-Verbund-Elemente ... 221
Literatur ... 223

10 Einspurmodelle ... 225
10.1 Lineares Einspurmodell ... 225
10.1.1 Bewegungsgleichungen des linearen Einspurmodells ... 226

10.1.2 Stationäres Lenkverhalten und Kreisfahrt 231
10.1.3 Instationäres Lenkverhalten - Fahrstabilität 234
10.2 Nichtlineares Einspurmodell 235
10.2.1 Kinematik und Kinetik des nichtlinearen Einspurmodells 235
10.2.2 Reifenkräfte 238
10.2.3 Antriebs- und Bremsmomente 241
10.2.4 Bewegungsgleichungen 243
10.2.5 Zustandsgleichungen 244
10.3 Lineares Wankmodell 245
10.3.1 Bewegungsgleichung für das Wanken des Aufbaus in der Kurve 246
10.3.2 Dynamische Radlasten 250
10.3.3 Beeinflussung des Eigenlenkverhaltens durch Stabilisatoren 252
Literatur 254

11 Zweispurmodelle 255
11.1 Räumliches Zweispurmodell ohne Radaufhängungskinematik 255
11.1.1 Impuls- und Drallsätze des einfachen räumlichen Zweispurmodells 258
11.1.2 Feder- und Dämpferkräfte des räumlichen Zweispurmodells 260
11.1.3 Impuls- und Drallsätze der Räder 262
11.1.4 Rad-Strasse-Kontakt 262
11.1.5 Antriebsstrang 265
11.1.6 Bremssystem 267
11.1.7 Bewegungsgleichungen 267
11.2 Ein einfaches Zweispurmodell mit kinematischen Radaufhängungen 268
11.2.1 Freiheitsgrade des Zweispurmodells mit kinematischen Radaufhängungen 268
11.2.2 Kinematik des Fahrzeugaufbaus 271
11.2.3 Allgemeine Kinematik der Radaufhängungen 273
11.2.4 Radaufhängung mit Schräglenkern 277
11.2.5 Kinematik der Räder bei der Schräglenkeraufhängung 282
11.2.6 Radkräfte und -momente 285
11.2.7 Aufbaufedern und -dämpfer 285
11.2.8 Windkräfte 286
11.2.9 Lenkung 286
11.2.10 Stabilisator 287
11.2.11 Eingeprägte Kräfte und Momente 288
11.2.12 NEWTON-EULERsche Gleichungen 289
11.2.13 Bewegungs- und Zustandsgleichungen 292
11.3 Ein einfaches Fahrermodell 293
11.3.1 Reglerkonzept 293

11.4 Parametrierung . . . 296
Literatur . . . 296

12 **Räumliche Gesamtfahrzeugmodelle** . . . 297
12.1 Modellierung eines Gesamtfahrzeugs . . . 297
12.1.1 Kinematik eines heckgetriebenen Gesamtfahrzeugmodells . . . 298
12.1.2 Kinematik von front- und allradgetriebenen Gesamtfahrzeugmodellen . . . 307
12.1.3 Dynamik des Gesamtfahrzeugmodells . . . 317
12.2 Simulation von Kraftfahrzeugen . . . 323
12.2.1 Aufbau und Konzept von FASIM_C++ . . . 323
12.2.2 Modulare Struktur eines Fahrzeugmodells . . . 326
12.2.3 Aufstellen der Bewegungsgleichungen . . . 331
12.2.4 Numerische Integration . . . 338
12.2.5 Behandlung von Ereignissen . . . 341
Literatur . . . 342

13 **Modell eines typischen komplexen Gesamtfahrzeugs** . . . 345
13.1 Modellierung des Gesamtfahrzeugs . . . 345
13.2 Modellverifikation und -validierung . . . 348
13.3 Parametrisiertes Fahrzeugmodell . . . 357
13.3.1 Definition des Referenzmodells . . . 357
13.3.2 Vergleich der parametrisierten Modelle mit den validierten Modellen . . . 362
Literatur . . . 365

14 **Ausgewählte Anwendungen** . . . 367
14.1 Simulation von Testmanövern . . . 367
14.1.1 Simulation eines Lenkwinkelsprungs (ISO 7401) . . . 367
14.1.2 Simulation einer stationären Kreisfahrt . . . 370
14.1.3 Simulation eines doppelten Spurwechsels . . . 370
14.2 Simulation von Fahrzeugüberschlägen . . . 374
14.2.1 Virtuelles Testgelände . . . 378
14.2.2 Simulationsergebnisse . . . 382
14.3 Regelung der Wankdynamik durch aktive Stabilisatoren . . . 394
14.3.1 Passive Stabilisatoren . . . 394
14.3.2 Steifigkeitsverteilung zwischen Vorder- und Hinterachse . . . 395
14.3.3 Regelung der Wankdynamik durch aktive Stabilisatoren . . . 398
14.3.4 Reglerentwurf . . . 398
14.3.5 Führungs- und Störverhalten . . . 401
14.3.6 Wankmomentenverteilung mit Fuzzy-Logik . . . 401
14.3.7 Wirkprinzip . . . 401
14.3.8 Potential einer Wankmomentenverteilung . . . 403

14.4 Fahrsimulatoren ... 405
14.4.1 Einsatzgebiete und Realisierungen von Fahrsimulatoren ... 406
14.4.2 Der Regelkreis Fahrer-Fahrzeug-Umwelt ... 409
14.4.3 Aufbau von Fahrsimulatoren ... 411
14.4.4 Simulationsmodelle und Schnittstellen ... 411
14.4.5 Bewegungssysteme ... 414
14.4.6 Durchführung von Versuchen mit Fahrsimulatoren ... 416
14.4.7 Erfassung von Messwerten bei Simulatorversuchen ... 418
14.4.8 Realisierung einfacher Fahrsimulatoren ... 418
Literatur ... 428

Über die Autoren ... 431

Stichwortverzeichnis ... 433

1 Einleitung

Dieses Buch befasst sich mit den Grundlagen der Dynamik von Kraftfahrzeugen und deren mathematischer Modellbildung und Simulation. Das Spektrum der behandelten Modelle reicht von einfachen Einspurmodellen bis hin zu komplexen, räumlichen Mehrkörpermodellen. Der Leser wird in die Lage versetzt, eigene Simulationsmodelle zu entwickeln, kommerzielle Simulationsprogramme einzusetzen und deren Grundlagen zu verstehen, eine geeignete Modellierung auszuwählen und die Ergebnisse von Simulationen zu bewerten. Insbesondere wird der Prozess der Modellerstellung vom realen Fahrzeug bis hin zum mathematischen Modell sowie für ausgewählte Beispiele die Validierung der Ergebnisse beschrieben.

1.1 Aufgabenstellung

Die Fahrzeugdynamik ist ein Teilgebiet der Fahrzeugmechanik Sie befasst sich mit den zur Bewegung von straßengebundenen Fahrzeugen notwendigen Bewegungsvorgängen und den Kräften, die diese Bewegungsvorgänge unter Beachtung der zugrundliegenden Naturgesetze verursachen. Bezüge zur Fahrdynamik gibt es in vielen Bereichen der Entwicklung von Kraftfahrzeugen, Kraftfahrzeugsystemen und deren Komponenten.

Der Einsatz von komplexen mathematischen Fahrzeugmodellen zur Simulation und zum Entwurf von Kraftfahrzeugsystemen und Anwendungen, wie z. B. von

D. Schramm et al., *Modellbildung und Simulation der Dynamik von Kraftfahrzeugen*,
https://doi.org/10.1007/978-3-662-54481-5_1

Fahrdynamikregelungen oder Bremssystemen, hat in den letzten Jahren mehr denn je zuvor an Bedeutung gewonnen. Die Gründe dafür sind einerseits wirtschaftlicher Natur:

- Der Aufwand für Fahrversuche und Messungen steigt mit zunehmender Komplexität der Fahrzeugsysteme und der vorgeschriebenen Erprobungsbedingungen. Dies hat entsprechende Folgen für die Entwicklungsbudgets.
- Die Kraftfahrzeughersteller und -zulieferer müssen aufgrund des gestiegenen Marktdrucks die Kosten auch in der Entwicklungsphase soweit wie möglich beschränken, indem Prototypen und Versuche durch Simulationen und virtuelle Prototypen ersetzt werden.

Andererseits sind viele Gründe auch auf die Technik der neuen Systeme zurückzuführen. Bei diesen Systemen handelt es sich häufig um sogenannte mechatronische Systeme, siehe z. B. (Isermann 2008), deren typischerweise stark erweiterte Funktionalität und optimierte Wertgestaltung auf der funktions- und hardwareorientierten Kombination von mechanischen, elektrischen und elektronischen Komponenten und Teilsystemen sowie der entsprechenden Betriebs- und Funktionssoftware beruhen. Das Zusammenwirken dieser Einzelsysteme, die aus unterschiedlichen technischen Domänen stammen, führt einerseits zu einer sonst nicht erreichbaren Funktionsvielfalt und -qualität und andererseits zu kosteneffizienten Lösungen, indem Mechanik und Elektrik- und Elektronikhardware in Modulen integriert werden. Die Auslegung und Erprobung derartiger Systeme mit ihrer enormen Funktionsvielfalt stellt hohe Anforderungen an Auslegungsmethoden und Erprobungsprogramme und daraus resultierend an die Modellierungs- und Simulationstechnik:

- Fahrzeugmodelle sind die Grundlage für die Auslegung und Entwicklung von Fahrzeugsystemen und -komponenten.
- Fahrmanöver lassen sich unter definierten Randbedingungen beliebig oft und reproduzierbar simulieren.
- Kritische Fahrmanöver können durch gefahrlose Simulationen ersetzt werden.
- Die immer kürzer konzipierten Entwicklungszyklen für neue Baureihen erfordern kürzere Entwicklungszeiten. Dies lässt sich nur durch den Einsatz von Simulationen und virtuellen Prototypen erreichen.

Aus diesen Anforderungen lassen sich die Anwendungsbereiche der in diesem Buch angewandten Methode der Mehrkörpersysteme bei der Fahrzeugentwicklung ableiten:

- Kinematik und Dynamik des Fahrwerks und der Lenkung,
- Fahrdynamik des Gesamtfahrzeugs,

- Fahrkomforts des Gesamtfahrzeugs,
- Analyse von Unfallvorgängen.

Das Ziel ist in jedem Fall, eine mathematische Beschreibung der relevanten Bereiche und Funktionen des Fahrzeugs zu erreichen, die für die Konzeption, Entwicklung und Beurteilung der Fahrdynamik flexibel eingesetzt werden kann. Die darauf aufbauende numerische Simulation des Fahrverhaltens hat in jüngster Zeit erheblich an Bedeutung gewonnen. Sie erlaubt eine einfache, rasche und kostengünstige Untersuchung von Fahrvorgängen, ohne dass aufwendige Versuche notwendig werden. Die Simulation ermöglicht die Variation von Parametern oder Anfangsbedingungen in einer Weise, die im Versuch nicht möglich ist. Da aber die Resultate einer numerischen Simulation nur Näherungen darstellen und somit ihre Qualität entscheidend von der Exaktheit der Modellierung des Systems und von der Zuverlässigkeit der Systemdaten abhängt, ist ein besonderes Augenmerk auf die Modellbildung zu legen.

Das Fahrverhalten von Personenwagen wird von mehreren Faktoren beeinflusst. Eine besonders wichtige Rolle spielt die Führung der Räder, die relativ zum Fahrgestell vorgegebene Bewegungen beschreiben soll. Durch eine günstige Wahl von geometrischen Parametern bei der Konstruktion einer Radaufhängung wird beispielsweise die Stabilität in der Kurve oder beim Spurwechsel gewährleistet. Die heute eingesetzten Einzelradaufhängungen stellen in der Regel Mehrkörpersysteme mit geschlossenen kinematischen Schleifen dar. Zudem kann das Fahrverhalten durch elastische Lagerungen in den Radaufhängungen gezielt beeinflusst werden. Hierzu gehört z. B. die Längsnachgiebigkeit der Radführung, die durch eine weiche Lagerung des Querlenkers erreicht werden kann.

Die komplizierten Systeme und der Wunsch nach einer möglichst genauen Nachbildung der realen Vorgänge machen die Entwicklung eines Simulationsmodells zu einer umfangreichen und anspruchsvollen Aufgabe. Hierbei kommt es insbesondere auf eine effiziente Aufstellung der Gleichungen an, um einerseits den Modellierungsaufwand zu begrenzen und andererseits die für die Simulation benötigte Rechenzeit zu minimieren. Ziel dieses Buches ist es daher, einen effizienten Weg zur Erstellung eines realitätsnahen Simulationsmodells eines Fahrzeugs aufzuzeigen. Hierzu wird zunächst ein Überblick über die grundlegenden Verfahren der Mechanik und der Mathematik geboten, wobei die topologische Struktur des Fahrzeugs aufbauend auf bereits bekannten Grundlagen wie dem Verfahren der kinematischen Differentiale und des charakteristischen Gelenkpaares näher beschrieben wird. Darauf aufbauend wird die Modellierung der Teilsysteme und Komponenten

- Fahrgestell, Radaufhängungen,
- Reifen,
- Kraftelemente,
- Antriebsstrang

und schließlich des Gesamtsystems behandelt.

1.1.1 Modellierung technischer Systeme

Um das dynamische Verhalten eines realen Prozesses mittels mathematischer Modelle – dem Untersuchungsziel entsprechend – beschreiben zu können, lassen sich zwei grundsätzlich verschiedene Wege beschreiten:

- Bei der theoretischen Modellbildung werden mathematische Modelle aus physikalischen Gesetzen abgeleitet.
- Bei der experimentellen Modellbildung wird eine bestimmte in der Regel ebenfalls mathematisch formulierte Modellstruktur zugrunde gelegt. Auf der Basis dieser Modellstruktur werden dann parametrisierte Modelle durch die Auswertung gemessener Ein- und Ausgangssignale bestimmt. Eine spezielle Ausprägung dieser Methode wird als (Modell-)Identifikation bezeichnet.

Dieses Buch befasst sich nahezu ausschließlich mit der theoretischen Modellbildung. Physikalische Parameter werden dabei in der Regel als bekannt oder zumindest schätzbar vorausgesetzt. Typische Quellen für Parameter in der Fahrzeugtechnik sind:

- CAD-Modelle für Abmessungen, Massen und Trägheitsmomente.
- Direkte Messung von Massen, Trägheitsmomenten, Feder- und Dämpferkennlinien, ggf. Reibungsparameter.
- Annahmen, Schätzungen und ggf. Identifikationsverfahren für weitere schwer bestimmbare oder unscharfe Größen. Hierzu gehören insbesondere Reibungseffekte, Elastizitäten in Lagerungen etc.
- Berechnung von Parametern und Kennfeldern durch andere Berechnungs- und Simulationsmethoden wie z. B. die Methode der finiten Elemente, Methoden zur Berechnung elektrischer und magnetischer Felder etc.

Die Identifikationstechnik wird in diesem Zusammenhang häufig benutzt, um unbekannte oder schwer zu messende Parameter der theoretischen Modelle messtechnisch zu bestimmen. Beispiele hierfür sind Reifenmodelle (Kap. 7) oder Kennlinien von Kraftelementen (Kap. 9) wie z. B. Gummilager oder Dämpfer.

Ziel der Modellbildung ist es, eine mathematisch-analytische Beschreibung des interessierenden Systems zu erhalten, die es gestattet, die relevanten Aspekte des Systemverhaltens und des Einflusses der Systemkomponenten zu untersuchen, s. Abb. 1.1. Hierbei besteht die Möglichkeit, Modelle unterschiedlicher Komplexität und Aussagekraft zu entwickeln. Je komplexer ein Modell ist, desto genauer lässt sich mit ihm einerseits das Systemverhalten simulieren. Andererseits ergeben sich dabei jedoch nahezu zwangsläufig kompliziertere und in der Regel nichtlineare Modellgleichungen sowie ein hoher Bedarf an Rechenzeit. Darüber hinaus steigt mit zunehmender Komplexität der Modelle auch die

Abb. 1.1 Fahrzeugdynamik: Umfeld und beteiligte Komponenten

Anzahl der zu bestimmenden Modellparameter. Häufig übersteigt der Aufwand bei der Beschaffung der relevanten Modellparameter den Aufwand der Erstellung der Modellgleichungen deutlich. Aus diesem Grund ist im Einzelfall immer kritisch zu prüfen, ob eine Steigerung der Modelldetaillierung noch in einem angemessenen Verhältnis zum Zweck der Untersuchung steht.

1.1.2 Systembegriff

In diesem Buch wird immer wieder der Begriff des Systems gebraucht. Aus diesem Grund ist es nützlich, sich kurz vor Augen zu führen, was in diesem Buch unter einem System verstanden wird (Hiller 1983):

Ein System bezeichnet eine Menge von Elementen (Teile, Komponenten), die sich gegenseitig durch interne Funktionszusammenhänge und physikalische Gesetze beeinflussen (Wechselwirkung), auf die Einflüsse von außen einwirken (Eingänge) und die Wirkungen nach außen abgeben (Ausgänge). Zu den wichtigsten Eigenschaften eines Systems gehören daher seine Veränderlichkeit (Bewegung) und seine Beeinflussbarkeit (Steuerbarkeit) durch eine passende Wahl der Eingänge (Kräfte und eingeprägte Bewegungen). Der Zusammenhang zwischen externen Einwirkungen auf das System und den daraus resultierenden Änderungen des Systemzustands wird als Dynamik des Systems oder kurz Systemdynamik bezeichnet.

Ein großer Teil dieses Buches beschäftigt sich mit der Untersuchung und Analyse sowie der Vorhersage des dynamischen Verhaltens des Systems Kraftfahrzeug und seiner Teilsysteme und Komponenten. Dabei sind folgende Teilaufgaben zu unterscheiden:

- Modellbildung: Die Modellbildung ist stets mit Idealisierungen und Abstraktionen verbunden, s. Abschn. 1.1.4.
- Modelluntersuchung: Diese umfasst insbesondere die (in der Regel numerische) Lösung der Bewegungsgleichungen.
- Wahl der steuernden Eingänge: Beispiele im Kraftfahrzeug sind Lenkradwinkel, Fahr- und Bremspedalstellung sowie der Verlauf der Straßenoberfläche aber auch Aktuatorkräfte, wie z. B. die in Kap. 14 untersuchten aktiven Stabilisatoren.
- Simulation des Systemverhaltens (Kap. 12).

1.1.3 Simulation und Simulationsumgebung

Ziel jeder Simulation ist es, das zu betrachtende System durch ein Modell so gut zu beschreiben, dass die gewünschten Rückschlüsse vom Verhalten des Modells auf das Verhalten des realen Systems möglich werden. In diesem Buch werden in der Regel ein Kraftfahrzeug oder ein Teil eines Kraftfahrzeugs sowie ggf. ein Teil der Umgebung als System betrachtet. Im Folgenden wird ausschließlich die Simulation mit mathematischen Modellen auf einem (oder einem Verbund mehrerer) Rechner untersucht. Dabei ist das Modell rein mathematischer Natur. Die Simulation ist daher gleichbedeutend mit der Ausführung eines oder mehrerer Rechnerprogramme, ggf. in Kombination mit über geeignete Schnittstellen verbundenen Hardwarekomponenten. Man spricht in diesem Fall auch von einer Hardware in the Loop (HiL)-Simulation. Hierbei ist es erforderlich, die Simulation in Echtzeit durchzuführen, um die verbundene Hardware mit Daten versorgen zu können.

Betrachtet man für einen Augenblick das Kraftfahrzeug als ein mechatronisches Gesamtsystem, in dem z. B. die bereits erwähnten Fahrdynamikregelsysteme oder die Fahrerassistenzsysteme eine immer größere Rolle spielen, so kommt hier im Rahmen des mechatronischen Entwicklungsprozesses dem Werkzeug der Simulation der Dynamik von Kraftfahrzeugkomponenten oder gesamten Fahrzeugmodellen eine besondere Bedeutung zu. Verwiesen sei an dieser Stelle auf die VDI-Richtlinie 2206 „Entwicklungsmethoden für mechatronische Systeme (2004)".

1.1.4 Fahrzeugmodelle

Die in diesem Buch beschriebenen Modelle sollen es ermöglichen, das dynamische Verhalten realer Fahrzeuge möglichst wirklichkeitsnah darzustellen. Dazu müssen diese Modelle wenigstens die folgenden Anforderungen erfüllen:

- volle räumliche Kinematik und Kinetik des Gesamtfahrzeugs und ggf. auch der Teilsysteme,
- nichtlineare Kinematik der Radaufhängungen,
- nichtlineare und – wo erforderlich – auch dynamische Beschreibung von Kraftelementen sowie
- dynamische Reifenkräfte.

Andererseits müssen die Modelle auch handhabbar bleiben. Dies gilt insbesondere dann, wenn die Simulationsmodelle in einem HardwareintheLoop-Prüfstand oder einem Fahrsimulator eingesetzt werden sollen. Dann ist auch eine diesen Anwendungen entsprechende kurze Rechenzeit zu realisieren. Dasselbe gilt auch für den Einsatz der Modelle bei Optimierungsaufgaben.

Zur Simulation der Fahrzeugdynamik sind je nach Aufgabenstellung und gewünschtem Detaillierungsgrad unterschiedlichste Ausprägungen von Fahrzeugmodellen denkbar, s. Tab. 1.1.

Wenn man das Fahrzeugchassis als starr annimmt, dann hat das Chassis zunächst sechs Freiheitsgrade im Raum, die aber durch weitere Annahmen, wie z. B. beim Ein- oder Zweispurmodell, weiter eingeschränkt werden können. Zur Simulation der Fahrzeuglängsbewegung kann es beispielsweise völlig ausreichend sein, nur einen Freiheitsgrad für die Fahrzeuglängsbewegung zu definieren. Dann sind die weiteren Freiheitsgrade des Aufbaus durch sogenannte Zwangsbedingungen weiter einzuschränken. Selbst für ein einfaches Modell zur Beschreibung der Querdynamik sind mindestens zwei Freiheitsgrade für die Querbewegung und die Gierbewegung erforderlich.

Bei Zweispurmodellen und erst recht bei komplexen Mehrkörpersystemmodellen sind darüber hinaus weitere Freiheitsgrade zur Beschreibung der Bewegung der Komponenten der Radaufhängungen und des Antriebsstrangs erforderlich. Weiterhin müssen die Teilsysteme des Fahrzeugs, wie Antriebsstrang, Bremse und Lenkung, modelliert werden. Auch Systeme wie ABS, ESP, Fahrerassistenzsysteme oder andere mechatronische Systeme können mit in das Modell integriert werden.

Der Einsatz von Simulationsprogrammen zur Entwicklung von kraftfahrzeugtechnischen Systemen hat während der letzten Jahre zunehmend an Bedeutung gewonnen und

Tab. 1.1 Modellierungen für Kraftfahrzeuge

Modelltyp	Freiheitsgrade	Kapitel
Einspurmodell linear	2	10
Einspurmodell nichtlinear	3	10
Zweispurmodell	4–30	11
Komplexes MKS-Modell	>20	12,13
MKS-Model – Teilsysteme		5,6,7,8,9
FEM-Modell	>500	nicht behandelt
Hybrides Modell	>500	nicht behandelt

ist heute Stand der Technik. Die Vorhersage des dynamischen Verhaltens von Kraftfahrzeugen gestattet Aussagen zu Fahrstabilität, Fahrsicherheit und Komfort neuer Fahrzeugsysteme. Weiterhin sind damit solche Modelle zur Untersuchung der Beeinflussung des Fahrverhaltens durch Regelsysteme und Aktuatoren geeignet und machen eine effiziente Entwicklung derartiger Systeme häufig überhaupt erst möglich. Die Modellierung und Simulation der dort auftretenden mechanischen Komponenten kann grundsätzlich über die nachfolgend kurz beschriebenen Ansätze erfolgen (Schiehlen 2004).

Mehrkörpersysteme Mehrkörpersysteme sind für die Beschreibung mechanischer Systeme geeignet, die aus Körpern bestehen, die sich weitgehend starr verhalten und durch Lager und Gelenke miteinander verbunden sind. Ein Mehrkörpersystem besteht aus in der Regel massebehafteten starren Körpern, auf die an diskreten Punkten Einzelkräfte und -momente einwirken (Schiehlen 2004). Einige häufig verwendete Symbole für die typischen Elemente eines Mehrkörpersystems sind zusammen mit jeweils einem entsprechenden Beispiel aus der Fahrzeugtechnik in Abb. 1.2 dargestellt.

Ein starrer Körper eines Mehrkörpersystems ist durch seine Masseträgheit gekennzeichnet. Charakteristische Punkte eines starren Körpers sind der Massenmittelpunkt S sowie eine endliche Anzahl von Knotenpunkten P_i, an denen Einzelkräfte und -momente

Abb. 1.2 Typische Elemente eines Mehrkörpersystems

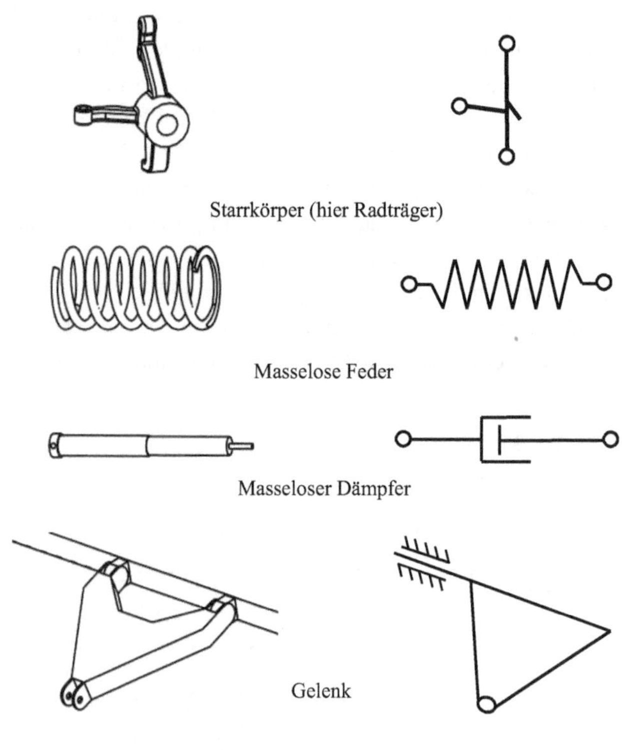

angreifen oder andere Körper über entsprechende Lager angekoppelt sind. Elastizitäten und Dämpfungen werden als masselose Kraftelemente beschrieben und sind in Abb. 1.2 durch entsprechende Symbole dargestellt, die an die daneben dargestellten entsprechenden Bauteile des Fahrzeugs erinnern. Entsprechend können durch die Vorgabe von Kraftgesetzen und Zwangsbewegungen Antriebe und Aktuatoren abgebildet werden. Bei der Modellierung und Simulation liegt das Hauptinteresse auf der Auswertung der Bewegungsgrößen der Körper und ggf. auf den in den Lagern oder den Antrieben auftretenden Kräften und Momenten. Die mathematische Beschreibung der Kinematik und Kinetik von Mehrkörpersystemen führt je nach Modellierung und Formalismus auf gewöhnliche oder differential-algebraische Gleichungssysteme mit vergleichsweise wenigen Freiheitsgraden und wird in den Kap. 3 und 4 behandelt. Dabei versteht man unter Kinematik die Beschreibung der Bewegungsmöglichkeiten mechanischer Systeme, während die Kinetik sich mit der Bewegung mechanischer Systeme unter dem Einfluss von Kräften befasst.

Finite Elemente-Systeme Die Methode der finiten Elementewird primär zur mathematischen Beschreibung der elastischen und ggf. plastischen Eigenschaften mechanischer Systeme eingesetzt, bei denen Masse und Elastizität kontinuierlich über die Körper verteilt sind. Das Modell besteht dabei aus vielen begrenzten (finiten) Elementen mit einfacher Geometrie, deren prinzipielle Verformungsmöglichkeiten durch die Vorgabe sogenannter Ansatzfunktionen eingeschränkt werden. Ziele der Untersuchungen sind vorrangig die Auswirkungen äußerer Belastungen auf die Verformungs- und Spannungszustände in den beteiligten Körpern. Die mathematische Formulierung von Systemen der Methode der finiten Elemente führt auf gewöhnliche Differentialgleichungssysteme mit sehr vielen Freiheitsgraden.

Kontinuierliche Systeme Kontinuierliche Systemewerden für die Nachbildung elastischer Eigenschaften mechanischer Systeme verwendet, bei denen Masse und Elastizität bzw. Plastizität kontinuierlich über den Körper verteilt sind. Die mathematische Formulierung von kontinuierlichen Systemen führt zu einer Beschreibung durch partielle Differentialgleichungen mit unendlich vielen Freiheitsgraden. Der jeweilige Einsatzbereich dieser strukturell unterschiedlichen Ersatzsysteme ist im Wesentlichen abhängig von der Geometrie und der Steifigkeitsverteilung des mechanischen Ausgangssystems, dem Ziel der Untersuchungen und damit implizit dem angestrebten Gültigkeitsbereich des Simulationsmodells. Die Methoden der finiten Elemente und der kontinuierlichen Systeme eignen sich primär für mechanische Systeme bzw. Körper mit gleichmäßig verteilter Elastizität.

Grundsätzlich bietet sich zur Modellierung komplexer Modelle für die Beschreibung der Fahrzeugdynamik die Methode der Mehrkörpersysteme an. Es ist jedoch auch möglich, ein Fahrzeugmodell als Finite Elemente Methode-Modell aufzubauen. Dies hat insbesondere dann Vorteile, wenn neben der reinen Fahrzeugkinematik und -kinetik auch Strukturverformungen und Strukturspannungen ermittelt werden sollen.

Tab. 1.2 Typische Frequenzen bei Fahrzeugteilsystemen

Schwingungsform	Frequenz (Hz)
Aufbaubewegung	1–2
Fahrzeuglängsschwingungen	4–10
Motorstuckern	10–13
Radaufhängungen, Einfedern	10–15
Lenkungsunruhe	10–16
Karosserieschwingungen	30–40

Hybride mechanische Systeme, die eine Modellierung sowohl starrer als auch elastischer Körper erfordern, können als eine Mischform aus z. B. Mehrkörper- und Finite Elemente Methode-Systemen dargestellt werden. In diesem Fall spricht man von hybriden Systemen.

Bei der Auswahl eines geeigneten Ansatzes zur Simulation eines Fahrzeugs sind ergänzend noch die folgenden Aspekte zu beachten:

- Für die Bearbeitung der meisten Aufgaben aus der Fahrzeugdynamik ist es ausreichend, ein sehr eingeschränktes Frequenzspektrum zu betrachten, s. Tab. 1.2, (Bürger and Dödelbacher 1988, Frik 1994). Damit lässt sich in der Regel die Modellierung auf die Abbildung eines Frequenzbereichs zwischen 0 und ca. 30 Hz einschränken.
- Eine Ausnahme von der genannten Abgrenzung ist z. B. die Simulation von Fahrdynamikregelsystemen. Hier können durch die vergleichsweise kurzen Zeitkonstanten der Hydraulik höherfrequente Anregungen auftreten, die im Bereich der Eigenschwingungen der Radaufhängungen aufgrund von Lagerelastizitäten in einzelnen Gelenken im Bereich von 15–30 Hz sowie den Eigenfrequenzen der Gürtelreifen bei etwa 50 Hz liegen. Da diese Schwingungen die von den Sensoren der Fahrdynamikregelsysteme aufgenommenen Signale beeinflussen und im Bereich der Sensorabtastraten liegen, müssen sie bei der Simulation geregelter Fahrmanöver berücksichtigt werden.
- Bei jeder Modellierung ist zu beachten, dass es unter Umständen sehr schwierig oder in Einzelfällen sogar unmöglich ist, die entsprechenden Modelldaten zu beschaffen. Das gilt insbesondere für Reibungs- und Dämpfungskennlinien, Lagerelastizitäten und Reifenparameter.

1.2 Gesamtfahrzeugmodelle

Unter einem Gesamtfahrzeugmodell wird im Folgenden ein Modell verstanden, das die Subsysteme Chassis, Antriebsstrang, Radaufhängungen, Räder, Bremse und Lenkung enthält. Eingangsgrößen dieses Modells sind die vom Fahrer vorgegebene

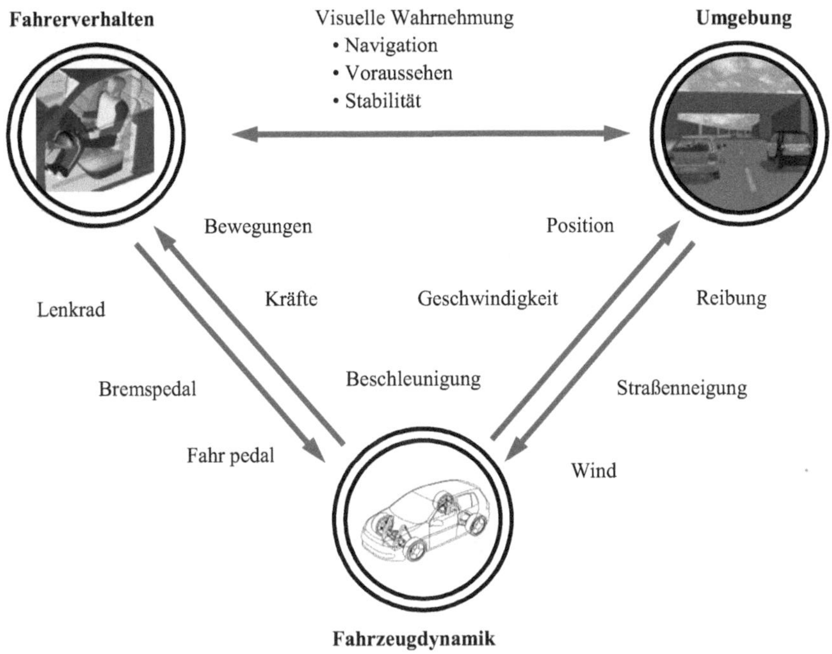

Abb. 1.3 Wechselwirkung eines Fahrzeugs mit dem Fahrer und der Umwelt

Bremspedalstellung, die Gaspedalstellung, der Lenkradwinkel, der eingelegte Gang oder ggf. die Stellung des Wählhebels des Automatikgetriebes. Die Umwelt wirkt auf das Fahrzeug durch die vorgegebenen Umgebungsbedingungen wie Seiten- und Gegenwind, Kraftschlussbeiwert der Straße, Fahrbahnsteigung und Fahrbahnunebenheiten ein, s. Abb. 1.3.

Ein Beispiel für ein komplexes Fahrzeugmodell, das als Mehrkörpersystem modelliert wurde, ist in Abb. 1.4 dargestellt. Nicht immer ist es allerdings notwendig, ein vollständiges Fahrzeug abzubilden. Das Fahrzeugmodell kann auch in seine Subsysteme unterteilt werden, die dann jeweils entweder alleine betrachtet und ggf. anschließend zu einem Gesamtmodell zusammengesetzt werden. In Abb. 1.4 wird dies anhand des komplexen Fahrzeugmodells angedeutet, das in seine typischen Subsysteme

- Fahrzeugaufbau (Chassis, Fahrgestell),
- Antriebsstrang,
- Radaufhängungen,
- Räder,
- Brems-
- und Lenksystem

aufgeteilt wurde.

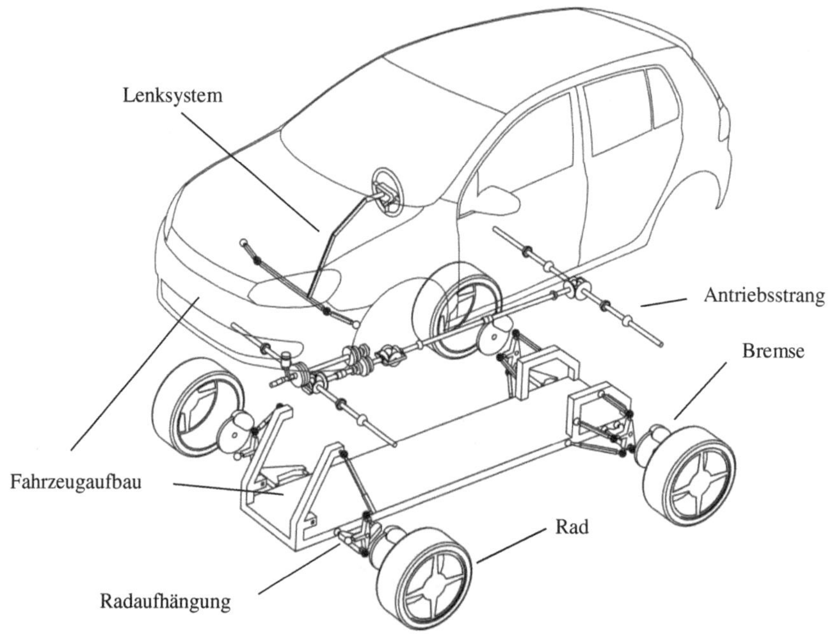

Abb. 1.4 Beispiel für ein komplexes Fahrzeugmodell

1.2.1 Fahrzeugmodelle und Anwendungsgebiete

Je nach gewünschter Anwendung können Fahrzeugmodelle verschiedener Ausprägung zum Einsatz kommen. In diesem Buch werden die in den Tab. 1.3 und 1.4 aufgeführten Grundmodellierungen im Detail besprochen. In Tab. 1.3 ist weiterhin gekennzeichnet, ob das jeweilige Modell sich für Offline- (O) oder Echtzeitanwendungen (E) eignet.

1.2.2 Kommerzielle Fahrzeugsimulationssysteme

Zur Simulation der Fahrzeugdynamik sind heute eine Vielzahl von Simulationsprogrammen bis hin zu kompletten Simulationsumgebungen und Werkzeugketten verfügbar. In diesem Abschnitt werden einige dieser kommerziellen Fahrzeugsimulationssysteme genannt. Dabei wird weder ein Anspruch auf Vollständigkeit geltend gemacht, noch soll mit der Nennung oder Nichtnennung einzelner Programme eine Wertung verbunden werden.

Beispiele für gängige Softwarelösungen allgemeiner Mehrkörpersysteme sind in Tab. 1.5 aufgeführt. Sie unterstützen den Modellaufbau durch Elementbibliotheken, die neben allgemein verwendbaren auch anwendungsspezifische Elemente und in der Regel auch geeignete grafische Benutzeroberflächen zur Erstellung der Modelle (Präprozessor)

Tab. 1.3 Simulationsgeschwindigkeit (O: offline, E: Echtzeit)

		Einspurmodell		Zweispurmodell		MKS-Modell	
		linear	nicht linear	ohne Kinematik	mit Kinematik	reduziert	komplex
Auslegung	Komponenten	O/E	O/E	O/E	O/E	O/E	O
	Funktionen	O/E	O/E	O/E	O/E	O/E	O
Konzeptentwurf und -test	Software	O/E	O/E	O/E	O/E	O/E	O
	Hardware	E	E	E			
	Hardware in the Loop (HiL)	E	E	E			
	Software in the Loop (SiL)	E	E	E			
Fahrsimulator	HMI	E	E	E	E		
	Erprobung von Algorithmen und Funktionen	E	E	E	E		
	Akzeptanz	E	E	E	E		
Integration in Algorithmen	Serienanwendung	E					

Tab. 1.4 Übersicht der Fahrzeugmodelle

	Einspurmodell		Zweispurmodell			MKS-Modell	
	linear	nicht linear	ohne Kinematik	mit Kinematik	reduziert	komplex	kombiniert mit FEM
	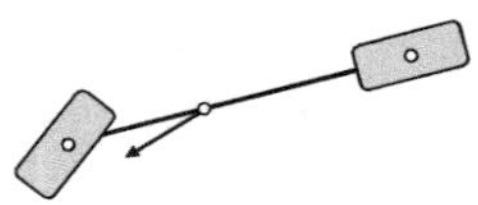		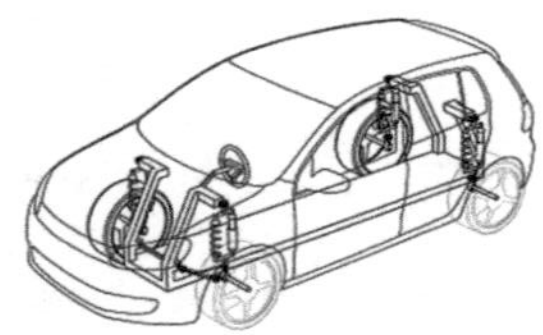		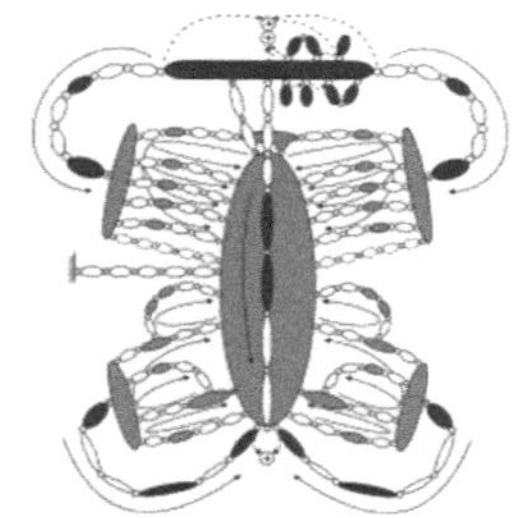		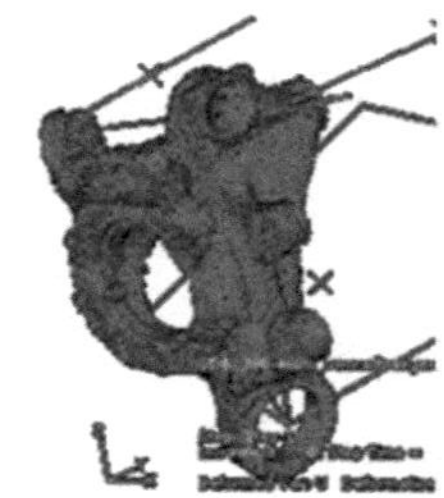
Bewegungsart			ebene Translation, gieren				
			Wank-, Nick-, Vertikaldynamik				
					Komponentenbewegung		
					Spezialanwendung, Überschlag, Unfall, Crash		
Freiheitsgrade	2–3	3–7	14–25		20–…		20–…
Frequenz-bereich	0–2 Hz		0–5 Hz		0–30 Hz		0–200 Hz

Tab. 1.5 Programme zur Simulation von Mehrkörpersystemen (MKS)

Programm	Hersteller	Art	Literaturverweis
Adams/ Adams Car	MSC.Software Corporation, Santa Ana, USA	MKS	(MSC.Software 2010)
Simpack	Simpack AG, Gilching, Deutschland	MKS	(Simpack 2010)
Virtual.Lab Vehicle Motion	LMS International, Leuven, Belgien	MKS	(LMS International 2010a)
Pro/ENGINEER Mechanica	PTC, Needham, USA	MKS	(Parametric Technology Corporation 2010)
SimuliaAbaqus	Simulia	Hybrid (FEM/MKS)	(Simulia 2010)
Dymola	Dassault Systemes, Vélizy-Villacoublay, Frankreich	MKS	(Dassault Systemes 2010)
DADS	LMS	MKS	(LMS International 2010b)

und zur Auswertung (Postprozessor) enthalten. Die genannten Systeme sind entweder dazu geeignet, beliebige mechanische Anwendungen zu unterstützen oder sie sind durch Spezialisierung aus solchen Systemen hervorgegangen. Daneben existieren jedoch auch Simulationsumgebungen, die ausschließlich die Modellierung von Kraftfahrzeugen zur Aufgabe haben. Diese Systeme gestatten in der Regel nicht nur die Simulation des eigentlichen Fahrzeugs, sondern ergänzend auch die Generierung von Straßenverläufen und die Berücksichtigung des Fahrers (Fahrermodelle). Beispiele für derartige Systeme sind in Tab. 1.6 aufgeführt.

Tab. 1.6 Spezialprogramme zur Simulation von Kraftfahrzeugen

Programm	Hersteller	Themen	Literaturverweis
CarMaker	IPG	MKS, Echtzeit, HiL	(IPG 2010)
CarSim	Mechanical Solution	MKS, Echtzeit	(Carsim 2010)
veDyna	TESIS Dynaware	MKS, Echtzeit	(Tesis 2010)
proracingsim	ProRacingSim	Motorsimulation	(Proracingsim 2010)
AVL Advisor	AVL	MKS, Echtzeit, Antriebsstrang	(AVL Advisor 2010)
AVL Cruise	AVL	MKS, Echtzeit, Antriebsstrang	(AVL Cruise 2010)
ASM	dSPACE	HiL, embedded	(dSpace 2010)
VDMS	Milliken Research	MKS	(Milliken Research 2010)
SwRi Raptor	Southwest Research		(Southwest Research 2010)
Madymo	TASS	MKS, FEM	(TASS 2010)

1.3 Inhaltsübersicht

In der Einleitung (Kap. 1) wird zunächst ein Überblick über Modellierungsverfahren und Simulationsprogramme gegeben. Zur Beschreibung der Dynamik von Kraftfahrzeugen wird in diesem Buch die Methode der Mehrkörpersysteme verwendet, die für die in der Fahrzeugdynamik wichtigen Phänomene besonders geeignet ist.

Die zum Verständnis des Buches erforderlichen mathematischen und kinematischen Grundlagen werden in Kap. 2 ausführlich besprochen. Kraftfahrzeuge sind Beispiele für Mehrkörpersysteme MKS mit sehr komplexer, räumlicher Kinematik, insbesondere im Bereich der Radaufhängungen. Das kennzeichnende Merkmal ist hier das Auftreten geschlossener kinematischer Schleifen, deren mathematische Behandlung erhebliche Schwierigkeiten bereitet. Aus diesem Grund wird die Kinematik von Mehrkörpersystemen in Kap. 3 ausführlich behandelt. Dabei werden insbesondere die von den Autoren im Rahmen von Entwicklungsprojekten über Jahre erfolgreich eingesetzten Konzepte der kinematischen Differentiale und Transformationen sowie Methoden zur Berücksichtigung der bei Radaufhängungen regelmäßig auftretenden kinematischen Schleifen erläutert. Auf der Basis der dargestellten kinematischen Methoden werden in Kap. 4 die Bewegungsgleichungen für Mehrkörpersysteme hergeleitet.

Auf Basis der in den ersten vier Kapiteln hergeleiteten Methoden werden in den folgenden Kap. 5–9 die Subsysteme Fahrzeugaufbau, Radaufhängungen, Rad-Straße-Kontakt und Antriebstrang von Kraftfahrzeugen modelliert und analysiert. Die Beschreibung der Teilsysteme wird noch durch eine Übersicht und die mathematische Beschreibung der auf das Fahrzeug wirkenden Kräfte ergänzt.

Die Kap. 10 und 11 beschäftigen sich mit grundlegenden Ein- und Zweispurmodellen, die aber bereits ausreichen, um wesentliche fahrdynamische Phänomene zu beschreiben. Die zugehörigen Bewegungsgleichungen werden explizit angegeben, sodass der Leser in der Lage ist, damit eigene Modelle zu erstellen und entsprechende Simulationen durchzuführen. Schließlich werden in Kap. 12 komplexe, räumliche Gesamtfahrzeugmodelle erstellt und beschrieben.

Für die in den einzelnen Kapiteln beschriebenen Modelle werden in Kap. 13 beispielhaft Parameter angegeben, die sich überwiegend auf ein fiktives, durchschnittliches Fahrzeugmodell der Mittelklasse beziehen. Darüber hinaus wird für typische Fahrzeuge mit unterschiedlichen Antriebskonzepten die Kinematik der Fahrwerke analysiert. Beispiele zur Anwendung der im Buch behandelten Methoden enthält Kap. 14.

1.4 Internetseite zum Buch

Zum vorliegenden Buch wurde eine Internetseite eingerichtet, auf der der Leser weitere Informationen und Ergänzungen zu dem im Buch gebotenen Stoff findet. Die Internetadresse der Seite ist:

www.imech.de/msdk

Literatur

Bürger K-H, Dödelbacher G (1988) Verbesserung des Fahrzeugschwingungsverhaltens durch Strukturoptimierung in der Konzeptphase. VDI-Bericht Nr. 699

Frik S (1994) Untersuchungen zur erforderlichen Modellkomplexität bei der Fahrdynamiksimulation. Dissertation. Fortschritt-Berichte VDI, Reihe 12, Nr. 208. Universität – Gesamthochschule Duisburg

Hiller M (1983) Mechanische Systeme: Eine Einführung in die analytische Mechanik und Systemdynamik. Springer, Berlin

Isermann R (2008) Mechatronische Systeme – Grundlagen. Springer, Berlin

Schiehlen W, Eberhard P (2004) Technische Dynamik, 2. Aufl. B. G. Teubner, Stuttgart

AVL Advisor (2010) http://www.avl.com

AVL Cruise (2010) http://www.avl.com

Carsim (2010) http://www.carsim.com/

DassaultSystemes (2010) http://www.3ds.com/home/

dSpace (2010) http://www.dspace.com

IPG (2010) http://www.ipg.de

LMS International (2010a) http://www.lmsintl.com/

LMS International (2010b) http://www.lmsintl.com/dads

Milliken Research (2010) http://millikenresearch.com/vdms.html

MSC.Software (2010) http://www.mscsoftware.com

Parametric Technology Corporation (2010) http://www.ptc.com/

ProracingSim (2010) http://www.proracingsim.com/

Simpack AG (2010) http://www.simpack.com/

Simulia (2010) http://www.simulia.com/solutions/automotive.html

Southwest Research (2010) http://www.swri.org

Tass (2010) http://www.tass-safe.com/

Tesis (2010) http://www.tesis.de

Mathematische und kinematische Grundlagen

2

Die Begriffe Vektor und Tensor spielen eine zentrale Rolle in der Mechanik. Im Folgenden wird zwischen dem Vektor als physikalischer Begriff und seiner mathematischen Verarbeitung über eine Komponentenzerlegung unterschieden. Dafür benötigt man einerseits Rechenregeln und andererseits Koordinatensysteme, um Vektoren in Komponenten zu zerlegen.

2.1 Vektoren

2.1.1 Elementare Rechenregeln für Vektoren

Die Einführung des Vektorbegriffes erfolgt anschaulich, wobei der Vektor immer eine geometrische oder physikalische Bedeutung hat (Abb. 2.1).
Es gelten folgende elementare Rechenregeln:
Summe und Produkt:

$$\boldsymbol{a} + \boldsymbol{b} = \boldsymbol{b} + \boldsymbol{a} \quad \text{kommutatives Gesetz,} \tag{2.1}$$

$$\boldsymbol{a} + (\boldsymbol{b} + \boldsymbol{c}) = (\boldsymbol{a} + \boldsymbol{b}) + \boldsymbol{c} \quad \text{assoziatives Gesetz,} \tag{2.2}$$

$$\boldsymbol{a} \cdot (\boldsymbol{b} + \boldsymbol{c}) = \boldsymbol{a} \cdot \boldsymbol{b} + \boldsymbol{a} \cdot \boldsymbol{c} \quad \text{distributives Gesetz.} \tag{2.3}$$

Skalarprodukt:

$$\boldsymbol{a} \cdot \boldsymbol{b} = |\boldsymbol{a}|\,|\boldsymbol{b}| \cos \sphericalangle(\boldsymbol{a}, \boldsymbol{b});\ |\boldsymbol{a}| : \quad \text{euklidische Norm} \tag{2.4}$$

$$\boldsymbol{a} \cdot \boldsymbol{b} = \boldsymbol{b} \cdot \boldsymbol{a} \quad \text{kommutatives Gesetz} \tag{2.5}$$

D. Schramm et al., *Modellbildung und Simulation der Dynamik von Kraftfahrzeugen*,
https://doi.org/10.1007/978-3-662-54481-5_2

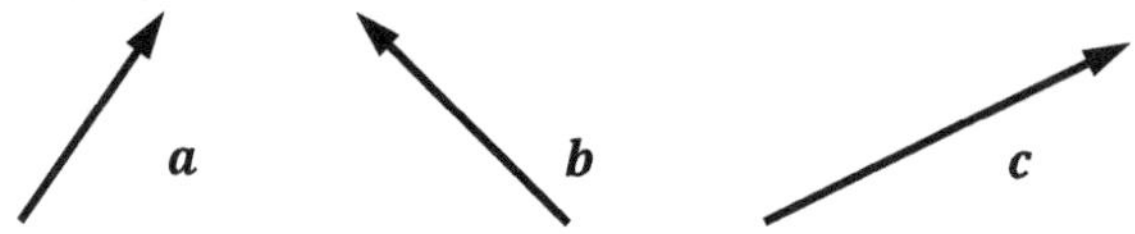

Abb. 2.1 Vektoren im dreidimensionalen, euklidischen Raum $\mathbb{R}_3$

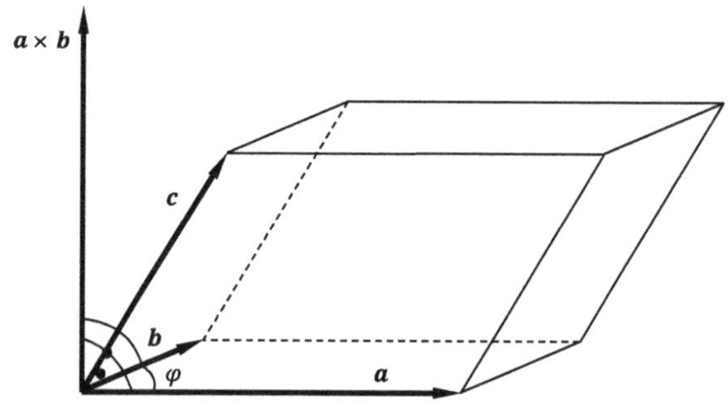

Abb. 2.2 Spatprodukt

Vektorprodukt:

$$\boldsymbol{a} \times \boldsymbol{b} \perp (\boldsymbol{a}, \boldsymbol{b}) \tag{2.6}$$

$$|\boldsymbol{a} \times \boldsymbol{b}| = |\boldsymbol{a}|\,|\boldsymbol{b}| \sin\varphi \quad \text{Betrag des Kreuzproduktes} \tag{2.7}$$

Spatprodukt (Abb. 2.2):

$$V = (\boldsymbol{a} \times \boldsymbol{b}) \cdot \boldsymbol{c} \text{ (Volumen } V \text{ aufgespannt aus den Vektoren } \boldsymbol{a},\boldsymbol{b},\boldsymbol{c}) \tag{2.8}$$

Entwicklungssatz:

$$\boldsymbol{a} \times (\boldsymbol{b} \times \boldsymbol{c}) = \boldsymbol{b}\,(\boldsymbol{a} \cdot \boldsymbol{c}) - \boldsymbol{c}\,(\boldsymbol{a} \cdot \boldsymbol{b}) \tag{2.9}$$

LAGRANGEsche Identität:

$$(\boldsymbol{a} \times \boldsymbol{b}) \cdot (\boldsymbol{c} \times \boldsymbol{d}) = (\boldsymbol{a} \cdot \boldsymbol{c})(\boldsymbol{b} \cdot \boldsymbol{d}) - (\boldsymbol{b} \cdot \boldsymbol{c})(\boldsymbol{a} \cdot \boldsymbol{d}) \tag{2.10}$$

2.1.2 Physikalische Vektoren

Die wichtigsten Größen zur Beschreibung technischer – insbesondere mechanischer Systeme – werden durch physikalische Vektoren beschrieben. Die Weiterverarbeitung und Interpretation dieser Größen erfordert jedoch in der Regel die Darstellung in einem Koordinatensystem. Daraus ergibt sich folgende Problemstellung:

Gegeben: Ein Vektor $\boldsymbol{a}$ sei gegeben als physikalische Größe, d. h. unabhängig von seiner Darstellung in Koordinaten (Komponenten).

Beispiele:	Verschiebung	$\boldsymbol{s}$
	Geschwindigkeit	$\boldsymbol{v}$
	Winkelgeschwindigkeit	$\boldsymbol{\omega}$
	Kraft	$\boldsymbol{F}$
	Moment	$\boldsymbol{L}$

Gesucht: Darstellung von $\boldsymbol{a}$ zur Auswertung von vektoriellen Beziehungen für physikalisch-technische Anwendungen.

Vorgehen: Einführung von Koordinatensystemen und Zerlegung der Vektoren in Komponenten.

Problem: Bestimmung des Zusammenhangs bei mehreren Koordinatensystemen, d. h. mehreren Darstellungen für denselben Vektor.

2.2 Koordinatensysteme und Komponenten

2.2.1 Koordinatensysteme

Koordinatensysteme $\mathbf{K}_i$ werden als orthonormierte Systeme eingeführt, d. h. die Koordinatenachsen x_i, y_i, z_i sind senkrecht zueinander. Dazu gehören normierte Einheits- oder Basisvektoren $\boldsymbol{e}_{x_i}, \boldsymbol{e}_{y_i}, \boldsymbol{e}_{z_i}$ der Länge 1 (Abb. 2.3).

2.2.2 Komponentenzerlegung

1. Koordinatensystem $\mathbf{K}_1\left(\boldsymbol{e}_{x_1}, \boldsymbol{e}_{y_1}, \boldsymbol{e}_{z_1}\right)$ (Abb. 2.4):
   Eine Zerlegung von $\boldsymbol{a}$ in Richtung der Basisvektoren $\boldsymbol{e}_{x_1}, \boldsymbol{e}_{y_1}, \boldsymbol{e}_{z_1}$ ergibt

$$\boldsymbol{a} = {}^1a_x\boldsymbol{e}_{x_1} + {}^1a_y\boldsymbol{e}_{y_1} + {}^1a_z\boldsymbol{e}_{z_1} \tag{2.11}$$

   mit den Projektionen ${}^1a_x = \boldsymbol{a} \cdot \boldsymbol{e}_{x_1}$, ${}^1a_y = \boldsymbol{a} \cdot \boldsymbol{e}_{y_1}$, ${}^1a_z = \boldsymbol{a} \cdot \boldsymbol{e}_{z_1}$.

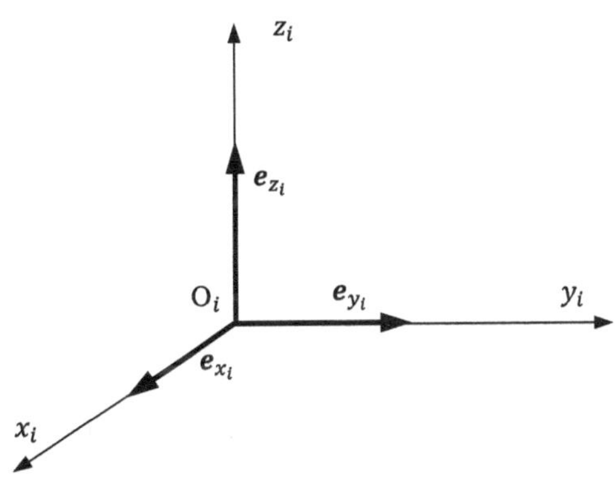

Abb. 2.3 Orthonormiertes Koordinatensystem

Abb. 2.4 Komponentenzerlegung

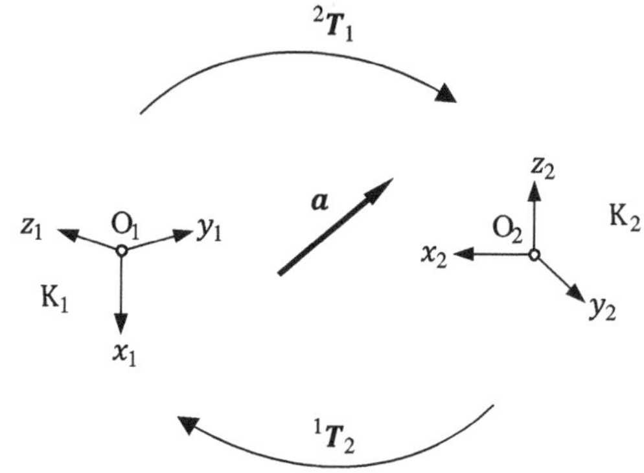

Praktisch entspricht das der Angabe der Komponenten von $\boldsymbol{a}$ bezüglich K_1:

$$ {}^1\boldsymbol{a} = [{}^1a_x, {}^1a_y, {}^1a_z] \text{ oder } {}^1\boldsymbol{a} = {}^1[a_x, a_y, a_z]^T. \tag{2.12} $$

Hier handelt es sich nicht mehr um einen physikalischen Vektor!

2. Koordinatensystem $\mathbf{K}_2\left(\boldsymbol{e}_{x_2}, \boldsymbol{e}_{y_2}, \boldsymbol{e}_{z_2}\right)$:
Eine Zerlegung von $\boldsymbol{a}$ in Richtung der Basisvektoren $\boldsymbol{e}_{x_2}, \boldsymbol{e}_{y_2}, \boldsymbol{e}_{z_2}$ ergibt entsprechend

$$ \boldsymbol{a} = {}^2a_x\boldsymbol{e}_{x_2} + {}^2a_y\boldsymbol{e}_{y_2} + {}^2a_z\boldsymbol{e}_{z_2} \tag{2.13} $$

mit den Projektionen ${}^2a_x = \boldsymbol{a} \cdot \boldsymbol{e}_{x_2}, {}^2a_y = \boldsymbol{a} \cdot \boldsymbol{e}_{y_2}, {}^2a_z = \boldsymbol{a} \cdot \boldsymbol{e}_{z_2}$.
Daraus folgen die Komponenten von $\boldsymbol{a}$ bezüglich $\mathbf{K}_2$:

$$ {}^2\boldsymbol{a} = [{}^2a_x, {}^2a_y, {}^2a_z]^T \text{ oder } {}^2\boldsymbol{a} = {}^2[a_x, a_y, a_z]^T. \tag{2.14} $$

2.2.3 Zusammenhang zwischen den Komponentendarstellungen

Der Zusammenhang der beiden Komponentendarstellungen lässt sich als Aufgabe formulieren:

Gegeben: Koordinatensysteme

$$ \mathbf{K}_1 = \{\mathrm{O}_1; \boldsymbol{e}_{x_1}, \boldsymbol{e}_{y_1}, \boldsymbol{e}_{z_1}\}, $$
$$ \mathbf{K}_2 = \{\mathrm{O}_2; \boldsymbol{e}_{x_2}, \boldsymbol{e}_{y_2}, \boldsymbol{e}_{z_2}\}. $$

Komponentenzerlegung von Vektor $\boldsymbol{a}$ in $\mathbf{K}_2$: ${}^2\left[a_x, a_y, a_z\right]^T$.

Gesucht: Komponentenzerlegung von $\boldsymbol{a}$ in $\mathbf{K}_1$: ${}^1\left[a_x, a_y, a_z\right]^T$.

Es gilt folgende Invarianzeigenschaft: Ein physikalischer Vektor $\boldsymbol{a}$ ist unabhängig von der jeweiligen Koordinatendarstellung, d. h. er kann über die Koordinatensysteme $\mathbf{K}_1$, $\mathbf{K}_2$ jeweils aus Teilvektoren aufgebaut werden:

$$\boldsymbol{a} \overset{!}{=} {}^1a_x\boldsymbol{e}_{x_1} + {}^1a_y\boldsymbol{e}_{y_1} + {}^1a_z\boldsymbol{e}_{z_1} \overset{!}{=} {}^2a_x\boldsymbol{e}_{x_2} + {}^2a_y\boldsymbol{e}_{y_2} + {}^2a_z\boldsymbol{e}_{z_2}, \tag{2.15}$$

wobei das Symbol „$\overset{!}{=}$" in diesem Zusammenhang „entspricht dem mathematischen Vektor" bedeuten soll. Die Multiplikation von Gl. (2.15) nacheinander mit $\boldsymbol{e}_{x_1}, \boldsymbol{e}_{y_1}, \boldsymbol{e}_{z_1}$ ergibt $\cdot\,\boldsymbol{e}_{x_1}$: ${}^1a_x \underbrace{\boldsymbol{e}_{x_1} \cdot \boldsymbol{e}_{x_1}}_{1} + {}^1a_y \underbrace{\boldsymbol{e}_{y_1} \cdot \boldsymbol{e}_{x_1}}_{0} + {}^1a_z \underbrace{\boldsymbol{e}_{z_1} \cdot \boldsymbol{e}_{x_1}}_{0} \overset{!}{=} {}^2a_x\boldsymbol{e}_{x_2} \cdot \boldsymbol{e}_{x_1} + {}^2a_y\boldsymbol{e}_{y_2} \cdot \boldsymbol{e}_{x_1} + {}^2a_z\boldsymbol{e}_{z_2} \cdot \boldsymbol{e}_{x_1}$

etc.

Damit folgt für die gesuchten Komponenten ${}^1a_x, {}^1a_y, {}^1a_z$ des Vektors $\boldsymbol{a}$ in $\mathbf{K}_1$:

$$\begin{aligned}
\cdot\,\boldsymbol{e}_{x_1} &\rightarrow {}^1a_x = {}^2a_x\boldsymbol{e}_{x_2} \cdot \boldsymbol{e}_{x_1} + {}^2a_y\boldsymbol{e}_{y_2} \cdot \boldsymbol{e}_{x_1} + {}^2a_z\boldsymbol{e}_{z_2} \cdot \boldsymbol{e}_{x_1}, \\
\cdot\,\boldsymbol{e}_{y_1} &\rightarrow {}^1a_y = {}^2a_x\boldsymbol{e}_{x_2} \cdot \boldsymbol{e}_{y_1} + {}^2a_y\boldsymbol{e}_{y_2} \cdot \boldsymbol{e}_{y_1} + {}^2a_z\boldsymbol{e}_{z_2} \cdot \boldsymbol{e}_{y_1}, \\
\cdot\,\boldsymbol{e}_{z_1} &\rightarrow {}^1a_z = {}^2a_x\boldsymbol{e}_{x_2} \cdot \boldsymbol{e}_{z_1} + {}^2a_y\boldsymbol{e}_{y_2} \cdot \boldsymbol{e}_{z_1} + {}^2a_z\boldsymbol{e}_{z_2} \cdot \boldsymbol{e}_{z_1}.
\end{aligned} \tag{2.16}$$

In Matrixschreibweise folgt für diese Transformationsbeziehung

$$\begin{bmatrix} {}^1a_x \\ {}^1a_y \\ {}^1a_z \end{bmatrix} = \begin{bmatrix} \boldsymbol{e}_{x_2} \cdot \boldsymbol{e}_{x_1} & \boldsymbol{e}_{y_2} \cdot \boldsymbol{e}_{x_1} & \boldsymbol{e}_{z_2} \cdot \boldsymbol{e}_{x_1} \\ \boldsymbol{e}_{x_2} \cdot \boldsymbol{e}_{y_1} & \boldsymbol{e}_{y_2} \cdot \boldsymbol{e}_{y_1} & \boldsymbol{e}_{z_2} \cdot \boldsymbol{e}_{y_1} \\ \boldsymbol{e}_{x_2} \cdot \boldsymbol{e}_{z_1} & \boldsymbol{e}_{y_2} \cdot \boldsymbol{e}_{z_1} & \boldsymbol{e}_{z_2} \cdot \boldsymbol{e}_{z_1} \end{bmatrix} \begin{bmatrix} {}^2a_x \\ {}^2a_y \\ {}^2a_z \end{bmatrix} \tag{2.17}$$

oder

$${}^1\boldsymbol{T}_2 = \begin{bmatrix} \boldsymbol{e}_{x_2} \cdot \boldsymbol{e}_{x_1} & \boldsymbol{e}_{y_2} \cdot \boldsymbol{e}_{x_1} & \boldsymbol{e}_{z_2} \cdot \boldsymbol{e}_{x_1} \\ \boldsymbol{e}_{x_2} \cdot \boldsymbol{e}_{y_1} & \boldsymbol{e}_{y_2} \cdot \boldsymbol{e}_{y_1} & \boldsymbol{e}_{z_2} \cdot \boldsymbol{e}_{y_1} \\ \boldsymbol{e}_{x_2} \cdot \boldsymbol{e}_{z_1} & \boldsymbol{e}_{y_2} \cdot \boldsymbol{e}_{z_1} & \boldsymbol{e}_{z_2} \cdot \boldsymbol{e}_{z_1} \end{bmatrix}, \tag{2.18}$$

$${}^1\boldsymbol{a} = {}^1\boldsymbol{T}_2{}^2\boldsymbol{a}. \tag{2.19}$$

Die Transformation der Komponenten (Koordinaten) eines Vektors **a** bezüglich des Koordinatensystems $\mathbf{K}_2$ in Komponenten bezüglich $\mathbf{K}_1$ erfolgt also mithilfe der Transformationsmatrix ${}^1\boldsymbol{T}_2$ (gelesen: Transformation von $\mathbf{K}_2$ nach $\mathbf{K}_1$). Damit lässt sich die Transformationsmatrix anschaulich interpretieren als

$${}^1\boldsymbol{T}_2 \begin{cases} \text{Spalten: Koordinatendarstellung} \\ \boldsymbol{e}_{x_2}, \boldsymbol{e}_{y_2}, \boldsymbol{e}_{z_2} \text{ in } \mathrm{K}_1 \\ \text{Zeilen: Koordinatendarstellung} \\ \boldsymbol{e}_{x_1}, \boldsymbol{e}_{y_1}, \boldsymbol{e}_{z_1} \text{ in } \mathrm{K}_2 \end{cases}$$

2.2.4 Eigenschaften der Transformationsmatrix

Die Transformationen sind in beide Richtungen definiert:

$$ {}^1\boldsymbol{T}_2 : {}^2\boldsymbol{a} \to {}^1\boldsymbol{a}. \tag{2.20}$$

Entsprechend gilt für die umgekehrte Transformation

$$\begin{aligned} {}^1\boldsymbol{a} \to {}^2\boldsymbol{a} &: {}^2\boldsymbol{T}_1 = ({}^1\boldsymbol{T}_2)^{-1} (\text{Inverse}), \\ {}^2\boldsymbol{a} &= {}^2\boldsymbol{T}_1\, {}^1\boldsymbol{a} = ({}^1\boldsymbol{T}_2)^{-1}\, {}^1\boldsymbol{a}. \end{aligned} \tag{2.21}$$

Analog zur Herleitung der Matrix ${}^1\boldsymbol{T}_2$ (Gl. (2.17), (2.18)) folgt also

$$ {}^2\boldsymbol{T}_1 = ({}^1\boldsymbol{T}_2)^{-1} = \begin{bmatrix} \boldsymbol{e}_{x_1} \cdot \boldsymbol{e}_{x_2} & \boldsymbol{e}_{y_1} \cdot \boldsymbol{e}_{x_2} & \boldsymbol{e}_{z_1} \cdot \boldsymbol{e}_{x_2} \\ \boldsymbol{e}_{x_1} \cdot \boldsymbol{e}_{y_2} & \boldsymbol{e}_{y_1} \cdot \boldsymbol{e}_{y_2} & \boldsymbol{e}_{z_1} \cdot \boldsymbol{e}_{y_2} \\ \boldsymbol{e}_{x_1} \cdot \boldsymbol{e}_{z_2} & \boldsymbol{e}_{y_1} \cdot \boldsymbol{e}_{z_2} & \boldsymbol{e}_{z_1} \cdot \boldsymbol{e}_{z_2} \end{bmatrix}. \tag{2.22}$$

Der Vergleich mit Gl. (2.17) zeigt, dass man Gl. (2.22) erhält, indem man in Gl. (2.17) nur Zeilen mit Spalten vertauscht, also die Matrix ${}^1\boldsymbol{T}_2$ transponiert. Damit gilt folgende Orthogonalitätsbedingung:

$$ {}^2\boldsymbol{T}_1 = \left({}^1\boldsymbol{T}_2\right)^{-1} = \left({}^1\boldsymbol{T}_2\right)^T. \tag{2.23}$$

Man erhält also die Rücktransformation ${}^2\boldsymbol{T}_1$ aus der Hintransformation ${}^1\boldsymbol{T}_2$ durch Transponieren der Matrix ${}^1\boldsymbol{T}_2$.

2.3 Lineare Vektorfunktionen und Tensoren 2. Stufe

Die Vektoren $\boldsymbol{x}$ und $\boldsymbol{y}$ seien durch die Vektorfunktion

$$ \boldsymbol{y} = \boldsymbol{T}(\boldsymbol{x}) \tag{2.24}$$

verknüpft. Es sollen die folgenden Rechenregeln gelten:

$$ \boldsymbol{T}(\mu \boldsymbol{x}) = \mu \boldsymbol{T}(\boldsymbol{x}) \quad \text{assoziatives Gesetz (Homogenität)}, \tag{2.25}$$

$$ \boldsymbol{T}(\boldsymbol{x}_1 + \boldsymbol{x}_2) = \boldsymbol{T}(\boldsymbol{x}_1) + \boldsymbol{T}(\boldsymbol{x}_2) \quad \text{distributives Gesetz (Additivität)}. \tag{2.26}$$

Dann heißt diese Vektorfunktion homogen und linear, und man kann schreiben:

$$ \boldsymbol{y} = \boldsymbol{T}\boldsymbol{x}. \tag{2.27}$$

Man bezeichnet in dieser linearen Abbildung, die dem Vektor $\boldsymbol{x}$ den Vektor $\boldsymbol{y}$ zuordnet, die Größe $\boldsymbol{T}$ als Tensor 2. Stufe. Dabei ist $\boldsymbol{T}$ zunächst eine reine Abbildungsvorschrift, wobei über die Struktur von $\boldsymbol{T}$ noch nichts ausgesagt ist.

Beispiele für Tensoren 2. Stufe:

1. Das dyadische Produktoder Tensorprodukt

Gegeben sei die folgende Beziehung

$$\boldsymbol{y} = (\boldsymbol{b} \cdot \boldsymbol{x})\boldsymbol{a} = \boldsymbol{a}(\boldsymbol{b} \cdot \boldsymbol{x}). \tag{2.28}$$

Aus dieser Beziehung kann man den Vektor $\boldsymbol{x}$ durch folgende Schreibweise herauslösen:

$$\boldsymbol{y} = (\boldsymbol{a} \circ \boldsymbol{b})\boldsymbol{x} \text{ mit } \boldsymbol{T} = \boldsymbol{a} \circ \boldsymbol{b} = \boldsymbol{a}\boldsymbol{b}^T. \tag{2.29}$$

Hier ist $\boldsymbol{a} \circ \boldsymbol{b}$ das dyadische Produkt, auch Tensorprodukt oder tensorielles Produkt genannt und damit eine neue Verknüpfung der Vektoren $\boldsymbol{a}$ und $\boldsymbol{b}$. Anhand der Rechenregeln der Gl. (2.25) und (2.26) lässt sich leicht zeigen, dass

$$\boldsymbol{T} = \boldsymbol{a} \circ \boldsymbol{b} \tag{2.30}$$

ein Tensor 2. Stufe ist. In Komponenten eines Koordinatensystems (x, y, z) lautet das dyadische Produkt folglich mit

$$\boldsymbol{a} = \begin{bmatrix} a_x \\ a_y \\ a_z \end{bmatrix} \quad \text{und} \quad \boldsymbol{b} = \begin{bmatrix} b_x \\ b_y \\ b_z \end{bmatrix},$$

$$\boldsymbol{T} = \boldsymbol{a}\boldsymbol{b}^T = \begin{bmatrix} a_x \\ a_y \\ a_z \end{bmatrix} \begin{bmatrix} b_x & b_y & b_z \end{bmatrix} = \begin{bmatrix} a_x b_x & a_x b_y & a_x b_z \\ a_y b_x & a_y b_y & a_y b_z \\ a_z b_x & a_z b_y & a_z b_z \end{bmatrix}. \tag{2.31}$$

2. Das Vektorproduktoder Kreuzprodukt

$$\boldsymbol{b} = \boldsymbol{\omega} \times \boldsymbol{a} \tag{2.32}$$

ist ebenfalls eine Verknüpfung der Vektoren $\boldsymbol{a}$ und $\boldsymbol{b}$, für die die Rechenregeln (2.25) und (2.26) gelten. Damit kann man das Vektorprodukt auch schreiben als:

$$\boldsymbol{b} = \boldsymbol{\Omega}\boldsymbol{a} = \boldsymbol{\omega} \times \boldsymbol{a} = \tilde{\boldsymbol{\omega}}\boldsymbol{a}, \tag{2.33}$$

wobei $\boldsymbol{\Omega} = \tilde{\boldsymbol{\omega}} = \boldsymbol{\omega} \times \ldots$ jetzt dem Operator des Vektorprodukts entspricht und im vorliegenden Fall $\boldsymbol{\omega}$ die Winkelgeschwindigkeit ist.

In Komponenten gilt mit

$$\boldsymbol{\Omega} = \begin{bmatrix} 0 & -\omega_z & \omega_y \\ \omega_z & 0 & -\omega_x \\ -\omega_y & \omega_x & 0 \end{bmatrix} \tag{2.34}$$

$$\boldsymbol{b} = \begin{bmatrix} -\omega_z a_y + \omega_y a_z \\ \omega_z a_x - \omega_x a_z \\ -\omega_y a_x + \omega_x a_y \end{bmatrix}. \tag{2.35}$$

Ein weiteres wichtiges Beispiel für einen Tensor 2. Stufe ist der Drehtensor ***T***, der im nächsten Abschnitt eingeführt wird.

Bemerkung: Für die vollständige Definition eines Tensors 2. Stufe müssen noch Aussagen über sein Transformationsverhalten gemacht werden, auf die an dieser Stelle jedoch verzichtet werden (Klingbeil 1966).

2.4 Freie Bewegung des starren Körpers

2.4.1 Allgemeine Bewegung des starren Körpers

Für eine spätere, gute physikalische Interpretation der zu gewinnenden Ergebnisse ist es naheliegend, die allgemeine Bewegung des starren Körpers im Raum wie folgt aufzubauen. Diese allgemeine Bewegung ist durch sechs unabhängige Bewegungsmöglichkeiten gekennzeichnet und lässt sich als Überlagerung der translatorischen Bewegung eines zu wählenden Bezugspunktes im starren Körper (häufig der Massenmittelpunkt) und einer – relativ zu diesem Bezugspunkt stattfindenden – räumlichen Drehbewegung interpretieren (Abb. 2.5).

1. Beschreibung der Lage

Nachfolgend soll die Bewegung eines starren Körpers als Überlagerung einer translatorischen Bahnbewegung und einer rotatorischen Drehbewegung beschrieben werden. Man unterscheidet also:

- Die Bahnbewegung $\boldsymbol{p}(t)$ eines beliebigen körperfesten Punktes P im Körper gekennzeichnet durch drei Freiheitsgrade der Translation.

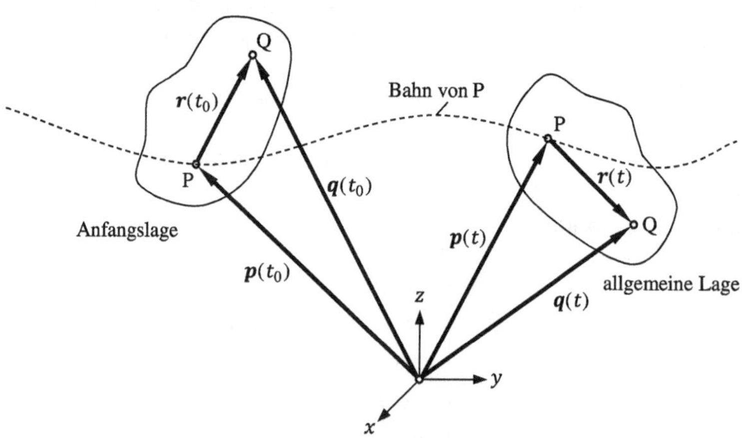

Abb. 2.5 Allgemeine Bewegung des starren Körpers

- Die Drehbewegung des Körpers um den Bezugspunkt P gekennzeichnet durch drei Freiheitsgrade der Rotation.

Mathematische Darstellung:
Für den Ortsvektor zu einem beliebigen Punkt Q im Körper gilt

$$\boldsymbol{q}\,(t) = \boldsymbol{p}\,(t) + \boldsymbol{r}\,(t) = \boldsymbol{p}\,(t) + \boldsymbol{T}\,(t)\boldsymbol{r}\,(t_0)\,. \tag{2.36}$$

Hierbei ist $\boldsymbol{T}(t)$ der bereits weiter oben erwähnte Drehtensor der Drehbewegung. Die Größen $\boldsymbol{p}(t)$, $\boldsymbol{T}(t)$ beinhalten insgesamt sechs unabhängige Lagekoordinaten:

$$\boldsymbol{w}(t) = [w_1, \ldots, w_6]^T. \tag{2.37}$$

Sind drei Parameter der Translation (z. B. die drei Komponenten des Ortsvektors $\boldsymbol{p}$ eines beliebigen Bezugspunktes P) und drei Parameter der Rotation (z. B. drei unabhängige Parameter für die Drehbewegung, ausgedrückt durch den Drehtensor $\boldsymbol{T}$) bekannt, so lässt sich für jeden Punkt Q eines starren Körpers seine Bahn $\boldsymbol{q}(t)$ gemäß Gl. (2.36) berechnen.

Anmerkungen zum Drehtensor $\boldsymbol{T}(t)$:

- Der Drehtensor $\boldsymbol{T}(t)$ ist ein Tensor 2. Stufe und im allgemeinen eine Funktion der Zeit.
- Wird der Drehtensor $\boldsymbol{T}$ in Komponenten beschrieben, so entspricht er einer [3×3]-Matrix mit neun Elementen, von denen jedoch nur drei unabhängig sind. Zwischen den Elementen müssen demnach noch weitere Abhängigkeiten bestehen, auf die in Abschn. 2.5.3 näher eingegangen wird.
- Zwischen dem Drehtensor $\boldsymbol{T}(t)$ und der in Abschn. 2.2 (Gl. (2.18)–(2.23)) eingeführten Transformationsmatrix ${}^i\boldsymbol{T}_j$ besteht ein enger Zusammenhang, der hier kurz dargestellt wird.

Zusammenhang Drehtensorund Transformationsmatrix Der Zusammenhang zwischen Drehtensor und Koordinatentransformation soll zunächst an einem ebenen Beispiel erläutert werden. Man betrachte dazu die Transformation zwischen zwei körperfesten Koordinatensystemen für eine ebene Fixpunktdrehung um die Drehachse $\boldsymbol{e}_z$ mit dem Drehwinkel β (Abb. 2.6). Das Paar ($\boldsymbol{e}_z$, β) – später Drehzeiger genannt – wird in Abschn. 2.5 noch näher untersucht. Die körperfesten Koordinatensysteme sind einerseits das System (x_0, y_0, z_0) der Anfangslage des zu drehenden Körpers (beschrieben durch den Vektor $\boldsymbol{r}$) und andererseits das System (x_1, y_1, z_1) der gedrehten Lage (beschrieben durch den Vektor $\boldsymbol{r}_1 = \boldsymbol{r}(t)$).

Die Darstellung der Drehung mit dem Drehtensor $\boldsymbol{T}(\boldsymbol{e}_z, \beta)$ lautet damit

$$\boldsymbol{r}_1 = \boldsymbol{T}\,(\boldsymbol{e}_z, \beta)\,\boldsymbol{r}_0. \tag{2.38}$$

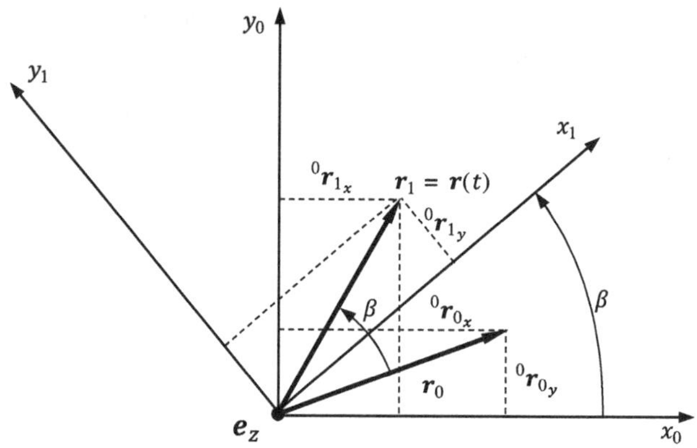

Abb. 2.6 Zusammenhang zwischen Drehtensor und Koordinatentransformation

Für die Komponentendarstellung der Gl. (2.38) im Ausgangkoordinatensystem (x_0, y_0, z_0) gilt also

$$^0\boldsymbol{r}_1 = {}^0\boldsymbol{T}([0,0,1]^T, \beta)^0\boldsymbol{r}_0, \tag{2.39}$$

$$\begin{bmatrix} {}^0r_{1x} \\ {}^0r_{1y} \\ {}^0r_{1z} \end{bmatrix} = \begin{bmatrix} \cos\beta & -\sin\beta & 0 \\ \sin\beta & \cos\beta & 0 \\ 0 & 0 & 1 \end{bmatrix} \begin{bmatrix} {}^0r_{0x} \\ {}^0r_{0y} \\ {}^0r_{0z} \end{bmatrix}. \tag{2.40}$$

Vergleicht man diese Darstellung mit einer entsprechenden ebenen Transformation von ebenen Koordinatensystemen, so entspricht sie gerade der Matrix ${}^0\boldsymbol{T}_1$ der Koordinatentransformation

$$(x_1, y_1, z_1) \rightarrow (x_0, y_0, z_0)$$

oder in Komponentendarstellung

$$^0\boldsymbol{r}_1 = {}^0\boldsymbol{T}_1{}^1\boldsymbol{r}_1 \text{und } {}^0\boldsymbol{r}_0 = {}^1\boldsymbol{r}_1. \tag{2.41}$$

Damit gilt aber allgemein: Dem Drehtensor der Drehung $\boldsymbol{r} \rightarrow \boldsymbol{r}_1$, ausgedrückt im System (x_0, y_0, z_0), entspricht die Matrix der Transformation in umgekehrter Richtung $(x_1, y_1, z_1) \rightarrow (x_0, y_0, z_0)$.

2. Beschreibung der Geschwindigkeit

Die Ableitung von Gl. (2.36) nach der Zeit ergibt

$$\dot{\boldsymbol{q}}(t) = \dot{\boldsymbol{p}}(t) + \dot{\boldsymbol{r}}(t) = \dot{\boldsymbol{p}}(t) + \dot{\boldsymbol{T}}(t)\boldsymbol{r}(t_0). \tag{2.42}$$

Durch die Umformung

$$\dot{\boldsymbol{T}}(t)\boldsymbol{r}(t_0) = \underbrace{\dot{\boldsymbol{T}}(t)\boldsymbol{T}^{-1}(t)}_{\boldsymbol{\omega}\times\ldots}\boldsymbol{r}(t) = \dot{\boldsymbol{T}}(t)\boldsymbol{T}^{\mathrm{T}}(t)\boldsymbol{r}(t) = \boldsymbol{\omega}(t) \times \boldsymbol{r}(t) \tag{2.43}$$

Abb. 2.7 Bewegungswinder

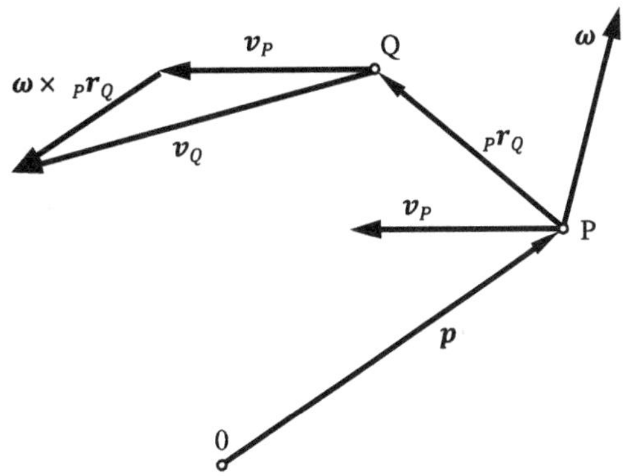

sowie der Beziehung $\boldsymbol{\Omega}(t) = \dot{\boldsymbol{T}}(t)\,\boldsymbol{T}^{\mathrm{T}}(t)$ (POISON-Gleichung) ergibt sich

$$\dot{\boldsymbol{q}}(t) = \dot{\boldsymbol{p}}(t) + \boldsymbol{\omega}(t) \times \boldsymbol{r}(t)\,. \tag{2.44}$$

Der Bewegungswinder: Der Bewegungswinder beschreibt den Bewegungszustand eines starren Körpers vollständig und besteht gemäß Abb. 2.7 für einen vorgegebenem Punkt P aus:

$$\left.\begin{array}{ll}\text{Translationsgeschwindigkeit} & \boldsymbol{v}_P \\ \text{Winkelgeschwindigkeit} & \boldsymbol{\omega}\end{array}\right\} \quad (\boldsymbol{v}_P, \boldsymbol{\omega})\text{-Bewegungswinder}$$

Bei gegebenem Bewegungswinder $\boldsymbol{v}_P, \boldsymbol{\omega}$ für einen Punkt $\mathrm{P}(\boldsymbol{v}_P, \boldsymbol{\omega})$ gilt für einen anderen Bezugspunkt Q im Körper gemäß (2.44) immer

$$\boldsymbol{v}_Q = \boldsymbol{v}_P + \boldsymbol{\omega} \times {}_P\boldsymbol{r}_Q. \tag{2.45}$$

Die momentane Winkelgeschwindigkeit $\boldsymbol{\omega}$ eines starren Körpers ist also überall gleich, während die Translationsgeschwindigkeit vom jeweiligen Bezugspunkt abhängt.

Durch gezielte Verschiebung des Bezugspunktes lässt sich der Bewegungswinder auf eine Bewegungsschraube reduzieren. Sie ist dadurch gekennzeichnet, dass Translationsgeschwindigkeit und Drehgeschwindigkeit längs der Schraubachse parallel sind (Abb. 2.8).

3. Berechnung der Beschleunigung

Die nochmalige Ableitung von Gl. (2.44) nach der Zeit ergibt

$$\ddot{\boldsymbol{q}}(t) = \ddot{\boldsymbol{p}}(t) + \dot{\boldsymbol{\omega}}(t) \times \boldsymbol{r}(t) + \boldsymbol{\omega}(t) \times \underbrace{\dot{\boldsymbol{r}}(t)}_{\boldsymbol{\omega}(t)\times\boldsymbol{r}(t)} \tag{2.46}$$

bzw.

$$\ddot{\boldsymbol{q}}(t) = \ddot{\boldsymbol{p}}(t) + \boldsymbol{\omega}(t) \times [\boldsymbol{\omega}(t) \times \boldsymbol{r}(t)] + \dot{\boldsymbol{\omega}}(t) \times \boldsymbol{r}(t). \tag{2.47}$$

Abb. 2.8 Bewegungsschraube

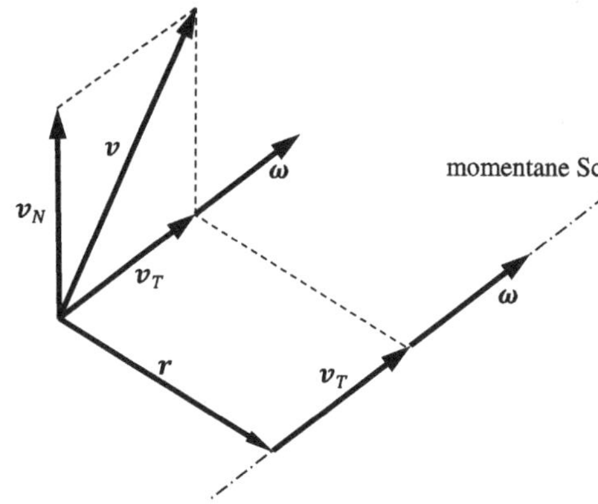

2.4.2 Relativbewegung

Relativbewegungen spielen in der Mechanik eine zentrale Rolle, was im besonderen Maße auch für die in diesem Buch zu untersuchenden Fragestellungen zur Fahrdynamik gilt. Daher werden in diesem Abschnitt einige wesentliche Beziehungen aus der elementaren Mechanik zusammengestellt und am Beispiel eines relativ zur Erde (Inertialsystem 0) fliegenden Flugzeugs mit einem darin still sitzenden Passagier (System P) festgemacht. Im Flugzeug bewegt sich eine Fliege Q relativ zu Passagier und Flugzeug. Das Flugzeug samt Passagier fungiert also als sogenannte Führungsbewegung P. Zusätzlich existiert im Flugzeug noch die Relativbewegung der Fliege Q bezüglich P (Abb. 2.9) (nach Kecskeméthy in Hiller et al. 1986, 1987, 1988). Damit lässt sich folgende Aufgabenstellung formulieren:

Gegeben: Führungsbewegung P und Relativbewegung Q relativ zu P.
Gesucht: Absolutbewegung Q der Fliege bezüglich Inertialsystem 0.

Im Einzelnen gilt:

1. Lage $r_Q\,(t)$:
Translation (ausgedrückt über Ortsvektoren):

$$\boldsymbol{r}_Q = \boldsymbol{r}_P + {}_P\boldsymbol{r}_Q, \tag{2.48}$$

Rotation (ausgedrückt über Drehtensoren):

$$\boldsymbol{T}_Q = {}_P\boldsymbol{T}\,{}_Q\boldsymbol{T}_P, \tag{2.49}$$

oder alternativ über Transformationsmatrizen:

$$\boldsymbol{T}_Q = \boldsymbol{T}_P\,{}^P\boldsymbol{T}_Q. \tag{2.50}$$

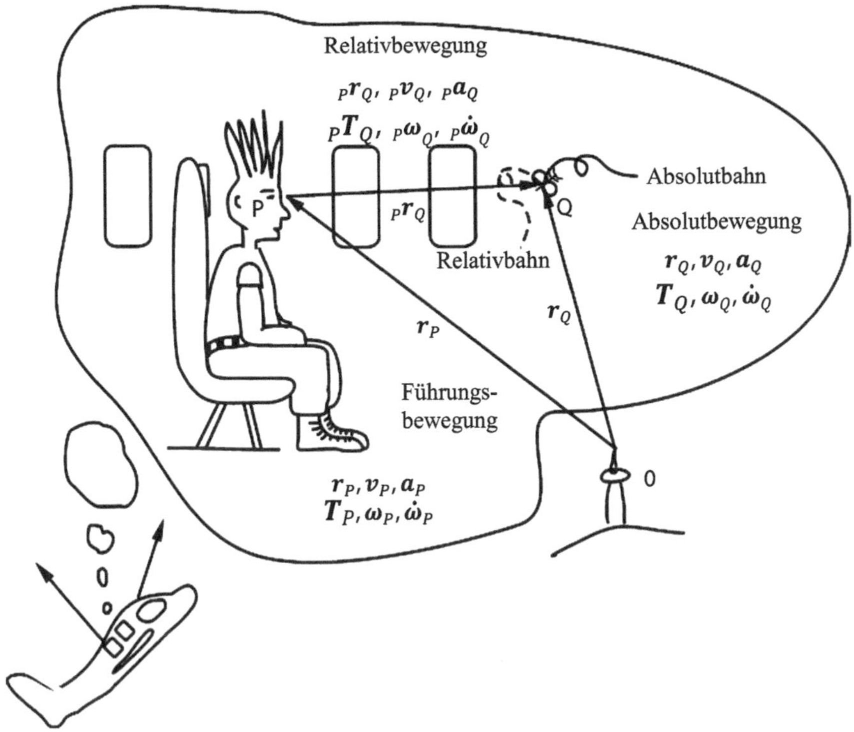

Abb. 2.9 Führungsbewegung P, Relativbewegung Q *bzgl.* P und Absolutbewegung Q

2. Geschwindigkeit $v_Q\,(t)$:

$$\boldsymbol{v}_Q = \boldsymbol{v}_P + {}_P\boldsymbol{v}_Q + \boldsymbol{\omega}_P \times {}_P\boldsymbol{r}_Q, \tag{2.51}$$

$$\boldsymbol{\omega}_Q = \boldsymbol{\omega}_P + {}_P\boldsymbol{\omega}_Q. \tag{2.52}$$

3. Beschleunigung $\boldsymbol{a}_Q\,(t)$:
Nach einiger Rechnung folgt:

$$\boldsymbol{a}_Q = \boldsymbol{a}_P + {}_P\boldsymbol{a}_Q + \dot{\boldsymbol{\omega}}_P \times {}_P\boldsymbol{r}_Q + 2\boldsymbol{\omega}_P \times {}_P\boldsymbol{v}_Q + \boldsymbol{\omega}_P \times \left(\boldsymbol{\omega}_P \times {}_P\boldsymbol{r}_Q\right), \tag{2.53}$$

$$\dot{\boldsymbol{\omega}}_Q = \dot{\boldsymbol{\omega}}_P + {}_P\dot{\boldsymbol{\omega}}_Q + \boldsymbol{\omega}_P \times {}_P\boldsymbol{\omega}_Q. \tag{2.54}$$

Speziell nennt man:

$\dot{\boldsymbol{\omega}}_P \times {}_P\boldsymbol{r}_Q$	EULER-Beschleunigung
$2\boldsymbol{\omega}_P \times {}_P\boldsymbol{v}_Q$	CORIOLIS-Beschleunigung
$\boldsymbol{\omega}_P \times \left(\boldsymbol{\omega}_P \times_P \boldsymbol{r}_Q\right)$	Zentripetalbeschleunigung

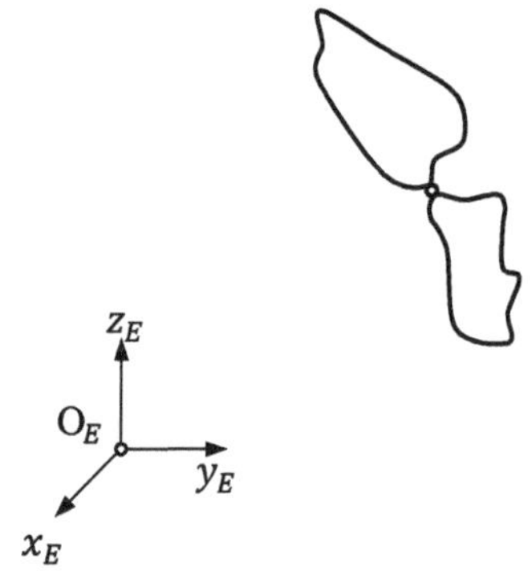

- absolut in Ruhe
- nur bezüglich dieses Systems gelten die dynamischen Prinzipien

Abb. 2.10 Inertialsystem

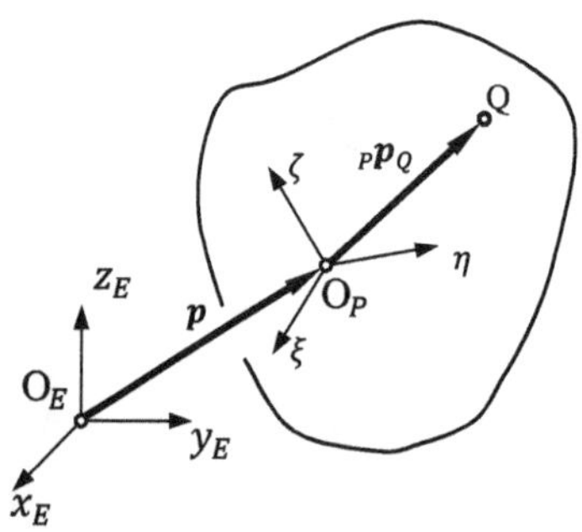

- relative Lage aller materiellen Punkte eines Körpers ist fest
- bezüglich dieses Systems werden die physikalischen Eigenschaften eines Körpers angegeben (Trägheitsmoment, körperfeste Punkte)

Abb. 2.11 Körperfestes Bezugssystem

Für weitere Einzelheiten hierzu sei auf die einschlägige Literatur zur Mechanik verwiesen (Magnus und Müller 1974).

2.4.3 Wichtige Bezugssysteme

1. Inertialsystem $K_E = \{O_E; x_E, y_E, z_E\}$ (Abb. 2.10):
2. Körperfestes Bezugssystem $K_P = \{O_P; \xi_P, \eta_P, \zeta_P\}$ (Abb. 2.11):
3. Bezugssysteme für Wechselwirkungen (Bindungen, Kräfte) (Abb. 2.12):

- Zusätzliche Koordinatensysteme $K_k, K_{\bar{k}}$, die bezüglich der körperfesten Systeme $\mathbf{K}_i$ und $\mathbf{K}_j$ definiert sind.
- Bezüglich dieser Systeme lässt sich die relative Lage und Bewegung der Körper „*i*" und „*j*" über einfache Bedingungen (Bindungen) darstellen. Dasselbe gilt auch für die Wechselwirkungen (Kräfte).

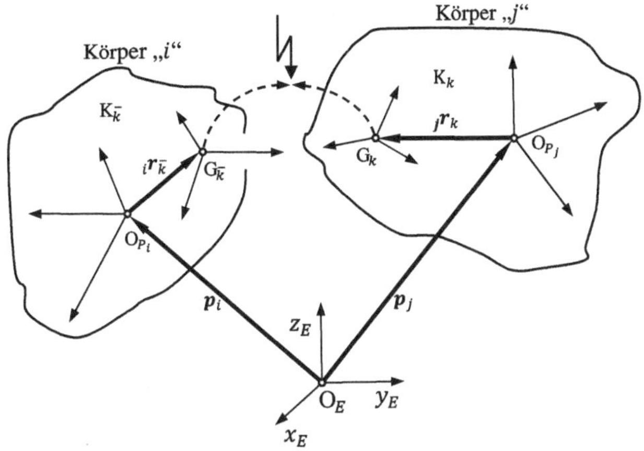

Abb. 2.12 Bezugssysteme für Wechselwirkungen (Bindungen, Kräfte)

2.5 Drehbewegungen

In diesem Abschnitt werden unterschiedliche Darstellungsformen für Drehbewegungen des starren Körpers behandelt. Dabei werden zunächst nur Lage und Geschwindigkeit betrachtet. Bei der Lage ist zwischen infinitesimaler und endlicher Drehung (Verschiebung) zu unterscheiden. Die wesentliche Größe für die Beschreibung der endlichen Drehung ist der Drehtensor $\boldsymbol{T}$, wobei an dieser Stelle noch keine Aussagen über dessen Parametrisierung gemacht worden sind. In direktem Zusammenhang mit der infinitesimalen Drehung steht die Winkelgeschwindigkeit $\boldsymbol{\omega}$ als entscheidende Größe der Beschreibung.

2.5.1 Räumliche Drehung und Winkelgeschwindigkeit in allgemeiner Form

Allgemeine Drehbewegungen können auch als Bewegungen eines starren Körpers um einen Fixpunkt (Fixpunktdrehung) aufgefasst werden. Damit folgt aus den Überlegungen in Abschn. 2.4.1 speziell für die Drehbewegung unmittelbar (Abb. 2.13):

1. Lage:
Es gilt

$$\boldsymbol{r}(t) = \boldsymbol{T}(t)\boldsymbol{r}(t_0)\,. \tag{2.55}$$

Hierbei ist $\boldsymbol{T}(t)$ der Drehtensor, dessen Struktur von den gewählten Drehparametern abhängt (s. Abschn. 2.5.3). Weiterhin existiert auch die inverse Beziehung

$$\boldsymbol{r}(t_0) = \boldsymbol{T}^{-1}(t)\boldsymbol{r}(t)\,. \tag{2.56}$$

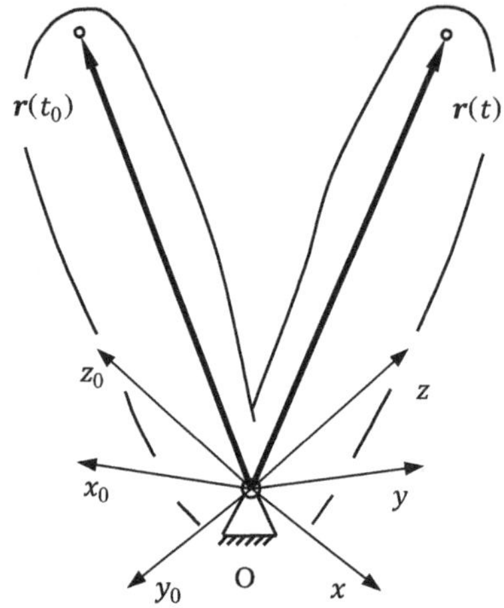

Abb. 2.13 Fixpunktdrehung

2. Geschwindigkeit:
Hier ist

$$\dot{\boldsymbol{r}}(t) = \dot{\boldsymbol{T}}(t)\boldsymbol{r}(t_0) = \dot{\boldsymbol{T}}(t)\boldsymbol{T}^{-1}(t)\boldsymbol{r}(t) = \boldsymbol{\omega}(t) \times \boldsymbol{r}(t) \tag{2.57}$$

mit

$$\dot{\boldsymbol{T}}(t)\boldsymbol{T}^{-1}(t)\boldsymbol{r}(t) = \boldsymbol{\omega}(t) \times \boldsymbol{r}(t) = \boldsymbol{\Omega}(t)\boldsymbol{r}(t) = \tilde{\boldsymbol{\omega}}r(t). \tag{2.58}$$

Hierbei ist $\boldsymbol{\Omega}$ ein schiefsymmetrischer Tensor, der der Operation des Vektorproduktes entspricht (vgl. Abschn. 2.3). In einem Koordinatensystem (x, y, z) lautet die Komponentendarstellung von $\boldsymbol{\Omega}$

$$\boldsymbol{\Omega} = \tilde{\boldsymbol{\omega}} = \begin{bmatrix} 0 & -\omega_z & \omega_y \\ \omega_z & 0 & -\omega_x \\ -\omega_y & \omega_x & 0 \end{bmatrix}. \tag{2.59}$$

Damit sind allerdings noch keine Aussagen darüber getroffen, durch welche Drehparameter die Drehbewegungen beschrieben werden.

2.5.2 Parametrisierung von Drehbewegungen

Für die Darstellung von räumlichen Drehbewegungen haben sich zwei physikalische Prinzipien aus technischer Sicht besonders bewährt. Eine Möglichkeit ist die Realisierung der räumlichen Drehung als eine einzige Drehung um eine entsprechend zu wählende räumliche Drehachse mit einem zugehörigen Drehwinkel. Dieses Prinzip wurde bereits in Abschn. 2.4.1 ohne nähere Erläuterung zugrunde gelegt. Die zweite Möglichkeit geht davon aus, eine räumliche Drehung aus drei nacheinander – um unterschiedliche Drehachsen – auszuführenden sogenannten ebenen Elementardrehungen aufzubauen. Damit ist offensichtlich, dass im Falle der räumlichen Fixpunktdrehung aus dem vorigen Abschnitt die Komponenten eines im Fixpunkt anzusetzenden Achsvektors $\boldsymbol{u}(t)$ sowie ein zugehöriger Drehwinkel $\beta(t)$ sich als Parameter für die Beschreibung dieser Drehbewegung anbieten. Damit stehen aber für die drei Freiheitsgrade dieser räumlichen Drehung mit den drei Komponenten des Achsvektors sowie dem Drehwinkel $\beta(t)$ insgesamt vier Parameter für die Beschreibung dieser räumlichen Drehung zur Verfügung. Dieses Paar

$$\vec{\boldsymbol{\beta}} = (\boldsymbol{u}(t), \beta\,(t)), \tag{2.60}$$

bestehend aus den Komponenten der Drehachse $\boldsymbol{u}(t)$ und dem Drehwinkel $\beta(t)$, wird in Kinematik häufig als Drehzeiger bezeichnet (Hiller 1981). Da für die Festlegung des Achsvektors $\boldsymbol{u}(t)$ ein Einheitsvektor mit nur zwei unabhängigen Komponenten genügt, kommt hier als weitere Gleichung die Nebenbedingung

$$u_x^2 + u_y^2 + u_z^2 = 1 \tag{2.61}$$

hinzu.

Im Falle der Beschreibung einer räumlichen Drehung über drei ebene Elementardrehungen sind die entsprechenden Parameter die jeweiligen Winkel dieser Elementardrehungen, z. B. θ, ψ und φ, wie bei EULER- oder KARDAN-Winkeln (Hiller 1983).

In den folgenden Abschnitten wird sowohl die Methode des Drehzeigers $\vec{\boldsymbol{\beta}}$ als auch die in der Fahrzeugtechnik besonders populäre Methode der KARDAN-Winkel noch etwas näher behandelt. Eine Übersicht über mögliche Parametrisierungen mit drei oder vier Parametern gibt Tab. 2.1.

Die geometrische Zuordnung zu den räumlichen Drehungen im Falle der EULER-Parameter und der RODRIGUES-Parameter erfolgt wieder mithilfe des Drehzeigers, nämlich von räumlicher Drehachse $\boldsymbol{u}$ und Drehwinkel β (Hiller 1981; Hiller et al. 1983, 1987, 1988).

Tab. 2.1 Parametrisierung von Drehbewegungen

Drehzeiger $\vec{\boldsymbol{\beta}} = (\boldsymbol{u}, \beta)$	4 Parameter
EULER-Winkel θ, ψ, φ	3 Parameter
KARDAN-Winkel ψ, θ, φ	3 Parameter
Quaternionen und EULER-Parameter q, q_1, q_2, q_3	4 Parameter
RODRIGUES-Parameter $\lambda_1, \lambda_2, \lambda_3$	3 Parameter

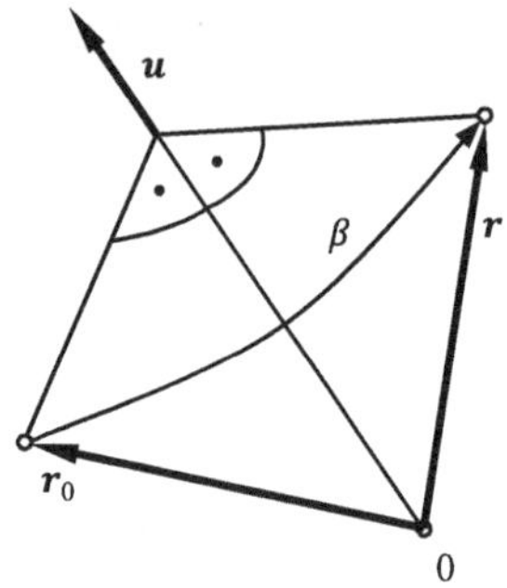

Abb. 2.14 Drehachse $\boldsymbol{u}$ und Drehwinkel β beim Drehzeiger

2.5.3 Drehzeiger und Drehtensor

In diesem Abschnitt wird die Drehbewegung eines starren Körpers mit Hilfe seiner Drehachse $\boldsymbol{u}$ sowie des zugehörigen Drehwinkels β beschrieben (Abb. 2.14). Dabei ist zu beachten, dass zu jeder endlichen räumlichen Drehung eine andere Drehachse $\boldsymbol{u}$ und ein anderer Drehwinkel β gehören. Man bezeichnet

$$\left.\begin{array}{l}\text{Drehachse}\,\boldsymbol{u}\\ \text{Drehwinkel}\,\beta\end{array}\right\} = \text{Drehzeiger}\,\vec{\boldsymbol{\beta}} = (\boldsymbol{u}, \beta), \qquad \text{Anfangslage}\,\boldsymbol{r}_0 = \boldsymbol{r}(t_0). \tag{2.62}$$

Die Herleitung des Drehtensors für diese Drehparameter kann auf unterschiedliche Arten erfolgen, die hier nicht im Detail behandelt werden (Hiller et al. 1983, 1987, 1988; Klingbeil 1966).

Man erhält als Ergebnis nach Gl. (2.55)

$$\boldsymbol{r} = \boldsymbol{T}(\boldsymbol{u}, \beta)\,\boldsymbol{r}_0 \tag{2.63}$$

mit dem Drehtensor

$$\boldsymbol{T}(\boldsymbol{u}, \beta) = \cos\beta\boldsymbol{I} + (1 - \cos\beta)\boldsymbol{u} \circ \boldsymbol{u} + \sin\beta\tilde{\boldsymbol{u}}. \tag{2.64}$$

Hier steht $\boldsymbol{u} \circ \boldsymbol{u}$ für das dyadische Produkt (vgl. Gl. (2.28)–(2.31)) und $\tilde{\boldsymbol{u}} = \boldsymbol{U}$ wieder für die Operation des Kreuzproduktes mit dem Achsvektor $\boldsymbol{u}$ (vgl. Gl. (2.61)). Eine weitere Form dieser Gleichung lautet, unter Verwendung der Hilfsformel

$$\boldsymbol{U}^2 = \boldsymbol{u} \circ \boldsymbol{u} - \boldsymbol{I}, \tag{2.65}$$

$$\boldsymbol{T}(\boldsymbol{u}, \beta) = \boldsymbol{I} + (1 - \cos\beta)\,\boldsymbol{U}^2 + \sin\beta\boldsymbol{U}. \tag{2.66}$$

Die Komponentendarstellung des Drehtensors $\boldsymbol{T}(\boldsymbol{u},\beta)$ im System (x, y, z) lautet mit den Abkürzungen „s“ = sin, „c“ = cos

$$\boldsymbol{T}(\boldsymbol{u},\beta)=\begin{bmatrix} (1-\mathrm{c}\beta)\,u_x^2+\mathrm{c}\beta & (1-\mathrm{c}\beta)\,u_xu_y-u_z\mathrm{s}\beta & (1-\mathrm{c}\beta)\,u_xu_z+u_y\mathrm{s}\beta \\ (1-\mathrm{c}\beta)\,u_yu_x+u_z\mathrm{s}\beta & (1-\mathrm{c}\beta)\,u_y^2+\mathrm{c}\beta & (1-\mathrm{c}\beta)\,u_yu_z-u_x\mathrm{s}\beta \\ (1-\mathrm{c}\beta)\,u_zu_x-u_y\mathrm{s}\beta & (1-\mathrm{c}\beta)\,u_zu_y+u_x\mathrm{s}\beta & (1-\mathrm{c}\beta)\,u_z^2+\mathrm{c}\beta \end{bmatrix}. \tag{2.67}$$

Einige wichtige Eigenschaften des Drehtensors

1. **Zerlegung in einen symmetrischen und antisymmetrischen (schiefsymmetrischen) Anteil**

Allgemein gilt für die Zerlegung eines Tensors bzw. einer Matrix in den symmetrischen (s) und antisymmetrischen (a) Anteil

$$\boldsymbol{T}^s=\frac{1}{2}(\boldsymbol{T}+\boldsymbol{T}^T),\quad \boldsymbol{T}^s=\boldsymbol{T}^{sT}, \tag{2.68}$$

$$\boldsymbol{T}^a=\frac{1}{2}(\boldsymbol{T}-\boldsymbol{T}^T),\quad \boldsymbol{T}^a=-\boldsymbol{T}^{aT} \tag{2.69}$$

Es folgt sofort, dass im Falle des Drehtensors $\boldsymbol{T}(\boldsymbol{u},\beta)$ gilt:

$$\boldsymbol{T}^s(\boldsymbol{u},\beta)=\boldsymbol{I}+(1-\cos\beta)\boldsymbol{U}^2 \quad \text{symmetrisch}, \tag{2.70}$$

$$\boldsymbol{T}^a(\boldsymbol{u},\beta)=\boldsymbol{U}\sin\beta \quad \text{antisymmetrisch}. \tag{2.71}$$

Anschaulich: Der Einheitstensor $\boldsymbol{I}$ und der Tensor $\boldsymbol{U}^2$ sind beide symmetrisch, weshalb der Tensor $\boldsymbol{U}$ bereits a priori antisymmetrisch ist.

2. Transponierter Drehtensor

Wegen $\cos\beta = \cos(-\beta)$ und $\sin\beta = -\sin(-\beta)$ folgt für den transponierten Drehtensor sofort aus Gl. (2.64)

$$\boldsymbol{T}^T(\boldsymbol{u},\beta)=\boldsymbol{T}(\boldsymbol{u},-\beta). \tag{2.72}$$

3. Inverser Drehtensor und Orthogonalität

Für die Inverse des Drehtensors gilt dann direkt

$$\boldsymbol{T}^{-1}(\boldsymbol{u},\beta)=\boldsymbol{T}(\boldsymbol{u},-\beta)=\boldsymbol{T}^T(\boldsymbol{u},\beta). \tag{2.73}$$

Zu erkennen ist demnach, dass beim Drehtensor die Inverse gleich der Transponierten ist! Dies entspricht aber gerade der Orthogonalitätseigenschaft, die besagt, dass in einer Komponenten-, d. h. Matrixdarstellung, die Zeilen bzw. die Spalten wechselseitig senkrecht aufeinander stehen.

2.5.4 Drehzeiger und Winkelgeschwindigkeit

Der Zusammenhang zwischen Drehtensor und Winkelgeschwindigkeit ergibt sich aus Gl. (2.58). Im Falle des Drehzeigers wird daraus speziell

$$\boldsymbol{\Omega} = \dot{\boldsymbol{T}}(\boldsymbol{u}, \beta)\, \boldsymbol{T}^{-1}(\boldsymbol{u}, \beta) = \dot{\boldsymbol{T}}(\boldsymbol{u}, \beta)\, \boldsymbol{T}(\boldsymbol{u}, -\beta)\,. \tag{2.74}$$

Die Auswertung von Gl. (2.74) auf der Basis von Gl. (2.64) liefert nach längerer Rechnung die Beziehung

$$\boldsymbol{\omega} = \dot{\beta}\boldsymbol{u} + [\sin\beta \boldsymbol{I} + (1 - \cos\beta)\, \boldsymbol{U}]\, \dot{\boldsymbol{u}}. \tag{2.75}$$

Für kleine Drehungen $\beta \ll 1$ wird daraus

$$\boldsymbol{\omega} = \dot{\beta}\boldsymbol{u} + \beta\dot{\boldsymbol{u}} \tag{2.76}$$

und speziell für feste Drehachsen schließlich

$$\boldsymbol{\omega} = \dot{\beta}\boldsymbol{u}. \tag{2.77}$$

2.5.5 KARDAN-Winkel

KARDAN-Winkel und Transformationsmatrix Wie bereits in Abschn. 2.5.2 erwähnt, besteht eine weitere grundsätzliche Möglichkeit zur Parametrisierung von räumlichen Drehbewegungen darin, diese aus einer Folge von drei ebenen konsekutiven Elementardrehungen um definierte Koordinatenachsen aufzubauen. Als besonders geeignet für die fahrdynamischen Anwendungen haben sich die Kardan-Winkel

$$\psi, \theta, \varphi \tag{2.78}$$

erwiesen, die nachfolgend näher beschrieben werden. Die Teildrehungen sowie die resultierende Gesamtdrehung werden in der Folge über Transformationsmatrizen beschrieben. Im vorliegenden Fall kann das Ausgangskoordinatensystem (x_0, y_0, z_0) als Inertialsystem und das Zielsystem (x_3, y_3, z_3) als körperfestes System angesehen werden. Nachfolgend wird die Transformation eines Vektors $\boldsymbol{r}$ vom körperfesten ins raumfeste Koordinatensystem beschrieben.

1. Teildrehung um die z_0-Achse: Drehwinkel ψ (Abb. 2.15)
2. Teildrehung um die y_1-Achse: Drehwinkel θ (Abb. 2.16)
3. Teildrehung um die x_2-Achse: Drehwinkel ϕ (Abb. 2.17)

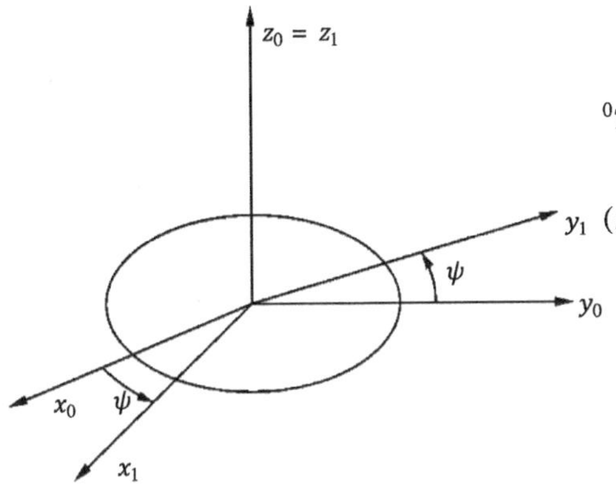

$$^0\boldsymbol{r} = {}^0\boldsymbol{T}_1\,{}^1\boldsymbol{r}$$

$$^0\boldsymbol{T}_1 = \begin{bmatrix} \cos\psi & -\sin\psi & 0 \\ \sin\psi & \cos\psi & 0 \\ 0 & 0 & 1 \end{bmatrix}$$

$$(x_1, y_1, z_1) \rightarrow (x_0, y_0, z_0)$$

Abb. 2.15 Definition der ersten Kardan-Drehung

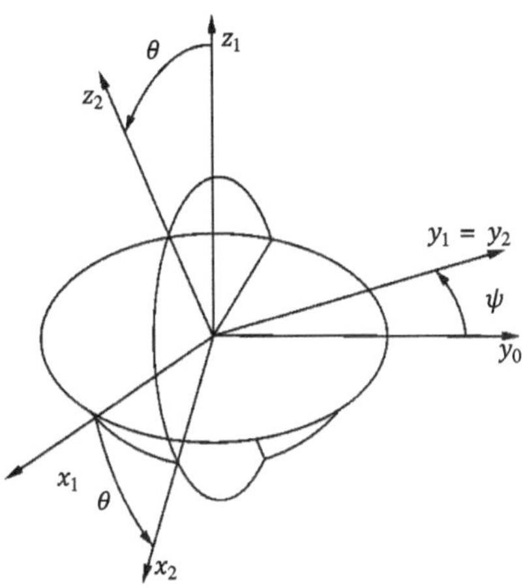

$$^1\boldsymbol{r} = {}^1\boldsymbol{T}_2\,{}^2\boldsymbol{r}$$

$$^1\boldsymbol{T}_2 = \begin{bmatrix} \cos\theta & 0 & \sin\theta \\ 0 & 1 & 0 \\ -\sin\theta & 0 & \cos\theta \end{bmatrix}$$

$$(x_2, y_2, z_2) \rightarrow (x_1, y_1, z_1)$$

Abb. 2.16 Definition der zweiten KARDAN-Drehung

Die resultierende Transformation vom körperfesten System (x_3, y_3, z_3) ins raumfeste System (x_0, y_0, z_0) lautet dann

$$^0\boldsymbol{r} = {}^0\boldsymbol{T}_1\,{}^1\boldsymbol{T}_2\,{}^2\boldsymbol{T}_3\,{}^3\boldsymbol{r}. \tag{2.79}$$

Die Transformationsmatrix (körperfest → raumfest) ist

$$(x_3, y_3, z_3) \rightarrow (x_0, y_0, z_0), \tag{2.80}$$

$$^0\boldsymbol{T}_3 = \begin{bmatrix} \mathrm{c}\,\psi\,\mathrm{c}\,\theta & -\mathrm{s}\,\psi\,\mathrm{c}\,\varphi + \mathrm{c}\,\psi\,\mathrm{s}\,\theta\,\mathrm{s}\,\varphi & \mathrm{s}\,\psi\,\mathrm{s}\,\varphi + \mathrm{c}\,\psi\,\mathrm{s}\,\theta\,\mathrm{c}\,\varphi \\ \mathrm{s}\,\psi\,\mathrm{c}\,\theta & \mathrm{c}\,\psi\,\mathrm{c}\,\varphi + \mathrm{s}\,\psi\,\mathrm{s}\,\theta\,\mathrm{s}\,\varphi & -\mathrm{c}\,\psi\,\mathrm{s}\,\varphi + \mathrm{s}\,\psi\,\mathrm{s}\,\theta\,\mathrm{c}\,\varphi \\ -\mathrm{s}\,\theta & \mathrm{c}\,\theta\,\mathrm{s}\,\varphi & \mathrm{c}\,\theta\,\mathrm{c}\,\varphi \end{bmatrix}. \tag{2.81}$$

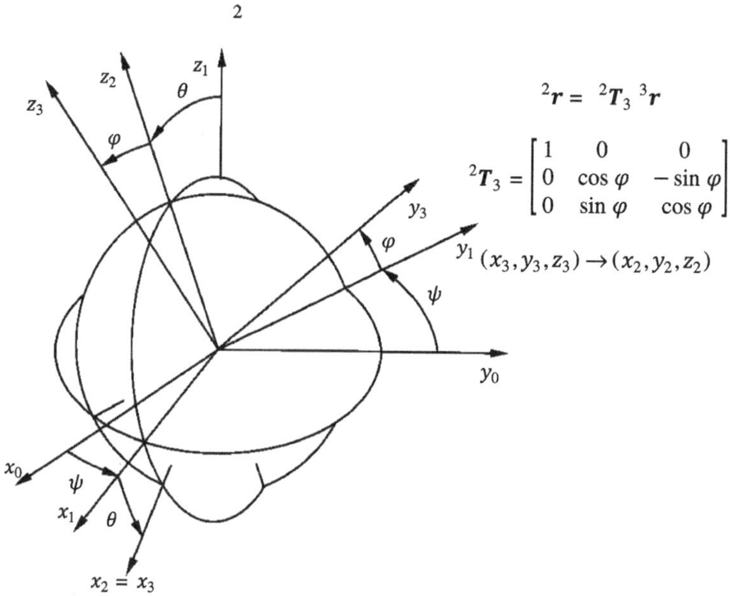

Abb. 2.17 Definition der dritten KARDAN-Drehung

Die Transformation vom raumfesten ins körperfeste System ergibt sich durch die Umkehrung von Gl. (2.81). Es gilt (raumfest → körperfest)

$$(x_0, y_0, z_0) \to (x_3, y_3, z_3), \tag{2.82}$$

$$^3\boldsymbol{T}_0 = \begin{bmatrix} \mathrm{c}\,\psi\,\mathrm{c}\,\theta & \mathrm{s}\,\psi\,\mathrm{c}\,\theta & -\mathrm{s}\,\theta \\ -\mathrm{s}\,\psi\,\mathrm{c}\,\varphi + \mathrm{c}\,\psi\,\mathrm{s}\,\theta\,\mathrm{s}\,\varphi & \mathrm{c}\,\psi\,\mathrm{c}\,\varphi + \mathrm{s}\,\psi\,\mathrm{s}\,\theta\,\mathrm{s}\,\varphi & \mathrm{c}\,\theta\,\mathrm{s}\,\varphi \\ \mathrm{s}\,\psi\,\mathrm{s}\,\varphi + \mathrm{c}\,\psi\,\mathrm{s}\,\theta\,\mathrm{c}\,\varphi & -\mathrm{c}\,\psi\,\mathrm{s}\,\varphi + \mathrm{s}\,\psi\,\mathrm{s}\,\theta\,\mathrm{c}\,\varphi & \mathrm{c}\,\theta\,\mathrm{c}\,\varphi \end{bmatrix}. \tag{2.83}$$

Die kinematischen KARDAN-Gleichungen Die kinematischen KARDAN-Gleichungen liefern den Zusammenhang zwischen der Winkelgeschwindigkeit $\boldsymbol{\omega}$ des körperfesten Systems (x_3, y_3, z_3) relativ zum Ausgangssystem (x_0, y_0, z_0) und den zeitlichen Ableitungen der KARDAN-Winkel $\dot{\psi}, \dot{\theta}, \dot{\varphi}$. Wie aus Abb. 2.18 zu entnehmen ist, lässt sich die resultierende Winkelgeschwindigkeit $\boldsymbol{\omega}$ vektoriell aus den Teilwinkelgeschwindigkeiten $\dot{\boldsymbol{\psi}}, \dot{\boldsymbol{\theta}}, \dot{\boldsymbol{\varphi}}$ zusammensetzen. Es gilt:

$$\boldsymbol{\omega} = \dot{\boldsymbol{\psi}} + \dot{\boldsymbol{\theta}} + \dot{\boldsymbol{\varphi}}. \tag{2.84}$$

Die Auswertung dieser Vektorgleichung im Ausgangssystem (x_0, y_0, z_0) liefert

$$^0\boldsymbol{\omega} = \dot{\psi}\,{}^0\boldsymbol{e}_{z_0} + \dot{\theta}\,{}^0\boldsymbol{e}_{y_1} + \dot{\varphi}\,{}^0\boldsymbol{e}_{x_2}. \tag{2.85}$$

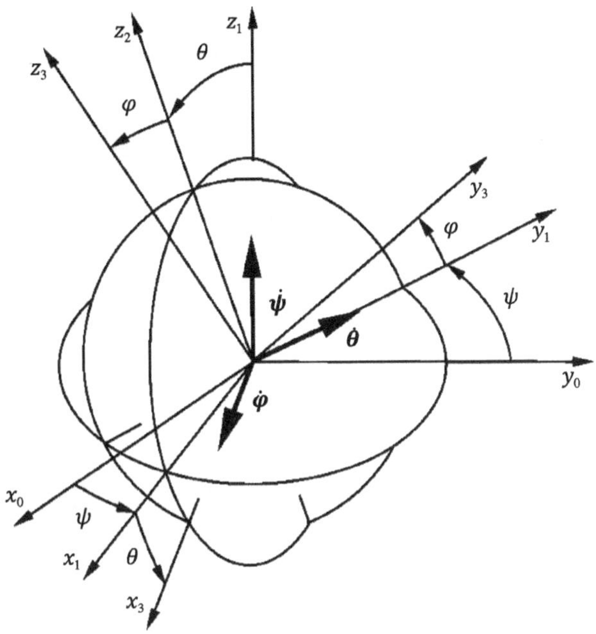

Abb. 2.18 Zu den kinematischen KARDAN-Gleichungen

Daraus folgt für die Komponenten im raumfesten System (x_0, y_0, z_0)

$$\begin{bmatrix} {}^0\omega_x \\ {}^0\omega_y \\ {}^0\omega_z \end{bmatrix} = \begin{bmatrix} 0 & -\sin\psi & \cos\psi\cos\theta \\ 0 & \cos\psi & \sin\psi\cos\theta \\ 1 & 0 & -\sin\theta \end{bmatrix} \begin{bmatrix} \dot{\psi} \\ \dot{\theta} \\ \dot{\varphi} \end{bmatrix}. \tag{2.86}$$

Die Komponenten im körperfesten System (x_3, y_3, z_3) – üblicherweise als kinematische KARDAN-Gleichungen bezeichnet – lauten

$$\begin{bmatrix} {}^3\omega_x \\ {}^3\omega_y \\ {}^3\omega_z \end{bmatrix} = \begin{bmatrix} -\sin\theta & 0 & 1 \\ \cos\theta\sin\varphi & \cos\varphi & 0 \\ \cos\theta\cos\varphi & -\sin\varphi & 0 \end{bmatrix} \begin{bmatrix} \dot{\psi} \\ \dot{\theta} \\ \dot{\varphi} \end{bmatrix}. \tag{2.87}$$

Singuläre Stellung: $\theta = \frac{\pi}{2}$, $\sin\theta = 1$.
Für $\theta = \frac{\pi}{2}$ sind die Winkel ψ und ϕ nicht mehr zu unterscheiden und es tritt nur noch der Differenzwinkel $(\psi - \varphi)$ auf. Die reduzierte Transformationsmatrix vom raumfesten System (x_0, y_0, z_0) ins körperfeste System (x_3, y_3, z_3) ist damit

$${}^3\boldsymbol{T}_0 = \begin{bmatrix} 0 & 0 & -1 \\ -\sin(\psi-\varphi) & \cos(\psi-\varphi) & 0 \\ \cos(\psi-\varphi) & \sin(\psi-\varphi) & 0 \end{bmatrix}. \tag{2.88}$$

Die Nullstellung der KARDAN-Winkel lässt sich am Beispiel eines kardanisch gelagerten Kreisels veranschaulichen (Abb. 2.19).

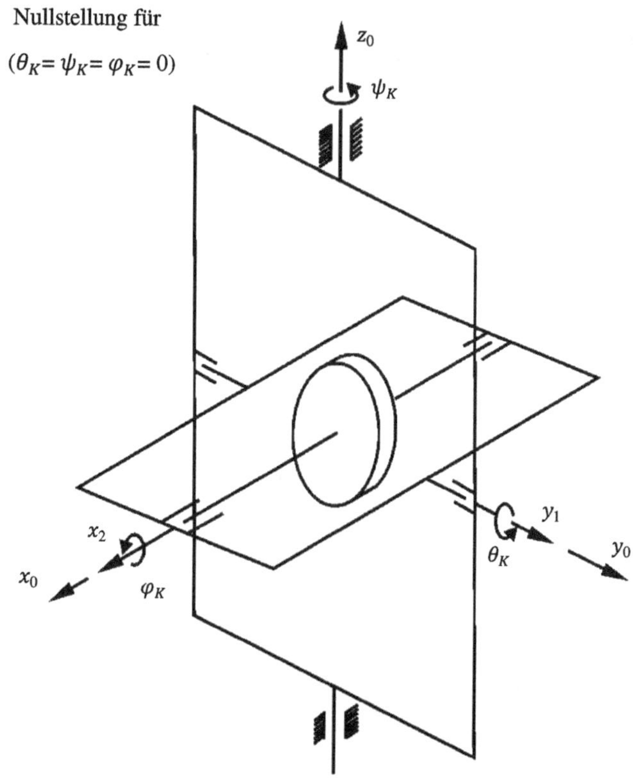

Abb. 2.19 Kardanisch gelagerter Kreise

Literatur

Hiller M (1981) Analytisch-numerische Verfahren zur Behandlung räumlicher Übertragungsmechanismen. Habilitation. Fortschrittberichte VDI-Z, Reihe 1, Nr. 76. Universität Stuttgart. VDI-Verlag, Düsseldorf

Hiller M (1983) Mechanische Systeme: Eine Einführung in die analytische Mechanik und Systemdynamik. Springer, Berlin

Hiller M, Kecskeméthy A, Woernle C (1986–1988) Computergestützte Kinematik und Dynamik für Fahrzeuge, Roboter und Mechanismen. Carl-Cranz-Kurs V 1.16, Carl-Cranz-Gesellschaft, Oberpfaffenhofen

Klingbeil E (1966) Tensorrechnung für Ingenieure. Bibliographisches Institut, Mannheim

Magnus K, Müller HH (1974) Grundlagen der Technischen Mechanik. B. G. Teubner, Stuttgart

3 Kinematik von Mehrkörpersystemen

In diesem Kapitel werden die wesentlichen Grundlagen zur Kinematik von Mehrkörpersystemen – soweit sie für die spätere Modellierung von Fahrzeugkomponenten und Gesamtfahrzeugen benötigt werden – zusammengestellt. Für weitere Details sei auf (Hiller et al. 1986, 1987, 1988; Woernle 1988; Hiller and Kecskeméthy 1989; Kecskemethy 1993; Hiller 1995) verwiesen.

3.1 Struktur kinematischer Ketten

Ein Mehrkörpersystem aus gelenkig miteinander verbundenen (starren) Körpern wird als kinematische Kette, bzw. als kinematisch zusammenhängendes Mehrkörpersystem bezeichnet. (Auf den Gelenkbegriff wird in Abschn. 3.2 ausführlich eingegangen.) Ein kinematisch nicht zusammenhängendes Mehrkörpersystem kann, falls erforderlich, durch Einführung von virtuellen Gelenken mit $f_{G_i} = 6$ Gelenkfreiheitsgraden in ein kinematisch zusammenhängendes System überführt werden (Abb. 3.1).

3.1.1 Topologische Modellierung

Man unterscheidet bei kinematischen Ketten zwei topologische Grundprinzipien.

1. *Offene kinematische Ketten – Baumstruktur*
Bei einer kinematischen Kette mit Baumstruktur ist der Weg von einem Körper zu jedem beliebigen anderen Körper eindeutig bestimmt. Damit kann jedem Körper eindeutig ein

D. Schramm et al., *Modellbildung und Simulation der Dynamik von Kraftfahrzeugen*,
https://doi.org/10.1007/978-3-662-54481-5_3

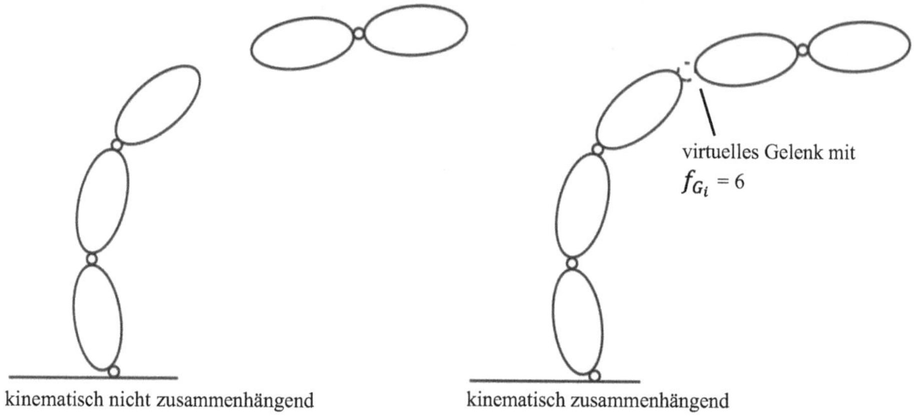

Abb. 3.1 Kinematisch zusammenhängende Ketten

Vorgängerkörper bzw. ein Vorgängergelenk zugeordnet werden. Wählt man einen Körper als Bezugskörper aus, so ist

$$n_G = n_B \tag{3.1}$$

mit

n_G Anzahl von Gelenken und
n_B Anzahl von Körpern (ohne Bezugskörper)

2. *Geschlossene kinematische Ketten – kinematische Schleifen*
Ausgehend von einer kinematischen Kette mit Baumstruktur gelangt man durch Einführung von je einem zusätzlichen Gelenk zu jeweils einer unabhängigen kinematischen

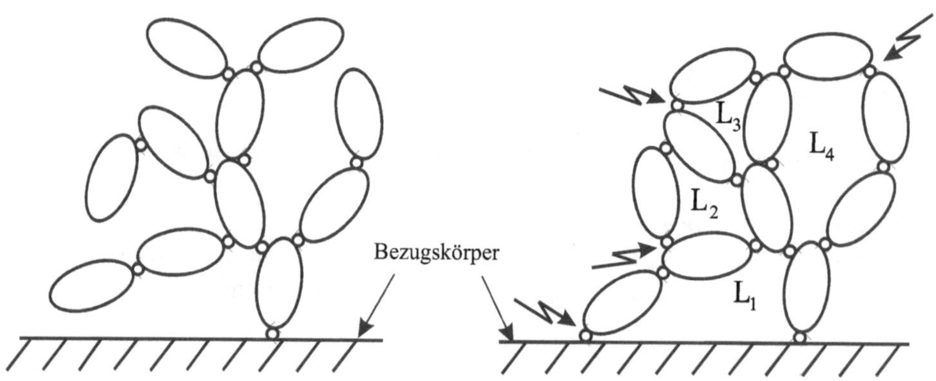

Abb. 3.2 Offene kinematische Kette – geschlossene kinematische Kette

Mehrkörperschleife. Ausgehend von Gl. (3.1) gilt dann für die Anzahl n_L von unabhängigen Schleifen (Abb. 3.2).

$$n_L = n_G - n_B. \tag{3.2}$$

Weiter lassen sich teilweise und vollständig geschlossene kinematische Ketten unterscheiden. Ein System mit kinematischen Schleifen bildet eine teilweise geschlossene Kette, wenn

- einzelne Teilsysteme offene Ketten bilden oder
- mehrere geschlossene Teilsysteme offen miteinander verbunden sind.

Vollständig geschlossene Ketten sind dadurch gekennzeichnet, dass

- jeder Körper Teil einer Mehrkörperschleife ist und
- jede Schleife mindestens einen Körper mit einer anderen Schleife gemeinsam hat (Abb. 3.3 und 3.4).

Mechanismen gehören zu den geschlossenen kinematischen Ketten (s. Abschn. 3.4.1).

3.1.2 Kinematische Modellierungen

Nach der Art der Bewegung lassen sich kinematische Ketten in drei Gruppen unterteilen:

Ebene kinematische Ketten In ebenen kinematischen Ketten bewegen sich alle Körperpunkte in oder parallel zu einer Bewegungsebene (vgl. Abb. 3.5). Die Bewegung eines jeden Körpers hat damit einen rotatorischen und zwei translatorische Bewegungsanteile. Als relative Bewegung der Körper zwischen den Gelenken können nur Verschiebungen parallel zur Bewegungsebene oder Drehungen senkrecht zur Bewegungsebene auftreten.

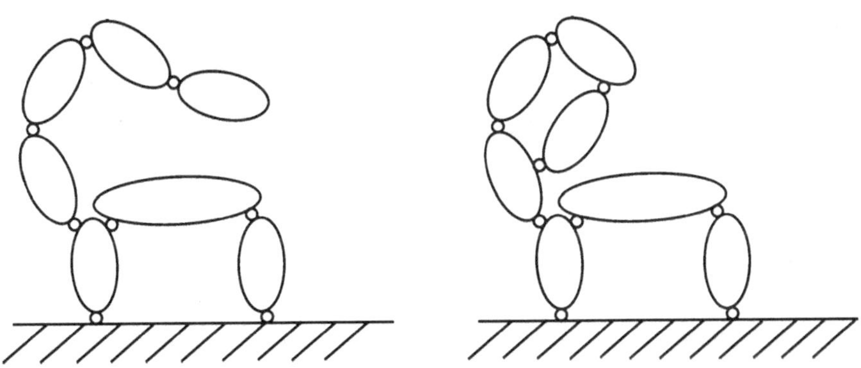

Abb. 3.3 Teilweise geschlossene kinematische Ketten

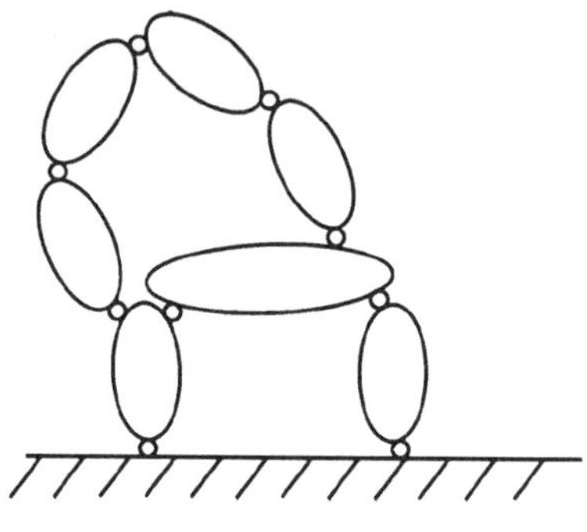

Abb. 3.4 Vollständig geschlossene kinematische Kette

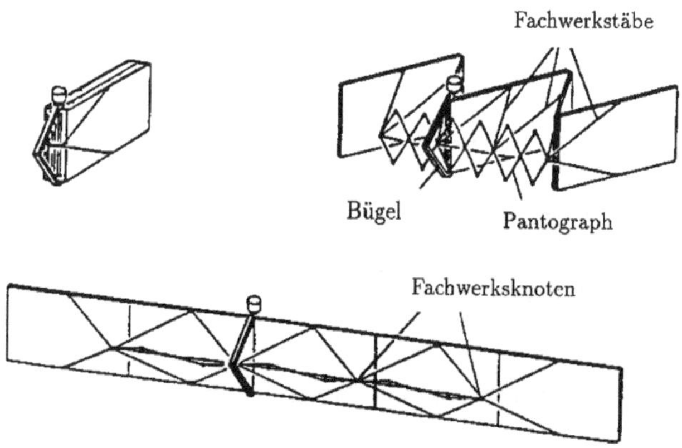

Abb. 3.5 Beispiel für ebene kinematische Ketten: Faltfachwerk mit Pantographen einer SAR-Satellitenantenne

Sphärische kinematische Ketten In sphärischen kinematischen Ketten bewegen sich alle Körperpunkte auf konzentrischen Kugeloberflächen um einen Fixpunkt O (vgl. Abb. 3.6). Die Körper haben damit drei rotatorische und keine translatorischen Bewegungsanteile. Die Relativbewegungen der Körper können nur Drehungen um Achsen sein, die durch den Fixpunkt gehen.

Räumliche kinematische Ketten In räumlichen kinematischen Ketten führen die Körper allgemeine räumliche Bewegungen mit je drei translatorischen und drei rotatorischen Bewegungsanteilen aus (vgl. Abb. 3.7). Die Relativbewegung der Körper in den Gelenken – abhängig vom Gelenk – ist ebenfalls beliebig.

3.2 Gelenke in kinematischen Ketten

Ein Gelenk verbindet jeweils zwei Körper einer kinematischen Kette. In Abhängigkeit vom Gelenkfreiheitsgrad f_{G_i} stellt es $6 - f_{G_i}$ geometrische Bindungen zwischen den beiden Körpern her.

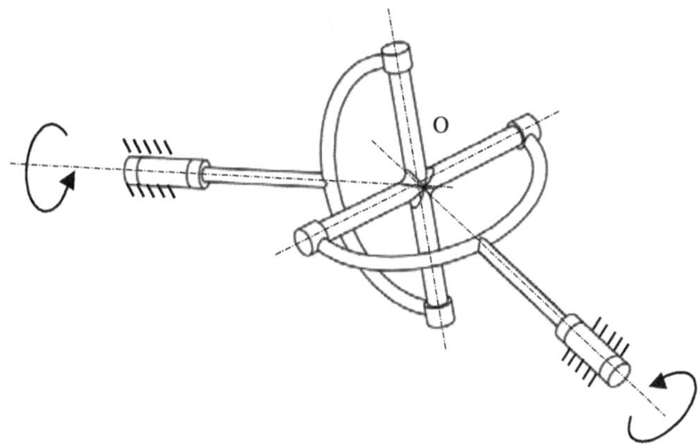

Abb. 3.6 Beispiel für sphärische kinematische Ketten: Welle mit KARDAN-Gelenk

Abb. 3.7 Beispiel für räumliche kinematische Ketten:Fünfpunktradaufhängung

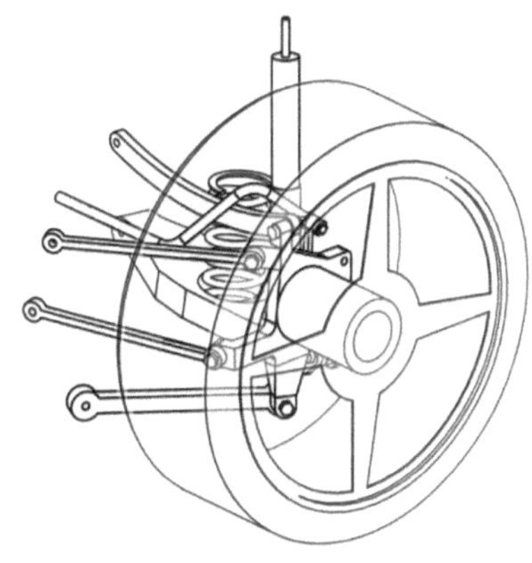

3.2.1 Gelenke in räumlichen kinematischen Ketten

Die relative Bewegung zweier durch ein Gelenk miteinander verbundener Körper lässt sich durch sogenannte natürliche bzw. relative Gelenkkoordinaten β_i beschreiben. Bei den in den späteren Kapiteln beschriebenen Untersuchungen räumlicher kinematischer Ketten werden die in den nachfolgenden Tab. 3.1 und 3.2 zusammengestellten Gelenke betrachtet, die für eine große Klasse technisch auftretender Fälle repräsentativ sind. Die natürlichen Gelenkkoordinaten dieser Gelenke sind die Drehwinkel $\beta_i = \theta_i$ bzw. die Verschiebungen $\beta_i = s_i$. Das allgemeinste Gelenk der Zusammenstellung ist dabei das Schraubgelenk (H). Als Sonderfälle entstehen daraus unmittelbar das Drehgelenk (R) (Steigung $p = 0$) und das Schubgelenk (P) (Steigung $p = \infty$). Die Gelenke mit mehreren Gelenkfreiheitsgraden, also das Dreh-Schubgelenk (C), das KARDAN-Gelenk (T), das Kugelgelenk (S) und das

Tab. 3.1 Gelenke in räumlichen kinematischen Ketten

Gelenk	Symbol	Darstellung	f	natürliche
Schraubgelenk (Helical)	H	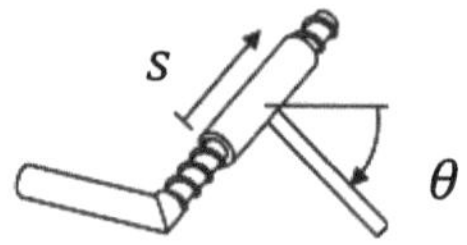	1	$\beta = \theta$ $s = p \cdot \theta$ p := Steigung
Drehgelenk (Revolute)	R	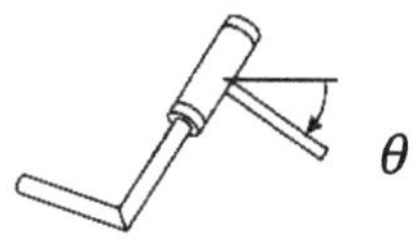	1	$\beta = \theta$
Schubgelenk (Prismatic)	P	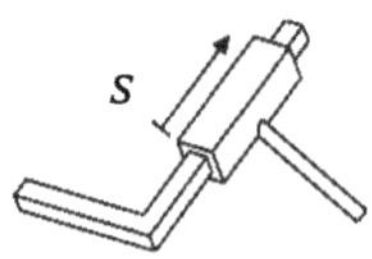	1	$\beta = s$
Dreh-Schubgelenk (Cylindric)	C	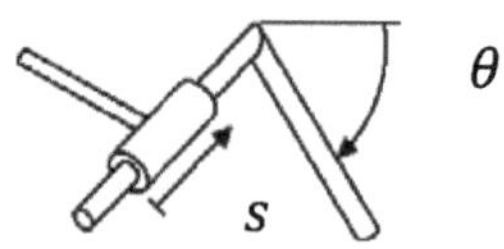	2	$\beta_1 = \theta$ $\beta_2 = s$
KARDAN-Gelenk (Universal)	T	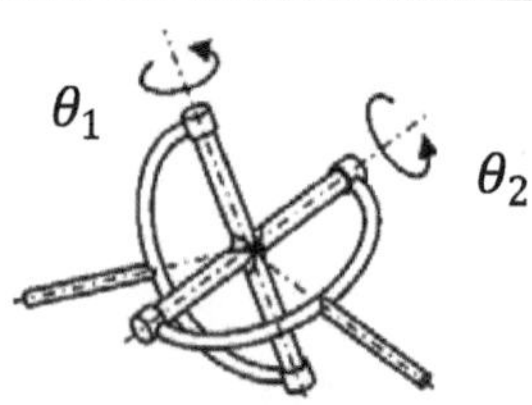	2	$\beta_1 = \theta_1$ $\beta_2 = \theta_2$
ebenes Gelenk	E	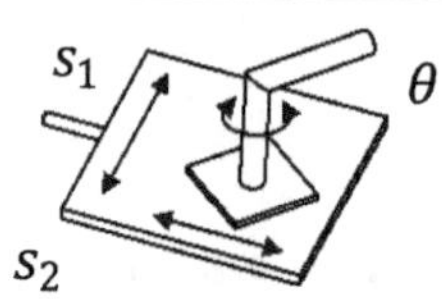	3	$\beta_1 = \theta$ $\beta_2 = s_1$ $\beta_3 = s_2$
Kugelgelenk (Spherical)	S	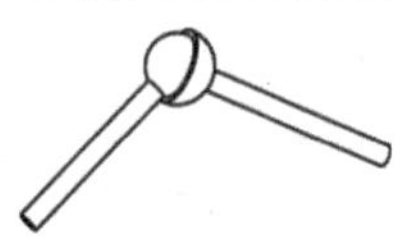	3	z. B. EULER-Winkel $\beta_1 = \psi$ $\beta_2 = \theta$ $\beta_3 = \varphi$

Tab. 3.2 Aufbau von Gelenken mit mehreren Freiheitsgraden aus Dreh- und Schubgelenken

KARDAN-Gelenk	Dreh-Schubgelenk	Kugelgelenk	ebebes Gelenk
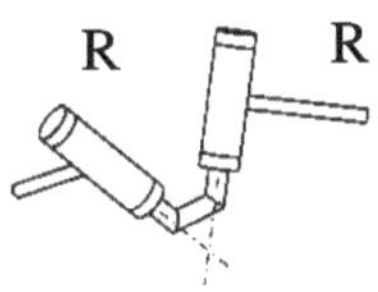	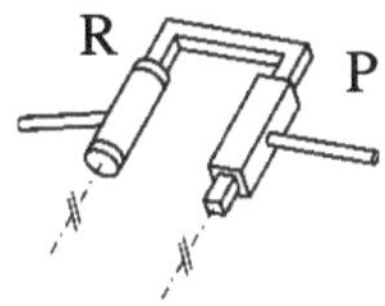	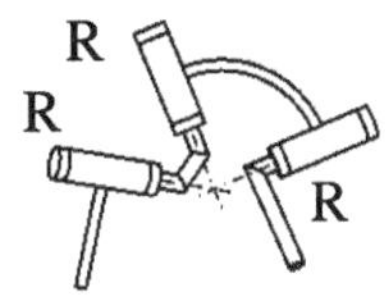	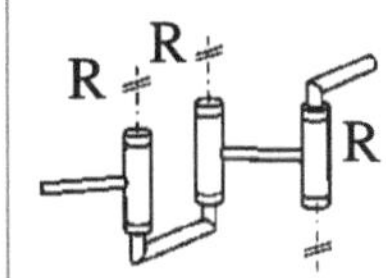
			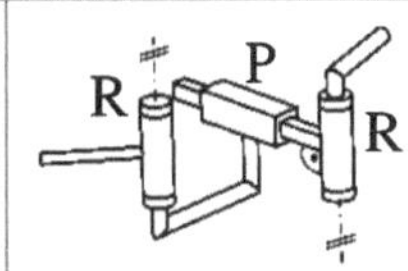
			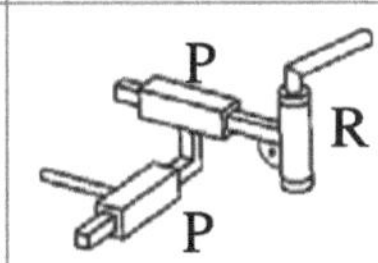
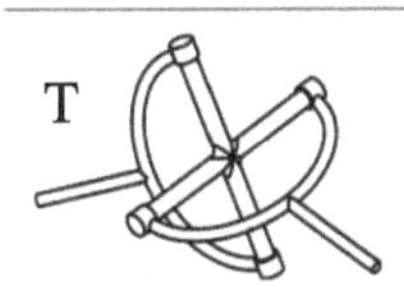	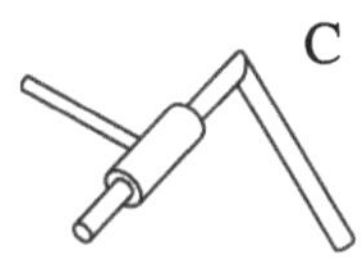	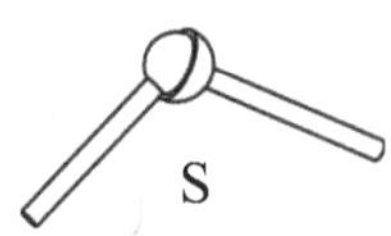	

ebene Gelenk (E), können wiederum durch Hintereinanderschalten oder Parallelschalten von Dreh- bzw. Schubgelenken entsprechend der Tab. 3.1 und 3.2 aufgebaut werden.

3.2.2 Gelenke in ebenen kinematischen Ketten

Bei den ebenen kinematischen Ketten besitzen die Körper nur einen rotatorischen und zwei translatorische Bewegungsanteile. Von den in Abschn. 3.2.1 betrachteten Gelenken treten deshalb nur Drehgelenke (Drehachsen senkrecht zur Bewegungsebene) und Schubgelenke (Verschiebungsachsen in der Bewegungsebene) auf (Abb. 3.8).

3.2.3 Gelenke in sphärischen kinematischen Ketten

Bei sphärischen kinematischen Ketten besitzen alle Körper nur drei rotatorische Bewegungsanteile. Von den in Abschn. 3.2.1 betrachteten Gelenken treten deshalb nur Drehgelenke auf, deren Achsen sich im Fixpunkt O der kinematischen Ketten schneiden (Abb. 3.9).

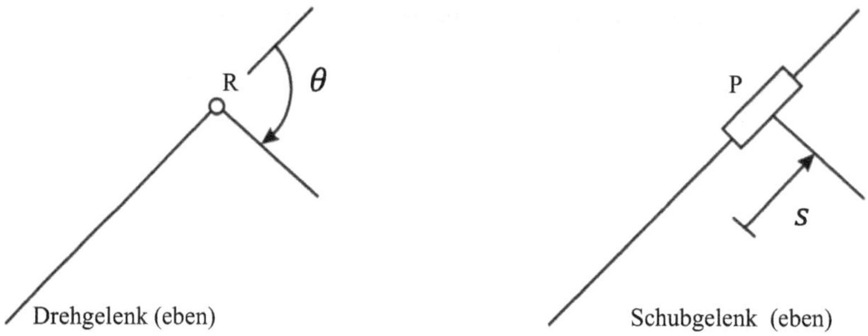

Abb. 3.8 Gelenke in ebenen kinematischen Ketten

Abb. 3.9 Drehgelenke in sphärischen kinematischen Ketten

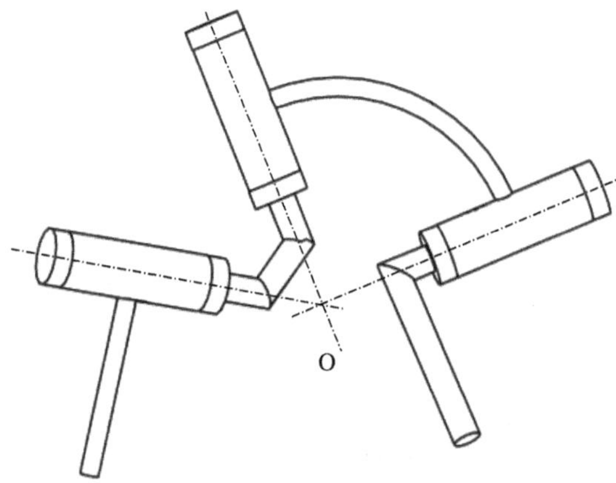

3.2.4 Klassifizierung von Gelenken

In der Getriebelehre unterscheidet man nach (Reuleaux 1875) zwischen Standardgelenken (niedrige Elementpaare, lower pairs) und komplexen Gelenken (höhere Elementpaare, higher pairs):

a) Bei Standardgelenken haben die Körper Flächenberührung. Man unterscheidet die folgenden sechs Standardgelenke (Tab. 3.3).
b) Bei komplexen Gelenken haben die Körper Linien- oder Punktberührung (Abb. 3.10).

Die Berührung der beiden Körper kann auch an zwei nicht materiell vorhandenen, raumfesten bzw. körperfesten Flächen, der Spur- bzw. Polfläche, entlang der momentanen Dreh- bzw. Schraubachse, die den momentanen Bewegungszustand kennzeichnet, erfolgen.

Bei der Einfederungsbewegung der Fünfpunktradaufhängung als Beispiel lässt sich die Bewegung des Radträgers relativ zum Fahrgestell als Schraubbewegung (Schroten) der

Tab. 3.3 Standardgelenke

Gelenk		Berührfläche
Schraubgelenk	(H)	Schraubenfläche
Drehgelenk	(R)	Rotationsfläche
Schubgelenk	(P)	Mantelfläche eines Prismas
Dreh-Schubgelenk	(C)	Zylindermantel
Kugelgelenk	(S)	Kugeloberfläche
ebenes Gelenk	(E)	Ebene

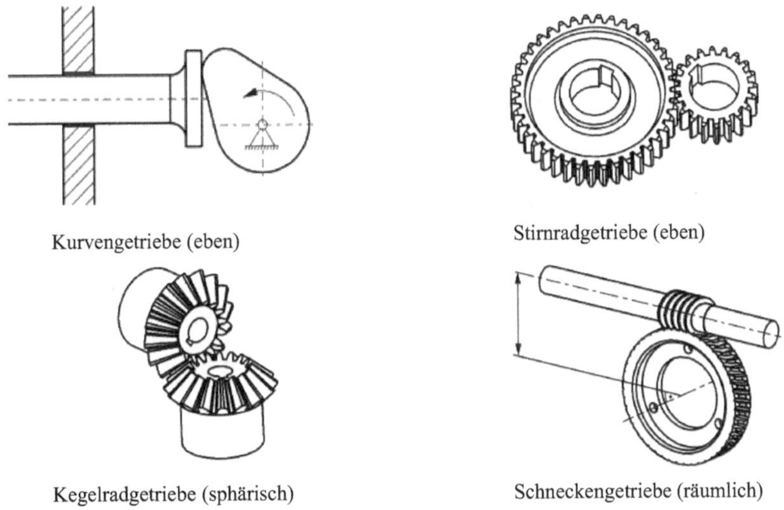

Abb. 3.10 Beispiele für komplexe Gelenke mit materieller Flächenberührung

radträgerfesten Polfläche auf der fahrgestellfesten Spurfläche darstellen. Die Berührlinie ist die momentane Schraubachse der räumlichen Bewegung des Radträgers (Abb. 3.11).

3.3 Freiheitsgrade und verallgemeinerte Koordinaten

3.3.1 Freiheitsgrade kinematischer Ketten

Es wird eine beliebige räumliche kinematische Kette – ohne oder mit kinematischen Schleifen – betrachtet, bestehend aus

n_B Körpern (ohne Bezugskörper),
n_G Gelenken mit jeweils
f_{G_i} Gelenkfreiheitsgraden,

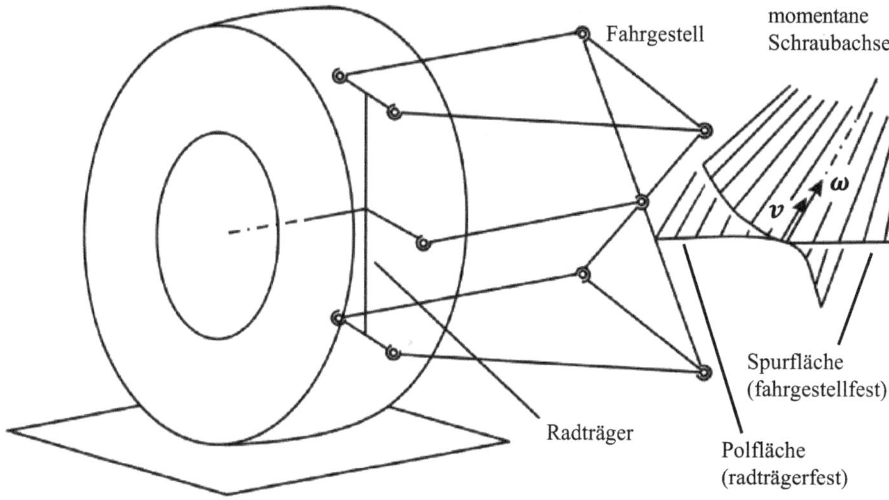

Abb. 3.11 Pol- und Spurfläche einer Fünfpunktradaufhängung

wobei der einzelne Körper im Fall einer freien Bewegung sechs unabhängige Bewegungsmöglichkeiten im Raum haben kann. Der Gesamtfreiheitsgrad f (in der Getriebetechnik auch als *Laufgrad* bezeichnet) relativ zum Bezugskörper ist dann

$$f = 6n_B - \sum_{i=1}^{n_G} \left(6 - f_{G_i}\right) \text{ bzw.} \tag{3.3}$$

$$f = 6(n_B - n_G) + \sum_{i=1}^{n_G} f_{G_i}. \tag{3.4}$$

Mit der Anzahl von kinematischen Schleifen

$$n_L = n_G - n_B \tag{3.5}$$

folgt aus Gl. (3.4) für die Bestimmung des Freiheitsgrades

$$f = \sum_{i=1}^{n_G} f_{G_i} - 6n_L. \tag{3.6}$$

In der Getriebetechnik wird Gl. (3.6) als Kriterium von KUTZBACH bzw. – speziell bei $f = 1$ – als Kriterium von GRÜBLER bezeichnet. Mehrkörpersysteme bzw. kinematische Ketten mit $f = 1$ werden auch als (zwangläufige) Mechanismen bezeichnet. Man unterscheidet

- $f = 1$ zwangläufiger Mechanismus,
- $f = 0$ statisch bestimmte Struktur (Fachwerk),
- $f < 0$ statisch unbestimmte Struktur.

Es sei darauf hingewiesen, dass durch diese Klassifizierung in der Mechanik ein fließender Übergang zwischen Kinematik und Statik hergestellt werden kann. Weiterhin ist zu beachten, dass Gl. (3.4) bzw. (3.6) in gewissen Sonderfällen (z. B. bei sogenannten überbestimmten Mechanismen) ein falsches Ergebnis liefern können (Möller 1992).

Bei ebenen und sphärischen kinematischen Ketten besitzen die einzelnen Körper jeweils maximal drei Bewegungsmöglichkeiten. Die Bedingungen gemäß Gl. (3.4) bzw. (3.6) gehen dann über in

$$f = 3(n_B - n_G) + \sum_{i=1}^{n_G} f_{G_i}, \tag{3.7}$$

$$f = \sum_{i=1}^{n_G} f_{G_i} - 3n_L. \tag{3.8}$$

3.3.2 Beispiele aus der Fahrwerkskinematik

Nachfolgend werden zwei in der Fahrzeugtechnik weit verbreitete Einzelradaufhängungen als Beispiele für geschlossene kinematische Ketten unterschiedlicher Komplexität vorgestellt.

1. *Fünfpunktradaufhängung*

Die Fünfpunktradaufhängung (Raumlenkerachse) verkörpert eine geschlossene kinematische Kette mit einem sehr hohen Grad der Verkoppelung der vorhandenen kinematischen Schleifen (Abb. 3.12).

Da bei der Freiheitsgradbestimmung die isolierten[1] Drehungen der Lenker um ihre Längsachsen nicht berücksichtigt werden sollen, werden die fahrgestellseitigen Kugelgelenke, ohne Einschränkung der Allgemeinheit, als KARDAN-Gelenke modelliert.

2. *Doppelquerlenkerradaufhängung*

Gegenüber der Fünfpunktradaufhängung besitzt die Doppelquerlenkerradaufhängung nur eine schwache Koppelung zwischen den beteiligten kinematischen Schleifen, sodass die zugehörige Kinematik explizit analytisch gelöst werden kann, wie in Abschn. 3.5.5 und in Kap. 6 gezeigt wird (Abb. 3.13).

[1] Erfolgt die Lagerung eines Körpers innerhalb einer räumlichen kinematischen Kette über zwei Kugelgelenke, so kann sich dieser Körper – unabhängig von der übrigen Bewegung der kinematischen Kette – um die Verbindungslinie zwischen den Mittelpunkten der beiden Kugelgelenke über einen isolierten Freiheitsgrad frei drehen.

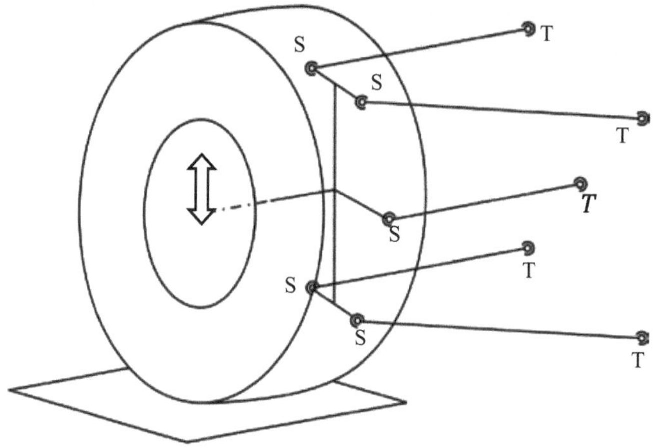

Abb. 3.12 Fünfpunktradaufhängung (Raumlenkerachse)

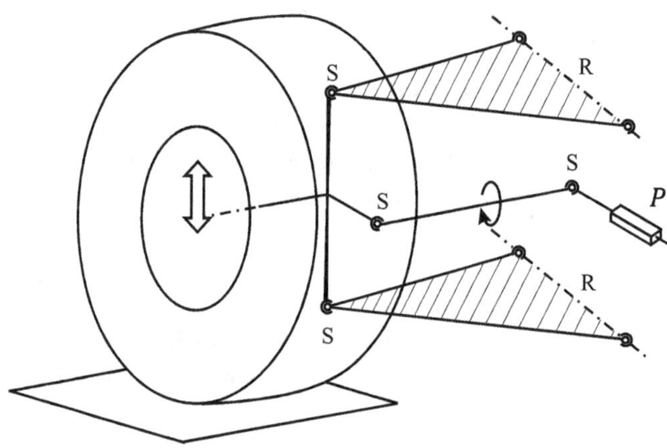

Abb. 3.13 Doppelquerlenkerradaufhängung

3.3.3 Verallgemeinerte Koordinaten

Die Lage aller Körper einer kinematischen Kette mit dem Gesamtfreiheitsgrad f kann eindeutig durch f unabhängige Koordinaten, die verallgemeinerten Koordinaten, festgelegt werden.

Beispiel

Kinematische Kette mit Baumstruktur In Abb. 3.14 können die natürlichen Gelenkkoordinaten β_i (Drehgelenke) direkt als verallgemeinerte Koordinaten gewählt werden.

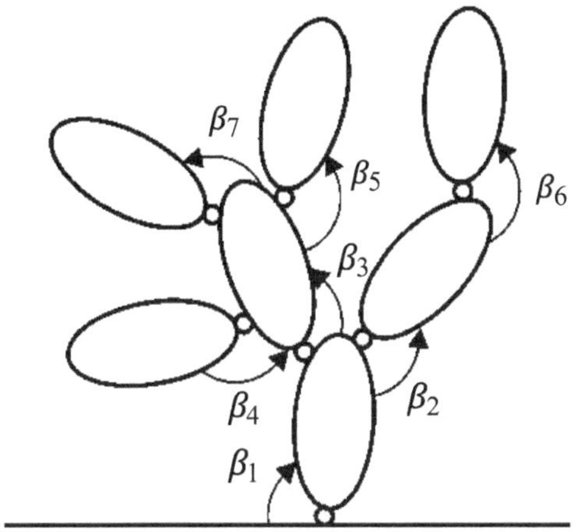

$$n_B = 7 \text{ Körper}$$
$$n_G = 7 \text{ Gelenke mit jeweils}$$
$$f_{Gi} = 1 \text{ Freiheitsgrad}$$

Freiheitsgrade $f = 7$

Abb. 3.14 Ebene kinematische Kette mit Baumstruktur

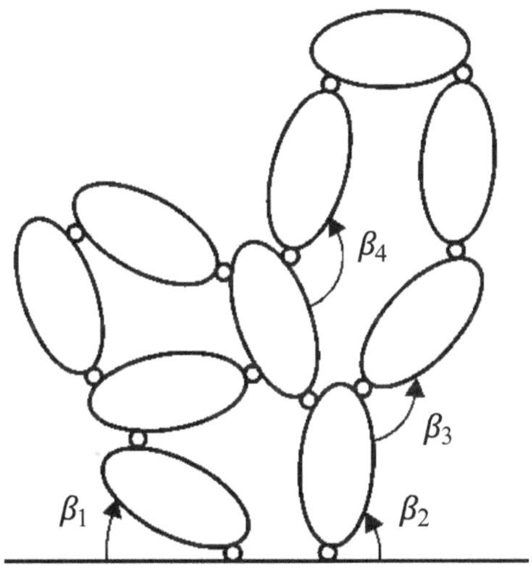

$$n_B = 10 \text{ Körper}$$
$$n_G = 13 \text{ Gelenke mit jeweils}$$
$$f_{Gi} = 1 \text{ Freiheitsgrad}$$

Freiheitsgrade $f = 4$

Abb. 3.15 Ebene kinematische Kette mit Schleifen

Kinematische Ketten mit Schleifen (eben) In Abb. 3.15 können $f = 4$ unabhängige Gelenkkoordinaten als verallgemeinerte Koordinaten gewählt werden. Alle anderen Gelenkkoordinaten müssen in Abhängigkeit von den unabhängigen Gelenkkoordinaten ausgedrückt werden.

3.4 Grundprinzipien des Zusammenbaus kinematischer Ketten

Zur Aufstellung der kinematischen Gleichungen komplexer Mehrkörpersysteme mit kinematischen Schleifen existieren verschiedene Ansätze. Hauptsächlich im Hinblick auf einen

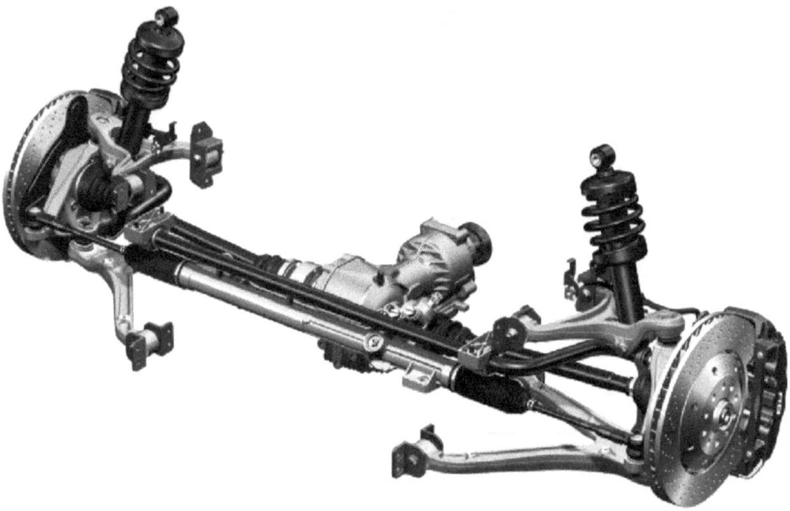

Abb. 3.16 Doppelquerlenkerachse des Audi R8 (mit freundlicher Genehmigung der Audi AG)

automatischen Zusammenbau von Mehrkörpersystemen gibt es drei grundlegende Vorgehensweisen. Diese sollen jeweils am Beispiel einer Doppelquerlenkerachse (Abb. 3.16) demonstriert werden.

Die topologische Struktur dieser Radaufhängung, die – ebenso wie die vieler anderer komplexer Mehrkörpersysteme – auf den ersten Blick aus der technischen Abbildung nicht ohne weiteres zu entnehmen ist, lässt sich wie folgt erläutern: Das System besteht aus zwei gekoppelten kinematischen Schleifen und hat insgesamt zwei Freiheitsgrade, einen für die Einfederung, einen zweiten für die Lenkbewegung (vgl. Abschn. 3.3.2). Um einen Überblick über die Struktur eines Systems mit kinematischen Schleifen zu erhalten, wird eine grafische Darstellung unter Verwendung der in Abb. 3.17 gezeigten Symbole, eingeführt, mit deren Hilfe in einem ersten Schritt die topologische Struktur des mechanischen Systems dargestellt werden kann (Schnelle 1990):

- Zerlegen aller Gelenke mit mehr als einem Freiheitsgrad in Gelenke mit einem Freiheitsgrad (vgl. Tab. 3.1 und 3.2).
- Einzeichnen aller Körper und Gelenke in ein Bild unter Verwendung der in Abb. 3.17 beschriebenen Symbolik.

Im vorliegenden Beispiel enthält die Doppelquerlenkerradaufhängung zwei Drehgelenke R, ein Schubgelenk P und vier Kugelgelenke S. Letztere werden jeweils in drei Drehgelenke mit zwei virtuellen Zwischenkörpern zerlegt. Mithilfe dieser Symbolik ergibt sich damit die in Abb. 3.18 gezeigte Gelenk-Körper-Darstellung. Man erkennt jetzt die beiden kinematischen Schleifen sowie deren Koppelung über das Drehgelenk R_1 und das Kugelgelenk S_1. Die Freiheitsgrade des Systems – Einfederung, Lenken und isolierter

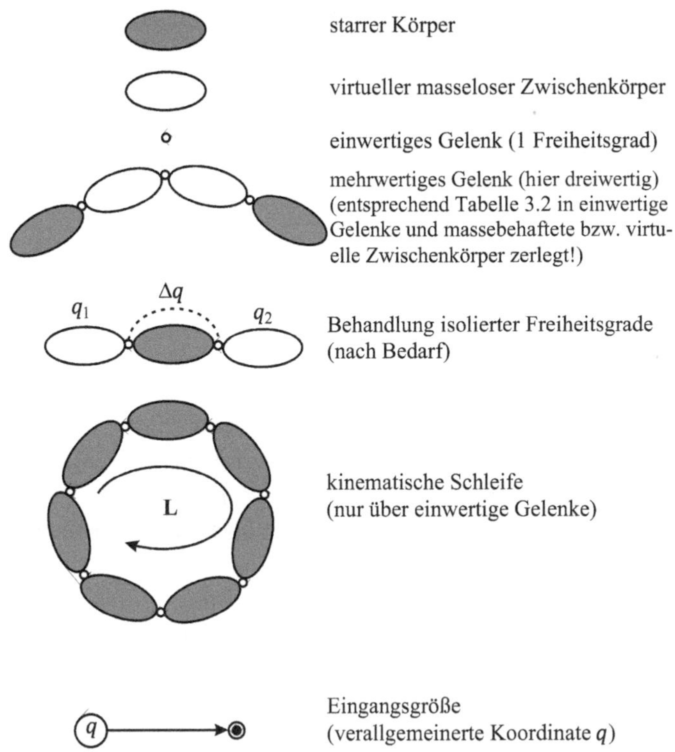

Abb. 3.17 Symbole für die Gelenk-Körper-Darstellung von Mehrkörpersystemen

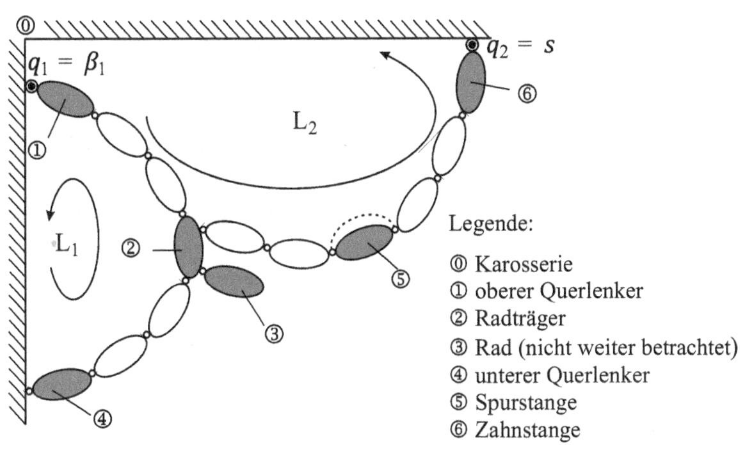

Abb. 3.18 Topologische Struktur der Doppelquerlenkerradaufhängung

Freiheitsgrad der Spurstange, der für die weiteren Betrachtungen keine Rolle spielt – sind ebenfalls zu erkennen.

3.4.1 Sparse-Methoden – Absolutkoordinaten-Formulierung

Prinzip: Auftrennen aller Gelenke
Bindungen: Übereinstimmung aller impliziten Gelenkbindungen

Hier wird zunächst angenommen, dass alle Körper sich frei bewegen können. Als Beschreibungsvariablen der Kinematik werden zu jedem Körper „$\mathbf{K}_i$" die sechs Positionsvariablen des körperfesten Bezugssystems – drei translatorische und drei rotatorische – zusammengefasst im Vektor $\boldsymbol{w}_i$ eingeführt (vgl. Abschn. 2.4.1). Für ein Mehrkörpersystem bestehend aus n_B Körpern werden also $6n_B$ Beschreibungsvariablen eingeführt, zusammengefasst im $[6n_B \times 1]$-Vektor $\boldsymbol{w} = \left(\boldsymbol{w}_1^T \ldots \boldsymbol{w}_{nB}^T\right)^T$.

Die Abhängigkeiten zwischen den redundant eingeführten Positionsvariablen werden durch Formulierung der Schließbedingung an allen Gelenken implizit aufgestellt. Dabei müssen an einem Gelenk mit f_{Gi} Freiheitsgraden $6 - f_{Gi}$ invariante Gelenkparameter unabhängig von ihrem Bezugssystem übereinstimmen. Als sinnvolles gemeinsames Bezugssystem wird das Inertialsystem gewählt. Nach der Auswahl von

$$f = 6(n_B - n_G) + \sum_{i=1}^{n_G} f_{G_i}$$

unabhängigen verallgemeinerten Koordinaten $\boldsymbol{q} = \left(q_1 \ldots q_f\right)$ wird die Funktion $\boldsymbol{w}(\boldsymbol{q})$ implizit durch das Gleichungssystem

$$z_i\left(\boldsymbol{w},\boldsymbol{q}\right) = 0, \quad i = 1, \ldots, 6n_B \tag{3.9}$$

definiert. Der Vorteil dieses Zugangs liegt in der relativ einfachen Formulierung von beliebigen Bindungsgleichungen sowie in der schwach verkoppelten Struktur des Gesamtgleichungssystems (nur wenige Variablen pro Gleichung, zusammengefasst in dünn besetzten, den sogenannten Sparse-Matrizen). Nachteilig ist die hochgradig implizite Formulierung der Funktion $\boldsymbol{w}(\boldsymbol{q})$. Dies hat einerseits einen hohen numerischen Aufwand zur Lösung des Gleichungssystems (3.9) zur Folge, andererseits können während der numerischen Simulation oft numerische Singularitäten auftreten, die nicht unbedingt durch mechanisch interpretierbare Singularitäten (Strecklagen) verursacht werden.

Beispiel

Doppelquerlenkerradaufhängung Der Zusammenbau ergibt je Gelenk die zwei vektoriellen Bindungsgleichungen

$$\boldsymbol{r}_i + {}_i\boldsymbol{r}_G\left(\beta_i\right) = \boldsymbol{r}_j + {}_j\boldsymbol{r}_G\left(\beta_j\right). \tag{3.10}$$

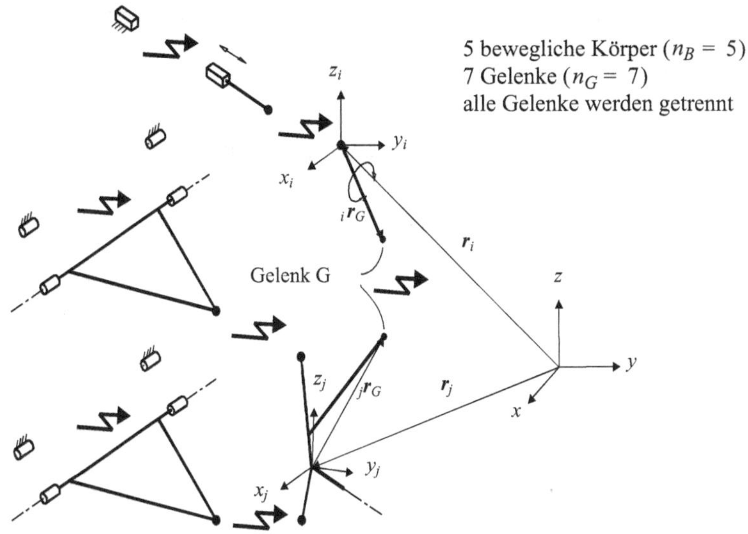

Abb. 3.19 Doppelquerlenkerradaufhängung mit geschnittenen Gelenken

Die Gesamtbilanz für die Freiheitsgrade ergibt:

5×6	Bewegungsgleichungen	30
$-(3 \times 5 + 4 \times 3)$	Bindungen	–27
	Systemfreiheitsgrade	3
	(davon ein isolierter Freiheitsgrad (Abb. 3.19))	

3.4.2 Vector-Loop-Methoden – Gelenkkoordinaten-Formulierung

Prinzip: Trennen von nur einem Gelenk je Schleife;
Überführung der Schleifenstruktur in eine Baumstruktur

Bindungen: Schließbedingungen der Schleifen

Hier wird das Mehrkörpersystem zunächst durch das Auftrennen geeigneter Gelenke in ein System mit Baumstruktur überführt. Als kinematische Beschreibungsvariablen werden

$$n_\beta = \sum_{i=1}^{n_G} f_{G_i} \tag{3.11}$$

Hilfsvariablen β_j eingeführt, die jeweils die relative Lage zweier miteinander verbundener Körper beschreiben. Die Abhängigkeiten zwischen den Hilfsvariablen werden implizit durch Formulierungen der Schließbedingen nur an den aufgetrennten Gelenken aufgestellt.

Dabei müssen über die Hilfsvariablen die Absolutwerte der festen Gelenkparameter bezüglich des Inertialsystems angegeben werden.

Der Vorteil dieser Methode liegt in der stark reduzierten Anzahl von Bindungsgleichungen. Nachteilig ist die sehr aufwendige Berechnung der übereinstimmenden Gelenkparameter durch Vorwärtskinematik sowie die vollbesetzte Struktur des Gesamtgleichungssystems (sehr viele Variablen je Gleichung). Dadurch ist der numerische Aufwand zur Lösung der Bindungsgleichungen mit dem numerischen Aufwand der Sparse-Methoden vergleichbar.

Beispiel

Doppelquerlenkerradaufhängung Nach Auftrennung der Gelenke G_1 und G_2 entsteht ein System mit Baumstruktur und neun relativen Gelenkkoordinaten β_i als Hilfsvariablen zur Bewegungsbeschreibung.

Zusammenbau: Man erhält drei Bindungsgleichungen je Gelenk, z. B.

$$\boldsymbol{a}_1 + \boldsymbol{a}_2(\boldsymbol{\beta}) = \boldsymbol{a}_3(\boldsymbol{\beta}) + \boldsymbol{a}_4(\boldsymbol{\beta}). \tag{3.12}$$

Die Gesamtbilanz für die Freiheitsgrade ergibt:

9	Hilfsvariablen	9
−2 × 3	Bindungen	−6
	Systemfreiheitsgrade	3
	(davon ein isolierter Freiheitsgrad (Abb. 3.20))	

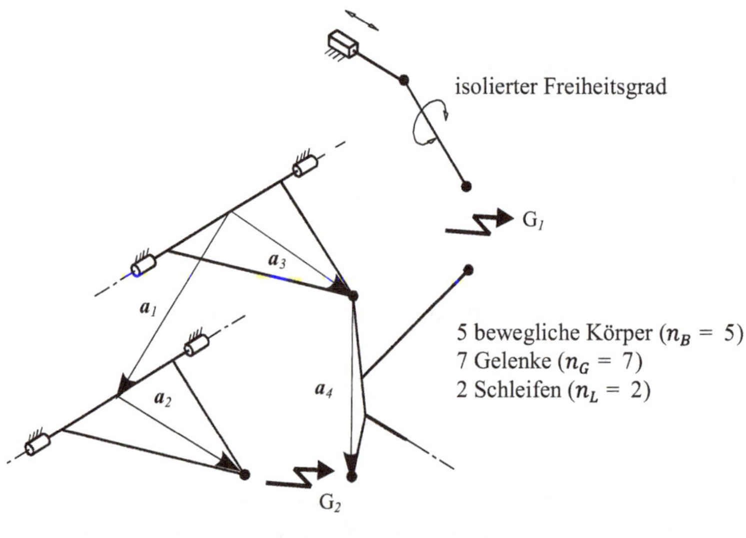

Abb. 3.20 Doppelquerlenkerradaufhängung mit geschnittenen kinematischen Schleifen

3.4.3 Topologische Methoden – Minimalkoordinaten-Formulierung

Prinzip: Freischneiden aller kinematischer Schleifen und deren Aufbereitung als kinematische Übertragungselemente, die in der Folge als kinematische Transformatoren bezeichnet werden (Hiller et al. 1986, 1987, 1988).

Bindungen: Die aufzustellenden Bindungsgleichungen bestehen aus zwei unterschiedlichen Anteilen:

- den nichtlinearen, aber lokalen Übertragungsgleichungen innerhalb der jeweiligen kinematischen Schleifen
- und den linearen Kopplungsgleichungen zwischen den Schleifen.

Hier werden also ganze Mehrkörperschleifen freigeschnitten. Als kinematische Beschreibungsvariablen führt man innere relative Koordinaten für alle Schleifen ein. Die Abhängigkeiten zwischen den Beschreibungsvariablen ergeben sich zunächst aus den lokalen Zusammenhängen innerhalb der einzelnen Schleifen (Übertragungsfunktionen). Anschließend werden die einzeln aufbereiteten Übertragungselemente (Schleifen) mittels linearer Kopplungsgleichungen zusammengebaut und über Blockschaltbilder veranschaulicht (siehe Abschn. 3.5). Der Vorteil der Methode liegt in der übersichtlichen Beschreibung – und damit guten Interpretierbarkeit – der globalen Zusammenhänge sowie in der oft explizit auflösbaren Struktur des Gesamtsystems von Gleichungen. Nachteilig ist der etwas größere Initialisierungsaufwand bei der topologischen Aufbereitung.

Im vorliegenden Beispiel besitzt das System die beiden gekoppelten kinematischen Schleifen L_1 und L_2, wobei diese Schleifen über den Eingangswinkel β der Einfederung sowie die drei Winkel β_2, β_3, β_4 des Kugelgelenks S_1 aus Abb. 3.21 gekoppelt sind. Das Gesamtsystem für die Relativkinematik lässt sich also wie folgt zusammenfassen Abb. 3.21:

Beispiel

Doppelquerlenkerradaufhängung 2 kinematische Übertragungselemente (kinematische Transformatoren) L_1 und L_2
3 lineare Kopplungsgleichungen
Für die Freiheitsgrade ergibt sich:

2	Schleifen mit zwei bzw. fünf Freiheitsgraden	7
3	Kopplungsgleichungen	–3
1	Verzweigung	–1
	Systemfreiheitsgrade	3
	(davon ein isolierter Freiheitsgrad (Abb. 3.21))	

Das zugehörige Blockschaltbild samt Lösungsfluss ist aus Abb. 3.21 zu entnehmen. Weitere Einzelheiten werden im nächsten Abschnitt erläutert.

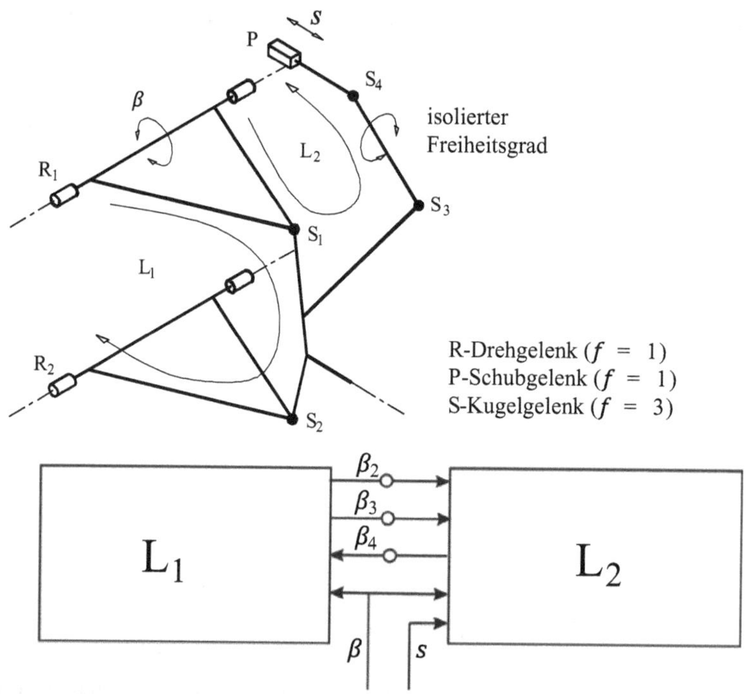

Abb. 3.21 Kinematische Transformatoren

Bemerkungen:

- Die auf der topologischen Methode basierende kinematische Analyse eines Mehrkörpersystems mit kinematischen Schleifen wird am Beispiel der Doppelquerlenkerachse in Abschn. 3.5.5 noch näher ausgeführt.
- Neben den hier vorgestellten drei Grundprinzipien für die Aufstellung der kinematischen Gleichungen komplexer Mehrkörpersysteme existieren noch weitere Varianten, die u. a. die spezielle topologische Struktur des Systems nutzen und zur Aufstellung eines impliziten Bindungsgleichungssystems führen, das numerisch zu lösen ist. Darauf wird anhand von Beispielen in Kap. 6 näher eingegangen.

3.5 Kinematik des Gesamtsystems

3.5.1 Grundidee

Komplexe Mehrkörpersysteme, wozu auch Mechanismen gehören, zeichnen sich dadurch aus, dass die Bewegungen der einzelnen Körper stark miteinander gekoppelt sind. Die mathematische Beschreibung dieser Koppelungen führt zunächst zu einem umfangreichen System von nichtlinearen Gleichungen, aus dem die wechselseitigen Abhängigkeiten in den Bewegungen nicht unmittelbar ersichtlich sind.

Die Reduktion des Systems von Bindungsgleichungen durch Einführung relativer Koordinaten als Beschreibungsvariablen wurde bereits in Abschn. 3.4.3 angedeutet. Es lässt sich weiterhin zeigen, dass nach bekannter Relativbewegung sämtliche Absolutkoordinaten der einzelnen Körper durch eine entsprechende Vorwärtskinematik im kinematischen Netz explizit bestimmbar sind (Hiller et al. 1986, 1987, 1988). Das zentrale Problem der Kinematik von komplexen Mehrkörpersystemen ist demnach die Lösung der Relativkinematik. Sie basiert im vorliegenden Fall auf der bereits im Abschn. 3.4.3 vorgestellten Idee, geschlossene kinematische Schleifen als nichtlineare kinematische Übertragungselemente – in der Folge auch als kinematische Transformatoren bezeichnet – aufzufassen, um sie dann über – in der Regel lineare – Kopplungsgleichungen zu kinematischen Netzen, dargestellt durch Blockschaltbilder, zu verknüpfen. Schließlich sei noch darauf hingewiesen, dass gerade bei technischen Lösungen (z. B. Radaufhängungen) und den dort verwendeten Gelenktypen (vgl. Abschn. 3.2) durch eine geschickte Analyse der einzelnen kinematischen Schleifen die nichtlinearen Bindungsgleichungen innerhalb der Schleife rekursiv (oder weitgehend rekursiv) und explizit gelöst werden können. Die Absolutkinematik wird dann in Abschn. 3.5.4 behandelt.

Durch Betrachtung der topologischen Struktur des komplexen Mehrkörpersystems ist es also möglich, globale Wechselwirkungen von lokalen Nichtlinearitäten zu entkoppeln. Hierzu wird wieder die Modellierung der einzelnen Mehrkörperschleifen als kinematische Transformatoren herangezogen. Es kann gezeigt werden, dass sich diese Elemente durch lineare Gleichungen miteinander verknüpfen lassen und insbesondere, dass sich jedes mehrschleifige Mehrkörpersystem häufig auf linear gekoppelte Transformatoren zurückführen lässt. Das mehrschleifige Mehrkörpersystem lässt sich damit als Blockschaltbild darstellen, das in übersichtlicher Form die globalen kinematischen Zusammenhänge wiedergibt. Dieses Konzept der Blockschaltbilder wird in den späteren Kapiteln – in erster Linie in den Kap. 6 und 12 – anhand von Beispielen von Einzelradaufhängungen noch näher erläutert (Hiller et al. 1986, 1987, 1988).

3.5.2 Blockschaltbilder und kinematische Netze

Bei Übertragungsmechanismen werden einzelne Mehrkörperschleifen häufig hintereinandergeschaltet, um bestimmte Übertragungsfunktionen über bestimmte Wege zu realisieren. Als einfachstes, oft verwendetes Übertragungselement wird hier das räumliche Gelenkviereck betrachtet, das als Übertragungselement auch innerhalb der schon im vorigen Abschnitt vorgestellten Doppelquerlenkerachse auftritt (Abb. 3.22 und 3.23).

Das Gelenkviereck als Übertragungselement hat die Aufgabe, die Drehbewegungen eines Eingangshebels $\boldsymbol{r}$ in eine Drehbewegung des Ausgangshebels $\boldsymbol{s}$ zu übertragen. Die nichtlineare Übertragung wird über die Koppel $\boldsymbol{d}$ realisiert. Je nachdem, ob die raumfesten

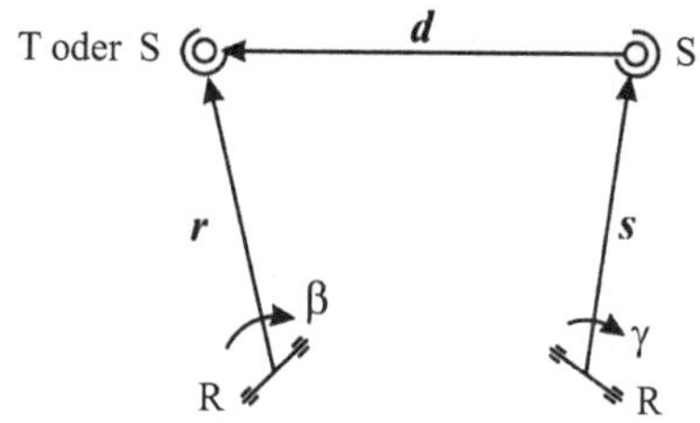

Abb. 3.22 Räumliches Gelenkviereck

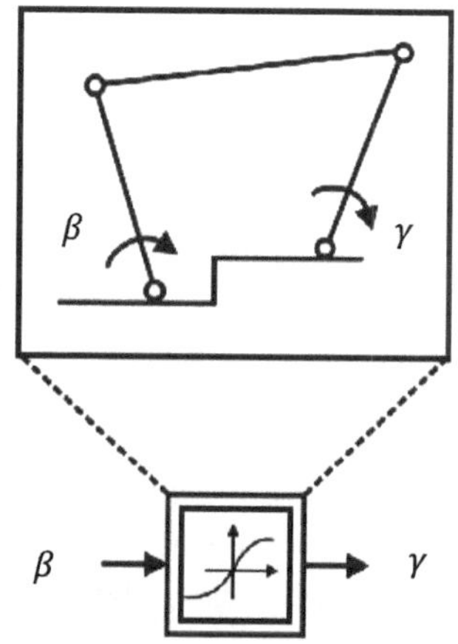

Abb. 3.23 Schematische Darstellung des räumlichen Gelenkvierecks als Übertragungselement – kinematischer Transformator

bzw. fahrzeugfesten Drehachsen der beiden Hebel parallel oder windschief zueinander liegen, unterscheidet man zwischen ebenen und räumlichen Gelenkvierecken. Als relevante Koordinaten treten der Eingangswinkel β (Drehwinkel des Eingangshebels $\boldsymbol{r}$) sowie der Ausgangswinkel γ (Drehwinkel des Ausgangshebels $\boldsymbol{s}$) auf. Nach Bestimmung der entsprechenden Übertragungsfunktion $\gamma(\beta)$ können die konstruktiven Details außer Acht gelassen werden. Das Gelenkviereck kann nunmehr als kinematischer Transformator mit einem Eingang und einem Ausgang betrachtet werden. Er transformiert also den Eingangswinkel β in den Ausgangswinkel γ. Dieses Konzept lässt sich auch noch erweitern, wie in Abschn. 3.5.4 gezeigt wird.

Nach Bestimmung der Koppelungsgleichungen können die einzelnen kinematischen Transformatoren, die die nichtlinearen Übertragungsgleichungen der freigeschnittenen Mehrkörperschleifen enthalten, über ein Blockschaltbild zu einem kinematischen Netz zusammengebaut werden (Abb. 3.21), dessen detaillierte kinematische Analyse im nächsten Abschnitt behandelt wird.

Als Ergebnis des Zusammenbaus stehen die globalen Bindungsgleichungen in modularer Form zur Verfügung. Diese Struktur ist äußerst günstig für die Behandlung von komplexen Mehrkörpersystemen mit kinematischen Schleifen: jedes Modul, d. h. jeder kinematische Transformator, enthält nur eine begrenzte Anzahl von lokalen nichtlinearen Bindungsgleichungen, die überschaubar sind und unabhängig von den anderen Transformatoren gelöst werden können. Die Struktur dieser Bindungsgleichungen ist nur von den geometrischen Parametern innerhalb der Schleife abhängig. Dagegen sind die globalen kinematischen Wechselwirkungen zwischen den Transformatoren linear und – bis auf das Vorzeichen und eine Konstante – ausschließlich durch die topologische Struktur des Mehrkörpersystems gegeben. Sie sind damit (fast) unabhängig von geometrischen Parametern. Das gesamte System lässt sich daher in einem Übertragungsblock zusammenfassen, dessen beschreibenden Variablen die oben eingeführten Relativkoordinaten sind (siehe Abschn. 3.5.3).

Der Zusammenbau des Gesamtsystems kann rechnergestützt durch geeignete Algorithmen unterstützt werden. Die globalen Bindungsgleichungen lassen sich aber auch unter Verwendung von nichtlinearen Übertragungsblöcken für die einzelnen Schleifen sowie linearen Additionsstellen für die Koppelungsgleichungen mithilfe von Blockschaltbildern übersichtlich darstellen. Dieses aus der Regelungstechnik bekannte Vorgehen wird in Abschn. 3.5.5 anhand eines Beispiels aus der Fahrzeugtechnik veranschaulicht.

3.5.3 Relativkinematik des räumlichen Gelenkvierecks

Für die Positionsanalyse der nichtlinearen Übertragungsbewegung kann z. B. die Verdrehung des linken Eingangshebels (Winkel β_1) als unabhängige Eingangskoordinate $q = \beta_1$ gewählt werden. Die Auslenkung des rechten Ausgangshebels (Winkel β_7) sowie die Bewegung der verbindenden Koppelstange kann damit berechnet werden. Insbesondere kann man zeigen, dass die in einem ersten Schritt zu berechnende Ausgangsgröße (Abb. 3.24).

$$\beta_7 = \beta_7 \cdots (\beta_1, \text{ Geometrie der Anfangsstellung}) \tag{3.13}$$

explizit durch Lösung der Gleichung

$$A \cos \beta_7 + B \sin \beta_7 + C = 0 \tag{3.14}$$

gefunden werden kann. Es existieren für diese Gleichung, deren Koeffizienten A, B, und C von β_1 und der Geometrie der Anfangslage abhängen, i. a. zwei reelle Lösungen, von denen nur eine die Anfangsbedingungen des kinematischen Systems erfüllt. Die weiteren – bei Bedarf – zu berechnenden unbekannten Größen im Gelenkviereck sind die beiden Winkel am KARDAN-Gelenk β_2, β_3 und die drei Winkel am Kugelgelenk β_4, β_5, β_6. Denkt man sich diese beiden Gelenke entsprechend Tab. 3.2 aus Drehgelenken aufgebaut, so können diese Winkel rekursiv bestimmt werden. Für weitere Einzelheiten sei auf (Wo-

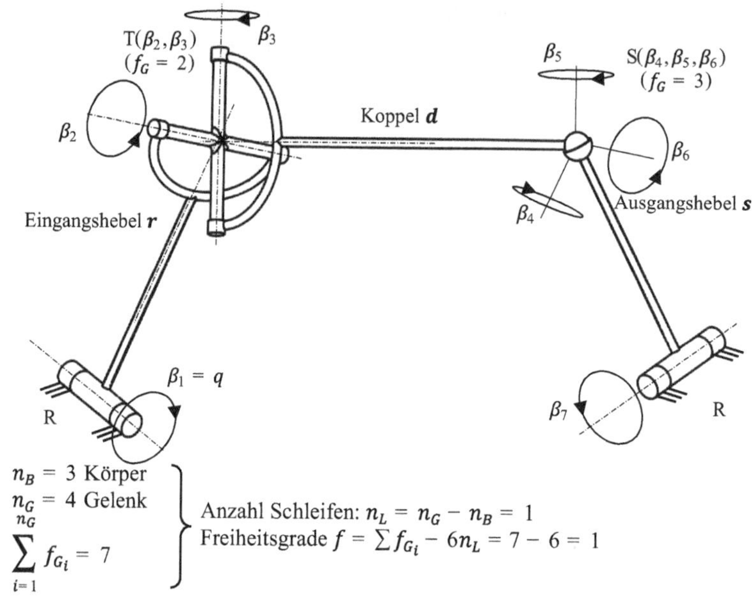

Abb. 3.24 Relativkinematik des räumlichen Gelenkvierecks

ernle 1988) verwiesen. Damit lässt sich die gesamte Lösungsstruktur der nichtlinearen Positionsanalyse des räumlichen Gelenkvierecks wie folgt darstellen:

$$\left.\begin{aligned} &g_1(\beta_1,\beta_7)=0,\\ &g_2(\beta_1,\beta_7,\beta_2)=0,\\ &g_3(\beta_1,\beta_7,\beta_2,\beta_3)=0,\\ &g_4(\beta_1,\beta_7,\beta_2,\beta_3,\beta_4)=0,\\ &g_5(\beta_1,\beta_7,\beta_2,\beta_3,\beta_4,\beta_5)=0,\\ &g_6(\beta_1,\beta_7,\beta_2,\beta_3,\beta_4,\beta_5,\beta_6)=0. \end{aligned}\right\} \tag{3.15}$$

Die bereits in Gl. (3.15) erkennbare rekursive (und häufig explizite) Lösungsstruktur des Bindungsgleichungssystems wird noch etwas klarer, wenn man die JACOBI-Matrix $\boldsymbol{J}_\beta$ der Bindungsgleichungen betrachtet:

$$\boldsymbol{J}_\beta=\frac{\partial \boldsymbol{g}}{\partial \boldsymbol{\beta}}=\begin{bmatrix} \times & & & & & \\ \times & \times & & & \mathbf{0} & \\ \times & \times & \times & & & \\ \times & \times & \times & \times & & \\ \times & \times & \times & \times & \times & \\ \times & \times & \times & \times & \times & \times \end{bmatrix}\begin{matrix} g_1\\ g_2\\ g_3\\ g_4.\\ g_5\\ g_6\end{matrix} \\ \begin{matrix}\beta_7 & \beta_2 & \beta_3 & \beta_4 & \beta_5 & \beta_6\end{matrix} \tag{3.16}$$

Sie besitzt eine untere Dreiecksstruktur und entspricht damit im vorliegenden Beispiel des Gelenkvierecks einer rekursiv-expliziten Lösung der gesuchten Positionsgleichungen

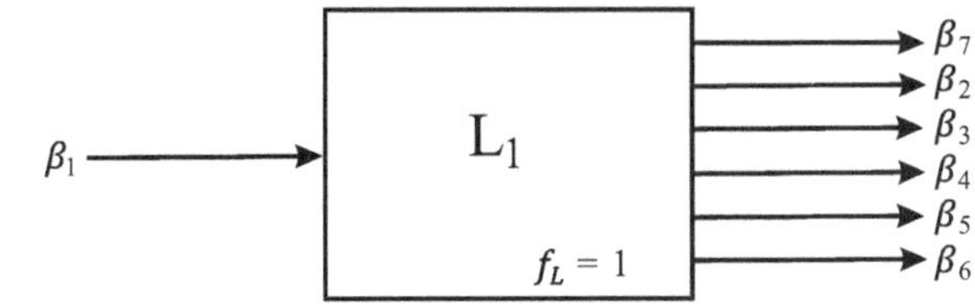

Abb. 3.25 Das räumliche Gelenkviereck als kinematischer Transformator

(s. hierzu auch Hongyou Li 1990). Das gesamte kinematische Übertragungsverhalten dieses Gelenkvierecks auf Positions-, Geschwindigkeits- und Beschleunigungsebene lässt sich nun in dem nichtlinearen Übertragungselement zusammenfassen, das bereits weiter oben als kinematischer Transformator eingeführt worden ist (Abb. 3.25).

Für weitere Einzelheiten zur Kinematik des Gelenkvierecks sei auf die Literatur von (Hiller 1981; Woernle 1988; Kecskemethy 1993) verwiesen.

3.5.4 Relative Kinematik, absolute Kinematik und globale Kinematik

Die Kinematik von komplexen Mehrkörpersystemen mit kinematischen Schleifen wurde zum Zweck einer günstigen Beschreibung der Bindungsgleichungen in Relativkinematik (ausgedrückt in Relativkoordinaten) und Absolutkinematik (ausgedrückt in Körper- bzw. Absolutkoordinaten) unterteilt. Die Analyse der Relativkinematik hat gezeigt, dass sie das Problem der Bindungsgleichungen von Mehrkörperschleifen beinhaltet. Aus diesen Betrachtungen wird auch klar, dass mit der Aufstellung und Lösung der Bindungsgleichungen der größte Aufwand verbunden ist. Was anschließend noch zu tun ist, lässt sich mithilfe einer straight forward-Vorgehensweise erledigen.

Die Relativkinematik kann auf Positions-, Geschwindigkeits- und Beschleunigungsebene wie folgt zusammengefasst werden:

$$\boldsymbol{g}(\boldsymbol{\beta}, \boldsymbol{q}) = \boldsymbol{0}, \tag{3.17}$$

$$\boldsymbol{J}_\beta \cdot \dot{\boldsymbol{\beta}} = \boldsymbol{V} \cdot \dot{\boldsymbol{q}}, \; \boldsymbol{J}_\beta = \frac{\partial \boldsymbol{g}}{\partial \boldsymbol{\beta}}, \tag{3.18}$$

$$\boldsymbol{J}_\beta \cdot \ddot{\boldsymbol{\beta}} + \dot{\boldsymbol{J}}_\beta \cdot \dot{\boldsymbol{\beta}} = \boldsymbol{V} \cdot \ddot{\boldsymbol{q}}. \tag{3.19}$$

Dabei stellt $\boldsymbol{\beta}$ den $[n_B \times 1]$-Vektor der Hilfsvariablen (relative bzw. natürliche (Gelenk-) Koordinaten) und $\boldsymbol{q}$ den $[f \times 1]$-Vektor der (unabhängigen) verallgemeinerten Koordinaten (f = Anzahl der Freiheitsgrade) dar. Die Gl. (3.17) beinhaltet das implizite System der Bindungsgleichungen, das nach der topologischen Aufbereitung modular vorliegt und bei kinematisch abbrechbaren Mehrkörpersystemen ggf. sogar explizit gelöst werden kann (Hiller et al. 1986, 1987, 1988). Die System-JACOBI-Matrix $\boldsymbol{J}_\beta$ der Zeitableitungen Gl. (3.18) und (3.19) ergibt sich durch Zusammenbau der lokalen JACOBI-Matrizen der einzelnen Schleifen entlang der Diagonalen. Die System-Verteilungsmatrix $\boldsymbol{V}$ ordnet die verallgemeinerten Koordinaten den ausgewählten Eingangsvariablen des Systems

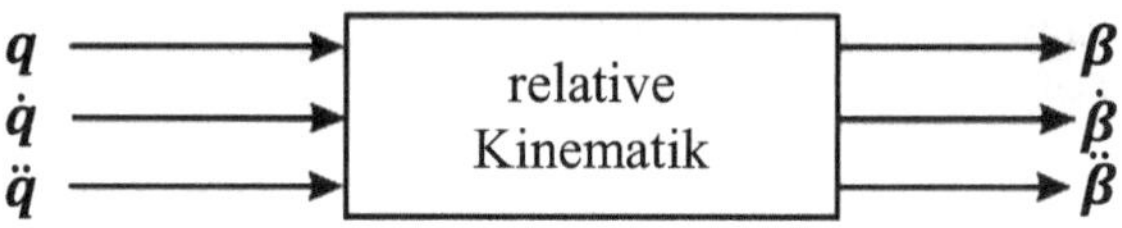

Abb. 3.26 Modul zur relativen Kinematik komplexer Mehrkörpersysteme

zu. Der in Gl. (3.19) auftretende $[n_B \times 1]$-Vektor $\dot{J}_\beta \cdot \dot{\beta}$ ergibt sich blockweise aus den entsprechenden Termen der kinematischen Transformatoren.

Die gesamte relative Kinematik kann nun in einer Black Box zusammengefasst werden, die als Eingänge die verallgemeinerten Koordinaten $\boldsymbol{q}$ sowie ihre Zeitableitungen $\dot{\boldsymbol{q}}, \ddot{\boldsymbol{q}}$ und als Ausgänge die Hilfsvariablen $\boldsymbol{\beta}$ sowie deren Zeitableitungen $\dot{\boldsymbol{\beta}}, \ddot{\boldsymbol{\beta}}$ besitzt (Abb. 3.26).

Nachdem die relative Kinematik modular vorliegt, kann die Absolutbewegung jedes beliebigen Körpers mithilfe elementar-kinematischer Ausdrücke aus der Vorwärtskinematik (vgl. Abschn. 3.4.1) rekursiv bestimmt werden.

Mit Zusammenfassung der sechs absoluten Positionskoordinaten des Körpers „K_i" im Vektor $\boldsymbol{w}_i$ sowie aller $6n_B$ absoluten Positionskoordinaten der Körper im Vektor $\boldsymbol{w}$ erhält man in rekursiver Form, ausgehend vom absoluten Bezugssystem, die Positionskinematik sowie deren zeitlichen Ableitungen als mittelbare Funktionen der relativen Kinematik:

$$\boldsymbol{w}_i = \boldsymbol{w}_i(\boldsymbol{w}_1, \ldots, \boldsymbol{w}_{i-1}, \boldsymbol{\beta}, t), \tag{3.20}$$

$$\dot{\boldsymbol{w}}_i = \dot{\boldsymbol{w}}_i\left(\boldsymbol{w}, \dot{\boldsymbol{w}}_1, \ldots, \dot{\boldsymbol{w}}_{i-1}, \boldsymbol{\beta}, \dot{\boldsymbol{\beta}}, t\right). \tag{3.21}$$

$$\ddot{\boldsymbol{w}}_i = \ddot{\boldsymbol{w}}_i\left(\boldsymbol{w}, \dot{\boldsymbol{w}}, \ddot{\boldsymbol{w}}_1, \ldots, \ddot{\boldsymbol{w}}_{i-1}, \boldsymbol{\beta}, \dot{\boldsymbol{\beta}}, \ddot{\boldsymbol{\beta}}, t\right). \tag{3.22}$$

Die Gl. (3.20)–(3.22) stellen die allgemeinste Art der Abhängigkeit der Absolutbewegung in rekursiver Form dar, wobei aus Gründen der Übersichtlichkeit eine geeignete Nummerierung der Körper – ausgehend vom Bezugssystem – angenommen wird. Tatsächlich wird es in den meisten Fällen möglich sein, die Absolutbewegung eines Körpers in Abhängigkeit der Absolutbewegung des Vorgängers sowie der Relativbewegung zwischen beiden Körpern darzustellen. Aufgrund der Verwendung der kinematischen Differentiale für die Berechnung der zur Aufstellung der Bewegungsgleichungen benötigten partiellen Ableitungen (vgl. Abschn. 4.5) wird jedoch die Kenntnis der genauen Struktur der Abhängigkeiten in den Gl. (3.20)–(3.22) nicht von Bedeutung sein.

Es genügt in der Folge die Absolutkinematik wieder als Black Box darzustellen, deren Eingänge die relativen Koordinaten sowie ihre zeitlichen Ableitungen und deren Ausgänge die Absolutkoordinaten samt zeitlichen Ableitungen bedeuten (Abb. 3.27).

Die Module Relativkinematik und Absolutkinematik lassen sich nun zu einem Block globale Kinematik zusammenfassen, der wiederum als eine Black Box betrachtet werden

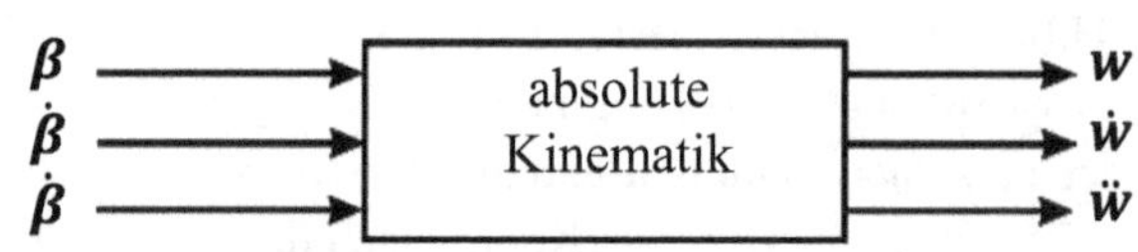

Abb. 3.27 Modul zu absoluten Kinematik komplexer Mehrkörpersysteme

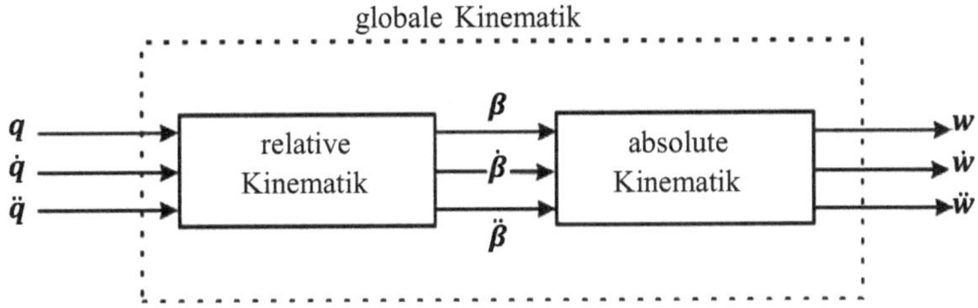

Abb. 3.28 Die globale Kinematik komplexer Mehrkörpersysteme

kann, der die gesamte kinematische Analyse des komplexen Mehrkörpersystems mit kinematischen Schleifen enthält (Abb. 3.28).

Mithilfe der globalen Kinematik lässt sich, bei vorgegebenen verallgemeinerten Koordinaten sowie ihren Zeitableitungen, die Bewegung jedes beliebigen Körpers im Mehrkörpersystem bestimmen. Dies ermöglicht die automatische Aufstellung der Bewegungsgleichungen mithilfe des Computers – numerisch oder symbolisch – in einer sehr effizienten Weise, wie in Kap. 4 gezeigt wird.

3.5.5 Beispiel: Doppelquerlenkerradaufhängung

Am Beispiel der Doppelquerlenkerradaufhängung, die in der Fahrwerkstechnik eine wichtige Rolle spielt, soll die in Abschn. 3.4.3 unter der Überschrift „topologische Methode" vorgestellte Vorgehensweise zur kinematischen Analyse von Mehrkörpersystemen mit kinematischen Schleifen noch etwas näher ausgeführt werden (Abb. 3.29 und 3.30).

Die topologische Struktur des Systems besteht aus zwei unabhängigen kinematischen Schleifen L_1 und L_2, die über das Drehgelenk R_1 (Drehwinkel β_1) bzw. das Kugelgelenk S_1 (Kugelwinkel β_2, β_3, β_4) des oberen Querlenkers miteinander gekoppelt sind. Man

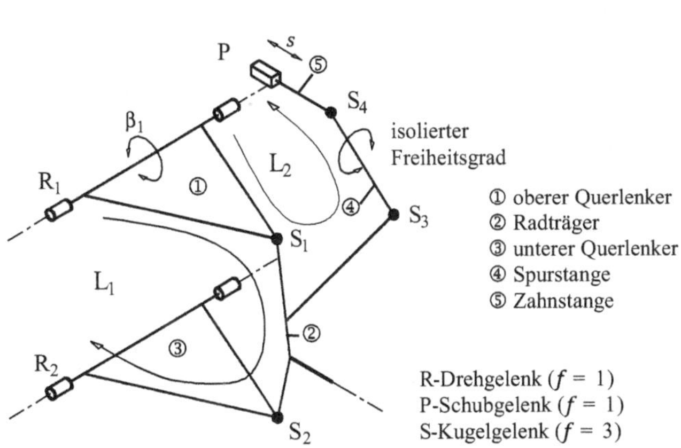

Abb. 3.29 Doppelquerlenkerradaufhängung – Struktur

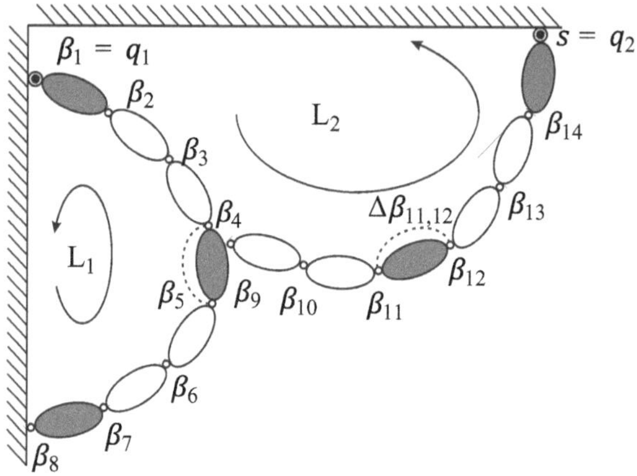

Abb. 3.30 Relativkinematik der Doppelquerlenkerradaufhängung

erkennt, dass die Schleife L_1, die auch den Radträger enthält, dem in den Abschn. 3.5.2 und 3.5.3 vorgestellten räumlichen Gelenkviereck entspricht, wobei der Radträger – sowohl oben als auch unten – über jeweils ein Kugelgelenk mit den Querlenkern verbunden ist. Das ist notwendig, damit darüber später die von der Einfederung β_1 unabhängige Lenkbewegung s in das System eingeleitet werden kann. Betrachtet man das räumliche Gelenkviereck der Schleife L_1 separat, so erkennt man, dass diese Schleife zwei Freiheitsgrade besitzt, einen für die Einfederung des Radträgers und einen zweiten unabhängigen Freiheitsgrad, der einer isolierten Drehung des Radträgers um die Verbindungslinie zwischen oberem und unterem Kugelgelenk der Querlenker entspricht, die jedoch für die Einleitung der Lenkbewegung über den Lenkmechanismus gemäß Abb. 3.29 benötigt wird.

In ähnlicher Weise kann die zweite kinematische Schleife L_2 der Doppelquerlenkerachse aufbereitet und anschließend mit der Schleife L_1 über lineare Gleichungen in den Variablen β_2, β_3, β_4 des Kugelgelenks S_1 (Abb. 3.29 bzw. 3.30) – entsprechend der Koppelungen der Schleifen an diesen Gelenken – zu dem bereits gezeigten Blockschaltbild für die Berechnung der Relativkinematik verknüpft werden (Abb. 3.30). Ein wichtiger Vorteil dieser Vorgehensweise, die in ähnlicher Weise auf eine große Zahl weiterer, technisch interessanter kinematischen Schleifen übertragen werden kann, ist u. a., dass nur diejenigen kinematischen Größen berechnet werden müssen, die für den weiteren Verlauf der Berechnung erforderlich sind. So werden etwa die Winkel an den Kugelgelenken im vorliegenden Beispiel nicht benötigt. Es sei noch einmal darauf hingewiesen, dass im vorliegenden Beispiel der Berechnungsablauf für das gesamte System in explizit-rekursiver Form durchgeführt werden kann (Hiller et al. 1986, 1987, 1988; Woernle 1988; Schnelle 1990).

Bemerkung: Bei den späteren Anwendungen (insbesondere in Kap. 6 und 12) wird für Blockschaltbilder die bereits in Abb. 3.23 angedeutete, vereinfachte Symbolik verwendet, um das nichtlineare Übertragungsverhalten innerhalb der jeweiligen kinematischen Schleifen zu unterstreichen. Im Fall der Doppelquerlenkerradaufhängung wird also aus Abb. 3.31 die 3.32

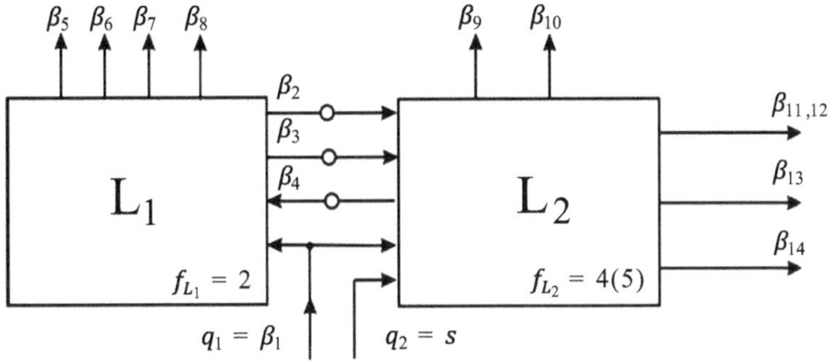

Abb. 3.31 Struktur des Blockschaltbildes der Relativkinematik der Doppelquerlenkerradaufhängung

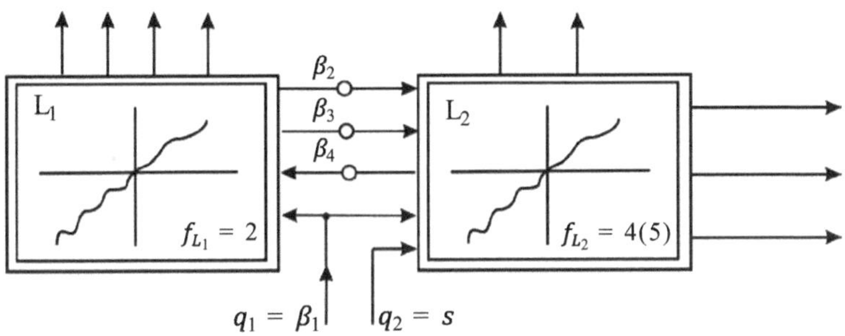

Abb. 3.32 Blockschaltbild der Relativkinematik der Doppelquerlenkerradaufhängung

Literatur

Hiller M (1981) Analytisch-numerische Verfahren zur Behandlung räumlicher Übertragungsmechanismen. Habilitation. Fortschrittberichte VDI-Z, Reihe 1, Nr. 76. Universität Stuttgart. VDI-Verlag, Düsseldorf

Hiller M, Kecskeméthy A, Woernle C (1986) A loop-based kinematical analysis of complex mechanisms. ASME-Paper 86-DET-184, New York. Presented at the design engineering technical conference, Columbus, 5–8 Okt 1986

Hiller M, Kecskeméthy A, Woernle C (1986–1988) Computergestützte Kinematik und Dynamik für Fahrzeuge, Roboter und Mechanismen. Carl-Cranz-Kurs V 1.16, Carl-Cranz-Gesellschaft, Oberpfaffenhofen

Hiller M, Kecskeméthy A (1989) Equations of motion of complex multibody systems using kinematical differentials. Trans Can Soc Mech Eng 13(4):113–121

Hiller M (1995) Multiloop kinematic chains, and dynamics of multiloop systems. In: Angeles J, Kecskemethy A (Hrsg) kinematics and dynamics of multi-body systems. Springer, Wien

Kecskemethy A (1993) Objektorientierte Modellierung der Dynamik von Mehrkörpersystemen mit Hilfe von Übertragungselementen. Dissertation. Fortschrittberichte VDI, Reihe 20, Nr. 88. Universität Duisburg. VDI-Verlag, Düsseldorf

Li H (1990) Ein Verfahren zur vollständigen Lösung der Rückwärtstransformation für Industrieroboter mit allgemeiner Geometrie. Dissertation, Universität – Gesamthochschule – Duisburg

Möller M (1992) Ein Verfahren zur automatischen Analyse der Kinematik mehrschleifiger räumlicher Mechanismen. Dissertation, Universität Stuttgart

Reuleaux F (1875) Theoretische Kinematik. Grundzüge einer Theorie des Maschinenwesens. Friedrich Vieweg und Sohn, Braunschweig

Schnelle KP (1990) Simulationsmodelle für die Fahrdynamik von Personenwagen unter Berücksichtigung der nichtlinearen Fahrwerkskinematik. Dissertation. Fortschritt-Berichte VDI, Reihe 12, Nr. 146. Universität Stuttgart

Woernle C (1988) Ein systematisches Verfahren zur Aufstellung der geometrischen Schließbedingungen in kinematischen Schleifen mit Anwendung bei der Rückwärtstransformation für Industrieroboter. Dissertation. Fortschrittberichte VDI, Reihe 18, Nr. 59. Universität Stuttgart. VDI-Verlag, Düsseldorf

Bewegungsgleichungen komplexer Mehrkörpersysteme 4

Im vorliegenden Kapitel werden zunächst einige Methoden aus der klassischen Mechanik zur Aufstellung von Bewegungsgleichungen in kurzer Form zusammengestellt (Abschn. 4.1–4.4). Alle diese Methoden können im Prinzip auch zur Modellierung der hier betrachteten Fahrzeuge, die als komplexe Mehrkörpersysteme angesehen werden können, verwendet werden. Über die praktische Verwendbarkeit einer Methode entscheidet allerdings letztendlich der damit verbundene Modellierungs- und Rechenaufwand, wobei die Bewegungsgleichungen für die hier betrachteten großen Systeme mit vielen Körpern und vielen kinematischen Schleifen mithilfe des Computers numerisch oder symbolisch erstellt werden sollen. Dieser Aufwand wird zum einen von der Zahl der beschreibenden Koordinaten und von ihrer geometrischen Bedeutung bestimmt. Weiterhin wird er von der Formulierung der Bindungsgleichungen, d. h. von der Modellierung der Kinematik des Systems, die sich direkt in der Anzahl der erforderlichen Rechenoperationen niederschlägt, bestimmt.

In Abschn. 4.5 wird über das d'ALEMBERTsche Prinzip für starre Körper eine Methode zur Aufstellung der Bewegungsgleichungen für Mechanismen und komplexe Mehrkörpersysteme vorgestellt, die sich an der kinematischen Struktur des Systems orientiert. Durch eine geeignete Aufbereitung der Bindungsgleichungen (s. Kap. 3) lässt sich die Zahl der notwendigen Rechenoperationen gegenüber anderen Methoden stark reduzieren. Die Umsetzung dieser Methode sowie ihre praktische Realisierung auf dem Computer wird dann in Abschn. 4.6 näher erläutert, s. auch Hiller (1983), Hiller et al. (1986–1988), Kecskeméthy (1993) und Hiller (1995).

D. Schramm et al., *Modellbildung und Simulation der Dynamik von Kraftfahrzeugen*,
https://doi.org/10.1007/978-3-662-54481-5_4

4.1 Fundamentalgleichung der Dynamik für Punktmassen

Gegeben ist ein System, bestehend aus

$$N \text{ Massenpunkten } m_i, \quad i = 1, \ldots, N,$$

deren Lage im Koordinatensystem $\mathrm{K} = \{\mathrm{O}; x, y, z\}$ durch die Ortsvektoren $\boldsymbol{r}_i$ beschrieben wird mit

$$\boldsymbol{r}_i = \begin{bmatrix} x_i \\ y_i \\ z_i \end{bmatrix}, \tag{4.1}$$

$$\dot{\boldsymbol{r}}_i = \boldsymbol{v}_i = \begin{bmatrix} \dot{x}_i \\ \dot{y}_i \\ \dot{z}_i \end{bmatrix}, \quad \ddot{\boldsymbol{r}}_i = \dot{\boldsymbol{v}}_i = \boldsymbol{a}_i = \begin{bmatrix} \ddot{x}_i \\ \ddot{y}_i \\ \ddot{z}_i \end{bmatrix}. \tag{4.2}$$

Auf die Massenpunkte wirken die eingeprägten Kräfte $\boldsymbol{F}_i$. Vorhandene Bindungen im System können durch Reaktionskräfte $\boldsymbol{R}_i$ ersetzt werden. Das System von Bewegungsgleichungen lautet damit

$$m_i \boldsymbol{a}_i = \boldsymbol{F}_i + \boldsymbol{R}_i, \quad i = 1, \ldots, N. \tag{4.3}$$

Da diese Reaktionskräfte $\boldsymbol{R}_i$ auf die mit den Bindungen verträglichen virtuellen Verschiebungen $\delta \boldsymbol{r}_i$ keine virtuelle Arbeit δA leisten, s. (Schiehlen une Eberhard 2004) oder (Hiller 1983), folgt wegen

$$\delta A = -\sum_{i=1}^{N} \boldsymbol{R}_i \cdot \delta \boldsymbol{r}_i = 0 \tag{4.4}$$

die sogenannte Fundamentalgleichung der Dynamik

$$\sum_{i=1}^{N} [\boldsymbol{F}_i - m_i \boldsymbol{a}_i] \cdot \delta \boldsymbol{r}_i = 0. \tag{4.5}$$

Aus der Fundamentalgleichung für Punktmassen, die relativ einfach auf Systeme von starren Körpern erweitert werden kann (vgl. Abschn. 4.5), lassen sich u. a. ableiten:

- das Prinzip von d'ALEMBERT,
- die LAGRANGEschen Gleichungen erster und zweiter Art,
- die HAMILTONschen Gleichungen und
- die APPELLschen Gleichungen.

In Abschn. 4.3 und 4.4 werden die LAGRANGEschen Gleichungen erster und zweiter Art kurz besprochen. Das Prinzip von d'ALEMBERT für starre Körper (Abschn. 4.5) bildet die Basis für die später ausführlich zu behandelnde computergestützte Methode zur Aufstellung der Bewegungsgleichungen von Mehrkörpersystemen. Da in den hier betrachteten Mehrkörpersystemen im Wesentlichen nur holonome Bindungen auftreten, werden die APPELLschen Gleichungen nicht weiter erörtert. Dasselbe gilt für die HAMILTONschen Gleichungen, die primär für holonome Systeme aufgestellt worden sind. Dagegen wird in Abschn. 4.2 noch das für holonome und nichtholonome Systeme geltende JOURDAINsche Prinzip vorgestellt.

4.2 Das JOURDAINsche Prinzip

Für ein mechanisches System von Punktmassen gilt – ähnlich der Fundamentalgleichung aus dem vorigen Abschnitt – die Gleichung (Schiehlen une Eberhard 2004)

$$\sum_{i=1}^{N} [\boldsymbol{F}_i - m_i \boldsymbol{a}_i] \cdot \delta \boldsymbol{v}_i = 0. \tag{4.6}$$

Diese Beziehung, die sich auch sinngemäß auf Systeme von starren Körpern erweitern lässt, sagt aus, dass die virtuelle Leistung der Reaktionskräfte dieses Systems verschwindet. Damit ist eine große Ähnlichkeit mit der Fundamentalgleichung der Dynamik Gl. (4.5) bzw. dem d'ALEMBERTschen Prinzip für Punktmassen zu erkennen. Anstelle der virtuellen Verschiebungen treten hier allerdings die virtuellen Geschwindigkeitsänderungen der Punktmasse auf. Bei nichtholonomen Systemen müssen für die Berechnung der Reaktionskräfte die implizit auftretenden holonomen Bindungen noch um die entsprechenden Ausdrücke für die nichtholonomen Bindungen ergänzt werden.

4.3 LAGRANGEsche Gleichungen erster Art für Punktmassen

Ausgehend von der Fundamentalgleichung der Dynamik Gl. (4.5) werden nachfolgend die LAGRANGEschen Gleichungen erster Art für Punktmassen angegeben. Dazu sei ein System gegeben mit

- N Massenpunkten m_i, $\boldsymbol{r}_i$
- g geometrischen Bindungen

$$f_\alpha (t; \boldsymbol{r}_1, \ldots, \boldsymbol{r}_N) = 0, \quad \alpha = 1, \ldots, g, \tag{4.7}$$

– k kinematischen Bindungen

$$\phi_\beta = \sum_{i=1}^{N} \boldsymbol{l}_{i\beta}\left(t; \boldsymbol{r}_1, \ldots, \boldsymbol{r}_N\right) \cdot \boldsymbol{v}_i + d_\beta\left(t; \boldsymbol{r}_1, \ldots, \boldsymbol{r}_N\right) = 0, \quad \beta = 1, \ldots, k. \tag{4.8}$$

Das System besitzt also $f = 3N - g - k$ Freiheitsgrade. Unter Verwendung der LAGRANGEschen Multiplikatoren $\lambda_\alpha, \mu_\beta$ lauten dann die LAGRANGEschen Gleichungen erster Art

$$\begin{aligned}
m_i \boldsymbol{a}_i = \boldsymbol{F}_i + \sum_{\alpha=1}^{g} \lambda_\alpha \frac{\partial f_\alpha}{\partial \boldsymbol{r}_i} + \sum_{\beta=1}^{k} \mu_\beta \boldsymbol{l}_{i\beta}, \quad i = 1, \ldots N,& \\
f_\alpha\left(t; \boldsymbol{r}_1, \ldots, \boldsymbol{r}_N\right) = 0, \quad \alpha = 1, \ldots, g,& \\
\sum_{i=1}^{N} \boldsymbol{l}_{i\beta} \cdot \boldsymbol{v}_i + d_\beta = 0, \quad \beta = 1, \ldots, k.&
\end{aligned} \tag{4.9}$$

Dies ergibt ein System von $(3N + g + k)$ Gleichungen für die $(3N + g + k)$ Unbekannten

$$x_i, y_i, z_i, \lambda_\alpha, \mu_\beta. \tag{4.10}$$

Die Reaktionskräfte $\boldsymbol{R}_i$ des Systems erhält man aus Gl. (4.9) zu

$$\boldsymbol{R}_i = \sum_{\alpha=1}^{g} \lambda_\alpha \frac{\partial f_\alpha}{\partial \boldsymbol{r}_i} + \sum_{\beta=1}^{k} \mu_\beta \boldsymbol{l}_{i\beta}, \qquad i = 1, \ldots, N. \tag{4.11}$$

Bemerkung: Unter Verwendung des Bewegungswinders $(\boldsymbol{v}_i, \boldsymbol{\omega}_i)$ lassen sich Impuls- und Drallsatz für den starren Körper formulieren. Auf diesem Weg können dann die LAGRANGEschen Gleichungen erster Art auch für Systeme von starren Körpern beschrieben werden.

Vorteile der LAGRANGEschen Gleichungen erster Art:

- Sie gelten für holonome und nichtholonome Systeme.
- Die Reaktionskräfte lassen sich einfach berechnen.

Nachteil der LAGRANGEschen Gleichungen erster Art:

- Obwohl das System nur $f = 3N-g-k$ Freiheitsgrade besitzt, sind $3N+g+k$ Gleichungen zu lösen. Das gilt auch dann, wenn die Reaktionskräfte nicht benötigt werden, weil nur die Bewegung des Systems von Interesse ist.

4.4 LAGRANGEsche Gleichungen zweiter Art für starre Körper

Durch Einführung der f unabhängigen verallgemeinerten Koordinaten (entsprechend der Zahl der Freiheitsgrade)

$$q_1, q_2, \ldots, q_f \tag{4.12}$$

können aus der Fundamentalgleichung der Dynamik die LAGRANGEschen Gleichungen zweiter Art für holonome Systeme gewonnen werden:

$$\frac{d}{dt}\left(\frac{\partial T}{\partial \dot{q}_j}\right) - \frac{\partial T}{\partial q_j} = Q_j, \quad j = 1, \ldots, f. \tag{4.13}$$

Hierbei sind

T die kinetische Energie des Systems und
Q_j die verallgemeinerten (eingeprägten) Kräfte.

Für die kinetische Energie des starren Körpers gilt dabei

$$T = T_{trans} + T_{rot} = \frac{1}{2}m\boldsymbol{v}_s^2 + \frac{1}{2}\boldsymbol{\omega}^T\boldsymbol{\Theta}_S\boldsymbol{\omega} \tag{4.14}$$

mit

$\boldsymbol{v}_s$ Geschwindigkeit des Massenmittelpunktes S,
$\boldsymbol{\omega}$ Winkelgeschwindigkeit des starren Körpers und
$\boldsymbol{\Theta}_s$ Trägheitstensor bezüglich S.

Falls das gewählte körperfeste Koordinatensystem ein Hauptachsensystem ist, so gilt für die Rotationsenergie

$$T_{rot} = \frac{1}{2}\left(A\omega_x^2 + B\omega_y^2 + C\omega_z^2\right) \tag{4.15}$$

mit

$$\boldsymbol{\Theta}_S = \begin{bmatrix} A & 0 & 0 \\ 0 & B & 0 \\ 0 & 0 & C \end{bmatrix}$$

und den Hauptträgheitsmomenten A, B, C.

Vorteile der LAGRANGEschen Gleichungen zweiter Art:

- Eine kleinstmögliche Zahl f von Gleichungen.
- Für die Aufstellung sind nur die kinetische Energie T und die verallgemeinerten Kräfte Q_j erforderlich.

Nachteil der LAGRANGEschen Gleichungen zweiter Art:

- Der Aufwand zur Aufstellung der kinetischen Energie bei Mechanismen und komplexen Mehrkörpersystemen wird sehr groß.

Bemerkung: Die Bewegungsgleichungen für gebundene Systeme können auch gewonnen werden, indem die LAGRANGEschen Gleichungen zweiter Art zunächst für ein freies System aufgestellt werden, das dann über LAGRANGEsche Multiplikatoren um die Bindungsgleichungen erweitert wird. Man erhält wie bei LAGRANGE erster Art ein erweitertes System mit $(f + g)$ Gleichungen. Diese Methode bildet die Basis für einige Rechenprogramme zur Untersuchung von Mehrkörpersystemen.

4.5 Das d'ALEMBERTsche Prinzip für starre Körper und Bewegungsgleichungen in Minimalkoordinaten

Man geht wieder von der Fundamentalgleichung der Dynamik für Punktmassen aus. Fasst man in Gl. (4.5) die Glieder „$-m_i\boldsymbol{a}_i$“ als Trägheitskräfte auf, so verkörpert diese Beziehung bereits das d'ALEMBERTsche Prinzip für Punktmassen. Die Erweiterung auf starre Körper geschieht einfach, indem man wieder den Bewegungswinder für starre Körper $(\boldsymbol{v}_i, \boldsymbol{\omega}_i)$ (Impuls- und Drallsatz) heranzieht. Für ein System von n_B starren Körpern erhält man damit die Gleichung

$$\sum_{i=1}^{n_B} \left[\left(m_i \ddot{\boldsymbol{r}}_{S_i} - \boldsymbol{F}_i \right) \cdot \delta \boldsymbol{r}_{S_i} + \left(\boldsymbol{\Theta}_{S_i} \dot{\boldsymbol{\omega}}_i + \boldsymbol{\omega}_i \times \boldsymbol{\Theta}_{S_i} \boldsymbol{\omega}_i - \boldsymbol{T}_i \right) \cdot \delta \boldsymbol{\varphi}_i \right] = 0 \tag{4.16}$$

mit

$m_i, \boldsymbol{\Theta}_{S_i}$	: Masse und Trägheitstensor für Körper „i“,
$\ddot{\boldsymbol{r}}_{S_i}$	: Beschleunigung des Massenzentrums von Körper „i“,
$\boldsymbol{\omega}_i, \dot{\boldsymbol{\omega}}_i$	: Winkelgeschwindigkeit und -beschleunigung von Körper „i“,
$\boldsymbol{F}_i, \boldsymbol{T}_i$	: eingeprägte Kräfte und Momente am Körper „i“,
$\delta \boldsymbol{r}_{S_i}, \delta \boldsymbol{\varphi}_i$	: virtuelle Verschiebungen.

In Gl. (4.16) stehen die absoluten virtuellen Verschiebungen der Körper „i“, die aufgrund der Bindungen des Systems nicht unabhängig sind. Es ist nun das Ziel, durch Einführung von f unabhängigen verallgemeinerten Koordinaten $q_1, \ldots, q_f$ – entsprechend der Zahl der Freiheitsgrade des gesamten Systems – über die zugehörigen unabhängigen virtuellen Verschiebungen $\delta q_1, \ldots, \delta q_f$ aus Gl. (4.16) folgende Beziehung abzuleiten:

$$\boldsymbol{M}\ddot{\boldsymbol{q}} + \boldsymbol{b} = \boldsymbol{Q}. \tag{4.17}$$

Hierbei ist

$\boldsymbol{q}$: $[f \times 1]$–Vektor der verallgemeinerten Koordinaten,
$\boldsymbol{M}$: $[f \times f]$–verallgemeinerte Massenmatrix,
$\boldsymbol{b}$: $[f \times 1]$–Vektor der verallgemeinerten Kreiselkräfte,
$\boldsymbol{Q}$: $[f \times 1]$–Vektor der verallgemeinerten eingeprägten Kräfte,

Über die Kinematik muss zunächst zwischen den absoluten abhängigen Koordinaten und den unabhängigen Koordinaten ein Zusammenhang hergestellt werden. Dabei werden die Anteile von Translationsbewegung einerseits und Drehbewegung des Körpers „i" andererseits getrennt betrachtet. Um den Zusammenhang zwischen den vektoriellen Größen von Translation und Drehung mit den unabhängigen Koordinaten zu ermöglichen, muss auf eine Koordinatendarstellung übergegangen werden. Als Bezugssystem für die nachfolgenden Betrachtungen wird das Inertialsystem $\mathrm{K}_E = (\mathrm{O}_E; x_E, y_E, z_E)$ zugrunde gelegt. Damit lassen sich die folgenden allgemeinen Zusammenhänge angeben:

$$\begin{aligned} \delta_E \boldsymbol{r}_{S_i} &= {}_E\boldsymbol{J}_{S_i}\delta\boldsymbol{q}, \quad {}_E\ddot{\boldsymbol{r}}_{S_i} = {}_E\boldsymbol{J}_{S_i}\ddot{\boldsymbol{q}} + {}_E\boldsymbol{a}_{S_i}, \\ \delta_E \boldsymbol{\varphi}_i &= {}_E\boldsymbol{J}_{\varphi_i}\delta\boldsymbol{q}, \quad {}_E\dot{\boldsymbol{\omega}}_i = {}_E\boldsymbol{J}_{\varphi_i}\ddot{\boldsymbol{q}} + {}_E\boldsymbol{\alpha}_{\varphi_i} \end{aligned} \tag{4.18}$$

mit den JACOBI-Matrizen (ausgedrückt im System K_E)

$${}_E\boldsymbol{J}_{S_i} = \frac{\partial_E \boldsymbol{r}_{S_i}}{\partial \boldsymbol{q}}, {}_E\boldsymbol{J}_{\varphi_i} = \frac{\partial_E \boldsymbol{\varphi}_i}{\partial \boldsymbol{q}}. \tag{4.19}$$

Die einzelnen Elemente der Bewegungsgleichungen lauten dann

- Massenmatrix

$$\boldsymbol{M} = \sum_{i=1}^{n_B} \left[{}_E\boldsymbol{J}_{S_i}^T \, {}_E\boldsymbol{J}_{S_i} \, m_i + {}_E\boldsymbol{J}_{\varphi_i}^T \, {}_E\boldsymbol{\Theta}_{S_i} \, {}_E\boldsymbol{J}_{\varphi_i} \right]. \tag{4.20}$$

- Verallgemeinerte Kreiselkräfte

$$\boldsymbol{b} = \sum_{i=1}^{n_B} \left\{ {}_E\boldsymbol{J}_{S_i}^T \, {}_E\boldsymbol{a}_{S_i} m_i + {}_E\boldsymbol{J}_{\varphi_i}^T \left[{}_E\boldsymbol{\Theta}_{S_i} \, {}_E\boldsymbol{\alpha}_{\varphi_i} + {}_E\boldsymbol{\omega}_i \times \left({}_E\boldsymbol{\Theta}_{S_i} \, {}_E\boldsymbol{\omega}_i \right) \right] \right\}. \tag{4.21}$$

- Verallgemeinerte eingeprägte Kräfte und Momente

$$\boldsymbol{Q} = \sum_{i=1}^{n_B} \left[{}_E\boldsymbol{J}_{S_i}^T \, {}_E\boldsymbol{F}_i + {}_E\boldsymbol{J}_{\varphi_i}^T \, {}_E\boldsymbol{T}_i \right]. \tag{4.22}$$

- Unbekannt sind hierbei immer noch die JACOBI-Matrizen

$${}_E\boldsymbol{J}_{S_i} = \frac{\partial_E \boldsymbol{r}_{S_i}}{\partial \boldsymbol{q}}, \, {}_E\boldsymbol{J}_{\varphi_i} = \frac{\partial_E \boldsymbol{\varphi}_i}{\partial \boldsymbol{q}} \tag{4.23}$$

- und die verallgemeinerten Beschleunigungsterme

$${}_E\boldsymbol{a}_{S_i} = \sum_{j=1}^{f} \sum_{k=1}^{f} \frac{\partial^2{}_E \boldsymbol{r}_{S_i}}{\partial q_j \partial q_k} \dot{q}_j \dot{q}_k, \tag{4.24}$$

$${}_E\boldsymbol{\alpha}_{\varphi i} = \sum_{j=1}^{f} \sum_{k=1}^{f} \frac{\partial^2{}_E \boldsymbol{\varphi}_i}{\partial q_j \partial q_k} \dot{q}_j \dot{q}_k. \tag{4.25}$$

Die Auswertungen von Massenmatrix, verallgemeinerten Kreiselkräften und verallgemeinerten eingeprägten Kräften sind Gegenstand des folgenden Abschnitts. Die Auswertungen werden jedoch nicht über die hier angegebenen Ausdrücke Gl. (4.23), (4.24), (4.25) erfolgen, da deren analytische Berechnung sehr aufwendig ist. Insbesondere der Rechenaufwand bei der Bestimmung der zweiten Ableitungen Gl. (4.24) und (4.25) wächst bei zunehmender Komplexität des Mehrkörpersystems und hier insbesondere wegen der kinematischen Schleifen und daraus resultierender zunehmender Komplexität des Bindungsgleichungssystems rapide an. Unter Verwendung der globalen Kinematik von komplexen Mehrkörpersystemen mit kinematischen Schleifen (relative Kinematik und absolute Kinematik) kann die Zahl der notwendigen Rechenoperationen gegenüber der herkömmlichen Methode sehr stark reduziert werden. Außerdem sei noch vermerkt, dass die Auswertung obiger Ausdrücke wiederum nicht von vornherein an ein Koordinatensystem gebunden ist, sondern problemangepasst in den jeweils günstigsten Koordinatensystemen erfolgen kann. Demgegenüber muss für die Aufstellung der Beziehungen der Gl. (4.19), (4.24) und (4.25) ein Koordinatensystem eingeführt werden, wodurch man sich bereits auf die daraus resultierenden Einschränkungen festlegt.

4.6 Computergestütztes Aufstellen der Bewegungsgleichungen für Mehrkörpersysteme mit kinematischen Schleifen

Die Schwierigkeit bei der Herleitung der dynamischen Gleichungen komplexer Mehrkörpersysteme liegt hauptsächlich in der Einarbeitung der Bindungsgleichungen in den allgemeinen Formalismus. Hier spielt die Kinematik wieder eine zentrale Rolle, da diese geeignet aufbereitet werden muss. Weitere Problemstellungen wie etwa die Bestimmung der eingeprägten Kräfte bzw. der Reaktionskräfte werden durch eine entsprechend aufbereitete Kinematik ebenfalls vereinfacht. Dies soll jedoch in diesem Zusammenhang nicht näher behandelt werden.

4.6.1 Kinematische Differentiale der Absolutkinematik der Körper

Vor der Aufstellung der dynamischen Gleichungen ist es günstig, die kinematische Analyse mit Beziehungen zur Bestimmung von partiellen Ableitungen zu ergänzen. Dabei werden insbesondere die Zusammenhänge zwischen den ersten und zweiten Differentialen der verallgemeinerten Koordinaten $\boldsymbol{q}$ und den entsprechenden Differentialen der Absolutkoordinaten aller Körper „i“, die zunächst in

$$\boldsymbol{w}_i = \begin{bmatrix} \boldsymbol{r}_{S_i} \\ \boldsymbol{\varphi}_i \end{bmatrix} \tag{4.26}$$

zusammengefasst werden können, benötigt. Aus der Betrachtung der Funktionen

$$\boldsymbol{w}_i = \boldsymbol{w}_i(\boldsymbol{q}) \tag{4.27}$$

folgt für die ersten und zweiten Zeitableitungen

$$\dot{\boldsymbol{w}}_i = \boldsymbol{J}_{w_i}\dot{\boldsymbol{q}}, \tag{4.28}$$

$$\ddot{\boldsymbol{w}}_i = \boldsymbol{J}_{w_i}\ddot{\boldsymbol{q}} + \boldsymbol{a}_{w_i}. \tag{4.29}$$

Die [6 × f]-JACOBI-Matrizen J_{w_i} sowie die [6 × 1]-Vektoren $\boldsymbol{a}_{w_i}$ sind noch unbekannt. Sie können durch Betrachtung der analytischen Funktionen $\boldsymbol{w}_i(\boldsymbol{q})$ jeweils durch entsprechende partielle Ableitungen bestimmt werden:

$$\boldsymbol{J}_{w_i} = \frac{\partial \boldsymbol{w}_i}{\partial \boldsymbol{q}}, \tag{4.30}$$

$$\boldsymbol{a}_{wi} = \sum_{j=1}^{f}\sum_{k=1}^{f} \frac{\partial^2{}_E\boldsymbol{w}_i}{\partial q_j \partial q_k}\dot{q}_j\dot{q}_k. \tag{4.31}$$

Die Bereitstellung von analytischen Ableitungen ist jedoch aufgrund des hochimpliziten Charakters der Bindungsgleichungen von komplexen Mehrkörpersystemen äußerst aufwendig. Sogar die Behandlung mit symbolischen Formelmanipulatoren (z. B. MATHEMATICA, MAPLE) kann problematisch sein, da die Zwischenergebnisse derart umfangreich sind, dass sie nachträglich praktisch nicht mehr zusammengefasst werden können. Deshalb wird eine alternative Lösungsmöglichkeit betrachtet, bei der die analytischen Ableitungen auf kinematischem Wege erzeugt werden.

Erste Ableitungen der Absolutkoordinaten der Körper Mit der Bereitstellung der globalen Kinematik für allgemeine komplexe Mehrkörpersysteme können, bei vorgegebener Position $\boldsymbol{w}_i$, die Zeitableitungen $\dot{\boldsymbol{w}}_i$ der Absolutkoordinaten aller Körper für beliebige Werte der verallgemeinerten Geschwindigkeiten $\dot{\boldsymbol{q}}$ mithilfe elementar-kinematischer Ausdrücke angegeben werden (s. Abschn. 3.5). Speziell lassen sich Pseudo-Eingangsgeschwindigkeiten $\tilde{\dot{\boldsymbol{w}}}_i^{(j)}$ für besondere, dimensionslose Pseudo-Geschwindigkeiten der verallgemeinerten Koordinaten

$$\tilde{\dot{\boldsymbol{q}}}^{(j)} = \boldsymbol{e}^{(j)}, \quad \boldsymbol{e}^{(j)} = \left[0, \ldots, 0, \underbrace{1}_{j}, 0, \ldots, 0\right] \tag{4.32}$$

bestimmen, wobei die $[f \times 1]$-Einheitsvektoren als j-tes Element eine „1", sonst nur Nullen besitzen. Da die tatsächlichen Zeitableitungen $\dot{\boldsymbol{w}}_i$ Linearkombinationen der verallgemeinerten Geschwindigkeiten $\dot{\boldsymbol{q}}_j$ sind, die aber wiederum unabhängig voneinander sind, folgt

$$\dot{\boldsymbol{w}}_i = \sum_j \tilde{\dot{\boldsymbol{w}}}_i^{(j)} \dot{q}_j. \tag{4.33}$$

Der Vergleich von Gl. (4.33) mit Gl. (4.28) liefert schließlich die einfache Regel

$$\text{j-te Spalte } \left|\boldsymbol{J}_{w_i}\right| = \tilde{\dot{\boldsymbol{w}}}_i^{(j)}, \tag{4.34}$$

was bedeutet, dass die einzelnen Spalten der gesuchten JACOBI-Matrizen gewissermaßen aus den Ausdrücken der vorab durchgeführten Kinematikanalyse (siehe insbesondere Abschn. 3.5) gezielt herausgefiltert werden können. Damit steht also eine Methode zur Verfügung, die eine besonders effiziente Berechnung der gesuchten partiellen Ableitungen in den JACOBI-Matrizen erlaubt. Man bezeichnet sie als kinematische Differentiale der ersten Art (Kecskeméthy 1993).

Zweite Ableitungen Bei gegebener Position und Geschwindigkeit des Systems können die Beschleunigungen $\ddot{\boldsymbol{w}}_i$ aller Körper ebenfalls für beliebige Werte der verallgemeinerten Beschleunigungen $\ddot{\boldsymbol{q}}$ mit einfachen kinematischen Mitteln bestimmt werden (s. Abschn. 3.5). Speziell lassen sich auch die Pseudo-Eingangsbeschleunigungen $\tilde{\ddot{\boldsymbol{w}}}_i$ für verschiedene verallgemeinerte Beschleunigungen, d. h. hier speziell für $\tilde{\ddot{\boldsymbol{q}}} = \boldsymbol{0}$, bestimmen. Aus Gl. (4.29) erhält man dann unmittelbar

$$\boldsymbol{a}_{w_i} = \tilde{\ddot{\boldsymbol{w}}}_i. \tag{4.35}$$

Die Gl. (4.34) und (4.35) beinhalten alle benötigten Zusammenhänge zwischen den Differentialen der verallgemeinerten Koordinaten und den Absolutkoordinaten der Körper. Sie sind allein durch elementar-kinematische Ausdrücke – hauptsächlich unter Nutzung der Gesetze der Relativkinematik – bestimmbar. Sie werden deshalb als kinematische Differentiale der zweiten Art bezeichnet (Kecskeméthy 1993).

Kinematische Differentiale Die Zeitableitungen der zusammengefassten Absolutkoordinaten können nun in ihre translatorischen und rotatorischen Anteile $\dot{\boldsymbol{r}}_{S_i}$, $\ddot{\boldsymbol{r}}_{S_i}$, bzw. $\boldsymbol{\omega}_i$, $\dot{\boldsymbol{\omega}}_i$ aufgespaltet werden. Die jeweiligen Zusammenhänge lauten entsprechend

$$\dot{\boldsymbol{r}}_{S_i} = \sum_j \tilde{\dot{\boldsymbol{r}}}_{S_i}^{(j)} \dot{q}_j, \; \ddot{\boldsymbol{r}}_{S_i} = \sum_j \tilde{\dot{\boldsymbol{r}}}_{S_i}^{(j)} \ddot{q}_j + \tilde{\ddot{\boldsymbol{r}}}_{S_i}, \tag{4.36}$$

$$\boldsymbol{\omega}_i = \sum_j \tilde{\boldsymbol{\omega}}_i^{(j)} \dot{\boldsymbol{q}}_j, \; \dot{\boldsymbol{\omega}}_i = \sum_j \tilde{\boldsymbol{\omega}}_i^{(j)} \ddot{\boldsymbol{q}}_j + \tilde{\dot{\boldsymbol{\omega}}}_i. \tag{4.37}$$

Aus der Darstellung in den Gl. (4.36) und (4.37) wird ein weiterer Vorteil klar. Während beim analytischen Weg die Zusammenhänge zwischen den Differentialen nur durch die Ableitungen einer bestimmten Komponentendarstellung aller Vektoren aufstellbar sind, gelingt es auf kinematischem Weg, die Zusammenhänge mit physikalischen Vektoren darzustellen, die unabhängig von der Wahl des Koordinatensystems sind. Der Übergang auf Komponentendarstellung kann beliebig hinausgezögert werden, d. h. die Wahl des Koordinatensystems kann zur Verringerung des Rechenaufwands jedem auszuwertenden Term angepasst werden. Dies ermöglicht die Formulierung der Bewegungsgleichungen allgemeiner komplexer Mehrkörpersysteme in einer äußerst kompakten und effizienten Form.

4.6.2 Bewegungsgleichungen

Für die Dynamik eines Systems aus n_B starren Körpern wurde in Abschn. 4.5 das d'ALEMBERTsche Prinzip angegeben:

$$\sum_{i=1}^{n_B} \left[\left(m_i \ddot{\boldsymbol{r}}_{S_i} - \boldsymbol{F}_i \right) \cdot \delta \boldsymbol{r}_{S_i} + \left(\boldsymbol{\Theta}_{S_i} \dot{\boldsymbol{\omega}}_i + \boldsymbol{\omega}_i \times \boldsymbol{\Theta}_{S_i} \boldsymbol{\omega}_i - \boldsymbol{T}_i \right) \cdot \delta \boldsymbol{\varphi}_i \right] = 0 \tag{4.38}$$

mit den Größen

$m_i, \boldsymbol{\Theta}_{S_i}$	: Masse und Trägheitstensor,
$\ddot{\boldsymbol{r}}_{S_i}$	: Beschleunigung des Massenzentrums,
$\boldsymbol{\omega}_i, \dot{\boldsymbol{\omega}}_i$	: Winkelgeschwindigkeit und -beschleunigung,
$\boldsymbol{F}_i, \boldsymbol{T}_i$	: eingeprägte Kräfte und Momente,
$\delta \boldsymbol{r}_{S_i}, \delta \boldsymbol{\varphi}_i$	: virtuelle Verschiebungen der Translation und Rotation jeweils für Körper „i“

Zur Aufstellung der Bewegungsgleichungen aus Gl. (4.38) müssen die abhängigen virtuellen Verschiebungen $\delta \boldsymbol{r}_{S_i}, \delta \boldsymbol{\varphi}_i$ sowie die Beschleunigungen $\ddot{\boldsymbol{r}}_{S_i}, \dot{\boldsymbol{\omega}}_i$ in Abhängigkeit der virtuellen Verschiebungen und der Beschleunigungen der unabhängigen verallgemeinerten Koordinaten ausgedrückt werden. Unter Beachtung der Tatsache, dass für die virtuellen

Verschiebungen dieselben Transformationsregeln wie für die Geschwindigkeiten gelten, ergeben sich aus Gl. (4.36) und (4.37)

$$\delta \boldsymbol{r}_{S_i} = \sum_{j=1}^{f} \tilde{\boldsymbol{r}}_{S_i}^{(j)} \delta q_j, \quad \ddot{\boldsymbol{r}}_{S_i} = \sum_{j=1}^{f} \tilde{\boldsymbol{r}}_{S_i}^{(j)} \ddot{q}_j + \tilde{\ddot{\boldsymbol{r}}}_{S_i}, \tag{4.39}$$

$$\delta \boldsymbol{\varphi}_i = \sum_{j=1}^{f} \tilde{\boldsymbol{\omega}}_i^{(j)} \delta q_j, \quad \dot{\boldsymbol{\omega}}_i = \sum_{j=1}^{f} \tilde{\boldsymbol{\omega}}_i^{(j)} \ddot{q}_j + \tilde{\dot{\boldsymbol{\omega}}}_i. \tag{4.40}$$

Das Einsetzen der Gl. (4.39) und (4.40) in Gl. (4.38) liefert, unter Berücksichtigung der Unabhängigkeit der virtuellen Verschiebungen δq_j, die Bewegungsgleichungen in der minimalen Form

$$\boldsymbol{M}\ddot{\boldsymbol{q}} + \boldsymbol{b} = \boldsymbol{Q}. \tag{4.41}$$

Die Koeffizienten der verallgemeinerten $[f \times f]$-Massenmatrix $\boldsymbol{M}$ sowie des $[f \times 1]$-Vektors der verallgemeinerten Kreisel- und Zentrifugalkräfte $\boldsymbol{b}$ sowie des $[f \times 1]$-Vektors der verallgemeinerten eingeprägten Kräfte $\boldsymbol{Q}$ ergeben sich dabei wie folgt:

$$\left.\begin{aligned} M_{j,k} &= \sum_{i=1}^{n_B} \left[m_i \tilde{\boldsymbol{r}}_{S_i}^{(j)} \cdot \tilde{\boldsymbol{r}}_{S_i}^{(k)} + \tilde{\boldsymbol{\omega}}_i^{(j)} \cdot \left(\boldsymbol{\Theta}_{S_i} \tilde{\boldsymbol{\omega}}_i^{(k)} \right) \right], \\ b_j &= \sum_{i=1}^{n_B} \left[m_i \tilde{\boldsymbol{r}}_{S_i}^{(j)} \cdot \tilde{\ddot{\boldsymbol{r}}}_{S_i} + \tilde{\boldsymbol{\omega}}_i^{(j)} \cdot \left(\boldsymbol{\Theta}_{S_i} \tilde{\dot{\boldsymbol{\omega}}}_i + \boldsymbol{\omega}_i \times \boldsymbol{\Theta}_{S_i} \boldsymbol{\omega}_i \right) \right], \\ Q_j &= \sum_{i=1}^{n_B} \left[\tilde{\boldsymbol{r}}_{S_i}^{(j)} \cdot \boldsymbol{F}_i + \tilde{\boldsymbol{\omega}}_i^{(j)} \cdot \boldsymbol{T}_i \right]. \end{aligned}\right\} \tag{4.42}$$

Die Gl. (4.42) können bei bekannter globaler Kinematik gemäß Abschn. 3.5 unmittelbar ausgewertet werden. Dabei kann die Auswertung einerseits auf rein numerischer Basis erfolgen, indem die kinematischen Differentiale ohne Rücksicht auf redundante Operationen direkt durch entsprechende Wiederholungen der globalen Kinematik mit geeigneten Eingängen bestimmt werden. Andererseits können bei der Bildung der kinematischen Differentiale die redundanten Operationen durch analytische Aufbereitung eliminiert werden. Dann erhält man die Bewegungsgleichungen in zusammengefasster, symbolischer Form. Der numerische Zusammenhang hat den Vorteil einer sehr schnellen Realisierung (etwa zu einmaligen Simulationen), während der symbolische Zugang eine optimierte Fassung der Bewegungsgleichungen (z. B. für Variantenkonstruktionen) liefert. Beiden Darstellungen ist jedoch gemeinsam, dass die Darstellung von Gl. (4.42) unabhängig von Koordinatendarstellungen ist. Damit können die einzelnen Terme, je nach Anwendung, in jeweils günstig gewählten Komponentendarstellungen ausgewertet werden (Abb. 4.1).

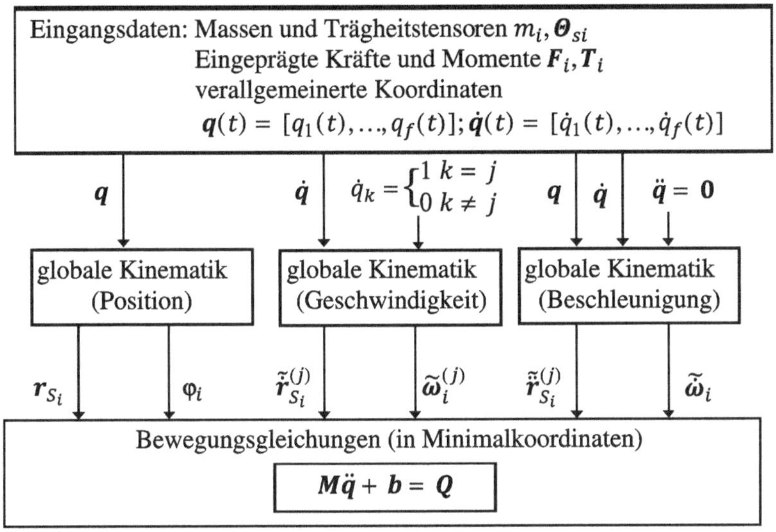

Abb. 4.1 Bewegungsgleichungen komplexer Mehrkörpersysteme mithilfe kinematischer Differentiale

4.6.3 Beispiel: Dynamik einer räumlichen Mehrkörperschleife

Die behandelte Mehrkörperschleife in Abb. 4.2 besitzt ein Kugelgelenk und vier Drehgelenke mit den Einheitsvektoren $\boldsymbol{u}_1$, $\boldsymbol{u}_2$, $\boldsymbol{u}_3$ und $\boldsymbol{u}_4$ für die jeweiligen Drehachsen. Alle Körper, mit Ausnahme des Koppelkörpers (Massenmittelpunkt S_m) und dem ruhenden Gestell, sind als masselose Körper modelliert, um die Dynamik zu vereinfachen. Die Schleife enthält sieben natürliche Koordinaten: die vier relativen Winkel β_1, β_2, β_3, β_4 an den vier Drehgelenken und drei weitere Winkel am Kugelgelenk S_1, die jedoch in diesem Zusammenhang nicht benötigt werden. Das System besitzt einen Freiheitsgrad, für den eine skalare Bewegungsgleichung aufgestellt werden kann. Grundsätzlich kann jede Koordinate als verallgemeinerte Koordinate gewählt werden. Sowohl wegen der Nähe dieses Beispiels zu technischen Anwendungen als auch um Singularitäten zu vermeiden, wählt man sinnvollerweise die Koordinate $\beta_1 = q$ als Eingang. Die Kinematik des Systems, d. h. die nichtlinearen Gleichungen für Position, Geschwindigkeit und Beschleunigung als Funktion der Eingangsvariablen β_1 und ihrer Ableitungen interpretiert werden nachfolgend aufgestellt (Hiller 1995).

1. Kern-System impliziter Gleichungen

Um einen impliziten Kern aus Zwangsgleichungen minimaler Ordnung zu erhalten, wählt man ein charakteristisches Gelenkpaar mit möglichst vielen Freiheitsgraden aus (Woernle 1988). In diesem Beispiel können die beiden Drehgelenke R_2, R_3 als sich senkrecht

$$\boldsymbol{d} \cdot \boldsymbol{d} = d^2.$$

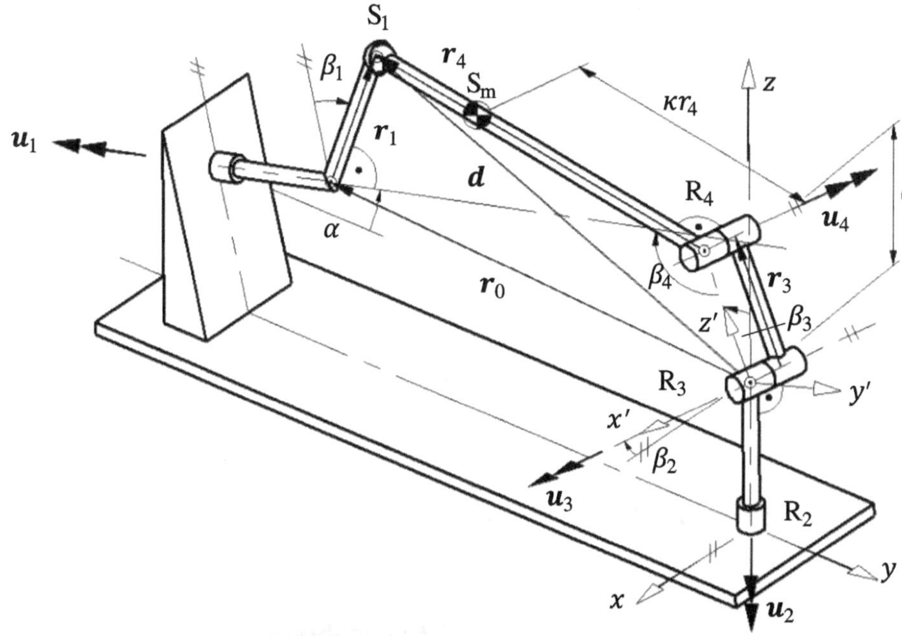

Abb. 4.2 Räumliche Mehrkörperschleife

schneidenden Achsen $\boldsymbol{u}_2$ und $\boldsymbol{u}_3$ als ein KARDAN-Gelenk mit zwei Freiheitsgraden interpretiert werden. Das zweite Gelenk des charakteristischen Gelenkpaares ist das Kugelgelenk S_1 mit drei Gelenkkoordinaten. KARDAN-Gelenk und Kugelgelenk bilden die charakteristische Gelenkpaarung der Schleife. Als charakteristischen Bindungsparameter erhält man deren (skalaren) Abstand (Abb. 4.2)

$$\boldsymbol{d} \cdot \boldsymbol{d} = d^2. \tag{4.43}$$

Der Vektor $\boldsymbol{d}$ lässt sich einerseits bezüglich des unteren Segments als $\boldsymbol{d} = \boldsymbol{r}_0 + \boldsymbol{r}_1$ und andererseits bezüglich des oberen Segments als $\boldsymbol{d} = \boldsymbol{r}_3 + \boldsymbol{r}_4$ darstellen. Daraus ergeben sich zwei Ausdrücke für den Abstand d^2, die identisch sein müssen. Das Quadrieren der entsprechenden Terme mit den Projektionen

$$\boldsymbol{r}_0 \cdot \boldsymbol{r}_1 = (r_1 a \cos\alpha)\cos\beta_1, \qquad \boldsymbol{r}_3 \cdot \boldsymbol{r}_4 = -(r_3 r_4)\cos\beta_4 \tag{4.44}$$

liefert nach Gleichsetzen die explizite Beziehung für den Winkel β_4

$$\cos\beta_4 = -C_1 \cos\beta_1 + C_2, \tag{4.45}$$

$$C_1 = \frac{r_1 a \cos\alpha}{r_3 r_4}, \qquad C_2 = \frac{r_3^2 + r_4^2 - r_0^2 - r_1^2}{2 r_3 r_4}. \tag{4.46}$$

Die Gl. (4.45) ergibt für die Funktion $\beta_4(\beta_1)$ zwei symmetrische Lösungen, wovon nur eine mit der Anfangsstellung der kinematischen Schleife verträglich ist.

2. Komplementäre Winkel

Die komplementären Variablen sind in diesem Fall die Winkel β_2 und β_3, die auf einfache Weise aus den Projektionen

$$\cos\beta_2 = \boldsymbol{e}_x \cdot \boldsymbol{u}_3, \qquad \sin\beta_2 = \boldsymbol{e}_z \cdot \left(\boldsymbol{u}_3' \times \boldsymbol{e}_x\right), \tag{4.47}$$

$$\cos\beta_3 = -\boldsymbol{u}_2 \cdot \boldsymbol{e}_z', \qquad \sin\beta_3 = \boldsymbol{u}_3 \cdot \left(\boldsymbol{e}_z' \times \boldsymbol{u}_2\right) \tag{4.48}$$

berechnet werden können. Hier können die Einheitsvektoren $\boldsymbol{u}_3$ und $\boldsymbol{e}_z'$ mithilfe bereits bekannter Vektoren ausgedrückt werden. Für $\boldsymbol{u}_3$ erhält man zwei mögliche Lösungen:

$$\boldsymbol{u}_3 = \pm\frac{\boldsymbol{d} \times \boldsymbol{u}_2}{|\boldsymbol{d} \times \boldsymbol{u}_2|}. \tag{4.49}$$

Für $\boldsymbol{e}_z'$ erhält man

$$\boldsymbol{e}_z' = \frac{\left(\boldsymbol{d} \cdot \boldsymbol{e}_z'\right)\boldsymbol{d} - \left[\boldsymbol{u}_3 \cdot \left(\boldsymbol{d} \times \boldsymbol{e}_z'\right)\right] \cdot \left(\boldsymbol{d} \times \boldsymbol{u}_3\right)}{d^2}, \tag{4.50}$$

wobei sich die Projektionen $\boldsymbol{d} \cdot \boldsymbol{e}_z'$ und $\boldsymbol{u}_3 \cdot \left(\boldsymbol{d} \times \boldsymbol{e}_z'\right)$ im $(x, y, z)'$ System bestimmen lassen. Die explizite Auswertung von Gl. (4.47)–(4.50) liefert

$$\cos\beta_2 = \pm\frac{b\cos\alpha + r_1\cos\beta_1\sin\alpha}{K_1(\beta_1)}, \tag{4.51}$$

$$\sin\beta_2 = \pm\frac{r_1\sin\beta_1}{K_1(\beta_1)}, \tag{4.52}$$

$$\cos\beta_3 = K_5(\beta_1, \beta_2, \beta_4), \tag{4.53}$$

$$\sin\beta_3 = -K_3(\beta_1, \beta_2, \beta_4)\sin\beta_2 - K_4(\beta_1, \beta_2, \beta_4)\cos\beta_2 \tag{4.54}$$

mit den Abkürzungen

$$K_1(\beta_1) = \sqrt{\left[(b\cos\alpha + r_1\cos\beta_1\sin\alpha)^2 + r_1^2\sin\beta_1^2\right]}, \tag{4.55}$$

$$K_2(\beta_4) = r_4^2 + r_3^2 - 2r_3r_4\cos\beta_4, \tag{4.56}$$

$$\begin{aligned} K_3(\beta_1, \beta_2, \beta_4) &= \frac{r_1\sin\beta_1(r_4\cos\beta_4 - r_3)}{K_2(\beta_4)} \\ &+ \frac{r_4\sin\beta_4}{K_2(\beta_4)}(a\sin\beta_2 - b\sin\alpha\sin\beta_2 + r_1\sin\beta_2\cos\beta_1\cos\alpha), \end{aligned} \tag{4.57}$$

$$
\begin{aligned}
K_4(\beta_1, \beta_2, \beta_4) = {} & \frac{(r_4 \cos\beta_4 - r_3)(b \cos\alpha + r_1 \cos\beta_1 \sin\alpha)}{K_2(\beta_4)} \\
& + \frac{r_4 \sin\beta_4}{K_2(\beta_4)}(a \cos\beta_2 - b \sin\alpha \cos\beta_2 + r_1 \cos\beta_2 \cos\alpha), \qquad (4.58) \\
K_5(\beta_1, \beta_2, \beta_4) = {} & \frac{(r_3 - r_4 \cos\beta_4)(a - b \sin\alpha + r_1 \cos\beta_1 \cos\alpha)}{K_2(\beta_4)} \\
& + \frac{r_4 \sin\beta_4}{K_2(\beta_4)}(b \cos\alpha \cos\beta_2 + r_1 \sin\beta_1 \sin\beta_2 + r_1 \cos\beta_1 \cos\beta_2 \sin\alpha).
\end{aligned}
\tag{4.59}
$$

Alle Vektoren können nun bezüglich jedes beliebigen Koordinatensystems dargestellt werden. Die Positionskinematik ist somit vollständig.

3. Zeitliche Ableitungen der relativen Winkel

Für die Winkelgeschwindigkeit $\dot{\beta}_4$ folgt aus der Ableitung von Gl. (4.45) und (4.46) sofort

$$\dot{\beta}_4 = D_{41}\dot{\beta}_1, \quad D_{41} = -C_1 \frac{\sin\beta_1}{\sin\beta_4}. \tag{4.60}$$

Hier wird der Koeffizient D_{41} für $\sin\beta_4 = 0$, d. h. für parallele Vektoren $\boldsymbol{r}_3$ und $\boldsymbol{r}_4$, singulär. Dies kann jedoch im vorliegenden Fall ausgeschlossen werden. Die Winkelgeschwindigkeiten $\dot{\beta}_2$ und $\dot{\beta}_3$ könnten durch die Ableitung der Gl. (4.47)–(4.48) bestimmt werden. Es ist jedoch bequemer, diese Werte mithilfe der Geschwindigkeit des Vektors $\boldsymbol{d}$ zu bestimmen. Zwei Bestimmungsgleichungen für diesen Vektor wurden schon im vorhergehenden Schritt aufgestellt. Aus der Gleichheit der entsprechenden Ableitungen folgt dann

$$(\boldsymbol{u}_1 \times \boldsymbol{r}_1)\,\dot{\beta}_1 = (\boldsymbol{u}_2 \times \boldsymbol{d})\,\dot{\beta}_2 + (\boldsymbol{u}_3 \times \boldsymbol{d})\,\dot{\beta}_3 + (\boldsymbol{u}_4 \times \boldsymbol{r}_4)\,\dot{\beta}_4. \tag{4.61}$$

In Gl. (4.61) sind die zwei unbekannten Größen $\dot{\beta}_2$ und $\dot{\beta}_3$ enthalten. Unter Beachtung, dass die Einheitsvektoren $\boldsymbol{u}_3$ und $\boldsymbol{u}_4$ senkrecht zum Einheitsvektor $\boldsymbol{u}_2$ sind, erhält man aus Gl. (4.61) durch Projektion auf $\boldsymbol{u}_3$ bzw. $\boldsymbol{u}_2$ zwei unabhängige skalare Gleichungen für $\dot{\beta}_2$ und $\dot{\beta}_3$. Die entsprechenden Skalarprodukte führen zu

$$\dot{\beta}_2 = D_{21}\dot{\beta}_1, \qquad \dot{\beta}_3 = D_{31}\dot{\beta}_1 + D_{34}\dot{\beta}_4 \tag{4.62}$$

mit den Koeffizienten

$$
\begin{aligned}
D_{21} &= \frac{\boldsymbol{u}_3 \cdot (\boldsymbol{u}_1 \times \boldsymbol{r}_1)}{\boldsymbol{u}_3 \cdot (\boldsymbol{u}_2 \times \boldsymbol{d})}, \qquad D_{34} = -\frac{\boldsymbol{u}_2 \cdot (\boldsymbol{u}_4 \times \boldsymbol{r}_4)}{\boldsymbol{u}_2 \cdot (\boldsymbol{u}_3 \times \boldsymbol{d})}, \\
D_{31} &= \frac{\boldsymbol{u}_2 \cdot (\boldsymbol{u}_1 \times \boldsymbol{r}_1)}{\boldsymbol{u}_2 \cdot (\boldsymbol{u}_3 \times \boldsymbol{d})}
\end{aligned}
\tag{4.63}
$$

oder in skalaren Größen ausgedrückt

$$
\begin{aligned}
D_{21} &= \frac{\boldsymbol{r}_1 (\cos\beta_1 \cos\beta_2 + \sin\beta_1 \sin\beta_2 \sin\alpha)}{\boldsymbol{r}_1 (\cos\beta_1 \cos\beta_2 \sin\alpha + \sin\beta_1 \sin\beta_2) + b\cos\beta_2 \sin\alpha}, \\
D_{31} &= \frac{\boldsymbol{r}_1 \sin\beta_1 \cos\alpha}{\boldsymbol{r}_3 \sin\beta_3 + \boldsymbol{r}_4 \sin(\beta_4 - \beta_3)}, \\
D_{34} &= \frac{r_4 \sin(\beta_3 - \beta_4)}{\boldsymbol{r}_3 \sin\beta_3 + \boldsymbol{r}_4 \sin(\beta_4 - \beta_3)}.
\end{aligned}
\tag{4.64}
$$

Diese Koeffizienten werden für $\boldsymbol{u}_2 \cdot (\boldsymbol{u}_3 \times \boldsymbol{d}) = 0$, d. h. wenn der Abstandsvektor $\boldsymbol{d}$ parallel zu $\boldsymbol{u}_2$ ist, singulär. Auch diese besondere Konfiguration lässt sich jedoch im vorliegenden Fall ausschließen. Mit der gewählten Eingangsvariablen β_1 ist damit eine singularitätsfreie Simulation der Kinematik und Dynamik dieser Mehrkörperschleife gewährleistet. Wegen der Gl. (4.62) können keine weiteren unabhängigen Bedingungen für die Winkelgeschwindigkeiten $\dot{\beta}_2$ und $\dot{\beta}_3$ aufgestellt werden. Durch Projektion von Gl. (4.61) auf die Richtung des Vektors $\boldsymbol{d}$ erhält man nur die Bedingung

$$
\boldsymbol{d} \cdot (\boldsymbol{u}_1 \times \boldsymbol{r}_1)\, \dot{\beta}_1 = \boldsymbol{d} \cdot (\boldsymbol{u}_4 \times \boldsymbol{r}_4)\, \dot{\beta}_4,
\tag{4.65}
$$

die äquivalent zu Gl. (4.60) ist. Dies kann nach Einsetzen von $\boldsymbol{d} = \boldsymbol{r}_0 + \boldsymbol{r}_1$ in die linke Seite bzw. von $\boldsymbol{d} = \boldsymbol{r}_3 + \boldsymbol{r}_4$ in die rechte Seite von Gl. (4.61) gezeigt werden. Für die Winkelbeschleunigung erhält man durch die Ableitung von Gl. (4.60)

$$
\ddot{\beta}_4 = D_{41}\ddot{\beta}_1 - E_4, \quad E_4 = \frac{C_1 \cos\beta_1 \left(\dot{\beta}_2\right)^2 + \cos\beta_4 \left(\dot{\beta}_4\right)^2}{\sin\beta_4}.
\tag{4.66}
$$

Die Winkelbeschleunigungen $\ddot{\beta}_2$ und $\ddot{\beta}_3$ könnten entsprechend durch Ableitung der Gl. (4.62) bestimmt werden. Einfacher ist jedoch die Ableitung von Gl. (4.61) mit nachfolgender Wiederholung der Projektionen, die schon zur Bestimmung der Winkelgeschwindigkeiten $\dot{\beta}_2$ und $\dot{\beta}_3$ benutzt wurden. Die Differentiation von Gl. (4.61) führt zu

$$
\begin{aligned}
(\boldsymbol{u}_1 \times \boldsymbol{r}_1)\, \ddot{\beta}_1 + (\boldsymbol{u}_1 \times \dot{\boldsymbol{r}}_1)\, \dot{\beta}_1 = {}& (\boldsymbol{u}_2 \times \boldsymbol{d})\, \ddot{\beta}_2 + \left(\boldsymbol{u}_2 \times \dot{\boldsymbol{d}}\right) \dot{\beta}_2 + (\boldsymbol{u}_3 \times \boldsymbol{d})\, \ddot{\beta}_3 \\
&+ (\dot{\boldsymbol{u}}_3 \times \boldsymbol{d})\, \dot{\beta}_3 + \left(\boldsymbol{u}_3 \times \dot{\boldsymbol{d}}\right) \dot{\beta}_3 + (\boldsymbol{u}_4 \times \boldsymbol{r}_4)\, \ddot{\beta}_4 \\
&+ (\dot{\boldsymbol{u}}_4 \times \boldsymbol{r}_4)\, \dot{\beta}_4 + (\boldsymbol{u}_4 \times \dot{\boldsymbol{r}}_4)\, \dot{\beta}_4.
\end{aligned}
\tag{4.67}
$$

Die Skalarmultiplikation von Gl. (4.67) mit $\boldsymbol{u}_3$ bzw. $\boldsymbol{u}_2$ liefert

$$
\begin{aligned}
\ddot{\beta}_2 &= D_{21}\ddot{\beta}_1 + E_2, \\
\ddot{\beta}_3 &= D_{31}\ddot{\beta}_1 + D_{34}\ddot{\beta}_4 + E_3.
\end{aligned}
\tag{4.68}
$$

Die Koeffizienten E_2 und E_3 hängen von Spatprodukten aus Ortsvektoren und Geschwindigkeiten ab. Nach der Elimination der verschwindenden Terme $\boldsymbol{u}_2 \cdot (\dot{\boldsymbol{u}}_3 \times \boldsymbol{d})$ und

$u_2 \cdot (\dot{u}_4 \times r_4)$ erhält man

$$E_2 = \frac{u_3 \cdot (u_1 \times \dot{r}_1)\,\dot{\beta}_1 - u_3 \cdot (\dot{u}_4 \times r_4)\,\dot{\beta}_4 - u_3 \cdot (\dot{u}_3 \times d)\,\dot{\beta}_3 - u_3 \cdot \left(u_2 \times \dot{d}\right)\dot{\beta}_2}{u_3 \cdot (u_2 \times d)},$$
$$E_3 = \frac{u_2 \cdot (u_1 \times \dot{r}_1)\,\dot{\beta}_1 - u_2 \cdot (u_4 \times \dot{r}_4)\,\dot{\beta}_4 - u_2 \cdot \left(u_3 \times \dot{d}\right)\dot{\beta}_3}{u_2 \cdot (u_3 \times d)}. \tag{4.69}$$

Die auftretenden Geschwindigkeitsvektoren können in Abhängigkeit der Relativgeschwindigkeiten $\dot{\beta}_1$, $\dot{\beta}_2$, $\dot{\beta}_3$, $\dot{\beta}_4$ dargestellt werden:

$$\dot{r}_1 = (u_1 \times r_1)\,\dot{\beta}_1, \qquad \dot{u}_3 = -\dot{u}_4 = (u_2 \times u_3)\,\dot{\beta}_2, \tag{4.70}$$
$$\dot{r}_4 = (u_2 \times r_4)\,\dot{\beta}_2 + (u_3 \times r_4)\left[\dot{\beta}_3 - \dot{\beta}_4\right]. \tag{4.71}$$

Die explizite Auswertung der auftretenden Spatprodukte im jeweils geeigneten Koordinatensystem liefert

$$\begin{aligned}
u_3 \cdot (u_1 \times \dot{r}_1)\,\dot{\beta}_1 &= r_1\dot{\beta}_1^2\,(\sin\beta_1\cos\beta_2 - \cos\beta_1\sin\beta_2\sin\alpha)\,,\\
u_3 \cdot (\dot{u}_4 \times r_4)\,\dot{\beta}_4 &= -r_4\cos(\beta_4 - \beta_3)\,\dot{\beta}_2\dot{\beta}_4,\\
u_3 \cdot (\dot{u}_3 \times d)\,\dot{\beta}_3 &= \dot{\beta}_2\dot{\beta}_3\,(r_4\cos(\beta_4 - \beta_3)) - r_3\cos\beta_3,\\
u_3 \cdot \left(u_2 \times \dot{d}\right)\dot{\beta}_2 &= r_1\dot{\beta}_1\dot{\beta}_2\,(\sin\beta_1\cos\beta_2\sin\alpha - \sin\beta_2\cos\beta_1)\,,\\
u_3 \cdot (u_2 \times d) &= -r_1\cos\beta_1 cos\,\beta_2\sin\alpha - b\cos\beta_2\cos\alpha - r_1\sin\beta_1\sin\beta_2,\\
u_2 \cdot (u_1 \times \dot{r}_1)\,\dot{\beta}_1 &= \dot{\beta}_1^2 r_1\cos\beta_1\cos\alpha,\\
u_2 \cdot (u_4 \times \dot{r}_4)\,\dot{\beta}_4 &= r_4\dot{\beta}_4\left(\dot{\beta}_3 + \dot{\beta}_4\right)\cos(\beta_4 - \beta_3)\,,\\
u_2 \cdot \left(u_3 \times \dot{d}\right)\dot{\beta}_3 &= r_1\dot{\beta}_1\dot{\beta}_2\,(\cos\beta_1\sin\beta_2 - \cos\beta_2\sin\beta_1\sin\alpha)\,,\\
u_2 \cdot (u_3 \times d) &= r_3\sin\beta_3 + r_4\sin(\beta_4 - \beta_3)\,.
\end{aligned}$$

4. Absolute Kinematik

Für die Bestimmung der Bewegungsgleichungen ist nur die absolute Kinematik der massebehafteten Körper notwendig. So wird im Folgenden nur die absolute Geschwindigkeit und Beschleunigung des Massenmittelpunktes $\mathrm{S_m}$ sowie die absolute Winkelgeschwindigkeit und Winkelbeschleunigung desselben Körpers betrachtet. Für die entsprechenden Ableitungen erhält man

$$\omega = u_2\dot{\beta}_2 + u_3\left[\dot{\beta}_3 - \dot{\beta}_4\right], \tag{4.72}$$
$$\dot{s} = \dot{d} - [1-\kappa]\,\dot{r}_4 = (u_1 \times r_1)\,\dot{\beta}_1 - [1-\kappa]\,(\omega \times r_4)\,, \tag{4.73}$$
$$\dot{\omega} = u_2\ddot{\beta}_2 + u_3\left[\ddot{\beta}_3 - \ddot{\beta}_4\right] + a_\varphi, \tag{4.74}$$
$$\ddot{s} = (u_1 \times r_1)\,\ddot{\beta}_1 - [1-\kappa]\,(\dot{\omega} \times r_4) + a_s. \tag{4.75}$$

Die Beschleunigungsterme $\boldsymbol{a}_s$ und $\boldsymbol{a}_\varphi$ lassen sich mit den vorher definierten Geschwindigkeiten beschreiben als

$$\boldsymbol{a}_\varphi = (\boldsymbol{u}_2 \times \boldsymbol{u}_3)\left[\dot{\beta}_3 - \dot{\beta}_4\right]\dot{\beta}_2, \tag{4.76}$$

$$\boldsymbol{a}_s = (\boldsymbol{u}_1 \times \dot{\boldsymbol{r}}_1)\,\dot{\beta}_1 + [1-\kappa]\,(\boldsymbol{\omega} \times \dot{\boldsymbol{r}}_4)\,. \tag{4.77}$$

Die Auswertung der entsprechenden Vektorausdrücke lässt sich am einfachsten in Komponenten durchführen. Man erhält z. B. für die Winkelgeschwindigkeit $\boldsymbol{\omega}$ in Komponentenschreibweise

$$\boldsymbol{\omega} = \begin{bmatrix} \cos\beta_2\left(\dot{\beta}_3 - \dot{\beta}_4\right) \\ -\sin\beta_2\left(\dot{\beta}_3 - \dot{\beta}_4\right) \\ -\dot{\beta}_2 \end{bmatrix}. \tag{4.78}$$

5. Kinematische Differentiale

Da das System nur einen Freiheitsgrad besitzt, müssen nur einspaltige JACOBI-Matrizen aufgestellt werden. Hierfür brauchen lediglich die im vorherigen Abschnitt bereits aufgestellten Geschwindigkeitsterme nochmals für den speziellen Eingang $\tilde{\dot{\beta}}_1 = 1$ formuliert werden. Aus den entsprechenden Gleichungen er hält man

$$\left.\begin{aligned} \tilde{\dot{\beta}}_4 &= D_{41} \\ \tilde{\dot{\beta}}_2 &= D_{21} \\ \tilde{\dot{\beta}}_3 &= D_{31} + D_{34}\tilde{\dot{\beta}}_4 \end{aligned}\right\}, \tag{4.79}$$

$$\left.\begin{aligned} \tilde{\boldsymbol{\omega}} &= \boldsymbol{u}_2\tilde{\dot{\beta}}_2 + \boldsymbol{u}_3\left[\tilde{\dot{\beta}}_3 - \tilde{\dot{\beta}}_4\right] \\ \tilde{\dot{s}} &= (\boldsymbol{u}_1 \times \boldsymbol{r}_1) - [1-\kappa]\left(\tilde{\boldsymbol{\omega}} \times \boldsymbol{r}_4\right) \end{aligned}\right\}. \tag{4.80}$$

Für die Pseudo-Beschleunigungen (d. h. die Beschleunigungen für die spezielle Beschleunigungsvorgabe $\tilde{\ddot{q}} = \boldsymbol{0}$) erhält man analog

$$\left.\begin{aligned} \tilde{\ddot{\beta}}_4 &= -E_4 \\ \tilde{\ddot{\beta}}_2 &= E_2 \\ \tilde{\ddot{\beta}}_3 &= D_{34}\tilde{\ddot{\beta}}_4 + E_3 \end{aligned}\right\}, \tag{4.81}$$

$$\left.\begin{aligned} \tilde{\dot{\boldsymbol{\omega}}} &= \boldsymbol{u}_2\tilde{\ddot{\beta}}_2 + \boldsymbol{u}_3\left[\tilde{\ddot{\beta}}_3 - \tilde{\ddot{\beta}}_4\right] + \boldsymbol{a}_\varphi \\ \ddot{s} &= [1-\kappa]\left(\tilde{\dot{\boldsymbol{\omega}}} \times \boldsymbol{r}_4\right) + \boldsymbol{a}_s \end{aligned}\right\}. \tag{4.82}$$

Mit diesen Ausdrücken kann die Bewegungsgleichung nun in geschlossener Form aufgestellt werden.

6. Bewegungsgleichungen

Aus dem d'ALEMBERTschen Prinzip folgt für dieses Beispiel die skalare Bewegungsgleichung

$$(m\ddot{\boldsymbol{s}} + mg\boldsymbol{e}_z) \cdot \delta\boldsymbol{s} + (\boldsymbol{\omega} \times \boldsymbol{\Theta}_S\boldsymbol{\omega} + \boldsymbol{\Theta}_S\dot{\boldsymbol{\omega}}) \cdot \delta\boldsymbol{\varphi} = 0, \tag{4.83}$$

wobei $\boldsymbol{\Theta}_S$ den Trägheitstensor bezüglich des Massenmittelpunktes S_m bezeichnet. Mit den im vorherigen Schritt abgeleiteten kinematischen Differentialen können die in Gl. (4.83) auftretenden virtuellen Verschiebungen und Beschleunigungen als lineare Funktionen der virtuellen Verschiebung bzw. der Beschleunigung der verallgemeinerten Koordinate $q = \beta_1$ dargestellt werden durch

$$\left.\begin{array}{rcl} \delta\boldsymbol{s} & = & \tilde{\dot{\boldsymbol{s}}}\delta q \\ \ddot{\boldsymbol{s}} & = & \tilde{\dot{\boldsymbol{s}}}\ddot{q} + \tilde{\ddot{\boldsymbol{s}}} \\ \delta\boldsymbol{\varphi} & = & \tilde{\boldsymbol{\omega}}\delta q \\ \ddot{\boldsymbol{\omega}} & = & \tilde{\boldsymbol{\omega}}\ddot{q} + \tilde{\dot{\boldsymbol{\omega}}} \end{array}\right\} \tag{4.84}$$

Das Einsetzen von Gl. (4.84) in (4.83) führt schließlich zur expliziten Form der in diesem Fall skalaren Bewegungsgleichung

$$M\ddot{\beta}_1 + b = Q. \tag{4.85}$$

Dabei ergeben sich für die Masse M die verallgemeinerte Zentripetal- und CORIOLISkraft b und die verallgemeinerte Kraft Q zu

$$\left.\begin{array}{rcl} M & = & m\tilde{\dot{\boldsymbol{s}}} \cdot \tilde{\dot{\boldsymbol{s}}} + (\boldsymbol{\Theta}_S\tilde{\boldsymbol{\omega}}) \cdot \tilde{\boldsymbol{\omega}} \\ b & = & m\tilde{\dot{\boldsymbol{s}}} \cdot \tilde{\ddot{\boldsymbol{s}}} + \left(\boldsymbol{\Theta}_S\tilde{\dot{\boldsymbol{\omega}}} + \boldsymbol{\omega} \times \boldsymbol{\Theta}_S\boldsymbol{\omega}\right) \cdot \tilde{\boldsymbol{\omega}} \\ Q & = & -mg\boldsymbol{e}_z \cdot \tilde{\dot{\boldsymbol{s}}} \end{array}\right\}. \tag{4.86}$$

Die Auswertung von Gl. (4.86) kann in jedem Koordinatensystem durchgeführt werden, da die entsprechenden Ausdrücke nur physikalische Darstellungen der Positions-, Geschwindigkeits- und Beschleunigungsvektoren beinhalten. Diese Form ist daher für physikalische Interpretationen günstiger.

Literatur

Hiller M (1983) Mechanische Systeme: Eine Einführung in die analytische Mechanik und Systemdynamik. Springer, Berlin

Hiller M, Kecskeméthy A, Woernle C (1986–1988) Computergestützte Kinematik und Dynamik für Fahrzeuge, Roboter und Mechanismen. Carl-Cranz-Kurs V 1.16, Carl-Cranz-Gesellschaft, Oberpfaffenhofen

Hiller M (1995) Multiloop kinematic chains, and dynamics of multiloop systems. In: Angeles J, Kecskemethy A (Hrsg) Kinematics and dynamics of multi-body systems. Springer, Wien

Kecskemethy A (1993) Objektorientierte Modellierung der Dynamik von Mehrkörpersystemen mit Hilfe von Übertragungselementen. Dissertation. Fortschrittberichte VDI, Reihe 20, Nr. 88. Universität Duisburg. VDI-Verlag, Düsseldorf

Schiehlen W, Eberhard P (2004) Technische Dynamik, 2. Aufl. B. G. Teubner, Stuttgart

Woernle C (1988) Ein systematisches Verfahren zur Aufstellung der geometrischen Schließbedingungen in kinematischen Schleifen mit Anwendung bei der Rückwärtstransformation für Industrieroboter. Dissertation. Fortschrittberichte VDI, Reihe 18, Nr. 59. Universität Stuttgart. VDI-Verlag, Düsseldorf

Kinematik und Dynamik des Fahrzeugaufbaus 5

Basierend auf den Kap. 3 und 4, in denen die Methoden zur Aufstellung der Bewegungsgleichungen von allgemeinen komplexen Mehrkörpersystemen beschrieben wurden, erfolgt in diesem Kapitel die spezielle Formulierung zur Berechnung der Kinematik und Dynamik des Fahrzeugaufbaus. Dabei fungiert der Fahrzeugaufbau, bestehend aus Fahrgestell und Karosserie, als Grundkörper für die übrigen Fahrzeugkomponenten wie z. B. Vorder- und Hinterradaufhängungen oder Antriebsstrang.

5.1 Fahrzeugfestes Referenzsystem

Das Fahrgestell und die Karosserie des Fahrzeugs werden als ein starrer Körper aufgefasst. Torsionen oder sonstige Verformungen der Karosserie werden nicht berücksichtigt. Das Fahrgestell kann sich frei im Raum bewegen. Zur Lagebeschreibung wird ein fahrzeugfestes Koordinatensystem $\mathbf{K}_\mathrm{V} = \{\mathrm{O}_V;\ \mathrm{x}_V,\ \mathrm{y}_V,\ \mathrm{z}_V\}$ eingeführt. Der fahrgestellfeste Bezugspunkt O_V liegt in der Fahrzeugmittelebene auf Höhe des Radmittelpunktes zwischen den Vorderrädern (vgl. DIN 70000 (FAKRA 1994). Die x-Achse zeigt in Fahrzeuglängsrichtung nach vorn, die y-Achse in Fahrzeugquerrichtung nach links und die z-Achse nach oben. Zur räumlichen Lagebeschreibung des Fahrgestells verwendet man die drei Komponenten ${}^E x_V, {}^E y_V, {}^E z_V$ des Ortsvektors $\boldsymbol{r}_\mathrm{V}$ in den Koordinaten des Inertialsystems sowie die drei KARDAN-Winkel ψ_V (Gierwinkel), θ_V (Nickwinkel) und φ_V (Wankwinkel). Abbildung 5.1 zeigt die Lage der verwendeten Koordinatensysteme. Die Orientierung des Fahrzeugsystems gegenüber dem Inertialsystem ist durch die drei KARDAN-Winkel eindeutig festgelegt. Man geht von einer Ausgangslage aus, in der das Inertialsystem und das Fahrzeugsystem die gleiche Orientierung besitzen. Dann lässt man das Fahrzeug nacheinander drei Drehungen um bestimmte Achsen ausführen. Jede Teildrehung entspricht einem KARDAN-Winkel. Die Drehungsfolge der KARDAN-Winkel lautet (Abb. 5.2):

D. Schramm et al., *Modellbildung und Simulation der Dynamik von Kraftfahrzeugen*,
https://doi.org/10.1007/978-3-662-54481-5_5

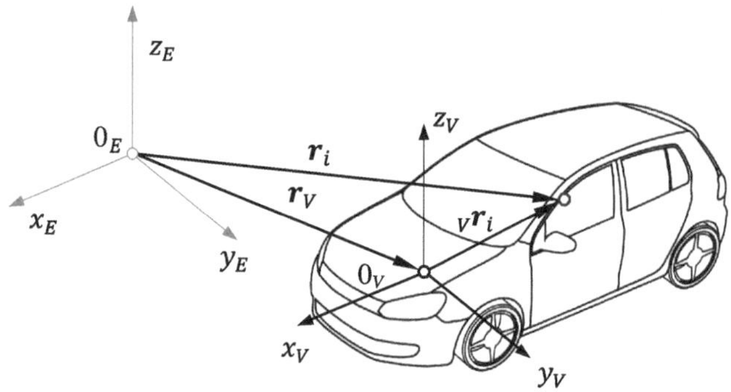

Abb. 5.1 Koordinatensysteme zur Beschreibung des Fahrzeugaufbaus

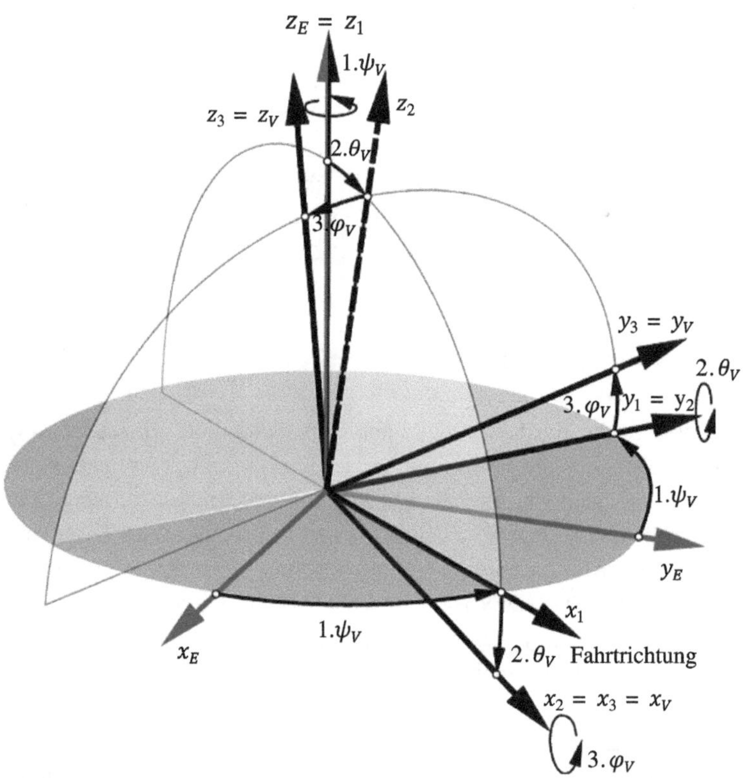

Abb. 5.2 Zur Definition der KARDAN-Winkel

- Das x_E, y_E, z_E -System geht durch die Drehung um die z_E -Achse mit dem Gierwinkel ψ_V in das x_1, y_1, z_1-System mit $z_1 = z_E$ über.
- Das x_1, y_1, z_1-System geht durch Drehung um die y_1-Achse mit dem Nickwinkel θ_V indas x_2, y_2, z_2 -System mit $y_2 = y_1$ über.

- Das x_2, y_2, z_2-System geht durch Drehung um die x_2-Achse mit dem Wankwinkel ϕ_V in das x_V, y_V, z_V-System mit $x_V = x_2$ über.

Die Transformation der Koordinaten eines beliebigen, in Koordinaten des Fahrzeugsystems gegebenen Vektors ${}_V\boldsymbol{r}_i$ (Abb. 5.1) in das Inertialsystem, erfolgt dann nach der Beziehung

$$ {}^E_V\boldsymbol{r}_i = {}^E\boldsymbol{T}_V \, {}^V_V\boldsymbol{r}_i, \tag{5.1}$$

mit

${}^E_V\boldsymbol{r}_i$ Vektor in Koordinaten des Inertialsystems,
${}^V_V\boldsymbol{r}_i$ Vektor in Koordinaten des Fahrzeugsystems,
${}^E\boldsymbol{T}_V$ Transformationsmatrix Fahrzeug → Inertialsystem

Die Ermittlung der Transformationsmatrix aus den KARDAN-Winkeln wird in (Hiller 1983) beschrieben. Man erhält

$$ {}^E\boldsymbol{T}_V = \begin{bmatrix} \mathrm{c}\,\theta\,\mathrm{c}\,\psi & \mathrm{s}\,\varphi\,\mathrm{s}\,\theta\,\mathrm{c}\,\psi - \mathrm{c}\,\varphi\,\mathrm{s}\,\psi & \mathrm{c}\,\varphi\,\mathrm{s}\,\theta\,\mathrm{c}\,\psi + \mathrm{s}\,\varphi\,\mathrm{s}\,\psi \\ \mathrm{c}\,\theta\,\mathrm{s}\,\psi & \mathrm{s}\,\varphi\,\mathrm{s}\,\theta\,\mathrm{s}\,\psi + \mathrm{c}\,\varphi\,\mathrm{c}\,\psi & \mathrm{c}\,\varphi\,\mathrm{s}\,\theta\,\mathrm{s}\,\psi - \mathrm{s}\,\varphi\,\mathrm{c}\,\psi \\ -\mathrm{s}\,\theta & \mathrm{s}\,\varphi\,\mathrm{c}\,\theta & \mathrm{c}\,\varphi\,\mathrm{c}\,\theta \end{bmatrix} \tag{5.2}$$

wobei der Index „V“ an den KARDAN-Winkeln der Übersicht wegen weggelassen wurde. Die umgekehrte Transformation vom Inertial- ins Fahrzeugsystem erfolgt ganz entsprechend mit der transponierten Transformationsmatrix ${}^V\boldsymbol{T}_E$ (vgl. auch Kap. 2). Diese umgekehrte Transformation ist im vorliegenden Fall von großer Bedeutung, da alle Vektoren und Tensoren für die Berechnung der Bewegungsgleichungen in Komponenten des Fahrzeugsystems angegeben werden.

Durch die KARDAN-Winkel kann nicht nur die räumliche Drehung des Fahrzeugs sondern auch seine Winkelgeschwindigkeit und Winkelbeschleunigung beschrieben werden, wenn man die entsprechenden zeitlichen Ableitungen der KARDAN-Winkel hinzunimmt. Dies führt zur kinematischen KARDAN-Gleichung (Hiller 1983). Hier werden die für die Kinematik benötigten Gleichungen für die Winkelgeschwindigkeit und -beschleunigung des Fahrzeugs in Komponenten des Fahrzeugsystems angegeben:

$$ {}^V\boldsymbol{\omega}_V = \begin{bmatrix} -\mathrm{s}\,\theta & 0 & 1 \\ \mathrm{c}\,\theta\,\mathrm{s}\,\varphi & \mathrm{c}\,\varphi & 0 \\ \mathrm{c}\,\theta\,\mathrm{c}\,\varphi & -\mathrm{s}\,\varphi & 0 \end{bmatrix} \begin{bmatrix} \dot\psi \\ \dot\theta \\ \dot\varphi \end{bmatrix}, \tag{5.3}$$

$$ \begin{aligned} {}^V\dot{\boldsymbol{\omega}}_V = & \begin{bmatrix} -\mathrm{s}\,\theta & 0 & 1 \\ \mathrm{c}\,\theta\,\mathrm{s}\,\varphi & \mathrm{c}\,\varphi & 0 \\ \mathrm{c}\,\theta\,\mathrm{c}\,\varphi & -\mathrm{s}\,\varphi & 0 \end{bmatrix} \begin{bmatrix} \ddot\psi \\ \ddot\theta \\ \ddot\varphi \end{bmatrix} \\ & + \begin{bmatrix} -\mathrm{c}\,\theta\,\dot\theta & 0 & 0 \\ -\mathrm{s}\,\theta\,\mathrm{s}\,\varphi\,\dot\theta + \mathrm{c}\,\theta\,\mathrm{c}\,\varphi\,\dot\varphi & -\mathrm{s}\,\varphi\,\dot\varphi & 0 \\ -\mathrm{s}\,\theta\,\mathrm{c}\,\varphi\,\dot\theta - \mathrm{c}\,\theta\,\mathrm{s}\,\varphi\,\dot\varphi & -\mathrm{c}\,\varphi\,\dot\varphi & 0 \end{bmatrix} \begin{bmatrix} \dot\psi \\ \dot\theta \\ \dot\varphi \end{bmatrix}. \end{aligned} \tag{5.4}$$

Der linke obere Index bezeichnet dabei das Koordinatensystem in dem die Komponenten angegeben werden, der rechte untere Index „V" besagt, dass es sich um die Bewegung des Fahrzeugsystems handelt (s. auch Abschnitt „Nomenklatur und Bezeichnungen"). Steht ein Index links unten, so bezeichnet er bei Relativbewegungen das Bezugssystem. Für den Fall, dass das Bezugssystem gleich dem Inertialsystem ist, wird der Index weggelassen. Mit der Winkelgeschwindigkeit und der Winkelbeschleunigung des Fahrzeugs lassen sich nun die Absolutgeschwindigkeiten und -beschleunigungen beliebiger fahrzeugfester Punkte angeben:

$$\dot{\boldsymbol{r}}_i = \dot{\boldsymbol{r}}_V + \boldsymbol{\omega}_V \times {}_V\boldsymbol{r}_i, \tag{5.5}$$

$$\ddot{\boldsymbol{r}}_i = \ddot{\boldsymbol{r}}_V + \dot{\boldsymbol{\omega}}_V \times {}_V\boldsymbol{r}_i + \boldsymbol{\omega}_V \times (\boldsymbol{\omega}_V \times {}_V\boldsymbol{r}_i)\,. \tag{5.6}$$

Bei der Aufstellung der Bewegungsgleichungen des Fahrzeugmodells benötigt man im Wesentlichen kinematische Ausdrücke wie Geschwindigkeiten oder Beschleunigungen, die als physikalische Vektoren in beliebigen Koordinatensystemen angegeben werden dürfen. Es bietet sich beim hier diskutierten Fahrzeugmodell an, alle Vektoren im Fahrzeugsystem anzugeben. Zahlreiche Ortsvektoren sind in ihm konstant, andere (z. B. im Bereich der Radaufhängungen) können durch einfache Transformation ins Fahrzeugsystem überführt werden.

5.2 Kinematische Analyse des Fahrgestells

In diesem Abschnitt wird zunächst beschrieben, wie die Verbindung zwischen Baumstruktur und Schleifenstruktur bei der Aufstellung der Gleichungen zur Modellierung der Radaufhängungen ausgenutzt werden kann (vgl. Kap. 3). Als Beispiel dient das Modell einer Hinterradaufhängung mit Mehrfachlenkern.

5.2.1 Einbindung der Radaufhängungskinematik

Bei der Einzelanalyse von Radaufhängungen werden Position, Geschwindigkeit und Beschleunigung beliebiger Radaufhängungspunkte bei ruhendem Fahrzeug bestimmt. Es handelt sich also um Geschwindigkeiten und Beschleunigungen relativ zum Fahrzeug, die mit dem linken unteren Index „V" bezeichnet werden. Abbildung 5.3 zeigt das zugehörige Schema der Abhängigkeiten des Vektors ${}_V\boldsymbol{r}_T$ vom Fahrzeugreferenzsystem zu einem Punkt T des Radträgers unter Nutzung der in Abschn. 3.4 eingeführten Gelenk-Körper-Darstellung.

Gegenstand der im vorigen Abschnitt vorgestellten Einzelanalyse der Karosseriekinematik war die Berechnung von Position, Geschwindigkeit und Beschleunigung von beliebigen Fahrgestellpunkten relativ zum Inertialsystem. Das zugehörige Schema ist in

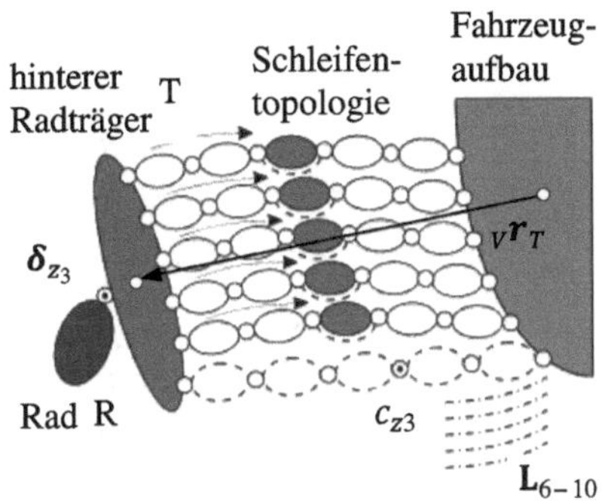

Schleifenberechnung

$$_V\boldsymbol{r}_T = {_V\boldsymbol{r}_T}\,(c_{z3})$$
$$_V\dot{\boldsymbol{r}}_T = {_V\dot{\boldsymbol{r}}_T}(c_{z3}, \dot{c}_{z3})$$
$$_V\ddot{\boldsymbol{r}}_T = {_V\ddot{\boldsymbol{r}}_T}(c_{z3}, \dot{c}_{z3}, \ddot{c}_{z3})$$
$$_V\boldsymbol{\omega}_T = {_V\boldsymbol{\omega}_T}\,(c_{z3}, \dot{c}_{z3})$$
$$_V\dot{\boldsymbol{\omega}}_T = {_V\dot{\boldsymbol{\omega}}_T}\,(c_{z3}, \dot{c}_{z3}, \ddot{c}_{z3})$$

Abb. 5.3 Einzelanalyse am Beispiel einer Hinterradaufhängung

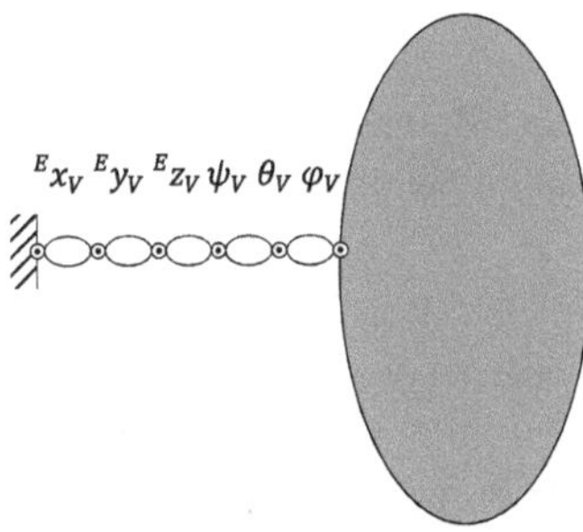

$$\boldsymbol{r}_V = \boldsymbol{r}_V\,({^Ex_V} \ldots \varphi_V)$$
$$\dot{\boldsymbol{r}}_V = \dot{\boldsymbol{r}}_V\,({^Ex_V} \ldots \varphi_V, {^E\dot{x}_V} \ldots \dot{\varphi}_V)$$
$$\ddot{\boldsymbol{r}}_V = \ddot{\boldsymbol{r}}_V\,({^Ex_V} \ldots \varphi_V, {^E\dot{x}_V} .. \dot{\varphi}_V, {^E\ddot{x}_V} \ldots \ddot{\varphi}_V)$$
$$^E\boldsymbol{T}_V = {^E\boldsymbol{T}_V}\,(\psi_V, \theta_V, \varphi_V)$$
$$\boldsymbol{\omega}_V = \boldsymbol{\omega}_V\,(\psi_V, \theta_V, \varphi_V, \dot{\psi}_V, \dot{\theta}_V, \dot{\varphi}_V)$$
$$\boldsymbol{\omega}_V = \boldsymbol{\omega}_V\,(\psi_V, \theta_V, \varphi_V, \dot{\psi}_V, \dot{\theta}_V, \dot{\varphi}_V, \ddot{\psi}_V, \ddot{\theta}_V, \ddot{\varphi}_V)$$

Abb. 5.4 Schema der Fahrgestellkinematik, Inertialsystem E, Fahrgestell V, Berechnung der Baumstruktur

Abb. 5.4 wiedergegeben. Bei der Behandlung des Gesamtsystems wird nun die Schleife an den Baum angehängt. Man erhält Position, Geschwindigkeit und Beschleunigung der Radaufhängungspunkte relativ zum Inertialsystem aus den bekannten Formeln für die Relativbewegung zweier Körper:

Führungsbewegung	Relativbewegung	
$\boldsymbol{r} = \boldsymbol{r}_V$	$+{_V\boldsymbol{r}}$	(5.7)
$\dot{\boldsymbol{r}} = \dot{\boldsymbol{r}}_V + \boldsymbol{\omega}_V \times {_V\boldsymbol{r}}$	$+{_V\dot{\boldsymbol{r}}}$	(5.8)
$\ddot{\boldsymbol{r}} = \ddot{\boldsymbol{r}}_V + \dot{\boldsymbol{\omega}}_V \times {_V\boldsymbol{r}} + \boldsymbol{\omega}_V \times (\boldsymbol{\omega}_V \times {_V\boldsymbol{r}})$	$+2\boldsymbol{\omega}_V \times {_V\dot{\boldsymbol{r}}} \times {_V\ddot{\boldsymbol{r}}}$	(5.9)
$\boldsymbol{\omega} = \boldsymbol{\omega}_V$	$+{_V\boldsymbol{\omega}}$	(5.10)
$\dot{\boldsymbol{\omega}} = \dot{\boldsymbol{\omega}}_V + \boldsymbol{\omega}_V \times {_V\boldsymbol{\omega}}$	$+{_V\dot{\boldsymbol{\omega}}}$	(5.11)

Die Gl. (5.7) bis (5.11) zeigen, dass die Kinematik imInertialsystem – die für die Bewegungsgleichungen des Gesamtfahrzeugs benötigt wird – in einfacher Form aus der bekannten Schleifenkinematik und der sehr einfachen Kinematik der offenen Kette des Fahrgestells gewonnen werden kann. Man kann verallgemeinernd sagen, dass es bei

Abb. 5.5 Kombination von Fahrgestell- und Radaufhängungskinematik

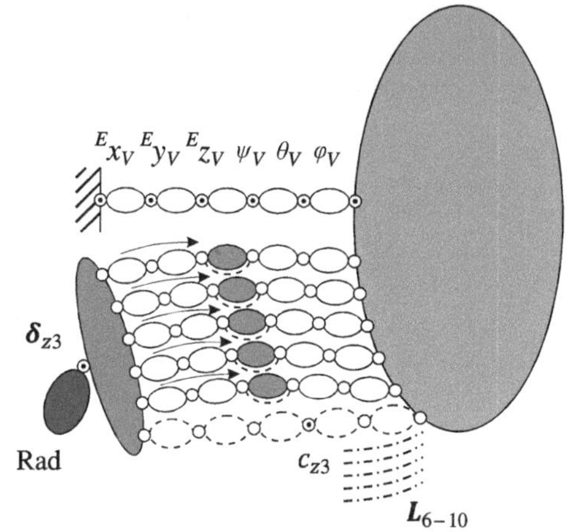

Systemen, die eine Kombination aus Schleifen- und Baumstruktur beinhalten, stets angebracht ist, zunächst Schleifen und Baum getrennt zu betrachten und dann anschließend die Verbindung herzustellen (s. Abb. 5.5).

Für die Bewegungsgleichungen werden neben der realen Geschwindigkeit sogenannte Pseudo-Geschwindigkeiten (s. Kap. 4) benötigt. Hierbei werden alle Freiheitsgrade bis auf einen eingefroren, der dann mit Geschwindigkeit „1" beaufschlagt wird. Die Gl. (5.8) und (5.9) lassen erkennen, dass die Berechnung der Pseudo-Geschwindigkeit vereinfacht werden kann, je nachdem, ob der betrachtete Freiheitsgrad der Baumbewegung oder der Schleifenbewegung zugeordnet ist. Im Fall der Baumbewegung ist der letzte Term in den Gl. (5.8) und (5.9) Null, im Fall der Schleifenbewegung sind alle vorderen Terme null, da die entsprechenden Freiheitsgrade die Geschwindigkeit null aufweisen.

5.2.2 Bewegungsgleichungen

Für die Dynamik eines Systems aus n_B starren Körpern wurde in Kap. 4 das d'ALEMBERTsche Prinzip angewendet:

$$\sum_{i=1}^{n_B} \left[\left(m_i \ddot{\boldsymbol{r}}_{s_i} - \boldsymbol{F}_i \right) \cdot \delta \boldsymbol{r}_{s_i} + \left(\boldsymbol{\Theta}_{s_i} \boldsymbol{\omega}_i + \boldsymbol{\omega}_i \times \boldsymbol{\Theta}_{s_i} \boldsymbol{\omega}_i - \boldsymbol{T}_i \right) \cdot \delta \boldsymbol{\varphi}_i \right] = 0 \tag{5.12}$$

mit

m_i, $\boldsymbol{\Theta} s_i$	: Masse und Trägheitstensor,
$\ddot{\boldsymbol{r}}_{s_i}$	: Beschleunigung des Massezentrums,
$\boldsymbol{\omega}_i$, $\dot{\boldsymbol{\omega}}_i$	: Winkelgeschwindigkeit und Winkelbeschleunigung,
$\boldsymbol{F}_i$, $\boldsymbol{T}_i$	: eingeprägte Kräfte und Momente,
$\delta \boldsymbol{r}_{s_i}$, $\delta \boldsymbol{\varphi}_i$	: virtuelle Verschiebungen,

jeweils für den Körper „i“. Die Trägheitstensoren und Momente müssen bezüglich der jeweiligen Körperschwerpunkte angegeben werden. Zur Aufstellung der Bewegungsgleichungen aus (5.12) müssen die abhängigen virtuellen Verschiebungen $\delta \boldsymbol{r}_{S_i}, \delta \boldsymbol{\varphi}_i$ sowie die Beschleunigungen $\boldsymbol{r}_{S_i}, \dot{\boldsymbol{\omega}}_i$ in Abhängigkeit von den virtuellen Verschiebungen und der Beschleunigungen der unabhängigen verallgemeinerten Koordinaten ausgedrückt werden. Unter Beachtung, dass für die virtuellen Verschiebungen dieselben Transformationsregeln wie für die Geschwindigkeiten gelten, ergibt sich

$$\delta \boldsymbol{r}_i = \sum_{j=1}^{f} \tilde{\dot{\boldsymbol{r}}}_{S_i}^{(j)} \delta q_j, \quad r_i = \sum_{j=1}^{f} \tilde{\dot{\boldsymbol{r}}}_{S_i}^{(j)} \ddot{q}_j + \tilde{\ddot{\boldsymbol{r}}}_{S_i}, \tag{5.13}$$

$$\delta \boldsymbol{\varphi}_i = \sum_{j=1}^{f} \tilde{\boldsymbol{\omega}}_i^{(j)} \delta q_j, \quad \dot{\boldsymbol{\omega}}_i = \sum_{j=1}^{f} \tilde{\boldsymbol{\omega}}_i^{(j)} \ddot{q}_j + \tilde{\dot{\boldsymbol{\omega}}}_i. \tag{5.14}$$

Das Einsetzen der Gl. (5.13) und (5.14) in Gl. (5.12) liefert, unter Berücksichtigung der Unabhängigkeit der virtuellen Verschiebungen δq_j, die Bewegungsgleichungen in der minimalen Form

$$\boldsymbol{M} \ddot{\boldsymbol{q}} + \boldsymbol{b} = \boldsymbol{Q}. \tag{5.15}$$

Die Koeffizienten der verallgemeinerten $[f \times f]$-Massenmatrix $\boldsymbol{M}$ sowie des $[f \times 1]$-Vektors der verallgemeinerten Kreiselkräfte $\boldsymbol{b}$ und des $[f \times 1]$ Vektors der verallgemeinerten eingeprägten Kräfte $\boldsymbol{Q}$ ergeben sich dabei aus

$$\begin{aligned}
\boldsymbol{M}_{j,k} &= \sum_{i=1}^{n_B} \left[m_i \tilde{\dot{\boldsymbol{r}}}_{S_i}^{(j)} \tilde{\dot{\boldsymbol{r}}}_{S_i}^{(k)} + \tilde{\boldsymbol{\omega}}_i^{(j)} \left(\boldsymbol{\Theta}_{S_i} \tilde{\boldsymbol{\omega}}_i^{(k)} \right) \right], \\
\boldsymbol{b}_j &= \sum_{i=1}^{n_B} \left[m_i \tilde{\dot{\boldsymbol{r}}}_{S_i}^{(j)} \tilde{\ddot{\boldsymbol{r}}}_{S_i} + \tilde{\boldsymbol{\omega}}_i^{(j)} \left(\boldsymbol{\Theta}_{S_i} \tilde{\dot{\boldsymbol{\omega}}}_i + \boldsymbol{\omega}_i \times \boldsymbol{\Theta}_{S_i} \boldsymbol{\omega}_i \right) \right], \\
\boldsymbol{Q}_j &= \sum_{i=1}^{n_B} \left[\tilde{\dot{\boldsymbol{r}}}_{S_i}^{(j)} \boldsymbol{F}_i + \tilde{\boldsymbol{\omega}}_i^{(j)} \boldsymbol{T}_i \right].
\end{aligned} \tag{5.16}$$

Die Gl. (5.16) können bei bekannter globaler Kinematik gemäß Abschn. 4.6 unmittelbar ausgewertet werden.

Literatur

FAKRA (1994) Normenausschuss Kraftfahrzeuge im DIN – Deutsches Institut für Normung e. V.: Fahrzeugdynamik und Fahrverhalten – Begriffe. Deutsche Norm DIN 70000 ISO 8855

Hiller M (1983) Mechanische Systeme: Eine Einführung in die analytische Mechanik und Systemdynamik. Springer, Berlin

6 Modellierung und Analyse von Radaufhängungen

Die Radführungen oder Radaufhängungen haben im Laufe der über hundertjährigen Geschichte des Kraftfahrzeugs eine beachtenswerte Entwicklung durchgemacht. Durch die Einführung immer raffinierterer kinematischer Strukturen gelang es, exakte und reproduzierbare Radbewegungen zu erzeugen. Mit zunehmender Kenntnis des Schwingungsverhaltens des Fahrzeugs und der fahrdynamischen Vorgänge rückten die Feinheiten der Bewegungsgeometrie in den Vordergrund, sodass heute eine Vielzahl von Radführungsvarianten mit unterschiedlichsten Zielsetzungen und Eigenschaften zur Verfügung stehen. Durch den Einsatz computergestützter Verfahren ist heute die wunschgemäße Auslegung des Fahrwerks möglich, um bei sicherem Fahrverhalten zugleich höchsten Fahrkomfort zu erreichen.

6.1 Funktion von Radaufhängungssystemen

Die Definition einer Radachse im ursprünglichen Sinne der Fahrzeugtechnik beinhaltet die starre Verbindung der beiden gegenüberliegenden und jeweils unabhängig voneinander drehbar gelagerten Räder. Über die Achse werden die Räder mit dem Aufbau verbunden. Diese Definition gilt für alle Starr- und Halbstarrachsen (vgl. Abschn. 6.2), weil hier die Räder unmittelbar auf der Achse gelagert sind und sich mit dieser mitbewegen. Bei Einzelradaufhängungen besteht diese Verbindung nicht mehr. Das Rad wird auf einem Radträger drehbar gelagert und der Radträger wird als Koppelglied einer kinematischen Kette mit mehreren Verbindungsstangen (Lenkern) mit der Achse verbunden. Es ist nicht klar definiert, ob die Achse auch die Lenker und den Radträger umfasst oder ob diese eine neue Baugruppe bilden. In diesem Buch wird die Kombination aus Lenker und Radträger als Radaufhängung bezeichnet.

D. Schramm et al., *Modellbildung und Simulation der Dynamik von Kraftfahrzeugen*,
https://doi.org/10.1007/978-3-662-54481-5_6

Die wesentliche Aufgabe von Radaufhängungen besteht in der Verbindung des Fahrzeugaufbaus mit den Rädern, um so das Tragen des Aufbaus über den Fahrweg und die Übertragung von Kräften in der horizontalen Ebene zu ermöglichen. Die Radaufhängung gibt dem Rad primär eine vertikal ausgerichtete Bewegungsmöglichkeit, die das Rad in gewissen Grenzen dem Verlauf von Fahrbahnunebenheiten folgen lässt. Mithilfe eines Feder- und Dämpferelements werden die daraus resultierenden Aufbaubewegungen reduziert und der Fahrkomfort und die Fahrsicherheit gewährleistet. Handelt es sich um eine Vorderradaufhängung, so wird über einen speziellen Lenker der Radaufhängung, die sogenannte Spurstange, üblicherweise auch die Lenkbewegung auf das Rad übertragen.

Des Weiteren nimmt die Radaufhängung über die Gestaltung ihrer Geometrie sowie über die Federung und die Dämpfung Einfluss auf die Stellung des Rades relativ zur Fahrbahn. So lassen sich fahrdynamische Eigenschaften des Fahrzeugs gezielt beeinflussen. Bei der Abstimmung dieser Eigenschaften muss ein Kompromiss eingestellt werden, da sich die Forderungen nach gutem Fahrverhalten und hohem Komfort meist widersprechen. Eine wesentliche Bedeutung kommt hierbei auch den oft gummielastisch ausgeführten Lagerungen der fahrzeugseitigen Lenkeranbindungen zu. Darüber erhält der Mechanismus der Radaufhängung ein gewisses nachgiebiges Verhalten. Die richtige Auslegung der Quer- und Längssteifigkeit (Elastokinematik) ist von besonderer Bedeutung für die Beeinflussung des Spur- und Sturzwinkelverlaufs unter Last und somit bei der Abstimmung insbesondere von schnellen Fahrzeugen. Nicht jedes Radaufhängungssystem, das

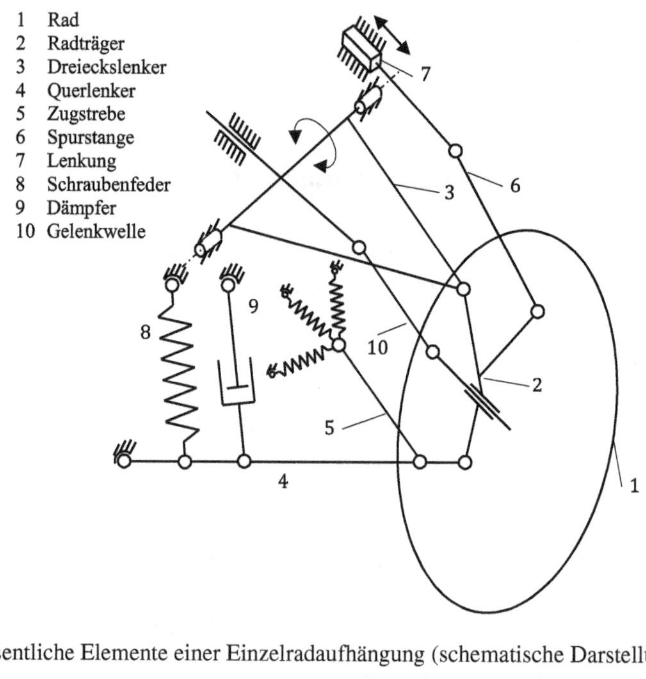

Abb. 6.1 Wesentliche Elemente einer Einzelradaufhängung (schematische Darstellung)

die kinematischen Anforderungen der Bewegungsgeometrie des Rades erfüllt, bietet die gleichen Potentiale zur elastokinematischen Abstimmung (vgl. Abschn. 6.2).

In Abb. 6.1 ist schematisch die Mehrlenkerausführung einer Radaufhängung dargestellt. Ziffer (1) ist das Rad mit dem Reifen, das über das Radlager drehbar am Radträger (2) gelagert ist. Im Allgemeinen trägt der Radträger auch die Bremsvorrichtung. Der Radträger fungiert gleichzeitig als Koppel einer räumlichen kinematischen Kette aus Dreieckslenker (3) und Querlenker (4). Die Zugstrebe (5) stützt den Querlenker gegenüber dem Fahrzeug an einem zur Geräusch- und Schwingungsisolation elastisch ausgeführten Lager ab. Mithilfe der Spurstange (6), die mit der fahrzeugseitig gelagerten Lenkung (7) verbunden ist, kann die Orientierung des Radträgers verstellt werden. Die Schraubenfeder (8) und der Dämpfer (9) stützen den Querlenker gegenüber der Karosserie ab. Über die Gelenkwelle (10) wird schließlich das Antriebsmoment auf das Rad übertragen (vgl. Kap. 8).

6.2 Typen von Radaufhängungen

In der Kraftfahrzeugtechnik wird eine Vielzahl unterschiedlicher Radaufhängungen eingesetzt. Unabhängig vom Typ der jeweiligen Radaufhängung wird angestrebt, die Räder so am Fahrzeugaufbau zu führen, dass das Potential der Reifen in allen Fahrsituationen möglichst gut genutzt wird. Neben der Funktion spielen auch die Gesichtspunkte Gewicht, Raumbedarf und Kosten eine entscheidende Rolle bei der Fahrwerksgestaltung. So kommen je nach Fahrzeugklasse und den sich daraus ergebenden Anforderungen hinsichtlich Komfort, Fahrsicherheit und Kosten sowie konstruktiven Gesichtspunkten, angetriebene oder nicht angetriebene, gelenkte oder nicht gelenkte Achsen zum Einsatz.

Im Laufe der Jahrzehnte haben sich für die Gestaltung von Radaufhängungen drei grundsätzlich verschiedene Konzepte entwickelt:

- Starrachsen, als die älteste bekannte Radaufhängungsbauart,
- Verbundlenkerachsen (Halbstarrachsen), die speziell als nicht angetriebene Hinterachsen Verwendung finden,
- Einzelradaufhängungen, bei denen folgende Formen unterschieden werden:
  - Einzelradaufhängungen mit einer Lenkerebene und
  - Einzelradaufhängungen mit mehr als einer Lenkerebene.

Typische Einzelradaufhängungen mit einer Lenkerebene sind Längslenker-, Querlenker- und Schräglenkerachsen. Typische Vertreter der Einzelradaufhängungen mit mehr als einer Lenkerebene sind Doppelquerlenkerachsen sowie Federbein- und Dämpferbeinachsen nach dem McPherson-Prinzip. Auch Mehrlenkerachsen, bei denen einzelne Lenkerebenen nicht mehr eindeutig zu identifizieren sind, zählen zur Gruppe der Einzelradaufhängungen mit mehr als einer Lenkerebene.

Im folgenden Abschnitt werden nun einige praktische Ausführungen der zuvor genannten Achskonzepte vorgestellt. Angefügt ist jeweils eine kurze kinematische Beschreibung mit den wesentlichen Charakteristika wie Anzahl kinematischer Schleifen, Anzahl von Körpern und Gelenken sowie der daraus folgenden Anzahl der Freiheitsgrade. Außerdem werden Vor- und Nachteile bei den praktischen Eigenschaften des jeweiligen Achskonzeptes erläutert.

6.2.1 Starrachsen

Die feste Verbindung zweier Räder über eine quer liegende Achse bezeichnet man als Starrachse (vgl. Abb. 6.2 und 6.3). Dabei können sich die beiden gegenüberliegenden Räder gegenseitig beeinflussen. Dieses Konzept stammt ursprünglich von den Kutschen. Heute werden Starrachsen bei Pkws als Vorderachsen nur noch sehr selten eingesetzt.

Abb. 6.2 Angetriebene starre Vorderachse mit Panhardstab der Mercedes G-Klasse (mit freundlicher Genehmigung der Daimler AG, 2009)

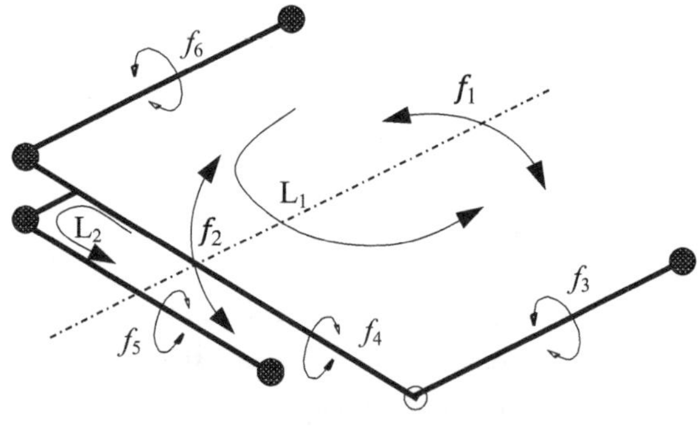

Abb. 6.3 Starrkörpermodell der Vorderachse der Mercedes G-Klasse (ohne Lenkmechanismus)

Tab. 6.1 Modellcharakteristika und Eigenschaften der Starrachse

Modell	Vorteile	Nachteile
4 Körper	einfache Konstruktion	großer Raumbedarf
6 Kugelgelenke	Kostengünstig	hohes Gewicht
	keine Spurweitenänderung hohe Verschränkungsfähigkeit im Gelände	kinematische Kopplung von rechter und linker Seite und daher große Sturzänderung bei einseitigem Einfedern
		große ungefederte Masse
$4 \times 6 = 24$	Bewegungsgleichungen	
$6 \times 3 = 18$	Bindungen	
6	Freiheitsgrade: Freiheitsgrade der Achse (Federn f_1, Wanken f_2 4 isolierte Dreh-Freiheitsgrade f_3, f_4, f_5, f_6)	
2	kinematische Schleife L_1, und L_2	

Lediglich bei Geländefahrzeugen bewährt sich die Starrachse wegen ihrer guten Geländegängigkeit. Häufiger wird sie v. a. als angetriebene Hinterachse im Nutzfahrzeugbereich eingesetzt (Tab. 6.1).

6.2.2 Verbundlenkerachsen

Die zu den Halbstarrachsen zählende Verbundlenkerachse zeichnet sich im Gegensatz zu einer Starrachse dadurch aus, dass Relativbewegungen zwischen den Radträgern über die Torsion des Achskörpers ermöglicht werden. Dieser wird gezielt mit elastischen Eigenschaften versehen, sodass die Verbundlenkerachse Eigenschaften von Starrachse und Einzelradaufhängung vereint. Die beiden Radträger werden auf den biege- und torsionssteifen Längslenkern befestigt, die wiederum in Querrichtung mit einem biegesteifem aber torsionsweichen Profil (Achsträger) verbunden werden (Abb. 6.4, 6.5), (Tab. 6.2).

6.2.3 Längslenkerachsen

Die zu den Einzelradaufhängungen mit nur einem Lenker zählende Längslenkerradaufhängung besteht aus einer einzigen Verbindung zwischen Radträger und Aufbau. Der Lenker ist dabei fest mit dem Radträger verbunden und mit einem Drehgelenk am Aufbau befestigt. Je nach Ausrichtung der Lenkerdrehachse unterscheidet man zwischen Quer- und Schräglenker (Abschn. 6.2.4) und der Längslenkerradaufhängung (Abb. 6.6 und 6.7).

Längslenkerachsen haben nur einen Längslenker pro Rad, der die Aufnahme von Längs- und Querkräften übernimmt und den Radträger um eine quer zur Fahrzeuglängsrichtung liegende Drehachse schwingen lässt. Zur Verbesserung der Komforteigenschaften

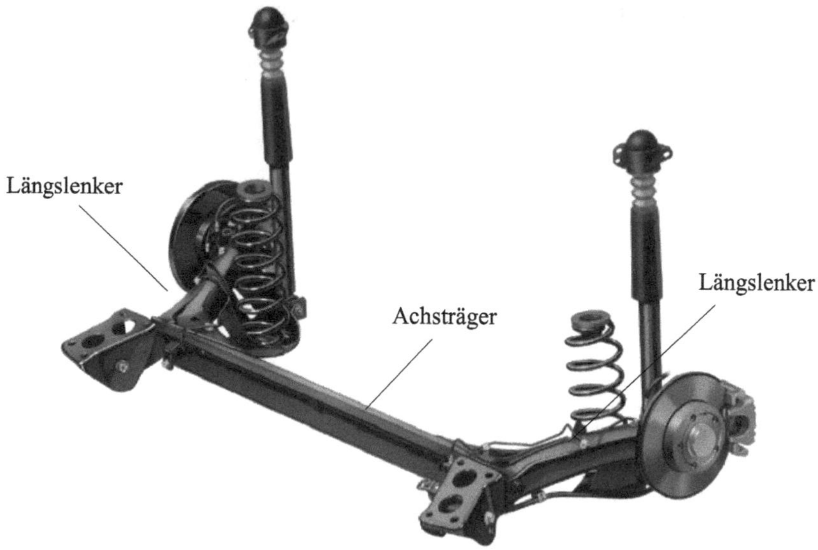

Abb. 6.4 Nicht angetriebene Verbundlenkerachse des Golf IV (mit freundlicher Genehmigung der Volkswagen AG, 1997)

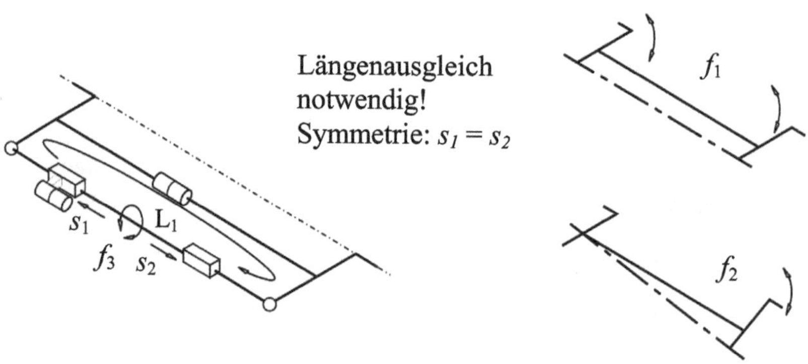

Abb. 6.5 Starrkörpermodell einer Verbundlenkerachse

werden die Lenker üblicherweise in Längsrichtung elastisch am Aufbau gelagert (Tab. 6.3).

6.2.4 Schräglenkerachsen

Die schräge Anordnung eines einzelnen Lenkers ermöglicht eine gute Aufnahme von Längs- und Querkräften, wenn dieser durch zwei Lagerpunkte mit einer schräg zur Fahrzeuglängsrichtung liegenden Drehachse mit dem Aufbau verbunden wird

Tab. 6.2 Modellcharakteristika und Eigenschaften der Verbundlenkerachse

Modell	Vorteile	Nachteile
4 Körper	geringer Raumbedarf	Antrieb schwer realisierbar
1 Drehgelenk mit Torsionsfeder	Stabilisatorwirkung durch Querträger	Lenkung schwer realisierbar
2 Kugelgelenke	geringes Gewicht	eingeschränktes fahrdynamisches Optimierungspotential
1 Schubgelenk	gute Wankkompensation	
1 Drehschubgelenk		
$4 \times 6 = 24$	Bewegungsgleichungen	
$2 \times 5 + 2 \times 3 + 1 \times 4 = 20$	Bindungen	
4	Freiheitsgrade: zwei Freiheitsgrade der Achse (beidseitiges Federn f_1, einseitiges Federn f_2), isolierte Drehung f_3 und Längenausgleich s_1, s_2	
1	kinematische Schleife L_1	

Abb. 6.6 Nicht angetriebene Längslenkerhinterachse der Mercedes A-Klasse (Mödinger et al. 1997)

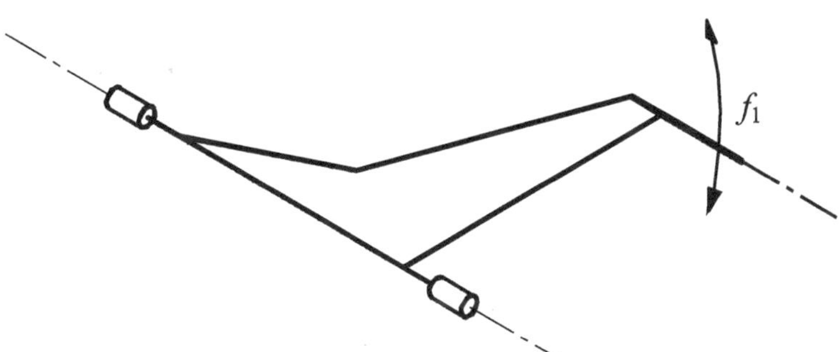

Abb. 6.7 Starrkörpermodell einer Längslenkerradaufhängung

Tab. 6.3 Modellcharakteristika und Eigenschaften der Radaufhängung

Modell	Vorteile	Nachteile
1 Körper	sehr geringer Raumbedarf	Einschränkung bei der Auslegung der Achskinematik
1 Drehgelenk	einfache Bauart	keine Wankkompensation
	geringe ungefederte Massen	niedriges Momentanzentrum, damit starkes Wanken
	Spurweite, Vorspur und Sturz konstant beim einseitigen Federn (nicht relativ zur Fahrbahnoberfläche)	schlechte Längsfederung
$1 \times 6 = 6$	Bewegungsgleichungen	
$1 \times 5 = 5$	Bindungen	
1	Freiheitsgrad pro Radaufhängung (f_1)	
keine	kinematischen Schleifen	

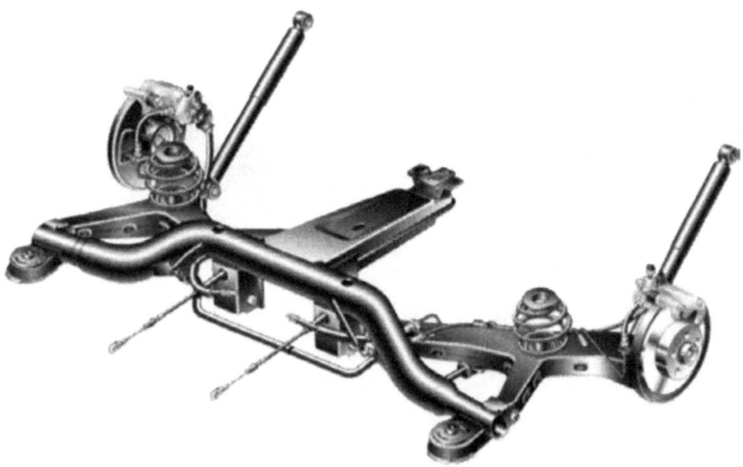

Abb. 6.8 Nicht angetriebene Schräglenkerachse des Volkswagen Sharan (Schuster et al. 1995)

(Abb. 6.8 und 6.9). Hierdurch lassen sich die Vorteile von Längs- und Querlenkerradaufhängungen vereinigen ohne große Nachteile zu haben (Tab. 6.4).

6.2.5 Doppelquerlenkerachsen

Wird ein Radträger nur mit quer liegenden Lenkern geführt, so müssen ein Lenker oberhalb und einer unterhalb der Radmitte positioniert sein. Zusätzlich muss ein Spurlenker vorhanden sein, um das Lenken zu verhindern bzw. um es definiert zu ermöglichen (vgl. Abb. 6.10). Eine solche Anordnung wird als Doppelquerlenkerradaufhängung bezeichnet.

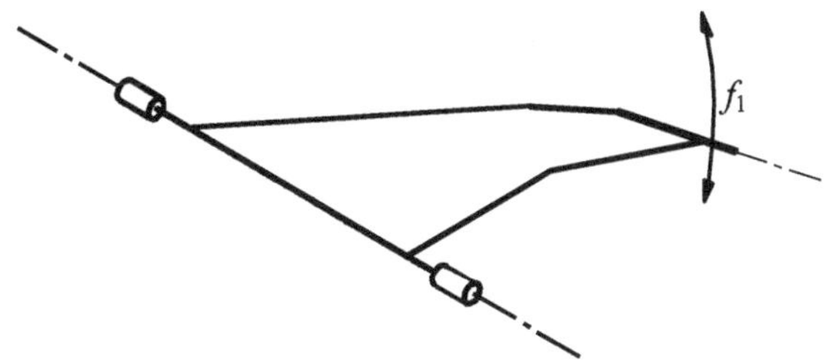

Abb. 6.9 Starrkörpermodell einer Schräglenkerradaufhängung

Tab. 6.4 Modellcharakteristika und Eigenschaften der Radaufhängung

Modell	Vorteile	Nachteile
1 Körper	relativ einfacher Aufbau	Möglichkeiten zu elastokinematischen Abstimmung eingeschränkt
1 Drehgelenk	gute Eignung für Antrieb	
	Wankkompensation möglich	
$1 \times 6 = 6$	Bewegungsgleichungen	
$1 \times 5 = 5$	Bindungen	
1	Freiheitsgrad pro Radaufhängung (f_1)	
keine	kinematischen Schleifen	

In Abb. 6.11 übernimmt die über Kugelgelenke gelagerte Spurstange die Übertragung der Lenkkräfte auf den Radträger. Hierdurch entsteht im Starrkörpermodell der isolierte Freiheitsgrad f_3 (Tab. 6.5).

6.2.6 Radaufhängungen nach dem McPherson-Prinzip

Bei Radaufhängungen nach dem McPherson-Prinzip werden grundsätzlich die zwei Bauformen Feder- und Dämpferbein unterschieden. Wenn der Dämpfer den Freiraum in der Schraubenfeder ausnutzt und gleichzeitig die beiden Enden der Feder abstützt, so spricht man von einem Federbein (s. Abb. 6.12). Ist die Feder dagegen nicht auf dem Dämpfer montiert sondern separat angebracht, so handelt es sich um ein Dämpferbein. Wesentliche Merkmale von Feder- und Dämpferbeinen sind, dass ein stehender Dämpfer fest mit dem Radträger verbunden wird und die Kolbenstange des Dämpfers aufbauseitig drehbar gelagert ist. So entsteht ein Drehschubgelenk, das die Lenk- und Federbewegung des Radträgers ermöglicht. Zur Vervollständigung der Radaufhängung werden noch zwei weitere Lenker benötigt. Einer fungiert dabei als Spurlenker und wird mit der Lenkung verbunden. Ein weiterer dient in der unteren Ebene, meist in der Form eines Dreiecksquerlenkers, zur Führung des Rades (Abb. 6.13), (Tab. 6.6).

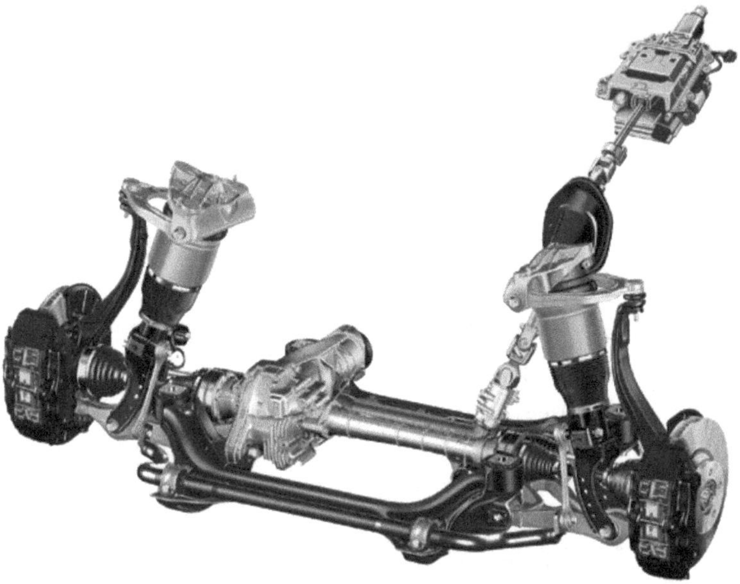

Abb. 6.10 Gelenkte, angetriebene Doppelquerlenkervorderachse des VW Tuareg (mit freundlicher Genehmigung der Volkswagen AG, 2002)

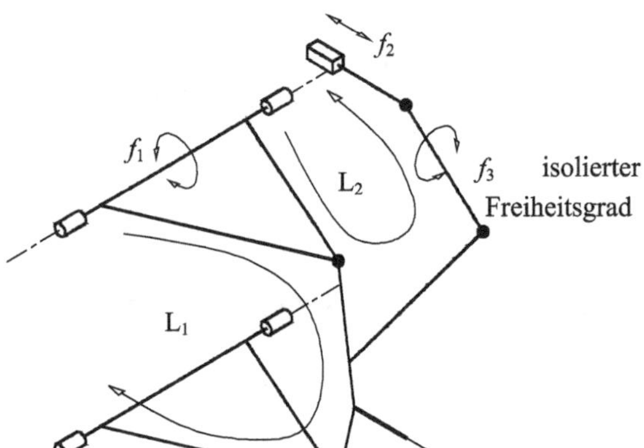

Abb. 6.11 Starrkörpermodell einer Doppelquerlenkerradaufhängung

6.2.7 Mehrlenkerachsen

Die Verwendung von vier oder mehr Lenkern zur Aufhängung eines Rades ist nur möglich, wenn keiner der Lenker fest mit dem Radträger verbunden wird. Das bedeutet, dass jeder der Lenker mittels eines beweglichen Gelenks am Radträger befestigt werden muss. Zur Ausnutzung des gesamten kinematischen Gestaltungspotentials kommen fünf voneinander unabhängige Lenker zum Einsatz. Die Verwendung eines Trapezlenkers anstelle von

Tab. 6.5 Modellcharakteristika und Eigenschaften der Doppelquerlenkerradaufhängung

Modell	Vorteile	Nachteile
5 Körper	Raderhebungskurvenie tran (Spurweite, Vorspur, Sturz) weitgehend frei gestaltbar	großer Raumbedarf
2 Drehgelenke	sehr gut für Antrieb geeignet	aufwändige Konstruktion
1 Schubgelenk		Längsfederung und elastokinematische Abstimmung aufwändig
4 Kugelgelenke		
$5 \times 6 = 30$	Bewegungsgleichungen	
$2 \times 5 + 1 \times 5 + 4 \times 3 = 27$	Bindungen	
3	Freiheitsgrade pro Radaufhängung (Federn f_1, Lenken f_2, isolierter Freiheitsgrad f_3)	
2	kinematische Schleifen L_1 und L_2	

Abb. 6.12 Angetriebene McPherson-Federbeinachse des Mini mit Lenkanlage (mit freundlicher Genehmigung der BMW Group, 2001)

zwei unten liegenden Zwei-Punkt-Lenkern führt zu einer sogenannte Integrallenkerradaufhängung (Abb. 6.14). Hier wird mittels eines senkrechten Zusatzlenkers (Integrallenker), der den Radträger auf dem Trapezlenker abstützt, eine Aufnahme der Längskraftmomente realisiert (Abb. 6.15), (Tab. 6.7).

Abb. 6.13 Starrkörpermodell einer McPherson-Federbeinradaufhängung

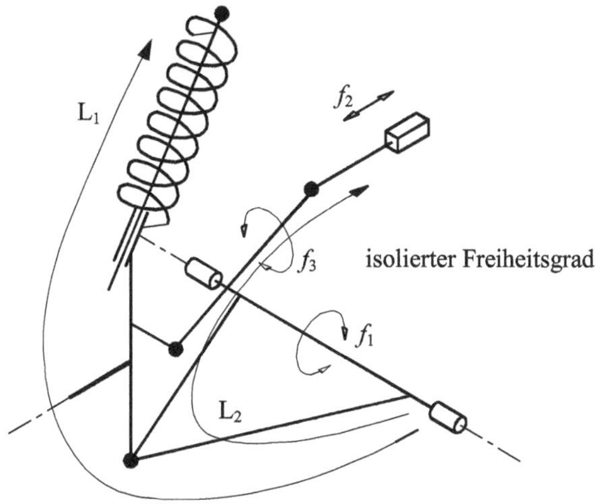

Tab. 6.6 Modellcharakteristika und Eigenschaften der McPherson-Radaufhängung

Modell	Vorteile	Nachteile
5 Körper	geringer Bauaufwand	Biegemoment im Dämpfer verschlechtert Ansprechverhalten
1 Drehgelenk	geringer Platzbedarf	
2 Schubgelenke	geringe ungefederte Massen	große Bauhöhe
4 Kugelgelenke	gut für Antrieb geeignet	
$5 \times 6 = 30$	Bewegungsgleichungen	
$1 \times 5 + 2 \times 5 + 4 \times 3 = 27$	Bindungen	
3	Freiheitsgrad pro Radaufhängung (Federn f_1, Lenken f_2, isolierter Freiheitsgrad f_3)	
2	kinematische Schleifen L_1 und L_2	

6.3 Kenngrößen von Radaufhängungen

Zur Bewertung der Eigenschaften von Radaufhängungen ist es sinnvoll, einige allgemein gültige Begriffe und Kenngrößen zu verwenden. Die DIN 70020 aus dem Jahr 1993 legt hierzu Größen fest, die sich für die Beschreibung der Stellung des Rades im Raum bewährt haben.

Als Sturz bezeichnet man den Winkel γ zwischen der Radebene und der Ebene, die parallel zur Fahrzeugmittelachse und senkrecht auf der Standebene des Fahrzeugs steht (Abb. 6.16). Der Sturzwinkel wird als positiv angenommen, wenn das Rad oben vom Fahrzeug weg geneigt ist.

Abb. 6.14 Angetriebene Integral-IV-Lenkerachse des BMW 5er (mit freundlicher Genehmigung der BMW Group, 2003)

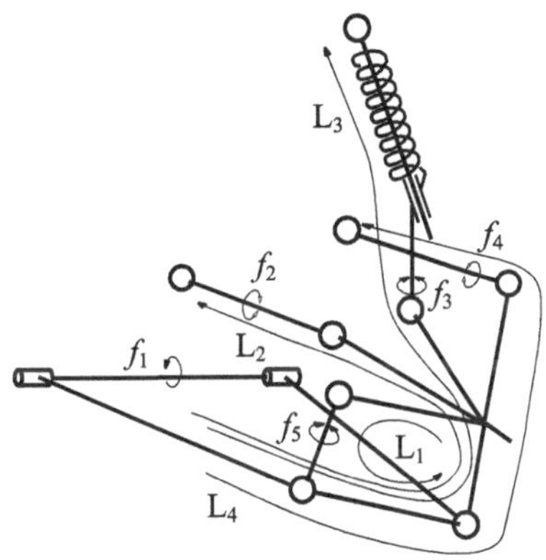

Abb. 6.15 Starrkörpermodell einer Integral-IV-Lenkerachse

Die Spurweite s ist der Abstand zwischen den Radaufstandspunkten einer Achse. Als weitere bedeutende Kenngröße, insbesondere bei Abbremsmanövern, beschreibt die Spur des Fahrzeugs die Differenz des Abstands $(B - C)$ der Felgenhörner (Abb. 6.17). Eine positive Spur liegt vor, wenn das Rad vorn zur Fahrzeugmitte geneigt ist (B > C). Falls (B < C) ist, spricht man von einer Nachspur. Der Vorspurwinkel δ_{VS} ist der Winkel zwischen Fahrzeuglängsachse und Reifenmittelebene.

Als Lenkrollhalbmesser r_r wird der Abstand der Schnittlinie der Radmittelebene mit der Standebene vom Schnittpunkt der Lenkachse mit der Standebene bezeichnet (Abb. 6.18). Wenn sich der Schnittpunkt A außerhalb der Radebene befindet ist der Lenkrollhalbmesser negativ.

Der Winkel zwischen einer Ebene senkrecht zur Standebene des Fahrzeugs sowie parallel zur Längsachse und der Lenkachse (Schraubachse des Radträgers) wird als Spreizungswinkel σ bezeichnet (Abb. 6.19).

Tab. 6.7 Modellcharakteristika und Eigenschaften der Integral IV–Lenkerachse

Modell	Vorteile	Nachteile
7 Körper	gute kinematische Gestaltungsmöglichkeiten	hoher Bauaufwand
1 Drehgelenk	präzise Radaufhängung	hohe Kosten
1 Schubgelenk	elastokinematisch gut abstimmbar	
9 Kugelgelenke	gute Längs- und Querfederung möglich	
$7 \times 6 = 42$	Bewegungsgleichungen	
$1 \times 5 + 1 \times 5 + 9 \times 3 = 37$	Bindungen	
5	Freiheitsgrade pro Radaufhängung (Federn f_1, 4 isolierte Freiheitsgrade f_2, f_3, f_4, f_5)	
4	kinematische Schleifen L_1, L_2, L_3 und L_4	

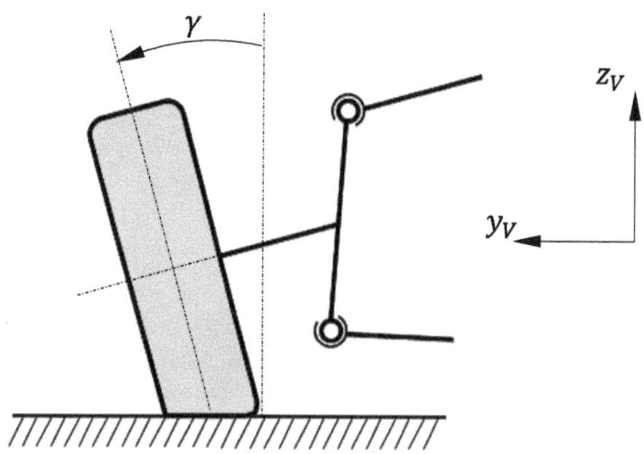

Abb. 6.16 Definition des Sturzwinkels γ

Die Definition von Vor- bzw. Nachlauf kann aus Abb. 6.20 entnommen werden. Liegt der Punkt D in Fahrtrichtung vor Punkt E, so liegt Vorlauf vor, anderenfalls Nachlauf. Die Erläuterung der nachfolgenden Definitionen bezieht sich nun darauf, dass Nachlauf vorliegt, was fast immer der Fall ist.

Als Nachlaufwinkel τ bezeichnet man den Winkel zwischen der Lenkachse (Schraubachse des Radträgers) und der Senkrechten durch die Radmitte. Die Nachlaufstrecke n_l ist der Abstand zwischen dem Schnittpunkt von Lenkachse und Standebene (Punkt E) und dem Schnittpunkt der Standebene mit der Senkrechten durch die Radmitte (Punkt D). Schließlich bezeichnet man den Abstand zwischen dem Schnittpunkt der Lenkachse mit der horizontalen Radmittenebene und der Senkrechten durch die Radmitte als Nachlaufversatz l_n.

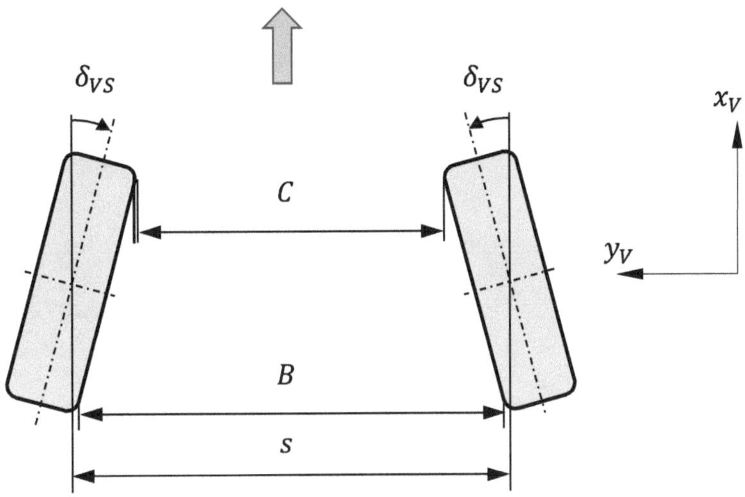

Abb. 6.17 Definition der Spurweite s der Spur

Abb. 6.18 Definition des Lenkrollhalbmessers r_r

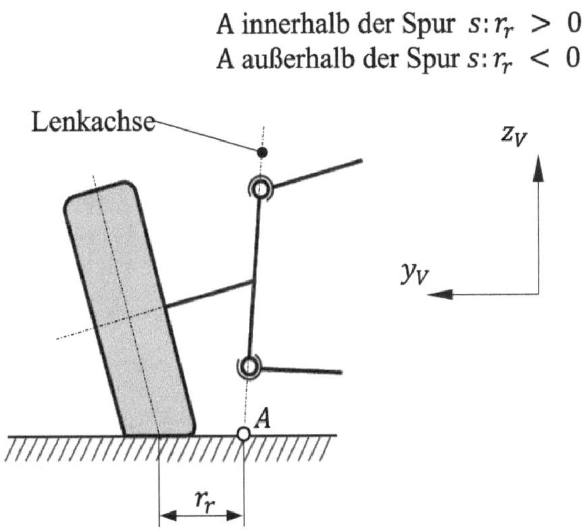

6.4 Eindimensionale Viertelfahrzeugmodelle

Um Möglichkeiten und Grenzen mechanischer Systeme abschätzen zu können, hat sich der Einsatz theoretischer Rechenverfahren bewährt. Durch eine geeignete Reduktion des Modells lassen sich Rechenaufwand und Interpretierbarkeit der Ergebnisse optimieren. So kann es zur theoretischen Untersuchung von Fahrzeugschwingungen in vertikaler Richtung ausreichen, ein vereinfachtes Schwingungsersatzsystem zu verwenden. Der Einfluss

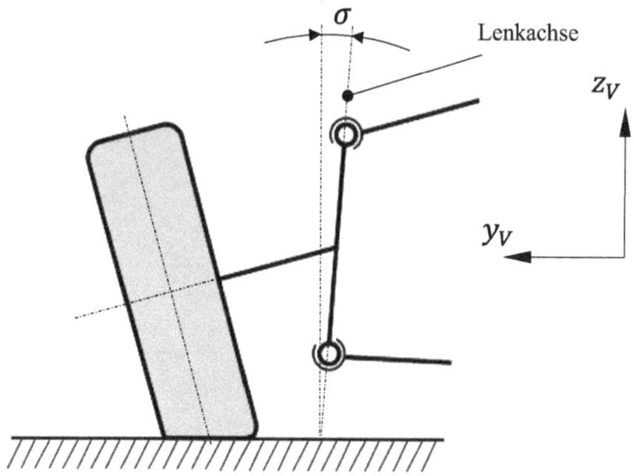

Abb. 6.19 Definition des Spreizungswinkels σ

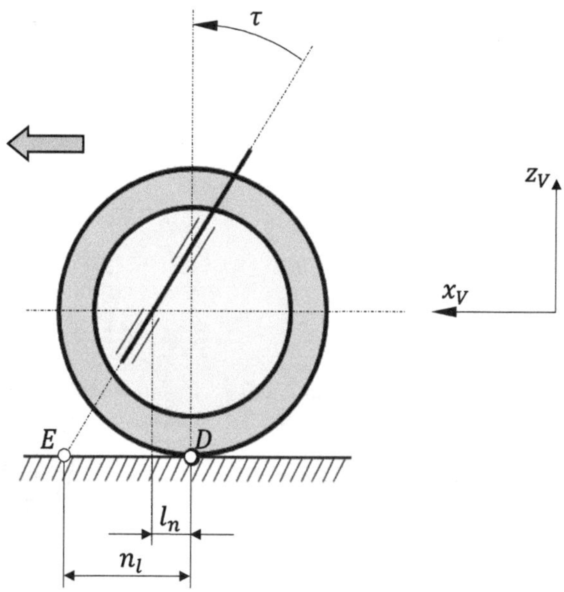

Abb. 6.20 Definition von Vorlauf und Nachlauf

von Aufbaufederung und -dämpfung, Radmasse und Reifenfederung auf Komfort, Fahrsicherheit und Federweg lässt sich mit einem Viertelfahrzeugmodell in einfacher Weise beurteilen. Das Fahrzeugersatzsystem besteht hierbei aus einem Zweimassensystem, das mit einem Reifenmodell gekoppelt ist (Abb. 6.21). Diese Modellreduktion ist bei einem Pkw zulässig, weil die Koppelmassen gegenüber der Aufbauteilmasse meist sehr klein sind. Obwohl sich somit nur geringe gegenseitige Beeinflussungen der Schwingungen ergeben, sind folgende Einschränkungen zu beachten:

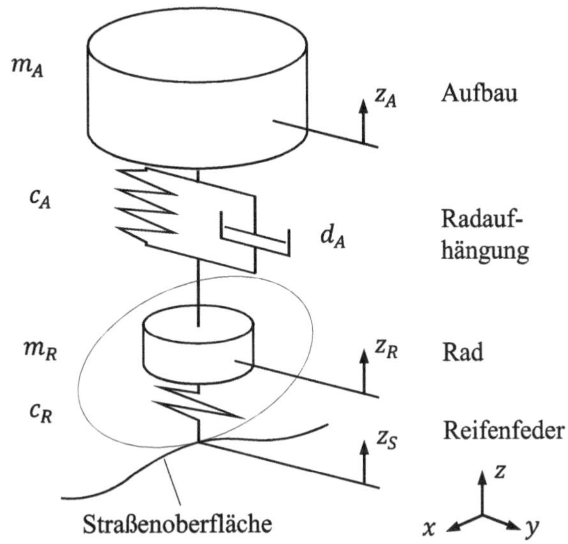

Abb. 6.21 Ebenes Viertelfahrzeugmodell

- Bei der Komfortbewertung bleiben die Auswirkungen von Nick- und Wankschwingungen unberücksichtigt.
- Bei der Beurteilung der Fahrsicherheit können die Auswirkungen der Radlastschwankungen auf die Querdynamik des Fahrzeugs nicht untersucht werden. Hierfür ist die Verwendung eines komplexeren Reifenmodells notwendig, wie es zum Beispiel in Abschn. 7.4 beschrieben wird.

Das ebene Viertelfahrzeugmodell ist in Abb. 6.21 dargestellt. Es besteht aus der Radmasse m_R und der anteiligen Aufbaumasse m_A. Die Massen sind über eine Feder (Federsteifigkeit c_A) und einen dazu parallelen Dämpfer (Dämpfungskonstante d_A) miteinander gekoppelt. Der Kontakt zur Fahrbahn wird über den Reifen hergestellt, der durch die Federsteifigkeit c_R modelliert wird. Die Dämpfung des Reifens kann in der Regel vernachlässigt werden

Die Impulssätze für das System in z-Richtung lauten:

$$\text{Aufbau}: m_A\ddot{z}_A + d_A(\dot{z}_A - \dot{z}_R) + c_A(z_A - z_R) = 0, \tag{6.1}$$

$$\text{Rad}: m_R\ddot{z}_R - d_A(\dot{z}_A - \dot{z}_R) - c_A(z_A - z_R) + c_R z_R = c_R z_S. \tag{6.2}$$

Zur Beurteilung von Ergebnissen wird ein Vergleichssystem benötigt. Beispielhaft können die Fahrzeugdaten in Tab. 6.8, die sich an einem Serienfahrzeug der Oberklasse orientieren, verwendet werden.

Um eine höhere Aussagegüte des Viertelefahrzeugmodells zu erhalten, kann man die anteilige Aufbaumasse durch Aufteilung der halben Aufbaumasse auf drei Punktmassen $m_{A,v}$ (Vorderachse), $m_{A,h}$ (Hinterachse) und m_K (Koppelmasse) ermitteln (Abb. 6.22). Aus den Bedingungen für den Erhalt der Aufbaumasse $m_{A,ges}$, des Massenmittelpunktes S_A und des Massenträgheitsmomentes $\theta_y = m_A i_y^2$ (Trägheitsradius i_y)

Tab. 6.8 Daten des passiven Referenzmodells

Parameter		Zahlenwert	Einheit
Radmasse	m_R	48	kg
Aufbaumasse (Anteil)	m_A	401	kg
Radfedersteifigkeit	c_R	235.000	N/m
Aufbaufedersteifigkeit	c_A	28.426	N/m
Aufbaudämpfung	d_A	2.836	Ns/m

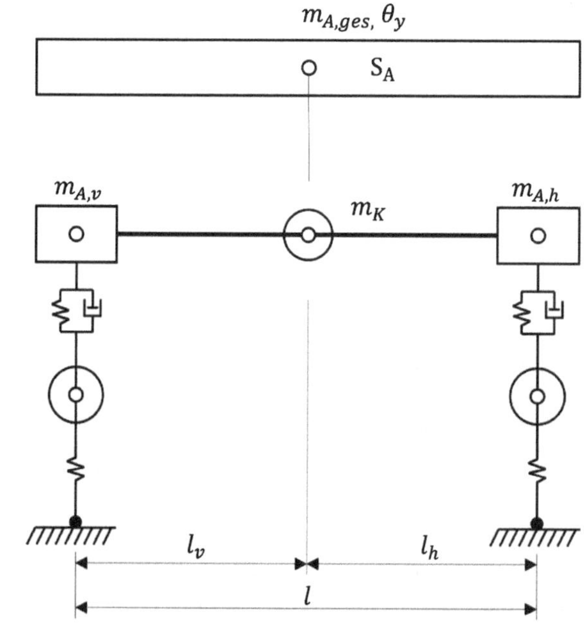

Abb. 6.22 Zur Herleitung der anteiligen Aufbaumasse

$$m_{A,v} + m_{A,h} + m_K = m_{A,ges}, \tag{6.3}$$

$$m_{A,v} l_v - m_{A,h} l_h = 0, \tag{6.4}$$

$$m_{A,v} l_v^2 + m_{A,h} l_h^2 = m_A i_y^2, \tag{6.5}$$

ergeben sich die drei Ersatzmassen

$$m_{A,v} = m_{A,ges} \frac{i_y^2}{l_v\, l}, \; m_{A,h} = m_{A,ges} \frac{i_y^2}{l_h\, l}, \tag{6.6}$$

$$m_k = m_{A,ges} \left(1 - \frac{i_y^2}{l_h\, l_v}\right). \tag{6.7}$$

Für die radbezogene, anteilige Aufbaumasse m_A des Viertelfahrzeugmodells wird dann $m_A = \frac{1}{2} m_{A,v}$ (Vorderrad) bzw. $m_A = \frac{1}{2} m_{A,h}$ (Hinterrad) eingesetzt.

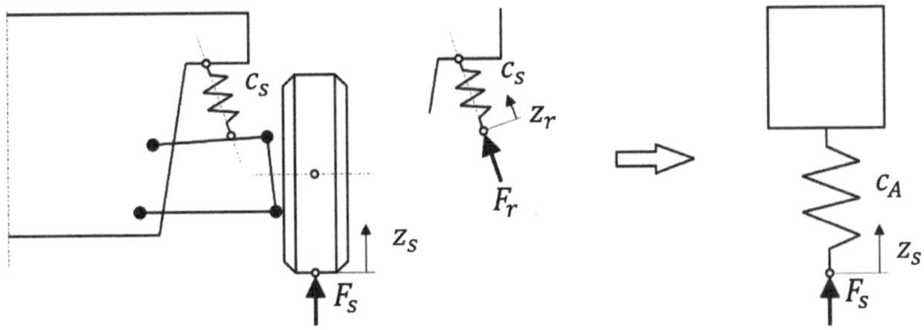

Abb. 6.23 Kinematische Übersetzung der Radaufhängungskräfte

Des Weiteren ist es für ein exaktes Viertelfahrzeugmodell zwingend erforderlich, die kinematische Übersetzung der Radaufhängungskräfte, wie sie in Abb. 6.23 dargestellt ist, zu berücksichtigen. Die kinematische Übersetzung λ ergibt sich aus der Einfederung z_s am Reifenaufstandspunkt und der Längenänderung z_r der Aufbaufederung zu

$$\lambda(z_s) = \frac{dz_r}{dz_s} = \frac{\dot{z}_r}{\dot{z}_s}. \tag{6.8}$$

Aus dem Prinzip der virtuellen Arbeit lässt sich ein Zusammenhang zwischen der Kraft F_s am Reifenaufstandspunkt und der Federkraft F_r wie folgt herleiten:

$$F_s \delta z_s = F_r \delta z_r = F_r \frac{dz_r}{dz_s} \delta z_s \rightarrow F_s = \frac{dz_r}{dz_s} F_r = \lambda F_r. \tag{6.9}$$

Damit berechnet sich die auf den Einfederweg z_s des Reifenaufstandspunktes bezogene Federsteifigkeit c_s zu

$$c_s = \frac{dF_s}{dz_s} = \frac{d(\lambda F_r)}{dz_s} = \frac{d\lambda}{dz_s} F_r + \lambda \frac{dF_r}{dz_s} = \frac{d\lambda}{dz_s} F_r + \lambda \underbrace{\frac{dF_r}{dz_r}}_{c_s} \underbrace{\frac{dz_r}{dz_s}}_{\lambda}, \tag{6.10}$$

$$c_A = \frac{d\lambda}{dz_s} F_r + \lambda^2 c_s. \tag{6.11}$$

6.5 Räumliches Modell einer McPherson-Radaufhängung

Die Verwendung von radführenden Feder- oder Dämpferbeinen nach dem McPherson-Prinzip ist im Automobilbau sehr verbreitet. Dämpferbeinachsen unterscheiden sich von Federbeinachsen dadurch, dass die Feder nicht auf dem Dämpferrohr sondern auf dem Querlenker abgestützt wird. Man findet McPherson-Radaufhängungen bei Personenwagen von der Kleinwagenklasse bis zur oberen Mittelklasse sowie in Vans und

Kleintransportern (Beispiele: Fiat Punto, Ford Fiesta, VW Golf, Opel Vectra, Porsche Boxter, VW Sharan, Mercedes-Benz Sprinter). Die Bauart zeichnet sich durch einen geringen Raumbedarf und günstige Eigenschaften der Radführung aus. Die Kinematik der McPherson-Radaufhängung ist Gegenstand vieler Untersuchungen, z. B. (Cronin 1981) oder (Schmidt und Wolz 1987). Am Beispiel dieser Radaufhängung werden die Vorteile des hier beschriebenen Verfahrens gegenüber anderen Ansätzen deutlich. Es gelingt, explizit auflösbare kinematische Gleichungen in einer kompakten Form aufzustellen.

6.5.1 Kinematische Analyse

In Abb. 6.24 ist die Federbeinachse der Mercedes B-Klasse dargestellt. Der Radträger (1), auf dem das Rad (10) drehbar gelagert ist, ist fest mit der unteren Hälfte des Stoßdämpferrohres (4) verbunden. Die Kolbenstange des Dämpfers gleitet im radträgerfesten Rohr des Dämpfers und ist am Rohr des Dämpfers über ein Kugelgelenk am Fahrgestell gelagert. An der äußeren Hülle der Dämpferführung stützt sich die Feder (5) gegen den Aufbau ab. Am unteren Teller der Feder greift als ein weiteres Kraftelement der Stabilisator (2) an. Die Führung des Radträgers wird zusätzlich vom Querlenker (3) übernommen, der drehbar am Fahrgestell (9) gelagert ist. Zwischen Querlenker und Radträger befindet sich ein weiteres Kugelgelenk. Der Radträger kann sich damit bei der Lenkbewegung um die Verbindungslinie der Kugelgelenke drehen. Die Lenkbewegung wird über

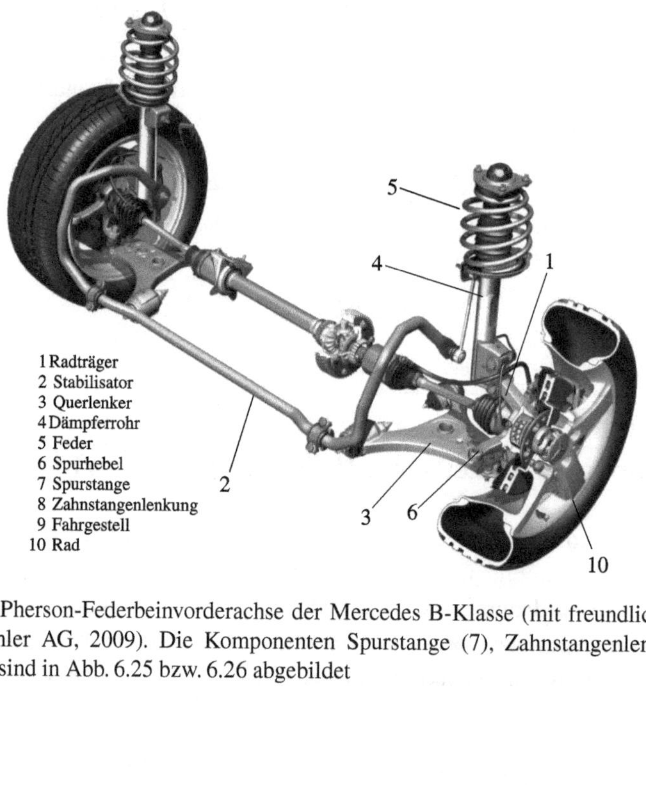

Abb. 6.24 McPherson-Federbeinvorderachse der Mercedes B-Klasse (mit freundlicher Genehmigung der Daimler AG, 2009). Die Komponenten Spurstange (7), Zahnstangenlenkung (8) und Fahrgestell (9) sind in Abb. 6.25 bzw. 6.26 abgebildet

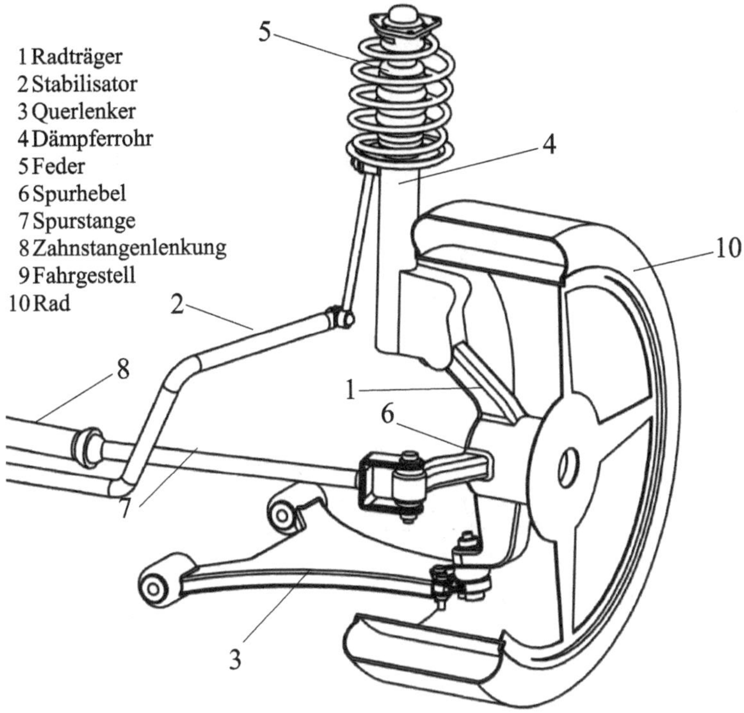

Abb. 6.25 Mehrkörpermodell einer McPherson-Radaufhängung. Die Komponente Fahrgestell (9) ist in Abb. 6.26 abgebildet

eine Spurstange (7) mit Kugelgelenken an den Enden in den Spurhebel (6), der Teil des Radträgers (1) ist, eingeleitet. Am fahrzeugseitigen Kugelgelenk der Spurstange kann die Lenkbewegung z. B. durch eine Drehbewegung (Schneckenrollen- und Kugelmutterhydrolenkungen) über ein Gelenkviereck (oder eine Längsbewegung (Zahnstangenlenkung (8)) erzeugt werden.

Ausgehend von der oben beschriebenen Struktur des realen Systems wird das in Abb. 6.25 gezeigte Mehrkörpermodell entworfen. Es enthält dieselben Elemente wie die in Abb. 6.24 dargestellte Vorderachse. Zusätzlich wurden zur Modellierung des Lenkmechanismus auch noch die Spurstange (7) und die Zahnstange (8) hinzugefügt. Der Dämpfer bildet das Schubgelenk während die Feder als Kraftelement kein Bestandteil des kinematischen Modells ist und weggelassen wird.

Aus dem in Abb. 6.25 dargestellten Modell der McPherson-Radaufhängung wird nun ein Ersatzsystem als Mehrkörpermodell hergeleitet, das nur noch aus starren Körpern und Gelenken besteht und die Grundlage für die weiteren kinematischen Analysen bildet. In der hier gewählten Modellierung ist die fahrzeugseitige Querlenkerlagerung durch ein Drehgelenk mit einem rotatorischen Freiheitsgrad ausgeführt. Damit lässt sich das Starrkörpermodell wie in Abb. 6.26 darstellen.

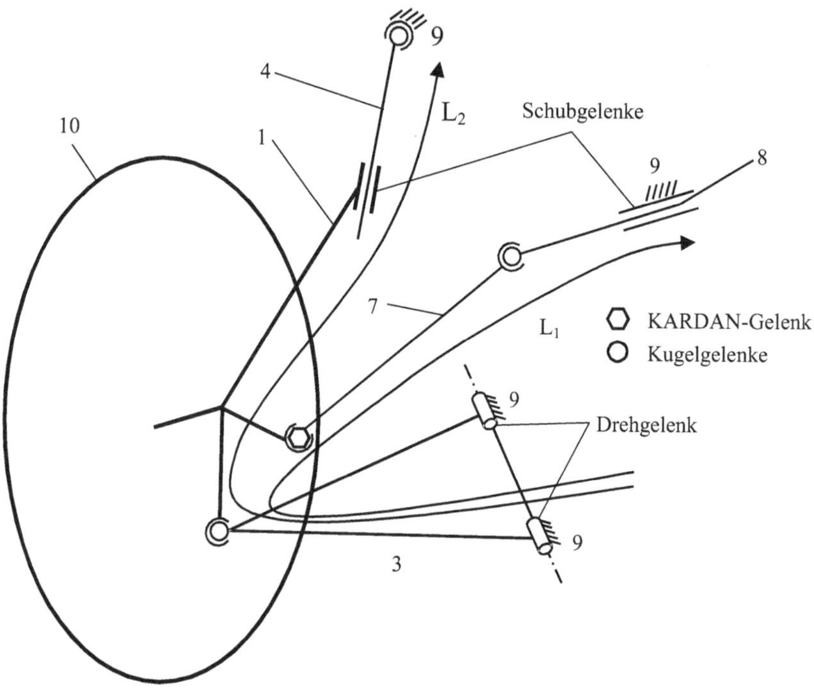

Abb. 6.26 Starrkörpermodell der McPherson-Radaufhängung – Strukturbild

Ersetzt man zur Elimination des isolierten Freiheitsgrades der Spurstange ihr radträgerseitiges Kugelgelenk durch ein KARDAN-Gelenk (zwei Drehgelenke mit einem virtuellen Zwischenkörper) und die übrigen im Modell auftretenden Kugelgelenke durch je drei Drehgelenke mit zwei virtuellen Zwischenkörpern, so erhält man die in Abb. 6.27 dargestellte Systemtopologie. Die Anzahl der unabhängigen kinematischen Schleifen n_L ergibt sich durch Auszählen der vorhandenen Gelenke und Körper (ohne Grundkörper), wobei alle Gelenke über Elementargelenke ausgedrückt sind.

Ohne Berücksichtigung des Rades gilt:

$$\begin{array}{ll} \text{Anzahl Gelenke } n_G & n_G = 14 \\ \text{Anzahl Körper } n_B & n_B = 12 \\ \hline \text{Anzahl Schleifen } n_L = n_G - n_B & n_L = 2 \end{array} \tag{6.12}$$

Die Schleife L_1 führt über den Querlenker (3), den Radträger (1) und das Dämpferrohr (4) zurück zum Fahrgestell (9). Nach Zusammenfassung der beiden Gelenkkoordinaten des isolierten Freiheitsgrades (zwei Kugelgelenke in der Schleife) verbleiben 7 Koordinaten, also eine verallgemeinerte Koordinate α als Eingang und sechs, zunächst unbekannte Koordinaten als Ausgang. Damit kann die Schleife L_1 aufgelöst werden.

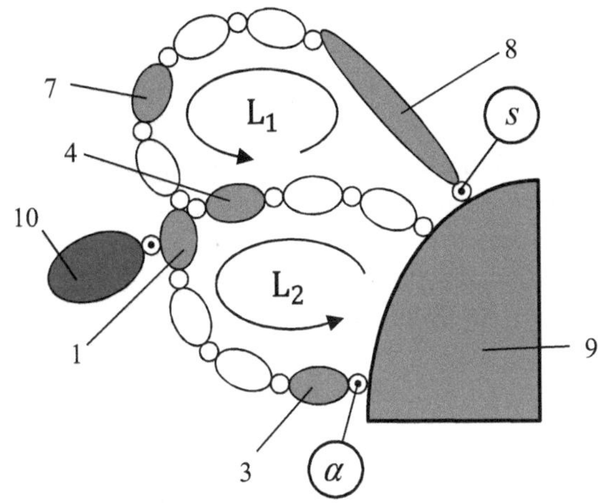

1 Radträger
2 Stabilisator
3 Querlenker
4 Dämpferrohr
5 Feder
6 Spurhebel
7 Spurstange
8 Zahnstangenlenkung
9 Fahrgestell
10 Rad

Abb. 6.27 Gelenk-Körper-Darstellung der McPherson-Radaufhängung

Abb. 6.28 Blockschaltbild der McPherson-Radaufhängung mit explizitem Lösungsfluss

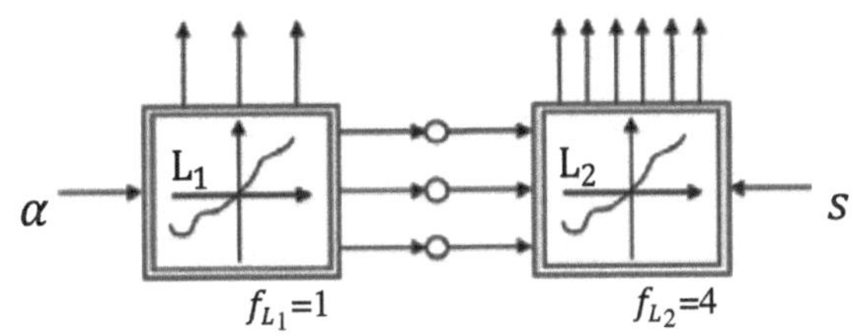

Die Schleife L_2 beinhaltet den Lenkmechanismus (7 und 8). Sie enthält (ohne isolierten Freiheitsgrad) 10 Gelenkkoordinaten, also vier Eingänge. Drei der Gelenkkoordinaten (vier minus eines isolierten Freiheitsgrades) sind auch in der Schleife L_1 enthalten, also bereits bekannt. Der vierte Eingang muss dann die zweite verallgemeinerte Koordinate des Gesamtsystems sein, was hier die Verschiebung s der Zahnstange ist. Damit ist auch die zweite Schleife auflösbar und der Lösungsfluss liegt fest: Man erkennt, dass es sich um ein explizit auflösbares System handelt.

Zur übersichtlichen Darstellung des zuvor beschriebenen expliziten Lösungsflusses lassen sich auch die in Kap. 3 vorgestellten kinematischen Transformatoren verwenden. In Abb. 6.28 ist die Verknüpfung der beiden Schleifen für den günstigsten Lösungsfluss als Blockschaltbild dargestellt. Im nachfolgenden Abschnitt ist die Vorgehensweise zur expliziten Bestimmung von Lage, Geschwindigkeit und Beschleunigung der Radaufhängung in Abhängigkeit von den beiden verallgemeinerten Gelenkkoordinaten α und s beschrieben. Dazu wird zunächst dass nichtlineare Übertragungsverhalten der Schleifen L_1 und L_2 mithilfe der Methode des charakteristischen Gelenkpaares (Woernle 1988) analysiert (s. auch Kap. 3). Die zeitlichen Ableitungen – Geschwindigkeit und Beschleunigung – werden anschließend berechnet.

6.5.2 Explizite Lösung

6.5.2.1 Position

Die Schleife L_1 wird an den beiden Kugelgelenken aufgeschnitten und in ein oberes und ein unteres Segment aufgeteilt (Abb. 6.29). Das obere Segment enthält den Radträger und das Dämpferbein, das untere Segment besteht aus dem Fahrgestell und dem Querlenker. Die Aufgabe besteht in der Ermittlung des Abstands d der Punkte R_1 und F_2 in beiden Segmenten. Im unteren Segment sind die fahrgestellfesten Punkte F_1 und F_2 und die Querlenkerachse $\boldsymbol{u}_1$ gegeben. Damit gelingt die Ermittlung des Verbindungsvektors $\boldsymbol{r}_{1,2}$ der Punkte R_1 und F_2 zu

$$\boldsymbol{r}_{1,2} = \boldsymbol{f}_2 - \boldsymbol{r}_{F,1} = \boldsymbol{f}_2 - \boldsymbol{f}_1 - \boldsymbol{r}_{1,1}. \tag{6.13}$$

Der Vektor $\boldsymbol{r}_{1,1}$ entsteht aus der Drehung des Vektors $\boldsymbol{r}_{1,10}$ mit dem Winkel α um die Achse $\boldsymbol{u}_1$. Der Vektor $\boldsymbol{r}_{1,10}$ beschreibt die Querlenkerstellung für $\alpha = 0$. Man kann diese Bezugsrichtung beliebig wählen, der Vektor muss lediglich mit der Achse $\boldsymbol{u}_1$ einen konstruktiv gegebenen Winkel (hier 90°) einschließen und einen ebenso gegebenen Abstand von ihr haben. Man erhält

$$\boldsymbol{r}_{1,1} = \boldsymbol{T}(\boldsymbol{u}_1, \alpha)\boldsymbol{r}_{1,10}. \tag{6.14}$$

Alle Vektoren aus den Gl. (6.13) und (6.14) können in Komponenten des Fahrzeugsystems angeschrieben werden. Damit ergibt sich als Bindungsparameter das Quadrat d_u^2 des gesuchten Abstands im unteren Segment zu

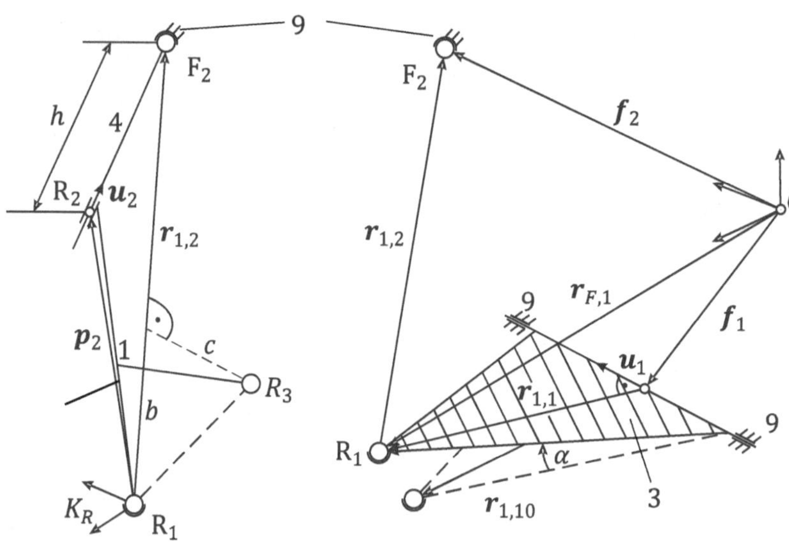

Abb. 6.29 Zerlegung der Schleife L_1 in zwei Segmente

$$d_u^2 = {}_F\boldsymbol{r}_{1,2}^T {}_F\boldsymbol{r}_{1,2}. \tag{6.15}$$

Im oberen Segment ist der Abstand d_0 von der Hilfsgröße h abhängig. Man erhält hier die folgende Vektorbeziehung, die in Komponenten des Radträgersystems K_R aufgestellt werden kann:

$$\boldsymbol{r}_{1,2} = \boldsymbol{p}_2 + h\boldsymbol{u}_2, \tag{6.16}$$

$$d_0^2 = {}_R\boldsymbol{r}_{1,2}^T\, {}_R\boldsymbol{r}_{1,2}. \tag{6.17}$$

Das Gleichsetzen der Gl. (6.15) und (6.17) liefert eine Gleichung, die nach der unbekannten Gelenkkoordinate h aufgelöst werden kann. Damit ist die Verschiebung des Dämpferbeins in seiner Führung bekannt. Außerdem liegt mit der Lage der Punkte R_1 und F_2 die momentane Lenkachse fest, welcher der Einheitsvektor $\boldsymbol{u}_R$ (Abb. 6.30) zugeordnet wird. Die Position der Schleife L_1 ist damit bekannt.

Die Schleife L_2 wird nun ebenfalls in zwei Segmente zerlegt, wobei das obere Segment hier nur die Spurstange ist, deren Länge bekannt ist. Damit ist der Bindungsparameter d_0^2 unmittelbar gegeben. Im unteren Segment kann zunächst die Lage des Zahnstangenendpunktes E_1 als Funktion der verallgemeinerten Koordinate s (Zahnstangenverschiebung) angegeben werden zu

$$\boldsymbol{r}_{F,E_1} = \boldsymbol{f}_3 + s\,\boldsymbol{u}_4. \tag{6.18}$$

Die Lage des Punktes R_3 resultiert aus der Drehung des Radträgers mit dem unbekannten Winkel φ um die momentane Lenkachse $\boldsymbol{u}_3$. Hier ist die Konstruktion der Ausgangslage – gegeben durch den Vektor $\boldsymbol{p}_{3,0}$ – nicht ganz einfach. Im radträgerfesten System $\mathbf{K}_R$ können

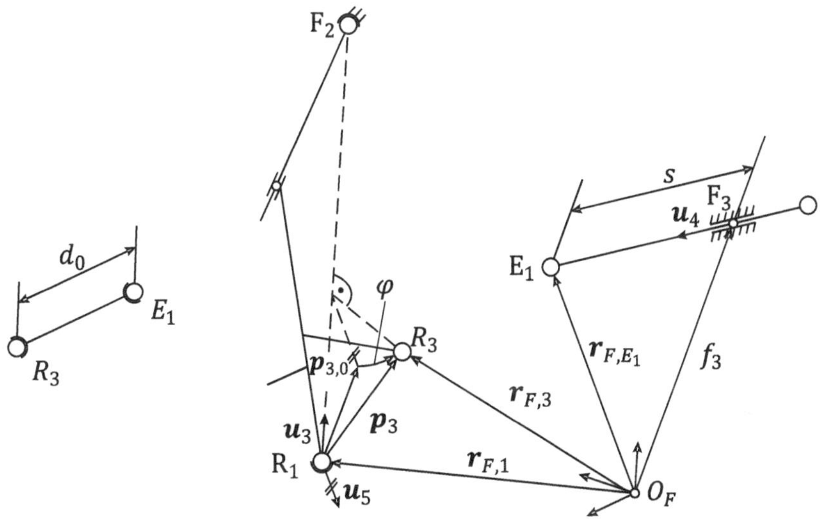

Abb. 6.30 Zerlegung der Schleife L_2 in zwei Segmente

nach der Auflösung der ersten Schleife durch Projektion des Radträgerpunktes R_3 auf die momentane Lenkachse (gegeben durch $\boldsymbol{r}_{1,2}$) die Strecken b und c errechnet werden (Abb. 6.29). Damit kann im Fahrzeugsystem ein mit der Geometrie verträglicher Vektor $\boldsymbol{p}_{3,0}$ konstruiert werden. Man beschafft sich zunächst einen Einheitsvektor $\boldsymbol{u}_5$, der auf der Lenkachse senkrecht steht, z. B.

$$\boldsymbol{u}_5 = \frac{\boldsymbol{u}_3 \times \boldsymbol{r}_{F,1}}{\left\| \boldsymbol{u}_3 \times \boldsymbol{r}_{F,1} \right\|}. \tag{6.19}$$

Damit ergibt sich weiter

$$\boldsymbol{p}_{3,0} = b\,\boldsymbol{u}_3 + c\,\boldsymbol{u}_5, \tag{6.20}$$

$$\boldsymbol{r}_{F,3} = \boldsymbol{r}_{F,1} + \boldsymbol{T}(\boldsymbol{u}_3, \varphi)\,\boldsymbol{p}_{3,0}, \tag{6.21}$$

$$d_u^2 = \left({}_F\boldsymbol{r}_{F,3} - {}_F\,\boldsymbol{r}_{F,E_1}\right)^T \left({}_F\boldsymbol{r}_{F,3} - {}_F\boldsymbol{r}_{F,E_1}\right). \tag{6.22}$$

Gleichsetzen von d_u^2 mit der gegebenen Größe d_0^2 ergibt eine explizit auflösbare Gleichung für den unbekannten Winkel φ. Dieser ist selbst nicht von Interesse, dient jedoch zur Bestimmung des Ortsvektors $\boldsymbol{r}_{F,3}$ nach Gl. (6.21). Damit ist die Ermittlung der Position erledigt. Die Lage der Punkte R_1, F_2 und R_3 ist nun sowohl in Komponenten des Fahrzeugsystems als auch in Komponenten des Radträgersystems gegeben. Die Ermittlung der Transformationsmatrix ${}^F\boldsymbol{T}_R$ zwischen den beiden Systemen kann dann entsprechend Abschn. 2.2 erfolgen.

6.5.2.2 Geschwindigkeiten

Bei bekannter Position wird nun jede Schleife an einem Kugelgelenk aufgeschnitten. Dann wird die Geschwindigkeit des Gelenkpunktes von beiden Seiten her bestimmt und gleichgesetzt. Die entstehende Vektorgleichung wird durch günstige Projektionen aufgelöst. In der Schleife L_1 soll die Geschwindigkeit ${}_F\boldsymbol{v}_{F_2}$ des Gelenkpunktes F_2 (Abb. 6.29) relativ zum Fahrzeug aufgestellt werden. Von der Fahrzeugseite aus ergibt sich unmittelbar

$${}_F\boldsymbol{v}_{F_2} = 0. \tag{6.23}$$

Auf dem zweiten Weg erhält man die Geschwindigkeit ${}_F\boldsymbol{v}_{F_2}$ für die Relativbewegung von Körpern

$$\begin{aligned} {}_F\boldsymbol{v}_{F_2} &= {}_F\boldsymbol{v}_{R_1} + {}_F\boldsymbol{\omega}_R \times \boldsymbol{r}_{1,2} + {}_R\boldsymbol{v}_{F_2} \\ &= \dot{\alpha}\boldsymbol{u}_1 \times \boldsymbol{r}_{1,1} + {}_F\boldsymbol{\omega}_R \times \boldsymbol{r}_{1,2} + \dot{h}\,\boldsymbol{u}_2. \end{aligned} \tag{6.24}$$

Durch Gleichsetzen der Gl. (6.23) und (6.24) und Bildung des Skalarproduktes mit dem Vektor $\boldsymbol{r}_{1,2}$ erhält man die unbekannte Geschwindigkeit $\dot{h}$

$$\dot{h} = -\frac{\left(\boldsymbol{u}_1 \times \boldsymbol{r}_{1,1}\right)^T \boldsymbol{r}_{1,2}}{\boldsymbol{u}_2\,\boldsymbol{r}_{1,2}}\,\dot{\alpha}. \tag{6.25}$$

Das Vektorprodukt von $\boldsymbol{r}_{1,2}$ mit beiden Seiten der Gl. (6.24) führt zu denjenigem Anteil $({}_F\boldsymbol{\omega}_R)_s$ der Radträgerwinkelgeschwindigkeit, der senkrecht auf dem Vektor $\boldsymbol{r}_{1,2}$ steht (der restliche Anteil kann aus der ersten Schleife nicht bestimmt werden):

$$({}_F\boldsymbol{\omega}_R)_s = -\frac{\boldsymbol{r}_{1,2} \times \left(\boldsymbol{u}_1 \times \boldsymbol{r}_{1,1}\right)}{\boldsymbol{r}_{1,2}\boldsymbol{r}_{1,2}}\dot{\alpha} - \frac{\left(\boldsymbol{r}_{1,2} \times \boldsymbol{u}_2\right)}{\boldsymbol{r}_{1,2}\boldsymbol{r}_{1,2}}\dot{h}. \tag{6.26}$$

Die Berechnung der Geschwindigkeiten in der zweiten Schleife erfolgt analog (s. Abb. 6.30). Hier wird die Geschwindigkeit ${}_F\boldsymbol{v}_{R_3}$ des Gelenkpunktes R_3 relativ zum Fahrgestell auf zwei Wegen ermittelt und gleichgesetzt. Die Betrachtung der Radträgerbewegung liefert

$${}_F\boldsymbol{v}_{R_3} = {}_F\boldsymbol{v}_{R_1} + (({}_F\boldsymbol{\omega}_R)_s + \dot{\varphi}\,\boldsymbol{u}_3) \times \boldsymbol{p}_3. \tag{6.27}$$

Die Geschwindigkeit ${}_F\boldsymbol{v}_{R_1}$ des Punktes R_1 und die senkrecht auf der Lenkachse stehende Komponente $({}_F\boldsymbol{\omega}_R)_s$ der Winkelgeschwindigkeit des Radträgers sind bereits bekannt, gesucht wird die Winkelgeschwindigkeit $\dot{\varphi}$, mit der sich der Radträger um die momentane Lenkachse dreht. Für die Geschwindigkeit ${}_F\boldsymbol{v}_{R_3}$ gilt außerdem

$${}_F\boldsymbol{v}_{R_3} = \dot{s}\,\boldsymbol{u}_4 + {}_F\boldsymbol{\omega}_S \times \left(\boldsymbol{r}_{F,3} - \boldsymbol{r}_{F,E_1}\right), \tag{6.28}$$

wenn man sie über die Zahnstangen- und Spurstangenbewegung ermittelt. Hier ist die Translationsgeschwindigkeit $\dot{s}$ der Zahnstange als Eingangsgröße gegeben, die Winkelgeschwindigkeit ${}_F\boldsymbol{\omega}_S$ der Spurstange ist unbekannt, man kann wieder nur ihre senkrecht auf der Spurstange stehende Komponente $({}_F\boldsymbol{\omega}_S)_S$ bestimmen. Nach Gleichsetzen der Gl. (6.27) und (6.28) erhält man analog zu oben

$$\dot{\varphi} = \frac{\left(\dot{s}\,\boldsymbol{u}_4 - {}_F\boldsymbol{v}_{R_1} - \left(({}_F\boldsymbol{\omega}_R)_S \times \boldsymbol{p}_3\right)^T\right)\left(\boldsymbol{r}_{F,3} - \boldsymbol{r}_{F,E_1}\right)}{\left(\boldsymbol{u}_3 \times \boldsymbol{p}_3\right)^T\left(\boldsymbol{r}_{F,3} - \boldsymbol{r}_{F,E_1}\right)}. \tag{6.29}$$

Damit ist die Winkelgeschwindigkeit ${}_F\boldsymbol{\omega}_R$ des Radträgers relativ zum Fahrgestell vollständig bekannt als

$${}_F\boldsymbol{\omega}_R = ({}_F\boldsymbol{\omega}_R)_s + \dot{\varphi}\,u_3. \tag{6.30}$$

Für die Winkelgeschwindigkeit der Spurstange gilt schließlich

$$({}_F\boldsymbol{\omega}_S)_s = \frac{(\boldsymbol{r}_{F,3} - \boldsymbol{r}_{F,E_1}) \times ({}_F\boldsymbol{v}_{R_1} + {}_F\boldsymbol{\omega}_R \times \boldsymbol{p}_3 - \dot{s}\,\boldsymbol{u}_4)}{\left(\boldsymbol{r}_{F,3} - \boldsymbol{r}_{F,E_1}\right)^T\left(\boldsymbol{r}_{F,3} - \boldsymbol{r}_{F,E_1}\right)}. \tag{6.31}$$

Damit sind die Geschwindigkeiten aller Körper relativ zum Fahrgestell bekannt. Mit den Beziehungen der Relativbewegungen kann – falls benötigt – die Geschwindigkeit im Inertialsystem bestimmt werden. Die zur Aufstellung der Bewegungsgleichungen benötigten kinematischen Differentiale (s. Abschn. 4.6.1) ergeben sich unmittelbar aus den Gl. (6.23)–(6.31), wenn man sie mithilfe der Pseudoeingangsgeschwindigkeiten auswertet:

$$a)\,\dot{\alpha} = 1,\ \dot{s} = 0, \quad b)\,\dot{\alpha} = 0,\ \dot{s} = 1. \tag{6.32}$$

6.5.2.3 Beschleunigungen

Für die Berechnung der Beschleunigungen wird dieselbe Vorgehensweise wie bei den Geschwindigkeiten angewandt. Die aufgeschnittenen Schleifen sind in Abb. 6.29 und 6.30 dargestellt. In der Schleife L_1 wird die Beschleunigung ${}_F\boldsymbol{a}_{F_2}$ des Gelenkpunktes F_2 auf zwei Arten bestimmt:

$$ {}_F\boldsymbol{a}_{F_2} = 0, \tag{6.33}$$

$$\begin{aligned} {}_F\boldsymbol{a}_{F_2} &= \ddot{\alpha}\,\boldsymbol{u}_1 \times \boldsymbol{r}_{1,1} + \dot{\alpha}^2 \boldsymbol{u}_1 \times \left(\boldsymbol{u}_1 \times \boldsymbol{r}_{1,1}\right) + {}_F\,\boldsymbol{\alpha}_R \times \boldsymbol{r}_{1,2} + 2\,{}_F\boldsymbol{\omega}_R \times \dot{h}\boldsymbol{u}_2 \\ &\quad + {}_F\,\boldsymbol{\omega}_R \times \left({}_F\boldsymbol{\omega}_R \times \boldsymbol{r}_{1,2}\right) + \ddot{h}\boldsymbol{u}_2. \end{aligned} \tag{6.34}$$

Aus den Gl. (6.33) und (6.34) wird die Beschleunigung $\ddot{h}$ am Dämpferrohr und die auf der Lenkachse senkrechte Winkelbeschleunigungskomponente $({}_F\dot{\boldsymbol{\alpha}}_R)_s$ des Radträgers ermittelt. Die Beschleunigung ${}_F\boldsymbol{a}_{R_3}$ des Punktes R_3 in der zweiten Schleife erhält man erneut auf zwei Wegen:

$$ {}_F\boldsymbol{a}_{R_3} = \ddot{\alpha}\,\boldsymbol{u}_1 \times \boldsymbol{r}_{1,1} + \dot{\alpha}^2 \boldsymbol{u}_1 \times \left(\boldsymbol{u}_1 \times \boldsymbol{r}_{1,1}\right) + \left(({}_F\boldsymbol{\alpha}_R)_s + \ddot{\varphi}\boldsymbol{u}_3\right) \times \boldsymbol{p}_3 + {}_F\,\boldsymbol{\omega}_R \times \left({}_F\boldsymbol{\omega}_R \times \boldsymbol{p}_3\right), \tag{6.35}$$

$$ {}_F\boldsymbol{a}_{R_3} = \ddot{s}\,\boldsymbol{u}_4 + {}_F\boldsymbol{\alpha}_R \times \left(\boldsymbol{r}_{F_3} - \boldsymbol{r}_{F,E_1}\right) + {}_F\boldsymbol{\omega}_S \times \left({}_F\boldsymbol{\omega}_S \times \left(\boldsymbol{r}_{F_3} - \boldsymbol{r}_{F,E_1}\right)\right). \tag{6.36}$$

Aus den Gl. (6.35) und (6.36) erhält man über die Größe $\ddot{\varphi}$ die Winkelbeschleunigung ${}_F\dot{\boldsymbol{\alpha}}_R$ des Radträgers und die senkrechte Komponente $({}_F\dot{\boldsymbol{\alpha}}_F)_s$ die Winkelbeschleunigung der Spurstange. Damit ist die Ermittlung der Beschleunigungen vollständig. Für die Aufstellung der Bewegungsgleichungen werden die Beziehungen (6.33)–(6.36) mit den speziellen verallgemeinerten Beschleunigungen

$$\ddot{\alpha} = 0, \quad \ddot{s} = 0 \tag{6.37}$$

ausgewertet. Die kinematische Analyse der McPherson-Radaufhängung ist damit abgeschlossen. Es fällt besonders ins Auge, dass die Bindungsgleichungen des Gesamtsystems explizit auflösbar sind, also keine iterative Ermittlung von Unbekannten notwendig war. Hierdurch unterscheidet sich dieses Verfahren wesentlich von dem Ansatz, den (Schmidt und Wolz 1987) wählen. Sie stellen die Bindungsgleichungen durch einen Schnitt an einem Körper (Körperverdopplung) und nicht durch die Betrachtung eines charakteristischen Gelenkpaares (Woernle 1988) auf und erhalten damit zwar einheitliche und gut formalisierbare, aber eben nur numerisch auflösbare Bindungsgleichungen. Dadurch ergibt sich eine wesentlich höhere Rechenzeit, die bei Simulationsanwendungen unerwünscht ist.

Weiter fällt auf, dass sämtliche Gleichungen zur Ermittlung der Geschwindigkeiten und Beschleunigungen in Vektorform aufgestellt wurden. Neben der besonders übersichtlichen Darstellung hat dies den Vorteil, dass der Übergang auf Komponentendarstellungen erst ganz zuletzt bei der numerischen Auswertung erfolgen kann. Man ist damit in der Wahl des Bezugssystems für jeden einzelnen Term völlig frei.

6.6 Räumliches Modell einer Fünfpunkthinterradaufhängung

Die Fünfpunkt- oder Raumlenkerradaufhängung, wie sie z. B. bei der Daimler AG als Hinterradaufhängung in der Mittel- und Oberklasse eingesetzt wird, ist in Abb. 6.31 dargestellt. Diese Radaufhängung stellt eine Baueinheit dar, die sich in ihren Kinematikkennwerten genau einstellen lässt. Die Vorteile einer solchen Aufhängung liegen besonders in den guten kinematischen Gestaltungsmöglichkeiten, der präzisen Radführung, der guten elastokinematischen Abstimmbarkeit und der guten Längs- und Querfederung. Der sehr hohe Bauaufwand und die dadurch entstehenden Kosten bilden die wesentlichen Nachteile dieser Bauart.

Am Beispiel dieser Radaufhängung werden im Folgenden im Gegensatz zu Abschn. 6.5.2 die Vorteile des impliziten Lösungsverfahrens verdeutlicht.

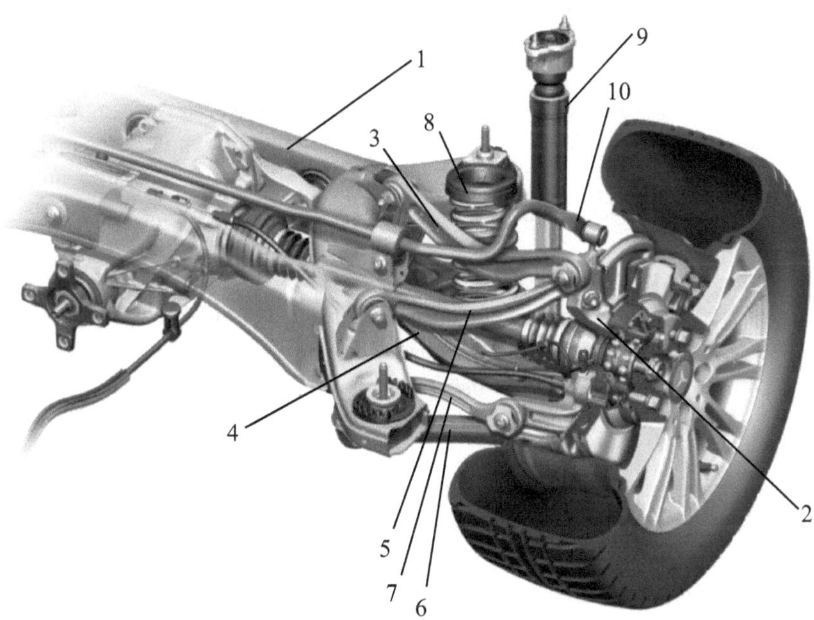

Abb. 6.31 Hinterachse der Mercedes E-Klasse (mit freundlicher Genehmigung der Daimler AG, 2009)

6.6.1 Kinematische Analyse

Als Grundbaustein erkennt man in Abb. 6.31 den Fahrschemel (1), der biegesteif, jedoch torsionsweich ausgeführt ist. Dieser Fahrschemel wird über vier Gummilager mit der Bodengruppe verbunden. Die Lager übernehmen gleichzeitig einen Teil der Geräuschdämpfung. Der Radträger (2) wird nun über fünf räumlich angeordnete Querlenker (3-7) mit dem Schemel verbunden. Jeder Querlenker ist mit je einem, teilweise elastisch gelagerten Dreh- oder Kugelgelenk am Fahrgestell und am Radträger befestigt. Die Gelenke werden durch Gummibuchsen gegen unerwünschte Vibrationen gedämpft. An einem dieser Lenker, dem Federlenker (4), stützen sich der Stoßdämpfer (8) und die Schraubenfeder (9) ab und gleichzeitig ist der Stabilisator (10) daran befestigt. Die speziellen kinematischen Eigenschaften einer solchen Aufhängung werden nun durch die unterschiedlichen Längen der fünf Querlenker erreicht. Der Radträger (2) wird durch die Sturzstrebe (3) und den Federlenker (4) in Querrichtung geführt, während die Zugstrebe(5) und die Schubstrebe (6) v. a. die Längsausrichtung der Radträgers definieren. Mit der Lage der Spurstange (7) kann man die kinematische Vorspuränderung ausschalten oder bestimmen. Im Hinblick auf die Verwendung der Fünfpunktradaufhängung an einer gelenkten Achse könnte genau dieser Lenker mit der Lenkstange verbunden werden.

Ausgehend von der zuvor beschriebenen Struktur des realen Systems wird das in Abb. 6.32 gezeigte Mehrkörpermodell entworfen. Es enthält dieselben wesentlichen Elemente wie das in Abb. 6.31 gezeigte reale Radaufhängungssystem. Allerdings sind die Feder und der Dämpfer keine Bestandteile des kinematischen Modells. Diese können beim Schritt der Abstraktion vom realen zum Mehrkörpermodell weggelassen werden. Zur besseren Veranschaulichung wurden sie aber mit in Abb. 6.32 aufgenommen.

Aus dem in Abb. 6.32 dargestellten Modell der Fünfpunkt-Radaufhängung wird nun ein Ersatzmodell hergeleitet. Dieses Mehrkörpermodell besteht nur noch aus starren Körpern und Gelenken und bildet die Grundlage für alle folgenden Betrachtungen der Radaufhängung. Durch geeignete Vereinfachung erhält man das in Abb. 6.33 abgebildete Starrkörpermodell.

Im Starrkörpermodell werden die Gummibuchsen, die die Lagerung der fünf Querlenker übernehmen, durch ideale Kugelgelenke ersetzt. Die Querlenker werden als einfache Stäbe modelliert. Auf den Stabilisator wird ganz verzichtet, da er keinen Einfluss auf das kinematische Verhalten der Aufhängung ausübt. Die Massen der einzelnen Bauteile werden im Rahmen dieser Betrachtung nicht berücksichtigt bzw. dem Radträger zugeschlagen.

Aus dem hergeleiteten Starrkörpermodell wird nun eine Gelenk-Körper-Darstellung entwickelt. Da die fünf Lenker an beiden Enden mit einem Kugelgelenk (je drei Freiheitsgrade) an die Struktur angeschlossen sind, besitzen sie je einen sogenannten isolierten Freiheitsgrad, nämlich die Drehung um die eigene Längsachse. Da diese Bewegung auf das kinematische Verhalten der gesamten Achse keinen Einfluss hat, werden alle fahrzeugseitigen Kugelgelenke durch KARDAN-Gelenke (je zwei Freiheitsgrade) ersetzt. Dadurch bleibt die globale Kinematik der Achse erhalten, die isolierten Freiheitsgrade der fünf

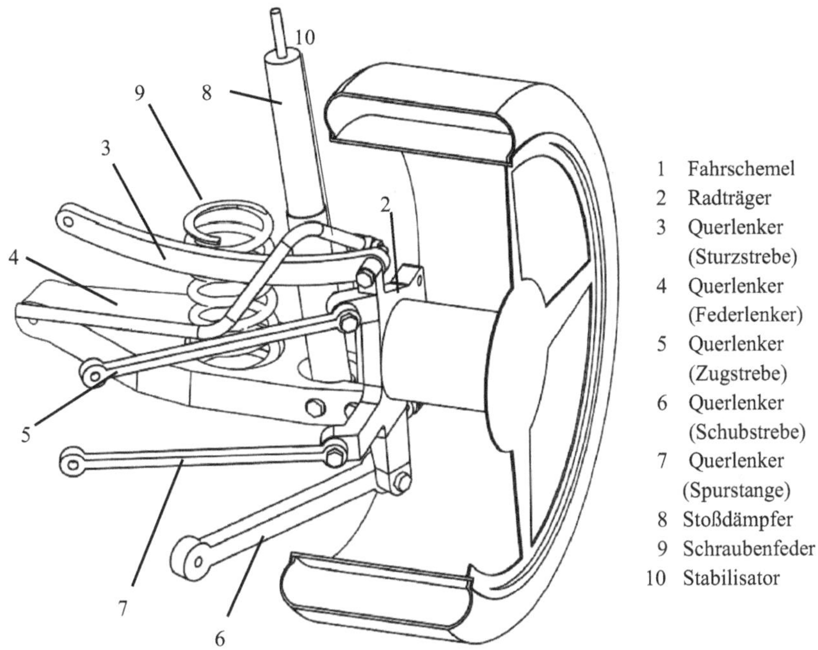

Abb. 6.32 Mehrkörpermodell der Fünfpunktradaufhängung

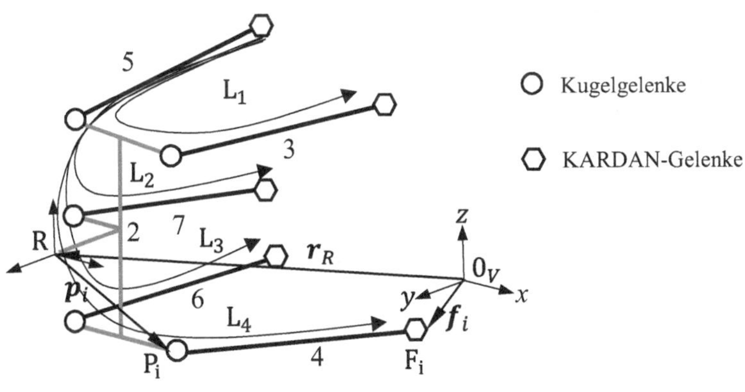

Abb. 6.33 Starrkörpermodell der Fünfpunktradaufhängung

Lenker sind aber eliminiert. Somit ergibt sich eine Gelenk-Körper-Darstellung, wie sie aus der Abb. 6.34 ersichtlich ist.

Die Anzahl der unabhängigen kinematischen Schleifen n_L erhält man durch Auszählen der vorhandenen Gelenke und Körper (ohne Grundkörper ≡ Fahrzeugaufbau). Es gilt

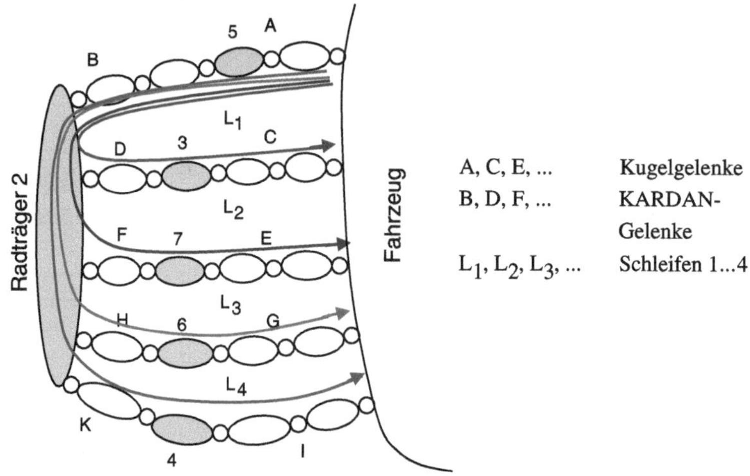

Abb. 6.34 Gelenk-Körper-Darstellung (Topologie) der Fünfpunktradaufhängung

$$\begin{array}{ll} \text{Anzahl Gelenke } n_G & n_G = 10 \\ \text{Anzahl Körper } n_B & n_B = 6 \\ \hline \text{Anzahl Schleifen } n_L = n_G - n_B & n_L = 4 \end{array} \tag{6.38}$$

Die Anzahl der Freiheitsgrade f der Radaufhängung wird nun mithilfe des Grübler-Kutzbach-Kriteriums (s. Abschn. 3.3) berechnet (ohne isolierte Freiheitsgrade) zu

$$f = \sum_{i}^{n_G} f_{G_i} - 6n_L = 5 \cdot 3 + 5 \cdot 2 - 6 \cdot 4 = 1, \tag{6.39}$$

wobei f_{G_i} die Anzahl der Freiheitsgrade des Gelenks „i" beschreibt. Die hier betrachtete Fünfpunktradaufhängung besitzt also genau einen Freiheitsgrad, der der vertikalen Einfederung entspricht. Es liegt nahe, diesem Freiheitsgrad eine verallgemeinerte Koordinate zuzuordnen, z. B. die Vertikalauslenkung des Radträgers. Im Hinblick auf einen günstigen Lösungsfluss zur Aufstellung der Bewegungsgleichungen ist es allerdings hilfreich, wenn die verallgemeinerte Koordinate einer Gelenkkoordinate zugeordnet wird. Deshalb wird hier zur Herleitung des im nachfolgenden Abschnitt beschriebenen Lösungsflusses ein Gelenkwinkel als verallgemeinerte Koordinate q_{allg} ausgewählt.

6.6.2 Implizite Lösung

Um eine übersichtliche Darstellung des Vorgehens beim Lösen der kinematischen Schleifen zu erhalten, wird an dieser Stelle die Relativkinematik des Systems durch Verknüpfungen von kinematischen Transformatoren (s. Abschn. 3.5) entwickelt. Jede Schleife wird dabei durch eine Black Box dargestellt, die dann untereinander entsprechend verknüpft werden. Für Einzelheiten dieser Vorgehensweise sei auf (Kecskemethy 1993) verwiesen. Die benötigten lokalen Schleifenfreiheitsgrade f_L berechnen sich zu

$$\begin{aligned} &\text{Allgemein:} && f_{L_i} = n_G(\mathrm{L}_i) - 6, \\ &\text{Schleife 1} && f_{L_1} = 10 - 6 = 4, \\ &\text{Schleife 2} && f_{L_2} = 10 - 6 = 4, \\ &\text{Schleife 3} && f_{L_3} = 10 - 6 = 4, \\ &\text{Schleife 4} && f_{L_4} = 10 - 6 = 4. \end{aligned} \tag{6.40}$$

Jeder kinematische Transformator benötigt demnach vier Eingangsgrößen. Die Schwierigkeit besteht nun darin, diese Transformatoren möglichst geschickt miteinander zu verknüpfen, sodass möglichst wenig implizite Bindungsgleichungen entstehen. Die Anzahl der Koppelungsbedingungen zwischen den vier Schleifen an den einzelnen Gelenken (Abb. 6.34) errechnet sich wie folgt:

Anzahl Koppelbedingungen am Gelenk G_i:

$$\begin{aligned} p_i &= n_L(\mathrm{G}_i) - n_B(\mathrm{G}_i) + 1 \\ p_A &= 4 - 2 + 1 = 3, \; p_F = 1 - 2 + 1 = 0, \\ p_B &= 4 - 2 + 1 = 3, \; p_G = 1 - 2 + 1 = 0, \\ p_C &= 1 - 2 + 1 = 0, \; p_H = 1 - 2 + 1 = 0, \\ p_D &= 1 - 2 + 1 = 0, \; p_I = 1 - 2 + 1 = 0, \\ p_E &= 1 - 2 + 1 = 0, \; p_K = 1 - 2 + 1 = 0. \end{aligned} \tag{6.41}$$

Im Gelenk A und B sind also alle Schleifen miteinander gekoppelt. Daraus ergibt sich das in Abb. 6.35 dargestellte, zunächst noch vereinfachte Blockschaltbild.

Durch Bestimmung des Lösungsflusses und durch Festlegung von entsprechenden Pseudoeingängen $\tilde{q}_1$, $\tilde{q}_2$, und $\tilde{q}_3$ sowie unter Beachtung der verallgemeinerten Koordinate $q_{allg.}$, kann das in Abb. 6.36 dargestellte Blockschaltbild hergeleitet werden. Danach verbleibt für die Auflösung dieses Gleichungssystems – neben der Lösung des rekursiv-expliziten Teils – die Lösung von drei impliziten Kerngleichungen.

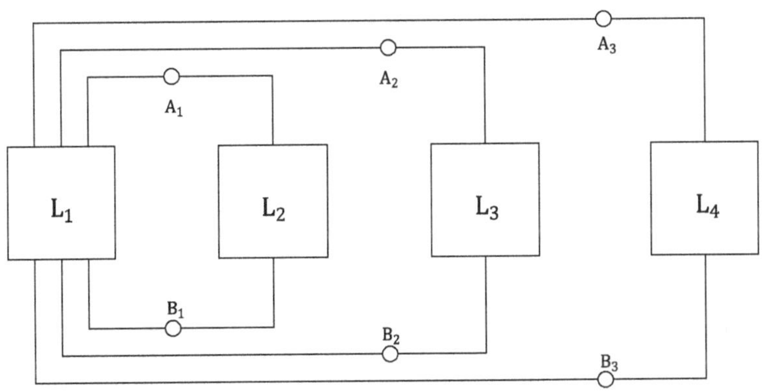

Abb. 6.35 Erstes einfaches Blockschaltbild

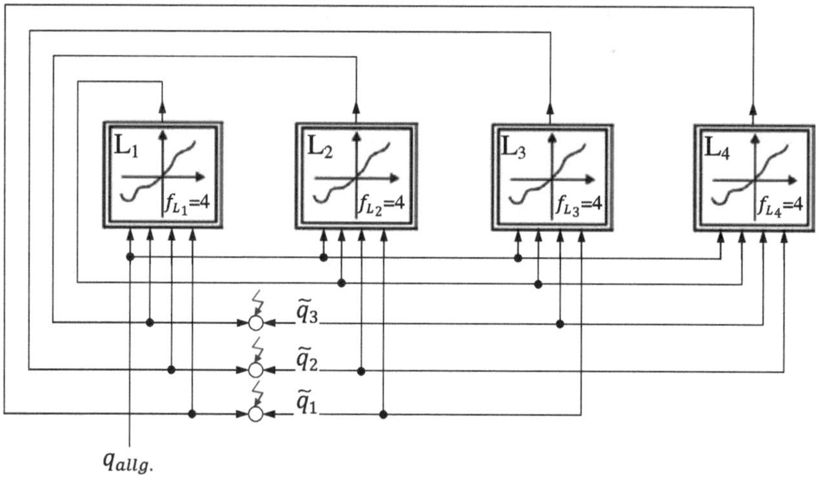

Abb. 6.36 Blockschaltbild der Fünfpunktradaufhängung mit drei impliziten Gleichungen

6.6.2.1 Position

Die Fünfpunktradaufhängung besteht aus sechs Starrkörpern (Abb. 6.34). Der Radträger hat im nicht geführten Zustand sechs Freiheitsgrade im Raum. Die fünf Lenker benötigen jeweils nur fünf Koordinaten, da die Rotationen um ihre Längsachsen nicht betrachtet werden. Von den damit verbleibenden 31 Körperkoordinaten ist jedoch nur eine unabhängig (die oben erwähnte verallgemeinerte Koordinate $q_{allg.}$, die für die unabhängige Einfederung der Radaufhängung benötigt wird). Die übrigen 30 werden durch Lösen der Zwangsgleichungen, die sich aus den geometrischen Bindungen des Systems ergeben, berechnet. Fasst man die 31 Körperkoordinaten zum $[31 \times 1]$-Vektor $\boldsymbol{w}$ zusammen, so lautet das entsprechende implizite Gleichungssystem

$$g_i\left(\boldsymbol{w}, q_{allg.}\right) = 0, \quad i = 1, \ldots, 31. \tag{6.42}$$

Eine der 31 Gleichungen beschreibt die Zuordnung der verallgemeinerten Koordinate $q_{allg.}$ zur entsprechenden Körperkoordinate des Radträgers, d. h. der z-Koordinaten des Punkte R in Abb. 6.33. Die übrigen 30 Koordinaten sind geometrische Bindungen, denen die Körper genügen müssen. Diese Bindungen können beispielsweise die 25 Gelenkfreiheitsgrade (vgl. Abb. 6.34) und die fünf vorgegebenen Längen der Querlenker liefern.

Man ist nun bestrebt, die Ordnung des impliziten Gleichungssystems (6.42) zu reduzieren und soweit wie möglich explizite kinematische Zusammenhänge zu verwenden. Dies gelingt durch die Einführung von n_s Hilfsvariablen $\beta_i, i = 1, \ldots, n_s$, die zum Vektor $\boldsymbol{\beta}$ zusammengefasst werden. Die Hilfsvariablen sind relative Koordinaten. Sie sind so zu wählen, dass man alle Körperkoordinaten $w_k, k = 1, \ldots, 31$ explizit aus $\boldsymbol{\beta}$ berechnen kann. Damit reduziert sich die Ordnung des zu lösenden impliziten Gleichungssystems auf die Anzahl n_s der Hilfsvariablen. Gleichung (6.42) lautet dann umgeschrieben

$$g_i\left(\boldsymbol{\beta}, q_{allg.}\right) = 0,\, i = 1, \ldots, n_s, \tag{6.43}$$

$$\boldsymbol{w} = \boldsymbol{w}(\boldsymbol{\beta}, t)\,. \tag{6.44}$$

Durch dieses Einschalten von relativen Zwischengrößen wird die globale Kinematik in zwei Teile zerlegt. Die Zuordnungen zwischen verallgemeinerten Koordinaten und Hilfsvariablen werden in der relativen Kinematik zusammengefasst, die explizite Abhängigkeit $\boldsymbol{w} = \boldsymbol{w}(\boldsymbol{\beta}, t)$ entspricht der absoluten Kinematik. Es verbleiben schließlich, wie bereits im Blockschaltbild von Abb. 6.36 dargestellt, die drei iterativ zu lösenden Kerngleichungen. An dieser Stelle soll jedoch noch ein etwas anderer Zugang gezeigt werden, der auf (Schnelle 1990) zurückgeht. Hierbei tragen die Bindungsgleichungen der speziellen Struktur der Radaufhängung mit fünf gleichartigen Lenkern $\boldsymbol{l}_i$ Rechnung. Man wählt beispielsweise die sechs Lagekoordinaten des Radträgers – die drei Komponenten des Ortsvektors $\boldsymbol{r}_R$ (Abb. 6.33) und die drei KARDAN-Winkel ψ, θ und φ seiner endlichen Verdrehung relativ zum Fahrgestell – als Hilfsvariablen. Damit gilt

$$n_s = 6.$$

Aus dieser Wahl der verallgemeinerten Koordinaten folgt sofort die erste Bindungsgleichung

$$g_1\left(\boldsymbol{\beta}, q_{allg.}\right) = r_{R,z} - q_{allg.} = 0. \tag{6.45}$$

Die fünf noch fehlenden Bindungsgleichungen erhält man aus der Forderung, dass der Abstand zwischen zusammengehörenden Lenkerlagern gleich der jeweiligen konstanten Lenkerlänge sein muss:

$$g_{i+1}\left(\boldsymbol{\beta}\right) = \boldsymbol{l}_i\left(\boldsymbol{\beta}\right)^T \boldsymbol{l}_i\left(\boldsymbol{\beta}\right) - l_i^2 = 0 \quad i = 1, \ldots, 5. \tag{6.46}$$

Die Vektoren $\boldsymbol{l}_i$ bekommt man dabei explizit in Abhängigkeit von den Hilfsvariablen. Es gilt nach Abb. 6.33

$$\boldsymbol{l}_i(\boldsymbol{\beta}) = \boldsymbol{r}_R(\boldsymbol{\beta}) + \boldsymbol{p}_i(\boldsymbol{\beta}) - \boldsymbol{f}_i. \tag{6.47}$$

Die numerische Lösung der Gl. (6.45) und (6.46) ergibt schließlich die gesuchte Beziehung $\boldsymbol{\beta} = \boldsymbol{\beta}(q_{allg.})$.

6.6.2.2 Geschwindigkeiten und Beschleunigungen

Entsprechend kann man auch die Geschwindigkeit $\dot{\boldsymbol{l}}_i\left(\boldsymbol{\beta}, \dot{\boldsymbol{\beta}}\right)$ explizit errechnen. Hier gilt

$$\dot{\boldsymbol{l}}_i\left(\boldsymbol{\beta}, \dot{\boldsymbol{\beta}}\right) = \dot{\boldsymbol{r}}_R\left(\boldsymbol{\beta}, \dot{\boldsymbol{\beta}}\right) + \boldsymbol{\omega}_{R,F}\left(\boldsymbol{\beta}, \dot{\boldsymbol{\beta}}\right) \times \boldsymbol{p}_i(\boldsymbol{\beta})\,. \tag{6.48}$$

Die Zeitableitung der Bindungsgleichung (6.46) lautet

$$\dot{g}_{i+1}\left(\boldsymbol{\beta}, \dot{\boldsymbol{\beta}}\right) = 2\dot{\boldsymbol{l}}_i\left(\boldsymbol{\beta}, \dot{\boldsymbol{\beta}}\right)^T \boldsymbol{l}_i(\boldsymbol{\beta}) = 0,\, i = 1, \ldots, 5. \tag{6.49}$$

Man kann also die Geschwindigkeit der Bindung $\dot{g}_{i+1}$ explizit aus den Hilfsvariablen und deren Geschwindigkeiten ermitteln. Dies macht man sich bei der partiellen Ableitung von $\dot{g}_{i+1}$ zunutze. Die Gl. (6.49) wird dazu – gemäß des Prinzips der kinematischen Differentiale – aus Kap. 4 mit einem speziellen $\tilde{\dot{\boldsymbol{\beta}}}^{(j)}$ ausgewertet:

$$\tilde{\dot{\boldsymbol{\beta}}}^{(j)} = (0\,0 \ldots \underset{\substack{\uparrow \\ j}}{1} \ldots 0). \tag{6.50}$$

Man erhält damit in expliziter Form die partielle Ableitung

$$\frac{\partial g_{i+1}}{\partial \beta_j} = \tilde{\dot{g}}_{i+1}^{(j)} = \dot{g}_{i+1}^{(j)}\left(\boldsymbol{\beta}, \tilde{\dot{\boldsymbol{\beta}}}^{(j)}\right). \tag{6.51}$$

Die so entstehenden Bindungen der Geschwindigkeiten lassen sich zu einem linearen Gleichungssystem zusammenfassen

$$\boldsymbol{J}_{\beta}\tilde{\dot{\boldsymbol{\beta}}} - \boldsymbol{V}\dot{q}_{allg.} = \boldsymbol{0}. \tag{6.52}$$

Hier tritt die JACOBI-Matrix $\boldsymbol{J}_{\beta}$ mit $\boldsymbol{J}_{\beta_{i,j}} = \frac{\partial g_i}{\partial \beta_j}$ und die (konstante) Verteilungsmatrix $\boldsymbol{V}$ auf. Ganz entsprechend kann man für die Beschleunigung vorgehen und erhält

$$\boldsymbol{J}_{\beta}\ddot{\boldsymbol{\beta}} + \dot{\boldsymbol{J}}_{\beta}\dot{\boldsymbol{\beta}} - \boldsymbol{V}\ddot{q}_{allg.} = \boldsymbol{0}. \tag{6.53}$$

Die Auflösung von (6.52) und (6.53) ergibt

$$\dot{\boldsymbol{\beta}} = \boldsymbol{J}_{\beta}^{-1}\boldsymbol{V}\dot{q}_{allg.}, \tag{6.54}$$

$$\ddot{\boldsymbol{\beta}} = \boldsymbol{J}_{\beta}^{-1}\left(\boldsymbol{V}\ddot{q}_{allg.} - \dot{\boldsymbol{J}}_{\beta}\dot{\boldsymbol{\beta}}\right). \tag{6.55}$$

Damit ist die relative Kinematik gelöst.

6.6.3 Simulationsergebnisse des räumlichen Viertelfahrzeugmodells

Jeder Typ von Radaufhängung hat sein, von der jeweiligen Bauart abhängiges, charakteristisches Verhalten beim Ein- und Ausfedern des Rades. Die wichtigsten kinematischen Größen der Radbewegung und damit der Radposition gegenüber der Straße sind die Sturz- und Spurwinkeländerung der federnden Achse. Da die Hinterachse die Stabilität des Fahrzeugs bestimmt, führen zu große Spurwinkeländerungen zu einem unangenehmen Nachlenkeffekt der Achse. Deshalb sollte der Spurwinkel über dem gesamten Federweg möglichst neutral bleiben oder nur geringe Änderungen aufweisen. Der Sturzwinkel sollte sich so einstellen, dass zwischen dem Reifen und der Straße immer ein möglichst günstiger Kontakt herrscht. Mithilfe der zuvor beschriebenen Kinematikgleichungen lassen sich nun die charakteristischen Größen der Radaufhängung beispielhaft für ein räumliches Viertelfahrzeug mit einer Fünfpunktradaufhängung berechnen.

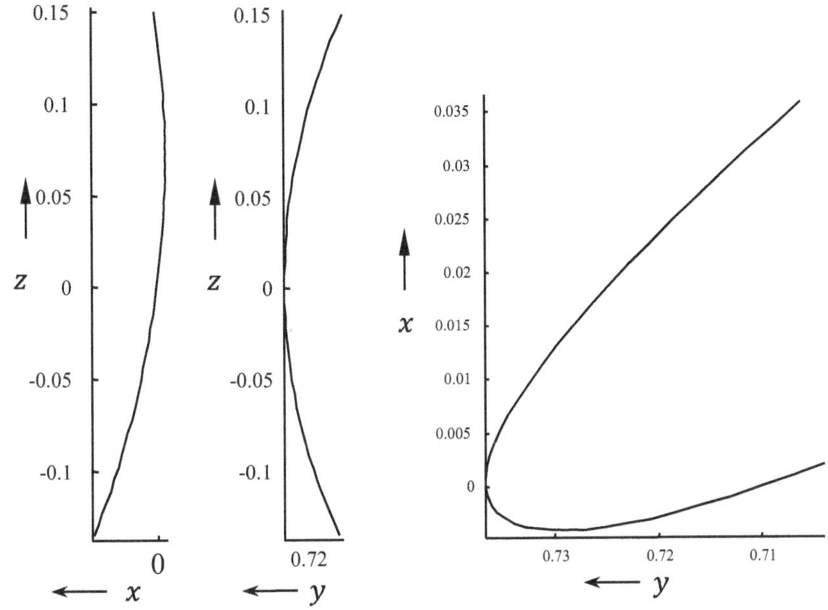

Abb. 6.37 Radmittelpunkttrajektorie der Fünfpunktradaufhängung W124

Abb. 6.38 Spur- und Sturzwinkeldefiniton und Berechnung

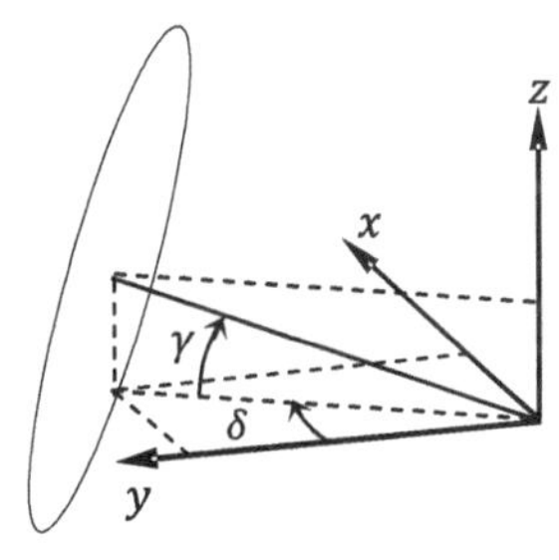

6.6.3.1 Radmittelpunkttrajektorie

Abschnitten analysierten Fünfpunkthinterradaufhängung ist die Aufzeichnung der Radmittelpunkttrajektorie hilfreich. In Abb. 6.37 ist die Radtrajektorie in den drei Ebenen $z-x, z-y$ und $x-y$ im fahrzeugfesten Koordinatensystem dargestellt.

6.6.3.2 Spur- und Sturzwinkelkurven

Die Spur- und Sturzwinkel (s. Abschn. 6.3) berechnen sich aus der Ausrichtung der Radnormalen bezüglich des fahrzeugfesten Koordinatensystems, wie in Abb. 6.38 dargestellt.

Der Sturz und der Spurwinkel berechnen sich damit wie folgt:

$$\text{Sturzwinkel}: \gamma = -\arctan\left(\frac{z}{\sqrt{x^2+y^2}}\right) \tag{6.56}$$

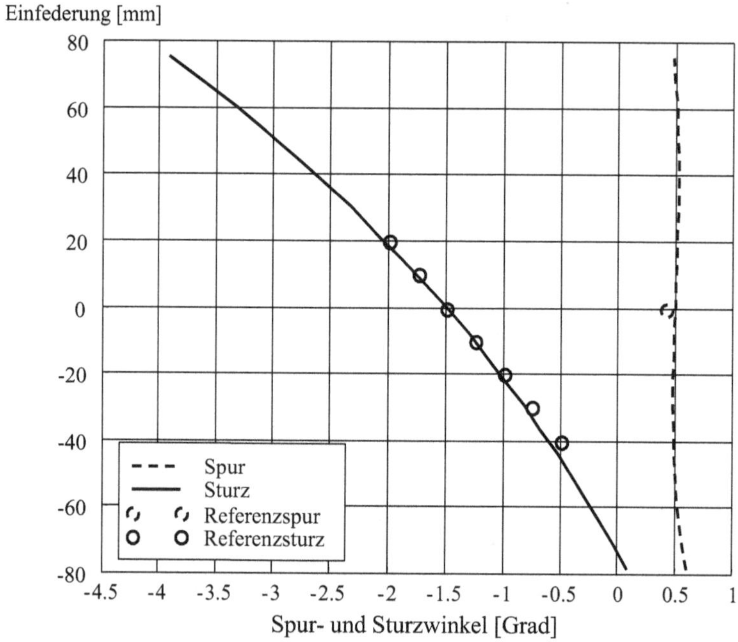

Abb. 6.39 Spur- und Sturzwinkelkurve einer Fünfpunktradaufhängung

$$\text{Spurwinkel}: \delta = -\arctan\left(\frac{x}{y}\right). \tag{6.57}$$

In Abb. 6.39 sind die berechneten Sturz- und Spurwinkelkurven einer Fünfpunktradaufhängung in Abhängigkeit vom Einfederweg aufgezeichnet. Zusätzlich sind in diesem Diagramm auch Referenzpunkte aus einer entsprechenden, real gemessenen Sturzkurve abgebildet. Die Abweichungen zwischen Messung und Berechnung begründen sich in der Elastokinematik, die in der hier vorgestellten Modellierung vernachlässigt wurde. Die Sturz- und die Spuränderung an der Radaufhängung lassen sich mithilfe einer geeigneten Animationssoftware, wie auch in Abb. 6.40 dargestellt, visualisieren.

6.6.3.3 Simulation der Dynamik eines Achsprüfstandes

Abschließend soll hier noch beispielhaft die dynamische Simulation eines Achsprüfstandes, wie in Abb. 6.41 dargestellt, gezeigt werden. Das Rad wird dabei durch eine höhenverstellbare Platte zu einer erzwungenen Schwingung der Radaufhängung angeregt. Die Amplitude der Radbewegung ist größer als die Anregungsamplitude, eine Phasenverschiebung zwischen der Boden- und Radbewegung ist praktisch nicht feststellbar (siehe Abb. 6.42). Die in der Einschwingphase auftretenden Bereiche verschwindender Bodenkraft bedeuten, dass das Rad abgehoben hat, also kein Bodenkontakt vorliegt (vgl. Abb. 6.43 und 6.44).

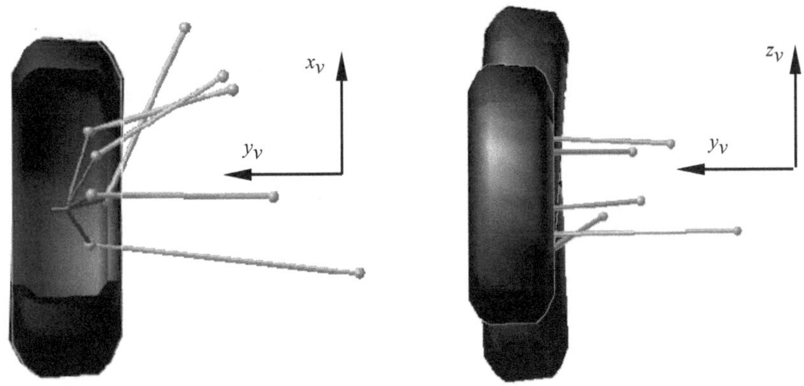

Abb. 6.40 Radstellungen bei +/– 80 mm Ein- / Ausfederung: (*links* die kaum sichtbare Spurwinkeländerung, *rechts* die Sturzwinkeländerung)

Abb. 6.41 Das Viertelfahrzeugmodell auf dem Achsprüfstand

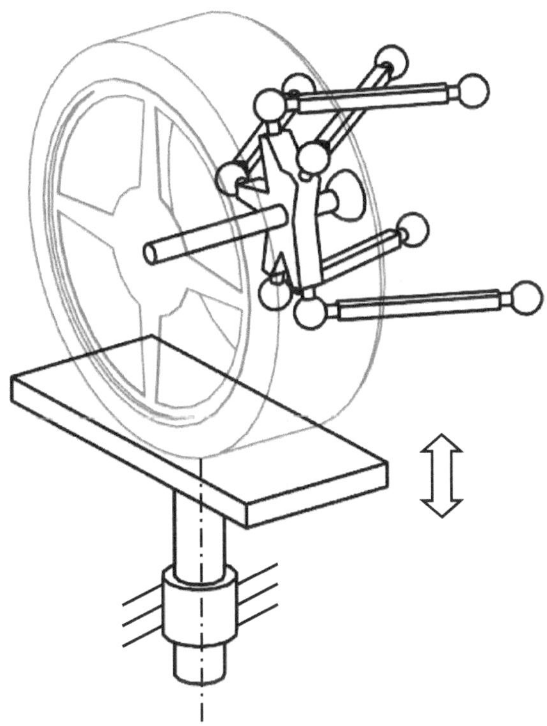

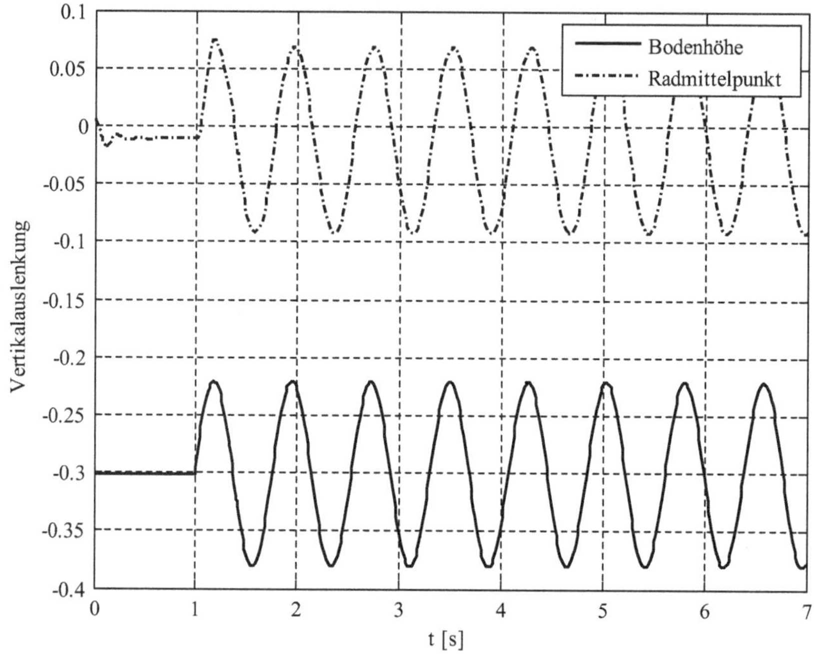

Abb. 6.42 Vertikalauslenkung der Bodenplatte und der Radnabe

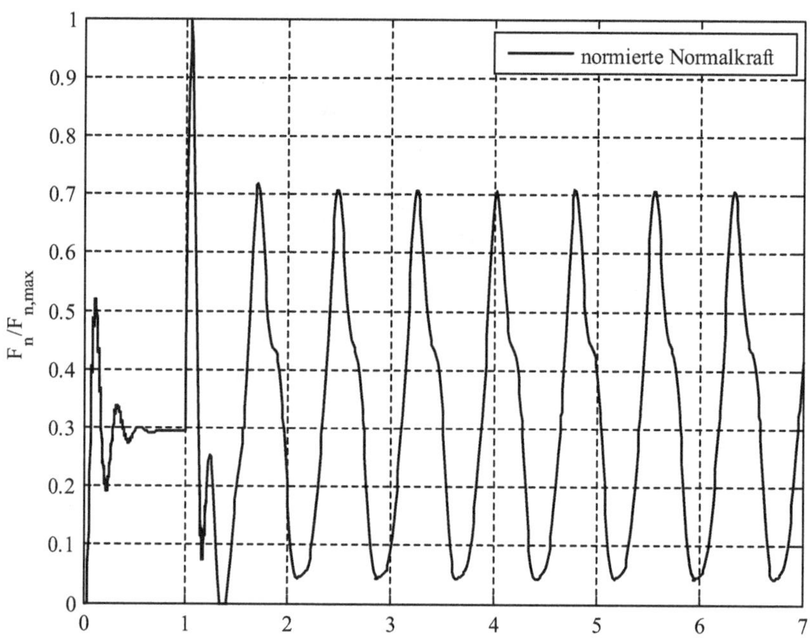

Abb. 6.43 Normierte Reifenaufstandskraft (Normalkraft)

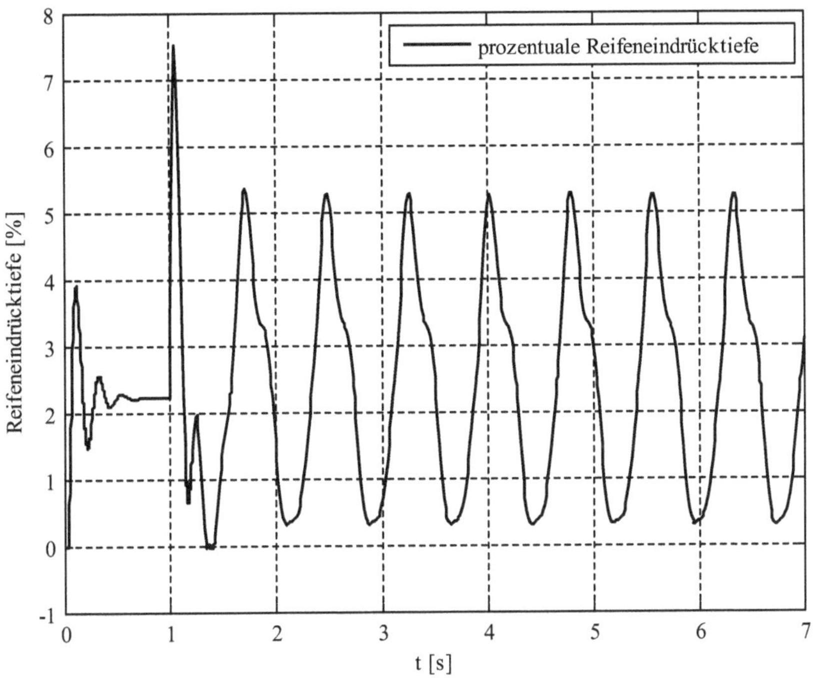

Abb. 6.44 Relative Eindrücktiefe des Reifens

Literatur

Cronin DL (1981) McPherson Strut Kinematics. Mech Mach Theory 16(6):631–644

Kecskemethy A (1993) Objektorientierte Modellierung der Dynamik von Mehrkörpersystemen mit Hilfe von Übertragungselementen. Dissertation. Fortschrittberichte VDI, Reihe 20, Nr. 88. Universität Duisburg. VDI-Verlag, Düsseldorf

Mödinger W, Bublitz H, Grebe K-J, Schulz W, Minning M, Braun R (1997) Das Fahrwerk des neuen A-Klasse von Daimler-Benz. Sonderausgabe ATZ und MTZ Die neue A-Klasse von Daimler-Benz, S 102-109

Schmidt A, Wolz U (1987) Nichtlineare räumliche Kinematik von Radaufhängungen – kinematische und dynamische Untersuchungen mit dem Programmsystem MESA VERDE. Automobilindustrie 6:639–644

Schuster H, Balk A, Oehlschlaeger H (1995) Der Sharan – Die Großraumlimousine von Volkswagen. Automobiltech Z 97(7/8):400–415

Schnelle KP (1990) Simulationsmodelle für die Fahrdynamik von Personenwagen unter Berücksichtigung der nichtlinearen Fahrwerkkinematik. Dissertation. Fortschrittberichte VDI, Reihe 12, Nr. 146. Universität Stuttgart

Woernle C (1988) Ein systematisches Verfahren zur Aufstellung der geometrischen Schließbedingungen in kinematischen Schleifen mit Anwendung bei der Rückwärtstransformation für Industrieroboter. Dissertation. Fortschrittberichte VDI, Reihe 18, Nr. 59. Universität Stuttgart. VDI-Verlag, Düsseldorf

7 Modellierung des Rad-Straße-Kontaktes

Die hinreichend genaue Erfassung der Wechselwirkung zwischen Reifen und Fahrbahn ist für die Beschreibung und Beurteilung der Dynamik von Kraftfahrzeugen von entscheidender Bedeutung. Der Kontakt Straße-Fahrzeug ist, abgesehen von aerodynamischen Maßnahmen, die einzige Möglichkeit, die Bewegung des Fahrzeugs aktiv zu beeinflussen. Dabei werden sämtliche Kräfte und Momente über die jeweils postkartengroßen sogenannten Reifenlatsche auf das Fahrzeug übertragen.

Unter dem Rad werden im Folgenden die sich um die Raddrehachse drehenden Teile des Fahrwerks verstanden. Dazu gehören neben der als starr angenommenen Felge, die drehenden Bestandteile der Bremse sowie ggf. Teile der Antriebswelle und des Antriebsstrangs sowie der Reifen. Das Rad ist im Radträger mit einem Drehgelenk befestigt. Räder haben drei grundsätzliche Funktionen, die sich, je nach Anwendung, in der Modellierung der Reifenkräfte niederschlagen müssen:

- die Aufnahme der Radlasten und den Schutz der übrigen Fahrzeugkomponenten und der Fahrzeuginsassen gegen Stoßbelastungen,
- die Übertragung der Beschleunigungs- und Bremskräfte und
- der Querkräfte bei der Kurvenfahrt.

Physikalisch bedeutet dies eine Übertragung von Kräften und Momenten in allen drei Raumrichtungen. Dabei ist das Rad zwei funktional getrennten Teilsystemen des Kraftfahrzeugs zuzuordnen. Es ist einerseits Teil der Radaufhängung und andererseits des Antriebsstrangs. In beiden Funktionsbereichen ist es das letzte Glied der Wirkungskette und damit die unmittelbare Schnittstelle zur Fahrbahnoberfläche.

Moderne Reifen sind produkttechnisch gesehen aufwendig gestaltete viskoelastische Gebilde und stellen modellierungstechnisch im Kraftfahrzeug Kraftelemente mit komplexen nichtlinearen und dynamischen Systemeigenschaften dar. Der Komplexitätsgrad

D. Schramm et al., *Modellbildung und Simulation der Dynamik von Kraftfahrzeugen*,
https://doi.org/10.1007/978-3-662-54481-5_7

von Reifenmodellen zur Anwendung in Fahrzeugmodellen reicht daher von einfachen linearen bis hin zu – unter Umständen und abhängig von der Anwendung – sehr komplexen nichtlinearen Ansätzen. Dieses Kapitel behandelt zunächst die Erstellung geeigneter mathematischer Modelle zur Beschreibung der Übertragungseigenschaften von Reifen, ohne dabei physikalisch zu sehr in die Tiefe zu gehen. Hierfür wird auf die umfangreiche Literatur zu diesem Thema verwiesen. In (Ammon 1997) werden die grundlegenden mathematischen Eigenschaften von Reifen behandelt. In (Pacejka 2006) findet man eine umfangreiche Einführung zu mathematischen Reifenmodellen sowie eine Übersicht über Methoden zur Messung der benötigten Daten. Aufbau, Historie und grundlegende Eigenschaften von Reifen und Rädern sind in (Reimpell und Sponagel 1988) oder in (Leister 2009) beschrieben. Umfangreiche Informationen zusammen mit der Beschreibung bekannter Reifenmodelle des Autors findet man in (Gipser 2002, 2010).

Während bei Fahrdynamikmodellen die Kennlinien von Reifen häufig zunächst auf einem Prüfstand gemessen und danach im Modell möglichst genau nachgebildet werden (empirischer Ansatz), basiert die physikalische Modellbildung auf der Kenntnis der genauen Entstehungsmechanismen der Reifenkräfte, was im Gegensatz zum Fahrdynamikmodell sehr lange Rechenzeiten erfordert. Ein weiterer Unterschied besteht darin, dass Fahrdynamikmodelle zur Nachbildung stationärer und instationärer Reifeneigenschaften im fahrdynamischen Frequenzbereich bis 20 Hz geeignet sind (Modellierung niederfrequenter Kräfte und Verformungen). Im Gegensatz dazu vermögen Komfortmodelle die Darstellung hochdynamischer Fahrzustände von 80 Hz und mehr (z. B. Vibrationen auf unebenem Untergrund). Dadurch ist auch eine Vorhersage von nicht messtechnisch gestützten Betriebspunkten möglich. Je nach Aufgabenstellung ist das Reifenmodell auszuwählen, das den besten Kompromiss aus Rechenzeit und Leistungsfähigkeit erzielt.

7.1 Aufbau des Reifens

Der Grundaufbau eines Gürtelreifens ist in Abb. 7.1 dargestellt. Relevant für die mathematische Beschreibung in der Fahrzeugdynamik sind die folgenden Bestandteile des Reifens:

- Der Laufstreifen (1) besteht aus Gummi und enthält das Laufstreifenprofil bestehend aus Profilstollen und Profilrillen.
- Die Karkasse (2) besteht aus zugfesten, mit Gummi ummantelten Fäden, die z. B. aus Kunstseide, Nylon und Rayon bestehen. Die Karkasse verleiht dem Reifen zusammen mit dem Luftdruck seine Festigkeit. Sie verläuft quer zur Laufrichtung radial von Wulstring (4) zu Wulstring.
- Der Gürtel (3) ist heute normalerweise ein Lagenverbund aus Stahl, der im Laufflächenbereich auf der Karkasse aufliegt. Er umschließt den Reifen radial von außen und verleiht der Lauffläche ihre Steifigkeit.
- Die beiden Wulstringe (4) sorgen für den festen Sitz des Reifens auf dem Rad und garantieren mit dem umschließenden Gummi die Dichtung zwischen Reifen und Felge.

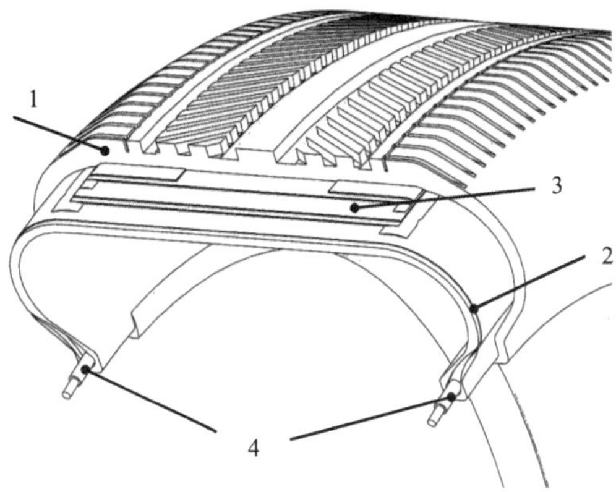

Abb. 7.1 Grundaufbau eines Gürtelreifens

Während Umfang und Tiefgang der heute verfügbaren Reifenmodelle sehr unterschiedlich sind, greifen sämtliche Modelle auf kinematische Größen als Eingangsparameter zur Berechnung der Reifenkräfte zurück. Aus diesem Grund wird die Bereitstellung dieser Eingangsgrößen in Abschn. 7.4 im Detail beschrieben.

7.2 Grundsätzliche Beschreibung der Kraftwirkung zwischen Rad und Straße

Das Vorgehen bei der Integration der Radkräfte in ein Simulationsmodell auf der Basis eines Mehrkörpersystems erfolgt in mehreren Schritten:

- Position und Geschwindigkeit des Kontaktpunktes: Diese Größen werden aus den gemäß Kap. 5 und 6 bekannten kinematischen Lage- und Geschwindigkeitsgrößen von Radträger und Rad bestimmt. Dazu werden die in den Kap. 2 und 3 behandelten Methoden angewandt.
- Kinematisches Reifenmodell: Aus den kinematischen Größen werden nun unter Verwendung der bekannten Fahrbahndaten die Schlupfgrößen in Längs- und Querrichtung sowie ggf. der Bohrschlupf berechnet.
- Physikalisches Reifenmodell: Im letzten Schritt werden ausgehend von den Schlupfgrößen unter Verwendung eines physikalischen oder mathematischen Reifenmodells die auf die Lauffläche des Reifens wirkenden Kräfte und ggf. Momente berechnet.

7.3 Stationäre Reifenkontaktkräfte

Die Kraftübertragung zwischen Reifen und Fahrbahn erfolgt über die Radaufstandsfläche (Latsch). Diese bildet sich unter der Radlast im Kontaktbereich zwischen Reifen und Fahrbahnoberfläche. Hier ist zu beachten, dass aufgrund des Reifenprofils nur der

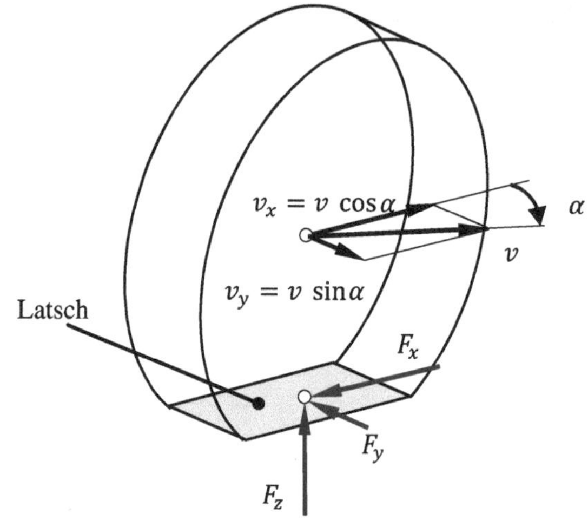

Abb. 7.2 Kontaktkräfte zwischen Straße und Reifen

Tab. 7.1 Komponenten der Kontaktkraft am Reifen

Bezeichnung	Kraftbezeichnung	Formelzeichen
Längsrichtung, Umfangsrichtung	Längskraft, Umfangskraft	F_x
Querrichtung, Lateralrichtung	Querkraft, Seitenkraft, Lateralkraft	F_y
Hochrichtung	Vertikalkraft, Hochkraft, Reifenaufstandskraft, Normalkraft	F_z

Profilstollenanteil der Lauffläche im direkten Kontakt mit der Fahrbahn steht. Im Rahmen der Modellierung des Fahrzeugs als Mehrkörpersystem werden die Kraftwirkungen zwischen Reifen und Fahrbahn durch resultierende (Einzel-)Kontaktkräfte und Momente beschrieben. Bei diesen handelt es sich im Allgemeinen um eingeprägte Kräfte und Momente, d. h. sie lassen sich in Abhängigkeit von Lage- und Geschwindigkeitsgrößen bestimmen. Gemäß Abb. 7.2 kann man die Kontaktkraft in drei Komponenten zerlegen, s. Tab. 7.1.

Die Zerlegung der Kräfte in die verschiedenen Raumrichtungen wird dabei auf ein radträgerfestes Koordinatensystem bezogen, d. h. das zugrundeliegende Koordinatensystem macht die Eigendrehung des Rades um seine Drehachse nicht mit. Entsprechend wird auch die aktuelle Geschwindigkeit v des Radmittelpunktes in eine Längskomponente $v_x = v\cos\alpha$ und eine Querkomponente $v_y = v\sin\alpha$ aufgeteilt (Abb. 7.2).

In z-Richtung liegt eine einseitige Kraftwirkung vor, da nur Druckkräfte übertragen werden. Die zur Fahrbahn parallelen Kraftkomponenten in Längs- und Querrichtung werden im Wesentlichen kraftschlüssig durch Reibung übertragen. Sie sind daher, abhängig von der jeweils vorliegenden Materialpaarung Reifen/Fahrbahn, hinsichtlich ihrer Größe beschränkt.

7.3.1 Reifen unter Vertikallast

Der Reifen ist physikalisch gesehen in vertikaler Richtung überwiegend eine Luftfeder. Durch die Radlast F_z bildet sich im Kontaktbereich mit der Fahrbahn eine Kontaktfläche (Latsch). Beim stehenden Rad ergibt sich eine statische Einfederung von

$$\Delta r = r_0 - r_{stat} \tag{7.1}$$

mit dem Konstruktionsradius des Reifens r_0 und dem sogenannten statischen Radradius r_{stat}, s. Abb. 7.3. Dabei ist die vertikale Flächenpressung p_z symmetrisch im Latsch verteilt. Aus den Radien r_{stat} und r_0 lässt sich eine grobe Näherung für die Latschlänge L berechnen. Gemäß Abb. 7.3 erhält man mit der Reifeneinfederung $|\Delta r| = |r_0 - r_{stat}| \ll r_0$ die Gl.

$$\left(\frac{L}{2}\right)^2 = r_0^2 - (r_0 - \Delta r)^2 \approx 2 r_0 \Delta r \Rightarrow L \approx 2\sqrt{2 r_0 \Delta r}. \tag{7.2}$$

Die Radlast F_z hängt hauptsächlich von der Reifeneinfederung $r_0 - r_{stat}$ ab. Die Verformungen des Reifens führen zu einer schwach progressiven Federkennlinie, s. (Ammon 1997)

$$F_z = \begin{cases} c_z \Delta r + c_{z,3} \Delta r^3 & \text{für } \Delta r \geq 0 \\ 0 & \text{für } \Delta r < 0 \end{cases}. \tag{7.3}$$

Dabei ist der progressive Radlastanteil gegenüber dem linearen Anteil normalerweise klein. Für normale Anwendungen reicht es daher aus, eine um den Betriebspunkt

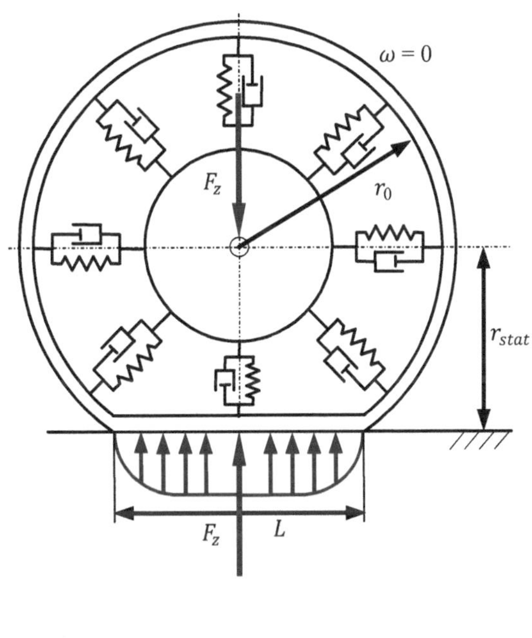

Abb. 7.3 Stillstehender Reifen unter Normallast

dslinearisierte Form der Gl. (7.3) zu verwenden. Zu beachten ist allerdings, dass der Fall $F_z = 0$ (abheben eines Rades) durchaus eintreten kann und daher mitberücksichtigt werden muss.

7.3.2 Rollwiderstand

Im Folgenden wird eine einfache Modellvorstellung zur prinzipiellen Erklärung der grundlegenden, für die Fahrdynamik relevanten Effekte für das rollende Rad verwendet, s. Abb. 7.4. Dabei ist der Gürtel des Reifens über Feder-Dämpfer-Elemente mit der Felge verbunden. Die Dämpfer berücksichtigen die Dämpfungseigenschaften des Reifengummis. Sie führen zu einer geschwindigkeitsabhängig vergrößerten Pressung in dem in Rollrichtung vorderen Latschbereich und zu einer verkleinerten Pressung im hinteren Latschbereich. Der Betrag der resultierenden Normalkraft F_z ändert sich aufgrund des Abrollens fast nicht. Daher gibt auch beim rollenden Rad der statische Reifenradius r_{stat} den Abstand zwischen der als eben gedachten Radaufstandsfläche und der Radachse an. Aufgrund der nach vorne verlagerten Flächenpressung verschiebt sich jedoch der fiktive Angriffspunkt der Normalkraft um den Betrag e aus der Latschmitte in Rollrichtung. Daher ergibt sich aus dem Momentengleichgewicht des beschleunigungsfrei rollenden Rades

$$F_x r_{stat} - F_z e = 0 \tag{7.4}$$

die Rollwiderstandskraft

$$F_R = F_x = \frac{e}{r_{stat}} F_z. \tag{7.5}$$

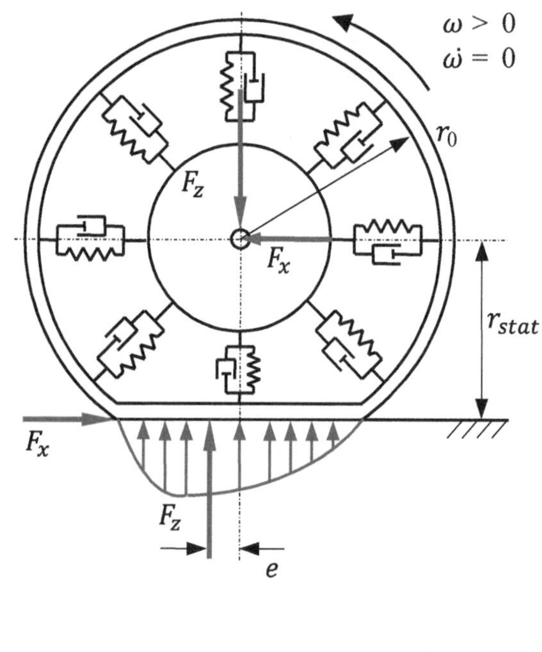

Abb. 7.4 Erklärung des Rollwiderstandes

Diese Rollwiderstandskraft muss durch den Fahrzeugantrieb wieder ausgeglichen werden.

7.3.3 Reifen unter Umfangskraft

Kraftschlussbeiwert Für die Übertragung von Umfangskräften im Latsch sind grundsätzlich zwei physikalische Effekte verantwortlich (Gillespie 1992), s. Abb. 7.5:

- Kraftschluss durch Adhäsionsreibung in der Latschfläche: Oberflächenadhäsion entsteht aufgrund der intermolekularen Bindungskräfte zwischen Reifengummi und dem Material der Fahrbahnoberfläche. Während dieser Effekt die Krafterzeugung zwischen Reifen und Fahrbahn auf trockenen Fahrbahnen dominiert, reduziert er sich auf nassen Fahrbahnen erheblich.
- Hysteresereibung: Diese führt zu Formschluss durch Verzahnungseffekte zwischen Reifenlatsch und Fahrbahnoberfläche. Diese Effekte sind auf das viskoelastische Werkstoffverhalten von Gummi zurückzuführen. Die große Dämpfung des Gummiwerkstoffes im Latsch führt zu einem hohen Hysteresereibungskoeffizienten. Dieser Effekt wird durch Wasser auf der Straßenoberfläche weitaus weniger beeinträchtigt.

Beide Effekte hängen von kleinen Relativbewegungen der Kontaktpartner Lauffläche und Fahrbahn im Latsch ab. Das Verhältnis zwischen Umfangskraft F_x und Normalkraft F_z wird als Kraftschlussbeiwert in Umfangsrichtung

$$\mu = \frac{F_x}{F_z} \tag{7.6}$$

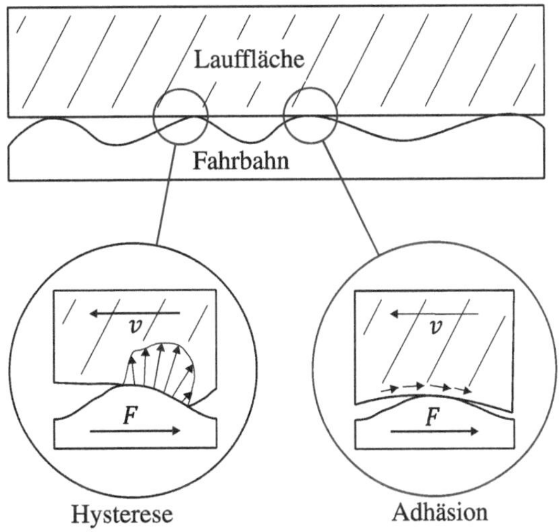

Abb. 7.5 Beschreibung der Kraftwirkung zwischen Straße und Reifen

bezeichnet. Die Entstehung von Umfangskräften lässt sich durch Scherdeformationen des Laufstreifens in Verbindung mit dem Reibungsverhalten zwischen Lauffläche und Fahrbahn beschreiben. Dies erfordert jedoch eine makroskopische Beschreibung dieser Scherdeformationen, die sich z. B. in einen Mehrkörpersystemformalismus geeignet einbinden lässt. Die Kinematik der Scherdeformationen wird durch den Begriff Umfangsschlupf erfasst.

Umfangsschlupf (Längsschlupf) Der Umfangsschlupf ist eine kinematische Größe, die den Bewegungszustand eines angetriebenen, gebremsten oder antriebsfrei rollenden Rades kennzeichnet. Dabei wird das Rad als Starrkörper betrachtet. Man spricht daher auch von Starrkörperschlupf.

Bei der ebenen Bewegung eines starren Rades werden grundsätzlich die beiden Bewegungszustände

- reines kinematisches Rollen ohne Gleiten und
- kombiniertes Rollen und Gleiten (Wälzen)

unterschieden, s. Tab. 7.2. Bei Fahrzeugreifen ist der zweite Fall relevant. Zunächst wird die Bewegung eines ebenen Rades mit den Kenngrößen

- Radradius r,
- Geschwindigkeit v des Radmittelpunktes,
- Geschwindigkeit v_P des (fiktiven) Radaufstandspunktes und
- Winkelgeschwindigkeit ω des Rades

untersucht. Bei einem ideal rollenden Rad würde die Geschwindigkeit v_P eines Punktes auf der Lauffläche verschwinden. Bei einem realen Rad (Reifen) ist dies nicht der Fall. Die Abweichung bezogen auf die Radgeschwindigkeit wird als Schlupf bezeichnet.

Tab. 7.2 Starrkörperschlupf

$v = \omega r$	$v < \omega r$		$v > \omega r$	
rollendes Rad	angetriebenes Rad	durchdrehendes Rad	gebremstes Rad	blockiertes Rad
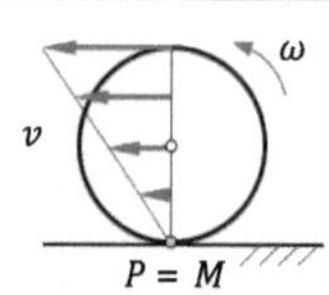	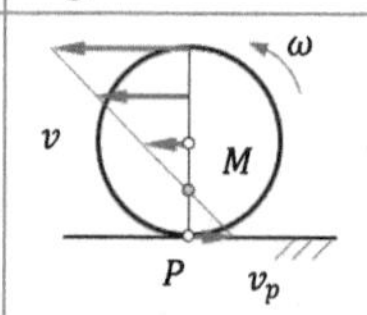	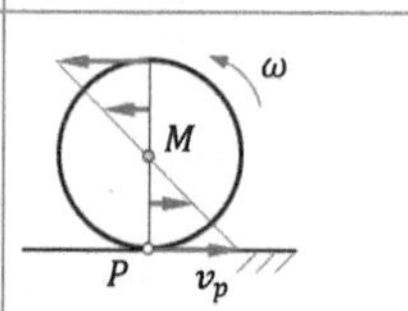	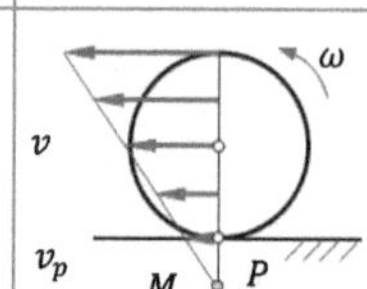	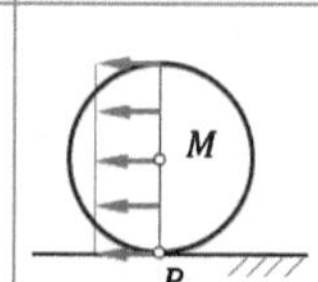
kein Schlupf	Antriebsschlupf		Bremsschlupf	
$s_A = 0$ $s_B = 0$	$s_A = \frac{v_P}{\omega r}$ $= \frac{\omega r - v}{\omega r}$	$s_A = 1$	$s_B = \frac{v_P}{v}$ $= \frac{v - \omega r}{v}$	$s_B = 1$

Nachfolgend wird zwischen Antriebsschlupf s_A und Bremsschlupf s_B unterschieden. Dazu wird der Betrag der Relativgeschwindigkeit im gedachten Radaufstandspunkt P auf den jeweils größeren Wert der beiden Größen v bzw. ωr bezogen. Am angetriebenen Rad ergibt sich somit der Antriebsschlupf ($v < \omega r$)

$$s_A = \frac{v_P}{\omega r} = \frac{\omega r - v}{\omega r} \tag{7.7}$$

und am gebremsten Rad der Bremsschlupf ($v > \omega r$)

$$s_B = \frac{v_P}{v} = \frac{v - \omega r}{v}. \tag{7.8}$$

Zusammengefasst kann man auch schreiben:

$$s_{A,B} = \frac{|v_P|}{\max(v, \omega r)} = \frac{|v - \omega r|}{\max(v, \omega r)}. \tag{7.9}$$

Der Schlupf wird häufig in Prozent angegeben, wie z. B. $s_A = 90\,\%$ statt $s_A = 0,9$. Die hier verwendete Schlupfdefinition stellt sicher, dass der Schlupf in den Extremfällen blockiertes Rad ($v \neq 0, \omega = 0$) und durchdrehendes Rad ($v = 0, \omega \neq 0$) jeweils den Wert Eins annimmt. Damit wird der Schlupf auf das Intervall [0, 1] normiert. Eine gesonderte Betrachtung erfordert allerdings noch der Fall des Anfahrens und der Bewegung bei sehr niedriger Geschwindigkeit. Dies wird in (Schuster 1999) ausführlich behandelt. In der Literatur sind auch andere Definitionen des Schlupfes üblich, s. z. B. (Rill 1994; Schuster 1999). Dies ist bei der Verwendung von Simulationssoftware zu beachten. Insbesondere gilt dies für die Grenzfälle blockierter oder durchdrehender Räder. Allen Definitionen ist jedoch gemeinsam, dass der Schlupf des rollenden Rades Null ist.

Im Folgenden wird diese Schlupfdefinition auf Räder mit Gürtelreifen angewandt. Hierzu wird zunächst mithilfe des aus Messungen bestimmbaren Abrollumfangs der dynamische Radhalbmesser definiert.

Abrollumfang und dynamischer Reifenradius Das Abrollen eines Rades mit Gürtelreifen unterscheidet sich ganz wesentlich vom Abrollen eines Diagonalreifens, der heute aber bei Pkws keine Rolle mehr spielt. Der Gürtel eines Gürtelreifens verhält sich durch die verglichen mit dem umgebenden Gummi nahezu undehnbaren Stahlfäden wie ein undehnbares Band in der äußeren Reifenstruktur. Auch unter extremen Lastzuständen bleiben die Längsdehnungen des Gürtels unter 1 % (Reimpell und Sponagel 1988). Es ist daher gerechtfertigt, den Abrollumfang U im normalen Betriebsbereich als konstant anzunehmen. Der Abrollumfang U wird bei einer Umdrehung des Rades auf der Fahrbahn abgewickelt. Nach DIN 70020 Teil 5 wird er an dem mit einer Geschwindigkeit von $v = 60$ km/h geschleppten Rad ohne Antriebs- und Bremskräfte gemessen und in Reifentabellen angegeben. Der Abrollumfang U definiert den dynamischen Reifenradius

$$r_{dyn} = \frac{U}{2\pi}. \tag{7.10}$$

Damit ist r_{dyn} der Radius eines gedachten radfesten Kreises, der beim Abrollen über eine Umdrehung gerade den gemessenen Abrollumfang U liefert. Da der längssteife Gürtel nicht an der Oberfläche sondern im Unterbau des Laufstreifens liegt, ist der dynamische Radradius r_{dyn} kleiner als der Fertigungsradius r_0 der Lauffläche. Bei Gürtelreifen liegt der dynamische Radradius r_{dyn} näher am Konstruktionsradius r_0 als am statischen Radradius r_{stat}. Der Zusammenhang zwischen den Radien r_0, r_{stat}, r_{dyn} lässt sich durch eine einfache geometrische Betrachtung abschätzen. Dazu vergleicht man die Ablauflänge einer gedachten starren Scheibe mit dem Radius r_{dyn} mit der halben Latschlänge $L/2$:

$$U = r_{dyn}\,\alpha = r_0 \sin\alpha \rightarrow r_{dyn} = r_0 \frac{\sin\alpha}{\alpha} \approx r_0 (1 - \frac{\alpha^2}{6}). \tag{7.11}$$

Berücksichtigt man nun noch die geometrische Beziehung (s. Abb. 7.3)

$$r_{stat} = r_0 \cos\alpha \approx r_0 \left(1 - \frac{\alpha^2}{2}\right) \rightarrow \frac{\alpha^2}{2} \approx (1 - \frac{r_{stat}}{r_0}) \tag{7.12}$$

und setzt diese Beziehung in Gl. (7.13) ein, so erhält man

$$r_{dyn} \approx r_0 \left(1 - \frac{\alpha^2}{6}\right) \approx r_0 \left(1 - \frac{1}{3} + \frac{r_{stat}}{3 r_0}\right) = \frac{2}{3} r_0 + \frac{1}{3} r_{stat}. \tag{7.13}$$

Der radfeste Kreis mit Radius r_{dyn} ist damit die Gangpolkurve der Bewegung. Die fahrbahnfeste Gerade auf der der Reifen gedanklich abrollt entspricht der Rastpolkurve. Der momentane Berührpunkt M von Gang- und Rastpolkurve ist der Momentanpol. Man beachte, dass die Rastpolkurve unter der Fahrbahnoberfläche liegt. In Tab. 7.3 sind einige Beispiele für statische und dynamische Reifenhalbmesser angegeben (Reimpell und Sponagel 1988) (Abb. 7.6).

Der Unterschied zwischen statischem und dynamischem Halbmesser ist nicht bzw. nur unwesentlich auf eine Aufweitung des Reifengürtels durch Fliehkräfte zurück zu führen, die vergleichsweise gering ist.

Umfangsschlupf eines Rades mit Gürtelreifen Ab jetzt wird das Abrollen des Rades mit dem Radius r_{dyn} als schlupffrei vorausgesetzt, d. h. es gilt $s_{A,B} = 0$. Dabei wird in Kauf genommen, dass diese Normierung des Schlupfes natürlich nicht absolut korrekt ist, da der dynamische Reifenradius nur für die Geschwindigkeit gilt, mit der der

Tab. 7.3 Beispiele für statische und dynamische Reifenhalbmesser

Reifen	r_0 [mm]	r_{stat} [mm]	U [mm]	r_{dyn} [mm]
185/65R15	311	284	1.895	302
195/65R15	318	290	1.935	308
205/65R15	324	294	1.975	315

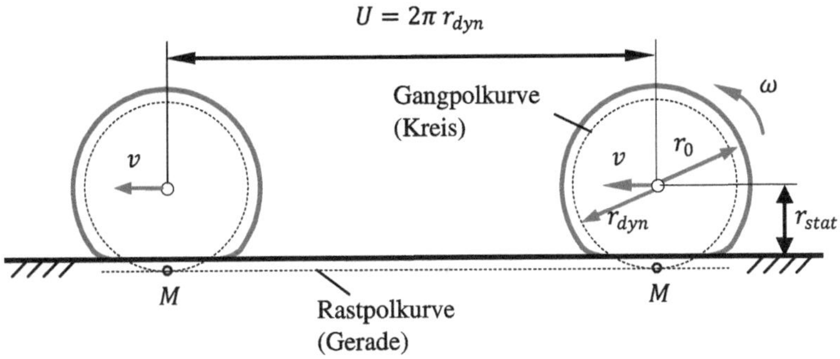

Abb. 7.6 Zur Definition des dynamischen Reifenradius

Versuch durchgeführt wurde. Der Vorteil ist jedoch, dass sich der Zustand „schlupffrei" einfach und nachvollziehbar bei einem einzigen Normversuch festlegen lässt, ohne die kontaktmechanischen Vorgänge im Latsch miteinbeziehen zu müssen. Weiterhin lassen sich dadurch die Schlupfdefinitionen des starren Rades direkt übertragen:

$$\text{Antriebsschlupf}\left(v < \omega r_{dyn}\right): \quad s_A = \frac{\omega r_{dyn} - v}{\omega r_{dyn}} \tag{7.14}$$

$$\text{Bremsschlupf}\left(v > \omega r_{dyn}\right): \quad s_B = \frac{v - \omega r_{dyn}}{v} \tag{7.15}$$

Zusammengefasst kann man schreiben:

$$s_{A,B} = \frac{\left|v - \omega r_{dyn}\right|}{\max(v, \omega r_{dyn})}. \tag{7.16}$$

Im Hinblick auf die Veranschaulichung und anschließende Formalisierung der Umfangskraftentstehung am gebremsten bzw. angetriebenen Rad wird dieses kinematische Ersatzmodell des schlupffrei abrollenden Rades so erweitert, dass das Abrollen des Laufstreifens auf der Fahrbahn sichtbar und beschreibbar wird (Abb. 7.7). Der Gürtel mit dem Laufstreifen wird hierzu als umfangsteifes geschlossenes Band mit dem Umfang $U = 2\pi\, r_{dyn}$ angesehen, s. (Ammon 1997). Vergleichbar mit der Laufkette eines Kettenfahrzeugs wird dieses Band im oberen Bereich auf der dort als starre Radscheibe „materialisierten" Gangpolkurve mit Radius r_{dyn} und im Latschbereich durch eine gedachte Führungsplatte parallel zur Fahrbahn geführt (Latschlänge L, Einlaufpunkt E, Auslaufpunkt A). Da die Radscheibe im unteren Bereich die Führungsplatte, den umlaufenden Gürtel und die Fahrbahn durchdringen würde, muss sie dort wieder „entmaterialisiert" werden.

Der vom Gürtel getragene Laufstreifen wird durch elastische Biegeelemente bzw. Profilstollenelemente („Bürstenmodell") repräsentiert. Der Radmittelpunkt hat die Geschwindigkeit v, die Radscheibe hat die Winkelgeschwindigkeit ω. Der Gürtel läuft damit mit der Längsgeschwindigkeit $\omega\, r_{dyn}$. Der Gürtelabschnitt $\overline{\text{EA}}$ hat wegen der angenommenen Undehnbarkeit des Gürtels im Latsch die absolute Geschwindigkeit (Gleitgeschwindigkeit)

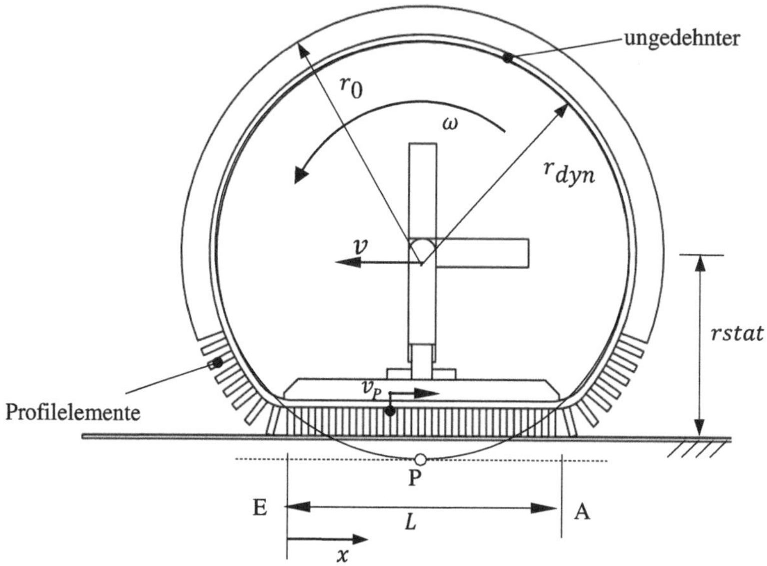

Abb. 7.7 Mechanisches Ersatzmodell für einen Gürtelreifen (nach Ammon 1997)

$$v_P = v - \omega\, r_{dyn}. \tag{7.17}$$

Die schlupffreie Bewegung des Rades mit Gürtelreifen wird damit durch dieses Modell plausibel wiedergegeben:

- Schlupffreie Bewegung $v = \omega\, r_{dyn} \to v_P = 0$: Der Gürtelabschnitt $\overline{EA}$ ist in Ruhe. Es treten keine Scherungen bzw. Gleitbewegungen der Profilelemente auf.
- Angetriebenes Rad $v < \omega\, r_{dyn} \to v_P < 0$: Es liegt Antriebsschlupf entsprechend (7.14) vor. Die Profilelemente im Latsch werden nach vorne geschert.
- Gebremstes Rad $v > \omega r_{dyn} \to v_P > 0$: Es liegt Bremsschlupf entsprechend (7.15) vor. Die Profilelemente werden nach hinten geschert.

Kraftübertragung in Umfangsrichtung Um das Prinzip der Entstehung von Umfangskräften zu erläutern, wird zunächst die Bewegung eines einzelnen Profilelements durch den Latschbereich $\overline{EA}$ untersucht. Exemplarisch wird der Fall $v < \omega r_{dyn}$ des angetriebenen Rades betrachtet. Die Betrachtungen gelten sinngemäß auch für das gebremste Rad.

Bewegung und Scherverformung der Profilelemente Man beobachtet zunächst ein einzelnes Profilelement auf dessen Weg durch den Latsch (Abb. 7.8). Das Profilelement erreiche zum Zeitpunkt $t_0 = 0$ im Einlaufpunkt E ($x = 0$) die Kontaktzone $\overline{EA}$. Es wird in der Folge mit der konstanten (beschleunigungsfreie Bewegung des Rades) Umfangsgeschwindigkeit $\omega r_{dyn} > v$ des Gürtels durch den Latsch transportiert. Zu einem Zeitpunkt t befindet es sich damit im Latsch an der Stelle

$$x = \omega\, r_{dyn} t. \tag{7.18}$$

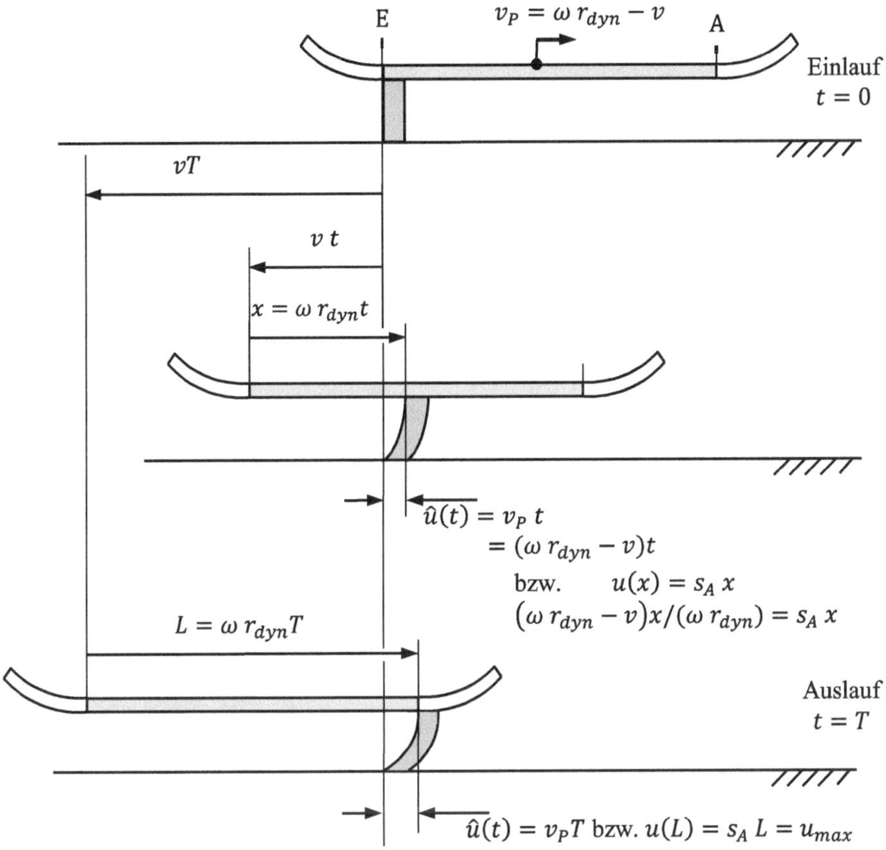

Abb. 7.8 Weg eines Profilelements im Laufstreifen

Eine naheliegende Annahme ist nun, dass das betrachtete Profilelement beim Einlauf in die Kontaktfläche zum Zeitpunkt $t = 0$ und auch eine gewisse Zeit danach an der Fahrbahn haftet. Da der Gürtelabschnitt $\overline{EA}$ die Absolutgeschwindigkeit $v_P = \omega\, r_{dyn} - v$ entgegen der Fahrtgeschwindigkeit v besitzt, wird das Element um die Strecke $\hat{u}(t)$ in horizontaler Richtung verformt zu

$$\hat{u}(t) = v_P t = \left(\omega r_{dyn} - v\right) t. \tag{7.19}$$

Wenn man nun die Zeit t entsprechend der Gl. (7.18) durch x ausdrückt und den Antriebsschlupf s_A aus Gl. (7.14) einsetzt, so ergibt sich eine bezüglich x linear mit der Steigung s_A zunehmende Verformung des Elements in Richtung des Einlaufpunktes E:

$$u(x) = \left(\omega\, r_{dyn} - v\right) \frac{x}{\omega\, r_{dyn}} = s_A x. \tag{7.20}$$

Das Element erreicht den Auslaufpunkt A ($x = L$) nach der Verweildauer im Latsch

$$T = \frac{L}{\omega\, r_{dyn}} \tag{7.21}$$

und erfährt dort die maximale Verformung

$$u_{max} = u\,(L) = s_A L. \tag{7.22}$$

Tangentialspannungen an den Profilelementen Wird linear-elastisches Verhalten für die Verformung des Profilelements vorausgesetzt, so überträgt ein Profilelement der Länge dx und der Breite dy eine Schubspannung, die proportional zur Verformung $u(x)$ ist:

$$\tau_x(x) = ku(x) \tag{7.23}$$

mit einer entsprechenden Konstante k. Die Konstante hängt ab

- vom Schubmodul des Gummimaterials,
- der Höhe des Laufstreifens und
- der Profilgestaltung.

Die Annahme einer über die ganze Latschfläche kontinuierlichen Spannungsverteilung berücksichtigt keinerlei Reifenprofil und ist daher nur eine Näherung.

Die durch die Gesamtheit aller Profilelemente in der Aufstandsfläche A übertragene, resultierende Umfangskraft F_x lautet unter der Annahme einer konstanten Latschbreite b

$$F_x = \int_A \tau_x\,(x)\,dA = \int_0^L \tau_x\,(x)\,b\,dx = \frac{1}{2}kbL^2 s_A \tag{7.24}$$

und ist damit proportional zu der Dreiecksfläche unter dem Tangentialspannungsverlauf. Die Beziehungen aus den Gln. (7.23) und (7.24) gelten nur dann, wenn die Profilelemente über die gesamte Latschlänge L auf der Fahrbahn haften. Dies gilt allerdings nicht allgemein, da durch die Reibungsverhältnisse bedingte Abweichungen berücksichtigt werden müssen.

Kraftschluss durch COULOMBsche Reibung Für den Kraftschluss zwischen den Profilelementen und der Fahrbahn wird COULOMBsche Reibung angenommen. Die Normaldruckverteilung $p_z(x)$ sei über die Latschbreite b konstant und zu den Punkten E und A hin abfallend. Die resultierende Vertikalkraft (Radlast) lautet dann

$$F_Z = \int_A p_Z\,(x)\,dA = \int_0^L p_Z\,(x) b\,dx. \tag{7.25}$$

Für die Tangentialspannung $\tau_x(x)$ gilt die Haftbedingung mit dem Haftreibkoeffizienten μ_H:

$$\tau_x(x) \leq \tau_{xH}(x) \text{ mit } \tau_{xH}(x) = \mu_H p_Z(x)\,. \tag{7.26}$$

Überschreitet die Tangentialspannung an einer Stelle x die Haftgrenze, so beginnt das Profilelement an dieser Stelle zu gleiten. Es stellt sich daher statt der Haftreibspannung eine Gleitreibspannung

$$\tau_{xG}(x) = \mu_G\, p_Z(x) \tag{7.27}$$

mit dem Gleitreibkoeffizienten μ_G ein. Bei der Reibpaarung Gummi-Asphalt gilt in der Regel

$$\mu_G < \mu_H \rightarrow \tau_{xG}(x) < \tau_{xH}(x) = \mu_H\, p_Z(x). \tag{7.28}$$

Der Kontaktbereich $\overline{\text{EA}}$ wird damit in eine Haftzone $\overline{\text{EG}}$ und eine Gleitzone $\overline{\text{GA}}$ aufgeteilt. Mit zunehmendem Schlupf s_A wandert die Haftgrenze G weg vom Auslaufpunkt A nach links. Die resultierende übertragene Umfangskraft entspricht weiterhin der Fläche unter dem resultierenden Tangentialspannungsverlauf, s. Abb. 7.9.

Schlupfkurve Die übertragene Umfangskraft F_x kann nun in Abhängigkeit vom Umfangsschlupf $s_{A,B}$ dargestellt werden. Dabei ergibt sich in der Regel immer ein ähnlicher Verlauf, der allerdings abhängig vom Reifen hinsichtlich Maximum und Steigung unterschiedlich ist (Abb. 7.10).

Der typische Verlauf dieser Schlupfkraftkurve lässt sich nach der Vorarbeit in diesem Kapitel wie folgt erklären:

- Für kleine Schlupfwerte erstreckt sich der Haftbereich über nahezu die gesamte Latschlänge. Die Umfangskraft F_x steigt daher zunächst wegen der getroffenen Annahmen und gemäß Gl. (7.24) linear an. Es gilt also

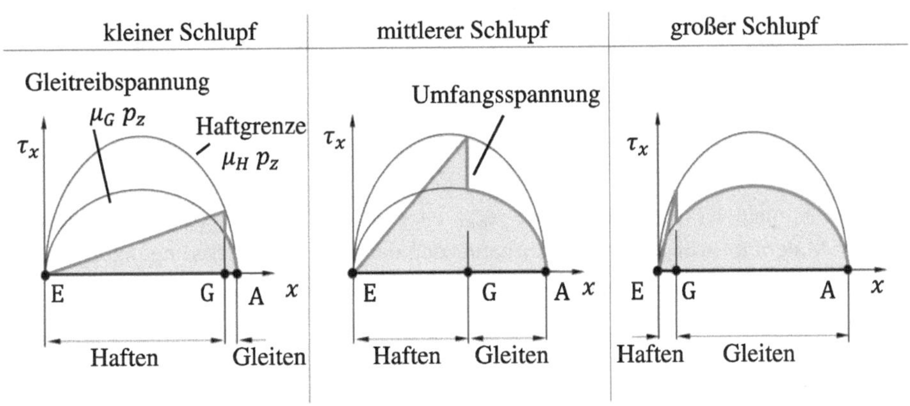

Abb. 7.9 Umfangsspannung im Schlupfbereich nach (Ammon 1997)

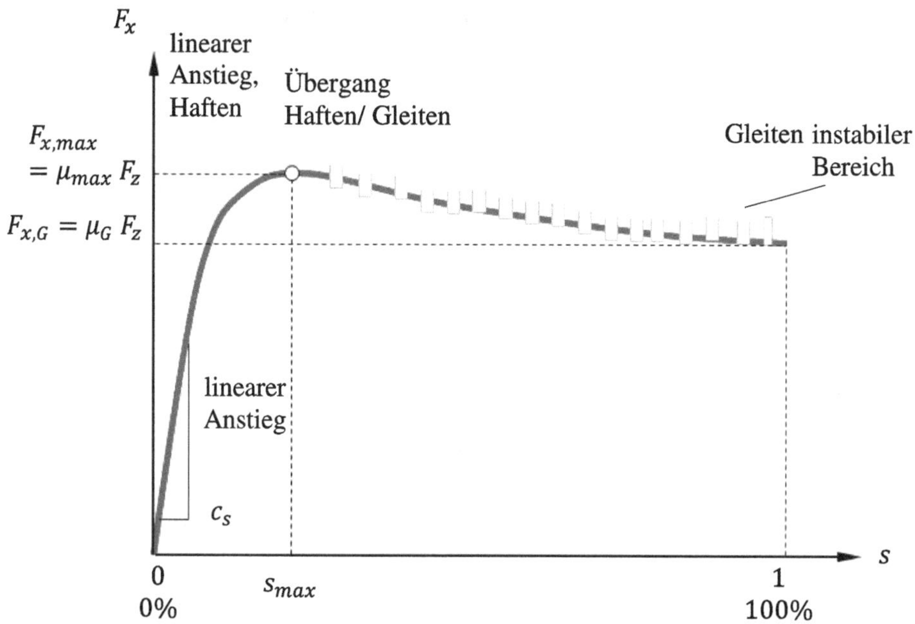

Abb. 7.10 Typischer Verlauf der Umfangskraft

$$F_x = c_s s \tag{7.29}$$

mit der Umfangssteifigkeit des Reifens

$$c_s = \frac{1}{2} k b L^2. \tag{7.30}$$

Wenn der Längsschlupf weiter zunimmt, vergrößert sich der Gleitbereich überproportional und die zwischen Fahrbahn und Reifen auftretende Kraft $F_x(s)$ überschreitet die maximal mögliche Kraft $F_{x,max}$. Dieser Maximalwert definiert dann den maximalen Kraftschlussbeiwert

$$\mu_{max} = \frac{F_{x,max}}{F_Z}. \tag{7.31}$$

Dieser maximale Kraftschlussbeiwert μ_{max} ist deutlich kleiner als der Haftkoeffizient μ_H der Materialpaarung Gummi-Fahrbahn, der unter optimalen Bedingungen bis zu 2 betragen kann. Es gilt also stets

$$\mu_{max} < \mu_H. \tag{7.32}$$

Der Grund hierfür ist, dass der maximale Wert der Haftreibung im Latsch nur in der Übergangszone zwischen Haft- und Gleitreibung erreicht werden kann. Bei noch größeren Schlupfwerten s fällt die übertragene Umfangskraft F_x auf den Wert $F_{x,G}$, der bei reinem Gleiten auftritt. Das ist der Fall, wenn das Rad entweder beim Bremsen blockiert oder beim Anfahren durchdreht. Der Kraftschlussbeiwert entspricht dann dem Gleitreibungskoeffizienten

$$\mu_G = \frac{F_{x,G}}{F_Z}. \tag{7.33}$$

Charakteristisch für die Umfangsschlupfkurve sind

- die Anfangssteigung $c_s = \left[\frac{dF_x}{ds}\right]_{s=0}$,
- der Schlupfwert s_{max} und die zugehörige größte Schlupfkraft $F_{x,max}$
- sowie die Gleitkraft $F_{x,G} = \mu_G F_z$.

Wenn keine Seitenkräfte übertragen werden müssen, so wird die Umfangsschlupfkurve durch die folgenden Einflussgrößen bestimmt:

- Konstruktive Reifenparameter (Material, Bauart, Abmessungen): Einen maßgeblichen Einfluss hat die Schersteifigkeit des Laufstreifens. Mit zunehmender Steifigkeit verschiebt sich s_{max} hin zu kleineren Schlupfwerten, wobei in der Regel die Überhöhung μ_{max}/μ_G zunimmt, ihre Breite jedoch abnimmt. Die charakteristische Grundform der Schlupfkurve wird wesentlich schon durch Material, Aufbau und die Abmessungen des Reifens selbst festgelegt. Die beiden weiteren, äußeren Einflussgrößen, die Radlast F_z sowie die Kraftschlußbeiwerte μ_{max} und μ_G, verzerren die Grundform in unterschiedlicher Weise.
- Radlast F_z: Die Vergrößerung der Radlast F_z führt im Wesentlichen zu einer Umskalierung der Ordinate der Schlupfkurve, wodurch der Ort des Maximums erhalten bleibt. Dies erklärt sich einerseits daraus, dass sich mit zunehmender Radlast F_z auch die Einfederung f und damit auch die Latschlänge L vergrößert, was wiederum zu einer größeren Schersteifigkeit des Latsches und damit zu einer Vergrößerung der Anfangssteigung c_s von $F_x(s)$ führt. Andererseits bleiben die Kraftschlußbeiwerte μ_{max} und μ_G im Wesentlichen gleich. Dadurch vergrößern sich die Grenzwerte der übertragbaren Umfangskräfte proportional zu F_z. Bis hin zur statischen Betriebsradlast verändern sich $F_{x,max}$ bzw. $F_{x,G}$ nahezu proportional zu F_z. Bei weiter zunehmender Radlast nehmen $F_{x,max}$ bzw. $F_{x,G}$ nur noch schwach degressiv mit F_z zu. Dies ist auf eine Verschlechterung des Reibkraftschlusses durch Deformationen der Reifenstruktur zurückzuführen. Aufgrund dieser näherungsweisen Proportionalität zwischen F_x und F_z wird häufig das Verhältnis F_x/F_z über dem Schlupf s aufgetragen.
- Maximaler Kraftschlussbeiwert μ_{max} und Gleitreibkoeffizient μ_G: Wenn μ_{max} und μ_G proportional verändert werden, so werden Abszisse und Ordinate entsprechend einer zentrischen Streckung bezüglich des Koordinatenursprungs skaliert. Die Anfangssteigung von $F_x(s)$ wird überwiegend von der Schersteifigkeit des Laufstreifens bestimmt und bleibt daher erhalten. Der Grenzwert $F_{x,max}$ verschiebt sich hingegen in Richtung größerer Schlupfwerte, s. Abb. 7.11.

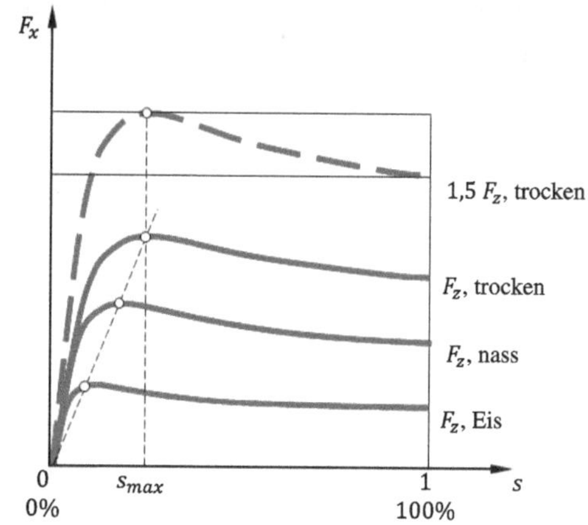

Abb. 7.11 Abhängigkeit des Kraftschlusses von Radlast und Reibbeiwert

Ein grundsätzliches Problem bei der Modellierung des Reifenverhaltens ist, dass die Reifenparameter bereits in normalen Fahrsituationen in weiten Grenzen variieren.

7.3.4 Reifen unter Seitenkraft

Schräglaufwinkel und Querschlupf Ein frei rollendes Rad (keine Umfangskraft), das mit einer Seitenkraft F_y beaufschlagt wird, erhält eine Geschwindigkeitskomponente quer zur Rollrichtung. Zwischen der Bewegungsrichtung des Radmittelpunktes und einem Vektor, der einerseits in der Querschnittfläche des Rades liegt und andererseits parallel zur Fahrbahn ist, stellt sich dann der sogenannte Schräglaufwinkel α ein. Damit gilt gemäß Abb. 7.2

$$\tan\alpha = \frac{v_y}{v_x} \text{bzw.} \; \sin\alpha = \frac{v_y}{v}. \tag{7.34}$$

Seitenkraft Die Größe $\tan\alpha$ wird auch als Querschlupf oder Schräglauf, der Winkel α als Schräglaufwinkel bezeichnet. Im normalen Fahrbetrieb ist $|\alpha| < 12°$ und Schräglaufwinkel und Querschlupf können in guter Näherung gleichgesetzt werden (Ersoy und Heißing 2007). Grundsätzlich kann man davon ausgehen, dass der Laufstreifen in Längs- und Querrichtung ähnliche Deformationseigenschaften aufweist, sodass die beschriebenen Modellvorstellungen sich gut auch auf die Übertragung von Seitenkräften anwenden lassen. Wenn man wieder davon ausgeht, dass ein in den Latsch einlaufendes Profilelement zunächst wieder an der Fahrbahn haftet, dann wird dieses Element beim Durchlaufen des Laufstreifens zunehmend seitlich deformiert, s. Abb. 7.12. Bei kleinen Schräglaufwinkeln haftet das Element bis zum Auslauf aus dem Laufstreifen und die Tangentialspannung in Reifenquerrichtung nimmt nahezu linear zum hinteren Latschrand hin zu. Die Seitenkraft F_y ist proportional zur Fläche unter dem Verlauf der Tangentialspannung, daher gilt

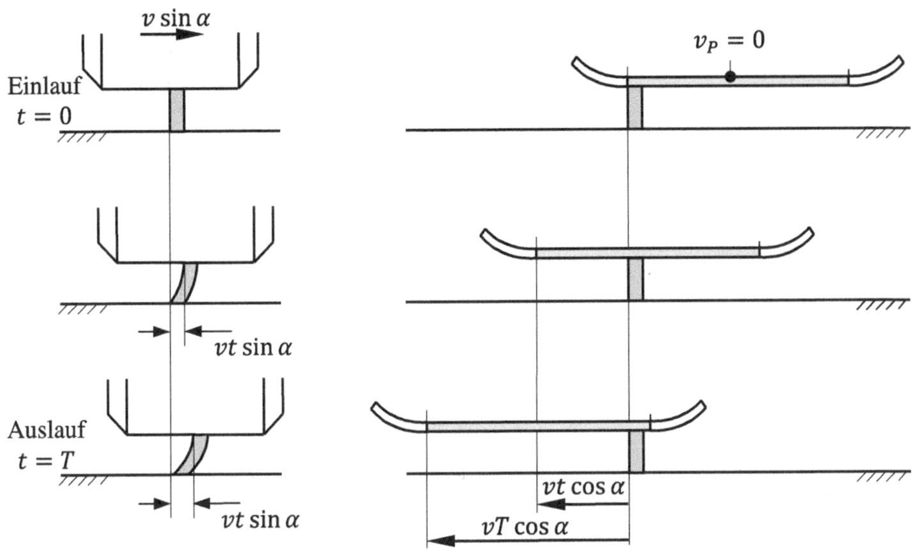

Abb. 7.12 Übertragung von Seitenkräften

$$
\begin{aligned}
F_y &= \int\limits_A \tau_y(x)\,dA = \int\limits_0^{L\cos\alpha} k_\alpha x \tan\alpha\, b dx \\
&= \underbrace{\frac{1}{2} b k_\alpha L^2}_{c_\alpha} \sin\alpha\cos\alpha = c_\alpha \sin\alpha\cos\alpha
\end{aligned}
\tag{7.35}
$$

mit der Schräglaufsteifigkeit des Reifens c_α. Die Konstante k_α beschreibt die Materialeigenschaften des Laufstreifens. Für kleine Schräglaufwinkel α gilt dann

$$
F_y = \left[\frac{dF_y}{d\alpha}\right]_{\alpha=0} \alpha = c_\alpha \alpha. \tag{7.36}
$$

In Analogie zu den Verhältnissen bei der Umfangskraft steigt also auch hier die Querkraft zunächst proportional zum Schräglaufwinkel α an. Bei größeren Schräglaufwinkeln werden die Auslenkungen der Laufflächenelemente und damit die Tangentialspannungen zum hinteren Latschrand hin so groß, dass der Grenzwert der Haftreibung überschritten wird und Gleiten eintritt. Ähnlich wie bei der Umfangskraftübertragung unterteilt sich die Latschfläche in einen Haft- und einen Gleitbereich. Die Seitenkraft steigt dann nicht mehr linear sondern degressiv mit dem Schräglaufwinkel an. Mit zunehmendem α breitet sich der Gleitbereich im Latsch nach vorne aus, bis er (theoretisch) bei $\alpha = 90°$ die gesamte Lauffläche erfasst.

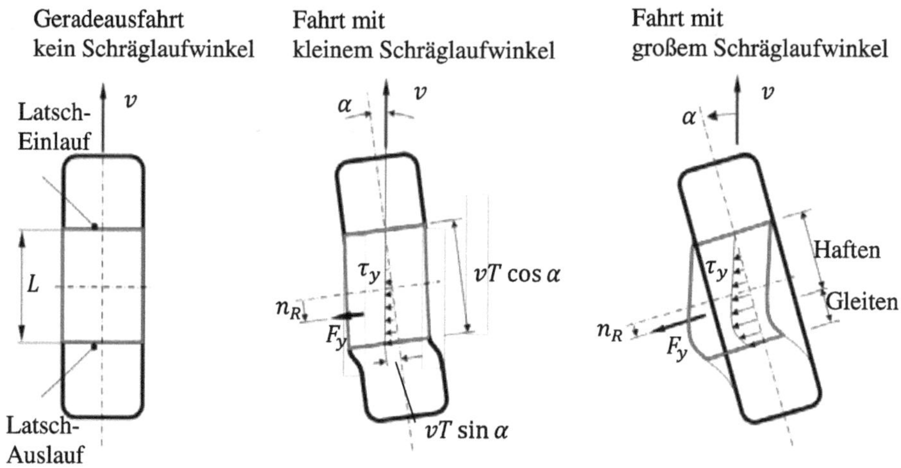

Abb. 7.13 Rad unter Seitenkraft nach (Zomotor 1991)

Reifennachlauf und Rückstellmoment Aufgrund der in Richtung Latschauslauf zunehmenden Tangentialspannungen in der Lauffläche greift die resultierende Querkraft im Abstand n_R hinter der Mitte der Lauffläche an, s. Abb. 7.13. Dies führt zu einem Drehmoment, das versucht, den Schräglauf zu verkleinern. Insgesamt ergibt sich ein entgegen dem Schräglaufwinkel α wirkendes Rückstellmoment

$$M_z = n_R F_y. \tag{7.37}$$

Dabei bezeichnet n_R den sogenannten Reifennachlauf. Das Rückstellmoment M_z nimmt für kleine Schräglaufwinkel α zunächst linear zu:

$$M_z = c_{M,\alpha}\alpha \text{ mit} c_{M,\alpha} = n_R c_\alpha = const. \tag{7.38}$$

Mit der Latschlänge L kann man aufgrund der dreiecksförmigen Spannungsverteilungen (womit die resultierende Kraft im Schwerpunkt des Dreiecks angreift) im Latsch im linearen Bereich, also für kleine Schräglaufwinkel, den Nachlauf abschätzen:

$$n_R \approx \frac{1}{6} L. \tag{7.39}$$

Mit zunehmendem Gleitbereich wandert der Schwerpunkt der Fläche unter dem Tangentialspannungsverlauf in Richtung Latschmitte. Damit gilt $n_R \to 0$ und das Rückstellmoment geht für große Schräglaufwinkel wieder gegen Null, s. Abb. 7.14. Im Extremfall wird n_R sogar negativ und auch das Rückstellmoment kann sein Vorzeichen wechseln.

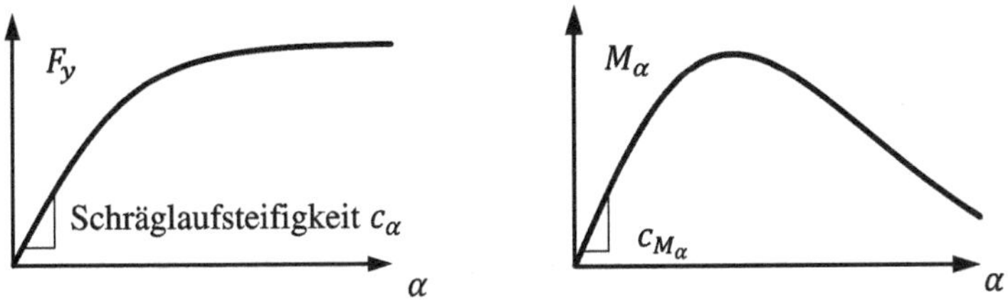

Abb. 7.14 Querkraft und Rückstellmoment

Abb. 7.15 Entstehung der Sturzseitenkraft

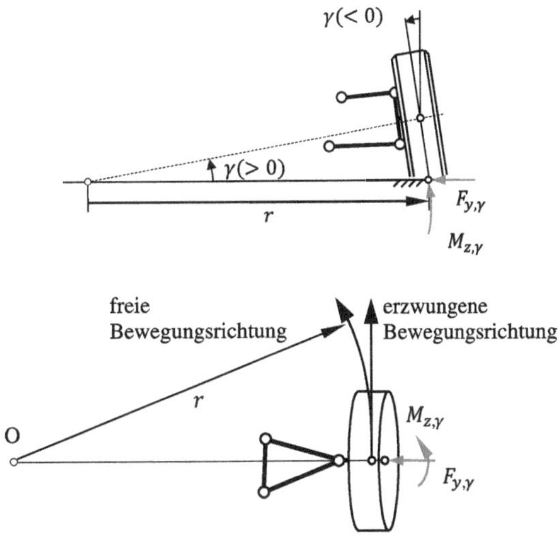

7.3.5 Einfluss des Radsturzes auf die Reifenseitenkraft

Der in Kap. 6 eingeführte Sturzwinkel γ hat einen, wenn auch kleinen, Einfluss auf die Reifenseitenkraft. Zur Abschätzung seines Beitrags zur Querkraft betrachtet man ein Rad, das unter dem Sturzwinkel γ rollt. Die auf diesen Sturzwinkel zurückzuführende Seitenkraft sei $F_{y,\gamma}$. Ihre Entstehung wird in Abb. 7.15 erläutert. Ein frei unter einem Sturzwinkel γ rollendes Rad würde sich ohne weitere Beeinflussung auf einer Kreisbahn um die gedachte Kegelspitze O bewegen. Das Rad wird durch die Radführung jedoch zu einer Bewegung in x-Richtung gezwungen. Dies erfordert eine Seitenkraft $F_{y,\gamma}$ sowie ein Lenkmoment $M_{z,\gamma}$, die versuchen, das Rad in die Kreisbahn zu drehen. Für kleine Sturzwinkel $|\gamma| < 5^\circ$ nehmen die Sturzseitenkraft und das durch den Sturz verursachte Lenkmoment annähernd linear mit dem Sturzwinkel zu und man erhält in erster Näherung

$$F_{y,\gamma} = -c_\gamma \gamma, \tag{7.40}$$

$$M_{z,\gamma} = -c_{M,\gamma} \gamma. \tag{7.41}$$

Die durch den Sturz verursachten Kräfte und Momente sind sehr viel kleiner als die durch den Schräglauf verursachten Kräfte und Momente.

7.3.6 Einfluss der Radlast auf die Radkräfte in der Lauffläche

Im Normalbetriebsbereich besteht eine näherungsweise lineare Abhängigkeit zwischen den Radkräften F_x und F_y in der Lauffläche und der aktuellen Vertikalkraft F_z. Beim Überschreiten der konstruktiven Betriebslast $F_{z,B}$ nimmt das Horizontalkraftpotential jedoch schwach degressiv mit der Radlast zu, da die Reibungsbindung des Gummis im Kontaktbereich mit steigender Anpresskraft abnimmt. Diesen Effekt kann man z. B. durch die Einführung einer effektiven Radlast (s. z. B. Ammon 1997)

$$F_{z,eff} = F_z \left(1 - e_z \left(\frac{F_z}{F_{z,B}}\right)^2\right) \tag{7.42}$$

berücksichtigen, die anstelle der aktuellen tatsächlichen Radlast F_z zur Berechnung der Radhorizontalkräfte herangezogen wird. Dazu muss noch der vom Reifen abhängige in Gl. (7.42) enthaltene positive Degressionsparameter e_z bestimmt werden.

7.3.7 Grundsätzliche Struktur der Radkräfte

Ammon hat in (Ammon 1997) vorgeschlagen, die Beschreibungsgleichungen für Umfangs- und Querkräfte folgendermaßen zu gliedern:

$$F_x = \mu_{max,0} F_{z,eff} f(\xi), \; \xi = \frac{s}{s_{max,0}\,\mu_{max,0}}, \tag{7.43}$$

$$F_y = \mu_{max,0} F_{z,eff}\, g(\eta), \; \eta = \frac{\alpha}{\alpha_{max,0}\,\mu_{max,0}}. \tag{7.44}$$

Dabei bezeichnet der Index 0 bei Reibkoeffizient und Radlast den normalen Betriebszustand, d. h. die Verhältnisse in der Umgebung des Normalarbeitsbereichs und es wird $F_{z,eff}$ wie in Gl. (7.42) mit $F_{z,0} = F_{z,B}$ verwendet. Die Funktionen f und g kennzeichnen typische Kurvenverläufe, wie sie in den Abb. 7.10 und 7.14 dargestellt wurden. Diese Funktionen hängen durch die Transformation der Schlupfgrößen nur von den Eigenschaften des Reifens wie Schersteifigkeit, Geometrie und konstruktivem Aufbau ab. Die ersten beiden Faktoren spiegeln den Einfluss der Umwelt wie z. B. die Beschaffenheit der Straßenoberfläche und den Einfluss der Radlast wider.

7.3.8 Überlagerung von Umfangs- und Seitenkräften

Reine Längskräfte oder reine Seitenkräfte werden nur bei reiner Geradeausfahrt oder bei Kurvenfahrten mit konstanter Geschwindigkeit übertragen. Bei allgemeinen Fahrzuständen überlagern sich Längs- und Querschlupf, d. h. es tritt mit der Umfangskraft F_x gleichzeitig eine Querkraft F_y auf. Die resultierende Kraft muss jedoch gemäß des COULOMBschen Reibungsgesetzes stets die Bedingung

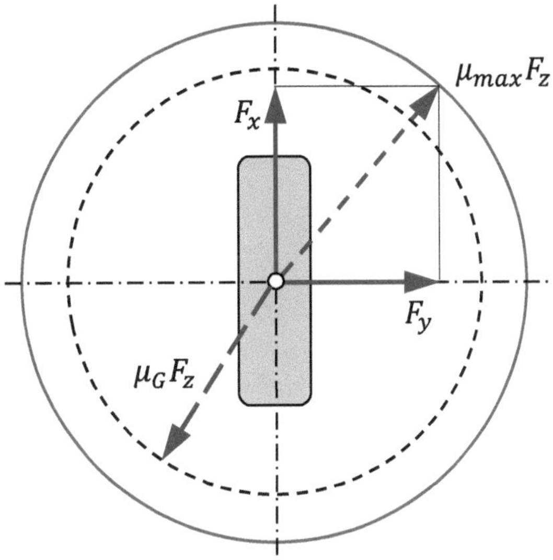

Abb. 7.16 Gleichzeitige Übertragung von Seiten- und Längskräften – Kammscher Kreis

$$\sqrt{F_x^2 + F_y^2} \leq \mu_{max} F_z \tag{7.45}$$

erfüllen. Anschaulich lässt sich das durch den Kammschen Kreis erläutern, wenn die maximal möglichen Kraftschlusskoeffizienten μ_{max} in Umfangs- und in Querrichtung übereinstimmen, s. Abb. 7.16. Daraus ergeben sich folgende Schlussfolgerungen:

- Die maximal übertragbare Seitenkraft ist bei gleichzeitigem Auftreten einer Längskraft kleiner. Dies bedeutet für reale Fahrzustände, dass Beschleunigen oder Bremsen die maximal möglichen Querkräfte in einer Kurve reduziert und umgekehrt.
- Wirkt auf einen Reifen bei einer gegebenen Seitenkraft F_y zusätzlich eine Umfangskraft F_x, so vergrößern sich der Schräglaufwinkel α und der Längsschlupf s.

In der Realität weichen die Seitenkraft-Umfangskraft-Kennlinien von den idealen Kennlinien ab:

- Die Grenzkurve der maximal übertragbaren Horizontalkraft ist eine Ellipse, da bei realen Reifen in der Regel der Haftgrenzwert in Längsrichtung $\mu_{max,x} F_z$ etwas größer ist als der Haftgrenzwert in Querrichtung $\mu_{max,y} F_z$.
- Die Schlupfkraftkurven für Antreiben und Bremsen sind in der Regel nicht exakt symmetrisch.
- Bei vielen Reifen tritt aufgrund von Asymmetrien im Reifenaufbau auch bei verschwindendem Schräglaufwinkel α eine Seitenkraft F_y auf bzw. für die Seitenkraft $F_y = 0$ ist ein kleiner Schräglaufwinkel $\alpha \neq 0$ erforderlich.

Um die Überlagerungseffekte bei Fahrzuständen zu berücksichtigen, bei denen sowohl Umfangs- als auch Längsschlupf auftreten (Bremsen, Beschleunigen in der Kurve etc.), kann man (s. Ammon 1997) aus dem Längsschlupf s und dem Querschlupf α eine absolute Schlupfgröße

$$s_a = \sqrt{s^2 + \tan^2 \alpha} = \frac{\sqrt{v_P^2 + v_y^2}}{|\bar{v}|} \tag{7.46}$$

mit der Wirkrichtung

$$\psi_a = \arctan \frac{\tan \alpha}{s} = \arctan \frac{v_y}{v_P} \tag{7.47}$$

und

$$|\bar{v}| = \max(v, \omega r_{dyn}). \tag{7.48}$$

Definieren. Für die (absolute) Reifenkraft in die durch den Winkel ψ_a vorgegebene Richtung erhält man dann

$$\mathrm{F}_{\psi_a}(s_a) = \sqrt{\frac{s^2 F_x^2(s_a) + \tan^2 \alpha F_y^2(s_a)}{s_\alpha^2}}. \tag{7.49}$$

Die resultierenden Horizontalkomponenten der Reifenkraft werden nun auf die Koordinatenrichtungen des Radträgers verteilt:

$$\begin{aligned} F_{a,x} &= F_{\psi_a}(s_a) \cos \psi_a = \frac{s}{s_a} F_{\psi_a}(s_a), \\ F_{a,y} &= F_{\psi_a}(s_a) \sin \psi_a = \frac{\tan \alpha}{s_a} F_{\psi_a}(s_a). \end{aligned} \tag{7.50}$$

In Abb. 7.17 und 7.18 sind prinzipielle Verläufe der Längs- und Querkräfte für unterschiedliche Schräglaufwinkel schematisch dargestellt.

7.4 Reifenmodelle

Die Modellierung der Reifenkräfte erfordert v. a. dann besondere Sorgfalt, wenn neben dem stationären auch das instationäre Verhalten der Reifen erfasst werden soll. Man unterscheidet allgemein drei Arten von Reifenmodellen:

- mathematische Modelle,
- physikalische Modelle und
- Mischformen

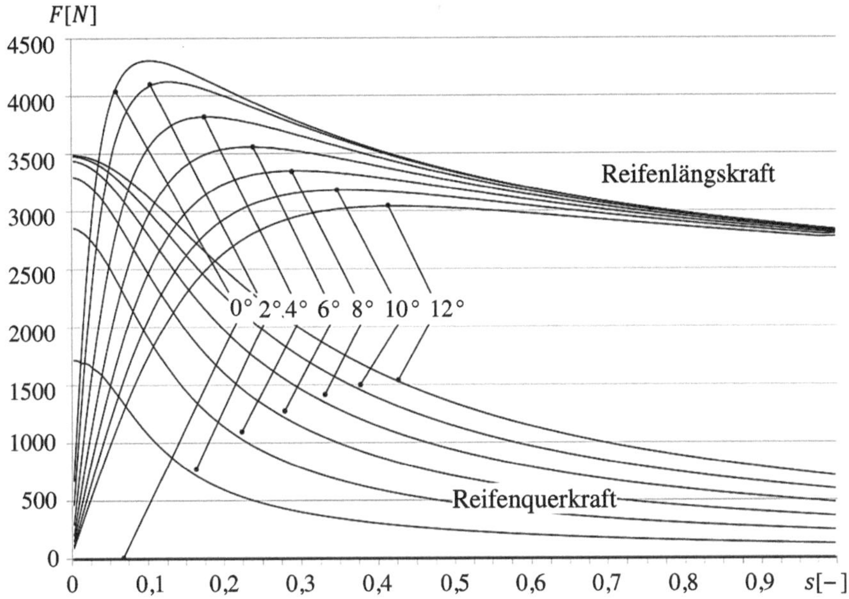

Abb. 7.17 Überlagerung von Längs- und Querkräften (schematische Darstellung)

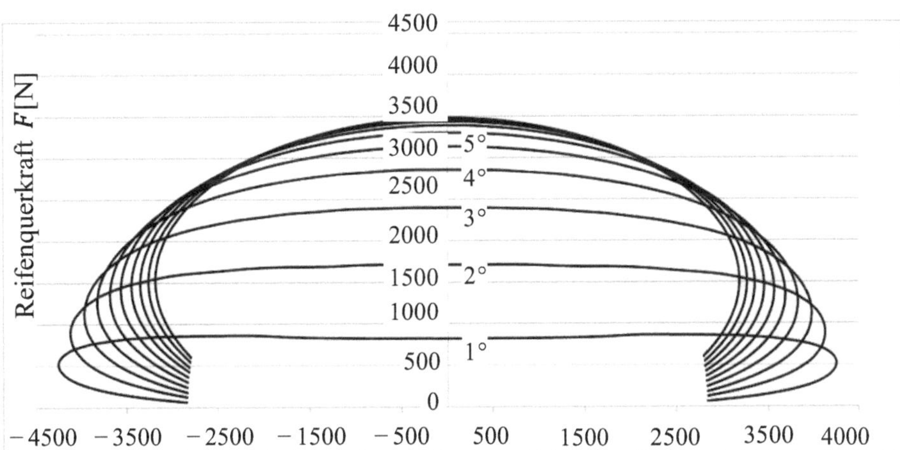

Abb. 7.18 Längs- und Querkräfte bei Kurvenfahrt (schematische Darstellung)

Im Folgenden werden zunächst Modelle betrachtet, die die physikalischen Eigenschaften durch eine rein mathematische Beschreibung wiedergeben. Dabei geht man von bekannten, d. h. gemessenen Eigenschaften aus, die in einem Kennfeld abgespeichert werden. Die Weiterverarbeitung kann nun entweder mithilfe einer Approximation durch algebraische

Funktionen (Magic Formula, (Pacejka 2006)) oder durch eine Interpolation (Schieschke und Gnadler 1987) geschehen. Diese Art der Modellierung ist für die Simulation von Fahrmanövern, bei denen die Anregungsfrequenzen deutlich unterhalb der Gürteleigenfrequenzen liegen, meist ausreichend. Probleme treten jedoch dann auf, wenn eine größere Anzahl von Einflussgrößen berücksichtigt werden soll, da in diesem Fall umfangreiche Kennfelder abzuspeichern und auszuwerten sind. Außerdem ist es praktisch unmöglich, einzelne Parameter zu verändern, ohne die gesamten Kennfelder neu anlegen zu müssen.

Eine weitere Hauptgruppe bildet die Gruppe der physikalischen Modelle. Hierbei unterscheidet man die folgenden wesentlichen Typen:

- Finite Elemente-Modelle (Gipser 1987),
- Modelle zur Untersuchung von Membranschwingungen (Böhm et al. 1985),
- stationäre Modelle (z. B. HSRI-Modell),
- instationäre Modelle, z. B. Kreisringmodelle (Schulze 1987) oder das Latschmatrixmodell (Schnelle 1990).

Die beiden erstgenannten Modelle dienen oftmals zur Untersuchung des Deformationsverhaltens des Reifens im Rahmen von Komfort- und Schwingungsuntersuchungen. Im Rahmen der Fahrdynamiksimulation ist man jedoch meist nur an den zwischen den Reifen und der Fahrbahn auftretenden Kräften und Momenten und nicht an den Verformungen selbst interessiert. Aus Gründen einer vertretbaren Rechenzeit werden daher diese Modelle trotz der heute zur Verfügung stehenden Rechnerleistungen nicht in der Fahrdynamiksimulation eingesetzt. Bei stationären Modellen wird lediglich die Felge als masse- bzw. trägheitsbehaftet betrachtet, der Gürtel wird nicht als separater Körper modelliert. Diese Modelle sind wie die Kennlinienmodelle vorwiegend zur Simulation stationärer Fahrmanöver geeignet. Um den Anwendungsbereich dieser Modelle auszuweiten, werden oftmals PT_1-Glieder zur Nachbildung des zeitlich verzögerten Aufbaus der Tangentialkräfte eingesetzt.

Treten jedoch Anregungen im Bereich der Gürteleigenfrequenzen von etwa 30–50 Hz auf (z. B. durch den Einsatz elastischer Bauteile in den Radaufhängungen oder durch die Pulsation des Bremsdrucks bei ABS-geregelten Bremsvorgängen) und ergeben sich hierdurch Rückwirkungen auf das Fahrzeug, muss die Eigendynamik des Gürtels berücksichtigt werden. Dazu wird der Gürtel als massebehafteter, starrer Kreisring modelliert. Dann ergeben sich jedoch bei niedrigen Geschwindigkeiten (unterhalb von etwa 10 m/s) hochgradig instationäre Transportvorgänge in der Kontaktfläche zwischen Reifen und Fahrbahn, die eine gesonderte Beschreibung erfordern.

Nach diesen einleitenden Betrachtungen wird im weiteren Verlauf dieses Kapitels ein kinematisches Modell für den Rad-Straße-Kontakt erläutert, das auf folgenden Grundgedanken basiert:

- Die Kontaktgeometrie Reifen/Fahrbahn wird durch einen Ersatzmechanismus beschrieben und kann mit einfachen Ausdrücken elegant berechnet werden.

- Einfache Reifenmodelle, die die Längskraft und die Querkraft ohne Berücksichtigung der Eigendynamik des Gürtels als Funktionen von Schlupf und Schräglauf bestimmen, können auf diese Größen zugreifen.
- Für aufwendigere Reifenmodelle, die instationäre Vorgänge erfassen, kann der Latsch diskretisiert werden. Auch für diese Modelle stehen die erforderlichen kinematischen Größen der Latschfläche zur Verfügung.

7.4.1 Die Kontaktpunkt-Geometrie

In diesem Abschnitt wird vorausgesetzt, dass Position und Orientierung des Rades im Raum bekannt sind. Dazu berechnet man Position und Geschwindigkeit des Rades ausgehend vom Fahrzeugaufbau, s. Abb. 7.19. Die Position des Radträgers wird durch den Punkt R und ein radträgerfestes Koordinatensystem (s. Abb. 7.20) beschrieben. Diese Größen sind durchweg aus der Fahrzeugkinematik bekannt. Gesucht sind jetzt die Lage- und Geschwindigkeitsgrößen der Rad-Straße-Kontaktzone, die in diesem Fall durch einen Kontaktpunkt A und die Orientierung einer Tangentialebene an die Straßenoberfläche im Punkt A gegeben sind.

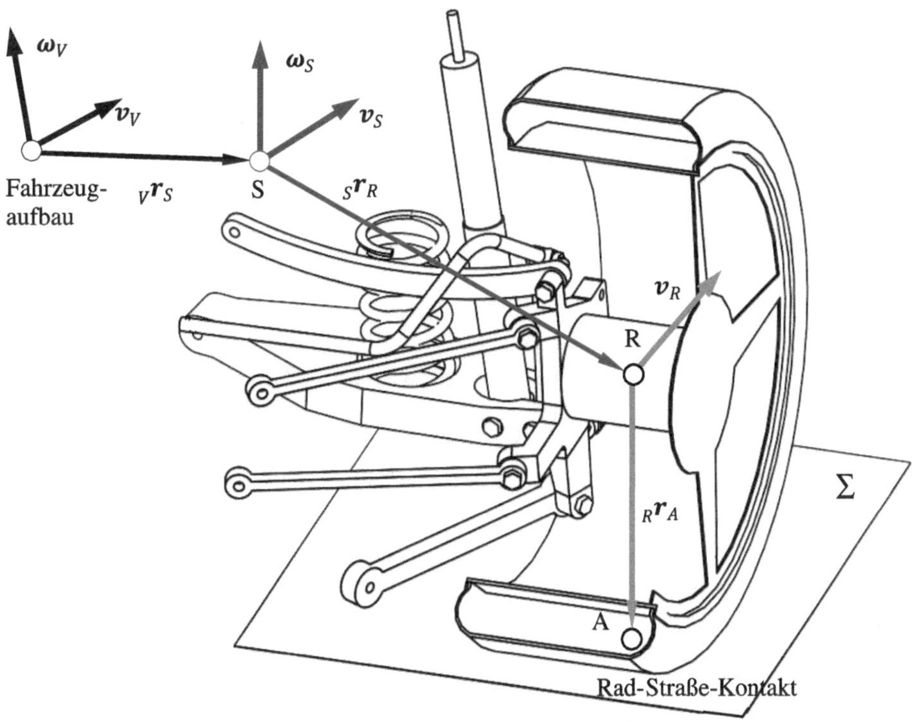

Abb. 7.19 Berechnung der Position und Geschwindigkeit des Radträgers ausgehend vom Fahrzeugaufbau

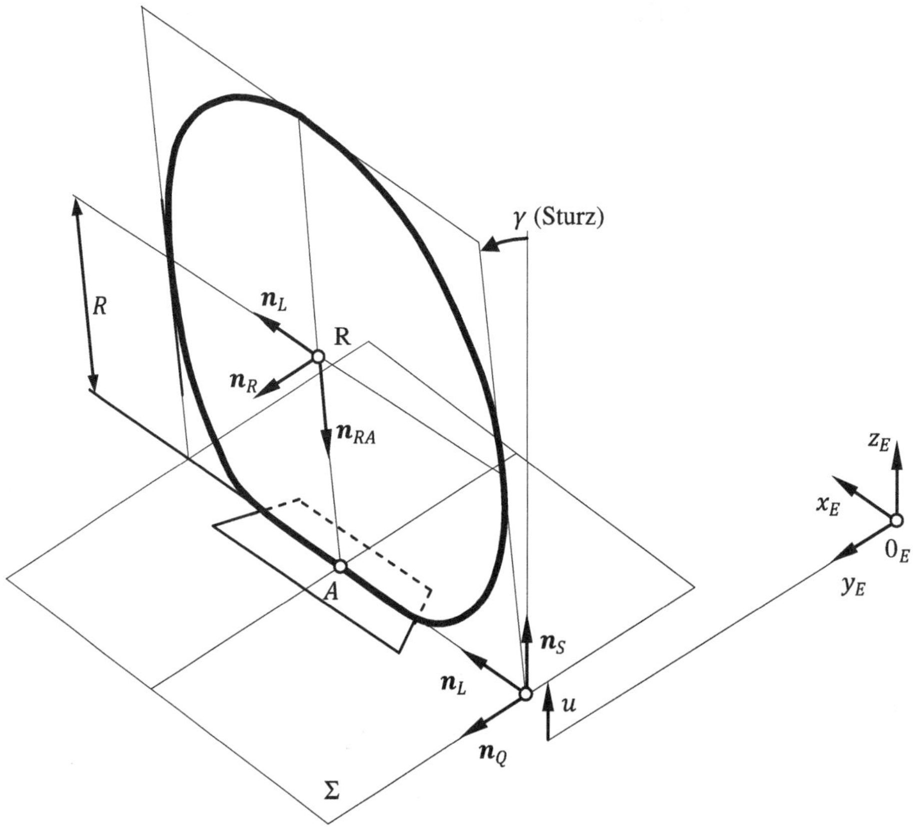

Abb. 7.20 Einheitsvektoren am Rad

Abbildung 7.20 zeigt eine schematische Darstellung, in der die Radmittelebene als flache Scheibe angesehen wird. Die Fahrbahn wird lokal durch die Tangentialebene Σ beschrieben. Dies ist für die Beschreibung normaler Fahrbahnen ohne Stufen oder andere Einzelhindernisse vollkommen ausreichend.

Gegeben seien der Fahrbahnnormalenvektor n_s und der Radnormalenvektor n_R sowie die Position des Radmittelpunktes R, ausgedrückt durch den Ortsvektor im Inertialsystem. Die Position des Rades wird dabei, wie in den vorangegangenen Kapitel beschrieben, durch die entsprechenden geometrischen und kinematischen Beziehungen ausgehend vom Fahrzeugchassis über die Radaufhängung und den Radträger beschrieben. Mit diesen Größen kann nun die Lage des Radaufstandspunktes A bestimmt werden. Dieser Punkt ist als Berührpunkt einer starren Scheibe (Mittelpunkt R, Radius zunächst unbekannt) mit der Fahrbahnebene Σ gegeben. Der Verbindungsvektor von R nach A muss sowohl auf der Radachse $\boldsymbol{n}_R$ als auch auf dem Einheitsvektor $\boldsymbol{n}_L$ in Längsrichtung der Radscheibe senkrecht stehen.

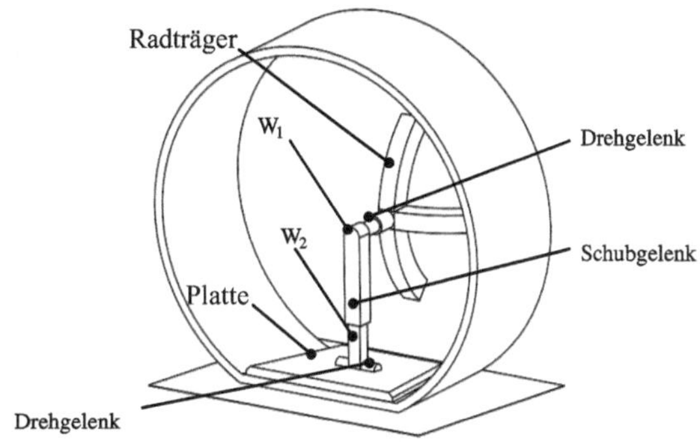

Abb. 7.21 Mechanisches Ersatzmodell der Radgeometrie (Schnelle 1990)

Es ist für das Verständnis hilfreich, sich ein entsprechendes mechanisches Ersatzmodell für die Vektoren am Rad zu schaffen (vgl. Abb. 7.21). Es besteht aus einem im Radträger R drehbar gelagerten Winkelstück W_1, dessen unterer Ast senkrecht auf der Drehachse steht. Dieser untere Ast liegt damit immer in der Radfläche. Über ein Schubgelenk ist er mit einem zweiten, auf dem Boden aufliegenden Winkelstück W_2 verbunden. Dieses ist wiederum rechtwinklig, sodass die Verbindungslinie von R und A wie gefordert nicht nur in der Radebene liegt, sondern auch senkrecht auf der Längsrichtung $\boldsymbol{n}_L$ steht. Dabei zeigt die auf dem Boden befindliche Platte P immer in Richtung von $\boldsymbol{n}_L$. Der mittlere Reifenradius, also die Länge der Strecke $\overline{AR}$, entspricht der Verschiebung des Schubgelenks. Bei gegebener Position und Orientierung des Radträgers R richten sich die Winkelstücke so aus, dass zwischen dem Stab von W_2 und der Fahrbahn Linienberührung herrscht. Die auf der Fahrbahn liegende Platte, die die Latschfläche darstellt, kann sich relativ zum Winkelstück W_2 um diesen Stab drehen. Die hier vorliegende kinematische Struktur kann auch als kinematische Kette mit sechs Gelenkfreiheitsgraden interpretiert werden, die die räumliche Lage des Radträgers relativ zur Fahrbahn ausdrückt. Die Berechnung der Vektoren dieses Systems erfolgt nun sukzessive:

Aufspannen eines Dreibeins $\{\mathbf{R}; \mathbf{n_R}, \mathbf{n_L}, \mathbf{n_{RA}}\}$ in der Radfläche Der Einheitsvektor in Rollrichtung des Rades ergibt sich zu

$$\boldsymbol{n}_L = \frac{\boldsymbol{n}_R \times \boldsymbol{n}_S}{\| \boldsymbol{n}_R \times \boldsymbol{n}_S \|}. \tag{7.51}$$

Der Einheitsvektor von R nach A lautet

$$\boldsymbol{n}_{RA} = \boldsymbol{n}_R \times \boldsymbol{n}_L. \tag{7.52}$$

Für den Einheitsvektor quer zur Rollrichtung erhält man noch (Abb. 7.21)

$$\boldsymbol{n}_Q = \boldsymbol{n}_S \times \boldsymbol{n}_L. \tag{7.53}$$

Ermittlung des aktuellen Radradius $\boldsymbol{R}$ Man bildet den Ortsvektor zum Punkt A im Inertialsystem. Seine Projektion auf die Fahrbahnnormale $\boldsymbol{n}_S$ gibt die Höhe der

Fahrbahn (genauer gesagt die Höhe des Punktes A und damit der Tangentialebene Σ) im Inertialsystem an. Diese ist bekannt und habe den Wert u. Damit erhält man

$$R = \frac{u - \boldsymbol{r}_A \boldsymbol{n}_S}{\boldsymbol{n}_{RA} \boldsymbol{n}_S}. \tag{7.54}$$

Mit dem Ortsvektor $\boldsymbol{r}_R$ des Radmittelpunktes R liegt auch der Ortsvektor zum $\boldsymbol{r}_A$ Punkt A fest:

$$\boldsymbol{r}_A = \boldsymbol{r}_R + R\boldsymbol{n}_{RA}. \tag{7.55}$$

Außerdem ist die Position der beiden Winkelstücke W_1 und W_2 durch die Einheitsvektoren $\boldsymbol{n}_{RA}, \boldsymbol{n}_L$ und $\boldsymbol{n}_Q$ bekannt. Es liegen nun zwei Koordinatensysteme vor: ein radträgerfestes definiert durch $\{\mathrm{R}; \boldsymbol{n}_L, \boldsymbol{n}_R, \boldsymbol{n}_{RA}\}$ sowie ein latschfestes definiert durch $\{\mathrm{A}; \boldsymbol{n}_L, \boldsymbol{n}_Q, \boldsymbol{n}_S\}$. Damit kann der Sturzwinkel γ zwischen der Radebene und der vertikalen Ebene eingeführt werden. Er genügt folgenden einfachen Beziehungen und beschreibt die relative Verdrehung der Koordinatensysteme

$$\cos\gamma = \boldsymbol{n}_R \boldsymbol{n}_Q, \sin\gamma = -\boldsymbol{n}_R \boldsymbol{n}_S. \tag{7.56}$$

Iterative Kontaktpunkt-Ermittlung bei unebener Fahrbahn Ist die Fahrbahn uneben, so kann man nicht von einem konstanten Fahrbahnnormalenvektor $\boldsymbol{n}_S$ ausgehen. Dieser ist vielmehr vom Ort – also vom Ortsvektor $\boldsymbol{r}_A$ – abhängig. Bei Beschränkung auf schwach gekrümmte Fahrbahnen ist jedoch der Kontaktpunkt nach wie vor eindeutig definiert und auch die Richtungen lassen sich bezüglich einer Tangentialebene mit guter Näherung in derselben Weise angeben. Die Ermittlung des Ortsvektors erfolgt in diesem Fall iterativ auf folgende Weise:

- Als Startwert für $\boldsymbol{r}_A$ wird die Projektion der Radmitte R auf die Fahrbahn (in Richtung der Schwerkraft) gewählt.
- Der Fahrbahnnormalenvektor $\boldsymbol{n}_S$ wird an dieser Stelle gebildet (er ist aus dem Fahrbahnverlauf gegeben).
- Mit diesem Vektor $\boldsymbol{n}_S$ wird gemäß der Gl. (7.51)–(7.55) die Kontakt-Punkt-Geometrie aufgebaut. Auch die Fahrbahnhöhe u ist Bestandteil der Iteration, da auch sie vom Ort abhängt.
- Der aus Gl. (7.55) folgende Wert für $\boldsymbol{r}_A$ ist eine verbesserte Schätzung. Mit ihm wird neu begonnen. Die Iteration wird fortgesetzt, bis die Differenz zweier aufeinanderfolgender Werte von $\boldsymbol{r}_A$ innerhalb einer vorher festgelegten Iterationsschranke liegt. An dieser Stelle ist es allerdings nicht angebracht allzu große Genauigkeitsansprüche zu stellen, da die hier gemachten Fehler immer in Relation zu den bei der Modellierung des Reifens ohnehin gemachten Vereinfachungen zu setzen sind.

7.4.2 Die Kontaktgeschwindigkeiten

Gegeben ist die Absolutgeschwindigkeit $\boldsymbol{v}_R$ des Radmittelpunktes R und die Absolutwinkelgeschwindigkeit $\boldsymbol{\omega}_R$ des Radträgers. Es bietet sich an, diese beiden Größen jeweils in Komponenten der beiden oben erwähnten Koordinatensysteme zu zerlegen, s. Abb. 7.22:

$$\boldsymbol{v}_{RL} = (\boldsymbol{v}_R \cdot \boldsymbol{n}_L)\boldsymbol{n}_L = v_{RL}\boldsymbol{n}_L, \tag{7.57}$$

$$\boldsymbol{v}_{Rn} = (\boldsymbol{v}_R \cdot \boldsymbol{n}_R)\boldsymbol{n}_R = v_{Rn}\boldsymbol{n}_R, \tag{7.58}$$

$$\boldsymbol{v}_{RA} = (\boldsymbol{v}_R \cdot \boldsymbol{n}_{RA})\boldsymbol{n}_{RA} = v_{RA}\boldsymbol{n}_{RA}, \tag{7.59}$$

$$\boldsymbol{\omega}_{RL} = (\boldsymbol{\omega}_R \cdot \boldsymbol{n}_L)\boldsymbol{n}_L = \omega_{RL}\boldsymbol{n}_L, \tag{7.60}$$

$$\boldsymbol{\omega}_{Rn} = (\boldsymbol{\omega}_R \cdot \boldsymbol{n}_R)\boldsymbol{n}_R = \omega_{Rn}\boldsymbol{n}_R, \tag{7.61}$$

$$\boldsymbol{\omega}_{RA} = (\boldsymbol{\omega}_R \cdot \boldsymbol{n}_{RA})\boldsymbol{n}_{RA} = \omega_{RA}\boldsymbol{n}_{RA}. \tag{7.62}$$

Der Kontaktpunkt A und der Latsch (dargestellt durch die Platte P, s. Abb. 7.22) weisen ebenfalls sechs Geschwindigkeiten auf:

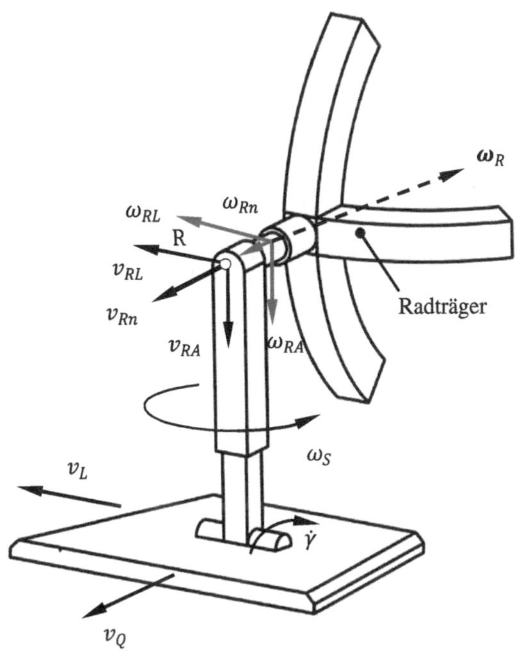

Abb. 7.22 Geschwindigkeiten des Rad-Straße-Kontaktes

- Die Längs- und die Quergeschwindigkeit von A

$$\boldsymbol{v}_L = v_L \boldsymbol{n}_L, \tag{7.63}$$

$$\boldsymbol{v}_Q = v_Q \boldsymbol{n}_Q. \tag{7.64}$$

- Die Winkelgeschwindigkeit des Latsches um die Vertikale

$$\boldsymbol{\omega}_Q = \omega_Q \boldsymbol{n}_S. \tag{7.65}$$

- Die Sturzänderungsgeschwindigkeit

$$\boldsymbol{\omega}_L = -\dot{\gamma} \boldsymbol{n}_L. \tag{7.66}$$

- Die Radiusänderung am Rad

$$\dot{\boldsymbol{R}} n_{RA}. \tag{7.67}$$

- Die Relativdrehung zwischen Latsch und Radträger

$$\boldsymbol{\omega}_n = \omega_n \boldsymbol{n}_R. \tag{7.68}$$

Aus der Lage und den beiden bekannten Geschwindigkeiten $\boldsymbol{v}_R$ und ω_R sind nun die vollständige Bewegung des Punktes A und des Latsches – dargestellt durch die in den Gl. (7.63)–(7.68) vorkommenden Geschwindigkeiten – zu ermitteln. Man berechnet dazu die Geschwindigkeit des Radmittelpunktes B und die Winkelgeschwindigkeit des Radträgers „von unten", d. h. von der Fahrbahn aus. Sind die Geschwindigkeiten der Gl. (7.63)–(7.68) bekannt, so liegen mit ihnen $\boldsymbol{v}_R$ und $\boldsymbol{\omega}_R$ eindeutig fest. Nun projiziert man diese, wie oben gezeigt, auf die Achsen des oberen Dreibeins und erhält einfache Ausdrücke, die sich in Matrixform zusammenfassen lassen:

$$\begin{bmatrix} \omega_s \\ v_L \\ \omega_n \\ \dot{\gamma} \\ v_Q \\ \dot{R} \end{bmatrix} = \begin{bmatrix} -1/\cos\gamma & 0 & 0 & 0 & 0 & 0 \\ -R\tan\gamma & 1 & 0 & 0 & 0 & 0 \\ \tan\gamma & 0 & -1 & 0 & 0 & 0 \\ 0 & 0 & 0 & -1 & 0 & 0 \\ 0 & 0 & 0 & R/\cos\gamma & 1/\cos\gamma & 0 \\ 0 & 0 & 0 & -R\tan\gamma & -\tan\gamma & -1 \end{bmatrix} \begin{bmatrix} \omega_{RA} \\ v_{RL} \\ \omega_{Rn} \\ \omega_{RL} \\ v_{Rn} \\ v_{RA} \end{bmatrix} \tag{7.69}$$

Diese Beziehungen enthalten lediglich den Radradius R und den Sturzwinkel γ, die beide aus der Berechnung der Position bekannt sind. Die kinematische Aufbereitung macht das analytische Differenzieren von Ortsvektoren und Drehtensoren vollkommen überflüssig. Interessant ist auch die teilweise entkoppelte Struktur von Gl. (7.69). Es gelingt also, die Position und Geschwindigkeit der Rad-Straße-Kontaktpunkte auf einfache Weise zu bestimmen. Welche dieser Größen anschließend in dem verwendeten Reifenmodell weiter genutzt werden (können), hängt von der Art und der Beschreibungstiefe des Modells ab.

7.4.3 Berechnung der Schlupfgrößen

Aus den in Abschn. 7.4.2 berechneten Größen lassen sich nun die zur Berechnung der horizontalen Reifenkräfte erforderlichen Schlupfgrößen berechnen. Der Schlupf s wird aus folgenden Beziehungen mit den in den vorherigen Abschnitten hergeleiteten Größen und der aktuellen Radwinkelgeschwindigkeit $\dot{\rho}$ ermittelt:

$$s_{A,B} = \frac{\left|v_L - \dot{\rho} r_{dyn}\right|}{\max(v_L, \dot{\rho} r_{dyn})}, \tag{7.70}$$

$$\tan\alpha = \frac{v_Q}{v_L}. \tag{7.71}$$

Damit sind die Eingangsgrößen für unterschiedlichste Reifenmodelle vorhanden. In diesem Buch werden im nächsten Abschnitt zwei dieser Reifenmodelle besprochen.

7.4.4 Magic Formula-Modelle (Pacejka 2006)

Eines der meist genutzten Reifenmodelle ist das sogenannte Magic Formula-Modell, das von (Pacejka und Bakker 1993; Pacejka 2006) entwickelt wurde. Das Magic Formula-Reifenmodell ist eine rein mathematische Beschreibung des Ein- und Ausgangsverhaltens des Rad-Boden-Kontakts unter quasi-stationären Bedingungen. Der Modellierungsansatz gestattet es, die Charakteristika von Seitenführungskraft, Bremskraft und Rückstellmoment des Reifens mathematisch zu erfassen.

Die Magic Formula-Modelle wurden entwickelt, um mittels mathematischer Funktionen die in diesem Kapitel beschrieben Kraftgrößen mit den Starrkörperschlupfen zu verknüpfen, d. h.

- die Umfangskraft F_x mit dem Umfangsschlupf s,
- die Querkraft F_y mit dem Schräglaufwinkel α und
- das Rückstellmoment M_z mit dem Schräglaufwinkel α.

Diese Zusammenhänge werden bei quasistatischen Rollen- oder Fahrversuchen ermittelt und durch mathematische Funktionen approximiert. Pacejka und Bakker schlugen vor, die oben diskutierten typischen Kraftfunktionen durch eine Kombination von Sinus- und Arkustangensfunktionen zu approximieren. Die Formeln sind in der Lage, Umfangskraft, Längskraft und Rückstellmoment als Funktion der Längs- und Querschlupfe mit hoher Genauigkeit zu beschreiben. Die Beschreibung ist jedoch auf stationäre Zustandseigenschaften begrenzt. Die Abb. 7.23 zeigt die Grundformen dieser Reifengrundfunktionen. Die Anforderungen an die Beschreibungsfunktionen sind

- die Beschreibung aller stationären Reifenzustandseigenschaften,
- leichte Beschaffbarkeit der Daten,

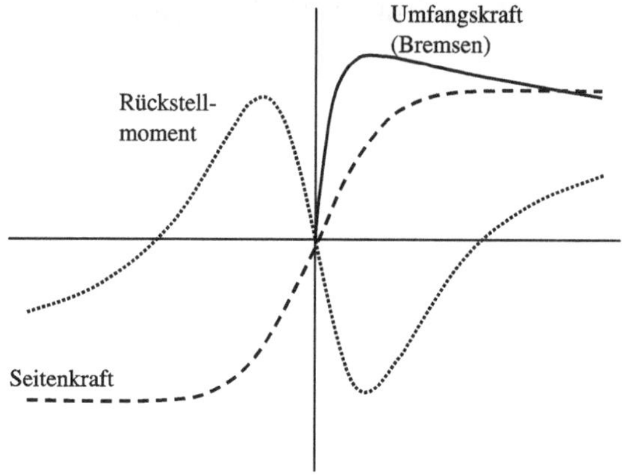

Abb. 7.23 Charakteristische Reifenkennlinien aus dem Magic Formula-Ansatz

Tab. 7.4 Interpretation der magic formula-parameter

Parameter	Interpretation
D	maximale Kraft bzw. maximales Moment
C	beeinflusst die Form der Kurve – Strecken in x-Richtung
E	zusätzliche Dehnung oder Kompression der Kennlinien
BCD	Steigung der Kennlinien bei Nullschlupf (Steifigkeit)
S_v	Vertikalverschiebung der Kennlinien
S_h	Horizontalverschiebung der Kennlinien

- Möglichkeit einer gewissen physikalischen Interpretation der Zusammenhänge,
- hohe Genauigkeit und
- einfache Auswertbarkeit.

Als geeignet erweist sich z. B. der folgende Zusammenhang (Pacejka 2006):

$$y(x) = D\sin(C\arctan(Bx - E(Bx - \arctan Bx))), \tag{7.72}$$

$$Y(X) = y(x) + S_v, \tag{7.73}$$

$$x = X + S_h. \tag{7.74}$$

Dabei repräsentiert $Y(X)$ entweder die Umfangskraft, die Querkraft oder das Rückstellmoment. Die Variable X steht entweder für den Längsschlupf s oder den Schräglaufwinkel α. Die verwendeten Parameter lassen sich nun wie in Tab. 7.4 und Abb. 7.25 angegeben interpretieren.

Zwischen den Parametern und typischen Merkmalsgrößen der Kurven (s. Abb. 7.23) gelten die Zusammenhänge:

$$C = 1 \pm \left(1 - \frac{2}{\pi} - \arcsin\frac{y_a}{D}\right), \tag{7.75}$$

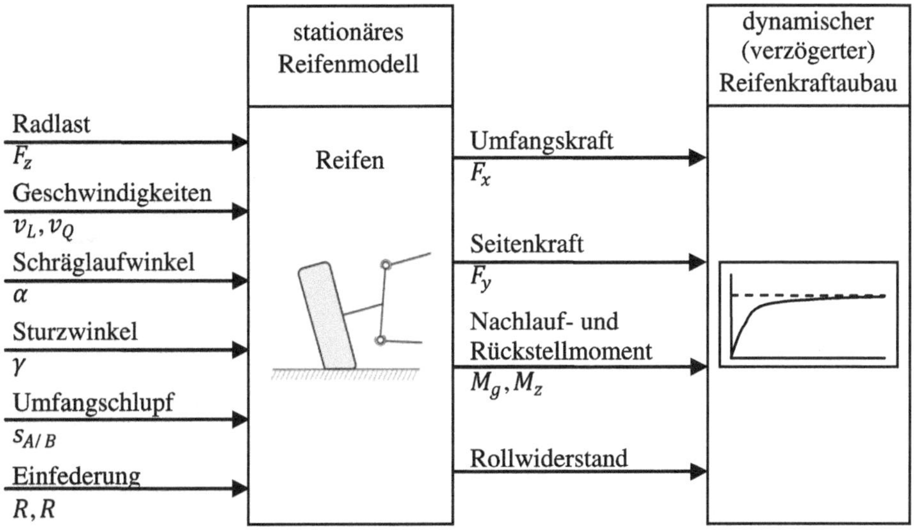

Abb. 7.24 Ein- und Ausgangsgrößen von Reifenmodellen

$$E = \frac{Bx_m - \tan(\frac{\pi}{2C})}{Bx_m - \arctan(Bx_m)} \quad \text{für } C > 1. \tag{7.76}$$

Entsprechende Datensätze können beispielhaft der Literatur entnommen werden. Bei der Erstellung realistischer Fahrzeugmodelle müssen die Parameter für die verwendeten Reifen aus Messdaten durch Approximation gewonnen werden (Pacejka 2006). Das grundsätzliche Aussehen der Basiskurven aus den Gl. (7.72)–(7.74) kann Abb. 7.23 entnommen werden. Es ist allerdings zu beachten, dass es sich hier um rein stationäre Beschreibungen der Reifenkräfte handelt, die Verzögerung beim Aufbau der tatsächlichen Reifenkräfte durch die endliche Geschwindigkeit des Rades wird hier noch nicht berücksichtigt, s. Abschn. 7.5 (Abb. 7.24, 7.25).

7.4.5 Magic Formula-Modelle für überlagerten Umfangs- und Querschlupf

Die Umfangs- und Schräglaufkraftverläufe werden nicht unabhängig voneinander angenommen. Um die gegenseitige Abhängigkeit abzubilden, verwendet (Pacejka 2006) Gewichtungskurven, die die gegenseitige Abhängigkeit der Kraftverläufe realisieren. Es handelt sich dabei um Abminderungskurven, die dafür sorgen, dass die Kräfte in Längs- und Querrichtung so miteinander verrechnet werden, dass die Reibungsbedingungen zwischen Reifen und Fahrbahn insgesamt wieder richtig abgebildet werden. Ein typischer Ansatz für die Seitenkraft ist z. B.

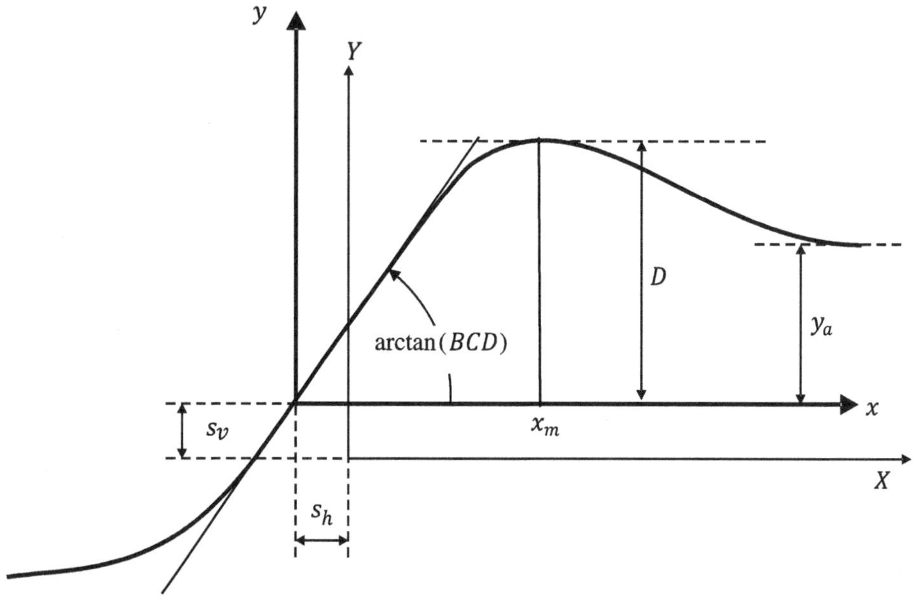

Abb. 7.25 Interpretation der Magic Formula-Koeffizienten

Abb. 7.26 Abminderungsfunktion nach (Pacejka 2006)

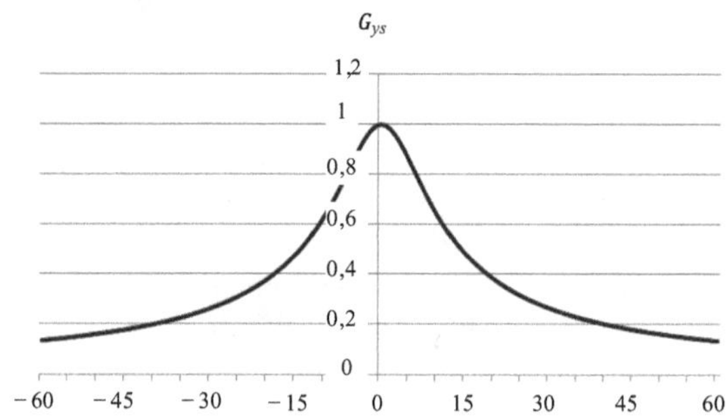

$$F_y = G_{ys} F_{y0} + S_{Vys} \tag{7.77}$$

mit der Querkraft F_{y0} für den längsschlupffreien Fall, dem Kraftversatz S_{Vys} und der Gewichtungsfunktion

$$G_{ys} = \frac{\cos[C_{ys} \arctan\left(B_{ys}(s + S_{Hys})\right)]}{\cos[C_{ys} \arctan\left(B_{ys} S_{Hys}\right)]}. \tag{7.78}$$

Die Gewichtungsfunktion G_{ys} hat dabei die Eigenschaft für $s = 0$ den Wert Eins anzunehmen und mit steigendem s gegen Null abzufallen. Für eine detaillierte Diskussion und die Angabe des kompletten Formelsatzes sei auf (Pacejka 2006) verwiesen (Abb. 7.26).

7.4.6 HSRI-Reifenmodell

Gemäß der Ausführungen in den Abschn. 7.4.1–7.4.3 können der Bewegungszustand des Latsches in Abhängigkeit des Sturzwinkels sowie der Winkel- und Translationsgeschwindigkeit des Radträgers bzw. des Radmittelpunktes bestimmt werden. Dies ermöglicht dann die Berechnung von Reifenschräglauf und Schlupf. Sind diese Größen bekannt, so können die dynamischen Reifenkräfte zum Beispiel mithilfe des HSRI-Reifenmodells (Highway Safety Research Institute), das von (Dugoff et al. 1969) entwickelt wurde, berechnet werden. Es wurde von (Uffelmann 1980) um die Berücksichtigung von Radlastschwankungen ergänzt, während (Wiegner 1974) die Reifenrückstellmomente hinzufügte. Dieses physikalische Modell ermöglicht die Bestimmung der Reifenlängs- und Reifenquerkraft, indem es die im Latsch entstehenden Verformungen approximiert. Diese Verformungen sind in Abb. 7.13 dargestellt. Hier ist zu erkennen, dass sich bei Überschreitung der Kraftschlussgrenze ein Gleitgebiet ausbildet, während der vordere Teil des Latsches noch haftet, vgl. auch die Abschn. 7.3.3 und 7.3.4. Die geometrische Form des Gleit- und Haftbereiches wird nun durch die in Abb. 7.27 dargestellte trapezförmige Fläche approximiert.

Die trapezförmige Fläche ergibt sich durch Parallelverschiebung der Karkasse (Gürtel bei heutigen Radialreifen) gegenüber der Radmittellinie im Latsch und durch Aufteilung in einen Gleit- und Haftbereich (vgl. Abb. 7.13). Dabei entsteht die Auslenkung des Reifenprofils im Haftbereich durch den Schräglaufwinkel und im Gleitbereich durch Parallelverschiebung gegenüber der Karkassenmittellinie. Unter der Annahme einer konstanten Flächenpressung über des gesamten Latsches kann davon ausgegangen werden, dass die Reifenlängskraft F_x und die Reifenquerkraft F_y im Flächenschwerpunkt der approximierten Trapezfläche angreifen (vgl. Abb. 7.27). Zur Ermittlung des Bewegungszustandes im Latsch (Gleiten oder Haften) muss zunächst die Gleitgeschwindigkeit bestimmt werden:

$$v_G = v_P \sqrt{s_{A,B}^2 + \tan^2\alpha}, \tag{7.79}$$

wobei v_P die Geschwindigkeit in Latschlängsrichtung gemäß Abb. 7.7 und $s_{A,B}$ den Schlupf laut Tab. 7.2 bezeichnet. Mithilfe der Gleitgeschwindigkeit und dem

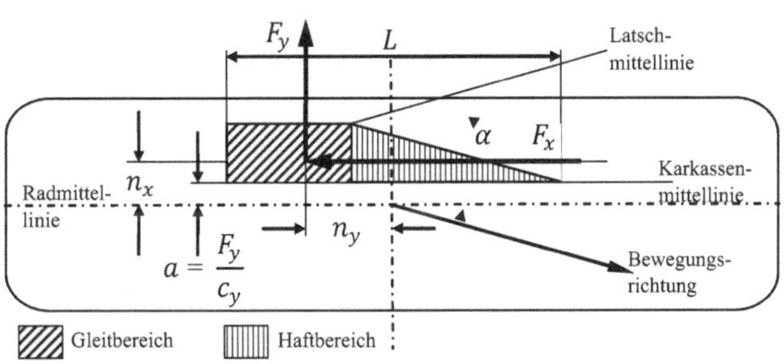

Abb. 7.27 Ableitung des HSRI-Modells durch trapenzförmige Approximation der Latschfläche mit Haft- und Gleitbereich

Haftreibungskoeffizienten μ_0 lässt sich der Haftreibbeiwert zwischen Fahrbahn und Reifen berechnen zu

$$\mu = \mu_0 \left(1 - k_R \tanh(av_G)^2\right), \tag{7.80}$$

wobei die Kraftschlussfaktoren k_R und a von der Beschaffenheit der Fahrbahn abhängen. Unter Verwendung der Umfangssteifigkeit c_s und der Schräglaufsteifigkeit c_α (s. Gl. (7.30) und (7.35)) erhält man damit die wesentliche dimensionslose Kenngröße $\bar{s}_R$

$$\bar{s}_R = \frac{\sqrt{\left(c_s s_{A,B}\right)^2 + (c_\alpha \tan\alpha)^2}}{\mu F_z \left(1 - s_{A,B}\right)}. \tag{7.81}$$

Ist nun $\bar{s}_R \leq 0,5$, dann liegt kein Gleiten sondern ausschließlich Haften im Latsch vor. Für die Längs- und die Querkraft gelten die folgenden Gleichungen:

$$F_x = c_s s_{A,B} \frac{1}{1 - s_{A,B}}, \tag{7.82}$$

$$F_y = c_\alpha \tan\alpha. \tag{7.83}$$

Ist anderenfalls $\bar{s}_R > 0,5$, so liegt Gleiten und Haften in der Latschfläche vor (s. Abb. 7.27) und die Reifenkräfte berechnen sich wie folgt:

$$F_x = \frac{c_s s_{A,B} \left(\bar{s}_R - 0,25\right)}{\bar{s}_R{}^2 (1 - s_{A,B})}, \tag{7.84}$$

$$F_y = \frac{-c_\alpha \tan\alpha \left(\bar{s}_R - 0,25\right)}{\bar{s}_R{}^2 (1 - s_{A,B})}. \tag{7.85}$$

Zur Berechnung des Rückstellmoments im Reifenlatsch werden noch die in Abb. 7.27 dargestellten Hebelarme n_x und n_y benötigt, die ebenfalls abhängig von der Kenngröße $\bar{s}_R$ berechnet werden. Bei reinem Haften ($\bar{s}_R \leq 0,5$) sind die Hebelarme über die Position des Flächenschwerpunktes des dreieckigen Haftungsbereiches definiert als

$$n_x = \frac{2}{3} L \tan\alpha + \frac{F_y}{c_y}, \tag{7.86}$$

$$n_y = \frac{1}{6} \left(\ell + 2\bar{s}_R \left(0,5 - \bar{s}_R\right)\right), \tag{7.87}$$

wobei die Reifenseitensteifigkeit c_y näherungsweise aus der vertikalen Reifensteifigkeit c_z berechnet werden kann zu

$$c_y \approx \frac{c_z}{2}. \tag{7.88}$$

Bei Gleiten und Haften ($\bar{s}_R > 0,5$) ergeben sich die Hebelarme n_x und n_y wie folgt:

$$n_x = \frac{L}{2}\tan\alpha\left(\left(\frac{\bar{s}_R - \frac{1}{3}}{\bar{s}_R\left(\bar{s}_R - \frac{1}{4}\right)}\right) + \frac{F_y}{c_y}\right), \tag{7.89}$$

$$n_y = \frac{L}{2}\left(\frac{12 - \frac{1}{\bar{s}_R{}^2}}{12 - \frac{3}{\bar{s}_R}} - 1\right)\left(\frac{1 - (\bar{s}_R - 0,5)}{C_{Korrektur}}\right). \tag{7.90}$$

Damit ergibt sich das Rückstellmoment im Latsch über das Momentengleichgewicht

$$M_z = F_y n_y - F_x n_x. \tag{7.91}$$

Der Einfluss des Sturzes kann vereinfachend linearisiert entsprechend den Gl. (7.40) und (7.41) hinzuaddiert werden. Somit sind mithilfe dieser teilweise empirisch gewonnenen Beziehungen die Reifenkräfte auch bis hin zum Stillstand des Fahrzeugreifens zuverlässig beschrieben.

7.5 Instationäres Reifenverhalten

Alle bisherigen Betrachtungen hatten zur Voraussetzung, dass der Bewegungszustand des Rades stationär oder wenigstens quasistationär angenommen werden konnte. Herunter gebrochen auf die eingeführten Parameter bedeutet dies, dass die Größen Umfangsschlupf, Schräglaufwinkel, Sturz sowie Radkräfte und -momente zeitlich konstant bleiben oder sich wenigstens nur sehr langsam ändern.

Bei der Untersuchung einer Vielzahl fahrdynamischer Vorgänge sind diese Voraussetzungen jedoch nicht oder nur unzureichend erfüllt. Dies gilt insbesondere für Manöver wie z. B. Lenkwinkelsprung, ABS-Bremsungen und ESP-Eingriffe. In diesen Fällen ändern sich Umfangsschlupf $s(t)$ und Schräglaufwinkel $\alpha(t)$ sehr schnell mit der Zeit. Folgend muss dann berücksichtigt werden, dass sich die Reifenkräfte $F_x(t)$, $F_y(t)$ und -momente $M_z(t)$ nur zeitlich verzögert aufbauen können. Der Grund dafür ist, dass der Kraftaufbau mit der Bewegung des Reifens einhergeht.

Im einfachsten Fall wird der Kraftaufbau über der Zeit durch ein Verzögerungsglied erster Ordnung berücksichtigt. Damit verhält sich der Kraftaufbau wie ein regelungstechnisches PT_1-Glied. Der zeitliche Aufbau der Kräfte kann in erster Näherung wie folgt beschrieben werden (Ersoy 2007):

$$T_x\frac{dF_x}{dt} + dF_x = F_{x,stat} \tag{7.92}$$

für die Reifenumfangskraft und

$$T_y\frac{dF_y}{dt} + dF_y = F_{y,stat} \tag{7.93}$$

für die Reifenseitenkraft. Die Zeitkonstanten T_x und T_y in der Gl. (7.92) und (7.93) ergeben sich zu

$$T_x = \frac{c_{s,stat}}{c_{x,stat} v_x}, T_y = \frac{c_{\alpha,stat}}{c_{y,stat} v_x}. \tag{7.94}$$

Dabei wurden die folgenden Parameter verwendet:

- die Umfangssteifigkeit

$$c_{s,stat} = \left[\frac{dF_x}{ds}\right]_{s=0}, \tag{7.95}$$

- die Schräglaufsteifigkeit

$$c_{\alpha,stat} = \left[\frac{dF_y}{d\alpha}\right]_{\alpha=0} \tag{7.96}$$

- sowie die (statische) Reifenlängssteifigkeit und Seitensteifigkeit $c_{x,stat}$ bzw. $c_{y,stat}$, die Längsgeschwindigkeit v_x und die statischen Reifenkräfte $F_{x,stat}$ und $F_{y,stat}$ bei s bzw. bei α.

Die Einlauflängen

$$\sigma_s = \frac{c_{s,stat}}{c_{x,stat}}, \tag{7.97}$$

$$\sigma_\alpha = \frac{c_{\alpha,stat}}{c_{y,stat}} \tag{7.98}$$

charakterisieren die Wegabhängigkeit des Aufbaus der Radkräfte. Die Einlaufwinkel beschreiben dabei gerade den Weg, den der Reifen zurücklegen muss, um ca. zwei Drittel der dynamischen Reifenkraft aufzubauen.

Literatur

Ammon D (1997) Modellbildung und Systementwicklung in der Fahrzeugdynamik. B. G. Teubner, Stuttgart

Böhm F, Duchow A, Hahn P (1985) Beanspruchung und Verformung des Gürtelreifens unter Innendruck. Automobilindustrie 3:317–323

Dugoff H, Fancher PS, Segel L (1969) Tire performance characteristics affecting vehicle response to steering and breaking control inputs. Highway Safety Research Institute, The University of Michigan An Arbor, Michigan

Ersoy M, Heißing B (Hrsg) (2007) Fahrwerkhandbuch: Grundlagen, Fahrdynamik, Komponenten, Systeme, Mechatronik, Perspektiven. Vieweg, Wiesbaden

Gillespie T (1992) Fundamentals of vehicle dynamics. Society of Automotive Engineers, Warrendale

Gipser M (2002) Ftire: ein physikalisch basiertes, anwendungsorientiertes Reifenmodell für alle wichtigen fahrzeugdynamischen Fragestellungen. In: 4. Darmstädter Reifenkolloqium, Darmstadt, S 42–68

Gipser M (1987) DNS-Tire, ein dynamisches, räumliches nichtlineares Reifenmodell. VDI-Berichte Nr. 650, S 115–136

Gipser (2010) http://www.cosin.eu/prod_FTire

Leister G (2009) Fahrzeugreifen und Fahrwerkentwicklung. GWV Fachverlage GmbH, Wiesbaden

Pacejka HB, Bakker E (1993) The magic formula tyre model, tyre models for vehicle dynamic analysis. In: Pacejka HB (Hrsg) Proceedings of the 1st international colloquium on tyre models for vehicle dynamic analysis. Swets & Zeitlinger, Lisse, S 1–18

Pacejka HB (2006) Tyre and vehicle dynamics, 2. Aufl. Butterworth-Heinemann Ltd, Oxford

Reimpell J, Sponagel P (1988) Fahrwerktechnik: Reifen und Räder, Vogel Fachbuch. Vogel-Verlag, Würzburg

Rill G (1994) Simulation von Kraftfahrzeugen. Vieweg Verlag, Braunschweig/Wiesbaden

Schieschke R, Gnadler R (1987) Modellbildung und Simulation von Reifeneigenschaften, VDI-Bericht 650. VDI-Verlag, Düsseldorf

Schnelle K-P (1990) Simulationsmodelle für die Fahrdynamik von Personenwagen unter Berücksichtigung der nichtlinearen Fahrwerkskinematik. Dissertation. Fortschritt-Berichte VDI, Reihe 12, Nr. 146. Universität Stuttgart

Schuster C (1999) Strukturvariante Modelle zur Simulation der Fahrdynamik bei niedrigen Geschwindigkeiten. Dissertation. Shaker Verlag GmbH. Universität – Gesamthochschule Duisburg

Schulze DH (1987) Instationäre Modelle des Luftreifens als Bindungselemente in Mehrkörpersystemen für fahrdynamische Untersuchungen. VDI-Fortschrittberichte, Reihe 12, Nr. 88

Uffelmann F (1980) Berechnung des Lenk- und Bremsverhaltens von Kraftfahrzeugzügen auf rutschiger Fahrbahn. Dissertation, TU Braunschweig

Wiegner P (1974) Über den Einfluss von Blockierverhinderern auf das Fahrverhalten von Personenkraftwagen bei Panikbremsungen. Dissertation, TU Braunschweig

Zomotor A (1991) Fahrwerktechnik: Fahrverhalten, 2. Aufl. Vogel Verlag und Druck KG, Würzburg

Modellierung des Antriebsstranges 8

In den Kap. 5, 6 und 7 wurden die für ein räumliches Gesamtfahrzeugmodell wichtigsten Subsysteme Fahrgestell, Radaufhängungen sowie Reifen und Räder modelliert und ihre Funktionsweise an Beispielen erläutert. Ein weiteres wichtiges Subsystem ist der Antriebsstrang eines Personenkraftwagens. Er liefert einen entscheidenden Beitrag zur detaillierten Berechnung der Antriebsdynamik, wie sie z. B. zur Auslegung einer Antriebsschlupfregelung (ASR), eines Antiblockiersystems (ABS) oder einer elektronischen Stabilitätskontrolle (ESP) benötigt wird. (Dagegen kann die Dynamik des Antriebsstrangs – abgesehen von ihrem Beitrag zum Massenträgheitsmoment des Fahrzeugs – bei der Auslegung einer reinen ABS-Bremsung vernachlässigt werden.)

8.1 Antriebskonzepte

Prinzipiell unterscheidet man bei Pkws (wie in den Abb. 8.1, 8.2 und 8.3 schematisch dargestellt) die drei Antriebskonzepte Frontantrieb, Heckantrieb und Allradantrieb, die hier am Beispiel verbreiteter Fahrzeugmodelle illustriert werden.

Die allgemeine Vorgehensweise zur Modellierung eines Antriebsstranges wird im Folgenden am Beispiel des frontgetriebenen Fahrzeugs (VW Golf) exemplarisch dargestellt.

8.2 Modellbildung

In den folgenden Abschnitten werden die wesentlichen Aspekte der Modellierung des Antriebseinflusses auf das Fahrverhalten eines Fahrzeugs behandelt. Neben der Behandlung der Bewegung des Motorblocks und der Erstellung eines geeigneten Modells des

D. Schramm et al., *Modellbildung und Simulation der Dynamik von Kraftfahrzeugen*,
https://doi.org/10.1007/978-3-662-54481-5_8

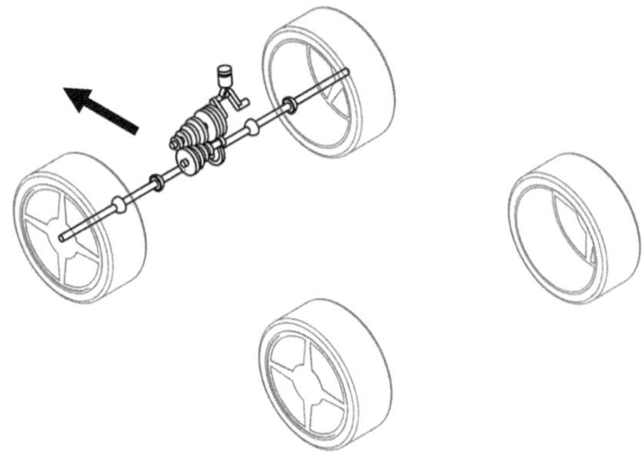

Abb. 8.1 Frontgetriebenes Fahrzeug, z. B. VW Golf VI

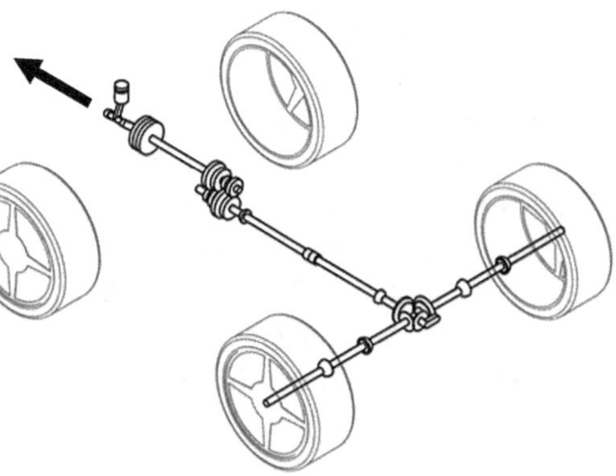

Abb. 8.2 Heckgetriebenes Fahrzeug, z. B. BMW – 5er Baureihe

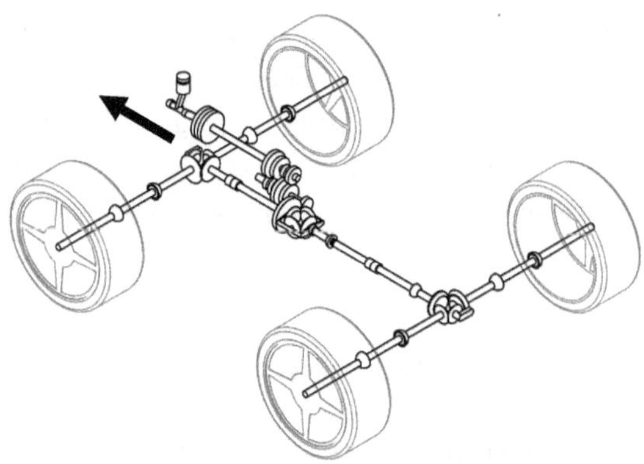

Abb. 8.3 Allradgetriebenes Fahrzeug, z. B. AUDI A5 Coupé quattro

Antriebsstranges wird dabei insbesondere die Modellierung der Gleichlaufgelenke der Antriebswelle beschrieben.

8.2.1 Bewegungen des Motorblocks

Der Motorblock liefert einen wesentlichen Bestandteil zur Dynamik des Antriebsstranges. Ziel dieses Abschnittes ist es, die räumliche Bewegung des Motorblocks zu beschreiben. Hierbei ist sowohl eine inertiale (raumfeste) als auch eine relative (fahrzeugfeste) Beschreibung der Bewegung möglich.

Bei der inertialen Beschreibung wird die Bewegung des Motorblocks mithilfe der drei unabhängigen Translations- und der drei unabhängigen Rotationsfreiheitsgrade des Motorblocks relativ zum Inertialsystem „E" beschrieben. Der Vorteil dieser Methodik besteht darin, dass die Elemente der Massenmatrix und die Kreiselterme bezüglich der Bewegungen des Fahrgestells und des Motorblocks entkoppelt sind. Die Kopplung beider Bewegungen resultiert ausschließlich aus den Kräften der elastischen Motorlager; man spricht in diesem Falle von einer Kraftkopplung. Für die Beschreibung der Motorblockbewegung sind allerdings immer sechs Freiheitsgrade notwendig. Dazu müssten die Lager in allen sechs Koordinaten vermessen werden, was nur über einen sehr hohen Messaufwand möglich wäre. Ein weiterer Nachteil dieser Vorgehensweise besteht darin, dass es unmöglich ist, einzelne Freiheitsgrade abzuschalten, da der Motor im Raum eine allgemeine Lage annehmen kann.

Bei der relativen Beschreibung wird die Bewegung des Motorblocks durch eine beliebige (maximal sechs) aber frei wählbare Anzahl von Freiheitsgraden relativ zum Fahrzeug beschrieben, die sich an der jeweiligen technischen Realisierung der Motorlagerung orientiert. In diesem Fall sind jedoch die Elemente der Massenmatrix und die Kreiselterme, die den Freiheitsgraden des Fahrgestells und des Motorblocks zugeordnet sind, nicht mehr entkoppelt; man spricht von einer Massenkopplung.

Untersuchungen der Bewegungen des Motorblocks im Fall eines frontgetriebenen Fahrzeugs mit quereingebautem Motor haben gezeigt, dass dieser im Wesentlichen eine Hubbewegung in Richtung der vertikalen Fahrzeugachse und eine Nickbewegung um eine zu den Antriebswellen parallele Achse ausführt. Alle übrigen Bewegungen sind im Vergleich zu diesen Hauptbewegungen klein. Dieses Ergebnis führt dazu, dass die relative Beschreibung der Bewegung des Motorblocks mit eben diesen beiden Freiheitsgraden der inertialen Beschreibung vorzuziehen ist (Schmitz 1994).

8.2.2 Modell des Antriebsstranges

Abbildung 8.4 zeigt das verwendete kinematische Modell des hier betrachteten Antriebsstranges. Die Übertragungselemente Abtriebswelle und Gelenkwelle zwischen Motorblock und Rad sind hier nur für die linke Fahrzeugseite dargestellt. Für die rechte

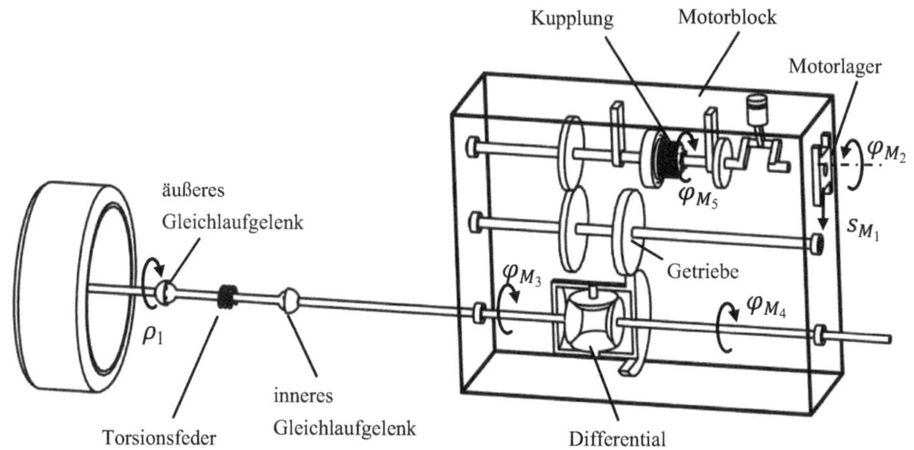

Abb. 8.4 Modell des Antriebsstranges eines frontgetriebenen Pkw

Fahrzeugseite existiert ein topologisch gleichwertiges System. Erkennbar sind die Subsysteme Motorgehäuse, Kurbelwelle, Kupplung, Getriebe, Ausgleichsgetriebe (Differential), Abtriebswelle und Gelenkwelle mit Gleichlaufgelenken. Unmittelbar hinter dem äußeren Gleichlaufgelenk schließen sich die bereits in den vorigen Kapiteln behandelten Subsysteme auftretender Körper Radträger und Rad an.

Das vorliegende Modell des Antriebsstranges basiert auf folgenden Grundüberlegungen:

- Im realen System wird der Motorblock durch zwei konventionelle Elastomerlager und ein Hydrolager abgestützt. Die Anordnung der Lager erlaubt dem Motorblock im Wesentlichen eine Hub- und Nickbewegung. Diese spezielle Bewegungsform wird berücksichtigt, indem die Motorlagerung durch ein Schub- und ein Drehgelenk mit eben diesen beiden Freiheitsgraden modelliert wird. Die Rückstell- und Dämpfungskräfte der Motorlager werden in der Dynamik durch entsprechende Kraftelemente berücksichtigt. Weitere Einzelheiten zum Motorlager (allgemein) sind im Abschn. 8.2.3 zu finden.
- Das vom Verbrennungsmotor auf die Kurbelwelle übertragene Drehmoment stellt die Eingangsgröße für den Antriebsstrang dar.
- Die Kupplung überträgt das Antriebsmoment auf das Getriebe. Die Modellierung der Kupplung als torsionselastisches Bauteil führt hier zu einem weiteren Freiheitsgrad. Die Rückstellmomente können aus der zugeordneten nichtlinearen Kupplungskennlinie ermittelt werden.
- Im Getriebe werden Drehzahl und Drehmoment gewandelt. Das nachgeschaltete Ausgleichsgetriebe (Differential) verteilt das Drehmoment gleichmäßig auf die linke und rechte Abtriebswelle.

- Die Gelenkwellen übertragen die Drehbewegung gleichförmig auf die beiden Vorderräder (Schmelz et al. 1988; Schütz 1971) und werden wie die Kupplung als torsionselastische Bauteile modelliert. Daraus resultieren zwei weitere Freiheitsgrade. Auf die Modellierung der Gelenkwellen wird im Abschn. 8.2.4 noch näher eingegangen.
- Schaltvorgänge werden zunächst nicht berücksichtigt.
- Im Getriebe werden weder Flankenspiel noch Reibungseinflüsse betrachtet.

Daraus ergibt sich beim späteren Gesamtfahrzeugmodell über dieses Antriebsstrangmodell ein Beitrag von $f = 5$ zusätzlichen Freiheitsgraden mit den Koordinaten:

s_{M_1}: Hubkoordinate des Motorblocks,
φ_{M_2}: Nickwinkel des Motorblocks,
φ_{M_3}: Drehwinkel der linken Abtriebswelle,
φ_{M_4}: Drehwinkel der rechten Abtriebswelle,
φ_{M_5}: Drehwinkel der Kurbelwelle

Das Fahrzeugmodell für den VW Golf besitzt damit z. B. insgesamt $f = 21$ Freiheitsgrade, wie in Kap. 12 noch gezeigt wird.

8.2.3 Motorlager

Steigende Komfortansprüche haben die Auslegung des Motorlagers zu einem ausgedehnten Arbeitsgebiet in der Automobilindustrie gemacht. Aufbau, Eigenschaften, Aufgaben und Optimierungsmöglichkeiten von Motorlagern werden in der Literatur vielfach beschrieben, z. B. bei Johnson und Subhedary (1979), Mitschke und Wallentowitz (2004), Bathelt et al. (1989). Inhalt der folgenden Ausführungen sind Ansätze zur Modellierung des Motorlagers innerhalb eines räumlichen Fahrzeugmodells (Schmitz 1994).

Kinematisches Ersatzsystem Während die Getriebewellen innerhalb des Motorblocks um feste Achsen rotieren, kann der Motorblock aufgrund seiner in allen Richtungen elastischen Lagerungen eine allgemeine räumliche Bewegung relativ zum Fahrzeug ausführen (s. Abb. 8.5). Je nach Konstruktionsprinzip ist der Motorblock an drei bis fünf Lagerstellen mit dem Fahrzeugaufbau verbunden (Demant et al. 1990)

Bei dieser Vorgehensweise ist die Bestimmung der Parameter der Motorlager allerdings ausgesprochen schwierig. Jedes Lager muss einzeln in seinen Achsrichtungen vermessen werden. Zudem sind die Federkonstanten in Quer-und Längsrichtung des Fahrzeugs sehr hoch, woraus steife Differentialgleichungen und somit eine geringe Rechenzeiteffizienz bei der Verwendung von numerischen Integrationsverfahren mit einer variablen Schrittweite resultieren.

Hier wird ein anderer Weg basierend auf einer von (Schnelle 1990) entwickelten Vorgehensweise zur Modellierung elastischer Lager beschritten. Ziel ist es, von den möglichen

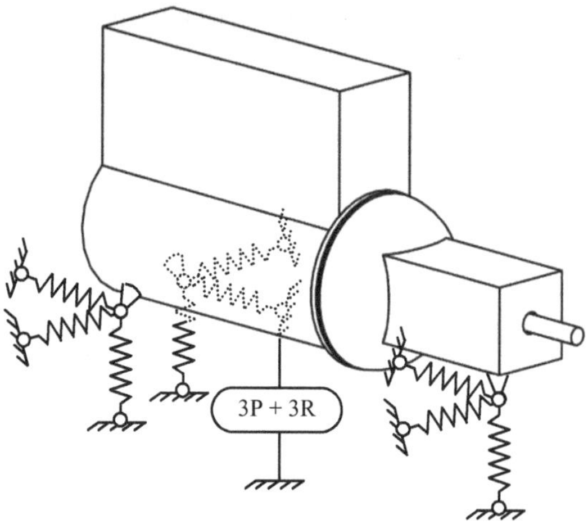

Abb. 8.5 Motorblock mit elastischen Lagerungen

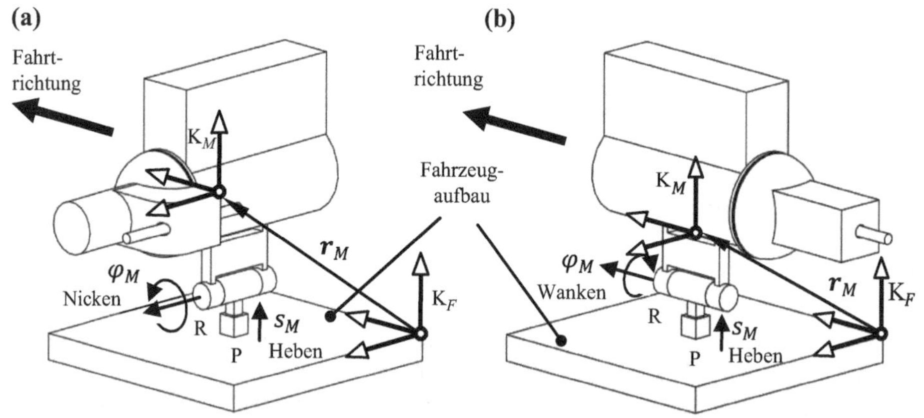

Abb. 8.6 Kinematisches Ersatzmodell eines Motorlagers mit reduzierter Anzahl von Koordinaten, **a** quer eingebauter Motor, **b** längs eingebauter Motor

Bewegungen des Motorblocks nur die relevanten zu berücksichtigen und somit eine Verringerung der Anzahl der benötigten Koordinaten und Parameter zu erreichen.

Messungen zeigen, dass einige Bewegungen des Motorblocks relativ zum Fahrzeugaufbau dominieren. Dies sind die Drehungen um Achsen parallel zu den Abtriebswellen des Getriebes, da in diesen Richtungen das Motormoment und die Hubbewegung, die durch eine unebene Fahrbahn angeregt wird, übertragen werden. In Abb. 8.6 sind die aus je einem Drehgelenk (R) bzw. einem Schubgelenk (P) aufgebauten kinematischen Modelle der Motorlagerung eines Fahrzeugs mit quer und längs eingebautem Motor dargestellt. Geeignete Kraftgesetze, wie sie in Kap. 9 behandelt werden, lassen sich direkt in den Gelenkkoordinaten formulieren.

Wählt man die Gelenkkoordinaten des kinematischen Ersatzsystems s_{M_1}, φ_{M_2}, als verallgemeinerte Koordinaten $\boldsymbol{q}_M$ für die Bewegung des Motorblocks, so folgt dessen

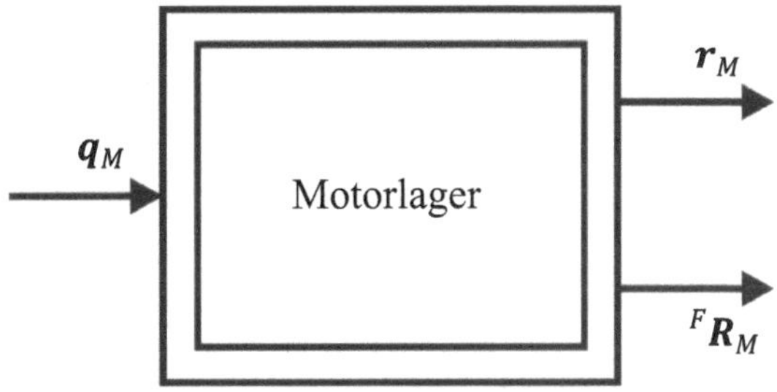

Abb. 8.7 Motorlagerung als kinematischer Transformator

räumliche Bewegung relativ zum Fahrgestell durch unmittelbare Anwendung der Beziehungen der Vorwärtskinematik. Das Übertragungsverhalten kann durch den in Abb. 8.7 dargestellten kinematischen Transformator symbolisiert werden. Dabei bezeichnet $\boldsymbol{r}_M$ den Ortsvektor zum Referenzpunkt des Motorblocks und ${}^F\boldsymbol{R}_M$ die Kraft auf den Motorblock.

Hydrolager Die Auslegung des Motorlagers beeinflusst sowohl das mechanische als auch das akustische Schwingungsverhalten eines Fahrzeugs. Dies führt aufgrund der gestiegenen Ansprüche an den Fahrkomfort zu einem Zielkonflikt. Einerseits sollte die Lagerung möglichst großvolumig und weich sein, um eine gute Schallisolation zu gewährleisten. Andererseits führt eine weiche Lagerung bei Anregungen geringer Frequenz und hoher Amplitude, wie sie beispielsweise durch Fahrbahnunebenheiten verursacht werden, zu großen Amplituden in der Vertikalbewegung des Motorblocks. Das Schütteln der relativ großen Motormasse überträgt sich über den Fahrzeugaufbau auf die Insassen. Man bezeichnet diesen Effekt auch als Motorstuckern oder Engine Shake (Dödlbacher 1982).

Zur Lösung dieses Zielkonfliktes setzen die Fahrzeughersteller Hydrolager ein, die eine definierte Abhängigkeit der Dämpfung und Steifigkeit von der Anregungsfrequenz aufweisen. Abbildung 8.8 zeigt den Aufbau eines Hydrolagers und die zugehörige Frequenzabhängigkeit der dynamischen Steifigkeit und des Verlust- oder Phasenwinkels.

Die Modellierung des dynamischen Verhaltens von Hydrolagern wird in zahlreichen Arbeiten behandelt, z. B. (Holzemer 1985), (Freudenberg und Freudenberg 1998). Hauptaspekt ist die exakte Beschreibung der Strömung durch den Ringkanal bzw. die Düsenplatte. Das in Abb. 8.9a dargestellte mechanische Ersatzsystem bildet in guter Näherung das dynamische Verhalten eines Hydrolagers ab, s. (Bösenberg und van den Boom 1979; Zamow und Witte 1988).

Die Kraftelemente in den Strängen I und III können unmittelbar mit den Körpern des Hydrolagers identifiziert werden. Dieses Teilsystem ist für das grundlegende Lagerverhalten verantwortlich. Häufig weisen auch realisierte Hydrolager einen unerwünschten Anstieg der dynamischen Steifigkeit im Bereich hoher Frequenzen auf (Göhlich und Köder 1992). Eine zusätzlich parallel geschaltete Dämpfung d_1 berücksichtigt diesen Effekt. Das Lagerverhalten wird im Zeitbereich durch die Differentialgleichungen

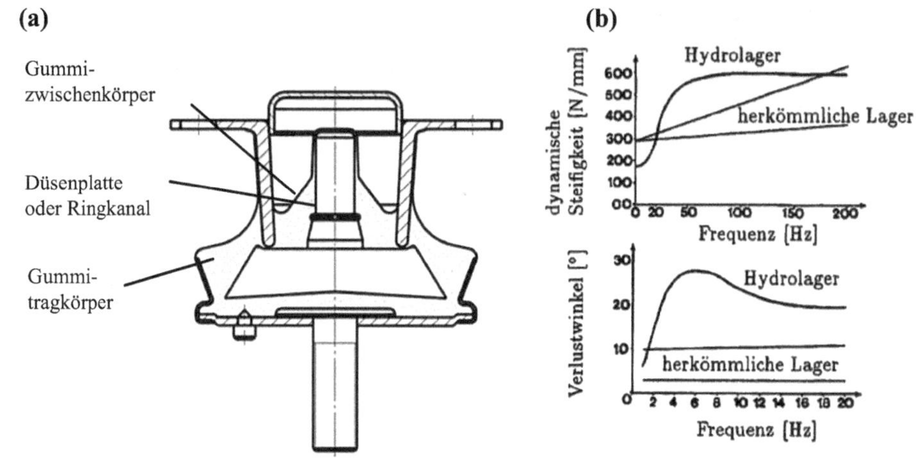

Abb. 8.8 Hydrolager eines Porsche 944 (vgl. Freund und von Sivers 1981), **a** Aufbau, **b** Wirkungsdiagramme

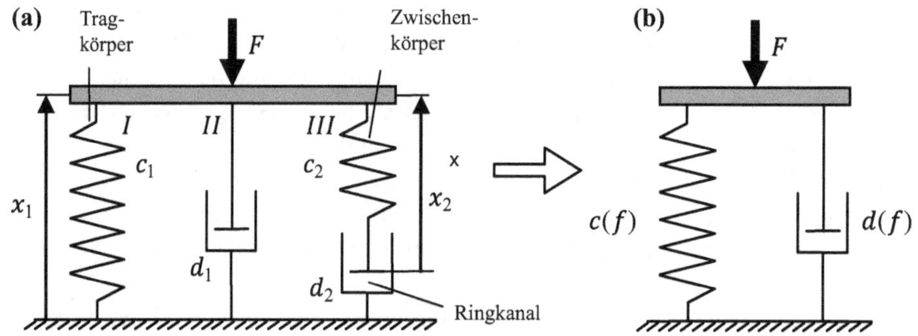

Abb. 8.9 Hydrolager, **a** mechanisches Ersatzsystem, **b** Interpretation als Parallelschaltung einer frequenzabhängigen Steifigkeit und Dämpfung

$$F = c_1x_1 + d_1\dot{x}_1 + c_2x_2, \tag{8.1}$$

$$d_1(\dot{x}_1 - \dot{x}_2) = c_2x_2 \tag{8.2}$$

beschrieben. Die Berücksichtigung des Hydrolagers im Gesamtfahrzeugmodell bewirkt eine ungerade Systemordnung, d. h. eine ungerade Anzahl von Differentialgleichungen erster Ordnung (s. Schiehlen und Eberhard 2004). Transformiert man das System in den Frequenzbereich und identifiziert die Übertragungsfunktion mit der Übertragungsfunktion des Systems aus Abb. 8.9

$$\frac{F(\mathrm{j}\omega)}{X_1(\mathrm{j}\omega)} \stackrel{!}{=} c(\omega) + \mathrm{j}\omega d(\omega). \tag{8.3}$$

so erhält man die frequenzabhängige Steifigkeit und Dämpfung

$$c(\omega) = \mathrm{Re}\left\{\frac{F(\mathrm{j}\omega)}{X_1(\mathrm{j}\omega)}\right\}, d(\omega) = \frac{1}{\omega}\mathrm{Im}\left\{\frac{F(\mathrm{j}\omega)}{X_1(\mathrm{j}\omega)}\right\}. \tag{8.4}$$

Die dynamische Steifigkeit und der Verlustwinkel folgen aus

$$c_{dyn} = \left|\frac{F(\mathrm{j}\omega)}{X_1(\mathrm{j}\omega)}\right|, \phi = \arg\left(\frac{F(\mathrm{j}\omega)}{X_1(\mathrm{j}\omega)}\right). \tag{8.5}$$

Abbildung 8.10a zeigt das dynamische Verhalten des Hydrolagermodells im Vergleich zu einem herkömmlichen Gummi-Metall-Motorlager, das als Parallelschaltung einer Feder und eines Dämpfers mit konstanten Kenngrößen modelliert ist. Es ergibt sich eine gute Übereinstimmung mit den Messergebnissen aus Abb. 8.8b. Darüber hinaus ist in Abb. 8.10b die Frequenzabhängigkeit der Steifigkeit und der Dämpfung eines Hydrolagers wiedergegeben. Die verwendeten Systemdaten sind Tab. 8.1 zu entnehmen.

8.2.4 Modellierung der Gleichlaufgelenke

Gleichlaufgelenke werden in Kraftfahrzeugen mit Frontantrieb eingesetzt, um eine nahezu gleichförmige Übertragung der Drehbewegung von der Abtriebswelle auf die Räder zu

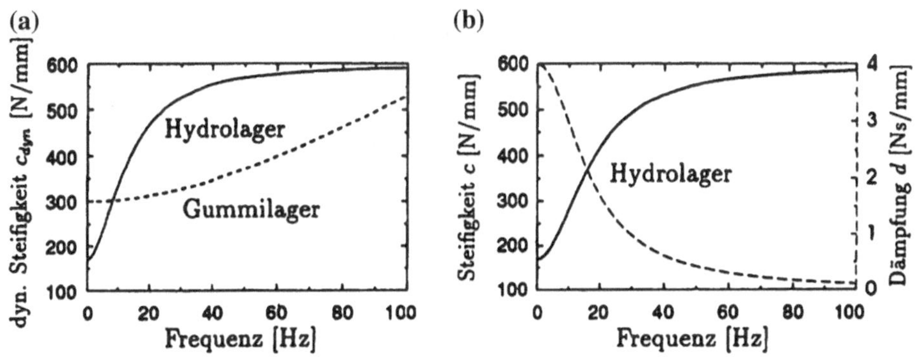

Abb. 8.10 Dynamisches Verhalten eines Hydrolagers (Schmitz 1994)

Tab. 8.1 Systemdaten zu Abb. 8.10

Hydrolager		Gummilager
$c_1 = 170$	N/mm	$c_1 = 300$ N/mm
$c_2 = 430$	N/mm	
$d_1 = 0$	Ns/mm	$d_1 = 0,7$ Ns/mm
$d_2 = 4$	Ns/mm	

gewährleisten. Damit unterscheiden sie sich grundsätzlich von Kardangelenken, die die Winkelgeschwindigkeiten deutlich ungleichförmiger übertragen. Die Ungleichförmigkeit zwischen Eingangs- und Ausgangswinkelgeschwindigkeit ist umso größer, je größer der Beugungswinkel der Kardanwelle ist (Schmelz et al. 1988; Schütz 1971).

Im Rahmen dieses Abschnitts werden der Einfluss des Antriebsstranges auf das Fahrverhalten sowie die Bewegungsübertragung im Antriebsstrang untersucht. Deshalb ist eine exakte Modellierung der Gleichlaufgelenke besonders wichtig. Das innere, differentialseitige Gleichlaufgelenk ist als Verschiebegelenk ausgebildet, d. h. es lässt Verschiebungen in Achsrichtung zu, während das äußere, radseitige Gleichlaufgelenk als Festlager ausgelegt ist (Abb. 8.11). (In heutigen Fahrzeugen werden an der Vorderachse innen Tripodegelenke verbaut.)

Die Abb. 8.12 zeigt das verwendete kinematische Modell des Gleichlaufgelenks (vgl. Matschinsky 1987; Hunt, 1990), während in Abb. 8.13 die gesamte Gelenkwelle mit dem inneren, motorseitigen sowie dem äußeren, radseitigen Gleichlaufgelenk dargestellt ist. Die kinematische Topologie der Gleichlaufgelenke ist dabei identisch.

Gemäß Abb. 8.12, werden die beiden Wellen durch das Kugelgelenk S_1 verbunden. Die Übertragung der Winkelgeschwindigkeit erfolgt über den dargestellten Mechanismus (kinematische Schleife), bestehend aus zwei Drehgelenken R_1, R_2 und dem Kugelgelenk S_2. Das Gelenk S_2 bewegt sich dabei in der winkelhalbierenden Ebene zwischen den beiden Wellen. Die gesamte Gelenkwelle besteht aus drei Einzelwellen, die durch die beiden bereits erwähnten Gleichlaufgelenke zusammengehalten werden.

Der Torsionsfreiheitsgrad wird durch ein konzentriertes Drehgelenk (Differenzwinkel α, Winkelgeschwindigkeit $\dot{\alpha}$) angenähert (Abb. 8.13), die im Folgenden berechnet werden. Nach (Schmitz 1994) folgt für die Einheitsvektoren $\boldsymbol{e}_{G_1}$ und $\boldsymbol{e}_R$ aus geometrischen Betrachtungen

$$\boldsymbol{e}_{G_1} = \boldsymbol{e}_R - \frac{\boldsymbol{e}_R \cdot \boldsymbol{n}_G}{1 + \boldsymbol{n}_R \cdot \boldsymbol{n}_G}(\boldsymbol{n}_R + \boldsymbol{n}_G), \tag{8.6}$$

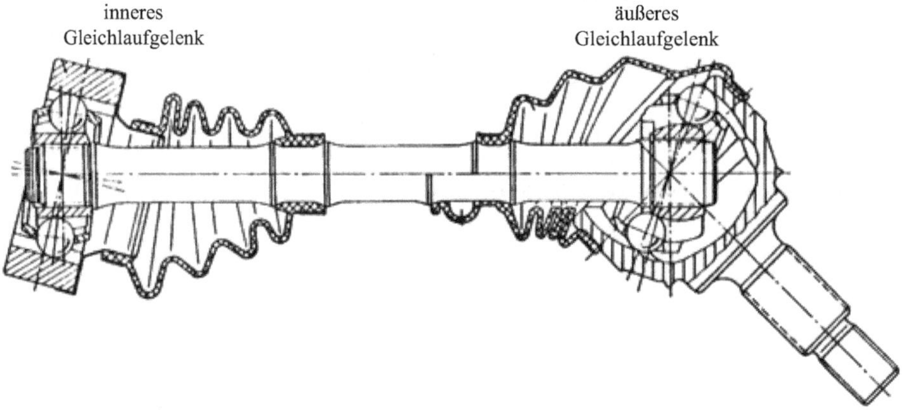

Abb. 8.11 Gelenkwelle eines frontgetriebenen Fahrzeugs

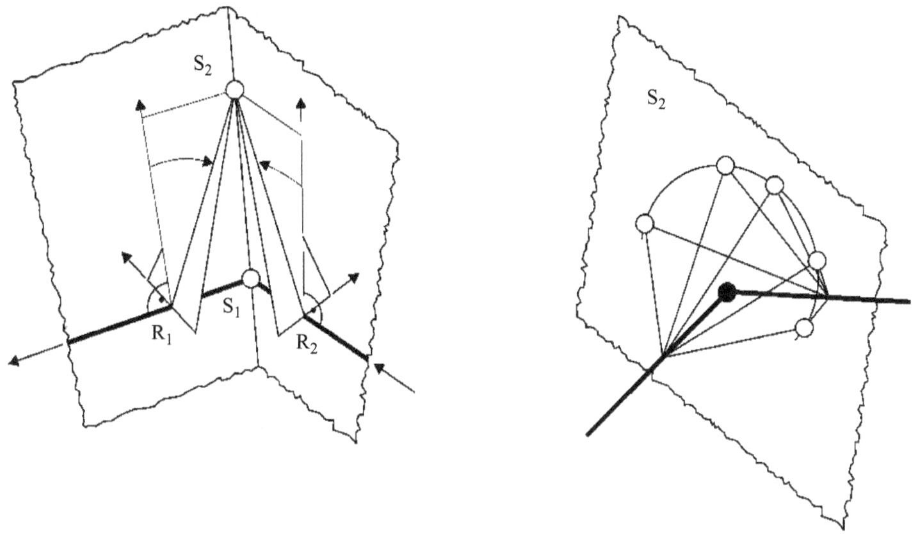

Abb. 8.12 Kinematisches Modell eines Gleichlaufgelenks (Schmitz 1994)

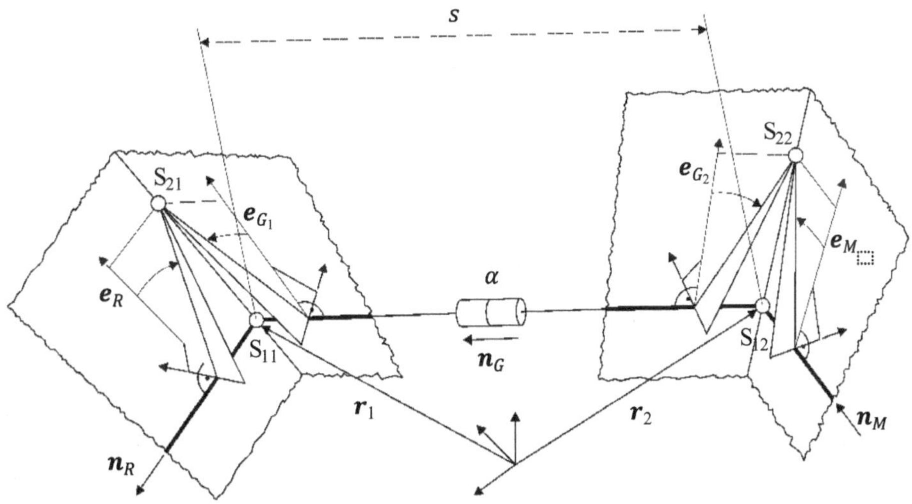

Abb. 8.13 Modell der Gelenkwelle

$$\boldsymbol{e}_{G_2} = \boldsymbol{e}_M - \frac{\boldsymbol{e}_M \cdot \boldsymbol{n}_G}{1 + \boldsymbol{n}_M \cdot \boldsymbol{n}_G}(\boldsymbol{n}_M + \boldsymbol{n}_G). \tag{8.7}$$

Für den Differenzwinkel α ergeben sich damit die Beziehungen

$$\cos\alpha = \boldsymbol{e}_{G_1} \cdot \boldsymbol{e}_{G_2}, \tag{8.8}$$

$$\sin\alpha = \left(\boldsymbol{n}_G \times \boldsymbol{e}_{G_2}\right) \cdot \boldsymbol{e}_{G_1}. \tag{8.9}$$

Zur Berechnung der Differenzwinkelgeschwindigkeit $\dot{\alpha}$ wird zunächst die Winkelgeschwindigkeit senkrecht zur Gelenkwelle berechnet:

$$\boldsymbol{w}_{\perp} = \frac{(\dot{\boldsymbol{e}}_1 - \dot{\boldsymbol{r}}_1) \times \boldsymbol{n}_G}{s}. \tag{8.10}$$

Für die Winkelgeschwindigkeiten parallel zur Gelenkwelle $\boldsymbol{\omega}_{1\parallel}$ (linke Seite) und $\boldsymbol{\omega}_{2\parallel}$ (rechte Seite) folgt dann

$$\boldsymbol{\omega}_{1\parallel} = (\boldsymbol{\omega}_R - \boldsymbol{\omega}_{\perp}) \cdot \frac{\boldsymbol{n}_R + \boldsymbol{n}_G}{1 + \boldsymbol{n}_R \cdot \boldsymbol{n}_G}, \tag{8.11}$$

$$\boldsymbol{\omega}_{2\parallel} = (\boldsymbol{\omega}_M - \boldsymbol{\omega}_{\perp}) \cdot \frac{\boldsymbol{n}_M + \boldsymbol{n}_G}{1 + \boldsymbol{n}_M \cdot \boldsymbol{n}_G}, \tag{8.12}$$

womit die Winkelgeschwindigkeit $\dot{\alpha}$ berechnet werden kann zu

$$\dot{\alpha} = \boldsymbol{\omega}_{1\parallel} - \boldsymbol{\omega}_{2\parallel}. \tag{8.13}$$

8.3 Modell des Motors

In Abb. 8.14 ist der Wirkungszusammenhang verschiedener Komponenten zur Nachbildung eines realen Motormomentenverlaufs prinzipiell dargestellt. Der wesentliche Bestandteil des Motormodells ist das statische Kennfeld, das für gegebene Kurbelwellendrehzahl n und Drosselklappenstellung α^* das stationäre Motormoment M^* liefert. Die verzögerte Drosselklappenstellung α^* wird hierbei aus der unverzögerten Drosselklappenstellung α_{Gas} (Fahrerwunsch) und einem nachfolgendem Verzögerungsglied erster Ordnung PT_1 samt Totzeitglied T_T erhalten.

Das dynamische Verhalten des Motors wird berücksichtigt, indem das stationäre Motormoment M^* durch die Reihenschaltung eines Verzögerungsglieds erster Ordnung PT_1 mit einem Totzeitglied T_t verzögert wird. Das PT_1-Glied erfasst die Saugrohrdynamik des Motors, während durch die Totzeit T_t die Zeitverzögerung zwischen der Füllung des Zylinders und der Abgabe des Moments beschrieben wird. Die Zeitkonstante des PT_1-Glieds hängt

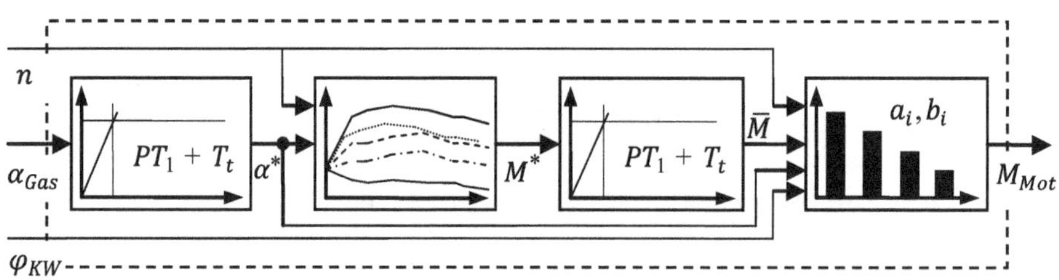

Abb. 8.14 Zur Ergänzung des Motormoments

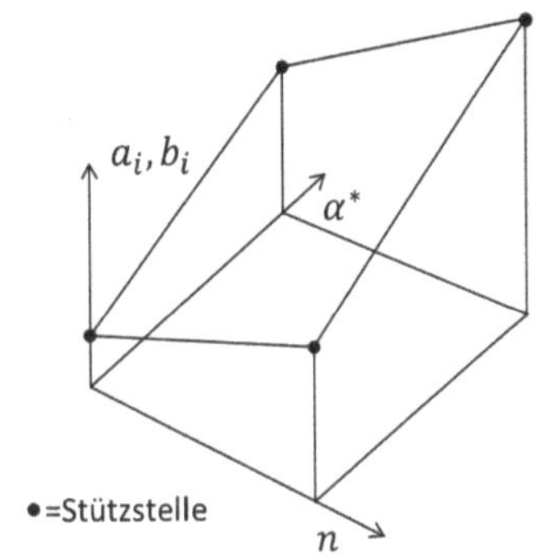

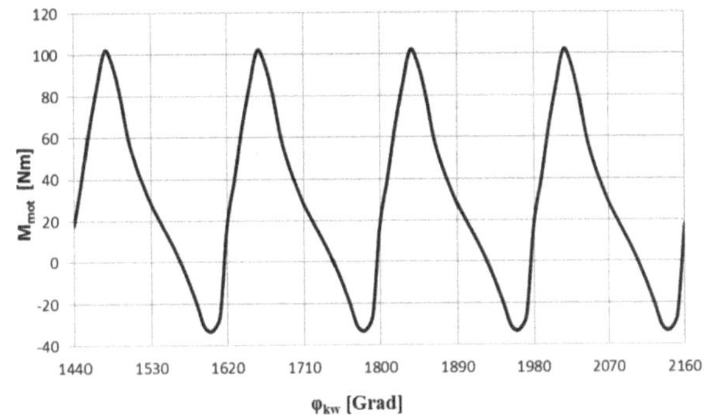

Abb. 8.15 Fourierkoeffizienten und erzeugte Schwingung

im Wesentlichen von der Saugrohrlänge ab. Die Totzeit entspricht in etwa einer halben Kurbelwellenumdrehung. Aus diesem verzögerten mittleren Motormoment $\bar{M}$ erhält man zusammen mit der Motordrehzahl n und dem Kurbelwellenwinkel φ sowie der verzögerten Drosselklappenstellung α^* durch eine Fourierreihenentwicklung nach Gl. (8.14) eine gute Näherung des periodischen Antriebsmoments M_{Mot} des verwendeten Verbrennungsmotors

$$M_{Mot}(\alpha, n, \varphi_{KW}) = \bar{M} + \sum_{i=1}^{N} a_i\left(n, \alpha^*\right)\cos(iz_p\varphi_{KW}) + b_i\left(n, \alpha^*\right)\sin\left(iz_p\varphi_{KW}\right). \qquad (8.14)$$

Darin beschreiben a_i und b_i die Fourierkoeffizienten und z_p einen Faktor, der die Motorbauart charakterisiert (für einen Viertaktmotor gilt $z_p = 0,5$). Die Fourierkoeffizienten werden in Abhängigkeit der Kurbelwellendrehzahl n sowie der Drosselklappenstellung α^* durch doppelte lineare Interpolation zwischen den Stützstellen an den vier Eckpunkten berechnet, s. auch Abb. 8.15 (links). Der Verlauf des erhaltenen Motormoments M_{Mot} ist in Abb. 8.15 (rechts) dargestellt, wobei hier ein schwingungsreduzierendes Zweimassenschwungrad nicht berücksichtigt wurde.

8.4 Relativkinematik des Antriebsstranges

In dem in Abb. 8.4 dargestellten Modell des Antriebsstranges existiert eine unabhängige kinematische Schleife L_1, die in Abb. 8.16 dargestellt ist. Eine topologisch gleichwertige Schleife L_2 existiert auch für die rechte Fahrzeughälfte. Mithilfe der hier verwendeten Methoden für kinematische Schleifen (Woernle 1988) lassen sich die Gleichungen für die Relativkinematik für L_1 einfach – und im vorliegenden Fall explizit lösbar – herleiten. Zusätzlich zu den Schleifen L_1 und L_2 ist eine kinematische Betrachtung von Schaltgetriebe und Differential erforderlich.

Das Ausgleichsgetriebe (Differential) im Antriebsstrang ermöglicht es, dass sich die beiden Vorderräder z. B. bei Kurvenfahrt unterschiedlich schnell drehen können.

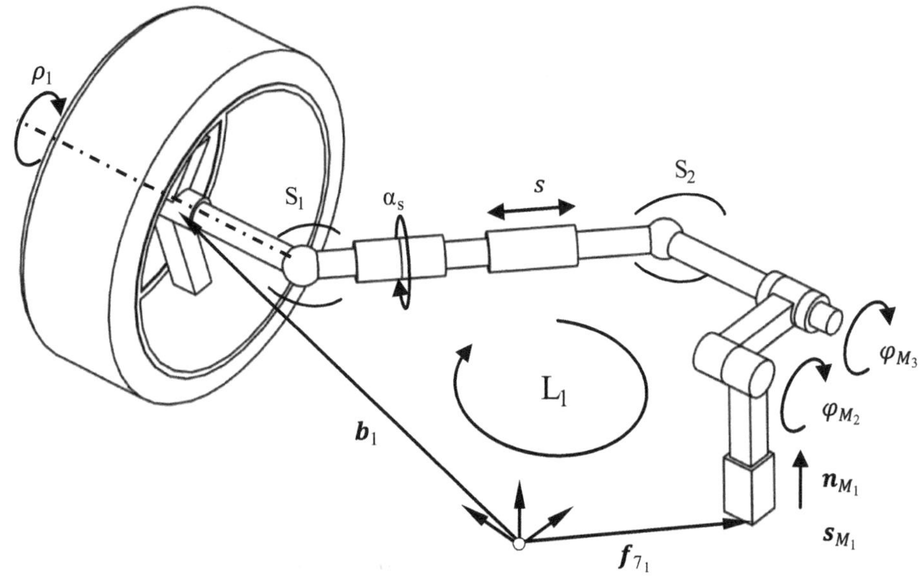

Abb. 8.16 Die kinematische Schleife L_1

Ausgleichsgetriebe ohne Sperrwirkung, wie sie üblicherweise in frontangetriebenen Fahrzeugen eingesetzt werden, übertragen das Drehmoment gleichmäßig auf beide Fahrzeugseiten (Zomotor 1987). Das in Abb. 8.17 dargestellte Ausgleichsgetriebe besteht aus dem Tellerrad, den beiden Ausgleichskegelrädern und den beiden Abtriebskegelrädern.

Für das Tellerrad ergibt sich die kinematische Beziehung

$$\dot{\varphi}_T = \frac{1}{2}\left(\dot{\varphi}_{M_3} + \dot{\varphi}_{M_4}\right). \tag{8.15}$$

Zwischen dem Ausgleichsgetriebe und der Kupplung befindet sich das Schaltgetriebe, das die Aufgabe hat, Drehmoment und Drehzahl zu wandeln. Abbildung 8.18 zeigt das Getriebe eines VW Golf II. Es sind zwei Übersetzungen zu unterscheiden. Die Übersetzung i_G ist die Übersetzung zwischen den Getriebewellen I und II in den einzelnen Gängen

$$i_G = -\frac{\dot{\varphi}_I}{\dot{\varphi}_{II}}, \tag{8.16}$$

während die Achsübersetzung i_D die konstante Übersetzung zwischen der Getriebewelle I und der Tellerradwelle darstellt (Bosch 1995)

$$i_D = -\frac{\dot{\varphi}_{II}}{\dot{\varphi}_T}. \tag{8.17}$$

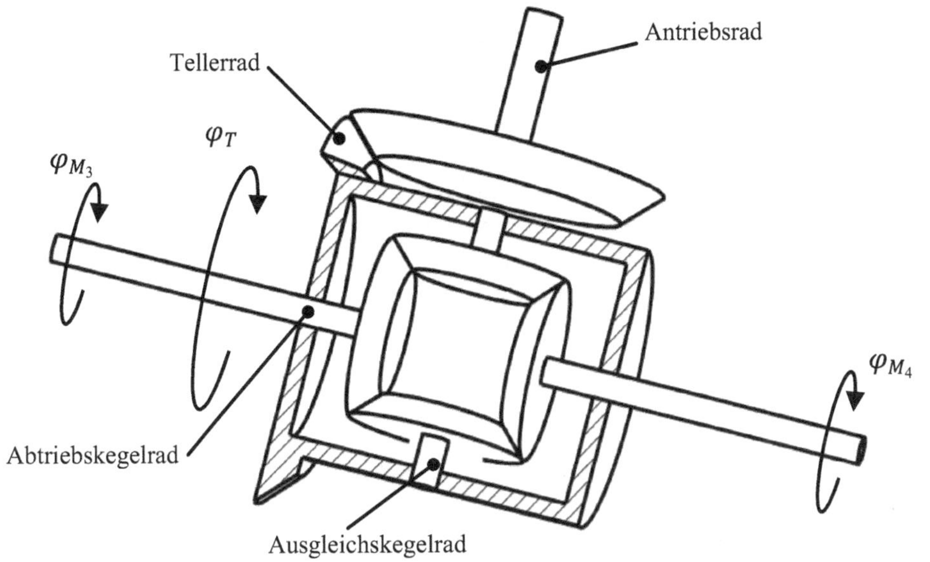

Abb. 8.17 Schematische Darstellung des Ausgleichsgetriebes eines frontgetriebenen Pkw

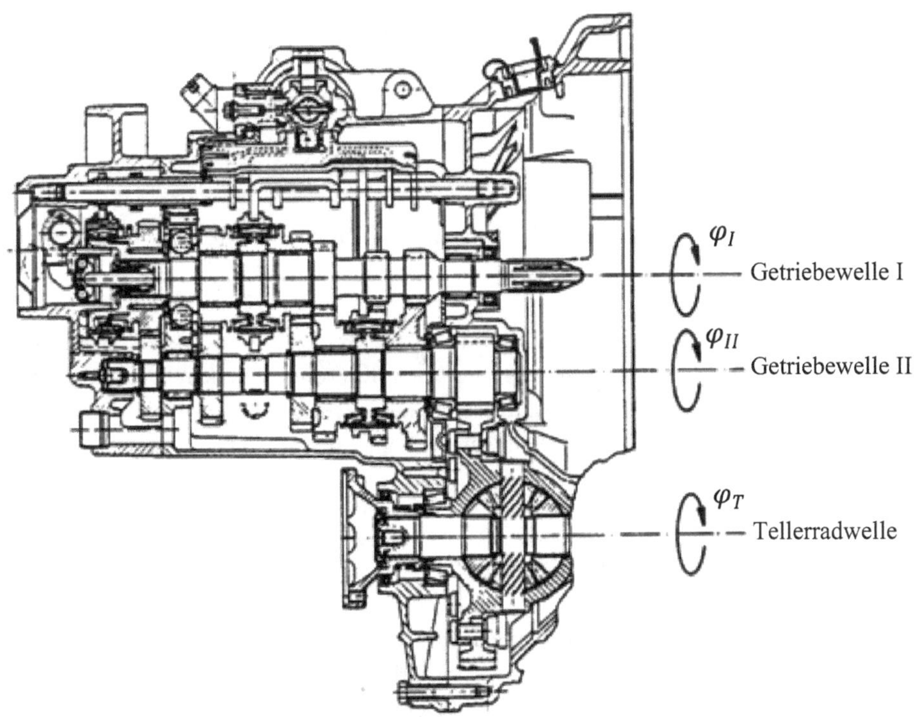

Abb. 8.18 Schaltgetriebe VW Golf II

In den Gl. (8.16) und (8.17) werden die Geschwindigkeiten relativ zum Motorblock eingesetzt. Damit ergibt sich die Gesamtübersetzung

$$i_{Gas} = i_G \cdot i_D, \tag{8.18}$$

Aus der sich die kinematischen Zusammenhänge zwischen Getriebewelle I bzw. Getriebewelle II und den Abtriebskegelrädern ergeben. Nun können auch der Differenzdrehwinkel $\Delta\beta_K$ und die Differenzwinkelgeschwindigkeit $\Delta\dot{\beta}_K$ des Drehgelenks bestimmt werden, das die elastische Verdrehung der Kupplung beschreibt:

$$\Delta\beta_K = \varphi_I - \varphi_{M_5}, \tag{8.19}$$

$$\Delta\dot{\beta}_K = \dot{\varphi}_I - \dot{\varphi}_{M_5}. \tag{8.20}$$

8.5 Absolutkinematik des Antriebsstranges

Ziel der Absolutkinematik ist es, mithilfe der in der Relativkinematik hergeleiteten Beziehungen die absoluten Positionen, Geschwindigkeiten und Beschleunigungen der einzelnen massebehafteten Körper innerhalb des Antriebsstranges zu ermitteln.

Die hier betrachteten massebehafteten Körper sind

- Gelenkwellen rechts und links,
- Abtriebswellen rechts und links,
- Motorgehäuse,
- Getriebewellen I und II sowie Differentialtellerrad und
- Kurbelwelle.

Mithilfe der Zusammenhänge der Relativkinematik lässt sich zunächst der Bewegungszustand aller Körper relativ zum fahrzeugfesten Koordinatensystem „V" bestimmen. Anschließend können dann die Absolutgeschwindigkeiten und -beschleunigungen relativ zum raumfesten Inertialsystem ermittelt werden (vgl. Abschn. 5.2).

8.6 Bewegungsgleichungen

Zur Ermittlung der Bewegungsgleichungen des betrachteten Systems ist zunächst eine Beschreibung der eingeprägten Kräfte erforderlich. Auf den Antriebsstrang wirken als eingeprägte Kräfte bzw. Momente die Gewichtskräfte der einzelnen Körper, die Federkräfte und -momente in den elastischen Lagern und in der Kupplung sowie das Motormoment. Die Federkräfte und -momente bewirken in der Dynamik eine Kopplung der Bewegungen der einzelnen Körper. Diese Rückstellkräfte und -momente werden in den Drehgelenken der beiden Gelenkwellen, im translatorischen und rotatorischen Motorlager sowie in der Kupplung durch Federdämpfersysteme mit entsprechenden Kennlinien (Kap. 9) berücksichtigt.

Ausgehend von der globalen Kinematik (Abschn. 3.5), die aus Relativkinematik und Absolutkinematik besteht, können nun die Bewegungsgleichungen der Systeme aufgestellt werden. Die Bewegungsgleichungen werden hierbei, wie in Abschn. 4.6 beschrieben und wie bereits für weitere Fahrzeugkomponenten in den vorhergehenden Kapiteln gezeigt, mithilfe der Methode der kinematischen Differentiale in Minimalform aufgestellt, wobei sich eine Verringerung des Rechenzeitaufwands durch eine geschickte Auswertung der Elemente der Bewegungsgleichungen erzielen lässt. Ausführliche Betrachtungen zur Dynamik des Antriebsstranges sowie deren Einfluss auf die Fahrdynamik sind für die unterschiedlichen Antriebsarten (Heck-, Front- und Allradantrieb) in (Schmitz 1994) zu finden. Sie werden aber aus Platzgründen hier nicht weiter ausgeführt. Der Einfluss des Antriebsstranges auf die Belegung der Massenmatrix eines frontgetriebenen Gesamtfahrzeugs ist in Abb. 8.19 exemplarisch dargestellt und wird in Kap. 12 näher erläutert.

$$
\left[\begin{array}{cccccccccccccccccccccc}
\multicolumn{6}{c}{\overbrace{\hspace{6em}}^{\text{Fahrgestell-koordinaten}}} & \multicolumn{7}{c}{\overbrace{\hspace{7em}}^{\text{Radaufhängungs-koordinaten}}} & \multicolumn{4}{c}{\overbrace{\hspace{4em}}^{\text{Rad-koordinaten}}} & \multicolumn{5}{c}{\overbrace{\hspace{5em}}^{\text{Antriebsstrang-koordinaten}}} \\
\times & \ast & \ast & \times & \times & \times & \times & \times & \times & \times & \times & \ast & \ast & \ast & \ast & \ast & \ast & \times & \times & 0 & 0 & 0 \\
 & \times & \ast & \times & \times & \times & \times & \times & \times & \times & \times & \ast & \ast & \ast & \ast & \ast & \ast & \times & \times & 0 & 0 & 0 \\
 & & \times & \times & \times & \times & \times & \times & \times & \times & \times & \ast & \ast & \ast & \ast & \ast & \ast & \times & \times & 0 & 0 & 0 \\
 & & & \times & \times & \times & \times & \times & \times & \times & \times & \ast & \ast & \times & \times & \ast & \ast & \times & \times & \times & \times & \times \\
 & & & & \times & \times & \times & \times & \times & \times & \times & \ast & \ast & \times & \times & \ast & \ast & \times & \times & \times & \times & \times \\
 & & & & & \times & \times & \times & \times & \times & \times & \ast & \ast & \times & \times & \ast & \ast & \times & \times & \times & \times & \times \\
 & & & & & & \times & \times & \times & \ast & \ast & \ast & \ast & \times & \ast & \ast & \ast & \times & \times & 0 & 0 & 0 \\
 & & & & & & & \times & \times & \ast & \ast & \ast & \ast & \times & \ast & \ast & \ast & \times & \times & 0 & 0 & 0 \\
 & & & & & & & & \times & \times & \times & \ast & \ast & \times & \times & \ast & \ast & \times & \times & 0 & 0 & 0 \\
 & & & & & & & & & \times & \times & \ast & \ast & \ast & \times & \ast & \ast & \times & \times & 0 & 0 & 0 \\
 & & & & & & & & & & \times & \ast & \ast & \ast & \times & \ast & \ast & \times & \times & 0 & 0 & 0 \\
 & & & & & & & & & & & \ast & \ast & \ast & \ast & \ast & \ast & 0 & 0 & 0 & 0 & 0 \\
 & & & & & & & & & & & & \ast & \ast & \ast & \ast & \ast & 0 & 0 & 0 & 0 & 0 \\
 & & & & & & & & & & & & & \times & \ast & \ast & \ast & \times & \times & 0 & 0 & 0 \\
 & & & & & & & & & & & & & & \times & \ast & \ast & \times & \times & 0 & 0 & 0 \\
 & & & & & & & & & & & & & & & \ast & \ast & 0 & 0 & 0 & 0 & 0 \\
 & & & & & & & & & & & & & & & & \ast & 0 & 0 & 0 & 0 & 0 \\
 & & & & & & & & & & & & & & & & & \times & \times & 0 & 0 & 0 \\
 & & & & & & & & & & & & & & & & & & \times & \times & \times & \times \\
 & & & & & & & & & & & & & & & & & & & \times & \times & 0 \\
 & & & & & & & & & & & & & & & & & & & & \times & 0 \\
 & & & & & & & & & & & & & & & & & & & & & \times
\end{array}\right]
$$

$\times$: Massenmatrixelement, das durch den Antriebstrang beeinflusst wird

$\ast$: Massenmatrixelement, das durch Antriebstrang nicht beeinflusst wird

0: Massenmatrixelement des Antriebstranges = 0

Abb. 8.19 Einfluss des Antriebstranges auf die Besetzung der Massenmatrix

8.7 Diskussion von Simulationsergebnissen

Als Beispiel für ein Simulationsergebnis wird am betrachteten frontgetriebenen Fahrzeugs (VW Golf) ein Lenkwinkelsprung in Fahrtrichtung diskutiert. Das Lenkrad wird dazu schlagartig um 12° nach rechts verdreht (vgl. Abb. 14.1). Diese Lenkauslenkung und das Motormoment werden dabei konstant gehalten. Abbildung 8.20 zeigt die Verläufe der Winkelgeschwindigkeiten des linken und rechten Vorderrades als Funktion der Zeit.

Während die Winkelgeschwindigkeit des linken Vorderrades ansteigt, sinkt die Winkelgeschwindigkeit des rechten Vorderrades aufgrund des kleineren Kurvenradius ab. Im

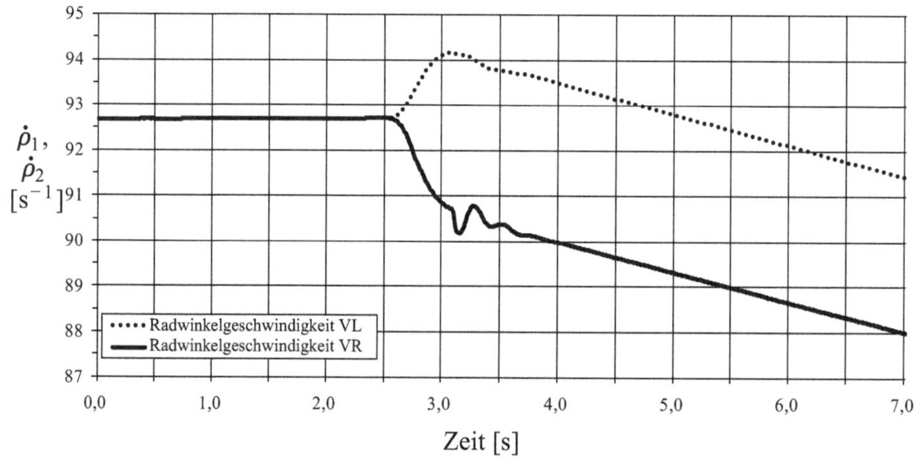

Abb. 8.20 Winkelgeschwindigkeit des rechten und linken Vorderrades

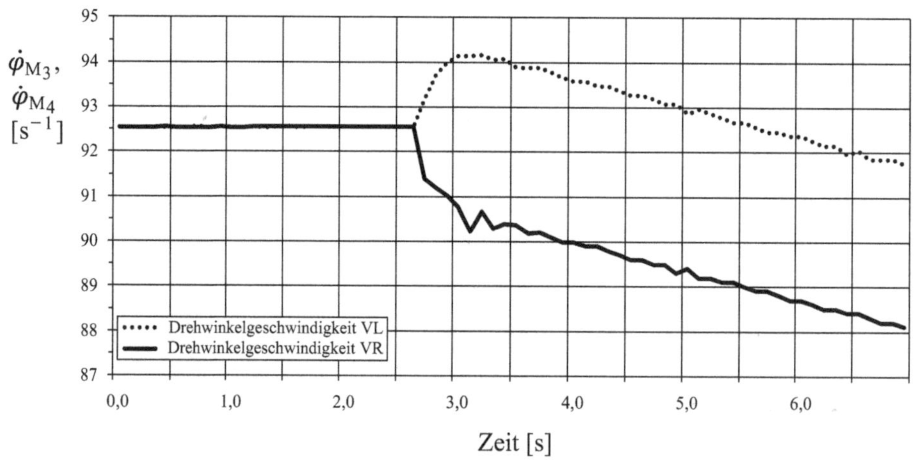

Abb. 8.21 Zeitverläufe der Winkelgeschwindigkeiten $\dot{\varphi}_{M_3}(t)$ und $\dot{\varphi}_{M_4}(t)$

weiteren Verlauf verringern sich die Winkelgeschwindigkeiten $\dot{\rho}$ und $\dot{\rho}$ der beiden Räder aufgrund des Kurvenwiderstandes. Die Zeitverläufe der Drehwinkelgeschwindigkeiten $\dot{\varphi}_{M_3}(t)$ und $\dot{\varphi}_{M_4}(t)$ der Seitenwellen zeigen ein den Radwinkelgeschwindigkeiten sehr ähnliches Verhalten (Abb. 8.21). Aufgrund der im Vergleich zu den Rädern geringeren Trägheitsmomente im Antriebsstrang zeigt sich hier ein etwas stärkeres Schwingungsverhalten im Zeitraum nach der Ausführung des Lenkwinkelsprunges.

Literatur

Bathelt H, Bukovics J, Young DJ (1989) Die Entwicklung der Aggregatlagerung des Audi V8. Automobiltech Z 91(2):93–102

Bosch (1995) Kraftfahrtechnisches Taschenbuch, Robert Bosch GmbH. VDI-Verlag, Düsseldorf

Bösenberg D, van den Boom J (1979) Motorlagerung im Fahrzeug mit integrierter hydraulischer Dämpfung – ein Weg zur Verbesserung des Fahrkomforts. Automobiltech Z 81(10)

Demant H, Roos J, Wolko DF (1990) Schwingungstechnische Anforderungen an Triebwerklagerungssysteme. Automobiltech Z 92(3):110–118

Dödlbacher G (1982) Rechnerische Ermittlung des Schwingungsverhaltens des elastisch gelagerten Motors im PKW. Automobil-Industrie 1:57–61

Freudenberg UH, Freudenberg TM (1998) Berechnung des dynamischen Verhaltens komplexer Hydrolager. Automobil-Industrie (2):147–154

Freund J, von Sivers R (1981) Der neue Porsche 944. Automobiltech Z 83(9):415–420

Göhlich D, Köder B (1992) Berechnung der Körperschallübertragung bei Elastomerlagern. VDI-Bericht Nr. 1007, S 467–485

Holzemer K (1985) Theorie des Gummilager mit hydraulischer Dämpfung. Automobiltech Z 87(10):545–551

Hunt KH (1990) Kinematic geometry of mechanisms. Clarendon Press, Oxford

Johnson SR, Subhedary JW (1979) Computer optimization of engine mounting Systems. SAE-Paper (790974), S 19–26

Matschinsky W (1987) Die Radführungen der Straßenfahrzeuge. Verlag TÜV Rheinland

Mitschke M, Wallentowitz H (2004) Dynamik der Kraftfahrzeuge, 4. Aufl. Springer, Berlin

Schiehlen W, Eberhard P (2004) Technische Dynamik. 2. Aufl. B. G. Teubner, Stuttgart

Schmelz F, Graf von Seherr-Thoss H-C, Aucktor E (1988) Gelenke und Glenkwellen. Springer, Berlin

Schmitz T (1994) Modellbildung und Simulation der Antriebsdynamik von Personenwagen. Dissertation. Fortschritt-Berichte VDI, Reihe 12, Nr. 224. Universität – Gesamthochschule Duisburg

Schnelle K-P (1990) Simulationsmodelle für die Fahrdynamik von Personenwagen unter Berücksichtigung der nichtlinearen Fahrwerkskinematik. Dissertation. Fortschritt-Berichte VDI, Reihe 12, Nr. 146. Universität Stuttgart

Schütz KH (1971) Gleichlauf-Kugelgelenke für Kraftfahrzeugantriebe. Antriebstechnik 10(1971):437–440

Woernle C (1988) Ein systematisches Verfahren zur Aufstellung der geometrischen Schließbedingungen in kinematischen Schleifen mit Anwendung bei der Rückwärtstransformation für Industrieroboter. Dissertation. Fortschrittberichte VDI, Reihe 18, Nr. 59. Universität Stuttgart. VDI-Verlag, Düsseldorf

Zamow J, Witte L (1988) Fahrsimulation unter Verwendung des Starrkörperprogrammes ADAMS. VDI-Berichte Nr. 699, S 287–309

Zomotor A (1987) Fahrwerktechnik: Fahrverhalten. Vogel Buchverlag, Würzburg

Kraftkomponenten

9

Kraftkomponenten können im Kraftfahrzeug als aktive oder als passive Elemente auftreten. Einige passive Kraftkomponenten sind am Beispiel einer Radaufhängung in Abb. 9.1 dargestellt. Die Anforderungen an Kraftkomponenten des Fahrwerks wachsen stetig und sind teilweise widersprüchlich, s. Abb. 9.2. Die Realisierung von Sicherheits- und Komfort-funktionen erfordert daher häufig den Ersatz der passiven durch aktive Komponenten. So lässt sich z. B. das Fahrverhalten nachhaltig durch eine Aktuierung des üblichen passiven Stabilisators beeinflussen s. Kap. 14.

9.1 Kräfte und Momente in Mehrkörpersystemen

Die Simulation und Analyse von Kraftfahrzeugmodellen hängt ganz wesentlich von der Art und dem zeitlichen Verhalten der wirkenden Kräfte ab. In der Mechanik unterscheidet man zunächst nach der grundsätzlichen Ausprägung der Kräfte (Schiehlen 2004):

1. äußere und innere Kräfteund Momente,
2. eingeprägte und Reaktionskräfteund -momente,
3. Oberflächen- und Volumenkräfte.

Die Kategorisierung 1 hängt von der Systemabgrenzung des jeweils betrachteten Systems ab. Die von außen auf das System einwirkenden Kräfte und Momente werden als äußere Kräfte bezeichnet. Die im Inneren eines Systems wirkenden Kräfte werden entsprechend als innere Kräfte bezeichnet. Durch eine Veränderung der Systemabgrenzung (freischneiden) werden innere zu äußeren Kräften des neu abgegrenzten Systems. An den durch das Freischneiden entstehenden Schnittufern treten nach dem Gegenwirkungsprinzip (actio

D. Schramm et al., *Modellbildung und Simulation der Dynamik von Kraftfahrzeugen*,
https://doi.org/10.1007/978-3-662-54481-5_9

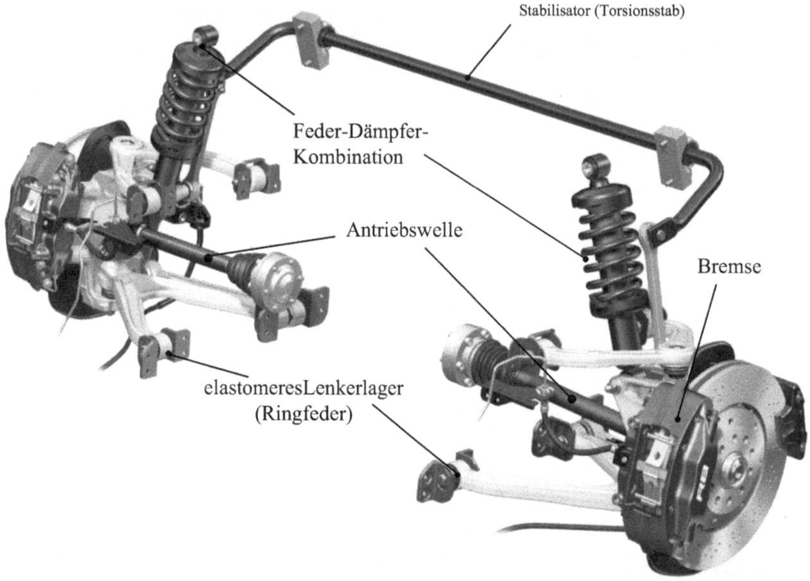

Abb. 9.1 Kraftelemente an den Radaufhängungen (mit freundlicher Genehmigung der Audi AG)

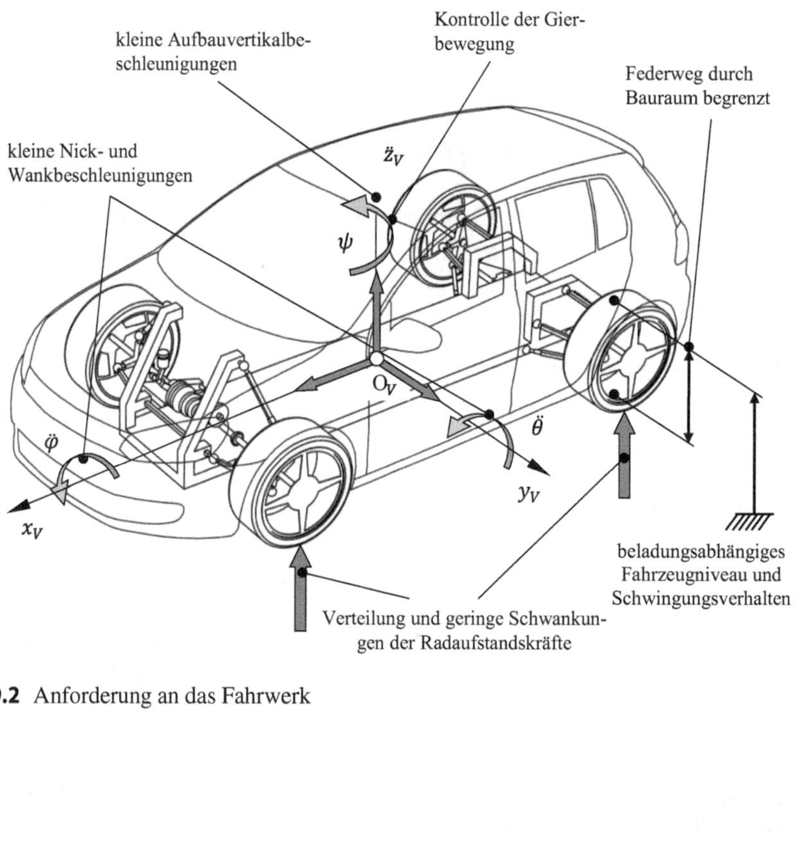

Abb. 9.2 Anforderung an das Fahrwerk

gleich reactio) zwei äußere Kräfte auf, deren Betrag gleich, deren Richtung jedoch entgegengesetzt ist.

Die Kategorisierung 2 bezieht sich auf die Ursache der Kräfte. Eingeprägte Kräfte lassen sich durch ein physikalisches Kraftgesetz in Abhängigkeit von den Lage- und Geschwindigkeitsgrößen beschreiben. Bei Systemen mit COULOMBscher Reibung sind allerdings weitergehende Betrachtungen erforderlich, da hier im Allgemeinen die eingeprägten Reibungskräfte von den Reaktionskräften (Normalkräften) abhängen (Schramm 1986a). Beispiele für eingeprägte Kräfte bei Fahrzeugsystemen sind die Gewichtskräfte Feder- und Dämpferkräfte aber auch z. B. die Gaskräfte in den Kolben des Verbrennungsmotors, die Luftkräfte und insbesondere auch die Reifenkräfte.

Beispiele für Reaktionskräfte sind die in den Gelenken auftretenden Kräfte. Die Normalkräfte von der Straße auf die Räder wären Reaktionskräfte bei einer Modellierung des Rades und der Straßenoberfläche als Starrkörper. Bei einer Modellierung des Rades mit elastischem Reifen sind sie jedoch ebenfalls eingeprägte Kräfte.

Die Kategorisierung 3 bezieht sich auf die Verteilung der Kräfte. Oberflächenkräfte sind flächenhaft und Volumenkräfte, die räumlich verteilt sind. Beispiele für Oberflächenkräfte in Kraftfahrzeugen sind die Luftkräfte aber genau genommen auch die Kräfte zwischen Straßenoberfläche und dem Laufstreifen des Rades. Zu den Volumenkräften bei Fahrzeugen zählen selbstverständlich alle Gewichtskräfte aber auch z. B. elektrische und magnetische Feldkräfte

Eine weitere Unterscheidung ergibt sich aus dem zeitlichen Verlauf der Kräfte. Man unterscheidet Kräfte mit deterministischem und stochastischem Zeitverlauf. Deterministische Kräfte sind durch ihre Zeitfunktion eindeutig bestimmt. Stochastische Kräfte haben einen nicht deterministischen Zeitverlauf und müssen mithilfe statistischer Methoden beschrieben werden (Smith 2003).

9.1.1 Reaktionskräfte

Zur weiteren Analyse der Reaktionskräfte betrachtet man zunächst nochmals die Impuls- und Drallsätze für die Komponenten des betrachteten Mehrkörpersystems (vgl. Kap. 4)

$$m_i \ddot{s}_i = \mathbf{F}_i^e + \mathbf{F}_i^z, \quad i = 1, \ldots, n_B, \tag{9.1}$$

$$\boldsymbol{\Theta}_{S_i} \dot{\boldsymbol{\omega}}_i + \boldsymbol{\omega}_i \times \boldsymbol{\Theta}_{S_i} \boldsymbol{\omega}_i = \boldsymbol{T}_i^e + \boldsymbol{T}_i^z, \quad i = 1, \ldots, n_B. \tag{9.2}$$

Auf der jeweils rechten Seite der Gl. (9.1) und (9.2) wurden die resultierenden Kräfte auf den jeweiligen Körper K_i in die resultierenden eingeprägten Kräfte und Momente $\boldsymbol{F}_i^e$ und $\boldsymbol{T}_i^e$ sowie die Reaktionskräfte und -momente $\boldsymbol{F}_i^z$ und $\boldsymbol{T}_i^z$ aufgeteilt. Ähnlich wie sich die lokalen Geschwindigkeiten durch die verallgemeinerten Geschwindigkeiten

$$\dot{s}_i = \boldsymbol{J}_{S_i} \dot{\boldsymbol{q}}, \quad \boldsymbol{\omega}_i = \boldsymbol{J}_{\varphi_i} \dot{\boldsymbol{q}}, \quad i = 1, \ldots, n_B \tag{9.3}$$

ausdrücken lassen, so lassen sich auch die lokalen Reaktionskräfte in Abhängigkeit von den verallgemeinerten Reaktionskräften

$$\boldsymbol{Z} = [Z_1 \ldots Z_r]^T, \quad r = 6n_B - f \tag{9.4}$$

darstellen zu

$$\boldsymbol{F}_i^z = \boldsymbol{F}_i^z(\boldsymbol{Z}), \quad \boldsymbol{T}_i^z = \boldsymbol{T}_i^z(\boldsymbol{Z}), \quad i = 1, \ldots n_B. \tag{9.5}$$

Die formelmäßigen Zusammenhänge in Gl. (9.5) ergeben sich in der Regel aus den Lagerkräften auf die einzelnen Körper. Dabei wählt man für die verallgemeinerten Reaktionskräfte zweckmäßigerweise die natürlichen Lagerkräfte, d. h. die Lagerkräfte in den gesperrten Lagerrichtungen, s. Kap. 3 und 4 sowie Schramm (1985, 1986a, 1986b) und Schiehlen und Eberhard (2004). Dies ist allerdings nur dann erforderlich, wenn die Lagerkräfte, z. B. zur Abschätzung der inneren Lasten des Systems, benötigt werden. Wenn, wie häufig, nur das Bewegungsverhalten des Systems untersucht werden soll, ist die Berücksichtigung von Gl. (9.5) nicht erforderlich, da die Reaktionskräfte sowohl bei der Anwendung des Prinzips der virtuellen Arbeit als auch bei der Anwendung des Prinzips von JOURDAIN entfallen, s. Kap. 4.

9.1.2 Eingeprägte Kräfte

Die eingeprägten Kräfte in Fahrzeugsystemen hängen – wie schon erwähnt – von den Lage- und Geschwindigkeitsgrößen sowie weiteren Parameter des Systems und ggf. noch explizit von der Zeit ab:

$$\boldsymbol{F}_i^e = \boldsymbol{F}_i^e(\boldsymbol{q}, \dot{\boldsymbol{q}}, t), \quad \boldsymbol{T}_i^e = \boldsymbol{T}_i^e(\boldsymbol{q}, \dot{\boldsymbol{q}}, t), \quad i = 1, \ldots n_B. \tag{9.6}$$

Erforderlich ist also für jeden Körper und jede eingeprägte Kraft sowohl die Angabe der Wirkrichtung der Kraft als auch die Angabe eines entsprechenden Kraftgesetzes.

9.2 Betriebsbremse

Eine unverzichtbare Fahrzeugkomponente ist die Betriebsbremse, die heute überwiegend als Scheibenbremse ausgeführt wird (Burckhardt 1991; Bill und Breuer 2006). Genauere Modelle von Scheibenbremsen wurden v. a. für die Nachbildung von Störgeräuschen wie dem Bremsenquietschen („squeal", $f = 1 - 15$ kHz) oder dem Bremsenbrummen („groan", $f = 200 - 500$ Hz) erstellt (Gouya und Nishiwaki 1990), (Samie und Sheridan 1990) oder (Shi 1996). Da hierbei der Einfluss der Strukturdynamik dominiert, kommen hauptsächlich Finite Elemente-Modelle zum Einsatz. Bei fahrdynamischen Untersuchungen spielt dies normalerweise keine Rolle, sodass sich in diesem Fall die Modellierung erheblich vereinfacht.

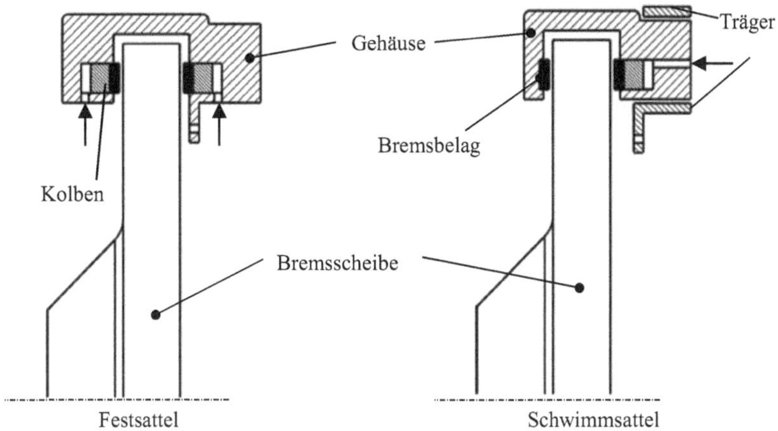

Abb. 9.3 Aufbau einer Scheibenbremse

Nachfolgend wird der konstruktive Aufbau und die Modellierung einer Scheibenbremse erläutert, s. Abb. 9.3. Der genaue konstruktive Aufbau und Hinweise zur Auslegung kann (Burckhardt 1991) oder (Bill und Breuer 2006) entnommen werden. Eine gängige Bauform ist die Graugussbremsscheibe mit außen umgreifendem Bremssattel, wobei sich die Bremssättel in Fest- und Schwimmsättel unterteilen lassen, s. Abb. 9.3.

Beispielhaft wird die Modellbildung einer Festsattelbremse betrachtet. Der Schwerpunkt der Modellierung liegt auf der Umformung des Bremsdrucks in ein Bremsmoment an der Bremsscheibe. Bei gegebenem Bremsdruck p_B ergibt sich das Bremsmoment M_B an der rotierenden Bremsscheibe zu

$$M_B = p_B A_K r_B \mu_G (p_B, T_B) . \tag{9.7}$$

Dabei bezeichnet A_K die wirksame Kontaktfläche zwischen Bremsbelag und Bremsscheibe und r_B den Abstand zwischen der Achsmitte und der Bremsbelagmitte. Der Gleitreibungskoeffizient μ_G ist von dem wirkenden Bremsdruck p_B und der Belagtemperatur T_B abhängig. Nach (Burckhardt 1991; Schuster 1999) lassen sich diese Zusammenhänge durch eine Näherung beschreiben. Vernachlässigt man die Gleitgeschwindigkeit, so steigt der Reibwert mit zunehmender Temperatur T_B bis zum einem Maximum bei der optimalen Temperatur $T_{B,opt}$ an und fällt danach wieder ab. Mathematisch lässt sich dieser Zusammenhang annähernd durch eine Parabel darstellen:

$$\mu_G (T_B) = \mu_{G,max} \left[1 - c_P \left(\frac{T_B - T_{B,opt}}{T_{B,opt}} \right)^2 \right] . \tag{9.8}$$

Die Größe c_p stellt dabei eine dimensionslose Materialkonstante dar, die das Temperaturverhalten der Werkstoffpaarung zwischen Bremsscheibe und -belag abbildet. Ganz ähnlich kann auch die Abhängigkeit des Reibwertes vom Bremsdruck approximiert werden:

$$\mu_G(p_B) = \mu_{G,\,p_B=0}\left[1 - c_T\left(\frac{p_B}{p_B^*}\right)^2\right]. \tag{9.9}$$

Dabei ist c_T eine weitere dimensionslose Materialkonstante, $\mu_{G,p_B} = 0$ der Reibkoeffizient bei $p_B = 0$ und p_B^* der maximale Bremsdruck. Die Gleichung für den Reibbeiwert ergibt sich somit aus den Gl. (9.8) und (9.9) in erster Näherung

$$\mu_G(p_B, T_B) = \mu_{G,p_B=0}\left[1 - c_T\left(\frac{p_B}{p_B^*}\right)^2\right] \cdot \mu_{G,\max}\left[1 - c_P\left(\frac{T_B - T_{B,opt}}{T_{B,opt}}\right)^2\right]. \tag{9.10}$$

9.3 Luftkräfte

Luftkräfte und Luftmomente haben bei mittleren und höheren Geschwindigkeiten nicht nur einen erheblichen Einfluss auf die Fahrleistungen und den Verbrauch von Automobilen sondern auch auf das dynamische Verhalten. Dem Luftwiderstand lassen sich grundsätzlich drei physikalischen Effekten zurechnen (Popp und Schiehlen, 1993):

- Der Formwiderstand entsteht durch die Turbulenz der Luftströmung am Fahrzeugheck. Dieser Effekt beträgt ca. 85 % des Gesamtwiderstandes.
- Der Reibungswiderstand (Oberflächenwiderstand) entsteht durch die Scherströmung an der Karosserie und hängt von deren Oberfläche ab (Anteil ca. 10 %).
- Der Innenwiderstand entsteht, weil ein Teil der Strömung durch die Karosserie hindurchgeht (Anteil ca. 5 %). Diese Luftströmung dient der Kühlung des Motors und der Belüftung des Fahrgastraums.

Die Luftkräfte werden zum größten Teil durch turbulente Strömungen verursacht. Sie sind proportional zum Staudruck

$$p_L = \frac{1}{2}\rho_L v_L^2, \tag{9.11}$$

mit der Luftdichte ρ_L und der Anströmgeschwindigkeit v_L. Mit der effektiven Querschnittsfläche A des Fahrzeugs, einem dimensionslosen Beiwert c_W erhält man für die Luftwiderstandskraft

$$F_W = c_W A p_L. \tag{9.12}$$

Wenn nun neben der Anströmgeschwindigkeit durch den Fahrtwind auch der Umgebungswind berücksichtigt werden soll, so muss mit der tatsächlichen Relativgeschwindigkeit gerechnet werden. In Abb. 9.4 sind Relativgeschwindigkeit und Anströmwinkel dargestellt. Dabei sei die Richtung der Umgebungswindgeschwindigkeit durch den Winkel

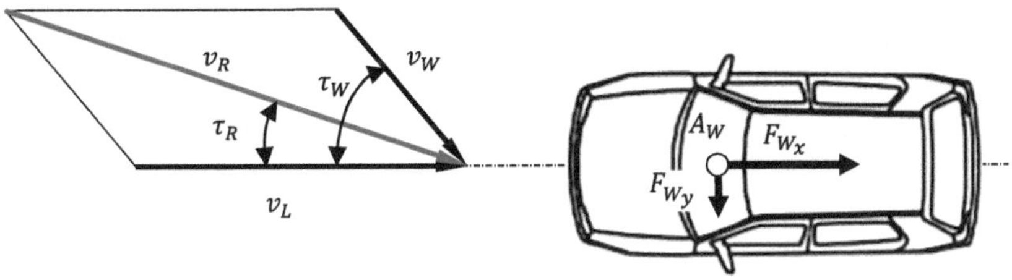

Abb. 9.4 Ermittlung der Relativgeschwindigkeit

τ_W gegeben. Die Relativgeschwindigkeit erhält man dann durch Anwendung des Cosinussatzes

$$v_R = \sqrt{v_L^2 + v_W^2 + 2v_L v_W \cos \tau_W}. \tag{9.13}$$

Für den Anströmwinkel ergibt sich dann

$$\tau_R = \arcsin\left(\frac{v_W}{v_R}\sin \tau_W\right). \tag{9.14}$$

Durch die Schräganströmung entstehen neben einer Seitenkraft auch eine Veränderung der Längskraft sowie aerodynamische Auftriebskräfte. Insgesamt ergeben sich die folgenden Kraftkomponenten (Haken 2008):

- Luftwiderstand (Längskraft)

$$F_{Wx} = c_x A_W \frac{\rho}{2} v_R^2. \tag{9.15}$$

- Seitenkraft (Querkraft)

$$F_{Wy} = c_y A_W \frac{\rho}{2} v_R^2. \tag{9.16}$$

- Auftrieb (Hochkraft)

$$F_{Wz} = c_z A_W \frac{\rho}{2} v_R^2. \tag{9.17}$$

Bemerkungen:

- Für den Anströmwinkel $\tau_R = 0$ wird in Gl. (9.15) wieder $c_x = c_W$.
- Der Einfachheit halber wird in den Gl. (9.16) und (9.17) als Querschnittsfläche A_W eingesetzt, obwohl dies in diesen Fällen physikalisch nicht begründet werden kann.
- Die Beiwerte c_x, c_y und c_z sind abhängig vom Anströmwinkel τ_R (Tab. 9.1).

Tab. 9.1 Beispiele für Luftwiderstandsbeiwerte

Fahrzeugtyp	Luftwiderstandsbeiwert c_W
Pkw	0,2 – 0,4
Llw	0,6 – 1,0
Bus	0,6 – 0,7
Motorrad	0,6

9.4 Feder- und Dämpferkomponenten

9.4.1 Federelemente

Abbildung 9.5 zeigt zwei Körper K_i und K_j, die in den Punkten $P_{i,l}$ und $P_{j,l}$ durch ein Federelement verbunden sind. Wenn man die Ortsvektoren von einem Referenzsystem zu den Angriffspunkten mit $\boldsymbol{r}_{p_{i,l}}$ und $\boldsymbol{r}_{p_{j,l}}$ bezeichnet und entsprechend die Ortsvektoren vom jeweiligen Referenzpunkt der Körper mit ${}_i\boldsymbol{r}_{p_{i,l}}$ bzw. ${}_j\boldsymbol{r}_{p_{j,l}}$ und den Abstandsvektor mit

$$ {}_{i,l}\boldsymbol{r}_{j,l} = \boldsymbol{r}_{P_{j,l}} - \boldsymbol{r}_{P_{i,l}}, \tag{9.18}$$

so ergibt sich für die Federkraft auf den Körper K_i

$$\boldsymbol{F}_l = \frac{{}_{i,l}\boldsymbol{r}_{j,l}}{\left|{}_{i,l}\boldsymbol{r}_{j,l}\right|} f\left(\left|{}_{i,l}\boldsymbol{r}_{j,l}\right|\right) = \boldsymbol{u}_l f(u) = \boldsymbol{u}_l \left(f\left(u_{l_0}\right) + f(\Delta u_l)\right), \tag{9.19}$$

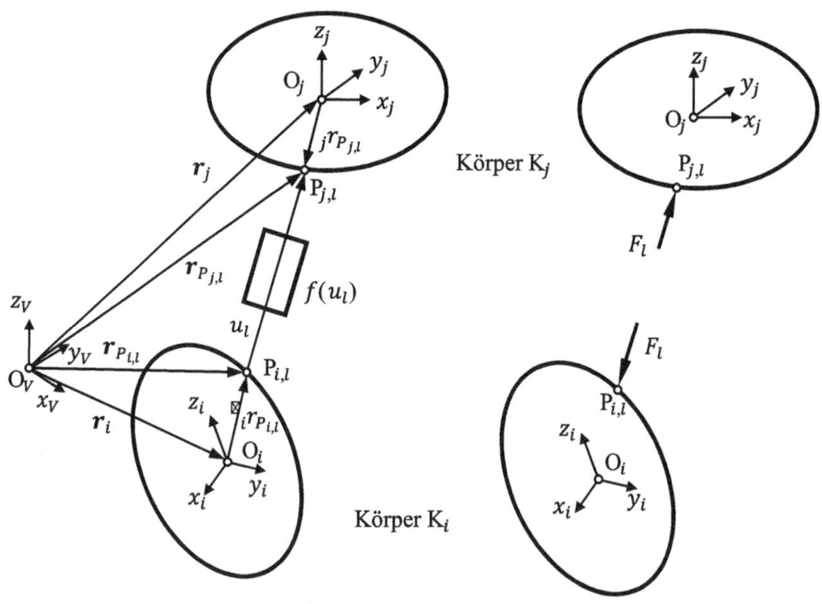

Abb. 9.5 Kraftelemente zwischen zwei Körpern

wobei der Einheitsvektor die Richtung der Kraft $\boldsymbol{F}_l$ auf den Körper K_i und $f(u)$ mit $u_l = \left|{}_{i,l}\boldsymbol{r}_{j,l}\right|$ das Kraftgesetz beschreiben. Gleichung (9.19) gilt für beliebige Kraftgesetze, solange sich das Kraftgesetz alleine in Abhängigkeit von der Auslenkung u angeben lässt. Der Ausdruck $f(u_{l_0})$ in Gl. (9.19) entspricht der sogenannten ungespannten Federlänge, während $f(\Delta u_l)$ mit $\Delta u_l = u_l - u_{l_0}$ den variablen Anteil der Federkraft beschreibt. Man erhält

$$\boldsymbol{F}_l = \boldsymbol{u}_l\left(f\left(u_{l_0}\right) + f\left(\Delta u_l\right)\right) = \boldsymbol{F}_{l_0} + \boldsymbol{F}_l(\Delta u_l) \tag{9.20}$$

mit der Federvorspannung F_{l_0} und dem variablen Kraftanteil $F_l(\Delta u)$. Auf den Körper K_j wirkt eine Kraft mit gleichem Betrag aber umgekehrten Vorzeichens. Zusätzlich zur Federkraft ergibt sich noch ein Drehmoment, das z. B. bezüglich des Bezugspunktes des Körpers K_i lautet:

$$\boldsymbol{T}_{i,l} = {}_i\boldsymbol{r}_{P_{i,l}} \times \boldsymbol{F}_{i,l}. \tag{9.21}$$

Das Drehmoment auf den Körper K_j erhält man entsprechend, wenn man i durch j ersetzt. Ein typisches Kraftgesetz $f(\Delta u_1)$ zeigt Abb. 9.6. Dort wirdein Kraftgesetz dargestellt, das im Mittelbereich einen leicht progressiven Verlauf hat und in den Randbereichen durch stark progressives Verhalten Anschläge modelliert.

9.4.2 Dämpferelemente

Die Kraft eines Dämpferelements wird in Abhängigkeit von der Verschiebungsgeschwindigkeit v_1 beschrieben. Diese berechnet sich aus der zeitlichen Veränderung des Abstands der Punkte $P_{i,l}$ und $P_{j,l}$ und anschließende Projektion auf den Richtungsvektor $\boldsymbol{u}_l$ zu

$$v_l = \boldsymbol{u}_l^T\,{}_{i,l}\dot{\boldsymbol{r}}_{j,l} = \boldsymbol{u}_l^T\left({}_j\dot{\boldsymbol{r}}_{P_{j,l}} - {}_i\dot{\boldsymbol{r}}_{P_{i,l}}\right) = \boldsymbol{u}_l^T\left(\dot{\boldsymbol{r}}_j + \boldsymbol{\omega}_j \times_j \boldsymbol{r}_{P_{j,l}} - \dot{\boldsymbol{r}}_i - \boldsymbol{\omega}_i \times_i \boldsymbol{r}_{P_{i,l}}\right). \tag{9.22}$$

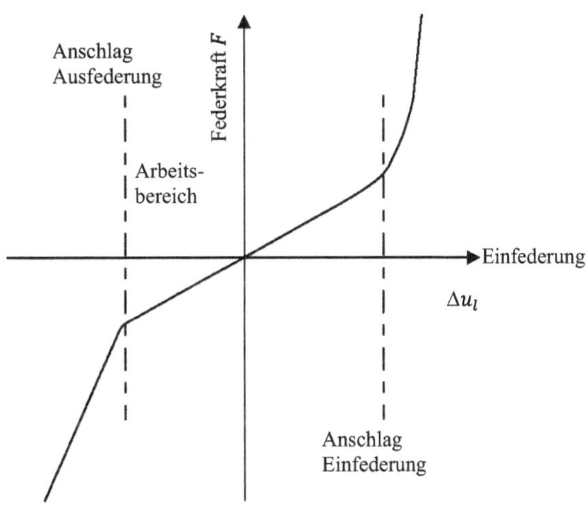

Abb. 9.6 Typische Kennlinie einer Aufbaufeder

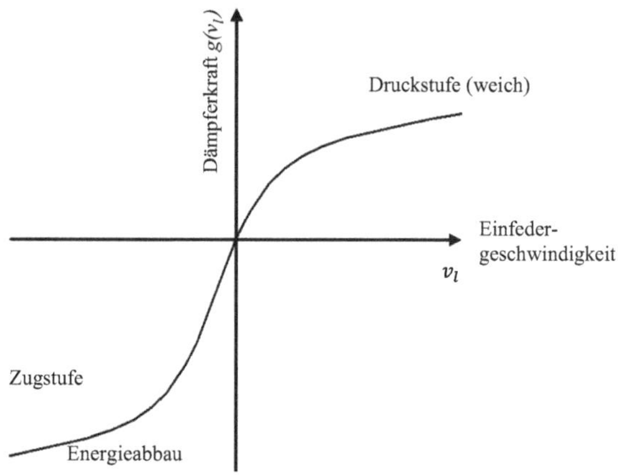

Abb. 9.7 Typische Kennlinie eines Aufbaudämpfers

Für die Dämpferkraft erhält man dann

$$\boldsymbol{F}_l = \boldsymbol{u}_l g(v_l)\,. \tag{9.23}$$

Ein typisches Kraftgesetz für einen Aufbaudämpfer zeigt Abb. 9.7.

9.4.3 Parallel geschaltete Kraftelemente

Bei parallel geschalteten Kraftelementen lassen sich die Kräfte einfach addieren.

9.4.4 In Reihe geschaltete Kraftelemente

In der Fahrzeugtechnik werden Kraftelemente häufig auch in Reihe geschaltet, um eine elastische Lagerung von Dämpfern zu erreichen und damit z. B. den Fahrkomfort des Fahrwerks zu verbessern oder geeignete Motorlagerungen zu realisieren. Das entsprechende Ersatzmodell zeigt Abb. 9.8. Die Gesamtverschiebung der Endpunkte des Kraftelements werde mit w die der Feder wieder mit u beschrieben. Dann erhält man aus dem Kräftegleichgewicht im Verbindungspunkt Q der Feder und des Dämpfers

$$f(u) = g(\dot{w} - \dot{u})\,. \tag{9.24}$$

Diese Beziehung entspricht einer Differentialgleichung erster Ordnung für die Federauslenkung u

$$\dot{u} = \dot{w} - g^{-1}(f(u))\,. \tag{9.25}$$

Den Eingang dieser Differentialgleichung bildet die Verschiebungsgeschwindigkeit $\dot{w}$ des kombinierten Elements. Diese kann leicht aus den kinematischen Größen der Endpunkte

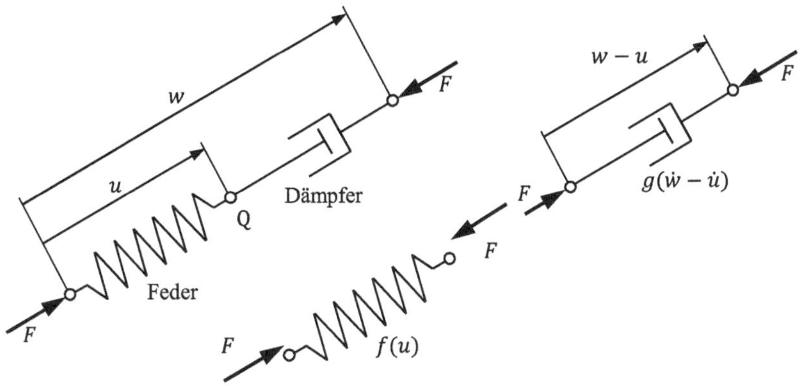

Abb. 9.8 Reihenschaltung von Feder- und Dämpferelementen

berechnet werden. Den Ausgang der Gleichung bildet die Länge u des Federelements. Die Dynamik des Kraftelements wird durch die aus den Kennlinien der Teilelemente gebildete Funktion $g^{-1}(f(u))$ beschrieben. Diese Kombination von Feder- und Dämpferelementen besitzt eine Eigendynamik. Durch die zusätzliche Feder werden die Kraftspitzen, die beim Einsatz eines Dämpfers alleine auftreten würden, herausgefiltert.

9.5 Stabilisatoren

Stabilisatorenwerden zur Erhöhung des Fahrkomforts durch eine Reduzierung des Wankwinkels bei Kurvenfahrt und zur Verbesserung des Fahrverhaltens durch eine positive Beeinflussung des Eigenlenkverhaltens des Fahrwerks eingesetzt (Ammon 1997). Ihre Wirkungsweise beruht auf einer Erhöhung der Wanksteifigkeit des Fahrzeugs durch eine Kraftkopplung zwischen den beiden Rädern einer Achse bei unterschiedlichen Einfederwegen. Dadurch lassen sich die Normalkraftunterschiede an der Vorder- und an der Hinterachse so beeinflussen, dass ein günstiges Eigenlenkverhalten des Fahrzeugs erreicht wird, s. Kap. 14.

9.5.1 Passive Stabilisatoren

Der Stabilisator ist meist als U-förmig gebogene Drehstabfeder ausgeführt. Diese ist in Gummihülsen A, A′ drehbar am Fahrzeugaufbau gelagert. Ihre Enden B, B′ sind mit den beiden Seiten der Radaufhängungen der betreffenden Achse verbunden, s. Abb. 9.9. Bei unterschiedlicher Einfederung der beiden Räder erfahren die Hebel unterschiedlich große Auslenkungen, die in einer Verdrehung des Torsionsstabes und damit im Aufbau eines entsprechenden Torsionsmoments resultieren. Die Verbindung mit der

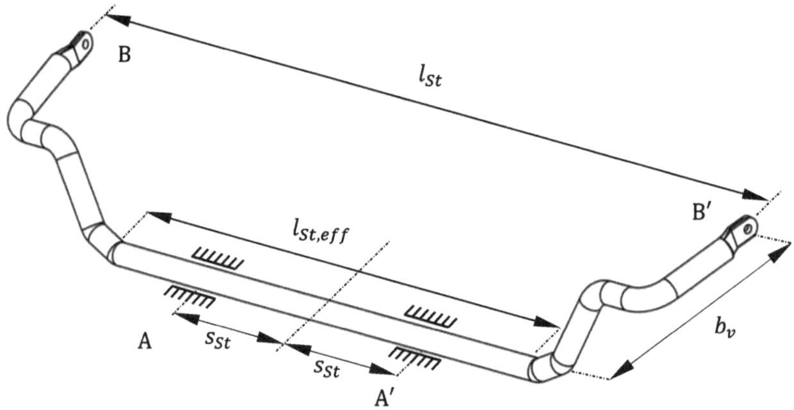

Abb. 9.9 Passiver Stabilisator

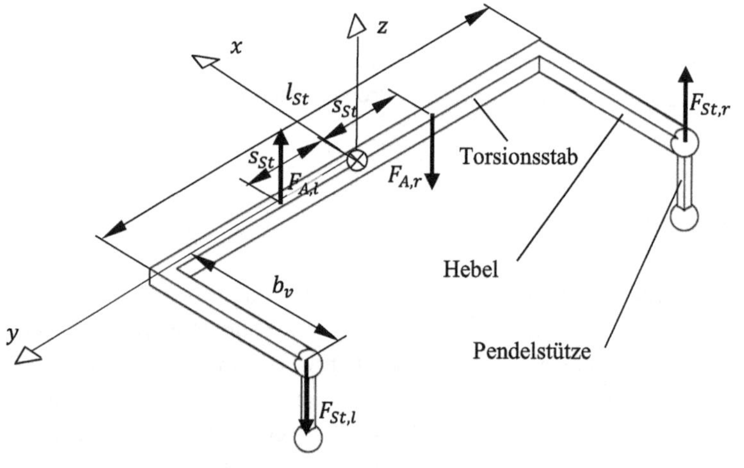

Abb. 9.10 Modellierung eines passiven Stabilisators

Radaufhängung erfolgt entweder über Gummibuchsen oder über Pendelstützen, s. Abb. 9.10. Zur Modellierung des Stabilisators als Kraftelement eines Mehrkörpersystemmodells wird hier die Torsionselastizität der Drehstabfeder in einem Drehgelenk konzentriert angenommen, das in der Richtung der Torsionsachse des Stabilisators angeordnet ist. Dabei wird vorausgesetzt, dass die Verbiegung der Hebel des Stabilisators gegenüber der Torsion vernachlässigbar ist.

Da die Masse des Stabilisators im Vergleich zu den übrigen Körpern der Radaufhängung klein ist, wird sie hier vernachlässigt, d. h. der Stabilisator wird als masseloses Kraftelement modelliert. Ist diese Voraussetzung nicht erfüllt, so muss eine Modellierung als massebehaftetes Subsystem erfolgen (Frik 1994). Ansonsten gehen nur die vom Stabilisator hervorgerufenen Kräfte als eingeprägte Kräfte in die Bewegungsgleichungen ein. Diese Annahmen führen zu der Modellierung in Abb. 9.10. Es wird nun weiterhin angenommen, dass jede Stabilisatorhälfte über ein Drehgelenk mit dem Fahrzeugaufbau verbunden ist. Damit kann der für die Ermittlung des Torsionselements erforderliche Torsionswinkel durch Differenzbildung der Einfederwinkel der beiden Stabilisatorhälften gebildet werden.

Für das Drehmoment des Torsionsstabs ergibt sich mit dem Torsionswinkel γ die einfache Formel.

$$M_{St} = c_{St}\gamma . \tag{9.26}$$

Dabei wurde die Torsionsfederkonstante

$$c_{St} = \frac{GJ_T}{l_{St,eff}} \tag{9.27}$$

eingeführt. In Gl. (9.27) steht G für den Schubmodul des Federmaterials, J_T ist das polare Flächenträgheitsmoment des Federstabquerschnitts und $l_{St,eff}$ die effektive (Torsions-)Länge des Drehstabes. Für die maßgeblichen Vertikalverschiebungen der Kraftangriffspunkte an den Radaufhängungen ergeben sich die Zusammenhänge (s. Abb. 9.11)

$$z_r = -z_l = -b_v \sin\frac{\gamma}{2}, \qquad z_r = -z_l = -\frac{l_{St}}{2}\sin\Delta\varphi . \tag{9.28}$$

Aus den Gl. (9.28) erhält man den Zusammenhang zwischen der Torsion des Torsionsstabs und der Querneigung des Fahrzeugs

$$\gamma = 2\arcsin\left(\frac{l_{St}}{2b_v}\sin\Delta\varphi\right) \approx \frac{l_{St}}{b_v}\Delta\varphi \tag{9.29}$$

und damit das Torsionsmoment des Stabilisators in Abhängigkeit von der Querneigung des Fahrzeugs relativ zur Fahrbahn

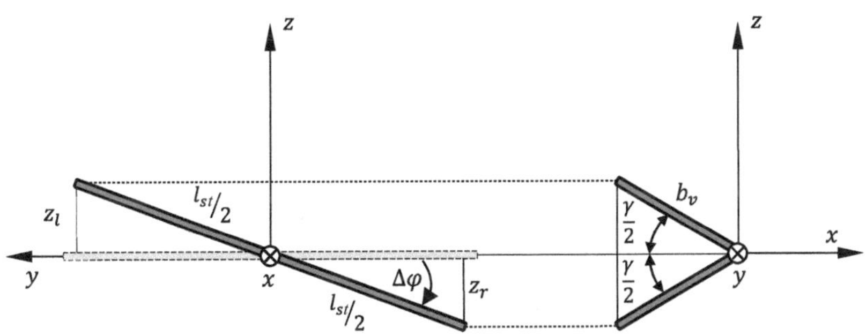

Abb. 9.11 Modellierung eines passiven Stabilisators (Hintenansicht)

$$M_{St} = c_{St}\gamma \approx \frac{l_{St}}{b_v} c_{St}\Delta\varphi. \tag{9.30}$$

Die Kräfte auf die Radaufhängungen und die Kräfte auf den Aufbau berechnen sich durch die Auswertung der Kräfte- und Momentengleichgewichte auf den Stabilisator zu

$$F_{St,l} = F_{St,r} = \frac{l_{St}}{b_v^2} c_{St}\Delta\varphi, \tag{9.31}$$

$$F_{A,l} = F_{A,r} = \frac{l_{St}}{2s_{St}} F_{St,l} = \frac{l_{St}^2}{2s_{St} b_v^2} c_{St}\Delta\varphi. \tag{9.32}$$

Damit ergibt sich das resultierende Stabilisatormoment auf den Aufbau

$$M_{St,A} = -s_{St}(F_{A,l} + F_{A,r}) = -\frac{l_{St}^2}{b_v^2} c_{St}\Delta\varphi. \tag{9.33}$$

9.5.2 Aktive Stabilisatoren

Zur Realisierung einer Wankstabilisierung und zur Beeinflussung der Fahrdynamik werden seit einigen Jahren als Stellglieder auch aktive Stabilisatoren eingesetzt (Öttgen 2005). Dazu werden im Prinzip passive Stabilisatoren zweigeteilt und die freien Enden dann über einen in der Regel elektrischen Aktuator wieder miteinander verkoppelt, s. Abb. 9.12. Mit diesem Aktuator wird statt des passiven, von der Torsion des Stabilisators abhängigen Schnittmoments, ein aktives Drehmoment $M_{St,A}$ eingeprägt, das sich über die Pendelstütze am Radträger abstützt und durch die Reaktionskräfte ein Drehmoment um die Fahrzeuglängsachse in den Fahrzeugaufbau einleitet. Damit ist eine Wankstabilisierung realisierbar und durch Aufteilung der eingeprägten Momente auf die Vorder- und Hinterachse das

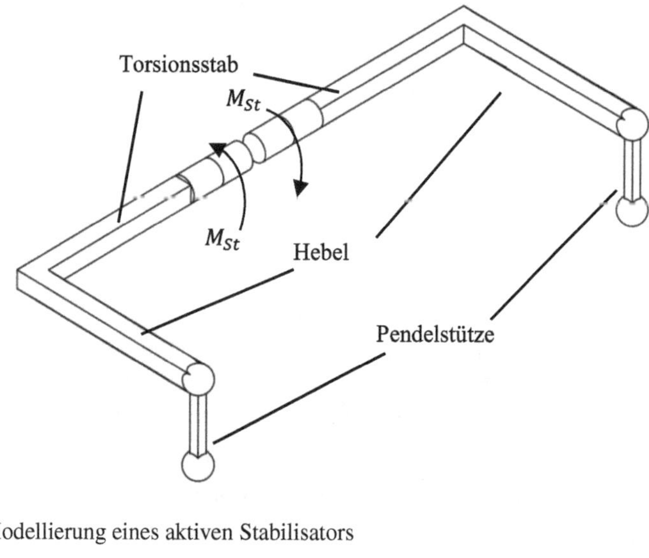

Abb. 9.12 Modellierung eines aktiven Stabilisators

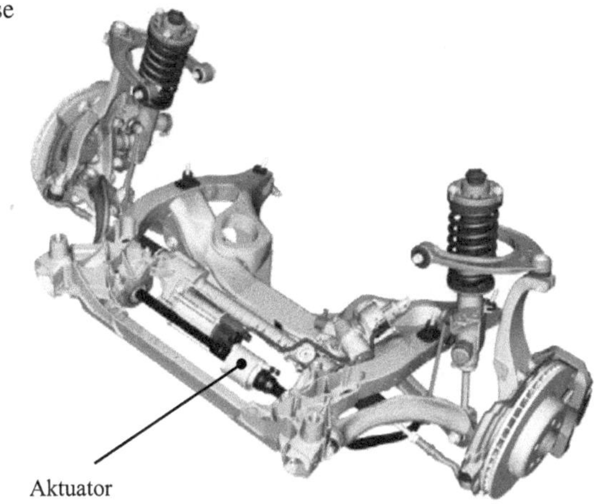

Abb. 9.13 Doppelquerlenkervorderachse mit integriertem Stabilisator, 5er Serie (mit freundlicher Genehmigung der BMW Group)

Eigenlenkverhalten eines Fahrzeugs beeinflussbar. Der Aktuator kann bei der Modellierung in der Regel als ideal angenommen werden, wobei die eingeprägten Drehmomente als Stellgrößen natürlich beschränkt sind.

Ein Beispiel für die Realisierung eines aktiven Stabilisators in einem Serienfahrzeug zeigt Abb. 9.13.

9.6 Gummi-Verbund-Elemente

Gummi-Verbund-Elemente haben bei der Auslegung moderner Radaufhängungssysteme wichtige Funktionen. Neben der Entkopplung von Fahrgestell und Radaufhängung hinsichtlich der Übertragung von Körperschall und Vibrationen und der Dämpfung von Resonanzerscheinungen ist für die Fahrdynamik die gezielte Beeinflussung der Radaufhängungskinematik unter Last von Bedeutung. Aufgrund der hohen Kräfte, die z. B. beim Abbremsen auftreten, ist die Berücksichtigung solcher Elemente für eine Vielzahl von Anwendungen unverzichtbar. Prinzipiell erschwert jedoch die komplexe geometrische Form von Gummilagern die Modellbildung. Daher kommt bei der Beschreibung derartiger Elemente häufig die Methode der finiten Elemente zum Einsatz (Mohr-Matuschek 1992; Gaul und Zastrau 1989). Außerdem ergeben sich bei statischer Belastung bereits deutliche Hystereseeffekte (Göbel 1974).

Die Simulation wird darüber hinaus durch das komplexe Materialverhalten des Gummiwerkstoffes erschwert. So ist z. B. das dynamische Verhalten der Gummielemente insbesondere im Bereich höherer Frequenzen stark frequenzabhängig (Nicolin und Dellmann, 1985). Um trotzdem zu handhabbaren Modellen in der Mehrkörpersimulation zu kommen, wird in der Regel auf einfache mehrdimensionale Kennlinienmodelle zurückgegriffen. So wird z. B. bei (Schuster 1999) ein sechsdimensionales Element zur

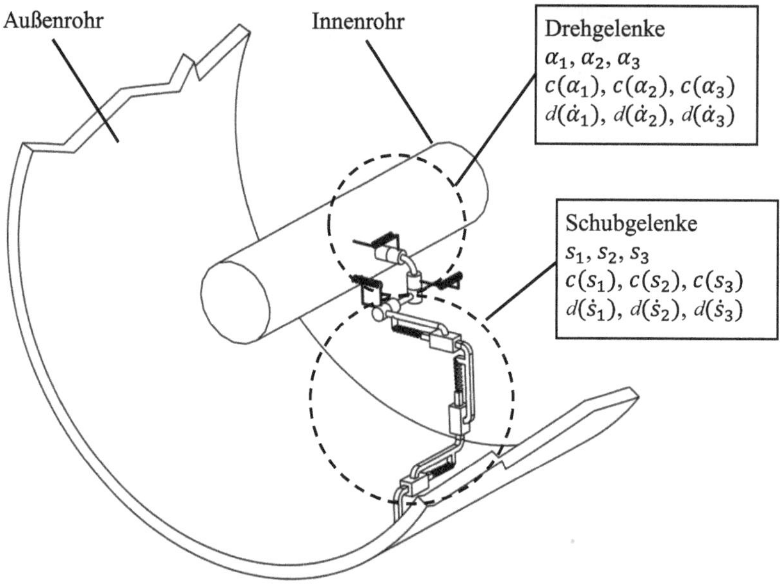

Abb. 9.14 Modell eines elastischen Lagers

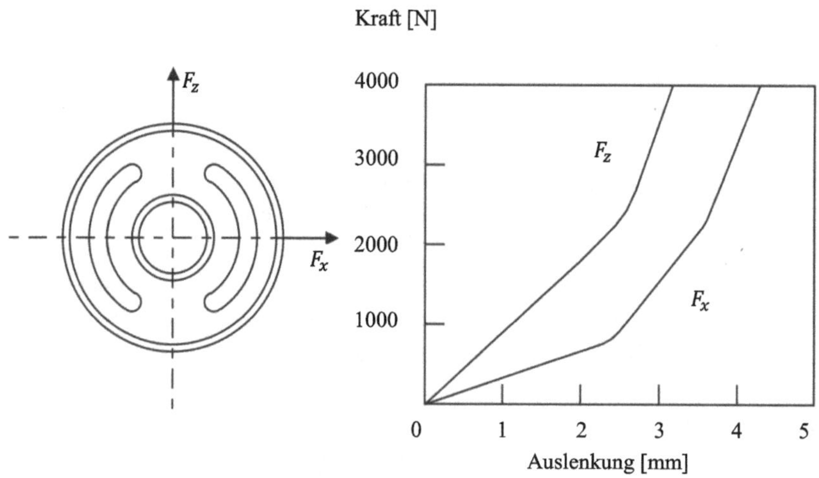

Abb. 9.15 Elastisches Lager und Lagerkräfte (nach Reimpell 1988)

Abbildung von drei translatorischen und drei rotatorischen Steifigkeiten und Dämpfungseigenschaften erstellt, s. Abb. 9.14.

Das verwendete Modell hat drei rotatorische und drei translatorische Freiheitsgrade, die je nach Anwendung wahlweise blockiert oder freigeschaltet werden können, um die jeweils relevanten elastischen Effekte abzubilden. Die Steifigkeits- und

Dämpfungskennlinien $c(\alpha_i), c(s_i)$ sowie $d(\dot{\alpha}_i)$ und $d(\dot{s}_i)$ müssen aus Messungen gewonnen werden, s. Abb. 9.15. In Abb. 9.15 ist anhand der Kräfte in x- und y-Richtung auch zu erkennen, wie sich die Form des Lagers auf die resultierenden Steifigkeiten auswirkt. Bei hochfrequenten Anregungen sind derartige einfache Modelle jedoch nur eingeschränkt anwendbar. Der dort auftretende Versteifungseffekt von Gummilagern bei hochfrequenten Anregungen ist bei den in diesem Buch betrachteten Problemstellungen aus der Fahrzeugdynamik von untergeordneter Bedeutung.

Literatur

Ammon D (1997) Modellbildung und Systementwicklung in der Fahrzeugdynamik. B. G. Teubner

Bill K-H, Breuer B (2006) Bremsenhandbuch: Grundlagen, Komponenten, Systeme. Fahrdynamik. GWV-Fachverlage GmbH, Wiesbaden

Burckhardt M (1991) Fahrwerktechnik: Bremsdynamik und Pkw-Bremsanlagen. Vogel-Verlag

Frik S (1994) Untersuchungen zur erforderlichen Modellkomplexität bei der Fahrdynamiksimulation. Dissertation. Fortschritt-Berichte VDI, Reihe 12, Nr. 208. Universität – Gesamthochschule Duisburg

Gaul L, Zastrau B (1989) Nichtlineare und viskoelastische Elemente in Mehrkörpersystemen. Sonderdruck zum Kolloquium des DFG-Schwerpunktes Dynamik von Mehrkörpersystemen

Göbel EF (1974) Rubber Springs Design. Newness Butterworths, London

Gouya M, Nishiwaki M (1990) Study on disc brake groan. SAE 90007

Haken K-L (2008) Grundlagen der Kraftfahrzeugtechnik. Hanser, München

Mohr-Matuschek U (1992) Auslegung von Kunststoff- und Elastomerformteilen mittels Finite-Element-Simulationen. Fortschrittberichte VDI, Reihe 20, Nr. 68. VDI-Verlag, Düsseldorf

Nicolin J, Dellmann T (1985) Über die modellhafte Nachbildung der dynamischen Eigenschaften einer Gummifeder. ZEV-Glasers Annalen, Band 109

Öttgen O (2005) Zur modellgestützten Entwicklung eines mechatronischen Fahrwerkregelungssystems für Personenkraftwagen. Dissertation. Fortschrittberichte VDI, Reihe 12, Nr. 610. Universität Duisburg-Essen. VDI-Verlag, Düsseldorf

Popp K, Schiehlen W (1993) Fahrzeugdynamik. B.G. Teubner, Stuttgart

Reimpell J (1988) Fahrwerktechnik: Radaufhängungen, 2. Aufl. Vogel Fachbuch. Vogel-Verlag, Würzburg

Samie F, Sheridan D (1990) Contact analysis for a passenger car disc brake. SAE 900005

Schiehlen W, Eberhard P (2004) Technische Dynamik, 2. Aufl. B. G. Teubner, Stuttgart

Schramm D (1985) Eine Methode zur Lösung der Zwangskraftgleichungen. Z Angew Math U Mech 65

Schramm D (1986a) Ein Beitrag zur Dynamik reibungsbehafteter Mehrkörpersysteme. Dissertation. Fortschritt-Berichte VDI, Reihe 18, Nr. 32. Universität Stuttgart

Schramm D (1986b) Ein effizienter Algorithmus zur numerischen Berechnung der Zwangskräfte mechanischer Systeme. Z Angew Math U Mech 66

Schuster C (1999) Strukturvariante Modelle zur Simulation der Fahrdynamik bei niedrigen Geschwindigkeiten. Dissertation, Universität – Gesamthochschule Duisburg, Shaker Verlag GmbH

Shi X (1996) Entstehung des Bremsenquitschens. Dissertation, Technische Universität Braunschweig

Smith SW (2003) Digital signal processing. Newnes, Amsterdam

Einspurmodelle 10

10.1 Lineares Einspurmodell

Das klassische lineare Einspurmodell (Riekert und Schunk 1940) gestattet es, die Querdynamik eines Kraftfahrzeugs näherungsweise aber gleichwohl physikalisch plausibel zu beschreiben, s. Abb. 10.1.

Die Modellierung beruht auf einer Reihe vereinfachender Annahmen:

- Die Geschwindigkeit des Fahrzeugschwerpunktes wird längs seiner Bahnkurve als konstant angenommen.
- Alle Hub-, Wank- und Nickbewegungen werden vernachlässigt.
- Die Fahrzeugmasse wird im Massenmittelpunkt S zusammengefasst.
- Die Vorder- und Hinterräder werden achsweise zu jeweils einem Rad zusammengefasst. Die gedachten Radaufstandspunkte V und H, an denen die Reifenkräfte angreifen, liegen jeweils in der Achsmitte.
- Die Reifennachläufe und die Rückstellmomente infolge der Schräglaufwinkel der Reifen werden vernachlässigt.
- Die Radlastverteilung zwischen Vorder- und Hinterachse bleibt stets konstant.
- Die Umfangskräfte an den Reifen, die sich aus der Bedingung konstanter Geschwindigkeit ergeben, werden vernachlässigt.

Die beiden ersten Annahmen führen zu vier Zwangsbedingungen für die sechs Starrkörperfreiheitsgrade des Modells. Somit verbleiben als Bewegungsmöglichkeiten noch der Gierwinkel ψ_V, der nur in der Form der Giergeschwindigkeit $\dot{\psi}_V$ auftritt, und der Schwimmwinkel β. Der Schwimmwinkel bezeichnet die Abweichung der Richtung der Schwerpunktsgeschwindigkeit von der Fahrzeuglenkachse. Der Lenkwinkel δ

D. Schramm et al., *Modellbildung und Simulation der Dynamik von Kraftfahrzeugen*,
https://doi.org/10.1007/978-3-662-54481-5_10

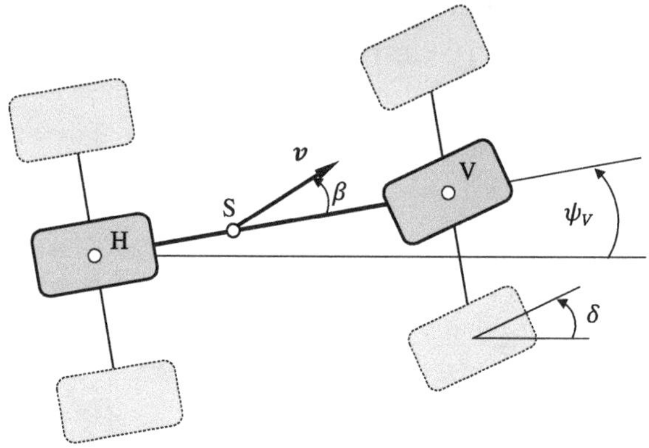

Abb. 10.1 Lineares Einspurmodell

der Vorderachse dient als Eingangsgröße. Dieses stark idealisierte Fahrzeugmodell ist bereits gut geeignet, um die grundsätzlichen fahrdynamischen Zusammenhänge in einem Querbeschleunigungsbereich von.

$$a_y \leq 0,4g \approx 4\frac{m}{s^2} \tag{10.1}$$

bei trockener Fahrbahn zu untersuchen (Ammon 1997).

10.1.1 Bewegungsgleichungen des linearen Einspurmodells

Zur Erstellung der Bewegungsgleichungen ist es zweckmäßig, zunächst die Kinematik des als Starrkörper modellierten Fahrzeugs aufzubereiten. Dazu beschreibt man die Kinematik des Fahrzeugs in der x_E, y_E-Ebene des Inertialsystems $K_E = \{O_E; x_E, y_E, z_E\}$, s. Abb. 10.2. Speziell im quasistationären Fall, d. h. für sehr kleine Schwerpunktgeschwindigkeiten v, bewegen sich sämtliche Punkte des Fahrzeugs auf einer Kreisbahn um den Krümmungskreismittelpunkt K_A. Dieser fällt in diesem Fall mit dem Momentanpol M der Bewegung zusammen. Der zur Durchführung dieser Bewegung erforderliche Lenkwinkel ist, unter der Annahme kleiner Lenkbewegungen und großer Kurvenradien relativ zu den Abmessungen des Fahrzeugs, gegeben durch

$$\tan\,\delta_A = \frac{l}{\sqrt{\rho_M^2 - l_h^2}} \overset{|\delta_A| \ll 1, l_h \ll \rho_M}{\rightarrow} \quad \delta_A \approx \frac{l}{\rho_M}. \tag{10.2}$$

Der Lenkwinkel δ_A der Vorderräder in Gl. (10.2) wird als Ackermannwinkel bezeichnet.

Im allgemeinen Fall ergibt sich für die Fahrzeuggeschwindigkeit gemäß (Abb. 10.2) im fahrzeugfesten Koordinatensystem $K_V = \{O_V; x_V, y_V, z_V\}$.

$${}^V\boldsymbol{v} = \begin{bmatrix} v\cos\beta \\ v\sin\beta \\ 0 \end{bmatrix}. \tag{10.3}$$

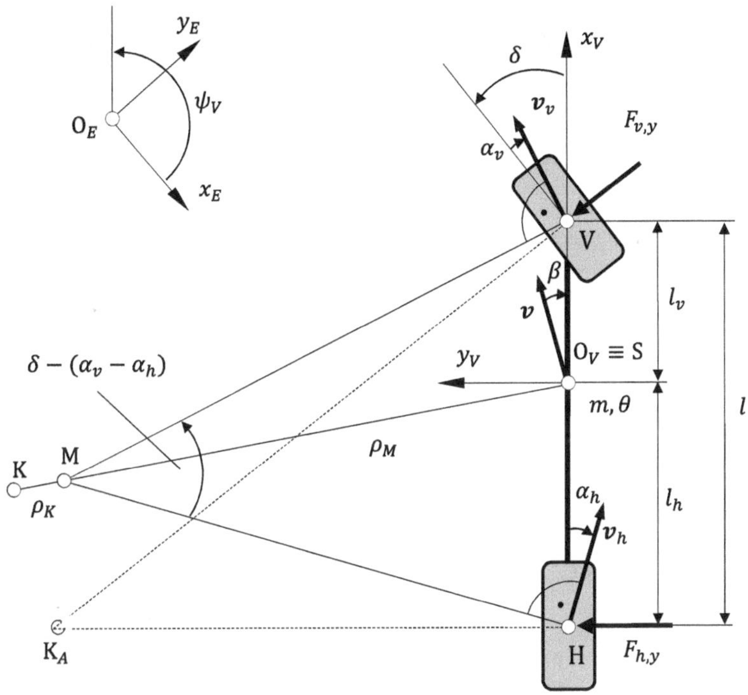

Abb. 10.2 Mathematische Beschreibung des linearen Einspurmodells

Die Beschleunigung des S, dargestellt im Koordinatensystem K_V, ist dann.

$$
\begin{aligned}
{}^V\boldsymbol{a} = \frac{d^V\boldsymbol{v}}{dt} + {}^V\boldsymbol{\omega} \times {}^V\boldsymbol{v} &= \begin{bmatrix} -v\sin\beta\dot{\beta} \\ v\cos\beta\dot{\beta} \\ 0 \end{bmatrix} + \begin{bmatrix} 0 \\ 0 \\ \dot{\psi}_V \end{bmatrix} \times \begin{bmatrix} v\cos\beta \\ v\sin\beta \\ 0 \end{bmatrix} \\
&= \begin{bmatrix} -v\left(\dot{\psi}_V + \dot{\beta}\right)\sin\beta \\ v\left(\dot{\psi}_V + \dot{\beta}\right)\cos\beta \\ 0 \end{bmatrix}.
\end{aligned}
\tag{10.4}
$$

Aufgrund der Annahme konstanter Längsgeschwindigkeit $v = const$ handelt es sich bei der Beschleunigung $\boldsymbol{a}$ um eine reine Normalbeschleunigung $\boldsymbol{a}_n$ quer zum Fahrzeug $\left(\boldsymbol{a}^T\boldsymbol{v} = 0\right)$. Ihr Betrag ergibt sich zu

$$
a_n = |\boldsymbol{a}_n| = v\left(\dot{\psi}_V + \dot{\beta}\right). \tag{10.5}
$$

Aus Abb. 10.2 entnimmt man, dass der Krümmungsradius ρ_K der Bahnkurve des Schwerpunktes der Beziehung

$$
\rho_K = \frac{v}{\left(\dot{\psi}_V + \dot{\beta}\right)} \tag{10.6}
$$

genügt. Für die folgenden Betrachtungen wird die Beschleunigung des Schwerpunktes quer zum Fahrzeug benötigt. Diese ergibt sich für kleine Schwimmwinkel β mit Gl. (10.6) zu.

$$a_y = v\left(\dot{\psi}_V + \dot{\beta}\right)\cos\beta \approx v\left(\dot{\psi}_V + \dot{\beta}\right) = \frac{v^2}{\rho_K}. \tag{10.7}$$

Die Berechnung der horizontalen Reifenkräfte erfordert noch die Geschwindigkeiten der Radaufstandspunkte. Diese berechnen sich gemäß Abb. 10.2 zu

$$\begin{aligned} {}^V\boldsymbol{v}_v &= {}^V\boldsymbol{v} + {}^V\boldsymbol{\omega} \times {}^V_S\boldsymbol{r}_v \\ &= \begin{bmatrix} v\cos\beta \\ v\sin\beta \\ 0 \end{bmatrix} + \begin{bmatrix} 0 \\ 0 \\ \dot{\psi} \end{bmatrix} \times \begin{bmatrix} l_v \\ 0 \\ 0 \end{bmatrix} = \begin{bmatrix} v\cos\beta \\ v\sin\beta + l_v\dot{\psi}_V \\ 0 \end{bmatrix}, \end{aligned} \tag{10.8}$$

an den Vorderrädern und zu

$$\begin{aligned} {}^V\boldsymbol{v}_h &= {}^V\boldsymbol{v} + \boldsymbol{\omega} \times {}^V_S\boldsymbol{r}_h \\ &= \begin{bmatrix} v\cos\beta \\ v\sin\beta \\ 0 \end{bmatrix} + \begin{bmatrix} 0 \\ 0 \\ \dot{\psi}_V \end{bmatrix} \times \begin{bmatrix} -l_h \\ 0 \\ 0 \end{bmatrix} = \begin{bmatrix} v\cos\beta \\ v\sin\beta - l_h\dot{\psi}_V \\ 0 \end{bmatrix} \end{aligned} \tag{10.9}$$

an den Hinterrädern. Dabei bezeichnen ${}_S\boldsymbol{r}_v$ und ${}_S\boldsymbol{r}_h$ die Ortsvektoren vom Massenmittelpunkt S des Fahrzeugs zum vorderen Radaufstandspunkt V bzw. zum hinteren Radaufstandspunkt H. Die aktuelle Geschwindigkeit $\boldsymbol{v}_v$ des Vorderrades lässt sich auch durch den Schwimmwinkel β und den Lenkwinkel δ im fahrzeugfesten Koordinatensystem K_V ausdrücken:

$${}^V\boldsymbol{v}_v = \begin{bmatrix} v\cos\beta \\ v\sin\beta + l_v\dot{\psi}_V \\ 0 \end{bmatrix} = \begin{bmatrix} v_v\cos(\delta - \alpha_v) \\ v_v\sin(\delta - \alpha_v) \\ 0 \end{bmatrix}. \tag{10.10}$$

Die ersten beiden Komponenten in Gl. (10.10) liefern für kleine Lenkwinkel δ eine Beziehung für den vorderen Schräglaufwinkel α_v:

$$\begin{aligned} \tan(\delta - \alpha_v) &= \frac{v\sin\beta + l_v\dot{\psi}_V}{v\cos\beta} \approx \beta + l_v\tfrac{\dot{\psi}_V}{v} \\ \Rightarrow \alpha_v &= \delta - \beta - l_v\tfrac{\dot{\psi}_V}{v}. \end{aligned} \tag{10.11}$$

Dieses Vorgehen lässt sich an der Hinterachse entsprechend anwenden:

$${}^V\boldsymbol{v}_h = \begin{bmatrix} v\cos\beta \\ v\sin\beta - l_h\dot{\psi}_V \\ 0 \end{bmatrix} = \begin{bmatrix} v_h\cos\alpha_h \\ -v_h\sin\alpha_h \\ 0 \end{bmatrix}. \tag{10.12}$$

Aus der ersten und zweiten Komponente dieser Vektorgleichung erhält man dann

$$-\tan\alpha_h = \frac{v\sin\beta - l_h\dot{\psi}}{v\cos\beta} \approx \beta - l_h\frac{\dot{\psi}_V}{v},$$
$$\Rightarrow \alpha_h \approx -\beta + l_h\frac{\dot{\psi}_V}{v}. \tag{10.13}$$

Für die Aufstellung der Bewegungsgleichungen werden neben der Beschreibung der Kinematik noch die auf das Fahrzeug wirkenden Kräfte benötigt. Die Normalkräfte auf die Räder ergeben sich unter Berücksichtigung der Lage des Massenmittelpunktes des Fahrzeugs zu (Abb. 10.3).

$$F_{v,z} = mg\,\frac{l_h}{l}\text{ und } F_{h,z} = mg\,\frac{l_v}{l}. \tag{10.14}$$

Die Reifenkräfte lassen sich nach Kap. 7 unter Annahme eines linearen Zusammenhangs zwischen Querkraft und Schräglaufwinkel zu.

$$F_{v,y} = c_{\alpha,v}\,\alpha_v\text{ und } F_{h,y} = c_{\alpha,h}\,\alpha_h \tag{10.15}$$

berechnen, mit den Schräglaufsteifigkeiten $c_{\alpha,v}$ und $c_{\alpha,h}$ (s. Abb. 10.4).

In Abb. 10.4 ist erkennbar, dass die Schräglaufsteifigkeiten Funktionen der Radlasten sind. Dies wird später in Abschn. 10.3 näher beleuchtet. Mithilfe der Beschleunigungen aus Gl. 10.4 und Abb. 10.4 ergibt der Impulssatz in Querrichtung

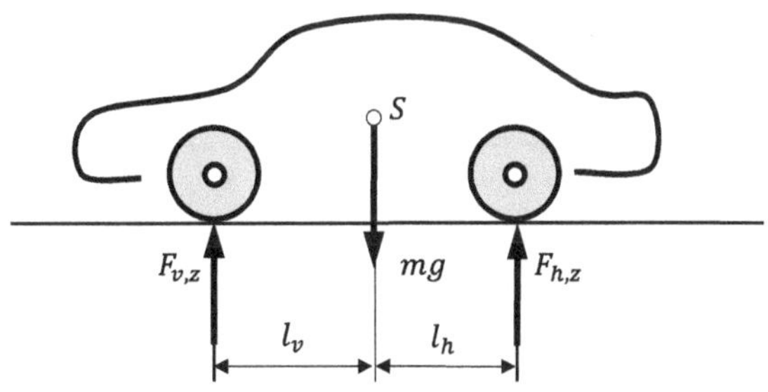

Abb. 10.3 Radlasten am linearen Einspurmodell

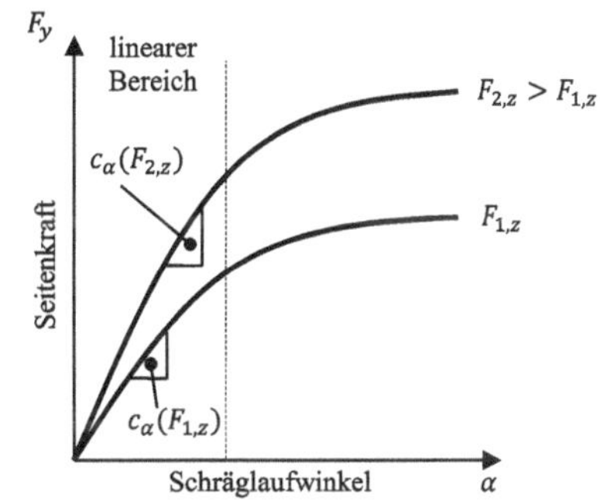

Abb. 10.4 Abhängigkeit der Rad-Seitenkraft vom Schräglaufwinkel

$$mv\left(\dot{\psi}_V + \dot{\beta}\right)\cos\beta = \cos\delta\, F_{v,y} + F_{h,y}. \tag{10.16}$$

Entsprechend erhält man für den Drallsatz um die Hochachse

$$\theta\ddot{\psi}_V = F_{v,y}\cos\delta l_v - F_{h,y}l_h. \tag{10.17}$$

Ersetzt man nun noch die Ausdrücke für die Reifenquerkräfte durch die in den Gl. (10.15) sowie (10.11) und (10.13) gegebenen Beziehungen und beachtet $\cos\beta \approx 1, \cos\delta \approx 1$ für $|\beta|, |\delta| \ll 1$, so erhält man schließlich die beiden Bewegungsgleichungen für das lineare Einspurmodell

$$mv\dot{\beta} + \left(mv^2 + c_{\alpha,v}l_v - c_{\alpha,h}l_h\right)\frac{\dot{\psi}_V}{v} + \left(c_{\alpha,v} + c_{\alpha,h}\right)\beta = c_{\alpha,v}\delta, \tag{10.18}$$

$$\theta\ddot{\psi}_V + \left(c_{\alpha,v}l_v^2 + c_{\alpha,h}l_h^2\right)\frac{\dot{\psi}_V}{v} + \left(c_{\alpha,v}l_v - c_{\alpha,h}l_h\right)\beta = c_{\alpha,v}l_v\delta. \tag{10.19}$$

Mit der Substitution

$$\boldsymbol{x} = \begin{bmatrix} x_1 \\ x_2 \end{bmatrix} = \begin{bmatrix} \dot{\psi}_V \\ \beta \end{bmatrix} \tag{10.20}$$

ergibt sich schließlich die Zustandsnormalform.

$$\underbrace{\begin{bmatrix} \dot{x}_1 \\ \dot{x}_2 \end{bmatrix}}_{\dot{\boldsymbol{x}}} = \underbrace{\begin{bmatrix} -\frac{1}{v}\frac{c_{\alpha,v}l_v^2 + c_{\alpha,h}l_h^2}{\theta} & -\frac{c_{\alpha,v}l_v - c_{\alpha,h}l_h}{\theta} \\ -1 - \frac{1}{v^2}\frac{c_{\alpha,v}l_v - c_{\alpha,h}l_h}{m} & -\frac{1}{v}\frac{c_{\alpha,v} + c_{\alpha,h}}{m} \end{bmatrix}}_{\boldsymbol{A}} \underbrace{\begin{bmatrix} x_1 \\ x_2 \end{bmatrix}}_{\boldsymbol{x}} + \underbrace{\begin{bmatrix} \frac{c_{\alpha,v}l_v}{\theta} \\ \frac{1}{v}\frac{c_{\alpha,v}}{m} \end{bmatrix}}_{\boldsymbol{B}} \underbrace{[\delta]}_{\boldsymbol{u}} \tag{10.21}$$

mit dem [2 × 1]-Zustandsvektor $\boldsymbol{x}$, der [2 × 2]-Systemmatrix $\boldsymbol{A}$, der [2 × 1]-Steuermatrix $\boldsymbol{B}$ und dem [1 × 1]-Eingangsvektor $\boldsymbol{u}$. Damit lässt sich das lineare Einspurmodell als dynamisches System mit dem entsprechenden Übertragungsverhalten auffassen (Abb. 10.5). Die Darstellung in Gl. (10.21) ist eine geeignete Basis für grundlegende fahrdynamische Untersuchungen. Dies wird im Folgenden beispielhaft gezeigt. Für ausführlichere Analysen sei z. B. auf (Willumeit 1998) verwiesen.

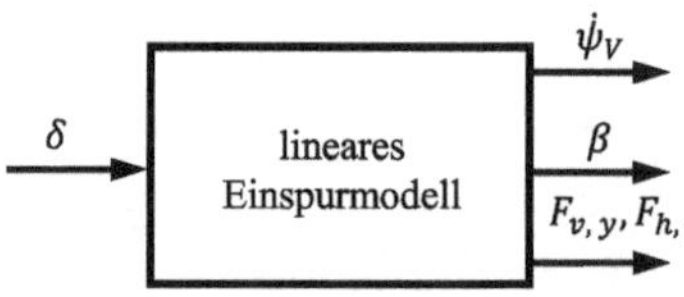

Abb. 10.5 Lineares Einspurmodell als dynamisches System

10.1.2 Stationäres Lenkverhalten und Kreisfahrt

Für die Kurvenfahrt auf einem Kreis mit dem konstanten Radius ρ sind der Lenkwinkel δ sowie die Giergeschwindigkeit $\dot{\psi}_V$ und der Schwimmwinkel β jeweils konstant, d. h. es gilt

$$\delta = const, \dot{\delta} = 0, \tag{10.22}$$

$$\dot{\psi}_V = const, \ \ddot{\psi}_V = 0, \tag{10.23}$$

$$\beta = const, \dot{\beta} = 0, \tag{10.24}$$

$$\rho_K = \frac{v}{\dot{\psi}_V + \dot{\beta}} = \frac{v}{\dot{\psi}_V} = \rho. \tag{10.25}$$

Mit den zusätzlichen Bedingungen aus den Gl. (10.22–10.25) ergibt sich durch Einsetzen in die Gl. (10.16) und (10.17) sowie Berücksichtigung von Gl. (10.15) nach einiger Zwischenrechnung die Beziehung

$$\alpha_v - \alpha_h = \frac{mv^2}{\rho l}\left(\frac{l_h}{c_{\alpha,v}} - \frac{l_v}{c_{\alpha,h}}\right) = \underbrace{\frac{m}{l}\left(\frac{l_h c_{\alpha,h} - l_v c_{\alpha,v}}{c_{\alpha,v} c_{\alpha,h}}\right)}_{EG}\frac{v^2}{\rho}. \tag{10.26}$$

Der als EG gekennzeichnete Ausdruck in Gl. (10.26) wird als Eigenlenkgradient bezeichnet und charakterisiert das typische Fahrverhalten eines gegebenen Kraftfahrzeugs bei Lenkbewegungen. Damit lassen sich z. B. die folgenden praktischen Aufgabestellungen lösen:

- Welchen Lenkradwinkel $\delta_H = i_L \delta$ mit dem Übersetzungsverhältnis i_L muss der Fahrer einstellen, damit das Fahrzeug mit der Geschwindigkeit v auf einer Kreisbahn mit Radius ρ fährt?
- Welche Fahrgrößen stellen sich stationär ein, wenn aus der Geradeausfahrt ein Lenkradwinkel δ_H aufgebracht wird?
- Was geschieht im Übergangsbereich (instationäres Lenkverhalten)?

Um die erste Frage zu beantworten, berechnet man zunächst noch den Schwimmwinkel und den Lenkwinkel für eine gegebene Kreisbahn mit dem Radius ρ. Aus dem Schräglaufwinkel des Hinterrades aus Gl. (10.13) lässt sich durch Umformung der Schwimmwinkel des Fahrzeugs berechnen zu

$$\beta = l_h \frac{\dot{\psi}_V}{v} - \alpha_h = \frac{l_h}{\rho} - \frac{m}{c_{\alpha,h}} \frac{l_v}{l} \frac{v^2}{\rho}. \tag{10.27}$$

Der für die Kreisbahn notwendige Lenkwinkel ergibt sich aus dem Schräglaufwinkel des Vorderrades aus Gl. (10.11) zu

$$\begin{aligned}\delta &= l_v \frac{\dot{\psi}_V}{v} + \alpha_v + \beta = \frac{l}{\rho} + \alpha_v - \alpha_h \\ &= \underbrace{\frac{l}{\rho}}_{\delta_A} + \underbrace{\frac{m}{l}\left(\frac{l_h c_{\alpha,h} - l_v c_{\alpha,v}}{c_{\alpha,v} c_{\alpha,h}}\right)}_{EG} \underbrace{\frac{v^2}{\rho}}_{a_y} = \delta_A + EG \cdot a_y.\end{aligned} \tag{10.28}$$

Der in Gl. (10.28) auftretende Summand δ_A ist der Ackermannwinkel (vgl. Gl. (10.2)). Mit zunehmender Geschwindigkeit v vergrößert oder verkleinert sich der für eine gegebene Kreisbahn notwendige Lenkwinkel je nach Vorzeichen des Eigenlenkgradienten EG (s. Abb. 10.6). Ist der erforderliche Lenkwinkel größer als der Ackermannwinkel ($EG > 0$), so spricht man von untersteuerndem Fahrverhalten, im Fall ($EG < 0$) von übersteuerndem Fahrverhalten. Der Fall $EG = 0$ kennzeichnet ein neutrales Fahrverhalten.

Aus Gl. (10.28) kann man noch die Beziehung.

$$EG \cdot a_y = \alpha_v - \alpha_h \tag{10.29}$$

ablesen, d. h. das Eigenlenkverhalten hängt von der Differenz der Schräglaufwinkel an Vorder- und Hinterrädern ab. Jetzt lassen sich auch die anderen Fahrgrößen berechnen. Es ergeben sich die Giergeschwindigkeit (Abb. 10.7)

$$\dot{\psi}_V = \frac{v}{\rho} = const, \tag{10.30}$$

die Radseitenkräfte

$$F_{v,y} = m\frac{l_h}{l}\frac{v^2}{\rho}, \qquad F_{h,y} = m\frac{l_v}{l}\frac{v^2}{\rho} \tag{10.31}$$

und die Schräglaufwinkel

$$\alpha_v = \frac{F_{v,y}}{c_v} = \frac{m}{c_{\alpha,v}}\frac{l_h}{l}\frac{v^2}{\rho}, \quad \alpha_h = \frac{F_{h,y}}{c_h} = \frac{m}{c_{\alpha,h}}\frac{l_v}{l}\frac{v^2}{\rho}. \tag{10.32}$$

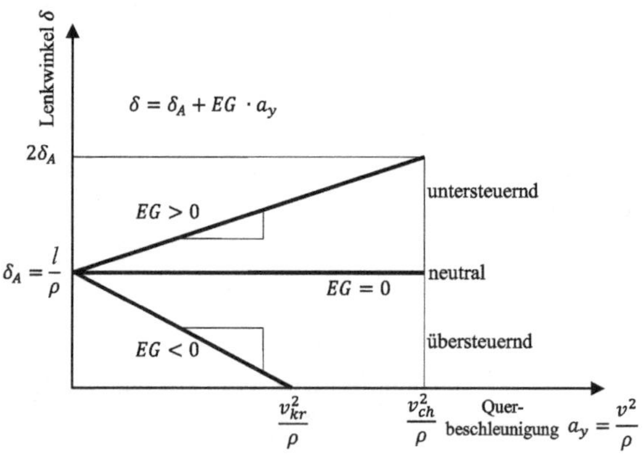

Abb. 10.6 Eigenlenkgradient im linearen Bereich

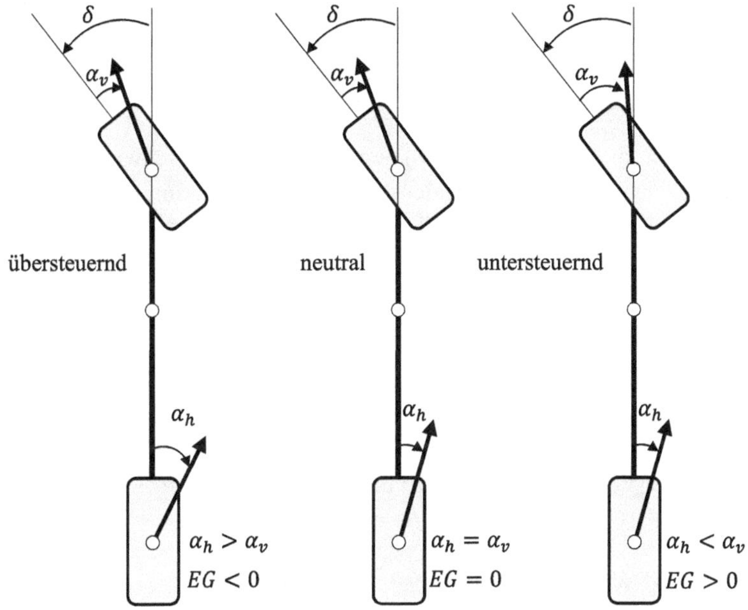

Abb. 10.7 Eigenlenkverhalten des linearen Einspurmodells

Wird nun aus der Geradeausfahrt heraus ein Lenkwinkel δ aufgebracht, so stellt sich eine Giergeschwindigkeit von

$$\dot{\psi}_{V,stat} = \frac{v}{\rho} = \frac{v}{l + EG \cdot v^2}\delta_{stat} \tag{10.33}$$

ein. Das bedeutet, dass die Giergeschwindigkeit abhängig vom Eigenlenkgradienten unterschiedliche Werte annimmt. Man bezeichnet

$$\frac{\dot{\psi}_V}{\delta} = \frac{v}{l + EG \cdot v^2} \tag{10.34}$$

als Gierverstärkungsfaktor bei der Geschwindigkeit v. Dieser Faktor ist klein für große Eigenlenkgradienten (untersteuerndes Fahrzeug) und groß für kleine (negative) Eigenlenkgradienten (übersteuerndes Fahrzeug). Für

$$EG = -\frac{l}{v^2} < 0 \tag{10.35}$$

wird der Nenner in Gl. (10.34) zu Null und der Gierverstärkungsfaktor unendlich. In der Realität bedeutet dies, dass das Fahrzeug instabil wird (genauer: den linearen Bereich verlässt), da bereits beliebig kleine Lenkeinschläge bei der linearen Betrachtungsweise zu unendlichen Giergeschwindigkeiten führen würden.

Die Geschwindigkeit

$$v_{kr} = \sqrt{-\frac{l}{EG}}, \tag{10.36}$$

bei der dies eintritt (man beachte $EG < 0$), wird als kritische Geschwindigkeit bezeichnet. Umgekehrt lässt sich für positive Eigenlenkgradienten das Maximum der Gierverstärkung berechnen. Durch Differentiation von Gl. (10.34) nach der Geschwindigkeit v erhält man.

$$\frac{d}{dv}\left(\frac{\dot{\psi}_V}{\delta}\right) = \frac{l - EG \cdot v^2}{\left(l + EG \cdot v^2\right)^2} = 0 \quad \Rightarrow \quad v_{ch}^2 = \frac{l}{EG}. \tag{10.37}$$

Die Geschwindigkeit v_{ch}, bei der der Gierverstärkungsfaktor sein Maximum erreicht, wird als charakteristische Geschwindigkeit bezeichnet. Sie lässt sich als die Fahrgeschwindigkeit interpretieren, bei der das Fahrzeug am empfindlichsten auf Lenkeinschläge reagiert. Typische Werte für v_{ch} liegen zwischen 65 und 100 km/h.

10.1.3 Instationäres Lenkverhalten - Fahrstabilität

Zur Untersuchung der Fahrstabilität bei Geradeausfahrt wird in Gl. (10.21) der Lenkwinkel gleich Null gesetzt. Damit erhält man die lineare, homogene Zustandsgleichung.

$$\underbrace{\begin{bmatrix} \dot{x}_1 \\ \dot{x}_2 \end{bmatrix}}_{\dot{x}} = \underbrace{\begin{bmatrix} -\frac{1}{v}\frac{c_{\alpha,v}l_v^2 + c_{\alpha,h}l_h^2}{\theta} & -\frac{c_{\alpha,v}l_v - c_{\alpha,h}l_h}{\theta} \\ -1 - \frac{1}{v^2}\frac{c_{\alpha,v}l_v - c_{\alpha,h}l_h}{m} & -\frac{1}{v}\frac{c_{\alpha,v} + c_{\alpha,h}}{m} \end{bmatrix}}_{A} \underbrace{\begin{bmatrix} x_1 \\ x_2 \end{bmatrix}}_{x} \tag{10.38}$$

oder kürzer geschrieben

$$\underbrace{\begin{bmatrix} \dot{x}_1 \\ \dot{x}_2 \end{bmatrix}}_{\dot{x}} = \underbrace{\begin{bmatrix} -\frac{1}{v}a_{11} & -a_{12} \\ -1 - \frac{1}{v^2}a_{21} & -\frac{1}{v}a_{22} \end{bmatrix}}_{A} \underbrace{\begin{bmatrix} x_1 \\ x_2 \end{bmatrix}}_{x} \tag{10.39}$$

mit den Koeffizienten

$$\begin{aligned} a_{11} &= \frac{c_{\alpha,v}l_v^2 + c_{\alpha,h}l_h^2}{\theta}, \quad a_{12} = \frac{c_{\alpha,v}l_v - c_{\alpha,h}l_h}{\theta}, \\ a_{21} &= \frac{c_{\alpha,v}l_v - c_{\alpha,h}l_h}{m}, \quad a_{22} = \frac{c_{\alpha,v} + c_{\alpha,h}}{m}. \end{aligned} \tag{10.40}$$

Damit ergibt sich für die charakteristische Gleichung der Systemmatrix $\boldsymbol{A}$ das Polynom.

$$\begin{aligned} \det(\lambda\boldsymbol{E} - \boldsymbol{A}) &= \lambda^2 + \frac{1}{v}(a_{11} + a_{22})\lambda - a_{12} + \frac{1}{v^2}(a_{11}a_{22} - a_{12}a_{21}) \\ &= \lambda^2 + a_1\lambda + a_2. \end{aligned} \tag{10.41}$$

Das lineare System aus Gl. (10.38) ist bekanntlich stabil, wenn beide Koeffizienten des charakteristischen Polynoms positiv sind. Dies ist für a_1 ganz offensichtlich immer erfüllt. Aus der Bedingung für a_2 folgt.

$$\begin{aligned} a_2 &= -a_{12} + \frac{1}{v^2}\left(a_{11}a_{22} - a_{12}a_{21}\right) \\ &= \frac{c_{\alpha,v}c_{\alpha,h}l^2}{m\theta v^2}\left(1 + \frac{c_{\alpha,h}l_h - c_{\alpha,v}l_v}{c_{\alpha,v}c_{\alpha,h}l^2}mv^2\right) > 0. \end{aligned} \tag{10.42}$$

Diese Bedingung ist für beliebige Geschwindigkeiten v erfüllt, falls gilt

$$c_{\alpha,h}l_h > c_{\alpha,v}l_v. \tag{10.43}$$

Im anderen Fall gilt eine Einschränkung für die Geschwindigkeit

$$v^2 < \frac{1}{m}\frac{c_{\alpha,v}\,c_{\alpha,h}l^2}{c_{\alpha,v}l_v - c_{\alpha,h}l_h}. \tag{10.44}$$

Die rechte Seite der Ungleichung (10.44) entspricht aber gerade der früher berechneten kritischen Geschwindigkeit v_{kr}. Das bedeutet, dass übersteuernde Fahrzeuge ab einer bestimmten Geschwindigkeit instabil werden können, wohingegen dies für untersteuernde Fahrzeuge nicht möglich ist.

10.2 Nichtlineares Einspurmodell

Das im vorigen Abschnitt behandelte Einspurmodell gestattet bereits einen aussagekräftigen Einblick in das typische Eigenverhalten eines Kraftfahrzeugs. Allerdings beinhaltet es weder eine Beschreibung des Antriebsstranges, noch lässt sich das Verhalten bei größeren Lenkbewegungen oder höheren Querbeschleunigungen beschreiben. Deshalb wird nachfolgend ein erweitertes Modell vorgestellt, das auch mit Einschränkungen die Beschreibung des nichtlinearen Fahrzeugverhaltens gestattet.

10.2.1 Kinematik und Kinetik des nichtlinearen Einspurmodells

Das nichtlineare Einspurmodell (Abb. 10.8 und 10.9) besteht aus

- der Fahrzeugkarosserie als Starrkörper mit den translatorischen Freiheitsgraden x_V, y_V und der Drehung ψ_V um die Hochachse;
- jeweils einem fiktiven Vorder- und Hinterrad (Indizes v und h), gekennzeichnet durch Raddrehzahl und Reifenkräfte;

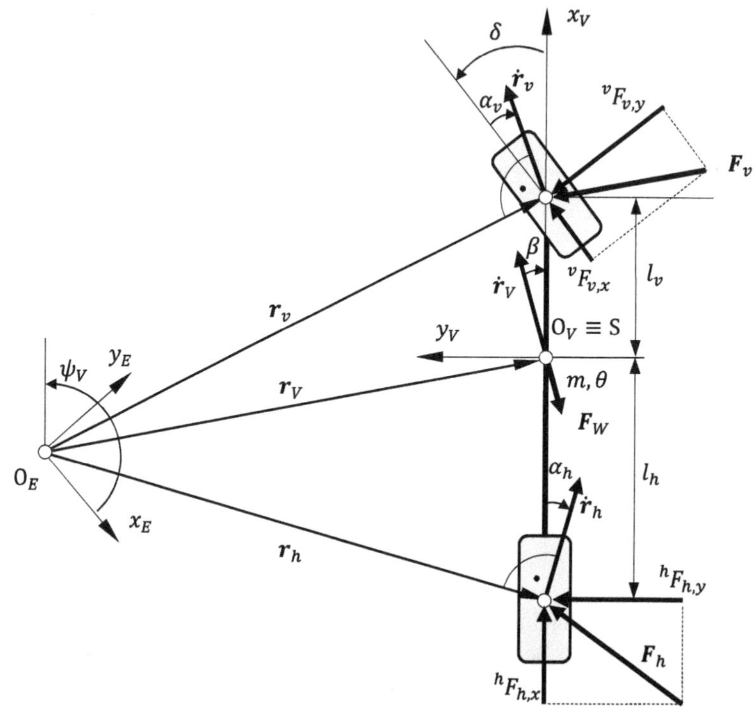

Abb. 10.8 Nichtlineares Einspurmodell - Draufsicht

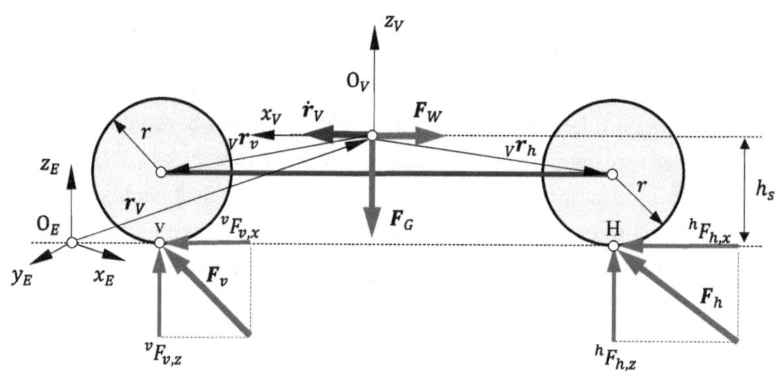

Abb. 10.9 Nichtlineares Einspurmodell - Seitenansicht

- einem vorgegebenen Lenkwinkel (Spurwinkel) δ an der Vorderachse. Dieser ergibt sich mit der Lenkübersetzung i_L aus dem Lenkradwinkel δ_H zu $\delta = \frac{1}{i_L}\delta_H$;
- der Beschreibung der Radantriebsmomente $M_{A,v}$ und $M_{A,h}$ als Funktion des Motormoments M_M und der aktuellen, vom gewählten Gang abhängigen Getriebeübersetzung $i_G(\mathrm{G})$. Das Motormoment ist eine Funktion der Motordrehzahl ω_M und der Fahrpedalstellung $p_F(t)$. Das Gesamtantriebsmoment $M_A = M_{A,v} + M_{A,h}$ kann über den

Verteilungsfaktor ξ_a beliebig (zeitvariabel) auf Vorder- und Hinterachse verteilt werden, was die Simulation eines vierradgetrieben Fahrzeugs ermöglicht;
- der Beschreibung des Luftwiderstands;
- der Vorgabe der Bremsmomente $M_{B,v}$ und $M_{B,h}$ an den Rädern als Funktionen der Bremspedalstellung $p_B(t)$. Die Bremskraftverteilung ξ_b kann wie ξ_a ebenfalls beliebig vorgegeben werden.

Zur Erstellung der Bewegungsgleichungen setzt man zunächst den Impulssatz für den als Starrkörper angenommenen Aufbau an:

$$m\ddot{\boldsymbol{r}}_V = \boldsymbol{F}_v + \boldsymbol{F}_h + \boldsymbol{F}_W + \boldsymbol{F}_G. \tag{10.45}$$

Die Beschleunigung des Fahrzeugaufbaus ergibt sich durch zweimaliges zeitliches Differenzieren des Ortsvektors $\boldsymbol{r}_V$ zum Massenmittelpunkt S des Fahrzeugs im Inertialsystem K_E:

$$\boldsymbol{r}_V = \begin{bmatrix} x_V \\ y_V \\ h_S \end{bmatrix}, \quad \dot{\boldsymbol{r}}_V = \begin{bmatrix} \dot{x}_V \\ \dot{y}_V \\ 0 \end{bmatrix}, \quad \ddot{\boldsymbol{r}}_V = \begin{bmatrix} \ddot{x}_V \\ \ddot{y}_V \\ 0 \end{bmatrix}. \tag{10.46}$$

Die Kräfte auf Vorder- und Hinterrad sowie die Gewichtskraft seien in Koordinaten des Inertialsystems gegeben durch

$$\boldsymbol{F}_v = \begin{bmatrix} F_{v,x} \\ F_{v,y} \\ F_{v,z} \end{bmatrix}, \quad \boldsymbol{F}_h = \begin{bmatrix} F_{h,x} \\ F_{h,y} \\ F_{h,z} \end{bmatrix}, \quad \boldsymbol{F}_G = \begin{bmatrix} 0 \\ 0 \\ -mg \end{bmatrix}. \tag{10.47}$$

Als einzige weitere äußere Kraft tritt die Luftwiderstandskraft auf:

$$\boldsymbol{F}_W = \frac{1}{2} c_w \rho_L A \dot{\boldsymbol{r}}_V \, |\dot{\boldsymbol{r}}_V| = \begin{bmatrix} F_{W,x} \\ F_{W,y} \\ 0 \end{bmatrix} = \begin{bmatrix} \frac{1}{2} c_w \rho_L A \dot{x}_V \sqrt{\dot{x}_V{}^2 + \dot{y}_V{}^2} \\ \frac{1}{2} c_w \rho_L A \dot{y}_V \sqrt{\dot{x}_V{}^2 + \dot{y}_V{}^2} \\ 0 \end{bmatrix} \tag{10.48}$$

mit dem Luftwiderstandsbeiwert c_W, der Luftdichte ρ_L und der Stirnfläche A des Fahrzeugs. In diesem Fall wird nur der Fahrtwind entgegen der Trajektorie des Fahrzeugschwerpunktes berücksichtigt. Sollen auch Seitenwindeinflüsse oder Vertikalkräfte berücksichtigt werden, so muss Gl. (10.48) entsprechend erweitert werden, wie in Kap. 9 erläutert. Aus Gl. (10.45) zusammen mit den Gl. (10.46–10.48) ergibt sich schließlich der vollständige Impulssatz in Koordinaten des Inertialsystems zu

$$\begin{bmatrix} m\ddot{x}_V \\ m\ddot{y}_V \\ 0 \end{bmatrix} = \begin{bmatrix} F_{v,x} + F_{h,x} - F_{W,x} \\ F_{v,y} + F_{h,y} - F_{W,y} \\ F_{v,z} + F_{h,z} - mg \end{bmatrix}. \tag{10.49}$$

Entsprechend erhält man den Drallsatz des Fahrzeugs bezüglich seines Massenmittelpunktes zunächst in der allgemeinen Form

$$\boldsymbol{\Theta}_V\dot{\boldsymbol{\omega}}_V + \boldsymbol{\omega}_V \times (\boldsymbol{\Theta}_V \cdot \dot{\boldsymbol{\omega}}_V) = {}_V\boldsymbol{r}_v \times \boldsymbol{F}_v + {}_V\boldsymbol{r}_h \times \boldsymbol{F}_h. \tag{10.50}$$

Mit der Trägheitsmatrix im fahrzeugfesten Koordinatensystem

$$\boldsymbol{\Theta}_V = \begin{bmatrix} 0 & 0 & 0 \\ 0 & 0 & 0 \\ 0 & 0 & \theta_{ZZ} \end{bmatrix}, \tag{10.51}$$

den Vektoren für die Winkelgeschwindigkeit und –beschleunigung

$${}^V\boldsymbol{\omega}_V = \begin{bmatrix} 0 \\ 0 \\ \dot{\psi}_V \end{bmatrix}, \quad {}^V\dot{\boldsymbol{\omega}}_V = \begin{bmatrix} 0 \\ 0 \\ \ddot{\psi}_V \end{bmatrix} \tag{10.52}$$

und den Vektoren zu den Kraftangriffspunkten der Radkräfte

$${}_V^V\boldsymbol{r}_v = \begin{bmatrix} l_v \\ 0 \\ -h_S \end{bmatrix}, \quad {}_V^V\boldsymbol{r}_h = \begin{bmatrix} -l_h \\ 0 \\ -h_S \end{bmatrix} \tag{10.53}$$

vereinfacht sich schließlich die Vektorgleichung (10.50) für das Gesamtfahrzeug zu der skalaren Gleichung

$$\theta_{zz}\ddot{\psi}_V = l_v {}^V F_{v,y} - l_h {}^V F_{h,y}. \tag{10.54}$$

10.2.2 Reifenkräfte

Zur Auswertung der Gl. (10.49) und (10.54) sind noch die Reifenkräfte in den radfesten Koordinatensystemen erforderlich, die zunächst nur stationär und linear mit Schräglaufsteifigkeiten $c_{s,v/h}$ und $c_{\alpha,v/h}$ und den Schlupfgrößen $s_{v/h}$ und $\alpha_{v/h}$ zu

$$\begin{bmatrix} {}^vF_{v,x,stat} \\ {}^vF_{v,y,stat} \end{bmatrix} = \begin{bmatrix} c_{s,v}s_v \\ c_{\alpha,v}\alpha_v \end{bmatrix}, \quad \begin{bmatrix} {}^hF_{h,x,stat} \\ {}^hF_{h,y,stat} \end{bmatrix} = \begin{bmatrix} c_{s,h}s_h \\ c_{\alpha,h}\alpha_h \end{bmatrix} \tag{10.55}$$

berechnet werden. Die Kraftkomponenten in Gl. (10.55) sind später noch in das Inertialsystem bzw. das fahrzeugfeste Koordinatensystem zu transformieren. Dieser Ansatz wird in Abschn. 10.3 wieder aufgegriffen, wobei dort berücksichtigt wird, dass die vier Koeffizienten $c_{s,v}, c_{s,h}, c_{\alpha,v}$ und $c_{\alpha,h}$ im Allgemeinen nichtlinear von den Radlasten abhängen. Alternativ zu Gl. (10.55) ist auch eine, insbesondere im Bereich höherer Querbeschleunigungen, genauere Beschreibung über eine (vereinfachte) Magic Formula (s. Kap. 7) möglich, die hier zunächst weiterverfolgt wird, s. z. B. (Gipser 1999; Orend 2007).

Der Übersichtlichkeit wegen werden hier nur die Beziehungen für die Vorderachse angegeben. Die entsprechenden Beziehungen für die Hinterachse ergeben sich, indem jeweils der Index „v“ durch „h“ ersetzt wird. Ein vereinfachter Magic Formula-Ansatz für die Reifenkräfte lautet

$$\begin{bmatrix} F_{v,x,stat} \\ F_{v,y,stat} \end{bmatrix} = F_{v,z,eff} \begin{bmatrix} \mu_{v,x} \sin\left(c_{v,x} \arctan\left(b_{v,x} \frac{s_{v,a}}{\mu_{v,x}}\right)\right) \\ \mu_{v,y} \sin\left(c_{v,y} \arctan\left(b_{v,y} \frac{s_{v,a}}{\mu_{v,y}}\right)\right) \end{bmatrix} \tag{10.56}$$

mit der effektiven Radlast

$$F_{v,z,eff} = F_{v,z} \left(1 - e_z \left(\frac{F_{v,z}}{F_{v,z,0}}\right)^2\right). \tag{10.57}$$

Die Gl. (10.56) und (10.57) enthalten zunächst die Reibungsbeiwerte $\mu_{v,x}$ und $\mu_{v,y}$, die Reifenparameter $c_{v,x}$, $c_{v,y}, c_{h,x}, c_{h,y}$ und $b_{v,x}$, $b_{v,y}, b_{h,x}, b_{h,y}$ sowie die variablen Radlasten ${}^{v}F_{v,z}$ und ${}^{h}F_{h,z}$. Der degressive Verlauf der Abhängigkeit der horizontalen Reifenkräfte von den Radlasten wird hier mit dem Degressionsparameter e_z berücksichtigt. Des Weiteren sind die Schlupfgrößen s_v, α_v und s_h, α_h als Eingangsgrößen enthalten, für deren Berechnung die Geschwindigkeiten der Radmittelpunkte benötigt werden. Diese ergeben sich aus den kinematischen Beziehungen im Inertialsystem

$$\begin{aligned} \dot{\boldsymbol{r}}_v &= \dot{\boldsymbol{r}}_V + \boldsymbol{\omega}_V \times \boldsymbol{T}_V(\psi_V)\, {}^V_V\boldsymbol{r}_v \\ &= \begin{bmatrix} \dot{x}_V \\ \dot{y}_V \\ 0 \end{bmatrix} + \begin{bmatrix} 0 \\ 0 \\ \dot{\psi}_V \end{bmatrix} \times \begin{bmatrix} \cos\psi_V & -\sin\psi_V & 0 \\ \sin\psi_V & \cos\psi_V & 0 \\ 0 & 0 & 1 \end{bmatrix} \begin{bmatrix} l_v \\ 0 \\ -(h_s - r) \end{bmatrix} \\ \Rightarrow \begin{bmatrix} \dot{x}_v \\ \dot{y}_v \\ \dot{z}_v \end{bmatrix} &= \begin{bmatrix} \dot{x}_V - l_v \dot{\psi}_V \sin\psi_V \\ \dot{y}_V + l_v \dot{\psi}_V \cos\psi_V \\ 0 \end{bmatrix} \end{aligned} \tag{10.58}$$

und

$$\begin{aligned} \dot{\boldsymbol{r}}_h &= \dot{\boldsymbol{r}}_V + \boldsymbol{\omega}_V \times \boldsymbol{T}_V(\psi_V)\, {}^V_V\boldsymbol{r}_h \\ &= \begin{bmatrix} \dot{x}_V \\ \dot{y}_V \\ 0 \end{bmatrix} + \begin{bmatrix} 0 \\ 0 \\ \dot{\psi}_V \end{bmatrix} \times \begin{bmatrix} \cos\psi_V & -\sin\psi_V & 0 \\ \sin\psi_V & \cos\psi_V & 0 \\ 0 & 0 & 1 \end{bmatrix} \begin{bmatrix} -l_h \\ 0 \\ -(h_s - r) \end{bmatrix} \\ \Rightarrow \begin{bmatrix} \dot{x}_h \\ \dot{y}_h \\ \dot{z}_h \end{bmatrix} &= \begin{bmatrix} \dot{x}_V + l_h \dot{\psi}_V \sin\psi_V \\ \dot{y}_V - l_h \dot{\psi}_V \cos\psi_V \\ 0 \end{bmatrix}. \end{aligned} \tag{10.59}$$

Zur Berechnung der Schlupfwerte werden die Geschwindigkeiten allerdings in den radfesten Koordinatensystemen benötigt. Berücksichtigt man die Verdrehungen der Räder gegenüber dem fahrzeugfesten Koordinatensystem, ergibt sich dafür

$$ {}^v\dot{\boldsymbol{r}}_v = \begin{bmatrix} {}^v\dot{x}_v \\ {}^v\dot{y}_v \\ {}^v\dot{z}_v \end{bmatrix} {}^v\boldsymbol{T}_E\dot{\boldsymbol{r}}_v = \begin{bmatrix} \mathrm{c}(\psi_V+\delta) & \mathrm{s}(\psi_V+\delta) & 0 \\ -\mathrm{s}(\psi_V+\delta) & \mathrm{c}(\psi_V+\delta) & 0 \\ 0 & 0 & 1 \end{bmatrix} \begin{bmatrix} \dot{x}_v \\ \dot{y}_v \\ \dot{z}_v \end{bmatrix}, \tag{10.60} $$

$$ {}^h\dot{\boldsymbol{r}}_h = \begin{bmatrix} {}^h\dot{x}_h \\ {}^h\dot{y}_h \\ {}^h\dot{z}_h \end{bmatrix} = {}^h\boldsymbol{T}_E\dot{\boldsymbol{r}}_h = \begin{bmatrix} \mathrm{c}(\psi_V) & \mathrm{s}(\psi_V) & 0 \\ -\mathrm{s}(\psi_V) & \mathrm{c}(\psi_V) & 0 \\ 0 & 0 & 1 \end{bmatrix} \begin{bmatrix} \dot{x}_h \\ \dot{y}_h \\ \dot{z}_h \end{bmatrix}. \tag{10.61} $$

Bemerkung: In den folgenden Gl. (10.62–10.67) werden die Reifenkräfte an der Vorderachse angegeben. An der Hinterachse ist jeweils der Index „v" durch den Index „h" zu ersetzen.

Mit den Komponenten der Geschwindigkeitsvektoren aus den Gl. (10.60) und (10.61) erhält man nach Subtraktion der Rollgeschwindigkeiten $r\dot{\rho}_v$ und Normierung die Längs- und Querschlupfe vorne:

$$ s_v = \frac{r\dot{\rho}_v - {}^v\dot{x}}{\max\left(|r\dot{\rho}_v|\,,|{}^v\dot{x}_v|\right)}, \tag{10.62} $$

$$ \alpha_v = -\frac{{}^v\dot{y}_v}{|r\dot{\rho}_v|}. \tag{10.63} $$

Nun wird, wie in Abschn. 7.3.8 beschrieben, der normierte Gesamtschlupf

$$ s_{v,a} = \sqrt{s_v^2 + \tan^2\alpha_v} \tag{10.64} $$

an der Vorder- und der Hinterachse berechnet. Aus Gl. (10.56) und dem Wirkrichtungswinkel

$$ \psi_v = \mathrm{a}\tan\frac{\alpha_v}{s_v} \tag{10.65} $$

der resultierenden Reifenkräfte ergeben sich aus den Gl. (10.56–10.65) zunächst der Betrag der Reifenkraft

$$ F_{\psi_v}(s_{v,a}) = \sqrt{\frac{s_v^2F_{v,x,stat}^2 + \alpha_v^2F_{v,y,stat}^2}{s_{v,a}^2}} \tag{10.66} $$

und daraus die Reifenkräfte im radfesten Koordinatensystem

$$ \begin{bmatrix} {}^vF_{v,x,stat} \\ {}^vF_{v,y,stat} \end{bmatrix} = F_{\psi_v}\begin{bmatrix} \cos\psi_v \\ \sin\psi_v \end{bmatrix} = \frac{1}{s_{v,a}}F_{\psi_v}\begin{bmatrix} s_v \\ \alpha_v \end{bmatrix}. \tag{10.67} $$

Zur Berücksichtigung der Einlaufzeit der Reifenbei einer schnellen Kurs- oder Geschwindigkeitsänderung ist gemäß Kap. 7 ein Zusatz zu den Gl. (10.56) erforderlich.

Hierzu werden geeignete Zeitkonstanten $T_{v,x}$ und $T_{v,y}$ gewählt, um ein PT_1-Verhalten nachzubilden. Als Bestimmungsgleichung für die dynamischen Reifenkräfte $\boldsymbol{F}_v$ und $\boldsymbol{F}_h$ auf der Grundlage der schon bekannten quasistatischen Kräfte $\boldsymbol{F}_{v,stat}$ und $\boldsymbol{F}_{h,stat}$ ergeben sich die Differentialgleichungen erster Ordnung, hier exemplarisch für die Vorderachse:

$$\begin{aligned}\begin{bmatrix} {}^v\dot{F}_{v,x} \\ {}^v\dot{F}_{v,y} \end{bmatrix} &= \begin{bmatrix} \frac{1}{T_{v,x}} & 0 \\ 0 & \frac{1}{T_{v,y}} \end{bmatrix} \left(\begin{bmatrix} {}^vF_{v,x,stat} \\ {}^vF_{v,y,stat} \end{bmatrix} - \begin{bmatrix} {}^vF_{v,x} \\ {}^vF_{v,y} \end{bmatrix} \right) \\ &= \begin{bmatrix} \frac{c_{v,x,stat}|r\dot{\rho}_v|}{c_{v,s,stat}} & 0 \\ 0 & \frac{c_{v,y,stat}|r\dot{\rho}_v|}{c_{v,\alpha,stat}} \end{bmatrix} \left(\begin{bmatrix} {}^vF_{v,x,stat} \\ {}^vF_{v,y,stat} \end{bmatrix} - \begin{bmatrix} {}^vF_{v,x} \\ {}^vF_{v,y} \end{bmatrix} \right).\end{aligned} \tag{10.68}$$

Dabei wurden die Zeitkonstanten für die x- und y-Richtungnach Abschn. 7.5 (s. Gl. 7.94) gemäß

$$\frac{1}{T_{v,x}} = \frac{c_{v,x,stat}\,|r\dot{\rho}_v|}{c_{v,s,stat}}, \qquad \frac{1}{T_{v,y}} = \frac{c_{v,y,stat}\,|r\dot{\rho}_v|}{c_{v,\alpha,stat}} \tag{10.69}$$

berechnet.

Durch das Momentengleichgewicht um den Fahrzeugmassenmittelpunkt S sowie das Kräftegleichgewicht in z-Richtung des Inertialsystems ergeben sich die Radlasten und damit die Radaufstandskräfte vorne und hinten zu

$${}^VF_{v,z} = \frac{l_h}{l}mg - \frac{h_s}{l}\left({}^VF_{v,x} + {}^VF_{h,x}\right), \tag{10.70}$$

$${}^VF_{h,z} = \frac{l_v}{l}mg + \frac{h_s}{l}\left({}^VF_{v,x} + {}^VF_{h,x}\right). \tag{10.71}$$

Schließlich werden noch die Drallsätze für die Vorder- und Hinterräder, jeweils bezüglich der Radmittelpunkte, benötigt:

$$\theta_v\ddot{\rho}_v = M_{A,v} - \operatorname{sign}(\dot{\rho}_v)\,M_{B,v} - r\,{}^vF_{v,x}, \tag{10.72}$$

$$\theta_h\ddot{\rho}_h = M_{A,h} - \operatorname{sign}(\dot{\rho}_h)\,M_{B,h} - r^hF_{h,x}. \tag{10.73}$$

10.2.3 Antriebs- und Bremsmomente

Für das Modell wird eine beliebige Aufteilung der Antriebsmomente $M_{A,v}$ und $M_{A,h}$ zwischen Vorder- und Hinterachse modelliert. Die Eigendynamik des Antriebsstrangs wird nicht berücksichtigt. Mit einem dimensionslosen Verteilungsfaktor $0 \leq \xi_a \leq 1$ erhält man die Aufteilung.

$$M_{A,v} = (1 - \xi_a)\,M_A = M_A - M_{A,h}, \tag{10.74}$$

$$M_{A,h} = \xi_a M_A. \tag{10.75}$$

Damit liegt für $\xi_a = 0$ Frontantrieb und für $\xi_a = 1$ Heckantrieb vor. Für $0 \leq \xi_a \leq 1$ erhält man einen Allradantrieb mit variabler Achsaufteilung. Für die Berechnung des Antriebsmomentes M_A wird zunächst eine Näherung für die Motordrehzahl berechnet:

$$\omega_M = i_D i_G (G) ((1 - \xi_a) \dot{\rho}_v + \xi_a \dot{\rho}_h), 0 \leq \xi_a \leq 1. \tag{10.76}$$

Die Triebstrangparameter i_D und i_G bezeichnen dabei die Übersetzung des Zentraldifferentials bzw. des Getriebes. Damit lässt sich für die Auswertung der Gl. (10.72) und (10.73) das Gesamtantriebsmoment M_A in Abhängigkeit vom Motormoment M_M angeben mit

$$M_A = i_D i_G (G) M_M (\omega_M, p_F). \tag{10.77}$$

Das Motormoment wird aus dem zweidimensionalen Momentenkennfeld des Motors interpoliert (Abb. 10.10). Neben der Motordrehzahl ω_M tritt dabei noch die dimensionslose Eingangsgröße Fahrpedalstellung $0 \leq p_F \leq 1$ auf. Die Fahrpedalstellung wird als Anregungsfunktion $p_F(t)$ interpretiert.

Ganz entsprechend werden noch die Bremsmomente

$$M_{B,v} = (1 - \xi_b) M_B (p_B) = M_B (p_B) - M_{B,h}, \tag{10.78}$$

$$M_{B,h} = \xi_b M_B (p_B) \tag{10.79}$$

berechnet. Hier ist $0 \leq \xi_b \leq 1$ wieder ein dimensionsloser Aufteilungsparameter und $p_B(t)$ die Bremspedalstellung in Abhängigkeit von der Zeit (s. Abb. 10.11).

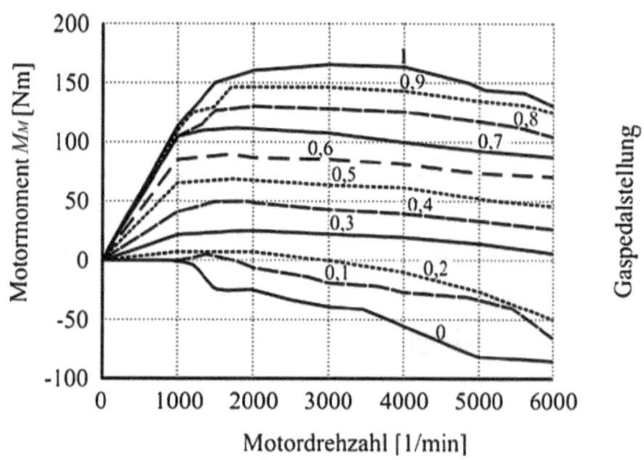

Abb. 10.10 Schematische Darstellung eines Motorkennfelds abhängig von Drehzahl und Gaspedalstellung

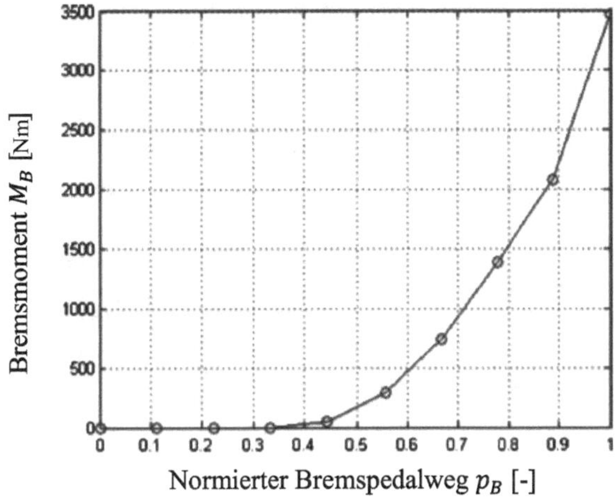

Abb. 10.11 Bremsmoment in Abhängigkeit von der Bremspedalstellung

10.2.4 Bewegungsgleichungen

Nach den Vorarbeiten in den vorangegangenen Abschnitten lassen sich nun die vollständigen Bewegungsgleichungen des nichtlinearen Einspurmodells angeben.

- Impulssatz:

$$\begin{bmatrix} m\ddot{x}_V \\ m\ddot{y}_V \end{bmatrix} = \begin{bmatrix} F_{v,x} + F_{h,x} - F_{W,x} \\ F_{v,y} + F_{h,y} - F_{W,y} \end{bmatrix}, \tag{10.80}$$

mit

$$\begin{aligned} F_{W,x} &= \frac{1}{2} c_w \rho_L A \dot{x}_V \sqrt{\dot{x}_V{}^2 + \dot{y}_V{}^2}, \\ F_{W,y} &= \frac{1}{2} c_w \rho_L A \dot{y}_V \sqrt{\dot{x}_V{}^2 + \dot{y}_V{}^2}, \end{aligned} \tag{10.81}$$

$$\begin{aligned} F_{v,x} &= \cos(\psi_V + \delta)^v F_{v,x} - \sin(\psi_V + \delta)^v F_{v,y}, \\ F_{v,y} &= \sin(\psi_V + \delta)^v F_{v,x} + \cos(\psi_V + \delta)^v F_{v,y}, \end{aligned} \tag{10.82}$$

$$\begin{aligned} F_{h,x} &= \cos \psi_V{}^h F_{h,x} - \sin \psi_V{}^h F_{h,y}, \\ F_{h,y} &= \sin \psi_V{}^h F_{h,x} + \cos \psi_V{}^h F_{h,y}. \end{aligned} \tag{10.83}$$

- Drallsatz im fahrzeugfesten Koordinatensystem für den Aufbau:

$$\theta_{zz} \ddot{\psi}_V = l_v{}^V F_{v,y} - l_h{}^V F_{h,y} \tag{10.84}$$

mit

$$
\begin{aligned}
{}^{V}F_{v,y} &= \sin\delta^{v}F_{v,x} + \cos\delta^{v}F_{v,y},\\
{}^{V}F_{h,y} &= {}^{h}F_{h,y}.
\end{aligned}
\tag{10.85}
$$

- Drallsätze für die Vorder- und Hinterachse:

$$\theta_v\ddot{\rho}_v = M_{A,v} - M_{B,v}\text{sign}(\dot{\rho}_v) - r^{v}F_{v,x}, \tag{10.86}$$

$$\theta_h\ddot{\rho}_h = M_{A,h} - M_{B,h}\text{sign}(\dot{\rho}_h) - r^{h}F_{h,x}. \tag{10.87}$$

- Dynamische Reifenkräfte:

$$\begin{bmatrix} {}^{v}\dot{F}_{v,x} \\ {}^{v}\dot{F}_{v,y} \end{bmatrix} = \begin{bmatrix} \frac{c_{v,x,stat}|r\dot{\rho}_v|}{c_{v,s,stat}} & 0 \\ 0 & \frac{c_{v,y,stat}|r\dot{\rho}_v|}{c_{v,\alpha,stat}} \end{bmatrix} \left(\begin{bmatrix} {}^{v}F_{v,x,stat} \\ {}^{v}F_{v,y,stat} \end{bmatrix} - \begin{bmatrix} {}^{v}F_{v,x} \\ {}^{v}F_{v,y} \end{bmatrix} \right), \tag{10.88}$$

$$\begin{bmatrix} {}^{h}\dot{F}_{h,x} \\ {}^{h}\dot{F}_{h,y} \end{bmatrix} = \begin{bmatrix} \frac{c_{h,x}|r\dot{\rho}_h|}{c_{h,x,stat}} & 0 \\ 0 & \frac{c_{h,s,stat}|r\dot{\rho}_h|}{c_{h,\alpha,stat}} \end{bmatrix} \left(\begin{bmatrix} {}^{h}F_{h,x,stat} \\ {}^{h}F_{h,y,stat} \end{bmatrix} - \begin{bmatrix} {}^{h}F_{h,x} \\ {}^{h}F_{h,y} \end{bmatrix} \right). \tag{10.89}$$

10.2.5 Zustandsgleichungen

Man überführt nun noch die Bewegungsgleichungen in die Darstellung im Zustandsraum:

$$\dot{\boldsymbol{x}} = \boldsymbol{f}(\boldsymbol{x}, t, \boldsymbol{u}) \tag{10.90}$$

mit dem Zustandsvektor

$$\boldsymbol{x} = \left[x_V, y_V, \psi_V, \dot{x}_V, \dot{y}_V, \dot{\psi}_V, \dot{\rho}_v, \dot{\rho}_h, {}^{v}F_{v,x}, {}^{v}F_{v,y}, {}^{h}F_{h,x}, {}^{h}F_{h,y}\right]^T \tag{10.91}$$

und dem Anregungsvektor

$$\boldsymbol{u} = \left[\delta_H, p_F, p_B, G\right]^T. \tag{10.92}$$

Neben den Fahr- und Bremspedalstellungen p_F und p_B treten als Anregungen noch der Lenkradwinkel δ_H und der ganzzahlige Gangwahlparameter G auf. Damit lässt das nichtlineare Einspurmodell entsprechend Abb. 10.12 als dynamisches System darstellen.

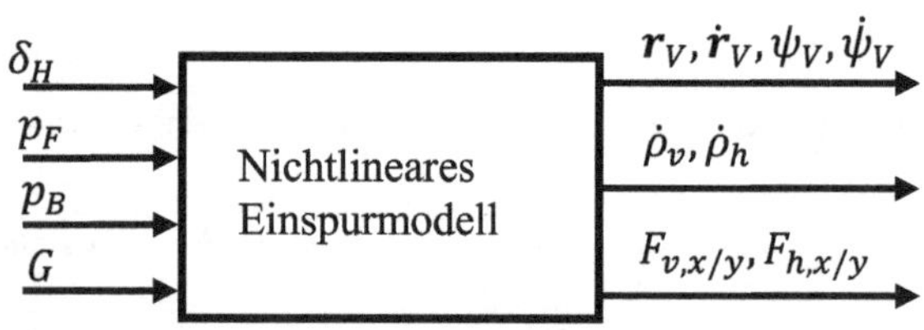

Abb. 10.12 Nichtlineares Einspurmodell als dynamisches System

Ausgeschrieben lauten die Gl. (10.90–10.92)

$$
\underbrace{\begin{bmatrix} \dot{x}_V \\ \dot{y}_V \\ \dot{\psi}_V \\ \ddot{x}_V \\ \ddot{y}_V \\ \ddot{\psi}_V \\ \ddot{\rho}_v \\ \ddot{\rho}_h \\ {}^v\dot{F}_{v,x} \\ {}^v\dot{F}_{v,y} \\ {}^h\dot{F}_{h,x} \\ {}^h\dot{F}_{h,y} \end{bmatrix}}_{\dot{x}} = \underbrace{\begin{bmatrix} \dot{x}_V \\ \dot{y}_V \\ \dot{\psi}_V \\ \frac{1}{m}\left(F_{v,x} + F_{h,x} - F_{W,x}\right) \\ \frac{1}{m}\left(F_{v,y} + F_{h,y} - F_{W,y}\right) \\ \frac{1}{\theta_{zz}}\left(l_v{}^V F_{v,y} - l_h{}^V F_{h,y}\right) \\ \frac{1}{\theta_v}\left(M_{A,v} - M_{B,v}\mathrm{sign}\left(\dot{\rho}_v\right) - r\,{}^v F_{v,x}\right) \\ \frac{1}{\theta_h}\left(M_{A,h} - M_{B,h}\mathrm{sign}\left(\dot{\rho}_h\right) - r\,{}^h F_{h,x}\right) \\ \frac{c_{v,x,stat}|r\dot{\rho}_v|}{c_{v,s,stat}}\left({}^v F_{v,x,stat} - {}^v F_{v,x}\right) \\ \frac{c_{v,y,stat}|r\dot{\rho}_v|}{c_{v,\alpha,stat}}\left({}^v F_{v,y,stat} - {}^v F_{v,y}\right) \\ \frac{c_{h,x,stat}|r\dot{\rho}_v|}{c_{h,s,stat}}\left({}^h F_{h,x,stat} - {}^h F_{h,x}\right) \\ \frac{c_{h,y,stat}|r\dot{\rho}_h|}{c_{v,\alpha,stat}}\left({}^h F_{h,y,stat} - {}^h F_{h,y}\right) \end{bmatrix}}_{f(\boldsymbol{x},t,\boldsymbol{u})} . \tag{10.93}
$$

10.3 Lineares Wankmodell

Die bisher in diesem Kapitel behandelten Einspurmodelle gestatten aufgrund ihrer Modellierung keine Beschreibung von Effekten, die aus unterschiedlichen Radlasten, z. B. bei Kurvenfahrten, resultieren. Derartige Effekte sind bei den in diesem Buch in den Kap. 11, 12 beschriebenen räumlichen Modellierungen natürlich enthalten. Es ist jedoch durchaus möglich, z. B. für Echtzeitanwendungen oder einfache Grundsatzuntersuchungen, entsprechende Effekte auch bei den bisher besprochenen Einspurmodellen zu berücksichtigen. Allerdings gelten dabei die folgenden Einschränkungen:

- Änderungen der Fahrwerksgeometrie infolge von Kräften werden nicht berücksichtigt. Das bedeutet, dass sämtliche Gleichgewichtsbedingungen für die Ausgangsgeometrie formuliert werden.
- Die Wankwinkel und die Lenkwinkel der Vorderräder werden als klein angenommen.
- Die Trägheitskraft ma_y senkrecht zur Bewegungsrichtung wird als äußere Kraft im Schwerpunkt des Aufbaus angenommen. Fliehkraftanteile der Räder oder von Komponenten der Radaufhängungen werden nicht berücksichtigt.
- Die Aufbaumasse m_A wird gleich der Gesamtfahrzeugmasse m gesetzt.

Dazu werden sogenannte lineare Wankmodelle für kleine Wankwinkel φ eingeführt. Bei einem linearen Wankmodell werden Vorder- und Hinterachse zu einer Achse zusammengefasst und aus der Wankachse entsteht der Wankpol W, der auf der Höhe des Achsmittelpunktes angenommen wird (s. Abb. 10.15), (Ammon 1997, Öttgen 2005), (Abb. 10.13,

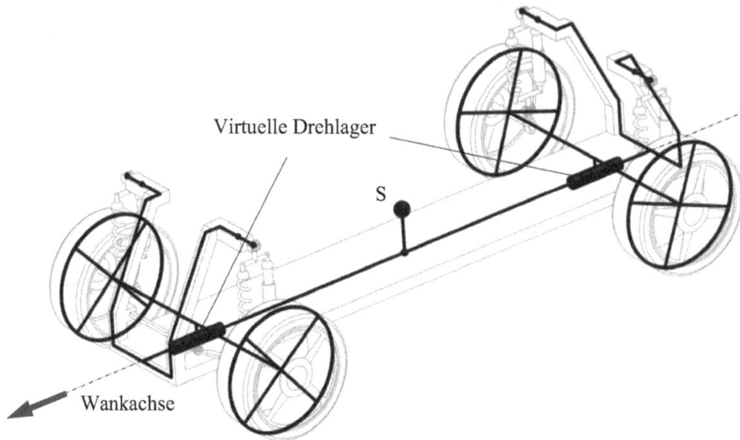

Abb. 10.13 Wankmodell – schematische Darstellung

10.14, 10.15 und 10.16). Als Reaktion auf das Wankmoment, das aus der Querbeschleunigung a_y des Aufbaus resultiert, werden durch Aufbaufedern, -dämpfer und Stabilisatoren die Kräfte $A_{l,v}, A_{r,v}, A_{l,h}, A_{r,h}$ erzeugt, die der Wankbewegung entgegen wirken. Die bezüglich der Wankbewegung stationären Kräfte $W_{v,y}, W_{v,z}, W_{h,y}, W_{h,z}$ des Aufbaus auf die Radachsen werden über virtuelle Drehlager übertragen und ergeben sich aus den quasistationären Gleichgewichtsbedingungen. Da der Schwerpunkt in der Regel nicht auf demselben Niveau wie der Wankpol liegt, ist der Wankwinkel, der sich bei Kurvenfahrt einstellt, abhängig von der Querbeschleunigung.

10.3.1 Bewegungsgleichung für das Wanken des Aufbaus in der Kurve

Das Momentengleichgewicht für das Gesamtfahrzeug um den Wankpol W führt mit den jeweiligen Summen der Radvertikal- und Querkräfte links und rechts $F_{l,z}, F_{r,z}$ und $F_{l,y}, F_{r,y}$ der Fahrzeuggesamtmasse m, dem Trägheitsmoment θ_{xx} um die Wankachse, der Schwerpunkthöhe h_S und der Radspurweite $2s_R$ zu der Beziehung

$$0 = (h_S - h_W) \cdot ma_y + h_W \left(F_{l,y} + F_{r,y}\right) + s_R \left(F_{l,z} - F_{r,z}\right). \tag{10.94}$$

Berücksichtigt man noch das (quasistationäre) Kräftegleichgewicht in Querrichtung

$$F_{l,y} + F_{r,y} = ma_y, \tag{10.95}$$

so vereinfacht sich Gl. (10.94) zu

$$0 = h_S \cdot ma_y + s_R \left(F_{l,z} - F_{r,z}\right). \tag{10.96}$$

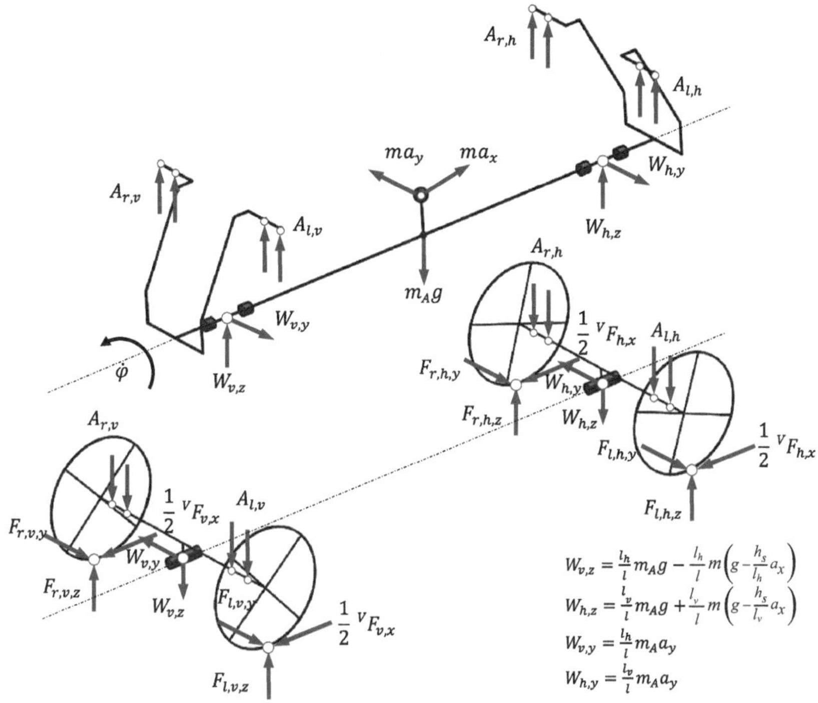

Abb. 10.14 Wankmodell – Freischnittdiagramm

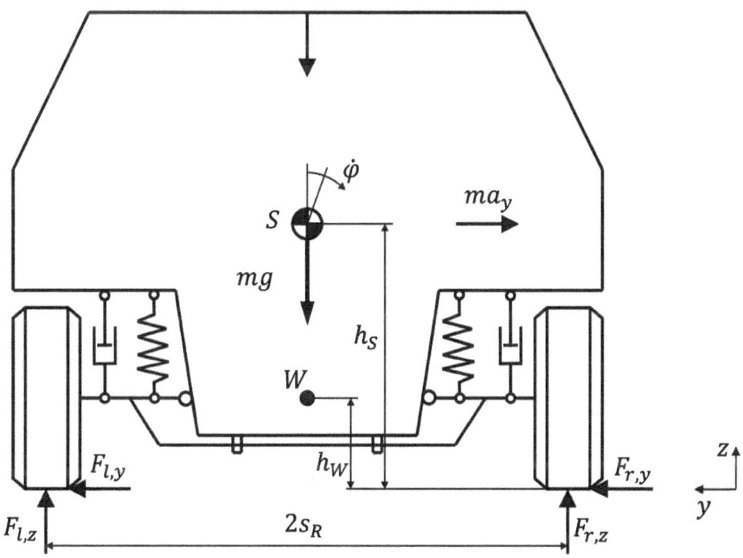

Abb. 10.15 Lineares Wankmodell – Kräfte vorne und hinten zusammengefasst

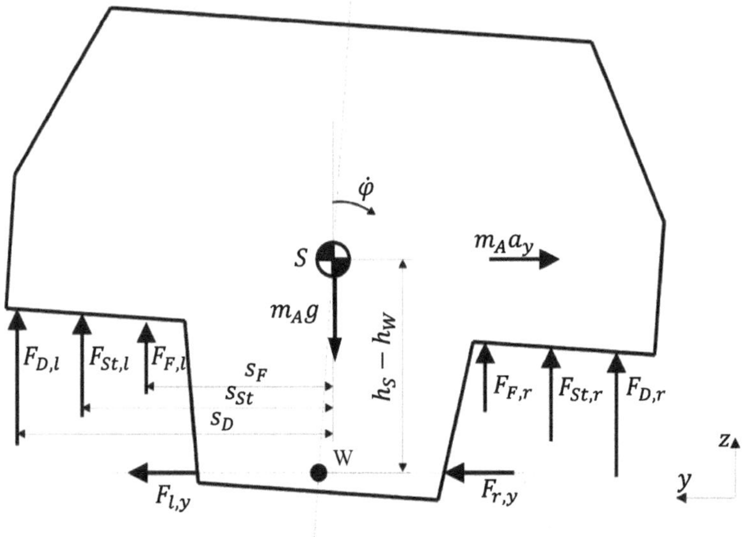

Abb. 10.16 Beschreibung der Wankdynamik des Aufbaus

Da bei der Herleitung der Gl. (10.96) das Erstarrungsprinzip angewandt wurde, lassen sich so die Radaufstandskräfte wegen der resultierenden statischen Unbestimmtheit nicht für die einzelnen Räder ermitteln. Hierzu müssen noch die durch die Radaufhängungen bewirkten Elastizitäten berücksichtigt werden. Dazu wird der Fahrzeugaufbau freigeschnitten (Abb. 10.16). Der Drallsatz für den Aufbau bezüglich des Wankpols ergibt die Bewegungsgleichung für den Aufbau, mit $|\varphi| \ll 1$:

$$\begin{aligned}\theta_A\ddot{\varphi} = &(h_S - h_W)\,\varphi \cdot m_A a_y \\ &+ s_{F,v}\left(F_{F,l,v} - F_{F,r,v}\right) + s_{F,h}\left(F_{F,l,h} - F_{F,r,h}\right) \\ &+ s_{D,v}\left(F_{D,l,v} - F_{D,r,v}\right) + s_{D,h}\left(F_{D,l,h} - F_{D,r,h}\right) \\ &+ s_{St,v}\left(F_{St,l,v} - F_{St,r,v}\right) + s_{St,h}\left(F_{St,l,h} - F_{St,r,h}\right) \\ &+ (h_S - h_W)\sin\varphi m_A .\end{aligned} \tag{10.97}$$

Dabei bedeutet h_W die Wankpolhöhe und $s_{F,(v/h)}$, $s_{D,(v/h)}$ und $s_{St,(v/h)}$ den Abstand der Feder-, Dämpfer- und Stabilisatorangriffspunkte von der Mittelebene des als symmetrisch angenommenen Fahrzeugaufbaus. Aufgrund der als klein angenommenen Wankwinkel φ kann die Verschiebung des Schwerpunktes und der Angriffspunkte der Achsquerkräfte vernachlässigt werden.

Für die resultierenden Feder- und Dämpferkräfte auf der linken und rechten Seite ergeben sich nun unter der Annahme linearer Kraftelemente für die Vorderachse die Beziehungen

$$F_{F,l,v} = -c_{F,v}s_{F,v}\sin\varphi \approx -c_{F,v}s_{F,v}\varphi, \tag{10.98}$$

$$F_{F,r,v} = c_{F,v}s_{F,v}\sin\varphi \approx c_{F,v}s_{F,v}\varphi, \tag{10.99}$$

$$F_{D,l,v} = -d_v s_{D,v}\cos\varphi\dot{\varphi} \approx -d_v s_{D,v}\dot{\varphi}, \tag{10.100}$$

$$F_{D,r,v} = d_v s_{D,v}\cos\varphi\dot{\varphi} \approx d_v s_{D,v}\dot{\varphi}. \tag{10.101}$$

Die entsprechenden Beziehungen für die Hinterachse erhält man, indem man in den Gl. (10.98–10.101) jeweils den Index „v" durch „h" ersetzt. Die Kräfte der Stabilisatoren ergeben sich aus dem Drehmoment der Torsionsstäbe mit den Torsionssteifigkeiten $c_{St,v}$ und $c_{St,h}$, den Stabilisatorlängen $l_{St,v}$ und $l_{St,h}$ sowie den Stabilisatorhebeln $b_{St,v}$ und $b_{St,h}$ näherungsweise zu (vgl. auch Kap. 9)

$$F_{St,l,v} = -\frac{c_{St,v}}{b_{St,v}}\arcsin\left(\frac{l_{St,v}}{2b_{St,v}}\sin\varphi\right) \approx -\frac{1}{2}\frac{c_{St,v}l_{St,v}}{b_{St,v}^2}\varphi, \tag{10.102}$$

$$F_{St,r,v} = \frac{c_{St,v}}{b_{St,v}}\arcsin\left(\frac{l_{St,v}}{2b_{St,v}}\sin\varphi\right) \approx \frac{1}{2}\frac{c_{St,v}l_{St,v}}{b_{St,v}^2}\varphi. \tag{10.103}$$

Auch hier ergeben sich wieder die Formeln für die Hinterachse, indem der Index „v" durch „h" ersetzt wird. Mithilfe der Gl. (10.98–10.103) lässt sich die Bewegungsgleichung (10.97) jetzt schreiben als

$$\begin{aligned}&\theta_A\ddot{\varphi} + 2(s_{D,v}^2 d_v + s_{D,h}^2 d_h)\dot{\varphi}\\&+2\left(s_{F,v}^2 c_{F,v} + \frac{c_{St,v}l_{St,v}s_{St,v}}{2b_{St,v}^2} + s_{F,h}^2 c_{F,h} + \frac{c_{St,h}l_{St,h}s_{St,h}}{2b_{St,h}^2}\right)\varphi\\&= m_A a_y(h_S - h_W) + m_A g\,\varphi\,(h_s - h_w).\end{aligned} \tag{10.104}$$

Die Gl. (10.104) entspricht einer Schwingungsgleichung für den Aufbau um den als konstant angenommenen Wankpol. Als Anregung wirkt lediglich die Trägheitskraft (Zentrifugalkraft) des Aufbaus. Diese zusätzliche Gleichung kann beim linearen und mit Einschränkungen auch beim nichtlinearen Einspurmodell verwendet werden, um die dynamischen Radvertikalkräfte aller vier Räder zu berechnen. Dies ermöglicht insbesondere Untersuchungen von Lastwechselreaktionen bei Kurvenfahrt, einschließlich der Auswirkung der Kurvenkräfte auf das Über- und Untersteuerverhalten von Fahrzeugen. Darüber hinaus lässt sich mit derartigen Modellen auch der Einfluss von passiven und aktiven Stabilisatoren auf das Fahrverhalten von Kraftfahrzeugen untersuchen, s. Kap. 14.

Die Trägheiten und Massen sowie alle Längenabmessungen in Gl. (10.104) liegen in der Regel für ein zu untersuchendes Fahrzeug vor. Hingegen müssen die Steifigkeiten und Dämpfungen z. B. durch Fahrversuche und anschließende Parameteridentifizierungsverfahren ermittelt werden. Dies kann entweder experimentell oder auch durch virtuelle Versuche mit einem komplexeren Fahrzeugmodell erfolgen, s. z. B. (Öttgen 2005).

Insgesamt ergibt sich nun das in Abb. 10.17 dargestellte dynamische Modell, wobei zu beachten ist, dass im Block Reifenmodell die Radkräfte in Horizontalrichtung

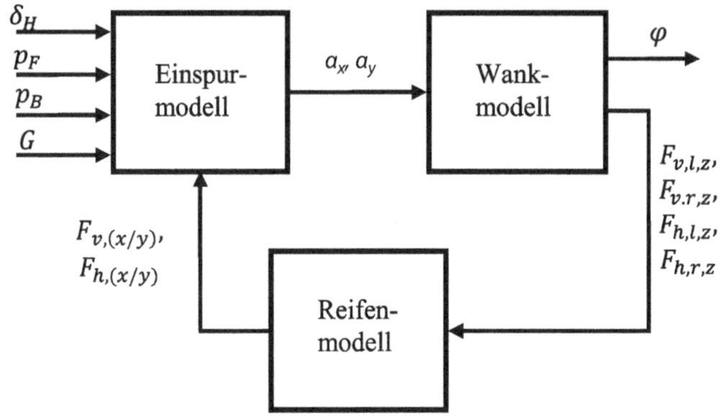

Abb. 10.17 Nichtlineares Einspurmodell mit linearer Wankdynamik als dynamisches System

zunächst für alle vier Reifen berechnet werden und anschließend achsweise addiert werden müssen.

10.3.2 Dynamische Radlasten

Mithilfe der dynamischen Radlasten können in einem Reifenmodell, das den degressiven Einfluss der Radlast berücksichtigt, die Schräglaufsteifigkeiten der Reifen bestimmt werden, um damit die Reifenquerkräfte für ein Einspurmodell zu berechnen. Zur Berechnung der Radlasten werden zunächst die Zentrifugalkräfte entsprechend der Lage des Schwerpunktes auf die Vorder- und Hinterachse verteilt und anschließend die Gleichgewichtsbedingungen unter dem Einfluss der Trägheitskräfte und der Radaufhängung angesetzt, s. Abb. 10.14 und 10.16. Um die Berechnung übersichtlicher zu gestalten, werden die Kräfte und Momente auf die Vorder- und Hinterachse zusammengefasst, wobei bei den Momenten die unterschiedlichen Angriffspunkte der Teilkräfte zu beachten sind:

$$A_{l,v} = -F_{F,l,v} - F_{D,l,v} - F_{St,l,v}, \tag{10.105}$$

$$A_{r,v} = -F_{F,r,v} - F_{D,r,v} - F_{St,r,v}, \tag{10.106}$$

$$A_{l,h} = -F_{F,l,h} - F_{D,l,h} - F_{St,l,h}, \tag{10.107}$$

$$A_{r,h} = -F_{F,r,h} - F_{D,r,h} - F_{St,r,h}, \tag{10.108}$$

$$\begin{aligned} M_{A,v} = &-s_{F,v}\left(F_{F,l,v} - F_{F,r,v}\right) - s_{D,v}\left(F_{D,l,v} - F_{D,r,v}\right) \\ &- s_{St,v}\left(F_{St,l,v} - F_{St,r,v}\right), \end{aligned} \tag{10.109}$$

$$\begin{aligned} M_{A,h} = &-s_{F,h}\left(F_{F,l,h} - F_{F,r,h}\right) - s_{D,h}\left(F_{D,l,h} - F_{D,r,h}\right) \\ &- s_{St,h}\left(F_{St,l,h} - F_{St,r,h}\right). \end{aligned} \tag{10.110}$$

Hier ist zu beachten, dass die Kräfte und Momente in den Gl. (10.105) bis (10.110) vom Wankwinkel φ und von der Wankwinkelgeschwindigkeit $\dot{\varphi}$ abhängen. Diese Größen müssen durch Integration der Differentialgleichung (10.104) berechnet werden.

Für die Gleichgewichtsbedingungen erhält man:

- Kräftegleichgewicht in vertikaler Richtung an der Vorderachse:

$$F_{l,v,z} + F_{r,v,z} = \frac{l_h}{l} mg - \frac{h_s}{l} ma_x + A_{l,v} + A_{r,v}. \tag{10.111}$$

- Kräftegleichgewicht in vertikaler Richtung an der Hinterachse:

$$F_{l,h,z} + F_{r,h,z} = \frac{l_v}{l} mg + \frac{h_s}{l} ma_x + A_{l,h} + A_{r,h}. \tag{10.112}$$

- Kräftegleichgewicht in lateraler Richtung an der Vorderachse:

$$F_{l,v,y} + F_{r,v,y} = \frac{l_h}{l} ma_y. \tag{10.113}$$

- Kräftegleichgewicht in lateraler Richtung an der Hinterachse:

$$F_{l,h,y} + F_{r,h,y} = \frac{l_v}{l} ma_y. \tag{10.114}$$

- Momentengleichgewicht um den Wankpol an der Vorderachse:

$$\left(F_{r,v,z} - F_{l,v,z}\right) s_R - \left(F_{r,v,y} + F_{l,v,y}\right) h_W = M_{A,v}. \tag{10.115}$$

- Momentengleichgewicht um den Wankpol an der Hinterachse:

$$\left(F_{r,h,z} - F_{l,h,z}\right) s_R - \left(F_{r,h,y} + F_{l,h,y}\right) h_W = M_{A,h}. \tag{10.116}$$

Die Gl. (10.111–10.116) lassen sich einfach nach den Radlasten auflösen und man erhält

$$F_{l,v,z} = -\frac{1}{2s_R} M_{A,v} + \frac{l_h}{2l} m \left(g - \frac{h_W}{s_R} a_y\right) - \frac{h_s}{2l} ma_x \tag{10.117}$$

$$F_{r,v,z} = \frac{1}{2s_R} M_{A,v} + \frac{l_h}{2l} m \left(g + \frac{h_W}{s_R} a_y\right) - \frac{h_s}{2l} ma_x \tag{10.118}$$

$$F_{l,h,z} = -\frac{1}{2s_R} M_{A,h} + \frac{l_v}{2l} m \left(g - \frac{h_W}{s_R} a_y\right) + \frac{h_s}{2l} ma_x \tag{10.119}$$

$$F_{r,h,z} = \frac{1}{2s_R} M_{A,h} + \frac{l_v}{2l} m \left(g + \frac{h_W}{s_R} a_y\right) + \frac{h_s}{2l} \tag{10.120}$$

und entsprechend die Summen der resultierenden Seitenkräfte an der Vorder- und Hinterachse

$$F_{l,v,y} + F_{r,v,y} = \frac{l_h}{l} ma_y, \tag{10.121}$$

$$F_{l,h,y} + F_{r,h,y} = \frac{l_v}{l} ma_y. \tag{10.122}$$

10.3.3 Beeinflussung des Eigenlenkverhaltens durch Stabilisatoren

Ein Einspurmodell mit ergänzter linearer Wankdynamik lässt sich z. B. anwenden, um den Einfluss von Stabilisatoren auf die Fahrdynamik zu erklären. Hierzu wird der Einfluss der berechneten Vertikalkraftverteilung auf die Radhorizontalkräfte untersucht.

$$\begin{bmatrix} {}^{V}F_{v,x,stat} \\ {}^{V}F_{v,y,stat} \end{bmatrix} = \begin{bmatrix} c_{v,x}\left({}^{V}F_{v,z}\right) s_v \\ c_{v,y}\left({}^{V}F_{v,z}\right) \alpha_v \end{bmatrix}. \tag{10.123}$$

Die entsprechenden Beziehungen für die Hinterachse ergeben sich aus Gl. (10.123), indem der Index „v" wieder durch „h" ersetzt wird. Für die folgenden Betrachtungen benötigt man noch eine Beschreibung des nichtlinearen Zusammenhangs zwischen den Radvertikalkräften an den Rädern und den Schräglaufsteifigkeiten, s. Abb. 10.18. Dies kann z. B. mittels einer näherungsweisen Beschreibung des Zusammenhangs durch ein Polynom erfolgen (Öttgen 2005):

$$c_{(v/h),y} = \sum_{k=1}^{n} c_{k,(v/h)} F^{k}_{(v/h),z}. \tag{10.124}$$

Die (ebenfalls nichtlineare) Abhängigkeit der Längssteifigkeiten von den Radvertikalkräften soll hier nicht betrachtet werden.

Für die folgenden Betrachtungen werden zunächst die Seitenführungskräfte im quasistatischen Fahrzustand auf die Vorder- und die Hinterachse verteilt. Aus Gl. (10.95) und dem Momentengleichgewicht um den Massenmittelpunkt S des Fahrzeugs ergibt sich für die resultierenden Seitenführungskräfte an der Vorder- bzw. die Hinterachse

$$F_{(v/h),y} = F_{l(v/h),y} + F_{r(v/h),y} = \frac{m a_y l_{(v/h)}}{l}. \tag{10.125}$$

Die nachfolgenden Überlegungen werden beispielhaft für die Hinterachse angestellt. Um die Kraft $F_{h,y}$ über die beiden Hinterräder aufzubringen, muss sich an der Hinterachse

Abb. 10.18 Abhängigkeit der Schräglaufsteifigkeit von der Radvertikalkraft (qualitative Darstellung)

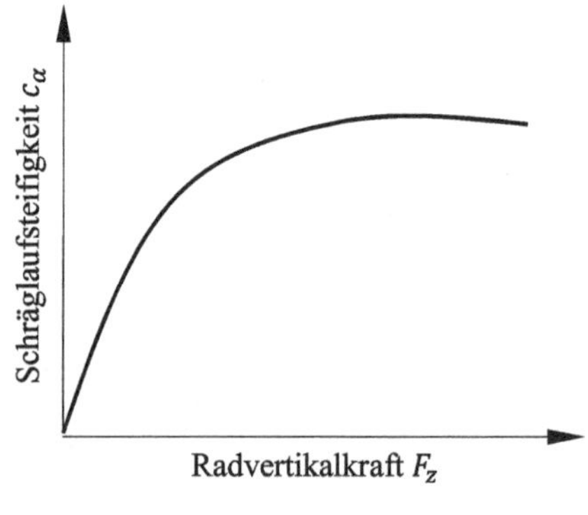

der, für beide Seiten gleich angenommene, Schräglaufwinkel α_h einstellen. Der sich einstellende Schräglaufwinkel hängt (vgl. Gl. (10.15)) gemäß

$$\alpha_h = \frac{F_{h,y}}{c_{\alpha,h}} \tag{10.126}$$

von der Schräglaufsteifigkeit $c_{\alpha,h}$ ab, die ihrerseits (vgl. Abb. 10.4) eine degressive Funktion der Radlast ist. Die Radlast setzt sich aus der statischen Radlast und der Radlaständerung $\Delta F_{h,z}$ in der Kurve zusammen. Für das kurveninnere (Index „i") und das kurvenäußere (Index „a") Rad ergeben sich die Radlasten

$$F_{h,z,i} = \frac{l_v}{2l} mg - \Delta F_{h,z}, \quad F_{h,z,a} = \frac{l_v}{2l} mg + \Delta F_{h,z}. \tag{10.127}$$

Daraus resultieren die Seitenführungskräfte

$$F_{h,y,i} = c_{\alpha,h}\left(F_{h,z,i}\right)\alpha_h, \quad F_{h,y,a} = c_{\alpha,h}\left(F_{h,z,a}\right)\alpha_h. \tag{10.128}$$

Aufgrund des degressiven Verlaufs der Schräglaufsteifigkeiten als Funktion der Radlast ist der Verlust des kurveninneren Rades an Seitenführungskraft größer als der Gewinn des kurvenäußeren Rades, d. h. es gilt

$$F_{h,y,i} + F_{h,y,a} < F_{h,y}. \tag{10.129}$$

Als Konsequenz muss sich ein neuer Schräglaufwinkel $\bar{\alpha}_h > \alpha_h$ einstellen, so dass wieder gilt

$$F_{h,y,i} + F_{h,y,a} = \left(c_{\alpha,h}\left(F_{h,z,i}\right) + c_{\alpha,h}\left(F_{h,z,a}\right)\right)\bar{\alpha}_h = F_{h,y}. \tag{10.130}$$

Dieser physikalische Effekt bietet eine Möglichkeit, die Eigendynamik eines Fahrzeugs über eine Änderung der Radlastverteilung an der Vorder- und der Hinterachse zu beeinflussen. Hierzu können die Kraftanteile der Stabilisatoren in den Gl. (10.117–10.120) genutzt werden, indem die Stabilisatorsteifigkeiten entweder passiv entsprechend vorgegeben oder sogar aktiv während des Betriebs verändert werden. Eine Veränderung der Eigenfahrdynamik eines Fahrzeugs kann demnach gemäß Gl. (10.29) z. B. dadurch erfolgen, dass die Stabilisatorsteifigkeit an der Vorderachse erhöht oder umgekehrt die Stabilisatorsteifigkeit an der Hinterachse verringert wird. Alternativ könnte z. B. natürlich auch die Aufbaufedersteifigkeit der Vorderachse erhöht oder die Spurweite der Vorderachse verkleinert werden. Ein aktiver Eingriff in das Fahrverhalten durch einen aktiven Stabilisator wird in Kap. 14 erläutert.

Literatur

Ammon D (1997) Modellbildung und Systementwicklung in der Fahrzeugdynamik. B. G. Teubner

Gipser M (1999) Systemdynamik und Simulation. B. G. Teubner, Stuttgart

Orend R (2007) Integrierte Fahrdynamikregelung mit Einzelradaktorik. Shaker Verlag, Aachen

Öttgen O (2005) Zur modellgestützten Entwicklung eines mechatronischen Fahrwerkregelungssystems für Personenkraftwagen. Dissertation. Fortschrittberichte VDI, Reihe 12, Nr. 610. Universität Duisburg-Essen. VDI-Verlag, Düsseldorf

Riekert P, Schunk TE (1940) Zur Fahrmechanik des gummibereiften Kraftfahrzeugs. Ingenieur-Archiv 11:210–224

Willumeit HP (1998) Modelle und Modellierungsverfahren in der Fahrzeugdynamik. B. G. Teubner, Stuttgart/Leipzig

Zweispurmodelle 11

In diesem Kapitel wird anhand überschaubarer Modelle gezeigt, wie auf der Basis der klassischen technischen Mechanik bereits brauchbare realitätsnahe Modellierungen erstellt werden können. Der Leser soll dadurch bei der Generierung eigener einfacherer Modelle unterstützt werden. Die in diesem Kapitel vorgestellten Zweispurmodelle ersetzen jedoch nicht die in Kap. 12 behandelten komplexen Gesamtfahrzeugmodelle.

11.1 Räumliches Zweispurmodell ohne Radaufhängungskinematik

In diesem Abschnitt werden die Bewegungsgleichungen für ein einfaches räumliches Zweispurmodell ohne Achskinematik erstellt. Grundlage ist das in Abb. 11.1 dargestellte Ersatzmodell.

Dieses Fahrzeugmodell ist dadurch gekennzeichnet, dass keinerlei kinematische Radaufhängung modelliert wird, d. h. die Räder sind lediglich über Feder- und Dämpferkräfte, also eingeprägte Kräfte, mit dem Fahrzeugaufbau verbunden. Weiterhin wird angenommen, dass die Radmittelpunkte sich relativ zum Aufbau nur senkrecht zur Straße bewegen können. Dies bedeutet, dass sich mit diesem Modell weder der Einfluss von Sturzänderungen noch der von anderen räumlichen Bewegungen der Räder untersuchen lässt. Für erste prinzipielle Untersuchungen oder auch für ein einfaches Fahrsimulatormodell ist die Modellierung jedoch durchaus ausreichend. Im Einzelnen berücksichtigt das Modell die in Tab. 11.1 beschriebenen Freiheitsgrade des Fahrzeugs. Ein allgemeineres Fahrzeugmodell, das in einem gewissen Rahmen an komplexe Radaufhängungen angepasst werden kann, wird in Abschn. 11.2 behandelt.

Das Fahrzeugmodell besitzt damit $f = 14$ Freiheitsgrade. Zur Beschreibung der räumlichen Bewegung des Fahrzeugaufbaus definiert man ein ortsfestes Koordinatensystem (Inertialsystem)

D. Schramm et al., *Modellbildung und Simulation der Dynamik von Kraftfahrzeugen*,
https://doi.org/10.1007/978-3-662-54481-5_11

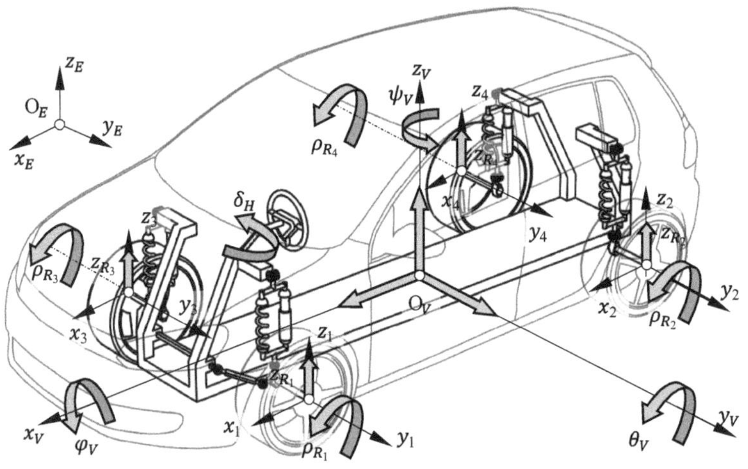

Abb. 11.1 Freiheitsgrade des räumlichen Zweispurmodells ohne Achskinematik

Tab. 11.1 Freiheitsgrade des einfachen räumlichen Fahrzeugmodells

Bezeichnung	Beschreibung
x_V, y_V, z_V	Koordinaten des Massenmittelpunktes des Fahrzeugaufbaus im Inertialsystem
$\psi_V, \theta_V, \varphi_V$	KARDAN-Winkel des Fahrzeugaufbaus
$z_{R_i}, i = 1, \ldots, 4$	Vertikalbewegung des i-ten Rades im fahrzeugfesten Koordinatensystem
$\rho_{R_i}, i = 1, \ldots, 4$	Drehwinkel der Räder um ihre jeweilige Drehachse

$$\mathrm{K}_E = \{\mathrm{O}_E; x_E, y_E, z_E\} \tag{11.1}$$

sowie ein fahrzeugfestes Koordinatensystem

$$\mathrm{K}_V = \{\mathrm{O}_V; x_V, y_V, z_V\}\,. \tag{11.2}$$

Für die Beschreibung der Bewegung des Fahrzeugaufbaus relativ zum Inertialsystem werden die Drehungen um die drei Kardanwinkel $\psi_V, \theta_V, \varphi_V$ gewählt. Die mathematische Beschreibung erfolgt durch die Transformationsmatrix (Drehmatrix) ${}^E\boldsymbol{T}_V$, die die Drehung vom fahrzeugfesten Koordinatensystem in das Inertialsystem beschreibt:

$$\begin{aligned} {}^E\boldsymbol{T}_V &= \boldsymbol{T}_z(\psi_V) \cdot \boldsymbol{T}_y(\theta_V) \cdot \boldsymbol{T}_x(\varphi_V) = \\ &\begin{bmatrix} \mathrm{c}\theta_V\,\mathrm{c}\psi_V & \mathrm{s}\varphi_V\,\mathrm{s}\theta_V\,\mathrm{c}\psi_V - \mathrm{c}\varphi_V\,\mathrm{s}\psi_V & \mathrm{c}\varphi_V\,\mathrm{s}\theta_V\,\mathrm{c}\psi_V + \mathrm{s}\varphi_V\,\mathrm{s}\psi_V \\ \mathrm{c}\theta_V\,\mathrm{s}\psi_V & \mathrm{s}\varphi_V\,\mathrm{s}\theta_V\,\mathrm{s}\psi_V + \mathrm{c}\varphi_V\,\mathrm{c}\psi_V & \mathrm{c}\varphi_V\,\mathrm{s}\theta_V\,\mathrm{s}\psi_V - \mathrm{s}\varphi_V\,\mathrm{c}\psi_V \\ -\mathrm{s}\theta_V & \mathrm{s}\varphi_V\,\mathrm{c}\theta_V & \mathrm{c}\varphi_V\,\mathrm{c}\theta_V \end{bmatrix}. \end{aligned} \tag{11.3}$$

Für die Winkelgeschwindigkeit des Fahrzeugaufbaus relativ zum Inertialsystem und dargestellt in Koordinaten des fahrzeugfesten Koordinatensystems ergibt sich (kinematische Kardangleichungen, s. Abschn. 2.5.5)

$$ {}_{E}^{V}\boldsymbol{\omega}_V = \begin{bmatrix} \omega_{V,x} \\ \omega_{V,y} \\ \omega_{V,z} \end{bmatrix} = \begin{bmatrix} \dot{\varphi}_V - \dot{\psi}_V \, s\theta_V \\ \dot{\theta}_V \, c\varphi_V + \dot{\psi}_V \, c\theta_V \, s\varphi_V \\ -\dot{\theta}_V \, s\varphi_V + \dot{\psi}_V \, c\theta_V \, c\varphi_V \end{bmatrix} = \boldsymbol{T}_\omega \begin{bmatrix} \dot{\psi}_V \\ \dot{\theta}_V \\ \dot{\varphi}_V \end{bmatrix} \tag{11.4} $$

mit der [3 × 3]-Matrix

$$ \boldsymbol{T}_\omega = \begin{bmatrix} -s\theta_V & 0 & 1 \\ c\theta_V \, s\varphi_V & c\varphi_V & 0 \\ c\theta_V \, c\varphi_V & -s\varphi_V & 0 \end{bmatrix}. \tag{11.5} $$

Entsprechend beschreibt man die räumliche Bewegung der einzelnen Räder ohne deren Eigendrehung um die Radachse mit den Drehmatrizen ${}^{\mathrm{E}}\boldsymbol{T}_{R_i}, i = 1, \ldots, 4$ relativ zum ortsfesten Koordinatensystem K_E. Für die (gelenkten) Vorderräder ergibt sich

$$ {}^{E}\boldsymbol{T}_{R_1} = {}^{E}\boldsymbol{T}_{R_3} = \boldsymbol{T}_z(\psi_V + \delta) = \begin{bmatrix} c(\psi_V + \delta) & -s(\psi_V + \delta) & 0 \\ s(\psi_V + \delta) & c(\psi_V + \delta) & 0 \\ 0 & 0 & 1 \end{bmatrix}. \tag{11.6} $$

Hier wird vereinfachend angenommen, dass der Lenkeinschlag beider Räder stets gleich ist und linear vom als Zeitfunktion vorgegebenen Lenkradwinkel δ_H abhängt:

$$ \delta_1 = \delta_3 = \delta = i_L \cdot \delta_H(t). \tag{11.7} $$

Für die Hinterräder (keine Lenkung, d. h. $\delta_2 = \delta_4 = 0$) gilt entsprechend

$$ {}^{E}\boldsymbol{T}_{R_2} = {}^{E}\boldsymbol{T}_{R_4} = \boldsymbol{T}_z(\psi_V) = \begin{bmatrix} c\psi_V & -s\psi_V & 0 \\ s\psi_V & c\psi_V & 0 \\ 0 & 0 & 1 \end{bmatrix}. \tag{11.8} $$

Weiterhin wird noch die Verdrehung der radfesten Koordinatensysteme K_{R_i} relativ zum fahrzeugfesten Koordinatensystem K_V benötigt. Für die Vorderachse ergibt sich

$$ \begin{aligned} {}^{V}\boldsymbol{T}_{R_1} &= {}^{V}\boldsymbol{T}_{R_3} = \boldsymbol{T}_x^T \cdot (\varphi_V) \cdot \boldsymbol{T}_y^T(\theta_V) \cdot \boldsymbol{T}_z(\delta) \\ &= \begin{bmatrix} c\delta c\theta_V & -s\delta c\theta_V & -s\theta_V \\ s\varphi_V \, s\theta_V \, c\delta + c\varphi_V \, s\delta & -s\varphi_V \, s\theta_V \, s\delta + c\varphi_V \, c\delta & s\varphi_V c\theta_V \\ c\varphi_V \, s\theta_V \, c\delta - s\varphi_V \, s\delta & -c\varphi_V \, s\theta_V \, s\delta - s\varphi_V \, c\delta & c\varphi_V c\theta_V \end{bmatrix} \end{aligned} \tag{11.9} $$

und für die nicht gelenkte Hinterachse

$$ \begin{aligned} {}^{V}\boldsymbol{T}_{R_2} &= {}^{V}\boldsymbol{T}_{R_4} = \boldsymbol{T}_x^T(\varphi_V) \cdot \boldsymbol{T}_y^T(\theta_V) \\ &= \begin{bmatrix} c\theta_V & 0 & -s\theta_V \\ s\varphi_V \, s\theta_V & c\varphi_V & s\varphi_V \, c\theta_V \\ c\varphi_V \, s\theta_V & -s\varphi_V & c\varphi_V \, c\theta_V \end{bmatrix}. \end{aligned} \tag{11.10} $$

11.1.1 Impuls- und Drallsätze des einfachen räumlichen Zweispurmodells

Der Impulssatz für den Fahrzeugaufbau lautet

$$m_V \ddot{\boldsymbol{r}}_V = \sum_{i=1}^{4} \boldsymbol{F}_i + \boldsymbol{G} + \boldsymbol{F}_W = \sum_{i=1}^{4} \boldsymbol{F}_i - m_V g \boldsymbol{e}_z + \boldsymbol{F}_W. \tag{11.11}$$

Dabei erfasst $\boldsymbol{F}_i$ den Vektor der zwischen den Radaufhängungen und dem Fahrzeugaufbau übertragenen Kräfte. Das sind einerseits die horizontalen Reaktionskräfte und andererseits die eingeprägten Kräfte der Aufbaufedern und -dämpfer in den Anlenkpunkten A_i, s. Abb. 11.2 und 11.3. Der Vektor $\boldsymbol{e}_z$ bezeichnet den Einheitsvektor in positiver Richtung der z-Achse des umweltfesten Koordinatensystems, wobei angenommen wird, dass die Wirkrichtung der Gravitationskraft entgegen $\boldsymbol{e}_z$ gerichtet ist. Der Vektor $\boldsymbol{F}_W$ fasst sämtliche Luftwiderstands- und Windkräfte zusammen.

In Komponenten geschrieben ergibt sich dargestellt im fahrzeugfesten Koordinatensystem

$$m_V \left(\dot{v}_x + \omega_y v_z - \omega_z v_y\right) = \sum_{i=1}^{4} F_{i_x} - m_V g \left(\boldsymbol{e}_z\right)_x + F_{W_{x'}} \tag{11.12}$$

$$m_V \left(\dot{v}_y + \omega_z v_x - \omega_x v_z\right) = \sum_{i=1}^{4} F_{i_y} - m_V g \left(\boldsymbol{e}_z\right)_y + F_{W_{y'}} \tag{11.13}$$

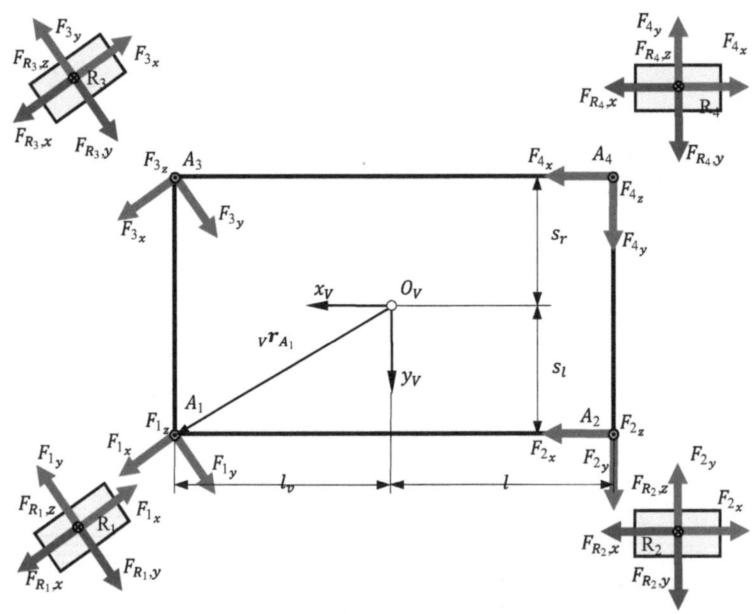

Abb. 11.2 Freigeschnittenes räumliches Zweispurmodell – Draufsicht

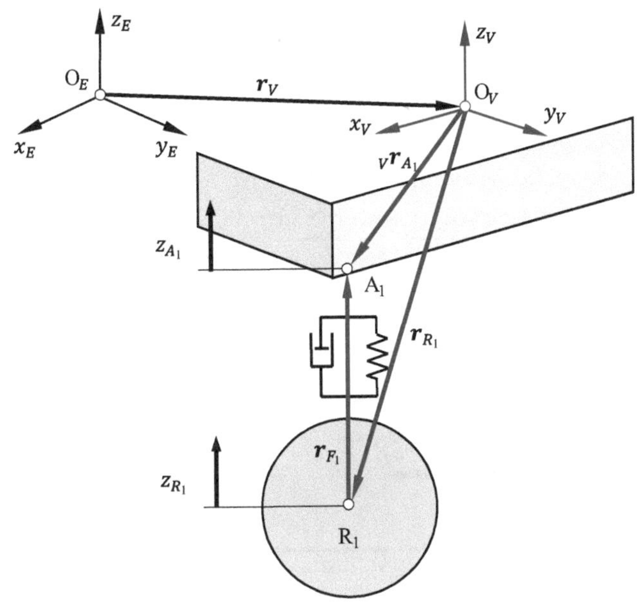

Abb. 11.3 Ortsvektoren der Radaufhängung

Tab. 11.2 Kräfte zwischen Rädern und Aufbau

Kraft	Bedeutung für Rad „$\boldsymbol{i}$“
$\boldsymbol{F}_{H_i}$	Horizontalkräfte auf den Aufbau (Reaktionskräfte in der x-, y-Ebene)
$\boldsymbol{F}_{F_i}$	Kräfte der Aufbaufedern
$\boldsymbol{F}_{D_i}$	Kräfte der Aufbaudämpfer

$$m_V\left(\dot{v}_z + \omega_x v_y - \omega_y v_x\right) = \sum_{i=1}^{4} F_{i_z} - m_V g\,(\boldsymbol{e}_z)_z + F_{W_z}. \tag{11.14}$$

Dabei bedeuten $(\boldsymbol{e}_z)_{x/y/z}$ die Koordinaten des Einheitsvektors transformiert in das fahrzeugfeste Koordinatensystem.

Die Kräfte auf den Fahrzeugaufbau an den Anlenkpunkten A_i der vier Einzelradaufhängungen ergeben sich jeweils zu

$$\boldsymbol{F}_i = \boldsymbol{F}_{F_i} + \boldsymbol{F}_{D_i} + \boldsymbol{F}_{H_i}. \tag{11.15}$$

Die Wirkung des Stabilisators wird später als eingeprägtes Drehmoment berücksichtigt. Die Bedeutung der einzelnen Kraftkomponenten kann Tab. 11.2 entnommen werden.

Der Drallsatz des Fahrzeugaufbaus bezüglich seines Massenmittelpunktes lautet im aufbaufesten (fahrzeugfesten) Koordinatensystem (Abb. 11.3)

$$\boldsymbol{\Theta}_V\dot{\boldsymbol{\omega}}_V + \boldsymbol{\omega}_V \times (\boldsymbol{\Theta}_V\boldsymbol{\omega}_V) = \sum_{i=1}^{4} {}_V\boldsymbol{r}_{A_i} \times \boldsymbol{F}_i + \boldsymbol{r}_W \times \boldsymbol{F}_W + \boldsymbol{T}_{St,v} + \boldsymbol{T}_{St,h}, \tag{11.16}$$

Tab. 11.3 Physikalische Größen des Drallsatzes

Formelzeichen	Bedeutung
$\boldsymbol{\omega}_V$	absolute Winkelgeschwindigkeit des Aufbaus
${}_V\boldsymbol{r}_{A_i}$	Ortsvektor vom Aufbaumassenmittelpunkt O_V zum Anlenkpunkt A_i
$\boldsymbol{T}_{St,v}, \boldsymbol{T}_{St,h}$	Drehmoment durch Stabilisatoren vorne (v) und hinten (h)
$\boldsymbol{F}_i$	Kräfte von den Rädern auf den Aufbau
$\boldsymbol{r}_w$	Ortsvektor vom Aufbaumassenmittelpunkt zum Angriffspunkt der resultierenden Luftkräfte

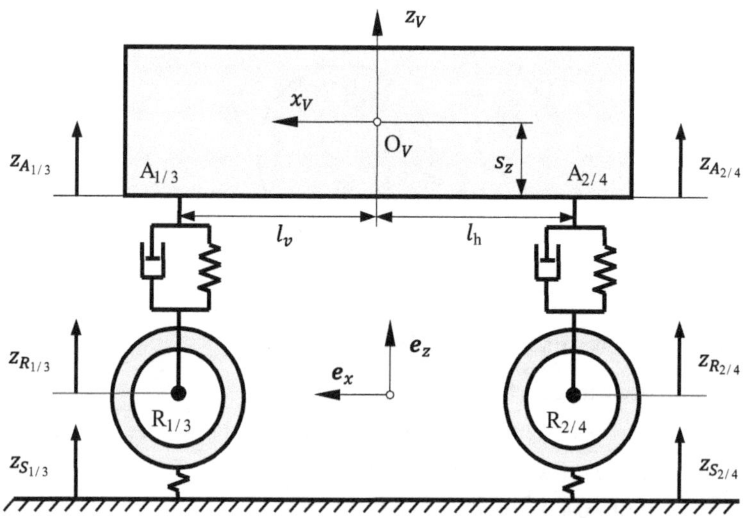

Abb. 11.4 Räumliches Zweispurmodell – Seitenansicht

wobei

$$\boldsymbol{\Theta}_V = \begin{bmatrix} \theta_{V,xx} & 0 & 0 \\ 0 & \theta_{V,yy} & 0 \\ 0 & 0 & \theta_{V,zz} \end{bmatrix} = const \tag{11.17}$$

die Trägheitsmatrix des Aufbaus bezüglich des aufbaufesten Koordinatensystems bezeichnet. Der Einfachheit halber wurden dabei die Deviationsmomente vernachlässigt. Die übrigen Größen von Gl. 11.16. werden in Tab. 11.3 und Abb. 11.4 erläutert.

11.1.2 Feder- und Dämpferkräfte des räumlichen Zweispurmodells

Zur Aufstellung der vollständigen Bewegungsgleichungen des Systems verbleibt nun noch die Berechnung der eingeprägten Kräfte, s. auch Kap. 9.

Feder- und Dämpferkräfte Für die Federkräfte zwischen den Rädern und dem Aufbau gelten gemäß Kap. 9 die Beziehungen

$$\boldsymbol{F}_{F_i} = \underbrace{f_i\left(l_{F_i}\right)}_{\substack{\text{Kraft-}\\\text{gesetz}}} \underbrace{\frac{\boldsymbol{l}_{F_i}}{l_{F_i}}}_{\substack{\text{Kraft-}\\\text{richtung}}} = f_i\left(l_{F_i}\right) \boldsymbol{u}_{F_i} \tag{11.18}$$

mit dem Federkraftgesetz $f_i\left(l_{F_i}\right)$. Weiterhin ist

$${}^{V}\boldsymbol{l}_{F_i} = {}^{V}_{V}\boldsymbol{r}_{A_i} - {}^{V}_{V}\boldsymbol{r}_{R_i} = {}^{V}\boldsymbol{T}_{E} \begin{bmatrix} 0 \\ 0 \\ 1 \end{bmatrix} \left(z_{A_i} - z_{R_i} + l_{stat}\right) \tag{11.19}$$

mit der aktuellen Federlänge $l_{F_i} = \left|\boldsymbol{l}_{F_i}\right|$ und der Federlänge l_{stat} im Ruhezustand. Für die spätere Berechnung der resultierenden Drehmomente werden noch die Ortsvektoren der Kraftangriffspunkte der Feder- und Dämpferkräfte am Aufbau benötigt:

$${}^{V}\boldsymbol{r}_{A_1} = \begin{bmatrix} l_v \\ s_l \\ -s_z \end{bmatrix}, \; {}^{V}\boldsymbol{r}_{A_2} \begin{bmatrix} -l_n \\ s_l \\ -s_z \end{bmatrix}, \; {}^{V}\boldsymbol{r}_{A_3} = \begin{bmatrix} l_v \\ -s_r \\ -s_z \end{bmatrix}, \; {}^{V}\boldsymbol{r}_{A_4} = \begin{bmatrix} -l_n \\ -s_r \\ -s_z \end{bmatrix}. \tag{11.20}$$

Damit erhält man bei Annahme einer linearen Federkennlinie z. B. für die Federkraft vorne links

$$\begin{aligned} {}^{V}\boldsymbol{F}_{F_1} &= -\left(c_{a_1} \underbrace{\left(z_{A_1} - z_{R_1}\right)}_{\Delta l_{F_1}} + c_{a_1}\left(l_{stat} - l_0\right) \right) {}^{V}\boldsymbol{T}_{E} \begin{bmatrix} 0 \\ 0 \\ 1 \end{bmatrix} \\ &= -\left(c_{a_1} \Delta l_{F_1} + F_{Fstat_1}\right) {}^{V}\boldsymbol{T}_{E} \begin{bmatrix} 0 \\ 0 \\ 1 \end{bmatrix} \end{aligned} \tag{11.21}$$

mit der ungespannten Federlänge l_0. Entsprechend berechnet sich die Dämpferkraft zu

$${}^{V}\boldsymbol{F}_{D_1} = -d_{a_1} \Delta \dot{l}_{F_1} \, {}^{V}\boldsymbol{T}_{E} \begin{bmatrix} 0 \\ 0 \\ 1 \end{bmatrix} \tag{11.22}$$

mit

$$\Delta \dot{l}_{F1} = \dot{z}_{A_1} - \dot{z}_{R_1}. \tag{11.23}$$

Stabilisatorkräfte Der Stabilisator wird hier als lineares Kraftelement an den Achsen modelliert, s. Kap. 9. Mit der Drehfederkonstante $c_{St,h}$ ergibt sich daher z. B. für das Drehmoment auf den Aufbau an der Hinterachse

$$M_{St,h} = (s_l + s_r) F_{St,h} = c_{St,h} \left(\left(z_{A_2} - z_{R_2} \right) - \left(z_{A_4} - z_{R_4} \right) \right). \tag{11.24}$$

11.1.3 Impuls- und Drallsätze der Räder

Die Impulssätze für die Räder, angeschrieben in vertikaler Richtung des umweltfesten Koordinatensystems, lauten (Abb. 11.5)

$$m_{R_i} \ddot{z}_{R_i} = F_{R_i,z} - F_{i,z} - m_R g. \qquad i = 1, \ldots, 4 \tag{11.25}$$

Entsprechend erhält man die Drallsätze für die Räder

$$\Theta_{R_i} \ddot{\varrho}_{R_i} = M_{A,R_i} - M_{B,R_i} - r_{R_i} F_{R_i,x}. \qquad i = 1, \ldots, 4 \tag{11.26}$$

11.1.4 Rad-Strasse-Kontakt

Zur Berechnung der Reifenkräfte $\boldsymbol{F}_{R_i}$ werden die Koordinaten der Straßenkontaktpunkte sowie die Absolutgeschwindigkeiten der Radmittelpunkte benötigt:

$$^V\boldsymbol{r}_{R_1} = {}^V\boldsymbol{r}_{A_1} + {}^V\boldsymbol{T}_E \begin{bmatrix} 0 \\ 0 \\ -\left(z_{A_i} - z_{R_i} + l_{stat_i}\right) \end{bmatrix}, i = 1, \ldots, 4, \tag{11.27}$$

$$^V\boldsymbol{v}_{R_i} = \begin{bmatrix} ^V\dot{x}_{R_i} \\ ^V\dot{y}_{R_i} \\ ^V\dot{z}_{R_i} \end{bmatrix} = {}^V\boldsymbol{v}_V + {}^V\boldsymbol{\omega}_V \times {}^V\boldsymbol{r}_{R_i} + {}^V\boldsymbol{T}_E \begin{bmatrix} 0 \\ 0 \\ -\left(\dot{z}_{A_i} - \dot{z}_{R_i}\right) \end{bmatrix}, \qquad i = 1, \ldots, 4. \tag{11.28}$$

Die Berechnung des Umfangsschlupfes erfordert allerdings die Kenntnis der Geschwindigkeit des Rades im radfesten Koordinatensystem:

$$^{R_i}\boldsymbol{v}_{R_i} = {}^{R_i}\boldsymbol{T}_V \, {}^V\boldsymbol{v}_{R_i}. \tag{11.29}$$

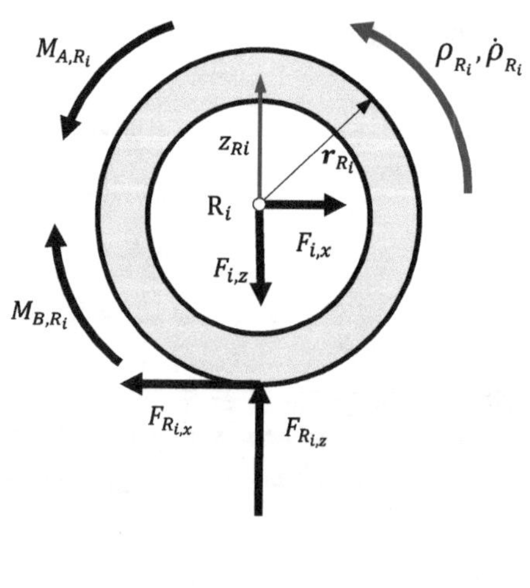

Abb. 11.5 Kräfte und Momente an den Rädern

Gemäß Kap. 7 ergeben sich daraus der Radumfangsschlupf (Längsschlupf)

$$S_i = \left(\frac{r_{R_i} \dot{\rho}_{R_i} - {}^{R_i}\dot{x}_{R_i}}{\max\left(\left| r_{R_i}\, \dot{\rho}_{R_i} \right|, \left| {}^{R_i}\dot{x}_{R_i} \right| \right)} \right) \tag{11.30}$$

sowie der Schräglaufwinkel

$$\alpha_i = -\arctan\left(\frac{{}^{R_i}\dot{y}_{R_i}}{\max\left(\left| r_{R_i}\, \dot{\rho}_{R_i} \right|, \left| {}^{R_i}\dot{x}_{R_i} \right| \right)} \right). \tag{11.31}$$

Zum Abschluss müssen noch die Radkräfte

$${}^{V}\boldsymbol{F}_{R_i} = {}^{V}\boldsymbol{T}_{R_i} \begin{bmatrix} F_{R_i,x} \\ F_{R_i,y} \\ F_{R_i,z} \end{bmatrix} \tag{11.32}$$

auf das Rad $R_i, i = 1, \ldots, 4$ berechnet werden. Zur Auswertung von Gl. (11.32) sind die Kraftkomponenten $F_{R_i,x}$ und $F_{R_i,y}$ aus dem entsprechenden Reifenkraftmodell zu berechnen und dann in das fahrzeugfeste Koordinatensystem zu transformieren.

Die Komponente $F_{R_i,z}$ ergibt sich dagegen aus der Reifenfederkraft zu

$$\begin{aligned}
F_{R_1,z} &= -\max\left(c_R\left(z_{R,1} - z_{S,1} + l_{R,stat}\right) + F_{St,v}, 0\right), \\
F_{R_2,z} &= -\max\left(c_R\left(z_{R,2} - z_{S,2} + l_{R,stat}\right) + F_{St,h}, 0\right), \\
F_{R_3,z} &= -\max\left(c_R\left(z_{R,3} - z_{S,3} + l_{R,stat}\right) - F_{St,v}, 0\right), \\
F_{R_4,z} &= -\max\left(c_R\left(z_{R,4} - z_{S,4} + l_{R,stat}\right) - F_{St,h}, 0\right).
\end{aligned} \tag{11.33}$$

Für die stationären Reifenkräfte, dargestellt im radfesten Koordinatensystem, wird mit

$$\begin{bmatrix} F_{R_i,x,stat} \\ F_{R_i,y,stat} \end{bmatrix} = \begin{bmatrix} \mu_{x_i} \sin\left(c_x \arctan\left(b_x \frac{s_i}{\mu_{x_i}}\right)\right) \\ \mu_{y_i} \sin\left(c_y \arctan\left(b_y \frac{\alpha_i}{\mu_{y_i}}\right)\right) \end{bmatrix} F_{R_i,z,eff} \tag{11.34}$$

mit

$$F_{R_i,z,eff} = F_{R_i,z}\left(1 - e_z\left(\frac{F_{R_i,z}}{F_{R_i,z,0}}\right)^2\right) \tag{11.35}$$

eine vereinfachte Version der Magic Formula (s. Kap. 7) verwendet. Hier sind die Eingangsgrößen wieder die Schlupfgrößen aus den Gl. (11.30 und 11.31) sowie die Radlasten $F_{R_i,z}$ und die Reibungsbeiwerte μ_{x_i/y_i}. Die Anpassung der Kraftverläufe an einen be-

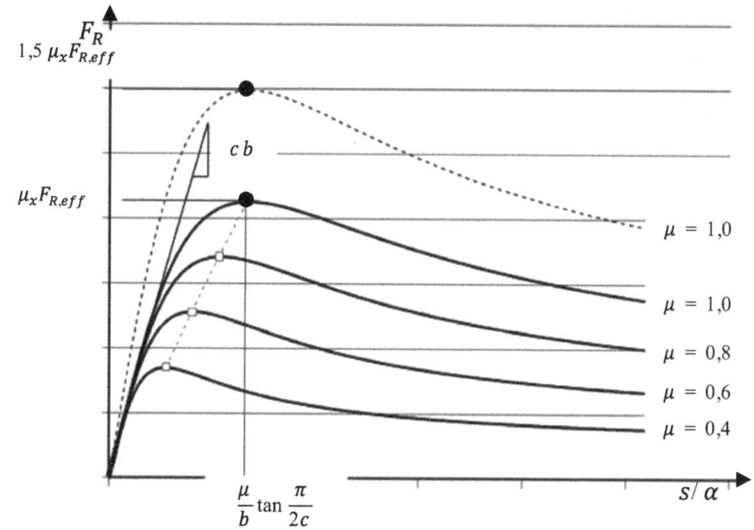

Abb. 11.6 Vereinfachtes Magic-Formula-Modell – $c, b = const$, $\mu, F_{R,eff}$ variiert

stimmten Reifen erfolgt über die konstanten Parameter $c_{x/y}, b_{x/y}$ für die Quer- und Längssteifigkeit sowie c_R für die Vertikalsteifigkeit des Reifens. Weiterhin wird noch der ebenfalls konstante Parameter e_z zur näherungsweisen Abbildung der degressiven Abhängigkeit der Reifenkräfte von der Radlast benötigt.

Die aus dem vereinfachten Magic-Formula-Modell erstellten Kurven sind beispielhaft in Abb. 11.6 dargestellt.

Die dynamischen Reifenkräfte berechnen sich dann aus der Formel

$$\begin{bmatrix} \dot{F}_{R_i,x} \\ \dot{F}_{R_i,y} \end{bmatrix} = \begin{bmatrix} \frac{1}{T_{x_i}} & 0 \\ 0 & \frac{1}{T_{y_i}} \end{bmatrix} \left(\begin{bmatrix} F_{R_i,x,stat} \\ F_{R_i,y,stat} \end{bmatrix} - \begin{bmatrix} F_{R_i,x} \\ F_{R_i,y} \end{bmatrix} \right) \tag{11.36}$$

mit den reziproken Zeitkonstanten

$$\frac{1}{T_{x_i/y_i}} = \frac{|r_{R_i}\dot{\rho}_{R_i}|}{\sigma_{x_i/y_i}}. \tag{11.37}$$

Für die Windkräfte erhält man die Beziehung

$$F_W = \frac{1}{2} c_W \varrho A \dot{r}_V \, \|\dot{r}_V\|_2 = \frac{1}{2} c_W \varrho_L A \sqrt{v_x^2 + v_y^2} \begin{bmatrix} v_x \\ v_y \\ 0 \end{bmatrix}, \tag{11.38}$$

wobei wieder nur der Einfluss des Fahrtwindes (d. h. entgegengesetzt parallel zur Trajektorie des Massenmittelpunktes des Aufbaus) berücksichtigt wird. Sollen z. B. auch der Einfluss des Seitenwindes berücksichtigt werden, so muss die Geschwindigkeit $\dot{r}_V$ entsprechend angepasst werden, s. Kap. 9.

11.1.5 Antriebsstrang

Die Modellbildung des Antriebsstranges kann Abb. 11.7 entnommen werden. In diesem Fall wird, anders als in Kap. 8, eine eindimensionale Modellierung gewählt. Gleichfalls wird vereinfachend auf die Einführung elastischer Elemente vollständig verzichtet.

Für die Angabe der Antriebsmomente an der Vorder- und der Hinterachse wird zunächst die Motordrehzahl benötigt. Diese ergibt sich durch eine einfache kinematische Betrachtung unter Berücksichtigung der Größen

- i_D: Übersetzungsverhältnis Zentraldifferential,
- $i_G(G)$: gangabhängige Getriebeübersetzung,
- i_v, i_h: Differentialübersetzung vorne/hinten,
- $\xi_a, \bar{\xi}_a$: Aufteilung der Antriebsmoment auf Vorder- und Hinterachse mit $0 \leq \xi_a \leq 1, \bar{\xi}_a = 1 - \xi_a$,
- θ_M: Trägheitsmoment des Motors,
- θ_{G_I}: Trägheitsmoment der motorseitigen Getriebewellen,
- θ_{G_A}: Trägheitsmoment der antriebsseitigen Getriebewellen

zu

$$\omega_M = i_D i_G(G) \left(\overline{\xi}_a i_v \left(\frac{\dot{\rho}_{R_1} + \dot{\rho}_{R_3}}{2} \right) + \xi_a i_h \left(\frac{\dot{\rho}_{R_2} + \dot{\rho}_{R_4}}{2} \right) \right). \tag{11.39}$$

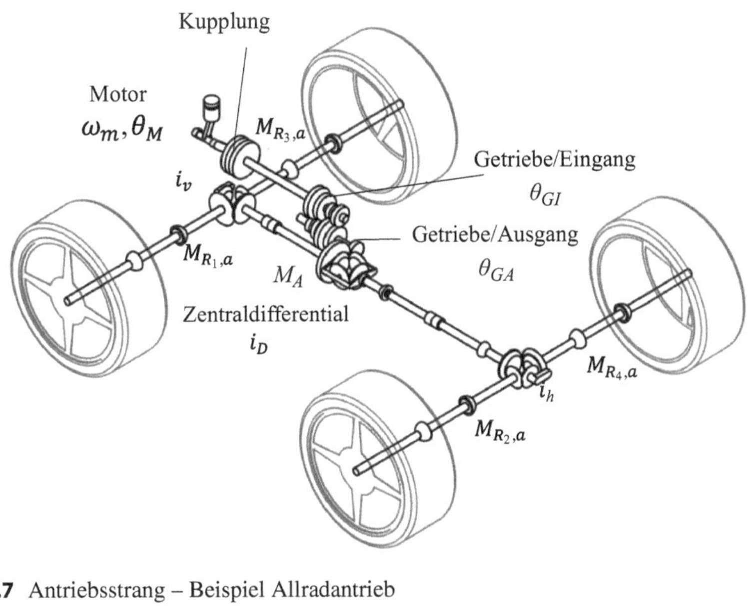

Abb. 11.7 Antriebsstrang – Beispiel Allradantrieb

Daraus erhält man durch die Auswertung des Momentenkennfelds $M_M\left(\omega_m, p_f\right)$ und der Winkelbeschleunigung $\alpha_M = \dot{\omega}_M$ des Motors das vom Motor auf die Kupplung wirkende Antriebsmoment

$$M_K = M_M - \theta_M \alpha_M \tag{11.40}$$

und damit nach etwas Rechnung das Gesamtantriebsmoment auf die Räder

$$M_A = \left(i_v \bar{\xi}_a + i_h \xi_a\right) i_D \left[i_G M_K - \frac{1}{i_G}\left(\theta_{G_I} i_G^2 + \theta_{G_A}\right) \alpha_M \right]. \tag{11.41}$$

Die Antriebsmomente auf die einzelnen Räder ergeben sich damit zu

$$\begin{aligned} M_{R_1,a} = M_{R_3,a} &= \frac{1}{2} i_v \bar{\xi}_a i_D \left[i_G M_K - \frac{1}{i_G}\left[\theta_{G_I} i_G^2 + \theta_{G_A}\right] \alpha_M \right], \\ M_{R_2,a} = M_{R_4,a} &= \frac{1}{2} i_h \xi_a i_D \left[i_G M_K - \frac{1}{i_G}\left[\theta_{G_I} i_G^2 + \theta_{G_A}\right] \alpha_M \right]. \end{aligned} \tag{11.42}$$

Die Antriebsmomente setzen sich jeweils aus einem Anteil zusammen, der lediglich aus dem (übersetzten) Motormoment besteht und einem Anteil, der die Drehträgheiten des Antriebsstranges bis zum Zentraldifferential umfasst. Die Trägheiten der vier Antriebswellen werden jeweils voll, die der KARDAN-Welle jeweils anteilig den Drehträgheiten der Räder zugeschlagen.

Kupplung Die Gl. (11.42) gilt zunächst nur bei geschlossener Kupplung. Ist die Kupplung geöffnet, dann wird kein Drehmoment übertragen und die Drehzahlen der beiden Kupplungsscheiben unterscheiden sich voneinander. Während des Ein- und Auskuppelvorgangs wird ein vom Anpressdruck und weiteren Größen abhängiges Drehmoment übertragen, während sich die Drehzahlen der Kupplungsscheiben einander annähern. Sobald die Drehzahlen der Kupplungsscheiben nicht mehr fest gekoppelt sind, erhöht sich die Zahl der Freiheitsgrade. Da die Schaltvorgänge nur sehr kurz sind und eine detaillierte Berücksichtigung dieser Effekte nicht Gegenstand der hier gesuchten einfachen Modellierung sein soll, wird auf diese verzichtet. Stattdessen soll stark vereinfachend angenommen werden, dass die Drehzahlen der beiden Kupplungsscheiben stets gleich bleiben und lediglich das übertragene Drehmoment $M_M - \theta_M \alpha_M$ sich abhängig von einem Parameter, der die Kupplungsbetätigung beschreibt, verändert:

$$M_{K\xi} = \left(M_M - \theta_M \alpha_M\right)\left(1 - \xi_K\right), \qquad 0 \leq \xi_K \leq 1. \tag{11.43}$$

Für $\xi_K = 0$ ist die Kupplung geschlossen (Pedal nicht betätigt) und für $\xi_K = 1$ geöffnet (Pedal voll durchgetreten). Ersetzt man nun M_K in den Gl. (11.41) und 11.42) durch $M_{K\xi}$, so wird auch ein einfacher Schaltvorgang möglich, indem ein zeitlicher Verlauf für ξ_K vorgegeben wird.

11.1.6 Bremssystem

Auch die Bremsmomente werden variabel auf die Vorder- und Hinterachse verteilt:

$$\begin{aligned} M_{B,h} &= \xi_b M_B, \\ M_{B,v} &= (1-\xi_b)\, M_B = M_B - M_{B,h}. \end{aligned} \tag{11.44}$$

Für die Bremsmomente auf die einzelnen Räder ergibt sich dann

$$\begin{aligned} M_{B,R_1} &= M_{B,R_3} = \frac{1}{2} M_{B,v}, \\ M_{B,R_2} &= M_{B,R_4} = \frac{1}{2} M_{B,h}. \end{aligned} \tag{11.45}$$

11.1.7 Bewegungsgleichungen

Mit den Vorarbeiten in den Abschn. 11.1.1–11.1.6 lassen sich nun die vollständigen Bewegungsgleichungen des Zweispurmodells angeben:

$$\begin{aligned} & m_V \left(\begin{bmatrix} \dot{v}_x \\ \dot{v}_y \\ \dot{v}_z \end{bmatrix} + \boldsymbol{\omega}_V \times \begin{bmatrix} v_x \\ v_y \\ v_z \end{bmatrix} \right) \\ & = \sum_{i=1}^{4} \begin{bmatrix} F_{R_i,x} \\ F_{R_i,y} \\ F_{R_i,z} \end{bmatrix} - \frac{1}{2} c_W \rho A \sqrt{v_x^2 + v_y^2} \begin{bmatrix} v_x \\ v_y \\ 0 \end{bmatrix} + \begin{bmatrix} 0 \\ 0 \\ -m_V g \end{bmatrix}, \end{aligned} \tag{11.46}$$

$$\boldsymbol{\Theta}_V \dot{\boldsymbol{\omega}}_V + \boldsymbol{\omega}_V \times (\boldsymbol{\Theta}_V \boldsymbol{\omega}_V) = \sum_{i=1}^{4} \boldsymbol{r}_i \times \boldsymbol{F}_i + \boldsymbol{r}_W \times \boldsymbol{F}_W, \tag{11.47}$$

$$\theta_{R_i} \ddot{\rho}_{R_i} = M_{a,R_i} - M_{b,R_i} \operatorname{sign}\left(\dot{\rho}_{R_i}\right) - r F_{R_i,x}, \quad i = 1, \ldots, 4, \tag{11.48}$$

$$m_{R_i} \ddot{Z}_{Ri} = F_{R_i,z} - F_{i,z} - m_{R_i} g, \quad i = 1, \ldots, 4, \tag{11.49}$$

$$\begin{bmatrix} \dot{F}_{R_i,x} \\ \dot{F}_{R_i,y} \end{bmatrix} = \begin{bmatrix} \frac{|r\dot{\rho}_{R_i}|}{\sigma_{x_i}} & 0 \\ 0 & \frac{|r\dot{\rho}_{R_i}|}{\sigma_{y_i}} \end{bmatrix} \left(\begin{bmatrix} F_{R_i x,stat} \\ F_{R_i y,stat} \end{bmatrix} - \begin{bmatrix} F_{R_i,x} \\ F_{R_i,y} \end{bmatrix} \right), \quad i = 1, \ldots, 4, \tag{11.50}$$

$$\boldsymbol{x}_A = \left[x\, y\, z\, \psi_V\, \theta_V\, \varphi_V | v_x v_y v_z \omega_x \omega_y \omega_z \right]^T, \tag{11.51}$$

$$\boldsymbol{x}_{RR} = \left[\rho_{R_1} \rho_{R_2} \rho_{R_3} \rho_{R_4} | \dot{\rho}_{R_1} \dot{\rho}_{R_2} \dot{\rho}_{R_3} \dot{\rho}_{R_4} \right]^T, \tag{11.52}$$

$$\boldsymbol{x}_{Rz} = \left[z_{R_1} z_{R_2} z_{R_3} z_{R_4} | \dot{z}_{R_1} \dot{z}_{R_2} \dot{z}_{R_3} \dot{z}_{R_4} \right]^T, \tag{11.53}$$

$$\boldsymbol{x}_{RF} = \left[F_{x_1} F_{y_1} F_{x_2} F_{y_2} F_{x_3} F_{y_3} F_{x_4} F_{y_4} \right]^T, \tag{11.54}$$

$$\boldsymbol{x} = \left[\ x_A \quad x_{RR} \quad x_{Rz} \quad x_{RF} \ \right]^T. \tag{11.55}$$

Der Erregervektor $\boldsymbol{u}$ ist wieder wie in Kap. 10

$$\boldsymbol{u} = \begin{bmatrix} \delta_H & p_F & p_B & G \end{bmatrix}^T . \tag{11.56}$$

Dabei ist δ_H der Lenkradwinkel. Die Stellung des Fahrpedals p_F und des Bremspedals p_F sei jeweils auf einen Wertebereich zwischen 0 und 1 normiert. Die Eingangsgröße G definiert die eingelegte Getriebestufe mit den Vorwärtsgängen $1, \ldots, 5$, dem Rückwärtsgang –1 und dem Leerlauf 0. Damit lauten die Zustandsgleichungen des räumlichen Zweispurmodells

$$\dot{\boldsymbol{x}} = \boldsymbol{f}(\boldsymbol{x}, t, \boldsymbol{u}) \tag{11.57}$$

mit dem $[36 \times 1]$-Vektor $\boldsymbol{x}$, dem $[4 \times 1]$-Vektor $\boldsymbol{u}$ und der Zeit t.

11.2 Ein einfaches Zweispurmodell mit kinematischen Radaufhängungen

Das nachfolgend beschriebene Fahrzeugmodell ergänzt das im vorigen Abschnitt beschriebene Modell um eine Radaufhängungskinematik. Dazu werden an der Vorder- und an der Hinterachse Radträger modelliert, die durch jeweils eine räumliche Radaufhängung geführt werden, s. Abb. 11.8.

11.2.1 Freiheitsgrade des Zweispurmodells mit kinematischen Radaufhängungen

Für die Radaufhängungen wird lediglich festgelegt, dass sich deren Bewegung jeweils durch eine verallgemeinerte Koordinate $\varphi_i, i = 1, \ldots, 4$ beschreiben lässt. Diese

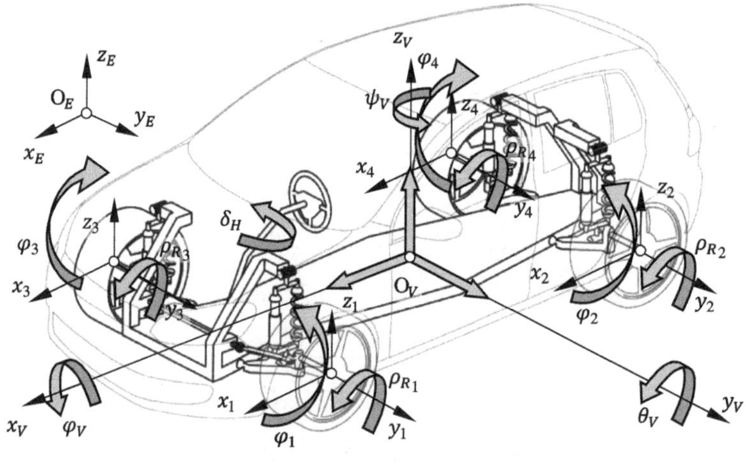

Abb. 11.8 Freiheitsgrade des einfachen räumlichen Zweispurmodells

Koordinate beschreibt typischerweise die (räumliche) Einfederbewegung des Rades. Die konstruktive Ausführung der Radaufhängung wird zunächst offen gelassen, d. h. die Kinematik von Radträger und Rad muss später jeweils in Abhängigkeit von φ_i ausgedrückt werden. Zusätzlich wird jeweils noch eine Lenkbewegung $\delta_i, i = 1, \ldots, 4$ berücksichtigt, die als Zeitfunktion vorgegeben wird.

Dabei entsprechen die Lenkwinkel an der Vorderachse den durch den Lenkradwinkel und die im allgemeinen Fall nichtlineare Lenkübersetzung vorgegebenen Winkeln

$$\delta_1 = \delta_2 = \delta = \frac{1}{i_L}\delta_H(t). \tag{11.58}$$

Statt Gl. (11.58) kann natürlich auch ein nichtproportionaler Zusammenhang in Abhängigkeit vom Lenkeinschlag sowie ein realistischeres Lenksystem mit $\delta_1 \neq \delta_3$ berücksichtigt werden, ohne dass dies die folgenden Überlegungen beeinflusst, s. Abschn. 11.2.9. An der Hinterachse können die Lenkwinkel entweder konstant angenommen oder zur Beschreibung einer aktiven Hinterradlenkung genutzt werden.

Die Beschreibung der Radeigendrehungen erfolgt durch jeweils einen Einheitsvektor $\boldsymbol{u}_{R_i}, i = 1, \ldots, 4$, s. Abb. 11.9, der die Raddrehachse relativ zum Radträger definiert, sowie durch die Drehwinkel $\rho_{R_i}, i = 1, \ldots, 4$ und die zugehörigen Radwinkelgeschwindigkeiten $\dot{\rho}_{R_i}, i = 1, \ldots, 4$. Man beachte, dass durch diese Festlegung erreicht wird, dass Radträger und Räder sich hinsichtlich ihrer Orientierung im Raum und den entsprechenden Winkelgeschwindigkeiten lediglich durch die Radeigendrehung unterscheiden. Aus

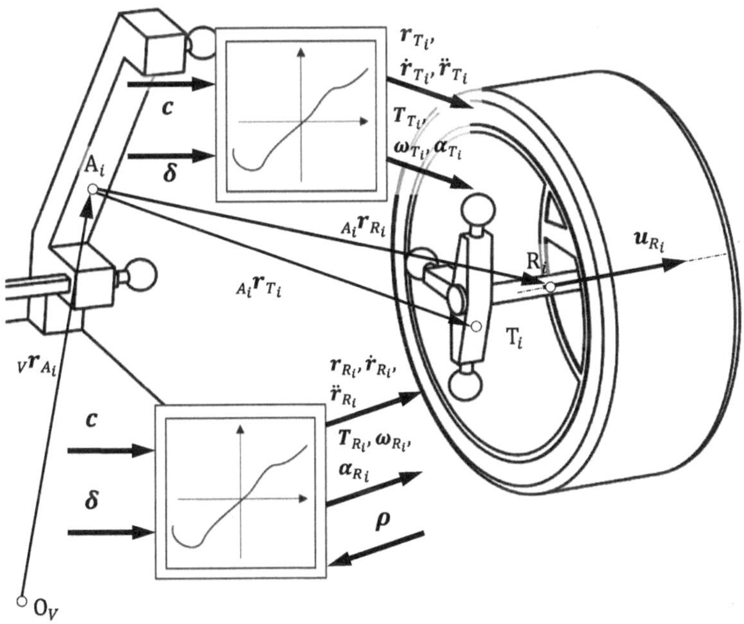

Abb. 11.9 Zweispurmodell mit allgemeiner Radaufhängung

diesem Grund werden, abgesehen vom Trägheitsmoment bezüglich der Raddrehachse, sämtliche Trägheitsmomente der Räder den jeweiligen Radträgern zugeschlagen. Das Modell besteht damit zunächst aus neun Körpern, s. Tab. 11.4, wenn man die Lenker und anderen Bauteile der Radaufhängungen gegenüber den dominierenden Massen und Trägheiten von Radträger und Rad jeweils vernachlässigt.

Das Modell berücksichtigt die in Tab. 11.5 und 11.6 zusammengestellten verallgemeinerten Koordinaten. Das betrachtete Fahrzeugmodell besitzt damit insgesamt $f = 14$ Freiheitsgrade.

Tab. 11.4 Körper $K_i, i = 1, \ldots, 9$

Körper	Beschreibung	Masse	Trägheitstensor im körperfesten Koordinatensystem bezogen auf den jeweiligen Massenmittelpunkt
K_1	Aufbau	m_V	$\boldsymbol{\Theta}_V$
$K_2, \ldots, K_5$	Radträger	m_{T_i}	$\boldsymbol{\Theta}_{T_i}$
$K_6, \ldots, K_9$	Räder	m_{R_i}	$\boldsymbol{\Theta}_{R_i}$

Tab. 11.5 Verallgemeinerte Koordinaten $q_i, i = 1, \ldots, 14$

Bezeichnung	Beschreibung
x_V, y_V, z_V	Koordinaten des Massenmittelpunktes des Fahrzeugaufbaus im Inertialsystem
$\psi_V, \theta_V, \varphi_V$	KARDAN-Winkel zur Beschreibung des Fahrzeugaufbaus relativ zum Inertialsystem
$\varphi_i, i = 1, \ldots, 4$	Einfederbewegung des Radträgers relativ zum Fahrzeugaufbau
$\rho_{R_i}, i = 1, \ldots, 4$	Drehwinkel der Räder um ihre jeweilige radträgerfeste Drehachse $\boldsymbol{u}_{R_i}$

Tab. 11.6 Verallgemeinerte Geschwindigkeiten $z_i, i = 1, \ldots, 14$

Bezeichnung	Beschreibung
v_x, v_y, v_z	Koordinaten der Translationsgeschwindigkeit im fahrzeugfesten Koordinatensystem
$\omega_x, \omega_y, \omega_z$	Koordinaten der Drehgeschwindigkeiten im fahrzeugfesten Koordinatensystem
$\dot{\varphi}_i, i = 1, \ldots, 4$	Einfedergeschwindigkeiten der Radträger
$\dot{\rho}_{R_i}, i = 1, \ldots, 4$	Drehgeschwindigkeiten der Räder um ihre jeweilige radträgerfeste Drehachse $\boldsymbol{u}_{R_i}$

Tab. 11.7 Eingangsgrößen

Bezeichnung	Beschreibung
p_F	normierte Fahrpedalstellung $(0 \leq p_F \leq 1)$
p_B	normierte Bremspedalstellung $(0 \leq p_B \leq 1)$
G	eingelegter Gang
$\delta_H(t)$	Lenkradwinkel
$\delta_2(t), \delta_4(t)$	Lenkwinkel der Hinterräder

Bemerkungen:

- Die Lenkbewegung wird hier nicht als Freiheitsgrad sondern als Eingangsgröße $\delta_H(t)$ behandelt.
- Die Eingabegrößen entsprechen im Wesentlichen denen, die auch für das nicht lineare Einspurmodell und das einfache räumliche Zweispurmodell eingeführt wurden, s. Tab. 11.7.

Das betrachtete Fahrzeugmodell besitzt damit insgesamt $f = 14$ Freiheitsgrade.

Bemerkungen:

- Die Lenkbewegung wird hier nicht als Freiheitsgrad sondern als Eingangsgröße $\delta_H(t)$ behandelt.
- Die Eingabegrößen entsprechen im Wesentlichen denen, die auch für das nicht lineare Einspurmodell und das einfache räumliche Zweispurmodell eingeführt wurden, s. Tab. 11.7.

11.2.2 Kinematik des Fahrzeugaufbaus

Translation Der Ortsvektor vom Ursprung des Inertialsystems O_E zum Massenmittelpunkt des O_V Fahrzeugaufbaus lautet

$$ {}^{E}\boldsymbol{r}_1 = {}^{E}\boldsymbol{r}_V = \begin{bmatrix} x_V & y_V & z_V \end{bmatrix}^T . \tag{11.59} $$

Damit ergibt sich die absolute Translationsgeschwindigkeit des Aufbaus dargestellt in Koordinaten des Inertialsystems zu

$$ {}^{E}\boldsymbol{v}_1 = {}^{E}\boldsymbol{v}_V = \begin{bmatrix} \dot{x}_V \\ \dot{y}_V \\ \dot{z}_V \end{bmatrix} = {}^{E}\boldsymbol{T}_V \begin{bmatrix} v_x \\ v_y \\ v_z \end{bmatrix} . \tag{11.60} $$

Die Matrix ${}^{E}\boldsymbol{T}_V$ (s. Gl. (11.63) vermittelt die Transformation vom fahrzeugfesten Koordinatensystem ins Inertialsystem. Hier ist zu beachten, dass die verallgemeinerten Geschwindigkeiten die Geschwindigkeiten in den Koordinatenrichtungen des aufbau festen Koordinatensystems sind. Durch nochmaliges Differenzieren von Gl. (11.60) erhält man die Translationsbeschleunigung des Aufbaus relativ zum Inertialsystem

$$ {}^{E}\boldsymbol{a}_1 = {}^{E}\boldsymbol{a}_V = \begin{bmatrix} \ddot{x}_V \\ \ddot{y}_V \\ \ddot{z}_V \end{bmatrix} = {}^{E}\boldsymbol{T}_V \left(\begin{bmatrix} \dot{v}_x \\ \dot{v}_y \\ \dot{v}_z \end{bmatrix} + {}^{V}\boldsymbol{\omega}_V \times \begin{bmatrix} v_x \\ v_y \\ v_z \end{bmatrix} \right). \tag{11.61} $$

Die JACOBI-Matrix der Translation des Aufbaus gibt man zweckmäßigerweise im aufbaufesten Koordinatensystem als [3 × 14]-Blockmatrix an, um die Zuordnung der durch die Matrixbereiche beschriebenen verallgemeinerten Geschwindigkeiten zu den einzelnen Baugruppen des Fahrzeugs zu kennzeichnen:

$$ \boldsymbol{J}_{Tra_1} = \boldsymbol{J}_{T_V} = \left[\underbrace{\boldsymbol{I}_{[3\times3]} | \boldsymbol{0}_{[3\times3]}}_{\text{Aufbau}} \mid \underbrace{\boldsymbol{0}_{[3\times4]}}_{\text{Radträger}} \mid \underbrace{\boldsymbol{0}_{[3\times4]}}_{\text{Radträger}} \right]. \tag{11.62} $$

Rotation Wie in Abschn. 11.1 wird zunächst die Drehmatrix benötigt, die die Orientierung des aufbaufesten Koordinatensystems relativ zum Inertialsystem beschreibt (s. auch Gl. (11.3)):

$$ {}^{E}\boldsymbol{T}_V = \boldsymbol{T}_z(\psi_V) \cdot \boldsymbol{T}_y(\theta_V) \cdot \boldsymbol{T}_x(\varphi_V). \tag{11.63} $$

Daraus ergibt sich, wie in Abschn. 11.1, die Winkelgeschwindigkeit des Aufbaus relativ zum Inertialsystem, dargestellt im aufbaufesten Koordinatensystem (s. Gl. (11.4 und 11.5):

$$ {}^{V}_{E}\boldsymbol{\omega}_1 = {}^{V}_{E}\boldsymbol{\omega}_V = \begin{bmatrix} \omega_x \\ \omega_y \\ \omega_z \end{bmatrix} = \begin{bmatrix} \dot{\varphi}_V - \dot{\psi}_V s\theta_V \\ \dot{\theta}_V c\varphi_V + \dot{\psi}_V c\theta_V s\varphi_V \\ -\dot{\theta}_V s\varphi_V + \dot{\psi}_V c\theta_V c\varphi_V \end{bmatrix} = \boldsymbol{T}_\omega \begin{bmatrix} \dot{\psi}_V \\ \dot{\theta}_V \\ \dot{\varphi}_V \end{bmatrix}. \tag{11.64} $$

Für die Beschleunigung des Aufbaus relativ zum Inertialsystem erhält man, dargestellt im aufbaufesten Koordinatensystem, aus Gl. (11.64) die verallgemeinerten Beschleunigungen des Fahrzeugaufbaus in Abhängigkeit von den verallgemeinerten Koordinaten

$$ {}^{V}_{E}\boldsymbol{\alpha}_1 = {}^{V}_{E}\boldsymbol{\alpha}_V = \begin{bmatrix} \dot{\omega}_x & \dot{\omega}_y & \dot{\omega}_z \end{bmatrix}^T. \tag{11.65} $$

Aus Gl. (11.64) ergibt sich desweiteren die JACOBI-Matrix der Rotation für den Fahrzeugaufbau mit der gleichen Blockaufteilung wie bei der Translation zu

$$ \boldsymbol{J}_{Rot_1} = \boldsymbol{J}_{Rot_V} = \left[\underbrace{\left(\boldsymbol{0}_{[3\times3]} | \boldsymbol{I}_{[3\times3]}\right)}_{\text{Aufbau}} \mid \underbrace{\boldsymbol{0}_{[3\times4]}}_{\text{Radträger}} \mid \underbrace{\boldsymbol{0}_{[3\times4]}}_{\text{Rad}} \right]. \tag{11.66} $$

Zusammenhang zwischen verallgemeinerten Geschwindigkeiten und verallgemeinerten Koordinaten Für die folgenden Betrachtungen werden die verallgemeinerten Koordinaten und die verallgemeinerten Geschwindigkeiten zu jeweils einem $[14 \times 1]$-Vektor zusammengefasst:

$$\boldsymbol{q} = \left[x\, y\, z\, \psi_V\, \theta_V\, \varphi_V |\, \varphi_1\, \varphi_2\, \varphi_3\, \varphi_4 |\, \rho_{R_1}\, \rho_{R_2}\, \rho_{R_3}\, \rho_{R_4}\right]^T, \tag{11.67}$$

$$\boldsymbol{z} = \left[v_x\, v_y\, v_z\, \omega_x\, \omega_y\, \omega_z \mid \dot{\varphi}_1\, \dot{\varphi}_2\, \dot{\varphi}_3\, \dot{\varphi}_4 \mid \dot{\rho}_{R_1}\, \dot{\rho}_{R_2}\, \dot{\rho}_{R_3}\, \dot{\rho}_{R_4}\right]^T. \tag{11.68}$$

Man benötigt nun noch den Zusammenhang zwischen verallgemeinerten Geschwindigkeiten und verallgemeinerten Koordinaten. Es ist offensichtlich, dass die Relation zwischen verallgemeinerten Geschwindigkeiten und verallgemeinerten Koordinaten, außer beim Fahrzeugaufbau, trivial ist. Beim Fahrzeugaufbau sind jedoch die Beziehungen aus den (11.60) und (11.64) zu berücksichtigen.

Zusammengefasst erhält man mit der Blockdiagonalmatrix $\boldsymbol{K}(\boldsymbol{q})$ den Zusammenhang

$$\boldsymbol{z} = \boldsymbol{K}(\boldsymbol{q})\dot{\boldsymbol{q}} = \begin{bmatrix} {}^V\boldsymbol{T}_E & \boldsymbol{0} & \boldsymbol{0} & \boldsymbol{0} \\ \boldsymbol{0} & \boldsymbol{T}_\omega & \boldsymbol{0} & \boldsymbol{0} \\ \boldsymbol{0} & \boldsymbol{0} & \boldsymbol{I}_{[4\times4]} & \boldsymbol{0} \\ \boldsymbol{0} & \boldsymbol{0} & \boldsymbol{0} & \boldsymbol{I}_{[4\times4]} \end{bmatrix} \dot{\boldsymbol{q}}. \tag{11.69}$$

Für die spätere Lösung der Bewegungsgleichungen benötigt man auch noch die Umkehrung dieser Beziehung, die aufgrund der Zusammensetzung von $\boldsymbol{K}(\boldsymbol{q})$ leicht berechnet werden kann zu

$$\dot{\boldsymbol{q}} = \boldsymbol{K}^{-1}(\boldsymbol{q})\,\boldsymbol{z}, \tag{11.70}$$

sofern die Matrix $\boldsymbol{T}_\omega$ invertierbar ist. Dies ist dann der Fall, wenn die kinematischen KARDAN-Gleichungen (11.64) invertierbar sind, also für $\theta_v \neq 90^\circ$. Dann erhält man die inverse Matrix

$$\boldsymbol{T}_\omega^{-1} = \frac{1}{\mathrm{c}\,\theta_V} \begin{bmatrix} 0 & \mathrm{s}\varphi_V & \mathrm{c}\varphi_V \\ 0 & \mathrm{c}\theta_V\mathrm{c}\varphi_V & -\mathrm{c}\theta_V\mathrm{s}\varphi_V \\ \mathrm{c}\theta_V & \mathrm{s}\theta_V\mathrm{s}\varphi_V & \mathrm{s}\theta_V\mathrm{c}\varphi_V \end{bmatrix}. \tag{11.71}$$

11.2.3 Allgemeine Kinematik der Radaufhängungen

Translation Zunächst wird jeweils ein fahrzeugfester Bezugspunkt $\mathrm{A}_i, i = 1, \ldots, 4$ für die vier Einzelradaufhängungen durch die Angabe jeweils eines Ortsvektors vom Massenmittelpunkt O_V des Aufbaus zum Punkt A_i beschrieben, s. Abb. 11.9:

$${}_V\boldsymbol{r}_{A_i} = \left[x_{A_i}\, y_{A_i}\, z_{A_i}\right]^T, \qquad i = 1, \ldots, 4. \tag{11.72}$$

Diese Vektoren sind jeweils konstant im fahrzeugfesten Koordinatensystem und bewegen sich daher mit diesem mit.

Die Anbindung der Radaufhängung erfolgt nun gemäß Abb. 11.9, d. h. jedem Radträger wird eine verallgemeinerte Koordinate φ_i zugeordnet, die z. B. eine allgemeine Einfederbewegung beschreibt oder den Drehwinkel eines Lenkers. Als zusätzliche Eingabegröße wird ein Winkel δ_i verwendet, der als Zeitfunktion vorgegeben wird. Damit werden die Vektoren der verallgemeinerten Koordinaten für die vier Radaufhängungen

$$\boldsymbol{c} = [\varphi_1 \ \varphi_2 \ \varphi_3 \ \varphi_4]^T \tag{11.73}$$

und die vier Räder des Fahrzeugs definiert:

$$\boldsymbol{\rho} = \left[\rho_{R_1} \ \rho_{R_2} \ \rho_{R_3} \ \rho_{R_4}\right]^T . \tag{11.74}$$

Weiterhin treten als zeitabhängige Funktionen noch die Lenkwinkel

$$\boldsymbol{\delta} = [\delta_1 \ \delta_2 \ \delta_3 \ \delta_4]^T \tag{11.75}$$

auf.

Gesucht sind nun die Lage-, Geschwindigkeits- und Beschleunigungsgrößen der Radträger und der Räder relativ zum Inertialsystem in Abhängigkeit von den Vektoren $\boldsymbol{c}$, $\boldsymbol{\rho}$ und $\boldsymbol{\delta}$. Dabei ist zu beachten, dass es sich bei den Komponenten der Vektoren $\boldsymbol{c}$ und $\boldsymbol{\rho}$ um verallgemeinerte Koordinaten handelt, während die in dem Vektor $\boldsymbol{\delta}$ enthaltenen vorgegebene Funktionen der Zeit darstellen:

- Translatorische Größen relativ zum Inertialsystem:

$$\begin{aligned} \boldsymbol{r}_{T_i} &= \boldsymbol{r}_{T_i}(\boldsymbol{c}, \boldsymbol{\delta}) , \\ \boldsymbol{v}_{T_i} &= \dot{\boldsymbol{r}}_{T_i}\left(\boldsymbol{c}, \boldsymbol{\delta}, \dot{\boldsymbol{c}}, \dot{\boldsymbol{\delta}}\right) , \\ \boldsymbol{a}_{T_i} &= \ddot{\boldsymbol{r}}_{T_i}\left(\boldsymbol{c}, \boldsymbol{\delta}, \dot{\boldsymbol{c}}, \dot{\boldsymbol{\delta}}, \ddot{\boldsymbol{c}}, \ddot{\boldsymbol{\delta}}\right) . \end{aligned} \tag{11.76}$$

- Rotatorische Größen relativ zum Inertialsystem:

$$\begin{aligned} {}^E\boldsymbol{T}_{T_i} &= {}^E\boldsymbol{T}_{T_i}(\boldsymbol{c}, \boldsymbol{\delta}) , \\ \boldsymbol{\omega}_{T_i} &= \boldsymbol{\omega}_{T_i}\left(\boldsymbol{c}, \boldsymbol{\delta}, \dot{\boldsymbol{c}}, \dot{\boldsymbol{\delta}}\right) , \\ \boldsymbol{\alpha}_{T_i} &= \dot{\boldsymbol{\omega}}_{T_i} = \dot{\boldsymbol{\omega}}_{T_i}\left(\boldsymbol{c}, \boldsymbol{\delta}, \dot{\boldsymbol{c}}, \dot{\boldsymbol{\delta}}, \ddot{\boldsymbol{c}}, \ddot{\boldsymbol{\delta}}\right) . \end{aligned} \tag{11.77}$$

Diese Zusammenhänge werden nachfolgend unter Verwendung der kinematischen Transformatoren, s. Kap. 3, zunächst allgemein verwendet und dann in Abschn. 11.2.4 explizit für den Fall eines einfachen Schräglenkers hergeleitet. Für den Ortsvektor $\boldsymbol{r}_{T_i}$ zum Massenmittelpunkt T_i des Radträgers relativ zum Inertialsystem erhält man

$$\boldsymbol{r}_{T_i} = \boldsymbol{r}_V + {}_V\boldsymbol{r}_{T_i} \tag{11.78}$$

mit dem Ortsvektor des Radträgers ${}_V\boldsymbol{r}_{T_i}$ relativ zum Fahrzeugaufbau und dem Ortsvektor $\boldsymbol{r}_V$ des Aufbaumassenmittelpunktes. Der Ortsvektor ${}_V\boldsymbol{r}_{T_i}$ setzt sich aus dem fahrzeugfesten Ortsvektor ${}_V\boldsymbol{r}_{A_i}$ vom Aufbaumassenmittelpunkt O_V zum Bezugspunkt A_i der Radaufhängung sowie dem Ortsvektor ${}_{A_i}\boldsymbol{r}_{T_i}$ von A_i zum Massenmittelpunkt T_i des Radträgers zusammen:

$$ {}_V\boldsymbol{r}_{T_i}(\boldsymbol{c},\boldsymbol{\delta}) = \underbrace{{}_V\boldsymbol{r}_{A_i}}_{\text{const.}} + {}_{A_i}\boldsymbol{r}_{T_i}(\boldsymbol{c},\boldsymbol{\delta}) \,. \tag{11.79} $$

Damit ergeben sich die Relativgeschwindigkeiten des Radträgers gegenüber dem Aufbau zu

$$ {}_V\boldsymbol{v}_{T_i} = {}_V\dot{\boldsymbol{r}}_{T_i} = \frac{\partial_{A_i}\boldsymbol{r}_{T_i}}{\partial\boldsymbol{c}}\dot{\boldsymbol{c}} + \frac{\partial_{A_i}\boldsymbol{r}_{T_i}}{\partial\boldsymbol{\delta}}\dot{\boldsymbol{\delta}} = \boldsymbol{H}_{Tra_c,T_i}\dot{\boldsymbol{c}} + \boldsymbol{H}_{Tra_\delta,T_i}\dot{\boldsymbol{\delta}} \tag{11.80} $$

und die Relativbeschleunigungen zu

$$ {}_V\boldsymbol{a}_{T_i} = {}_V\ddot{\boldsymbol{r}}_{T_i} = \boldsymbol{H}_{Tra_c,T_i}\ddot{\boldsymbol{c}} + \dot{\boldsymbol{H}}_{Tra_c,T_i}\dot{\boldsymbol{c}} + \boldsymbol{H}_{Tra_\delta,T_i}\ddot{\boldsymbol{\delta}} + \dot{\boldsymbol{H}}_{Tra_\delta,T_i}\dot{\boldsymbol{\delta}} \tag{11.81} $$

mit den translatorischen [3 × 4]-JACOBI-Matrizen $\boldsymbol{H}_{Tra_c,T_i}$ und $\boldsymbol{H}_{Tra_\delta,T_i}$ sowie deren zeitlichen Ableitungen. Die partiellen Ableitungen bzw. die JACOBI-Matrizen hängen von der eingesetzten Radaufhängung ab und lassen sich z. B. mit den in Kap. 6 beschriebenen Methoden (kinematische Transformatoren) oder auch durch direkte kinematische Betrachtungen (Abschn. 11.2.4) berechnen.

Rotation Für die Relativkinematik der Rotation benötigt man zunächst die Drehmatrix ${}^V\boldsymbol{T}_{T_i}(\boldsymbol{c},\boldsymbol{\delta})$, die die räumliche Orientierung des Radträgers gegenüber dem Aufbau beschreibt. Daraus erhält man die Winkelgeschwindigkeit

$$ {}_V\boldsymbol{\omega}_{T_i} = \boldsymbol{H}_{Rot_c,T_i}\dot{\boldsymbol{c}} + \boldsymbol{H}_{Rot_\delta,T_i}\dot{\boldsymbol{\delta}} \tag{11.82} $$

und die Winkelbeschleunigung

$$ {}_V\boldsymbol{\alpha}_{T_i} = {}_V\dot{\boldsymbol{\omega}}_{T_i} = \boldsymbol{H}_{Rot_c,T_i}\ddot{\boldsymbol{c}} + \boldsymbol{H}_{Rot_c,T_i}\dot{\boldsymbol{c}} + \boldsymbol{H}_{Rot_\delta,T_i}\ddot{\boldsymbol{\delta}} + \dot{\boldsymbol{H}}_{Rot_\delta,T_i}\dot{\boldsymbol{\delta}}, \tag{11.83} $$

mit den rotatorischen [3 × 4]-JACOBI-Matrizen $\boldsymbol{H}_{Rot_c,T_i}$ und $\boldsymbol{H}_{Rot_\delta,T_i}$ sowie deren zeit lichen Ableitungen.

Aufbauend auf den Gl. (11.80–11.83) lassen sich die absoluten Geschwindigkeiten und Beschleunigungen angeben mit

$$ \begin{aligned} \boldsymbol{v}_{T_i} = \dot{\boldsymbol{r}}_{T_i} &= \underbrace{\dot{\boldsymbol{r}}_V + \boldsymbol{\omega}_V \times {}_V\boldsymbol{r}_{T_i}}_{\text{Führungsbewegung}} + \underbrace{{}_V\dot{\boldsymbol{r}}_{T_i}}_{\text{Relativbwegung}} \\ &= \boldsymbol{v}_V + \boldsymbol{\omega}_V \times {}_V\boldsymbol{r}_{T_i} + \boldsymbol{H}_{Tra_c,T_i}\dot{\boldsymbol{c}} + \boldsymbol{H}_{Tra_\delta,T_i}\dot{\boldsymbol{\delta}} \end{aligned} $$

$$= \underbrace{\left[\boldsymbol{I}_{[3\times3]} \left| -_V\tilde{\boldsymbol{r}}_{T_i} \right| \boldsymbol{H}_{Trac,T_i} \left| \boldsymbol{0}_{[3\times4]} \right.\right]}_{\boldsymbol{J}_{Tra,T_i}} \underbrace{\begin{bmatrix} \boldsymbol{v}_V \\ \boldsymbol{\omega}_V \\ \dot{\boldsymbol{c}} \\ \dot{\boldsymbol{\rho}} \end{bmatrix}}_{z} + \underbrace{\boldsymbol{H}_{Tra\delta,T_i}\dot{\boldsymbol{\delta}}}_{\bar{\boldsymbol{v}}_{T_i}} \tag{11.84}$$

$$= \boldsymbol{J}_{Tra,T_i}\boldsymbol{z} + \bar{\boldsymbol{v}}_{T_i}$$

und

$$\begin{aligned}
\boldsymbol{a}_{T_i} = \ddot{\boldsymbol{r}}_{T_i} &= \boldsymbol{a}_V + \boldsymbol{\alpha}_V \times {}_V\boldsymbol{r}_{T_i} + \boldsymbol{\omega}_V \times {}_V\dot{\boldsymbol{r}}_{T_i} + \boldsymbol{H}_{Tra_c,T_i}\ddot{\boldsymbol{c}} + \dot{\boldsymbol{H}}_{Tra_c,T_i}\dot{\boldsymbol{c}} \\
&+ \boldsymbol{H}_{Tra_\delta,T_i}\ddot{\boldsymbol{\delta}} + \dot{\boldsymbol{H}}_{Tra_\delta,T_i}\dot{\boldsymbol{\delta}} \\
&+ \boldsymbol{\omega}_V \times \left(\boldsymbol{\omega}_V \times {}_V\boldsymbol{r}_{T_i} + \underbrace{\boldsymbol{H}_{Tra_c,T_i}\dot{\boldsymbol{c}} + \boldsymbol{H}_{Tra_\delta,T_i}\dot{\boldsymbol{\delta}}}_{{}_V\boldsymbol{v}_{T_i}} \right) \\
&= \boldsymbol{J}_{Tra,T_i}\dot{\boldsymbol{z}} \\
&+ \underbrace{2\left(\boldsymbol{\omega}_V \times {}_V\boldsymbol{v}_{T_i}\right) + \dot{\boldsymbol{H}}_{Tra_c,T_i}\dot{\boldsymbol{c}} + \boldsymbol{H}_{Tra_\delta,T_i}\ddot{\boldsymbol{\delta}} + \dot{\boldsymbol{H}}_{Tra_\delta,T_i}\dot{\boldsymbol{\delta}} + \boldsymbol{\omega}_V \times \left(\boldsymbol{\omega}_V \times {}_V\boldsymbol{r}_{T_i}\right)}_{\bar{\boldsymbol{a}}_{T_i}} \\
&= \boldsymbol{J}_{Tra,T_i}\dot{\boldsymbol{z}} + \bar{\boldsymbol{a}}_{T_i}.
\end{aligned} \tag{11.85}$$

Dabei wurden die translatorischen [3 × 14]-JACOBI-Matrizen

$$\boldsymbol{J}_{Tra,T_i} = \boldsymbol{J}_{Tra,T_i}(\boldsymbol{q}) \tag{11.86}$$

und die Restbeschleunigungsvektoren $\bar{\boldsymbol{a}}_{T_i}$ für die Radträger eingeführt. Analog ergeben sich für die absoluten Drehgeschwindigkeiten bzw. die absoluten Drehbeschleunigungen die Beziehungen

$$\begin{aligned}
\boldsymbol{\omega}_{T_i} = \boldsymbol{\omega}_V + {}_V\boldsymbol{\omega}_{T_i} &= \boldsymbol{\omega}_V + \boldsymbol{H}_{Rot_c,T_i}\dot{\boldsymbol{c}} + \boldsymbol{H}_{Rot_\delta,T_i}\dot{\boldsymbol{\delta}} \\
&= \underbrace{\left[\boldsymbol{0}_{[3\times3]} \mid \boldsymbol{I}_{[3\times3]} \mid \boldsymbol{H}_{Rot_c,T_i} \mid \boldsymbol{0}_{[3\times4]}\right]}_{J_{Rot,T_i}} z + \underbrace{\boldsymbol{H}_{Rot_\delta,T_i}\dot{\boldsymbol{\delta}}}_{\bar{\omega}_{T_i}} \\
&= J_{Rot,T_i} z + \bar{\boldsymbol{\omega}}_{T_i}
\end{aligned} \tag{11.87}$$

und

$$\begin{aligned}
\boldsymbol{\alpha}_{T_i} = \boldsymbol{\alpha}_V + {}_V\boldsymbol{\alpha}_{T_i} &= \boldsymbol{\alpha}_V + \boldsymbol{\omega}_V \times {}_V\boldsymbol{\omega}_{T_i} + {}_V\dot{\boldsymbol{\omega}}_{T_i} \\
&= \boldsymbol{\alpha}_V + \boldsymbol{\omega}_V \times \left(\boldsymbol{H}_{Rot_c,T_i}\dot{\boldsymbol{c}} + \boldsymbol{H}_{Rot_\delta,T_i}\dot{\boldsymbol{\delta}}\right) + \boldsymbol{H}_{Rot_c,T_i}\ddot{\boldsymbol{c}} + \dot{\boldsymbol{H}}_{Rot_c,T_i}\dot{\boldsymbol{c}} + \boldsymbol{H}_{Rot_\delta,T_i}\ddot{\boldsymbol{\delta}} + \dot{\boldsymbol{H}}_{Rot_\delta,T_i}\dot{\boldsymbol{\delta}} \\
&= \boldsymbol{J}_{Rot,T_i}\dot{\boldsymbol{z}} + \underbrace{\boldsymbol{\omega}_V \times {}_V\boldsymbol{\omega}_{T_i} + \dot{\boldsymbol{H}}_{Rot_c,T_i}\dot{\boldsymbol{c}} + \dot{\boldsymbol{H}}_{Rot_\delta,T_i}\dot{\boldsymbol{\delta}} + \boldsymbol{H}_{Rot_\delta,T_i}\ddot{\boldsymbol{\delta}}}_{\bar{\alpha}_{T_i}} \\
&= \boldsymbol{J}_{Rot,T_i}\dot{\boldsymbol{z}} + \bar{\boldsymbol{\alpha}}_{T_i}.
\end{aligned} \tag{11.88}$$

Die entsprechenden translatorischen kinematischen Größen für die Räder erhält man einfach, wenn man in den Gl. (11.78) bis (11.81) und (11.84) bis (11.85) jeweils den Index T_i durch R_i ersetzt. Bei der Rotation muss hingegen neben der Anpassung der Indizes auch noch die Rotation der Räder um ihre Drehachse ergänzt werden. Dafür erhält man

$$\begin{aligned} \boldsymbol{\omega}_{R_i} &= \boldsymbol{\omega}_V + {}_V\boldsymbol{\omega}_{R_i} = \boldsymbol{\omega}_V + \boldsymbol{H}_{Rot_c,T_i}\dot{\boldsymbol{c}} + \boldsymbol{H}_{Rot_\rho,R_i}\dot{\boldsymbol{\rho}} + \boldsymbol{H}_{Rot_\delta,T_i}\dot{\boldsymbol{\delta}} \\ &= \underbrace{\left[\boldsymbol{0}_{[3\times3]} \mid \boldsymbol{I}_{[3\times3]} \mid \boldsymbol{H}_{Rot_c,T_i} \mid \boldsymbol{H}_{Rot_\rho,R_i}\right]}_{\boldsymbol{J}_{Rot,\boldsymbol{R}_i}} \boldsymbol{z} + \underbrace{\boldsymbol{H}_{Rot_\delta,T_i}\dot{\boldsymbol{\delta}}}_{\overline{\boldsymbol{\omega}}_{R_i}} \\ &= \boldsymbol{J}_{Rot,R_i}\boldsymbol{z} + \overline{\boldsymbol{\omega}}_{R_i} \end{aligned} \tag{11.89}$$

und

$$\begin{aligned} \boldsymbol{\alpha}_{R_i} &= \boldsymbol{\alpha}_V + {}_V\boldsymbol{\alpha}_{R_i} = \boldsymbol{\alpha}_V + \boldsymbol{\omega}_V \times {}_V\boldsymbol{\omega}_{R_i} + {}_V\dot{\boldsymbol{\omega}}_{R_i} \\ &= \boldsymbol{\alpha}_V + \boldsymbol{\omega}_V \times \left(\boldsymbol{H}_{Rot_c,T_i}\dot{\boldsymbol{c}} + \boldsymbol{H}_{Rot_\rho,R_i}\dot{\boldsymbol{\rho}} + \boldsymbol{H}_{Rot_\delta,T_i}\dot{\boldsymbol{\delta}}\right) + \boldsymbol{H}_{Rot_c,T_i}\ddot{\boldsymbol{c}} \\ &\quad + \dot{\boldsymbol{H}}_{Rot_c,T_i}\dot{\boldsymbol{c}} + \boldsymbol{H}_{Rot_\rho,R_i}\ddot{\boldsymbol{\rho}} + \dot{\boldsymbol{H}}_{Rot_\rho,R_i}\dot{\boldsymbol{\rho}} + \boldsymbol{H}_{Rot_\delta,T_i}\ddot{\boldsymbol{\delta}} + \dot{\boldsymbol{H}}_{Rot_\delta,T_i}\dot{\boldsymbol{\delta}} \\ &= \boldsymbol{J}_{Rot,R_i}\dot{\boldsymbol{z}} \\ &\quad + \underbrace{\boldsymbol{\omega}_V \times {}_V\boldsymbol{\omega}_{R_i} + \dot{\boldsymbol{H}}_{Rot_c,T_i}\dot{\boldsymbol{c}} + \dot{\boldsymbol{H}}_{Rot_\rho,R_i}\dot{\boldsymbol{\rho}} + \dot{\boldsymbol{H}}_{Rot_\delta,T_i}\dot{\boldsymbol{\delta}} + \boldsymbol{H}_{Rot_\delta,T_i}\ddot{\boldsymbol{\delta}}}_{\overline{\boldsymbol{\alpha}}_{R_i}} \\ &= \boldsymbol{J}_{Rot,R_i}\dot{\boldsymbol{z}} + \overline{\boldsymbol{\alpha}}_{R_i}. \end{aligned} \tag{11.90}$$

Um eine einfachere Schreibweise für die Bewegungsgleichungen zu ermöglichen, werden die JACOBI-Matrizen der Translation und der Rotation noch durchnummeriert:

$$\text{Aufbau} \quad \boldsymbol{J}_{Tra_1} = \boldsymbol{J}_{Tra_V}, \quad \boldsymbol{J}_{Rot_1} = \boldsymbol{J}_{Rot_V}, \tag{11.91}$$

$$\text{Radträger} \quad \boldsymbol{J}_{Tra_{1+i}} = \boldsymbol{J}_{Tra,T_i}, \ \boldsymbol{J}_{Rot_{1+i}} = \boldsymbol{J}_{Rot,T_i}, \quad i = 1, \ldots, 4, \tag{11.92}$$

$$\text{Räder} \quad \boldsymbol{J}_{Tra_{5+i}} = \boldsymbol{J}_{Tra,R_i}, \ \boldsymbol{J}_{Rot_{5+i}} = \boldsymbol{J}_{Rot,R_i}, \quad i = 1, \ldots, 4. \tag{11.93}$$

11.2.4 Radaufhängung mit Schräglenkern

Die in Abschn. 11.2.3 abgeleiteten kinematischen Beziehungen gelten unabhängig von der Art der betrachteten Radaufhängung. Es sind lediglich, basierend auf den in den vorangegangenen Kapiteln hergeleiteten Methoden, die Übertragungsgesetze für die in Abb. 11.9 dargestellten Ein- und Ausgangsgrößen zu berechnen. Dies wird im Folgenden anhand einer einfachen Schräglenkerradaufhängung demonstriert, s. Abb. 11.10. Zu deren Beschreibung dienen Einheitsvektoren $\boldsymbol{u}_{S_i}, i = 1, \ldots, 4$, die die fahrzeugfesten Drehachsen der Schräglenker definieren:

$${}^V\boldsymbol{u}_{S_i} = \left[u_{S_i,x}\ u_{S_i,y}\ u_{S_i,z}\right]^T, \qquad i = 1, \ldots, 4. \tag{11.94}$$

Die Orientierung der Schräglenker wird dann wieder durch jeweils eine Drehmatrix festgelegt, die die Orientierung des schräglenkerfesten Koordinatensystems relativ zum

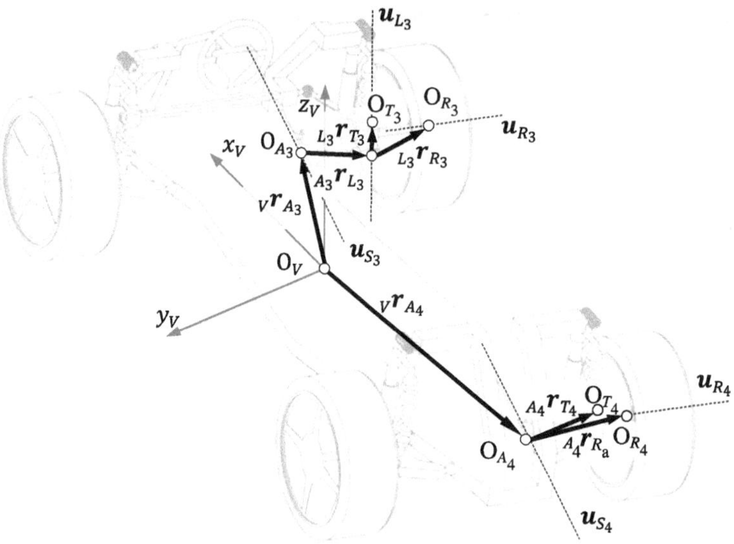

Abb. 11.10 Bezeichnungen am räumlichen Zweispurmodell mit Schräglenkern

aufbaufesten Koordinatensystem beschreibt. Die hier betrachtete Radaufhängung lässt sich durch unabhängige Drehungen um zwei räumliche Achsen beschreiben. Aus diesem Grund bietet sich eine Beschreibung der Kinematik durch Drehzeiger an (s. Abschn. 2.5.3). Man erhält für die Verdrehung des Schräglenkers um eine fahrzeugfeste Drehachse

$$ {}^{V}\boldsymbol{T}_{S_i} = \boldsymbol{u}_{S_i}\boldsymbol{u}_{S_i}^T + \left(\boldsymbol{I} - \boldsymbol{u}_{S_i}\boldsymbol{u}_{S_i}^T\right)\cos\varphi_{S_i} + \tilde{\boldsymbol{u}}_{S_i}\sin\varphi_{S_i}. \tag{11.95} $$

Dabei bezeichnet $\varphi_{S_i}, i = 1,\ldots,4$ den Schwenkwinkel des i-ten Schräglenkers um seine Drehachse. Mit den Bezeichnungen von Abschn. 11.2.3 gilt dann

$$ \varphi_i := \varphi_{S_i},\ i = 1,\ldots,4 \tag{11.96} $$

und damit

$$ \boldsymbol{c} := \begin{bmatrix} \varphi_{S_1} & \varphi_{S_2} & \varphi_{S_3} & \varphi_{S_4} \end{bmatrix}^T. \tag{11.97} $$

Weiterhin benötigt man noch jeweils einen schräglenkerfesten Ortsvektor vom jeweiligen Bezugspunkt $\mathrm{A}_i, i = 1,\ldots,4$ der Schräglenkerdrehachse zum Bezugspunkt L_i der zugehörigen Lenkachse

$$ {}^{S_i}_{A_i}\boldsymbol{r}_{L_i} = \begin{bmatrix} x_{L_i} & y_{L_i} & z_{L_i} \end{bmatrix}^T \quad i = 1,\ldots,4 \tag{11.98} $$

sowie jeweils einen schräglenkerfesten Einheitsvektor

$$ {}^{S_i}\boldsymbol{u}_{L_i} = \begin{bmatrix} u_{L_i,x} & u_{L_i,y} & u_{L_i,z} \end{bmatrix}^T \qquad i = 1,\ldots,4 \tag{11.99} $$

zur Beschreibung der Lenkachsen der Räder. Die erforderliche Drehmatrizen zur Festlegung der Verdrehungen $\delta_i, i = 1, \ldots, 4$ der Räder zu den Schräglenkern lautet dann gemäß Kap. 3

$$^{S_i}\boldsymbol{T}_{T_i} = \boldsymbol{u}_{L_i}\boldsymbol{u}_{L_i}^T + \left(\boldsymbol{I} - \boldsymbol{u}_{L_i}\boldsymbol{u}_{L_i}^T\right)\cos\delta_i + \widetilde{\boldsymbol{u}}_{L_i}\sin\delta_i. \tag{11.100}$$

Es verbleibt noch die Beschreibung der Massenmittelpunkte T_i und $\mathrm{R}_i, i = 1, \ldots, 4$ der Radträger bzw. der Räder. Die Punkte T_i werden relativ zum Bezugspunkt der Lenkachse durch einen radträgerfesten Ortsvektor vom Bezugspunkt L_i der Lenkachse zum Bezugspunkt T_i des Radträgers beschrieben mit (s. Abb. 11.11)

$$^{T_i}_{L_i}\boldsymbol{r}_{T_i} = \begin{bmatrix} x_{T_i} & y_{T_i} & z_{T_i} \end{bmatrix}^T, \quad i = 1, \ldots, 4. \tag{11.101}$$

Die Translation des Rades wird durch einen radträgerfesten Ortsvektor vom Bezugspunkt L_i der jeweiligen Lenkachse zum Bezugspunkt R_i des Rades beschrieben mit

$$^{T_i}_{L_i}\boldsymbol{r}_{R_i} = \begin{bmatrix} x_{R_i} & y_{R_i} & z_{R_i} \end{bmatrix}^T, \quad i = 1, \ldots, 4. \tag{11.102}$$

Die Raddrehachse ist fest im Radträger verankert und kann wieder durch einen Einheitsvektor beschrieben werden:

$$^{T_i}\boldsymbol{u}_{R_i} = \begin{bmatrix} u_{R_i,x} & u_{R_i,y} & u_{R_i,z} \end{bmatrix}^T, \quad i = 1, \ldots, 4. \tag{11.103}$$

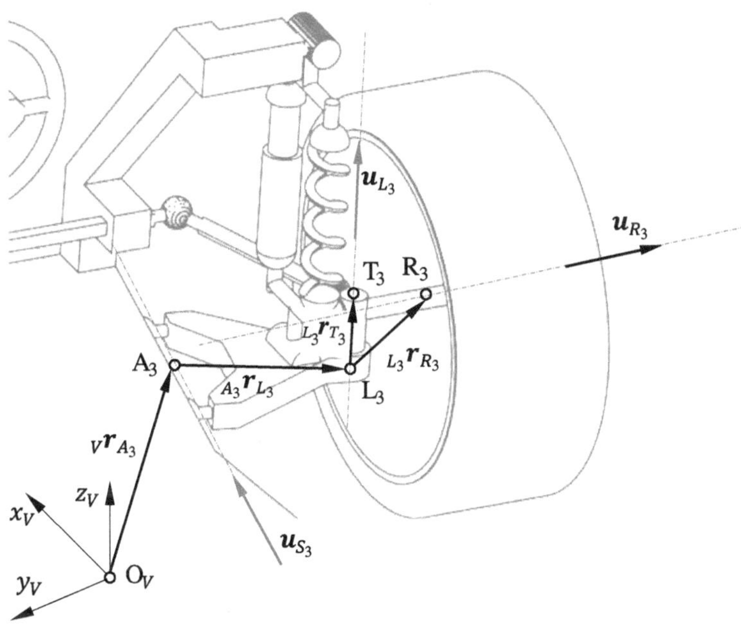

Abb. 11.11 Radaufhängung Zweispurmodell mit Schräglenkern

Translation Nach dieser Vorarbeit lässt sich jetzt der Ortsvektor vom Massenmittelpunkt des Aufbaus zum Massenmittelpunkt des Radträgers angeben, s. Abb. 11.11:

$$ {}_V\boldsymbol{r}_{T_i} = {}_V\boldsymbol{r}_{A_i} + {}_{A_i}\boldsymbol{r}_{L_i} + {}_{L_i}\boldsymbol{r}_{T_i}, \quad i = 1, \ldots, 4. \tag{11.104} $$

Damit lassen sich die Geschwindigkeiten und Beschleunigungen der Radträger relativ zum Aufbau berechnen:

$$ \begin{aligned} {}_V\boldsymbol{v}_{T_i} &= \boldsymbol{\omega}_{S_i} \times \left({}_{A_i}\boldsymbol{r}_{L_i} + {}_{L_i}\boldsymbol{r}_{T_i}\right) + \boldsymbol{\omega}_{L_i} \times {}_{L_i}\boldsymbol{r}_{T_i} \\ &= \boldsymbol{u}_{S_i}\dot{\varphi}_{S_i} \times \left({}_{A_i}\boldsymbol{r}_{L_i} + {}_{L_i}\boldsymbol{r}_{T_i}\right) + \boldsymbol{u}_{L_i}\dot{\delta}_i \times {}_{L_i}\boldsymbol{r}_{T_i} \\ &= \underbrace{\left[\widetilde{\boldsymbol{u}}_{S_i A_i}\boldsymbol{r}_{T_i}\right]}_{\boldsymbol{H}_{Trac,T_i}} \dot{\varphi}_{S_i} + \underbrace{\left[\widetilde{\boldsymbol{u}}_{L_i L_i}\boldsymbol{r}_{T_i}\right]}_{\boldsymbol{H}_{Tra\delta,T_i}} \dot{\delta}_i, \end{aligned} \qquad i = 1, \ldots, 4 \tag{11.105} $$

bzw.

$$ \begin{aligned} {}_V\boldsymbol{a}_{T_i} &= \dot{\boldsymbol{\omega}}_{S_i} \times {}_{A_i}\boldsymbol{r}_{T_i} + \boldsymbol{\omega}_{S_i} \times {}_{A_i}\dot{\boldsymbol{r}}_{T_i} + \dot{\boldsymbol{\omega}}_{L_i} \times {}_{L_i}\boldsymbol{r}_{T_i} + \boldsymbol{\omega}_{L_i} \times {}_{L_i}\dot{\boldsymbol{r}}_{T_i} \\ &= \dot{\boldsymbol{\omega}}_{S_i} \times {}_{A_i}\boldsymbol{r}_{T_i} + \boldsymbol{\omega}_{S_i} \times \left(\boldsymbol{\omega}_{S_i} \times {}_{A_i}\boldsymbol{r}_{T_i} + \boldsymbol{\omega}_{L_i} \times {}_{L_i}\boldsymbol{r}_{T_i}\right) \\ &\quad + \dot{\boldsymbol{\omega}}_{L_i} \times {}_{L_i}\boldsymbol{r}_{T_i} + \boldsymbol{\omega}_{L_i} \times \left(\left(\boldsymbol{\omega}_{S_i} + \boldsymbol{\omega}_{L_i}\right) \times {}_{L_i}\boldsymbol{r}_{T_i}\right) \\ &= \left[\widetilde{\boldsymbol{u}}_{S_i}\, {}_{A_i}\boldsymbol{r}_{T_i}\right] \ddot{\varphi}_{S_i} + \left[\widetilde{\boldsymbol{u}}_{L_i}\, {}_{L_i}\boldsymbol{r}_{T_i}\right] \ddot{\delta}_i \\ &\quad + \underbrace{\left[\widetilde{\boldsymbol{u}}_{S_i}\left(\boldsymbol{u}_{S_i}\dot{\varphi}_{S_i} \times {}_{A_i}\boldsymbol{r}_{T_i} + \boldsymbol{u}_{L_i}\dot{\delta}_i \times {}_{L_i}\boldsymbol{r}_{T_i}\right)\right]}_{\dot{\boldsymbol{H}}_{Trac,T_i}} \dot{\varphi}_{S_i} \\ &\quad + \underbrace{\left[\boldsymbol{u}_{L_i} \times \left(\left(\boldsymbol{u}_{S_i}\dot{\varphi}_{S_i} + \boldsymbol{u}_{L_i}\dot{\delta}_i\right) \times {}_{L_i}\boldsymbol{r}_{T_i}\right)\right]}_{\dot{\boldsymbol{H}}_{Tra\delta,T_i}} \dot{\delta}_i \\ &= \left[\widetilde{\boldsymbol{u}}_{S_i A_i}\boldsymbol{r}_{T_i}\right] \ddot{\varphi}_{S_i} + \left[\widetilde{\boldsymbol{u}}_{L_i L_i}\boldsymbol{r}_{T_i}\right] \ddot{\delta}_i + \left[\widetilde{\boldsymbol{u}}_{S_i V}\boldsymbol{v}_{T_i}\right] \dot{\varphi}_{S_i} + \widetilde{\boldsymbol{u}}_{L_i}\left(\left[\widetilde{\boldsymbol{u}}_{S_i}\dot{\varphi}_{S_i} + \widetilde{\boldsymbol{u}}_{L_i}\dot{\delta}_i\right] {}_{L_i}\boldsymbol{r}_{T_i}\right) \dot{\delta}_i. \end{aligned} \tag{11.106} $$

Anhand von Gl. (11.106) erkennt man die Zusammenhänge mit den JACOBI-Matrizen in Abschn. 11.2.3:

$$ \boldsymbol{H}_{Trac,T_i} = \begin{bmatrix} \boldsymbol{0}_{[3\times\ldots]} & | \underbrace{\widetilde{\boldsymbol{u}}_{S_i A_i}\boldsymbol{r}_{T_i}}_{i\text{–te Spalte}} | & \boldsymbol{0}_{[3\times\ldots]} \end{bmatrix}_{[3\times 4]} \tag{11.107} $$

und

$$ \boldsymbol{H}_{Tra\delta,T_i} = \begin{bmatrix} \boldsymbol{0}_{[3\times\ldots]} & | \underbrace{\widetilde{\boldsymbol{u}}_{L_i L_i}\boldsymbol{r}_{T_i}}_{i\text{–te Spalte}} | & \boldsymbol{0}_{[3\times\ldots]} \end{bmatrix}_{[3\times 4]}. \tag{11.108} $$

Entsprechend lassen sich auch die Ableitungen berechnen zu

$$ \dot{\boldsymbol{H}}_{Trac,T_i} = \begin{bmatrix} \boldsymbol{0}_{[3\times\ldots]} & | \underbrace{\widetilde{\boldsymbol{u}}_{S_i}\left(\widetilde{\boldsymbol{u}}_{S_i}\dot{\varphi}_{S_i A_i}\boldsymbol{r}_{T_i} + \widetilde{\boldsymbol{u}}_{L_i}\dot{\delta}_{i L_i}\boldsymbol{r}_{T_i}\right)}_{i\text{–te Spalte}} | & \boldsymbol{0}_{[3\times\ldots]} \end{bmatrix}_{[3\times 4]} \tag{11.109} $$

und

$$\dot{\boldsymbol{H}}_{Tra_\delta,T_i} = \left[\begin{array}{ccc} \boldsymbol{0}_{[3\times\ldots]} & | \underbrace{\tilde{\boldsymbol{u}}_{L_i} \left(\left(\tilde{\boldsymbol{u}}_{S_i} \dot{\varphi}_{S_i} + \tilde{\boldsymbol{u}}_{L_i} \dot{\delta}_i \right)_{L_i} \boldsymbol{r}_{T_i} \right)}_{i\text{–te Spalte}} | & 0_{[3\times\ldots]} \end{array} \right]_{[3\times4]} . \tag{11.110}$$

Durch die Berücksichtigung der Bewegung des Fahrzeugaufbaus (Führungsbewegung) erhält man die Geschwindigkeiten und Beschleunigungen gegenüber dem Inertialsystem zu

$${}_E\boldsymbol{v}_{T_i} = {}_E\boldsymbol{v}_V + \boldsymbol{\omega}_V \times {}_V\boldsymbol{r}_{T_i} + {}_V\boldsymbol{v}_{T_i} \tag{11.111}$$

und

$$\begin{aligned} {}_E\boldsymbol{a}_{T_i} &= {}_E\boldsymbol{a}_V + \boldsymbol{\omega}_V \times {}_V\boldsymbol{v}_{T_i} + \boldsymbol{\alpha}_V \times {}_V\boldsymbol{r}_{T_i} + {}_V\boldsymbol{a}_{T_i} \\ &+ \boldsymbol{\omega}_V \times \left(\boldsymbol{\omega}_V \times {}_V\boldsymbol{r}_{T_i} + {}_V\boldsymbol{v}_{T_i} \right) . \end{aligned} \tag{11.112}$$

Die JACOBI-Matrizen $\boldsymbol{J}_{Tra,T_i}$ lassen sich dann wieder gemäß Gl. (11.85) berechnen:

$$\boldsymbol{J}_{Tra,T_i} = \left[\boldsymbol{I}_{[3\times3]} \mid -{}_V\tilde{\boldsymbol{r}}_{T_i} \mid \boldsymbol{H}_{Tra_c,T_i} \mid \boldsymbol{0}_{[3\times4]} \right],\ i = 2, \ldots, 5. \tag{11.113}$$

Damit kann man die Translationsbeschleunigungen des Radträgers auch schreiben als

$${}_E\boldsymbol{a}_{T_i} = \boldsymbol{J}_{Tra,T_i} \dot{\boldsymbol{z}} + {}_E\bar{\boldsymbol{a}}_{T_i} \tag{11.114}$$

mit den translatorischen Restbeschleunigungen des Radträgers, die sich durch Einsetzen von Gl. (11.106) in Gl. (11.112) ergeben zu

$$\begin{aligned} {}_E\bar{\boldsymbol{a}}_{T_i} &= 2\boldsymbol{\omega}_V \times {}_V\boldsymbol{v}_{T_i} + \dot{\boldsymbol{H}}_{Tra_c,T_i} \dot{\boldsymbol{c}} + \boldsymbol{H}_{Tra_\delta,T_i} \ddot{\boldsymbol{\delta}} + \dot{\boldsymbol{H}}_{Tra_\delta,T_i} \dot{\boldsymbol{\delta}} + \boldsymbol{\omega}_V \times \boldsymbol{\omega}_V \times {}_V\boldsymbol{r}_{T_i} \\ &= 2{}_E\boldsymbol{\omega}_V \times {}_V\boldsymbol{v}_{T_i} + \left[\tilde{\boldsymbol{u}}_{S_i}\, {}_V\boldsymbol{v}_{T_i} \right] \dot{\varphi}_{S_i} + \left[\tilde{\boldsymbol{u}}_{L_i}\, {}_{L_i}\boldsymbol{r}_{T_i} \right] \ddot{\delta}_i \\ &+ \tilde{\boldsymbol{u}}_{L_i} \left(\left[\tilde{\boldsymbol{u}}_{S_i} \dot{\varphi}_{S_i} + \tilde{\boldsymbol{u}}_{L_i} \dot{\delta}_i \right]_{L_i} \boldsymbol{r}_{T_i} \right) \dot{\delta}_i + \boldsymbol{\omega}_V \times \left(\boldsymbol{\omega}_V \times {}_V\boldsymbol{r}_{T_i} \right) . \end{aligned} \tag{11.115}$$

Rotation Für die absolute Winkelgeschwindigkeit der Radträger erhält man

$${}_E\boldsymbol{\omega}_{T_i} = {}_E\boldsymbol{\omega}_V + {}_V\boldsymbol{\omega}_{T_i} = {}_E\boldsymbol{\omega}_V + \underbrace{\boldsymbol{u}_{S_i}}_{\boldsymbol{H}_{Rot_c,T_i}} \dot{\varphi}_{S_i} + \underbrace{\boldsymbol{u}_{L_i}}_{\boldsymbol{H}_{Rot_\delta,T_i}} \dot{\delta}_i . \tag{11.116}$$

Aus Gl. (11.116) ergibt sich wieder durch Ableiten die absolute Winkelbeschleunigung der Radträger

$$\begin{aligned} {}_E\boldsymbol{\alpha}_{T_i} &= {}_E\boldsymbol{\alpha}_V + {}_V\boldsymbol{\alpha}_{T_i} \\ &= {}_E\boldsymbol{\alpha}_V + {}_E\boldsymbol{\omega}_V \times {}_V\boldsymbol{\omega}_{T_i} + {}_V\dot{\boldsymbol{\omega}}_{T_i} \\ &= {}_E\boldsymbol{\alpha}_V + {}_E\boldsymbol{\omega}_V \times {}_V\boldsymbol{\omega}_{T_i} + \boldsymbol{u}_{S_i} \ddot{\varphi}_{S_i} + \boldsymbol{u}_{L_i} \ddot{\delta}_i \\ &+ \underbrace{\left[\tilde{\boldsymbol{u}}_{S_i} \boldsymbol{u}_{L_i} \right] \dot{\varphi}_{S_i}}_{\dot{\boldsymbol{H}}_{Rot_\delta,T_i[3\times4]}} \dot{\delta}_i . \end{aligned} \tag{11.117}$$

Die Zusammenhänge für die JACOBI-Matrizen lassen sich auch wieder direkt ablesen:

$$\boldsymbol{H}_{Rot_c,T_i} = \left[\mathbf{0}_{[3\times\ldots]} \quad | \quad \underbrace{\boldsymbol{u}_{S_i}}_{\text{i–te Spalte}} \quad | \quad \mathbf{0}_{[3\times\ldots]} \right]_{[3\times4]}, \tag{11.118}$$

$$\boldsymbol{H}_{Rot_\delta,T_i} = \left[\mathbf{0}_{[3\times\ldots]} \quad | \quad \underbrace{\boldsymbol{u}_{L_i}}_{\text{i–te Spalte}} \quad | \quad \mathbf{0}_{[3\times\ldots]} \right]_{[3\times4]}, \tag{11.119}$$

$$\boldsymbol{J}_{Rot,T_i} = \left[\mathbf{0}_{[3\times3]} \mid \boldsymbol{I}_{[3\times3]} \mid \boldsymbol{H}_{Rot_c,T_i} \mid \mathbf{0}_{[3\times4]} \right], i = 2,\ldots,5. \tag{11.120}$$

Entsprechend lassen sich auch die Ableitungen berechnen:

$$\dot{\boldsymbol{H}}_{Rot_c,T_i} = \left[\mathbf{0}_{[3\times\ldots]} \quad | \quad \underbrace{\mathbf{0}}_{\text{i–te Spalte}} \quad | \quad \mathbf{0}_{[3\times\ldots]} \right]_{[3\times4]} \tag{11.121}$$

und

$$\dot{\boldsymbol{H}}_{Rot_\delta,T_i} = \left[\mathbf{0}_{[3\times\ldots]} \quad | \quad \underbrace{\left[\widetilde{\boldsymbol{u}}_{S_i}\boldsymbol{u}_{L_i}\right]\dot{\varphi}_{S_i}}_{\text{i–te Spalte}} \quad | \quad \mathbf{0}_{[3\times\ldots]} \right]_{[3\times4]}. \tag{11.122}$$

Damit kann man die rotatorischen Beschleunigungen des Radträgers auch schreiben als

$${}_E^V\boldsymbol{\alpha}_{T_i} = \boldsymbol{J}_{R,T_i}\dot{\boldsymbol{z}} + {}_E\overline{\boldsymbol{\alpha}}_{T_i} \tag{11.123}$$

mit den rotatorischen Restbeschleunigungen des Radträgers

$${}_E\overline{\boldsymbol{\alpha}}_{T_i} = {}_E\boldsymbol{\omega}_V \times {}_V\boldsymbol{\omega}_{T_i} + \boldsymbol{u}_{L_i}\ddot{\delta}_i + \left[\widetilde{\boldsymbol{u}}_{S_i}\boldsymbol{u}_{L_i}\right]\dot{\varphi}_{S_i}\dot{\delta}_i. \tag{11.124}$$

11.2.5 Kinematik der Räder bei der Schräglenkeraufhängung

Translation Da sich Lage und Bewegung der Räder jeweils nur bezüglich der Raddrehung um die Nabe sowie durch einen anderen radträgerfesten Bezugspunkt unterscheiden, sind die JACOBI-Matrizen der Translation ganz ähnlich zu denen der Radträger aufgebaut. Es ist lediglich überall der Vektor ${}_{L_i}\boldsymbol{r}_{T_i}$ durch den Vektor ${}_{L_i}\boldsymbol{r}_{R_i}$ zu ersetzen. Damit erhält man entsprechend der Gl. (11.107, 11.108 und 11.113)

$$\boldsymbol{H}_{Tra_c,R_i} = \left[\mathbf{0}_{[3\times\ldots]} \quad | \quad \underbrace{\widetilde{\boldsymbol{u}}_{S_i}\,{}_{A_i}\boldsymbol{r}_{R_i}}_{i\text{–te Spalte}} \quad | \quad \mathbf{0}_{[3\times\ldots]} \right]_{[3\times4]} \tag{11.125}$$

und

$$\boldsymbol{H}_{Tra_\delta,R_i} = \left[\mathbf{0}_{[3\times\ldots]} \quad | \quad \underbrace{\widetilde{\boldsymbol{u}}_{L_i}\,{}_{L_i}\boldsymbol{r}_{R_i}}_{i\text{–te Spalte}} \quad | \quad \mathbf{0}_{[3\times\ldots]} \right]_{[3\times4]} \tag{11.126}$$

sowie

$$\boldsymbol{J}_{Tra,R_i} = \left[\boldsymbol{I}_{[3\times3]} \mid -{}_V\widetilde{\boldsymbol{r}}_{R_i} \mid \boldsymbol{H}_{Tra_c,R_i} \mid \boldsymbol{0}_{[3\times4]}\right], \; i = 6,\ldots,9. \tag{11.127}$$

Entsprechend lassen sich auch die Ableitungen berechnen zu

$$\dot{\boldsymbol{H}}_{Tra_c,R_i} = \left[\begin{array}{ccc} \boldsymbol{0}_{[3\times\ldots]} & \mid \underbrace{\widetilde{\boldsymbol{u}}_{S_i}\left(\widetilde{\boldsymbol{u}}_{S_i}\dot{\varphi}_{S_iA_i}\boldsymbol{r}_{R_i} + \widetilde{\boldsymbol{u}}_{L_i}\dot{\delta}_{iL_i}\boldsymbol{r}_{R_i}\right)}_{\text{i-te Spalte}} \mid & \boldsymbol{0}_{[3\times\ldots]} \end{array}\right]_{[3\times4]}, \tag{11.128}$$

$$\dot{\boldsymbol{H}}_{Tra_\delta,R_i} = \left[\begin{array}{ccc} \boldsymbol{0}_{[3\times\ldots]} & \mid \underbrace{\widetilde{\boldsymbol{u}}_{L_i}\left(\left(\widetilde{\boldsymbol{u}}_{S_i}\dot{\varphi}_{S_i} + \widetilde{\boldsymbol{u}}_{L_i}\dot{\delta}_i\right)\,{}_{L_i}\boldsymbol{r}_{R_i}\right)}_{\text{i–te Spalte}} \mid & \boldsymbol{0}_{[3\times\ldots]} \end{array}\right]_{[3\times4]}. \tag{11.129}$$

Damit ergeben sich die Translationsgeschwindigkeiten der Radmittelpunkte

$${}_E\boldsymbol{v}_{R_i} = {}_E\boldsymbol{v}_V + \boldsymbol{\omega}_V \times {}_V\boldsymbol{r}_{R_i} + {}_V\boldsymbol{v}_{R_i}. \tag{11.130}$$

Entsprechendes gilt auch für die Beschleunigungen:

$$\begin{aligned} {}_V\boldsymbol{a}_{R_i} = &\left[\widetilde{\boldsymbol{u}}_{S_iA_i}\boldsymbol{r}_{R_i}\right]\ddot{\varphi}_{S_i} + \left[\widetilde{\boldsymbol{u}}_{L_iL_i}\boldsymbol{r}_{R_i}\right]\ddot{\delta}_i + \left[\widetilde{\boldsymbol{u}}_{SiV}\boldsymbol{v}_{R_i}\right]\dot{\varphi}_{S_i} + \widetilde{\boldsymbol{u}}_{L_i}\dot{\delta}_i \cdot \\ &\left(\left[\widetilde{\boldsymbol{u}}_{S_i}\dot{\varphi}_{S_i} + \widetilde{\boldsymbol{u}}_{L_i}\dot{\delta}_i\right] \cdot {}_{L_i}\boldsymbol{r}_{R_i}\right). \end{aligned} \tag{11.131}$$

Für die Translationsbeschleunigung des Rades relativ zum Inertialsystem ergibt sich

$${}_E\boldsymbol{a}_{R_i} = {}_E\boldsymbol{a}_V + \boldsymbol{\omega}_V \times {}_V\boldsymbol{v}_{R_i} + {}_V\boldsymbol{a}_{R_i}. \tag{11.132}$$

Damit kann man die Beschleunigungen wieder schreiben als

$${}_E\boldsymbol{a}_{R_i} = \boldsymbol{J}_{Tra,R_i}\dot{\boldsymbol{z}} + {}_E\overline{\boldsymbol{a}}_{R_i} \tag{11.133}$$

mit den Restbeschleunigungen der Räder

$$\begin{aligned} {}_E\overline{\boldsymbol{a}}_{R_i} = &\,2{}_E\boldsymbol{\omega}_V \times {}_V\boldsymbol{v}_{R_i} + \left[\widetilde{\boldsymbol{u}}_{S_i} \cdot {}_V\boldsymbol{v}_{R_i}\right]\dot{\varphi}_{S_i} + \left[\widetilde{\boldsymbol{u}}_{L_i} \cdot {}_{L_i}\boldsymbol{r}_{R_i}\right]\ddot{\delta}_i \\ &+ \widetilde{\boldsymbol{u}}_{L_i} \cdot \left(\left[\widetilde{\boldsymbol{u}}_{S_i}\dot{\varphi}_{S_i} + \widetilde{\boldsymbol{u}}_{L_i}\dot{\delta}_i\right] \cdot {}_{L_i}r_{R_i}\right)\dot{\delta}_i + \boldsymbol{\omega}_V \times \boldsymbol{\omega}_V \times {}_V\boldsymbol{r}_{R_i}. \end{aligned} \tag{11.134}$$

Rotation Etwas größere Unterschiede zwischen Radträgern und Rädern ergeben sich bei den rotatorischen Größen, da die Räder sich noch um die Raddrehachse drehen. Die Winkelgeschwindigkeit und -beschleunigungen der Räder ergeben sich aus Gl. (11.116) durch Hinzufügen der Radeigendrehungen $\dot{\rho}_{R_i}$:

$$\begin{aligned} {}_E\boldsymbol{\omega}_{R_i} &= {}_E\boldsymbol{\omega}_V + {}_V\boldsymbol{\omega}_{T_i} + {}_{T_i}\boldsymbol{\omega}_{R_i} \\ &= {}_E\boldsymbol{\omega}_V + \underbrace{\boldsymbol{u}_{S_i}}_{\boldsymbol{H}_{Rotc,T_i}}\dot{\varphi}_{S_i} + \underbrace{\boldsymbol{u}_{L_i}}_{\boldsymbol{H}_{Rot\delta,T_i}}\dot{\delta}_i + \underbrace{\boldsymbol{u}_{R_i}}_{H_{Rot\rho,R_i}}\dot{\rho}_{R_i} \end{aligned} \tag{11.135}$$

bzw.

$$\begin{aligned} {}_E\boldsymbol{\alpha}_{R_i} &= {}_E\boldsymbol{\alpha}_V + {}_V\boldsymbol{\alpha}_{T_i} + {}_{T_i}\boldsymbol{\alpha}_{R_i} \\ &= {}_E\boldsymbol{\alpha}_V + {}_E\boldsymbol{\omega}_V \times {}_V\boldsymbol{\omega}_{T_i} + \boldsymbol{u}_{S_i}\ddot{\varphi}_{S_i} + \boldsymbol{u}_{L_i}\ddot{\delta}_i + \boldsymbol{u}_{R_i}\ddot{\rho}_{R_i} \\ &+ \underbrace{\left[\widetilde{\boldsymbol{u}}_{S_i}\boldsymbol{u}_{L_i}\right]\dot{\varphi}_{S_i}}_{\dot{\boldsymbol{H}}_{Rot_\delta,T_i}}\dot{\delta}_i + \underbrace{\left(\left[\widetilde{\boldsymbol{u}}_{S_i}\boldsymbol{u}_{R_i}\right]\dot{\varphi}_{S_i} + \left[\widetilde{\boldsymbol{u}}_{L_i}\boldsymbol{u}_{R_i}\right]\dot{\delta}_i\right)\dot{\rho}_{R_i}}_{\dot{\boldsymbol{H}}_{Rot_\rho,R_i}}. \end{aligned} \tag{11.136}$$

Auch hier erkennt man wieder die Zusammenhänge zwischen den Drehachsen der Schräglenkerradaufhängung und den JACOBI-Matrizen aus Abschn. 11.2.3:

$$\boldsymbol{H}_{Rot_c,T_i} = \begin{bmatrix} \boldsymbol{0}_{[3\times\ldots]} & | & \underbrace{\boldsymbol{u}_{S_i}}_{i\text{–te Spalte}} & | & \boldsymbol{0}_{[3\times\ldots]} \end{bmatrix}_{[3\times4]}, \tag{11.137}$$

$$\boldsymbol{H}_{Rot_\delta,T_i} = \begin{bmatrix} \boldsymbol{0}_{[3\times\ldots]} & | & \underbrace{\boldsymbol{u}_{L_i}}_{i\text{–te Spalte}} & | & \boldsymbol{0}_{[3\times\ldots]} \end{bmatrix}_{[3\times4]}, \tag{11.138}$$

$$\boldsymbol{H}_{Rot_\rho,R_i} = \begin{bmatrix} \boldsymbol{0}_{[3\times\ldots]} & | & \underbrace{\boldsymbol{u}_{R_i}}_{i\text{–te Spalte}} & | & \boldsymbol{0}_{[3\times\ldots]} \end{bmatrix}_{[3\times4]}, \tag{11.139}$$

$$\boldsymbol{J}_{Rot,R_i} = \left[\boldsymbol{0}_{[3\times3]} \mid \boldsymbol{I}_{[3\times3]} \mid \boldsymbol{H}_{Rot_c,T_i} \mid \boldsymbol{H}_{Rot_\rho,R_i}\right],\ i = 2,\ldots,5. \tag{11.140}$$

Entsprechend lassen sich auch die Ableitungen berechnen:

$$\dot{\boldsymbol{H}}_{Rot_c,T_i} = \begin{bmatrix} \boldsymbol{0}_{[3\times\ldots]} & | & \underbrace{\boldsymbol{0}}_{i\text{–te Spalte}} & | & \boldsymbol{0}_{[3\times\ldots]} \end{bmatrix}_{[3\times4]}, \tag{11.141}$$

$$\dot{\boldsymbol{H}}_{Rot_\delta,T_i} = \begin{bmatrix} \boldsymbol{0}_{[3\times\ldots]} & | & \underbrace{\left[\widetilde{\boldsymbol{u}}_{S_i}\cdot\boldsymbol{u}_{L_i}\right]\dot{\varphi}_{S_i}}_{i\text{–te Spalte}} & | & \boldsymbol{0}_{[3\times\ldots]} \end{bmatrix}_{[3\times4]} \tag{11.142}$$

und

$$\dot{\boldsymbol{H}}_{Rot_\rho,R_i} = \begin{bmatrix} \boldsymbol{0}_{[3\times\ldots]} & | & \underbrace{\left[\widetilde{\boldsymbol{u}}_{S_i}\boldsymbol{u}_{R_i}\right]\dot{\boldsymbol{\varphi}}_{S_i} + \left[\widetilde{\boldsymbol{u}}_{L_i}\boldsymbol{u}_{R_i}\right]\dot{\delta}_i}_{i\text{–te Spalte}} & | & \boldsymbol{0}_{[3\times\ldots]} \end{bmatrix}_{[3\times4]}. \tag{11.143}$$

Damit kann man die rotatorischen Beschleunigungen des Rades auch schreiben als

$${}^V_E\boldsymbol{\alpha}_{R_i} = \boldsymbol{J}_{Rot,R_i}\dot{\boldsymbol{z}} + {}_E\overline{\boldsymbol{\alpha}}_{R_i} \tag{11.144}$$

mit den rotatorischen Restbeschleunigungen des Rades

$$\begin{aligned} {}_E\overline{\boldsymbol{\alpha}}_{R_i} &= {}_E\boldsymbol{\omega}_V \times {}_V\boldsymbol{\omega}_{R_i} + \boldsymbol{u}_{L_i}\ddot{\delta}_i + \left[\widetilde{\boldsymbol{u}}_{S_i}\boldsymbol{u}_{L_i}\right]\dot{\varphi}_{S_i}\dot{\delta}_i \\ &+ \left(\left[\widetilde{\boldsymbol{u}}_{S_i}\boldsymbol{u}_{R_i}\right]\dot{\varphi}_{S_i} + \left[\widetilde{\boldsymbol{u}}_{L_i}\boldsymbol{u}_{R_i}\right]\dot{\delta}_i\right)\dot{\rho}_{R_i}. \end{aligned} \tag{11.145}$$

11.2.6 Radkräfte und -momente

Berechnung des Rad-Straße-Kontaktpunktes Zur Berechnung der Kontaktgrößen zwischen Rad und Straße lassen sich die in Kap. 7 hergeleiteten Gleichungen heranziehen. Dazu berechnet man zunächst die kinematischen Größen der Räder in Abhängigkeit von den verallgemeinerten Variablen und den verallgemeinerten Geschwindigkeiten, wie in den vorigen Abschnitten beschrieben wurde. Für den in Kap. 7 verwendeten Radnormalenvektor $\boldsymbol{n}_{B_i}$ auf der Querschnittsfläche des Rades R_i gilt

$$\boldsymbol{n}_{B_i} = \boldsymbol{u}_{R_i}. \tag{11.146}$$

Gleichfalls bekannt ist der Ortsvektor zum Mittelpunkt des i-ten Rades (s. Kap. 7)

$$\boldsymbol{b}_i = {}_E\boldsymbol{r}_V + {}_V\boldsymbol{r}_{A_i} + {}_{A_i}\boldsymbol{r}_{R_i} \tag{11.147}$$

sowie aus Abschn. 11.2.3 die translatorischen und rotatorischen Geschwindigkeiten der Radmittelpunkte $\boldsymbol{v}_{R_i}$ und $\boldsymbol{\omega}_{R_i}$.

Berechnung der Rad-Straße-Kontaktkräfte – Reifenmodell Damit lassen sich jetzt gemäß Kap. 7 die Relativgeschwindigkeiten in den Kontaktpunkten berechnen. Diese können nun wieder benutzt werden, um mit einem beliebigen Reifenmodell, wie z. B. der Magic Formula (s. Kap. 7) bzw. deren vereinfachter Version, die Reifenkräfte $\boldsymbol{F}_{R_i}, i = 1, \dots, 4$ zu berechnen.

11.2.7 Aufbaufedern und -dämpfer

Kraftangriffspunkte Die Kraftangriffspunkte der Aufbaufeder und des Aufbaudämpfers sollen im Rahmen einer Parametrierung des Modells noch frei festlegbar sein. Aus diesem Grund werden für die Feder und den Dämpfer jeweils unterschiedliche Angriffspunkte der Kraftelemente festgelegt. Die aufbaufesten Angriffspunkte seien ${}_V\boldsymbol{r}_{F,A_i}$ für die Aufbaufedern und ${}_V\boldsymbol{r}_{D,A_i}$ für die Aufbaudämpfer. Für die entsprechenden Punkte auf dem Radträger gilt

$${}_V\boldsymbol{r}_{F,T_i} = {}_V\boldsymbol{r}_{T_i} + {}_{T_i}\boldsymbol{r}_{F,T_i}, \tag{11.148}$$

$${}_V\boldsymbol{r}_{D,T_i} = {}_V\boldsymbol{r}_{T_i} + {}_{T_i}\boldsymbol{r}_{D,T_i}. \tag{11.149}$$

Damit erhält man die Differenzvektoren für die Federkraft im fahrzeugfesten Koordinaten system

$$\Delta\boldsymbol{r}_{F_i} = {}_V\boldsymbol{r}_{A_i,F} - {}_V\boldsymbol{r}_{T_i,F}. \tag{11.150}$$

Für die Berechnung der Dämpferkraft benötigt man noch den Differenzvektor

$$\Delta\boldsymbol{r}_{D_i} = {}_V\boldsymbol{r}_{A_i,D} - {}_V\boldsymbol{r}_{T_i,D} \tag{11.151}$$

und den Geschwindigkeitsvektor

$$\Delta^V \boldsymbol{v}_{D_i} = \left[\widetilde{\boldsymbol{u}}_{S_i}\, {}^V\boldsymbol{T}_{S_i}\, {}^{S_i}_{A_i}\boldsymbol{r}_{T_i,D}\right] \dot{\varphi}_{S_i} \tag{11.152}$$

mit der Geschwindigkeit

$$\dot{l}_{D_i} = \operatorname{sign}(\dot{\varphi}_{S_i}) \left\| \Delta^V \boldsymbol{v}_{D_i} \right\|_2 . \tag{11.153}$$

Kraftgesetze Für die Federkräfte ergibt sich

$$\boldsymbol{F}_{F_i} = \underbrace{f_i\left(l_{F_i}\right)}_{\substack{\text{Kraft–}\\ \text{gesetz}}} \underbrace{\frac{\Delta \boldsymbol{r}_{F_i}}{l_{F_i}}}_{\substack{\text{Kraft–}\\ \text{richtung}}} = f_i\left(l_{F_i}\right) \boldsymbol{u}_{F_i} . \tag{11.154}$$

Mit der Längenänderung $\Delta l_{F_i} = \left\| \Delta \boldsymbol{r}_{F_i} \right\|_2$ erhält man schließlich die Federkraft

$$\boldsymbol{F}_{F_i} = c_{F_i}\left(l_{0F_i} - \Delta l_{F_i}\right) \frac{\Delta \boldsymbol{r}_{F_i}}{l_{F_i}} \tag{11.155}$$

sowie die Dämpferkraft

$$\boldsymbol{F}_{D_i} = d_i \dot{l}_{D_i} \frac{\Delta \boldsymbol{r}_{D_i}}{l_{D_i}} . \tag{11.156}$$

11.2.8 Windkräfte

Es sind jetzt noch gemäß Kap. 9 die Windkräfte

$$\boldsymbol{F}_W = -\frac{1}{2} c_W \varrho A \dot{\boldsymbol{r}}_V \left\| \dot{\boldsymbol{r}}_V \right\|_2 = -\frac{1}{2} c_W \varrho A \sqrt{v_x^2 + v_y^2} \begin{bmatrix} v_x \\ v_y \\ 0 \end{bmatrix} \tag{11.157}$$

mit dem durch den Ortsvektor ${}^V_V\boldsymbol{r}_W$ gegebenen fiktiven Kraftangriffspunkt zu berücksichtigen.

11.2.9 Lenkung

In diesem Kapitel soll nur ein sehr einfaches Lenkungsmodell verwendet werden, das keinerlei Lenkelastizitäten abbildet. Zunächst wird davon ausgegangen, dass der vom Fahrer (hier als Zeitfunktion) vorgegebene Lenkwinkel δ_H mit einer konstanten Übersetzung i_L in eine Verschiebung s_H der Zahnstange umgesetzt wird, s. Abb. 11.12:

$$\delta_H = i_L s_H . \tag{11.158}$$

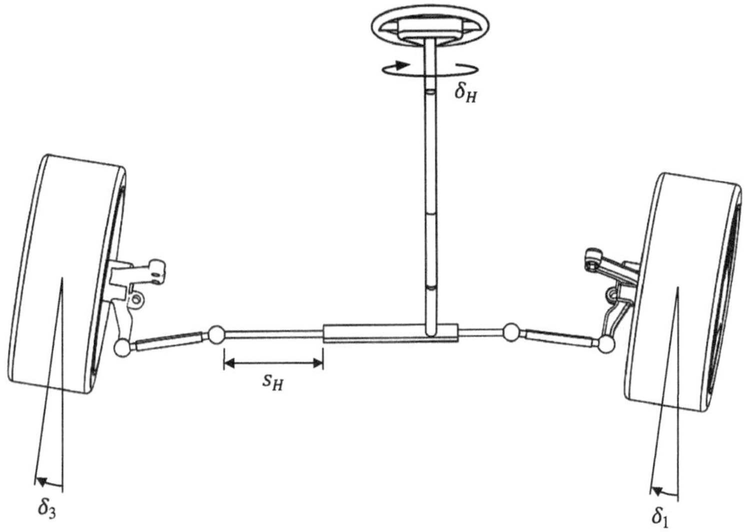

Abb. 11.12 Einfaches Lenkungsmodell

Der Zusammenhang zwischen der Verschiebung der Zahnstange und dem Lenkwinkel der Räder ist i. A. nichtlinear, d. h. die Lenkwinkel δ_1 und δ_3 an der Vorderachse sind nichtlineare Funktionen der Zahnstangenverschiebung und damit über die Gl. (11.158) indirekt auch des Lenkradwinkels $\delta_H(t)$:

$$\delta_1 = \overline{\delta}_1\left(s_H\right) = \delta_1\left(\delta_H\right), \quad \delta_3 = \overline{\delta}_3\left(s_H\right) = \delta_3\left(\delta_H\right). \tag{11.159}$$

Die Zeitableitungen der Radlenkwinkel erhält man dann durch Zeitdifferentiation von Gl. (11.159):

$$\dot{\delta}_1 = \frac{\partial\overline{\delta}_1}{\partial s_H}\dot{s}_H = \frac{\partial\overline{\delta}_1}{\partial s_H}\frac{1}{i_L}\dot{\delta}_H \quad \ddot{\delta}_1 = \frac{\partial\overline{\delta}_1}{\partial s_H}\frac{1}{i_L}\ddot{\delta}_H + \frac{\partial^2\overline{\delta}_1}{\partial^2 s_H}\frac{1}{i_l^2}\dot{\delta}_H^2. \tag{11.160}$$

Die Lenkwinkel δ_2 und δ_4 an der Hinterachse sollen im Folgenden als konstant angenommen werden, d. h. die Hinterachse wird nicht gelenkt.

11.2.10 Stabilisator

Für die von den Stabilisatoren ausgeübten Kräfte gelten gemäß Kap. 9 die Beziehungen

$$\boldsymbol{F}_{St_3} = -\boldsymbol{F}_{St_1} = -\frac{l_{St,v}^2}{2s_{St,v}b_{St,v}^2}c_{St,v}\varphi_V\boldsymbol{e}_z, \tag{11.161}$$

$$\boldsymbol{F}_{St_4} = -\boldsymbol{F}_{St_2} = -\frac{l_{St,h}^2}{2s_{St,h}b_{St,h}^2}c_{St,h}\varphi_V\boldsymbol{e}_z. \tag{11.162}$$

Damit wirkt auf den Aufbau das Drehmoment

$$\begin{aligned} \boldsymbol{M}_{St} &= \left(l_{St,v}F_{St,v} + l_{St,h}F_{St,h}\right)\boldsymbol{e}_x \\ &= \left(\frac{l_{St,v}^2}{b_{St,v}^2}c_{St,v} + \frac{l_{St,h}^2}{b_{St,h}^2}c_{St,h}\right)\varphi_V\boldsymbol{e}_x \end{aligned} \tag{11.163}$$

um die aufbaufeste x-Achse.

11.2.11 Eingeprägte Kräfte und Momente

Zur Erstellung der Bewegungsgleichungen werden noch die eingeprägten Kräfte und Momente auf den Aufbau benötigt. Die infolge der Radaufhängungen ebenfalls auftretenden Reaktionskräfte zwischen Aufbau und Radträgern brauchen nicht berechnet zu werden, da sie bei der Berechnung der Bewegungsgleichungen aus den NEWTON-EULERschen Gleichungen durch die Anwendung des JOURDAINschen Prinzips ohnehin herausfallen, s. Kap. 4.

Eingeprägte Kräfte und Momente auf den Aufbau

$$\boldsymbol{F}_V^e = \boldsymbol{F}_W + \sum_{i=1}^{4}\left(\boldsymbol{F}_{F_i} + \boldsymbol{F}_{D_i}\right) - m_V g\boldsymbol{e}_z, \tag{11.164}$$

$$\begin{aligned} \boldsymbol{T}_V^e &= {}_V\boldsymbol{r}_W \times \boldsymbol{F}_W \\ &+ \sum_{i=1}^{4}\left({}_V\boldsymbol{r}_{A_i,F} \times \boldsymbol{F}_{F_i} + {}_V\boldsymbol{r}_{A_i,D} \times \boldsymbol{F}_{D_i}\right) + \boldsymbol{M}_{St}. \end{aligned} \tag{11.165}$$

***Eingeprägte Kräfte und Momente auf die Radträger* ($\boldsymbol{i = 1, \ldots, 4}$)**

$$\boldsymbol{F}_{T_i}^e = -\left(\boldsymbol{F}_{F_i} + \boldsymbol{F}_{D_i} + \boldsymbol{F}_{St_i}\right) + m_{T_i} g\boldsymbol{e}_z, \tag{11.166}$$

$$\boldsymbol{T}_{T_i}^e = -\left({}_{T_i}\boldsymbol{r}_{F,T_i} \times \boldsymbol{F}_{F_i} + {}_{T_i}\boldsymbol{r}_{D,T_i} \times \boldsymbol{F}_{D_i}\right) + {}_{T_i}\boldsymbol{r}_{T_i,St} \times \boldsymbol{F}_{St_i}. \tag{11.167}$$

***Kräfte und Momente auf die Räder* ($\boldsymbol{i = 1, \ldots, 4}$)**

$$\boldsymbol{F}_{R_i}^e = \boldsymbol{F}_{R_i} - m_{R_i} g\boldsymbol{e}_z, \tag{11.168}$$

$$\boldsymbol{T}_{R_i}^e = {}_{R_i}\boldsymbol{r}_{R_i,A} \times \boldsymbol{F}_{R_i} + \left(\boldsymbol{M}_{R_i,A} - \boldsymbol{M}_{R_i,B}\,\mathrm{sign}\left(\dot{\rho}_{R_i}\right)\right)\boldsymbol{u}_{R_i}. \tag{11.169}$$

Die Antriebsmomente $\boldsymbol{M}_{R_i,A}$ und die Bremsmomente $\boldsymbol{M}_{R_i,B}$ werden wieder gemäß der Gl. (11.42 und 11.45) berechnet.

11.2.12 NEWTON-EULERsche Gleichungen

Mit den Vorarbeiten der vorigen Abschnitte ist es jetzt möglich, für alle Körper die NEWTONschen und die EULERschen Gleichungen im fahrzeugfesten Koordinatensystem anzugeben. Die allgemeine Form der NEWTONschen Gleichungen lautet gemäß Kap. 4

$$m_i \boldsymbol{J}_{Tra_i}\dot{\boldsymbol{z}} + m_i \overline{\boldsymbol{a}}_i(\boldsymbol{y}, \boldsymbol{z}, t) = \boldsymbol{F}_i^e + \boldsymbol{F}_i^r, \quad i = 1, \ldots, 9 \tag{11.170}$$

mit dem Vektor der eingeprägten Kräfte $\boldsymbol{F}_i^e$ und dem Vektor der Reaktionskräfte $\boldsymbol{F}_i^r$. Entsprechend erhält man für die EULERschen Gleichungen bezüglich des jeweiligen Massenschwerpunktes:

$$\boldsymbol{\Theta}\boldsymbol{J}_{Rot_i}\dot{\boldsymbol{z}} + \boldsymbol{\Theta}_i\overline{\boldsymbol{\alpha}}_i(\boldsymbol{y}, \boldsymbol{z}, t) + \widetilde{\boldsymbol{\omega}}_i(\boldsymbol{\Theta}_i\boldsymbol{\omega}_i) = \boldsymbol{T}_i^e + \boldsymbol{T}_i^r, \quad i = 1, \ldots, 9 \tag{11.171}$$

mit dem Vektor der eingeprägten Momente $\boldsymbol{T}_i^e$ und dem Vektor der Reaktionsmomente $\boldsymbol{T}_i^r$. Man beachte, dass sämtliche Größen in den Gl. (11.170 und 11.171) absolute Größen sind, sich auf die jeweiligen Massenmittelpunkte beziehen und im aufbaufesten Koordinaten system dargestellt werden müssen. Das bedeutet, dass die Trägheitsmatrizen jeweils in das aufbaufeste Koordinatensystem zu transformieren sind:

$${}^V\boldsymbol{\Theta}_{T_i} = {}^V\boldsymbol{T}_{T_i}\underbrace{{}^{T_i}\boldsymbol{\Theta}_{T_i}}_{\text{const}}{}^V\boldsymbol{T}_{T_i}^T, \quad i = 1, \ldots, 4, \tag{11.172}$$

$${}^V\boldsymbol{\Theta}_{R_i} = {}^V\boldsymbol{T}_{R_i}\underbrace{{}^{R_i}\boldsymbol{\Theta}_{R_i}}_{\text{const}}{}^V\boldsymbol{T}_{R_i}^T, \quad i = 1, \ldots, 4, \tag{11.173}$$

Aus den Gl. (11.170 und 11.171) erhält man durch Linksmultiplikation mit den transponierten JACOBI-Matrizen und anschließendem Aufsummieren über alle Körper gemäß Kap. 4 die Bewegungsgleichungen des Systems:

$$\begin{aligned}
&\sum_{i=1}^{9}\underbrace{\left[\boldsymbol{J}_{Tra_i}^T m_i \boldsymbol{J}_{Tra_i} + \boldsymbol{J}_{Rot_i}^T\,{}^V\boldsymbol{\Theta}_i\boldsymbol{J}_{Rot_i}\right]\dot{\boldsymbol{z}}}_{\text{Massenmatrix } \boldsymbol{M}(\boldsymbol{q},t)}\\
&+\sum_{i=1}^{9}\underbrace{m_i\boldsymbol{J}_{Tra_i}^T\overline{\boldsymbol{a}}_i + \boldsymbol{J}_{Rot_i}^T\,{}^V\boldsymbol{\Theta}_i\overline{\boldsymbol{\alpha}}_i + \boldsymbol{J}_{Rot_i}^T\boldsymbol{\omega}_i \times ({}^V\boldsymbol{\Theta}_i\boldsymbol{\omega}_i \times \boldsymbol{\omega}_i)}_{\text{Zentrifugal-, Kreisel- und Corioliskräfte } \boldsymbol{b}(\boldsymbol{z},\boldsymbol{q},t)}\\
&=\underbrace{\sum_{i=1}^{9}\boldsymbol{J}_{Tra_i}^T\boldsymbol{F}_i^e + \boldsymbol{J}_{Rot_i}^T\boldsymbol{T}_i^e}_{\text{verallg. Kräfte } \boldsymbol{Q}(\boldsymbol{z},\boldsymbol{q},t)} + \underbrace{\sum_{i=1}^{9}\boldsymbol{J}_{Tra_i}^T\boldsymbol{F}_i^r + \boldsymbol{J}_{Rot_i}^T\boldsymbol{T}_i^r}_{0}.
\end{aligned} \tag{11.174}$$

Die Bewegungsgleichungen bestehen gemäß Kap. 4 aus drei Anteilen:

- der $[f \times f]$-Massenmatrix $\boldsymbol{M}(\boldsymbol{q}, t)$,
- dem $[f \times 1]$-Vektor der verallgemeinerten Zentrifugal-, Kreisel- und Corioliskräfte $\boldsymbol{b}(z, \boldsymbol{q}, t)$
- und dem $[f \times 1]$-Vektor der verallgemeinerten Kräfte $\boldsymbol{Q}(z, \boldsymbol{q}, t)$.

Die Reaktionskräfte entfallen gemäß des JOURDAINschen Prinzips.

Massenmatrix Zur einfacheren und übersichtlicheren Darstellung wird die symmetrische $[14 \times 14]$-Massenmatrix $\boldsymbol{M}(\boldsymbol{q}, t)$ separat für die einzelnen Baugruppen berechnet:

$$\boldsymbol{M}(\boldsymbol{q}, t) = \begin{bmatrix} \boldsymbol{M}_{VV} & \boldsymbol{M}_{V\omega} & \boldsymbol{M}_{VT} & \boldsymbol{M}_{VR} \\ & \boldsymbol{M}_{\omega\omega} & \boldsymbol{M}_{\omega T} & \boldsymbol{M}_{\omega R} \\ & \text{symmetrisch} & \boldsymbol{M}_{TT} & \boldsymbol{M}_{TR} \\ & & & \boldsymbol{M}_{RR} \end{bmatrix} \tag{11.175}$$

mit

$$\boldsymbol{M}_{VV} = \boldsymbol{I}\left(m_V + \sum_{i=1}^{4}(m_{T_i} + m_{R_i})\right), \tag{11.176}$$

$$\boldsymbol{M}_{V\omega} = -\sum_{i=1}^{4}\left({}_V\tilde{\boldsymbol{r}}_{T_i} m_{T_i} + {}_V\tilde{\boldsymbol{r}}_{R_i} m_{R_i}\right), \tag{11.177}$$

$$\boldsymbol{M}_{VT} = \sum_{i=1}^{4} \boldsymbol{H}_{Trac_c,T_i} m_{T_i} + \boldsymbol{H}_{Trac_c,R_i} m_{R_i}, \tag{11.178}$$

$$\boldsymbol{M}_{VR} = \boldsymbol{0}, \tag{11.179}$$

$$\begin{aligned} \boldsymbol{M}_{\omega\omega} &= {}^V\boldsymbol{\Theta}_V \\ &+ \sum_{i=1}^{4}\left({}^V\boldsymbol{\Theta}_{T_i} + {}^V\boldsymbol{\Theta}_{R_i} + {}_V\tilde{\boldsymbol{r}}_{T_i}^T {}_V\tilde{\boldsymbol{r}}_{T_i} m_{T_i} + {}_V\tilde{\boldsymbol{r}}_{R_i}^T {}_V\tilde{\boldsymbol{r}}_{R_i} m_{R_i}\right), \end{aligned} \tag{11.180}$$

$$\boldsymbol{M}_{\omega T} = \sum_{i=1}^{4}\left(-{}_V\tilde{\boldsymbol{r}}_{T_i}^T \boldsymbol{H}_{Trac_c,T_i} m_{T_i} - {}_V\tilde{\boldsymbol{r}}_{R_i}^T \boldsymbol{H}_{Trac_c,R_i} m_{R_i} + \left({}^V\boldsymbol{\Theta}_{T_i} + {}^V\boldsymbol{\Theta}_{R_i}\right)\boldsymbol{H}_{Rot_c,T_i}\right), \tag{11.181}$$

$$\boldsymbol{M}_{\omega R} = \sum_{i=1}^{4} {}^V\boldsymbol{\Theta}_{R_i} \boldsymbol{H}_{Rot_\rho,R_i}, \tag{11.182}$$

$$\boldsymbol{M}_{TT} = \sum_{i=1}^{4}\left(\boldsymbol{H}_{Trac_c,T_i}^T \boldsymbol{H}_{trac_c,T_i} m_{T_i} + \boldsymbol{H}_{Trac_c,R_i}^T \boldsymbol{H}_{Trac_c,R_i} m_{R_i} + \boldsymbol{H}_{Rot_c,T_i}^T({}^V\boldsymbol{\Theta}_{T_i} + {}^V\boldsymbol{\Theta}_{R_i})\boldsymbol{H}_{Rot_c,T_i}\right), \tag{11.183}$$

$$\boldsymbol{M}_{TR} = \sum_{i=1}^{4} \boldsymbol{H}^T_{Rot_c,T_i} {}^V\boldsymbol{\Theta}_{R_i} \boldsymbol{H}_{Rot_\rho,R_i}, \tag{11.184}$$

$$\boldsymbol{M}_{RR} = \sum_{i=1}^{4} \boldsymbol{H}^T_{Rot_\rho,R_i} {}^V\boldsymbol{\Theta}_{R_i} \boldsymbol{H}_{Rot_\rho,R_i}. \tag{11.185}$$

Man beachte, dass es sich bei den Matrizenprodukten

$$\boldsymbol{H}^T_{Trac_c,T_i} \boldsymbol{H}_{Trac_c,T_i} \tag{11.186}$$

um Diagonalmatrizen handelt.

Unter Berücksichtigung der Gl. (11.176–11.186) erhält die Massenmatrix die folgende Struktur:

$$\left[\begin{array}{ccc|ccc|cccc|cccc}
\blacksquare & 0 & 0 & 0 & \blacksquare & \blacksquare & \blacksquare & \blacksquare & \blacksquare & \blacksquare & 0 & 0 & 0 & 0 \\
 & \blacksquare & 0 & \blacksquare & 0 & \blacksquare & \blacksquare & \blacksquare & \blacksquare & \blacksquare & 0 & 0 & 0 & 0 \\
 & & \blacksquare & \blacksquare & \blacksquare & 0 & \blacksquare & \blacksquare & \blacksquare & \blacksquare & 0 & 0 & 0 & 0 \\
\hline
 & & & \blacksquare & \blacksquare & \blacksquare & \blacksquare & \blacksquare & \blacksquare & \blacksquare & \blacksquare & \blacksquare & \blacksquare & \blacksquare \\
 & & & & \blacksquare & \blacksquare & \blacksquare & \blacksquare & \blacksquare & \blacksquare & \blacksquare & \blacksquare & \blacksquare & \blacksquare \\
 & & & & & \blacksquare & \blacksquare & \blacksquare & \blacksquare & \blacksquare & \blacksquare & \blacksquare & \blacksquare & \blacksquare \\
\hline
 & & & & & & \blacksquare & 0 & 0 & 0 & \blacksquare & 0 & 0 & 0 \\
 & & & & & & & \blacksquare & 0 & 0 & 0 & \blacksquare & 0 & 0 \\
 & \text{symmetrisch} & & & & & & & \blacksquare & 0 & 0 & 0 & \blacksquare & 0 \\
 & & & & & & & & & \blacksquare & 0 & 0 & 0 & \blacksquare \\
\hline
 & & & & & & & & & & \blacksquare & 0 & 0 & 0 \\
 & & & & & & & & & & & \blacksquare & 0 & 0 \\
 & & & & & & & & & & & & \blacksquare & 0 \\
 & & & & & & & & & & & & & \blacksquare
\end{array}\right]_{[14x14]} . \tag{11.187}$$

Vektor der verallgemeinerten Zentrifugal-, Kreisel- und Corioliskräfte

$$\begin{aligned}
\boldsymbol{b}(\boldsymbol{q}, z, t) &= \sum_{i=1}^{9} m_i \boldsymbol{J}^T_{Tra_i} \overline{\boldsymbol{a}}_i + \boldsymbol{J}^T_{Rot_i} \left({}^V\boldsymbol{\Theta}_i \overline{\boldsymbol{\alpha}}_i + \widetilde{\boldsymbol{\omega}}_i \left({}^V\boldsymbol{\Theta}_i \boldsymbol{\omega}_i\right)\right) \\
&= \begin{bmatrix} m_V \widetilde{\boldsymbol{\omega}}_V \boldsymbol{v}_V \\ \widetilde{\boldsymbol{\omega}}_V \left({}^V\boldsymbol{\Theta}_V \boldsymbol{\omega}_V\right) \\ \boldsymbol{0} \\ \boldsymbol{0} \end{bmatrix} \\
&+ \sum_{i=1}^{4} \begin{bmatrix} m_{T_i} \overline{\boldsymbol{a}}_{T_i} + m_{R_i} \overline{\boldsymbol{a}}_{R_i} \\ -(m_{T_i} {}_V\widetilde{\boldsymbol{r}}^T_{T_i} \overline{\boldsymbol{a}}_{T_i} + m_{R_i} {}_V\widetilde{\boldsymbol{r}}^T_{R_i} \overline{\boldsymbol{a}}_{R_i}) \\ m_{T_i} \boldsymbol{H}^T_{Trac_c,T_i} \overline{\boldsymbol{a}}_{T_i} + m_{R_i} \boldsymbol{H}^T_{Trac_c,R_i} \overline{\boldsymbol{a}}_{R_i} \\ \boldsymbol{0} \end{bmatrix} \\
&+ \begin{bmatrix} \boldsymbol{0} \\ {}^V\boldsymbol{\Theta}_{T_i} \overline{\boldsymbol{\alpha}}_{T_i} + {}^V\boldsymbol{\Theta}_{R_i} \overline{\boldsymbol{\alpha}}_{R_i} \\ \boldsymbol{H}^T_{Rot_c,T_i} {}^V\boldsymbol{\Theta}_{T_i} \overline{\boldsymbol{\alpha}}_{T_i} + \boldsymbol{H}^T_{Rot_\rho,R_i} {}^V\boldsymbol{\Theta}_{T_i} \overline{\boldsymbol{\alpha}}_{R_i} \\ \boldsymbol{H}^T_{Rot_\rho,T_i} {}^V\boldsymbol{\Theta}_{R_i} \overline{\boldsymbol{\alpha}}_{R_i} \end{bmatrix}
\end{aligned} \tag{11.188}$$

$$+\begin{bmatrix} 0 \\ \widetilde{\boldsymbol{\omega}}_{T_i}\left({}^V\boldsymbol{\Theta}_{T_i}\boldsymbol{\omega}_{T_i}\right)+\widetilde{\boldsymbol{\omega}}_{R_i}\left({}^V\boldsymbol{\Theta}_{R_i}\boldsymbol{\omega}_{R_i}\right) \\ \boldsymbol{H}^T_{Rot_c,T_i}\widetilde{\boldsymbol{\omega}}_{T_i}\left({}^V\boldsymbol{\Theta}_{T_i}\boldsymbol{\omega}_{T_i}\right)+\boldsymbol{H}^T_{Rot_c,T_i}\widetilde{\boldsymbol{\omega}}_{R_i}\left({}^V\boldsymbol{\Theta}_{R_i}\boldsymbol{\omega}_{R_i}\right) \\ \boldsymbol{H}^T_{Rot_\rho,R_i}\widetilde{\boldsymbol{\omega}}_{R_i}\left({}^V\boldsymbol{\Theta}_{R_i}\boldsymbol{\omega}_{R_i}\right) \end{bmatrix}.$$

Verallgemeinerte Kräfte

$$\begin{aligned} \boldsymbol{Q}(\boldsymbol{q},\boldsymbol{z},t) &= \sum_{i=1}^{9} \boldsymbol{J}^T_{Tra_i}\boldsymbol{F}^e_i + \boldsymbol{J}^T_{Rot_i}\boldsymbol{T}^e_i \\ &= \begin{bmatrix} \boldsymbol{F}^e_{T_V} \\ \boldsymbol{T}^e_{T_V} \\ \boldsymbol{0}_{[4\times1]} \\ \boldsymbol{0}_{[4\times1]} \end{bmatrix} + \sum_{i=1}^{4} \begin{bmatrix} \boldsymbol{F}^e_{T_i} \\ -{}_V\widetilde{\boldsymbol{r}}^T_{T_i}\boldsymbol{F}^e_{T_i} \\ \boldsymbol{H}^T_{Tra_c,T_i}\boldsymbol{F}^e_{T_i} \\ \boldsymbol{0}_{[4\times1]} \end{bmatrix} + \begin{bmatrix} \boldsymbol{0}_{[3\times1]} \\ \boldsymbol{T}^e_{T_i} \\ \boldsymbol{H}^T_{Rot_c,T_i}\boldsymbol{T}^e_{T_i} \\ \boldsymbol{0}_{[4\times1]} \end{bmatrix} \\ &+ \sum_{i=1}^{4} \begin{bmatrix} \boldsymbol{F}^e_{R_i} \\ -{}_V\widetilde{\boldsymbol{r}}^T_{R_i}\boldsymbol{F}^e_{R_i} \\ \boldsymbol{H}^T_{Tra_c,R_i}\boldsymbol{F}^e_{R_i} \\ \boldsymbol{0}_{[4\times1]} \end{bmatrix} + \begin{bmatrix} \boldsymbol{0}_{[3\times1]} \\ \boldsymbol{T}^e_{R_i} \\ \boldsymbol{H}^T_{Rot_c,R_i}\boldsymbol{T}^e_{R_i} \\ \boldsymbol{H}^T_{Rot_\rho,R_i}\boldsymbol{T}^e_{R_i} \end{bmatrix}. \end{aligned} \tag{11.189}$$

11.2.13 Bewegungs- und Zustandsgleichungen

Mit dem [28 × 1]-Zustandsvektor

$$\boldsymbol{x} = \begin{bmatrix} \boldsymbol{q} \\ \boldsymbol{z} \end{bmatrix} \tag{11.190}$$

und den Zusammenhängen

$$\dot{\boldsymbol{q}} = \boldsymbol{K}^{-1}(\boldsymbol{q},t)\boldsymbol{z} = \begin{bmatrix} {}^V\boldsymbol{T}^T_E & \boldsymbol{0} & \boldsymbol{0} & \boldsymbol{0} \\ \boldsymbol{0} & \boldsymbol{T}^{-1}_\omega & \boldsymbol{0} & \boldsymbol{0} \\ \boldsymbol{0} & \boldsymbol{0} & \boldsymbol{I}_{4x4} & \boldsymbol{0} \\ \boldsymbol{0} & \boldsymbol{0} & \boldsymbol{0} & \boldsymbol{I}_{4x4} \end{bmatrix}\boldsymbol{z}, \tag{11.191}$$

$$\dot{\boldsymbol{z}} = \boldsymbol{M}^{-1}(\boldsymbol{q},t)\left(\boldsymbol{Q}(\boldsymbol{z},\boldsymbol{q},t) - \boldsymbol{b}(\boldsymbol{z},\boldsymbol{q},t)\right) \tag{11.192}$$

ergeben sich schließlich die Zustandsgleichungen des Systems:

$$\dot{\boldsymbol{x}} = \begin{bmatrix} \dot{\boldsymbol{q}} \\ \dot{\boldsymbol{z}} \end{bmatrix} = \begin{bmatrix} \boldsymbol{K}^{-1}(\boldsymbol{q},t)\boldsymbol{z} \\ \boldsymbol{M}^{-1}(\boldsymbol{q},t)\left(\boldsymbol{Q}(\boldsymbol{z},\boldsymbol{q},t) - \boldsymbol{b}(\boldsymbol{z},\boldsymbol{q},t)\right) \end{bmatrix}. \tag{11.193}$$

11.3 Ein einfaches Fahrermodell

Der Schwerpunkt dieses Kapitels liegt auf der Beschreibung von Simulationsmodellen für Fahrzeuge. Um mit den erstellten Simulationsmodellen tatsächlich komplexere Fahrmanöver wie z. B. Spurwechsel, Slalomfahrten oder auch Spurhaltungsfahrten durchführen zu können, sind jedoch auch Modelle zur Fahrzeugführung bzw. Fahrermodelle erforderlich. Daher soll in diesem Kapitel ein einfaches Fahrermodell besprochen werden. Ansonsten sei auf die spezielle Fachliteratur zu diesem Thema verwiesen. Hier wird im Folgenden das Konzept eines einfachen Fahrermodells beschrieben, das auf einem linearen Regler beruht (Adamski 2001).

11.3.1 Reglerkonzept

Für FASIM_C++, s. Kap. 12, wurde ein einfaches Fahrermodell entwickelt, das einen Kurs- und einen Geschwindigkeitsregler enthält. Das Modell ist in der Lage neben der Einregelung der Fahrzeuggeschwindigkeit auch einem vorgegebenen Kurs zu folgen (Opgen-Rhein 1998). Der Geschwindigkeitsregler wurde dabei der Einfachheit halber als PID-Regler realisiert.

Für den Lenkregler wurde ein lineares Prädiktionsmodell zugrunde gelegt. In diesem Modell wird unterstellt, dass der Fahrer so lenkt, dass ein imaginärer Punkt in einer definierten Vorausschauentfernung möglichst mit dem Sichtpunkt zusammenfällt. Physikalisch interpretiert bedeutet das, dass der Fahrer versucht, die Querabweichung in der Vorausschauentfernung zu minimieren. Dieses Modell findet man in der Literatur auch als sogenanntes Deichselmodell, Abb. 11.13. Es besteht aus einer antizipatorischen Steuerung und einer kompensatorischen Regelung, Abb. 11.14. Die Steuerung repräsentiert

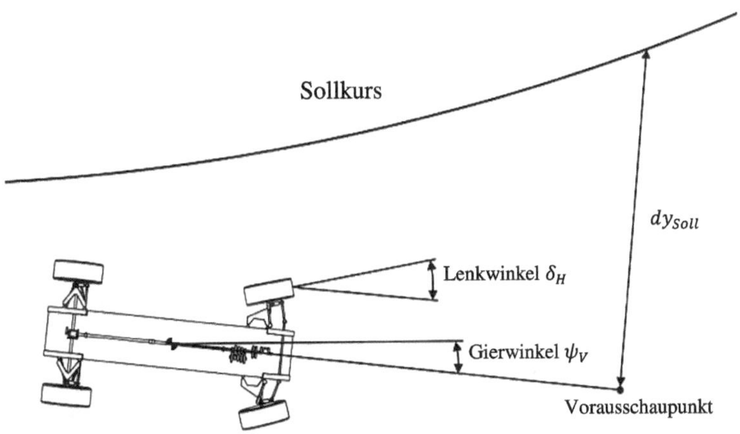

Abb. 11.13 Deichselmodell

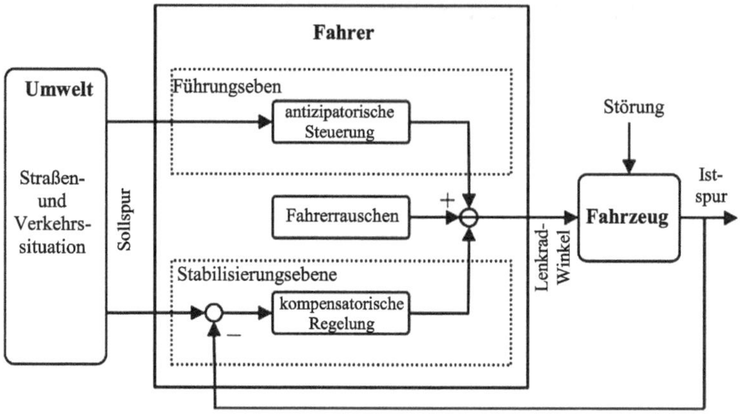

Abb. 11.14 Kursregelung (Donges und Naab 1996)

Abb. 11.15 Schnittstellen des Fahrerreglers

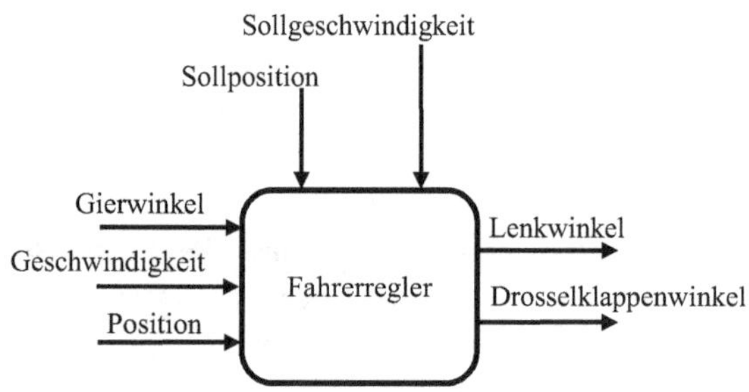

Abb. 11.16 Aufbau des Lenkreglers

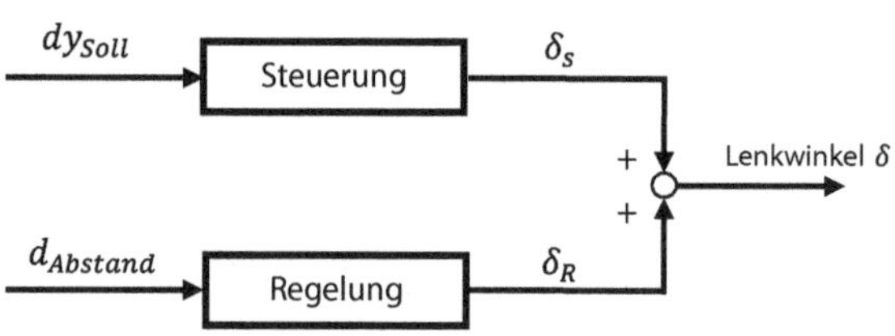

sozusagen die Erfahrung des Fahrers, während die Regelung die Abweichung vom Sollkurs minimiert. Die Reaktionszeit des Fahrers kann durch ein entsprechendes Totzeitglied berücksichtigt werden.

Wie in Abb. 11.15 dargestellt, besteht die Eingangsschnittstelle des Fahrermodells aus dem Gierwinkel und der Position des Fahrzeugs sowie der Sollkurs- und Sollgeschwindigkeitsvorgabe. Die Ausgangsschnittstelle wird durch die Stellgrößen Lenkwinkel und Drosselklappenstellung bestimmt.

Tab. 11.8 Beispielwerte

Daten für das Einspurmodell des Durchschnittsmodells		
m: Fahrzeugmasse	1.506,5	kg
θ_{zz}: Trägheitsmoment um Hochachse bzgl. S	2.585,6	kgm^2
l : Radstand	2,6897	m
l_v : Abstand Schwerpunkt – Vorderachse	1,1853	m
l_h : Abstand Schwerpunkt – Hinterachse	1,5044	m
s_z : Schwerpunkthöhe	0,54475	m
i_L : Lenkübersetzung	16,3	–
c_W : Wert	n.a.	–
A : Stirnfläche	2,14	m^2
r_{dyn} : (dynamischer) Reifenradius	0,31075	m
J_r : Trägh.m. Räder pro Achse	1,7	kgm^2
Daten für Zweispurmodell des DM		
m : Fahrzeugmasse	1.506,5	kg
θ_{xx} : Trägheitsmoment um die Längsachse bzgl. S	482,7	kgm^2
θ_{yy} : Trägheitsmoment um die Querachse bzgl. S	2.394,3	kgm^2
θ_{zz} : Trägheitsmoment um Hochachse bzgl. S	2.585,6	kgm^2
l : Radstand	2,6897	m
l_v : Abstand Schwerpunkt – Vorderachse	1,1853	m
l_h : Abstand Schwerpunkt – Hinterachse	1,5044	m
$2s_{R,v}$: Spurweite vorne	1.492,2	mm
$2s_{R,h}$: Spurweite hinten	1.487,4	mm
h_s : Schwerpunkthöhe	0,54475	m
i_L : Lenkübersetzung	16,3	–
c_w : Wert	0,33	–
A : Stirnfläche	2,14	m^2
r : (dynamischer) Reifenradius	0,31075	m
θ_r : Trägheitsmomente der Räder pro Achse	1,7	kgm^2
$C_{f,vi}$: Federsteifigkeiten vorne	34.900	N/m
$C_{f,hi}$: Federsteifigkeiten hinten	32.600	N/m
D_{vi} : Dämpfungsmaß vorne	4.360	Ns/m
D_{hi} : Dämpfungsmaß hinten	3.870	Ns/m
C_{si} : Stabilisatorsteifigkeit vorne/hinten	2.882	Nm/rad

Der Lenkwinkel setzt sich aus einem Steuerungs- und einem Regelungsanteil zusammen, s. Abb. 11.16. Der Steuerungsanteil bestimmt die Differenz zwischen der Fahrzeugorientierung (Gierwinkel) und der sich aus der Sollkursvorgabe ergebenden Tangente:

$$\delta_H = \arctan dy_{soll} - \psi_V \tag{11.194}$$

mit dem Lenkwinkel (Steuerungsanteil) δ_H, der Tangente des Sollkurses an Fahrzeugposition und dem Gierwinkel ψ_V. Der Regelungsanteil wird von einem PT_2-Regler berechnet, der die Querabweichung des Vorausschaupunktes und des zugehörigen Sollkurspunktes minimieren soll. Die Bestimmung der Regelparameter ist in (Opgen-Rhein 1998) beschrieben.

11.4 Parametrierung

In Tab. 11.8 sind exemplarisch einige Werte für die beschriebenen Fahrzeugmodelle angegeben.

Literatur

Adamski D (2001) Komponentenbasierte Simulation mechatronischer Systeme. Dissertation. Fortschritt-Berichte VDI, Reihe 10(682). VDI-Verlag. Universität Duisburg-Essen

Donges E, Naab K (1996) Regelsysteme zur Fahrzeugführung und -stabilisierung in der Automobiltechnik. Automatisierungstechnik 44(5):226–236

Opgen-Rhein P (1998) Modellierung eines einfachen Fahrermodells für die Fahrdynamiksimulationsumgebung FASIM_C++. Studienarbeit, Fachgebiet Mechatronik, Gerhard- Mercator-Universität Duisburg

Räumliche Gesamtfahrzeugmodelle 12

Um die Bewegungsgleichungen für ein Gesamtfahrzeug aufstellen zu können, wird in einem ersten Schritt der mechanische Aufbau des realen Fahrzeuges durch ein mechanisches Ersatzsystem, bestehend aus starren Körpern, idealen Gelenken und beliebigen äußeren Kräften (jeweils mit gegebenen Kraftangriffspunkten), mithilfe der Methode der Mehrkörpersysteme beschrieben. Die Grundgedanken der Modellierung des mechanischen Gesamtsystems Kraftfahrzeug werden erläutert. Die Modellbildung stützt sich dabei auf die Modellierungselemente und Hilfsmittel wie sie in Kap. 3, 4 sowie den Kap. 5–9 zur Beschreibung von Fahrzeugkomponenten eingeführt worden sind. Hierbei kommt einer möglichst genauen Beschreibung der nichtlinearen Kinematik der Radaufhängungen eine besondere Bedeutung zu, da hieraus wesentliche Einflüsse auf das dynamische Verhalten des Gesamtfahrzeuges resultieren (s. hierzu insbesondere auch Kap. 6).

12.1 Modellierung eines Gesamtfahrzeugs

Ein sehr wichtiger Aspekt, der im Abschn. 12.2 noch näher beleuchtet wird, betrifft die Modularisierung solcher Gesamtfahrzeugmodelle. Darunter ist zu verstehen, dass sowohl mechanische als auch nichtmechanische Subsysteme und Komponenten – wie etwa Radaufhängungen, Antriebsstränge, Räder und Reifen, aber auch die hier nicht näher behandelten elektronischen Elemente, Regler oder ECUs (Electronic Control Unit) – so aufbereitet werden sollen, dass sie auf möglichst einfache Weise gewissermaßen zum jeweilig gewünschten Gesamtfahrzeugmodell, im Sinne eines mechatronischen Gesamtsystems, „zusammengeklickt" werden können.

In den folgenden Abschnitten wird anhand unterschiedlicher Fahrzeugtypen – heck-, front- und allradgetrieben – beginnend mit einem heckgetriebenen Fahrzeug am Beispiel

D. Schramm et al., *Modellbildung und Simulation der Dynamik von Kraftfahrzeugen*,
https://doi.org/10.1007/978-3-662-54481-5_12

Abb. 12.1 5er BMW – reales Fahrzeug (mit freundlicher Genehmigung der BMW AG, 2003)

eines 5er BMW (E60), s. Abb. 12.1, die mechanische Modellbildung im Detail vorgestellt (vgl. auch Kap. 8). Hierbei kommt der Kinematik, wie in Kap. 3 ausführlich erläutert, eine Schlüsselrolle zu. Die für die spätere Aufstellung der Dynamikgleichungen (vgl. Kap. 4) benötigten Gleichungen der globalen Kinematik setzen sich aus den Gleichungen der relativen Kinematik und den Gleichungen der absoluten Kinematik zusammen. Während die Gleichungen der Absolutkinematik, wie in Abschn. 3.5 gezeigt, immer in rekursiver Form aufgestellt werden können, liegen die Verhältnisse bei der Relativkinematik aufgrund der kinematischen Schleifen ungleich komplizierter. Das Hauptaugenmerk bei der sich anschließenden kinematischen Modellbildung liegt daher auf einer geschickten Wahl und Beschreibung dieser kinematischen Schleifen, wie sie besonders in den Radaufhängungen auftreten, um auf diese Weise zu einer expliziten – oder möglichst expliziten – mathematischen Behandlung der Relativkinematik zu gelangen.

12.1.1 Kinematik eines heckgetriebenen Gesamtfahrzeugmodells

Das Fahrgestell bzw. der Fahrzeugaufbau wird als massebehafteter starrer Körper mit vollbesetztem Trägheitstensor modelliert (Kap. 5). Die Vorderradaufhängungen, hier als Doppelgelenkfederbein-Radaufhängungen, sowie die Hinterradaufhängungen, hier als Integral-IV-Radaufhängungen ausgeführt, werden ebenfalls durch Systeme aus starren Körpern dargestellt. Die Räder sind jeweils drehbar auf den Radträgern gelagert. Die Beschreibung des gesamten Fahrzeugs orientiert sich dabei immer am realen Fahrzeug entsprechend Abb. 12.1. Die Darstellung des Gesamtfahrzeugs als komplexes Mehrkörpersystem ist in Abb. 12.2 wiedergegeben.

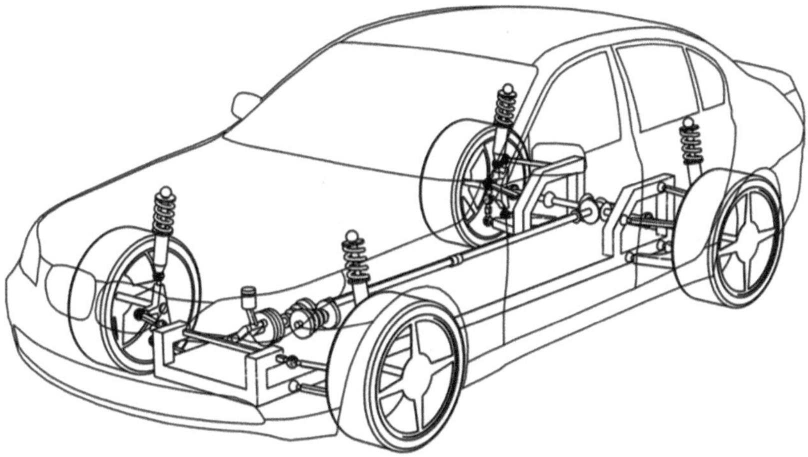

Abb. 12.2 5er BMW als komplexes Mehrkörpersystem mit Karosserie

Doppelgelenkfederbein-Vorderradaufhängung Ausgehend von der Darstellung des realen Systems (Abb. 12.3) wird daraus nachfolgend das entsprechende Mehrkörpersystem abgeleitet. Jeder der beiden Radträger – ebenfalls massebehaftet und mit vollbesetztem Trägheitstensor – ist fest mit der unteren Hälfte des Stoßdämpferrohres verbunden. Die Kolbenstange des Dämpfers gleitet im radträgerfesten Rohr des Dämpfers und ist über ein Kugelgelenk am Fahrgestell gelagert. An der äußeren Hülle der Dämpferführung stützt sich die Feder gegen den Aufbau ab. Die Gelenkverbindung zwischen dem Radträger und dem Querlenker bzw. der Druckstrebe (Abb. 12.3 und 12.4) wird ebenfalls durch je ein Kugelgelenk repräsentiert. Weitere Einzelheiten hierzu sind dem nachfolgenden Strukturbild (Abb. 12.4) zu entnehmen. Die Lenkbewegung des Radträgers wird über Lenk- und Spurstange eingeleitet und seine momentane Lenkachse ergibt sich über die Verbindung des fahrzeugseitigen Kugelgelenkes am Federbein mit den radträgerseitigen Kugelgelenken des Querlenkers und der Druckstrebe. Hierbei werden noch die drei Kugelgelenke eine Lenkbewegung realisiert (Abb. 12.4) (vgl. auch Frik 1994). Der Lenkmechanismus der Vorderachse wird beim 5er BMW aus einer Zahnstange (Lenkstange) (Abb. 12.3) modelliert, die sich relativ zum Fahrgestell verschieben kann und mit den beiden Spurstangen über Kugelgelenke verbunden ist. Obwohl die Zahnstange ein Körper ist, wird sie zur Modellierung der einzelnen Radaufhängung in eine linke und rechte Hälfte unterteilt. Die Verbindung zum Lenkrad erfolgt über das Lenkgetriebe und die Lenkwelle (Abb. 12.3), die jedoch in der Modellierung nicht berücksichtigt sind (Abb. 12.4). Der zeitlich vorgegebene Ausschlag des Lenkrades definiert eine Soll-Auslenkung der linken Hälfte der Zahnstange. Die Spurstangen haben jeweils Kugelgelenke an ihren Enden. Die dadurch entstehenden freien Rotationsmöglichkeiten um ihre Längsachsen sind isolierte Freiheitsgrade und werden nicht weiter betrachtet.

Die beiden Spurstangen, der Lenkmechanismus sowie die Querlenker sind massebehaftet. Bei der nachfolgenden Modellierung dieser Vorderachse wird die Längsnachgiebigkeit

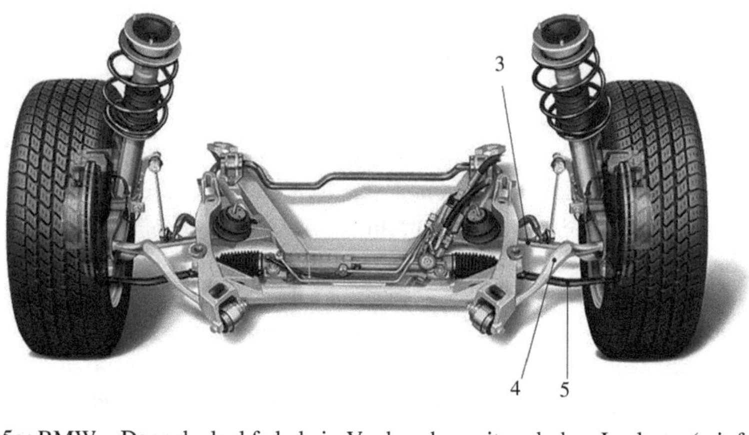

Abb. 12.3 5er BMW – Doppelgelenkfederbein-Vorderachse mit und ohne Lenkung (mit freundlicher Genehmigung der BMW AG, 2003)

nicht berücksichtigt (vgl. auch Abschn. 12.1.2). In einem weiteren Schritt können jetzt für dieses Subsystem Radaufhängung die für solche Systeme typischen geschlossenen kinematischen Schleifen und deren Verkoppelung gekennzeichnet werden. Dies geschieht mithilfe der in Kap. 3 eingeführten Grundlagen. Insbesondere unter Verwendung der Symbolik aus Abschn. 3.5 ergibt sich die in Abb. 12.5 gezeigte topologische Darstellung der Doppelgelenkfederbein-Vorderradaufhängung.

In einem weiteren Schritt – wieder unter Verwendung der Grundlagen aus Kap. 3 sowie deren Anwendung auf die kinematische Analyse von Radaufhängungen (Kap. 6) – kann

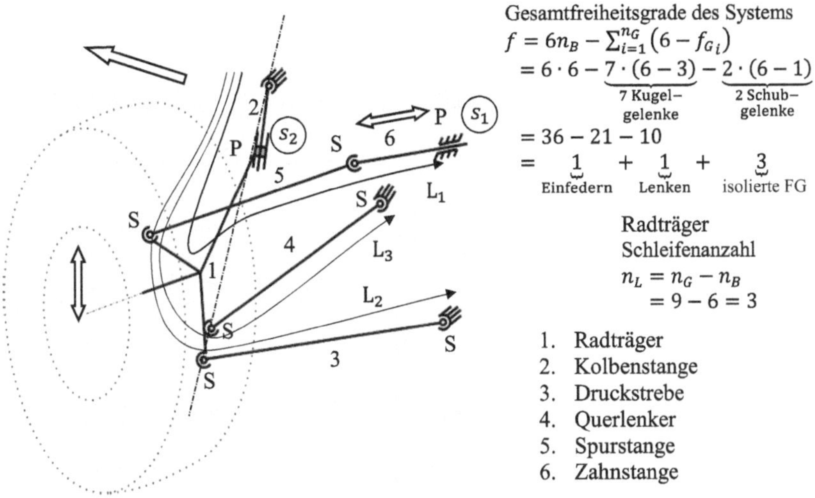

Abb. 12.4 5er BMW – Doppelgelenkfederbein-Vorderradaufhängung vorne links – Strukturbild

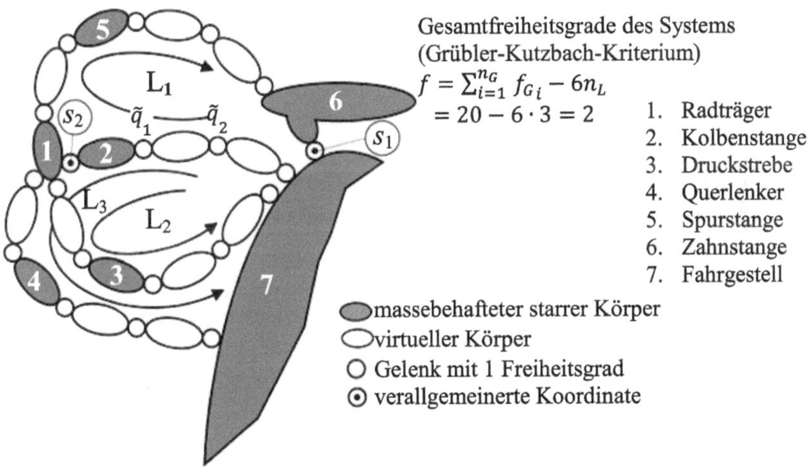

Abb. 12.5 5er BMW – Doppelgelenkfederbein-Vorderradaufhängung – Topologie

schließlich das Blockschaltbild für den Lösungsfluss der Relativkinematik dieser Vorderradaufhängung entwickelt werden (Abb. 12.6).

Eine vollständig rekursiv explizite Lösung der Relativkinematik ist bei der Doppelgelenkfederbein-Aufhängung nicht mehr möglich. An den durch „⚡“ gekennzeichneten Stellen im Blockschaltbild (Abb. 12.6) müssen lokal zwei implizite algebraische Gleichungen numerisch gelöst werden, die durch Einführung von zwei sogenannten

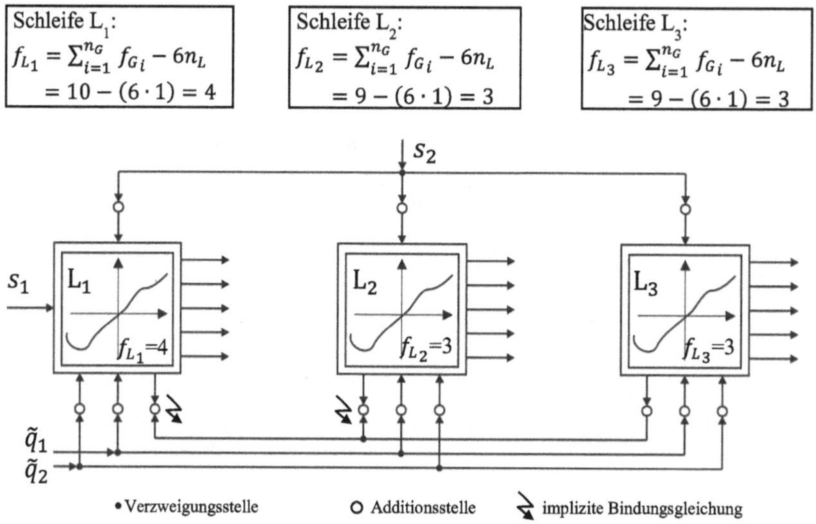

Abb. 12.6 5er BMW – Doppelgelenkfederbein-Vorderradaufhängung – Blockschaltbild und Lösungsfluss

Pseudoeingängen $\tilde{q}_1$ und $\tilde{q}_2$ (Abb. 12.5 und 12.6) entstanden sind. Näheres hierzu ist in Hiller et al. (1986, 1987, 1988), Hiller (1995) zu finden (s. auch Kap. 6).

Integral-IV-Hinterachse Die beiden Hinterräder werden unabhängig voneinander durch zwei Integral-IV-Radaufhängungen geführt und bilden eine Integral-IV-Hinterachse (Abb. 12.7).

Die Integral-IV-Radaufhängung gehört zur Gruppe der Mehrlenkerradaufhängungen. Der Radträger wird über eine Schwinge, den Führungslenker, den Querlenker sowie das Federbein mit Kolbenstange (ohne Einfluss auf die kinematische Radführung!) mit dem Fahrzeugaufbau verbunden. Das Besondere ist der zusätzliche, zur Abstützung dienende Integrallenker, der die Schwinge mit dem Radträger verbindet. Den sechs Lagekoordinaten des Radträgers stehen fünf Bindungen gegenüber, sodass ein Freiheitsgrad verbleibt (Einfederbewegung: Minimalkoordinate , α Abb. 12.8). Dessen Berechnung erfolgt mithilfe des Grübler-Kriteriums (Gl. 3.3) anhand von Abb. 12.8. Das entsprechende Strukturbild des Mehrkörpersystems ist in Abb. 12.8 wiedergegeben (Pichler 1999). Die Längsnachgiebigkeit der Radaufhängung in horizontaler Richtung wird hierbei nicht berücksichtigt (vgl. auch Abschn. 12.1.2).

Analog zur Vorgehensweise bei der Vorderachse kann auch hier das entsprechende Topologiebild sowie das Blockschaltbild samt Lösungsfluss erstellt werden (Abb. 12.9 und 12.10). Eine vollständig rekursiv explizite Lösung der Relativkinematik ist nicht mehr möglich. Die beiden benötigten Pseudoeingänge $\tilde{q}_1$ und $\tilde{q}_2$ sind in den Abb. 12.9 und 12.10 zu erkennen (s. auch Kap. 6).

Abb. 12.7 5er BMW – Integral-IV-Hinterachse (mit freundlicher Genehmigung der BMW Group, 2003)

Die Freiheitsgrade des betrachteten Gesamtfahrzeuges gliedern sich wie folgt (Tab. 12.1): Die Karosserie hat im Raum sechs Freiheitsgrade. Jedes der Vorderräder kann einfedern, was zusammen zwei weitere Freiheitsgrade bedeutet. Zudem entspricht auch die Lenkbewegung durch die Zahnstange einem Freiheitsgrad. Die Hinterräder können jeweils einfedern (zwei Freiheitsgrade). Die nicht angetriebenen Vorderräder sowie die angetriebenen Hinterräder sind mit den beiden weiteren Freiheitsgraden im Antriebsstrang (relative

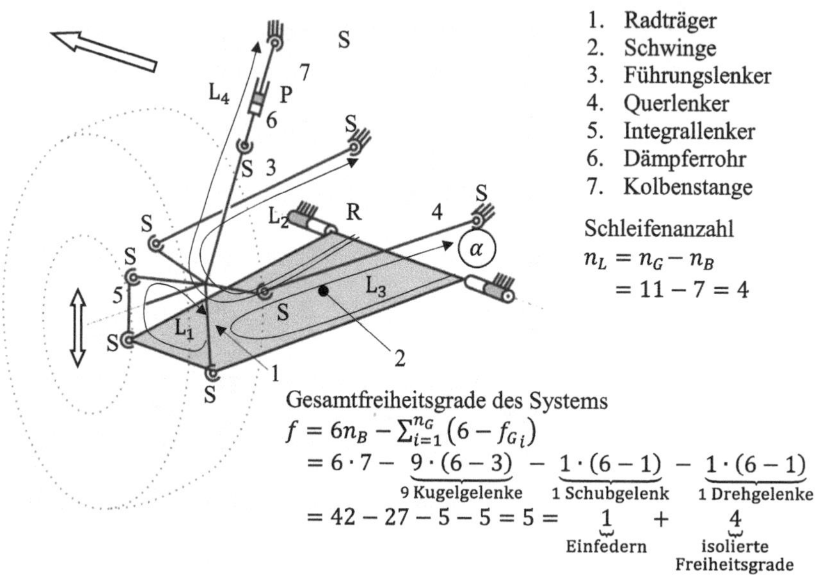

Abb. 12.8 5er BMW – Integral-IV-Hinterradaufhängung hinten links – Strukturbild

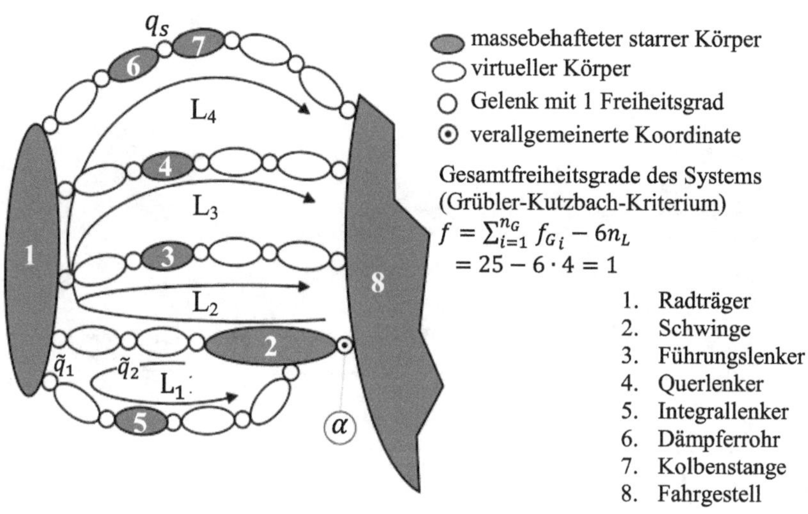

Abb. 12.9 5er BMW – Integral-IV-Hinterradaufhängung – Topologie

Verdrehung der Kardanwelle $\Delta\varphi_H$ und relative Verdrehung der Kupplung $\Delta\varphi_K$) im Subsystem Antriebsstrang zusammengefasst (Schmitz 1994), wobei der in diesem Modell verwendete Antriebsstrang vom realen Fahrzeug etwas abweicht. Das Motorlager besitzt die beiden Freiheitsgrade der Hub- und der Wankbewegung (s_M bzw. φ_M) des Motors

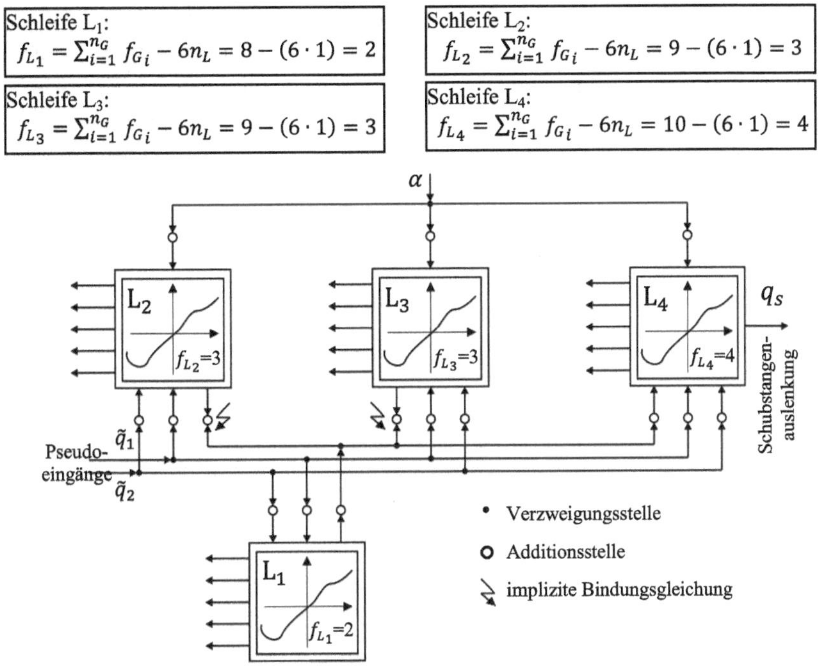

Abb. 12.10 5er BMW – Integral-IV-Hinterradaufhängung – Blockschaltbild und Lösungsfluss

Tab. 12.1 Kinematische Struktur des 5er BMW (E60)

Fahrzeugkomponente	Freiheitsgrade	Körper	Schleifen
Fahrgestell	6	1	0
Vorderradaufhängung	$2 \times 1 + 1$	11	2×3
Hinterradaufhängung	2×1	14	2×4
Motorlager	2	1	0
Antriebsstrang (inkl. aller Raddrehungen)	6	12	3
$\sum$	19	41	17

relativ zum Fahrzeug (vgl. hierzu auch Kap. 8). In Tab. 12.1 sind die Freiheitsgrade und deren Zuordnung zu den Fahrzeugkomponenten noch einmal zusammengefasst.

Jedem der dargestellten Freiheitsgrade kann man nun je eine verallgemeinerte Koordinate (Minimalkoordinaten) zuordnen. Dadurch können Position, Geschwindigkeit sowie Beschleunigung des Gesamtsystems beschrieben werden. Im Folgenden wird die topologische Darstellung für das vorliegende Gesamtfahrzeugmodell entwickelt, wobei die Fahrschemellagerung hier nicht berücksichtigt wird. Den sechs Freiheitsgraden, die der Fahrzeugkörper im Raum hat, kann man eine fiktive kinematische Kette zuordnen: Sie besteht aus drei Schubgelenken (für die drei translatorischen Freiheitsgrade) und drei

Drehgelenken (für die drei rotatorischen Freiheitsgrade) relativ zum Inertialsystem und ist zwischen Inertialsystem und Fahrzeug angeordnet. Am Fahrzeugkörper sind die vorderen und hinteren Radaufhängungen gelagert. Die Bindung eines hinteren Radträgers an das Fahrgestell erfolgt bei diesem Fahrzeug über die weiter oben beschriebene kinematische Struktur der Integral-IV- Radaufhängung. In der hier vorliegenden Darstellung wird angenommen, dass bei den Lenkern, die über zwei Kugelgelenke gelagert sind, eines der Kugelgelenke durch ein KARDAN-Gelenk ersetzt wird, um so den sonst auftretenden isolierten Freiheitsgrad an diesem Körper zu vermeiden (Kap. 3).

Das auf diese Weise entstehende topologische Schema des Gesamtfahrzeuges ist in Abb. 12.11 wiedergegeben. Jedem einwertigen Gelenk (dargestellt durch einen kleinen Kreis) entspricht hier eine Gelenkkoordinate (Winkel oder Verschiebung). Gelenke mit

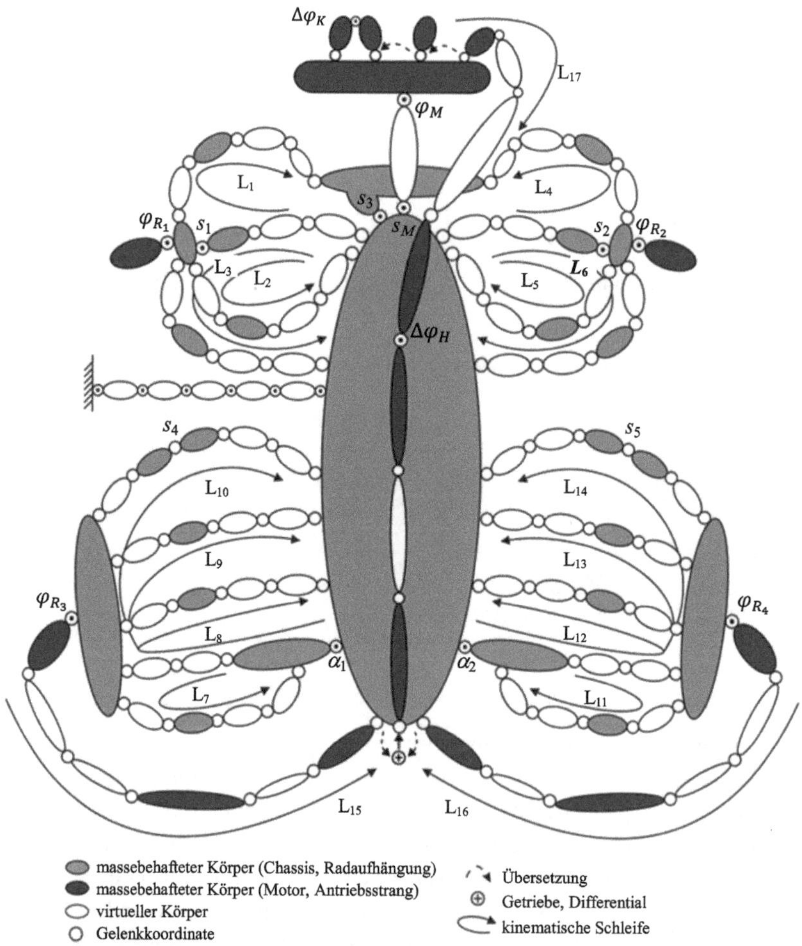

Abb. 12.11 5er BMW (E60) – Topologie Gesamtfahrzeug

mehr als einem Freiheitsgrad, wie Kugel- oder Kardangelenke, werden durch mehrere einwertige Gelenke mit dazwischenliegenden masselosen Körpern dargestellt (vgl. Abschn. 3.5). Von diesen Gelenkkoordinaten sind 19 – entsprechend der Anzahl der Freiheitsgrade des Gesamtsystems – unabhängige verallgemeinerte Koordinaten, alle weiteren Koordinaten sind von ihnen abhängig. Man findet im System 17 kinematische Schleifen, die mit L_1–L_{17} bezeichnet werden. Es gibt auch Teilbereiche des Gesamtsystems, die eine Baumstruktur aufweisen und die man als offene Systeme bezeichnet. Dies ist beispielsweise bei den (Vorder-) Rädern und beim Fahrgestell der Fall. Die räumlichen Substrukturen, die die geschlossenen kinematischen Schleifen enthalten, sind in erster Linie die Radaufhängungen sowie Teile des Antriebsstranges (Schleifen L_{15}, L_{16} und L_{17}). Ein besonderer Vorteil erwächst aus der Tatsache, dass ein Großteil der hier auftretenden Ersatzmodelle (für Radaufhängungen und andere kinematisch geprägte Subsysteme) zu einer expliziten oder weitgehend expliziten Lösungsstruktur für die kinematischen Gleichungen führt (wie bereits weiter oben angedeutet). Dabei entsteht der angenehme Nebeneffekt, dass ein Großteil der im System vorhandenen abhängigen Gelenkkoordinaten nicht berechnet werden muss (s. hierzu Abschn. 3.5). Hier sei nochmals betont, dass die gesamten Untersuchungen von Radaufhängungskinematiken und Antriebssträngen in (Hiller 1995; Schnelle 1990; Frik 1994; Schmitz 1994; Schuster 1999; Pichler 1999 und Bardini 2008) auf Basis dieser methodischen Ansätze erfolgt ist.

Die in diesem Abschnitt vorgestellten Schritte der Modellbildung zur kinematischen Analyse eines Gesamtfahrzeugs:

- reales Fahrzeug,
- Mehrkörpersystem,
- topologische Darstellung und
- Einzelanalyse der Fahrzeugkomponenten

sind in Abb. 12.12 noch einmal zusammengefasst und bilden damit die entscheidende Voraussetzung für eine effiziente Aufstellung der dynamischen Gleichungen, wie nachfolgend zu zeigen ist.

12.1.2 Kinematik von front- und allradgetriebenen Gesamtfahrzeugmodellen

In ähnlicher Weise wie im vorherigen Abschnitt wird in diesem Abschnitt die kinematische Modellbildung für ein frontgetriebenes bzw. ein allradgetriebenes Fahrzeug vorgestellt. Die Vorgehensweise ist dabei, abgesehen von einigen Besonderheiten, dieselbe wie in Abschn. 12.1.1.

Kinematik eines frontgetriebenen Gesamtfahrzeugmodells Die Modellbildung eines frontgetriebenen Pkw erfolgt am Beispiel des VW Golf VI, dessen reale Fahrzeugstruktur

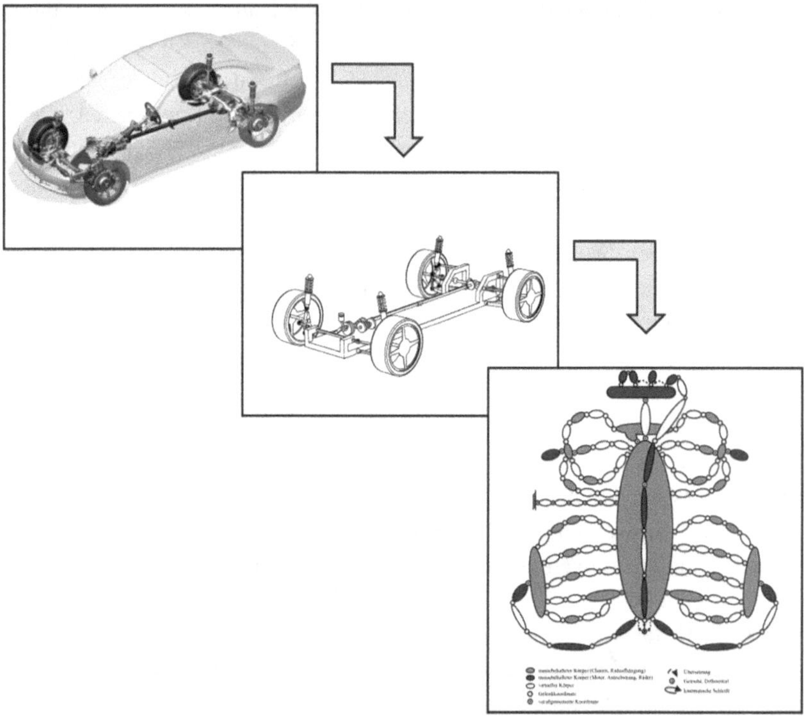

Abb. 12.12 5er BMW (E60) – Stufen der kinematischen Modellbildung

in Abb. 12.13 gezeigt ist. Das entsprechende Mehrkörpersystem als Starrkörpermodell ist in Abb. 12.14 wiedergegeben.

Die Vorderradaufhängungen dieses Fahrzeuges sind als McPherson-Federbeinsysteme (Abb. 12.15) ausgeführt. Diese wurden im Abschn. 6.5 bereits ausführlich behandelt. Als Besonderheit werden im folgendem die komfortbedingten Nachgiebigkeiten in den hinteren Lagern des unteren Dreieckslenkers mitberücksichtigt. Bei der Beschreibung des Systems durch starre Körper muss dafür ein Ersatzmodell gefunden werden. Es besteht im Wesentlichen aus einem Schubgelenk mit integrierter Feder. Um die kinematische Verträglichkeit zu sichern, wird die Hülse des Schubgelenks über ein Drehgelenk mit dem Fahrzeug verbunden. Diese Ersatzdarstellung erfasst nur eine Richtung einer Nachgiebigkeit. Dies ist ein Unterschied zu anderen Ansätzen, bei denen elastische Lagerungen durch Federn in allen Richtungen beschrieben werden. Der Vorteil ist hier die Beschränkung auf die wesentlichen Freiheitsgrade sowie die Vermeidung von steifen Differentialgleichungen, was eine zum Teil erhebliche Rechenzeitersparnis zur Folge haben kann. Allerdings entstehen in dem kinematischen Ersatzmodell jeweils eine weitere kinematische Schleife sowie je ein weiterer Freiheitsgrad im Gesamtsystem Radaufhängung. Die Variante der McPherson-Radaufhängung mit elastischem Querlenkerlager ist in den entsprechenden Modellierungsschritten Strukturbild, topologische Darstellung und

Abb. 12.13 VW Golf VI – reales Fahrzeug (ATZ 2008):

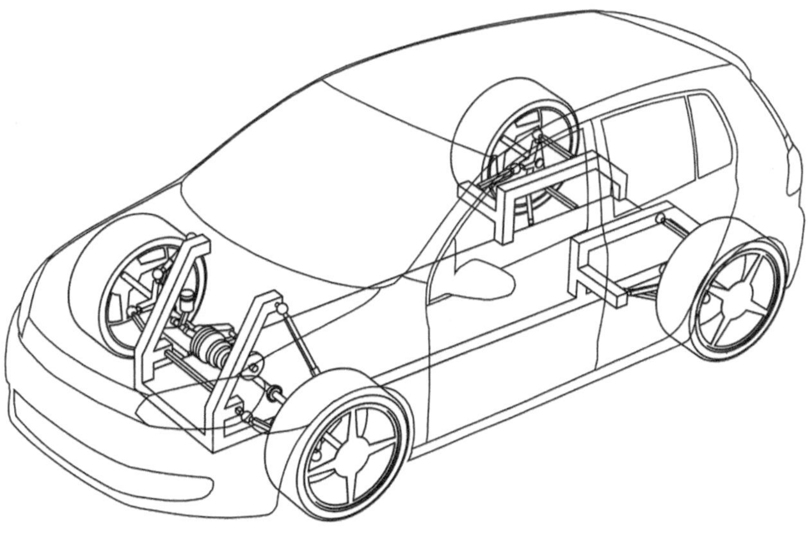

Abb. 12.14 VW Golf VI – Mehrkörpermodell mit Karosserie

Blockschaltbild mit Lösungsfluss in den Abb. 12.15, 12.16, 12.17, 12.18 wiedergegeben. Auch hier ist – wie in der ursprünglichen Version ohne elastisches Querlenkerlager – eine explizite Auflösung der Relativkinematik möglich (Abb. 6.26, 6.27, 6.28).

Abb. 12.15 VW Golf VI – McPherson-Federbeinachse (ATZ 2008)

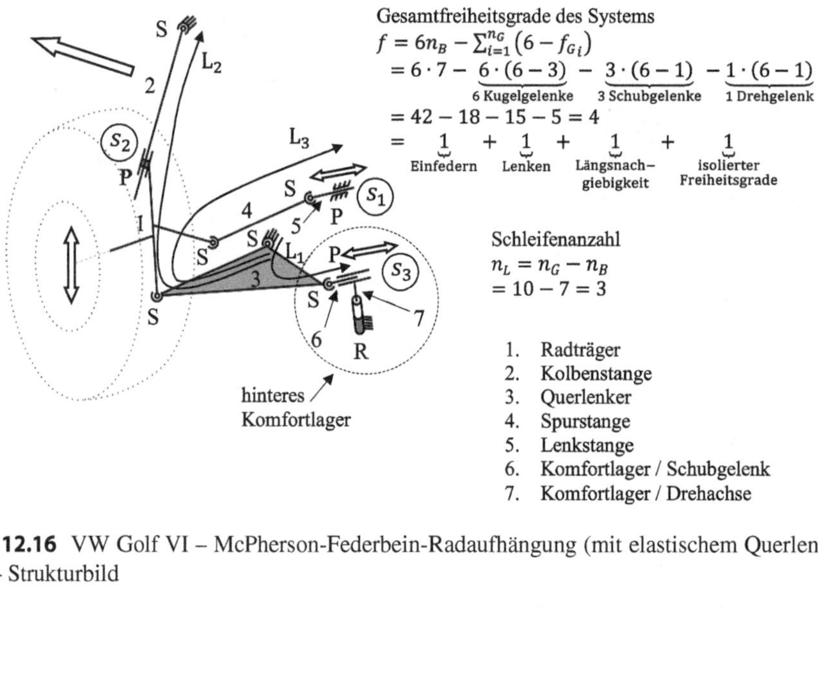

Abb. 12.16 VW Golf VI – McPherson-Federbein-Radaufhängung (mit elastischem Querlenkerlager) – Strukturbild

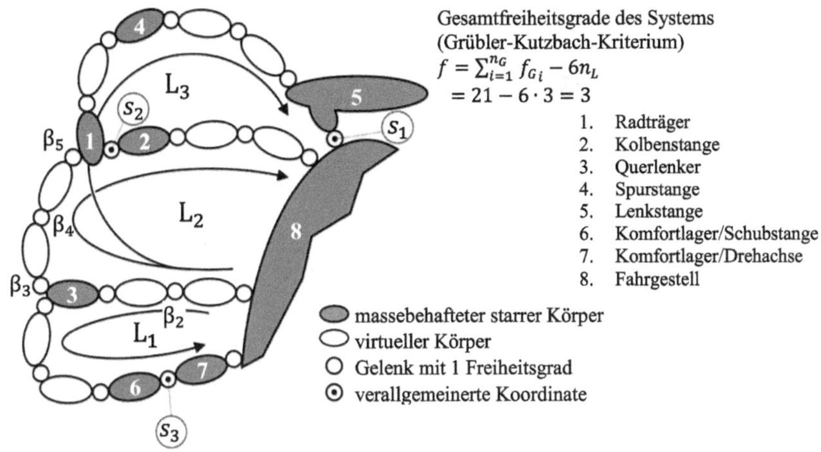

Abb. 12.17 VW Golf VI – McPherson-Federbeinradaufhängung (mit elastischem Querlenkerlager) – Topologie

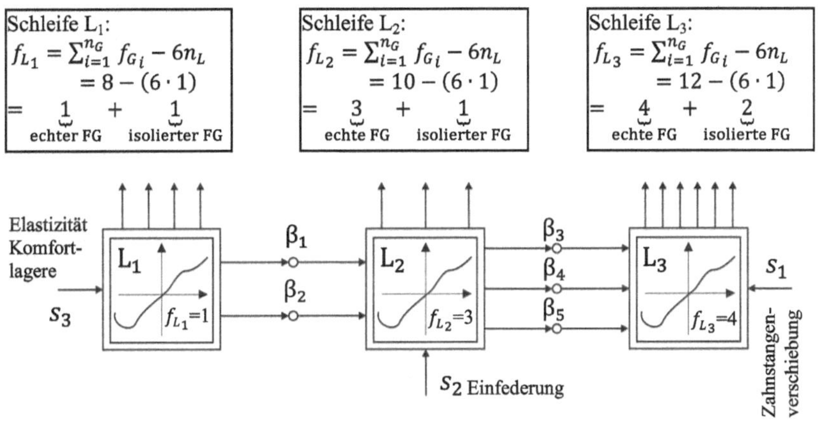

Abb. 12.18 VW Golf VI – McPherson-Federbeinradaufhängung (mit elastischem Querlenkerlager) – Blockschaltbild und Lösungsfluss

Die Hinterachse des VW Golf VI besteht aus zwei, nach dem Mehrlenkerprinzip ausgeführten Vierlenkerradaufhängungen (Abb. 12.19). Zu beachten ist hier, dass der Längslenker elastisch gelagert ist und fest mit dem Radträger verbunden ist (vgl. Abb. 12.20). Dadurch werden die Längs- bzw. Bremskräfte (Abstützung der Bremsmomente) aufgenommen. Die Modellierungsschritte können hier, ähnlich wie bei der Integral-IV-Aufhängung im Fahrzeug des vorigen Abschnittes, gewählt werden. Es bietet sich jedoch an, auf die Vorgehensweise von Abschn. 6.6 zurückzugreifen, bei der am Beispiel der Fünfpunktradaufhängung die Relativkinematik – unter Umgehung der Betrachtung der kinematischen Schleifen – iterativ über die entsprechenden Bindungsgleichungen gelöst

Abb. 12.19 VW Golf VI – Vierlenkerachse (hinten) (ATZ 2008)

wird. Das Strukturbild und die topologische Darstellung der Vierlenkerradaufhängung sind in den Abb. 12.20 und 12.21 dargestellt.

Das topologische Schema des Gesamtfahrzeugs ist in Abb. 12.22 wiedergegeben.

Die Zusammenstellung der Fahrzeugkomponenten mit Anzahl der Körper, Anzahl der kinematischen Schleifen und Anzahl der Freiheitsgrade ist aus Tab. 12.2 zu entnehmen. Die zugehörigen Koordinaten des Antriebsstrangs sind die relative Verdrehung der Kupplung $\Delta\varphi_K$ und die vier Raddrehungen $\varphi_{R_1}, \ldots, \varphi_{R_4}$.

Die Schritte der Modellbildung zur kinematischen Analyse dieses frontgetriebenen Gesamtfahrzeugs – reales Fahrzeug, Mehrkörpersystem, Topologie und Einzelanalyse der Fahrzeugkomponenten – sind in Abb. 12.23 noch einmal zusammengefasst und dienen, wie im Falle des heckgetriebenen Fahrzeugs, als Voraussetzung für eine effiziente Aufstellung der dynamischen Gleichungen.

Kinematik eines allradgetriebenen Gesamtfahrzeugmodells Die Modellbildung eines allradgetriebenen Pkw erfolgt am Beispiel des Audi A5 (8T), dessen reale Fahrzeugstruktur in Abb. 12.24 gezeigt ist. Das entsprechende Mehrkörpersystem als Starrkörpermodell ist in Abb. 12.25 wiedergegeben.

Die Vorderradaufhängungen dieses Fahrzeugs sind nach dem Mehrlenkerprinzip als Fünflenkersysteme (Abb. 12.26) ausgeführt. Strukturbild, topologische Darstellung und Blockschaltbild mit Lösungsfluss sind in den Abb. 12.27, 12.28, 12.29 wiedergegeben.

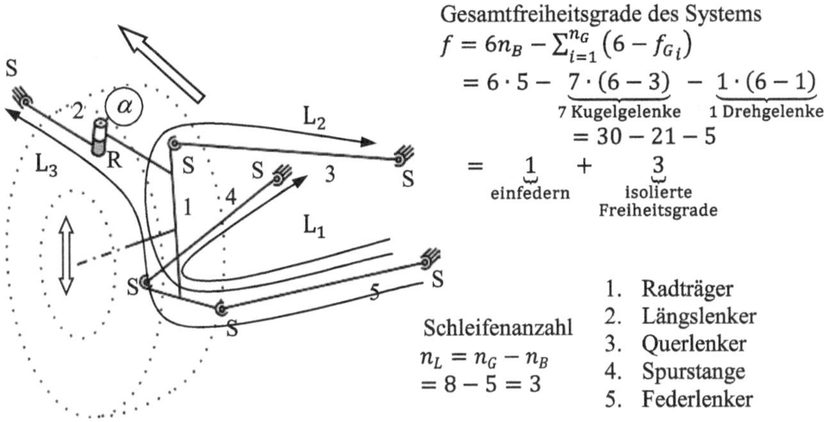

Abb. 12.20 VW Golf VI – Vierlenkerradaufhängung hinten links (mit Ersatz-Biege-Drehgelenk zwischen Längslenker und Radträger) – Strukturbild

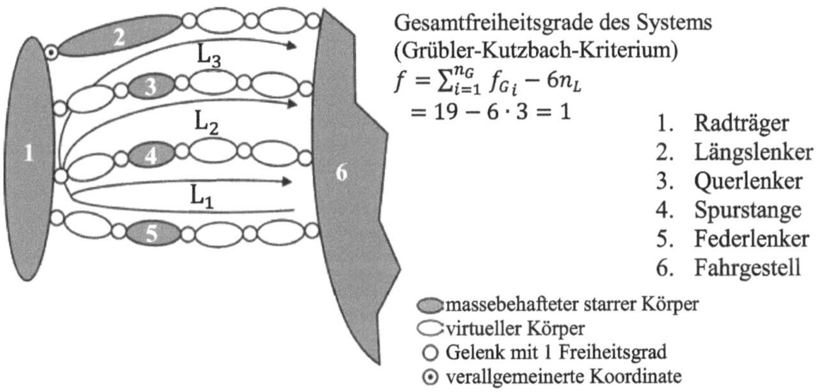

Abb. 12.21 VW Golf VI – Vierlenkerradaufhängung– Topologie

Bemerkung Da es sich hier um eine Mehrlenkerradaufhängung handelt, wie sie ausführlich in Abschn. 6.6 behandelt wurde, wird an dieser Stelle auf die dort ebenfalls vorgestellte alternative Analyse der Kinematik einer solchen Mehrlenkerachse verwiesen, bei der man an Stelle der kinematischen Transformatoren die gleichartige topologische Struktur der Lenker und der daraus resultierenden gleichartigen Bindungsgleichungen nutzt (Abschn. 6.6.2).

Die Hinterachse des Audi A5 besteht aus zwei Trapezlenkerradaufhängungen (Abb. 12.30) und entspricht damit, bis auf die Dämpferankoppelung (ohne kinematischen Einfluss), der Topologie der Integral-IV-Radaufhängung. Die Modellierungsschritte Strukturbild, topologische Darstellung und Blockschaltbild mit Lösungsfluss in den Abb. 12.31, 12.32, 12.33 zusammengestellt.

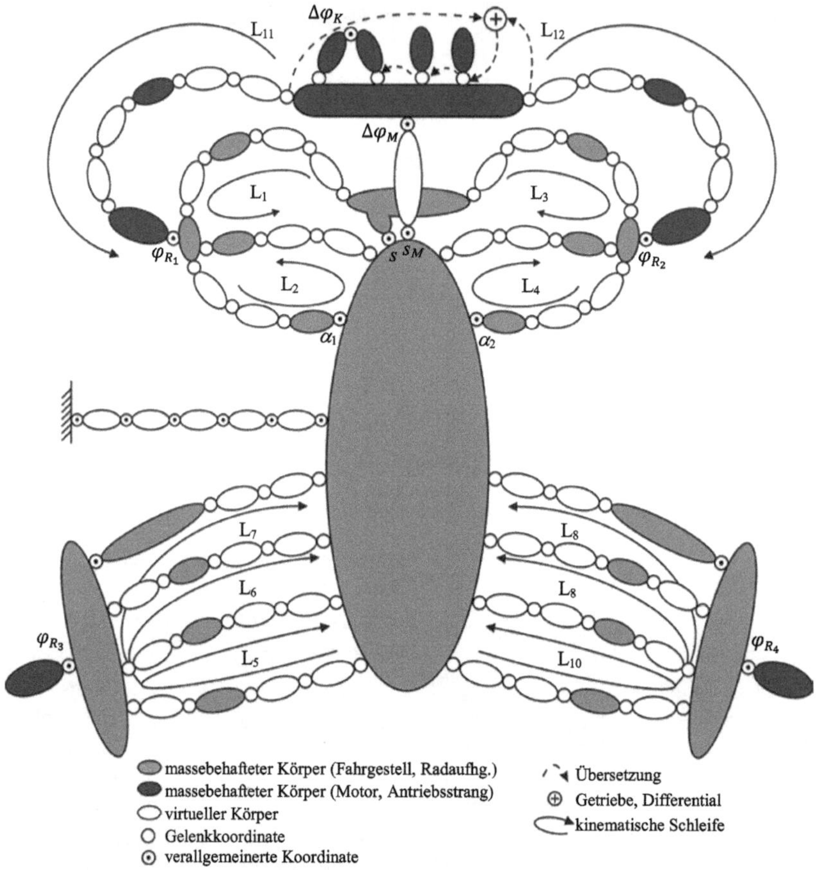

Abb. 12.22 VW Golf VI – Topologie Gesamtfahrzeug

Tab. 12.2 Kinematische Struktur des VW Golf VI

Fahrzeugkomponente	Freiheitsgrade	Körper	Schleifen
Fahrgestell	6	1	0
Vorderradaufhängung	$2 \times 1 + 1$	13	2×2
(El. Querlenkerlager)	2×1	0	2×1
Hinterradaufhängung	2×1	10	2×3
Motorlager	2	1	0
Antriebsstrang (inkl. aller Raddrehungen)	5	15	2
$\sum$	18 (20)	40	12 (14)

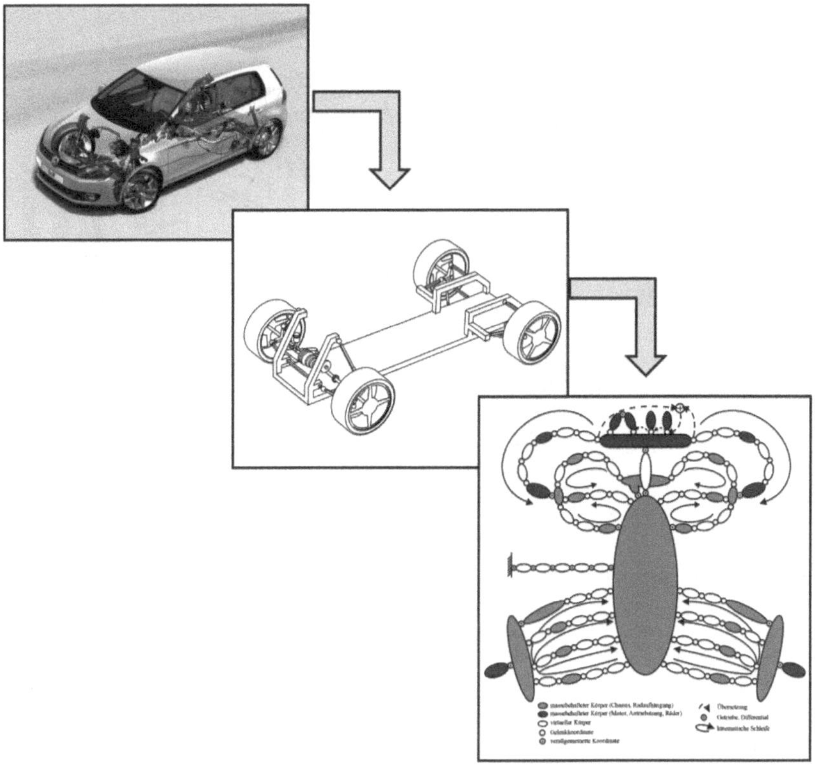

Abb. 12.23 VW Golf VI – Stufen der kinematischen Modellbildung

Abb. 12.24 Audi A5 (8T) – reales Fahrzeug (mit freundlicher Genehmigung der Audi AG, 2008)

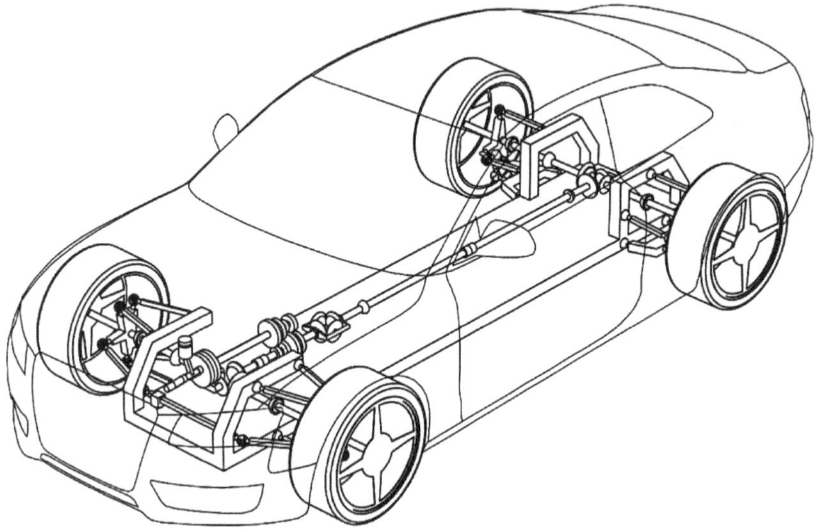

Abb. 12.25 Audi A5 – Mehrkörpermodell mit Karosserie

Abb. 12.26 Audi A5 – Fünflenker-Vorderachse (mit freundlicher Genehmigung der Audi AG, 2008)

Das topologische Schema des Gesamtfahrzeugs ist in Abb. 12.34 wiedergegeben. Die zugehörigen Koordinaten des Antriebsstranges sind die relativen Verdrehungen der Kupplung $\Delta\varphi_K$ und der vorderen und hinteren Zwischenwelle $\Delta\varphi_V$ bzw. $\Delta\varphi_H$ und die vier Raddrehungen $\varphi_{R_1}, \ldots, \varphi_{R_4}$.

Die Zusammenstellung der Fahrzeugkomponenten mit Anzahl der Körper, Anzahl der kinematischen Schleifen und Anzahl der Freiheitsgrade ist aus Tab. 12.3 zu entnehmen.

Die Schritte der Modellbildung zur kinematischen Analyse dieses allradgetriebenen Gesamtfahrzeugs – reales Fahrzeug, Mehrkörpersystem, Topologie und Einzelanalyse der Fahrzeugkomponenten – sind in Abb. 12.35 noch einmal zusammengefasst und dienen,

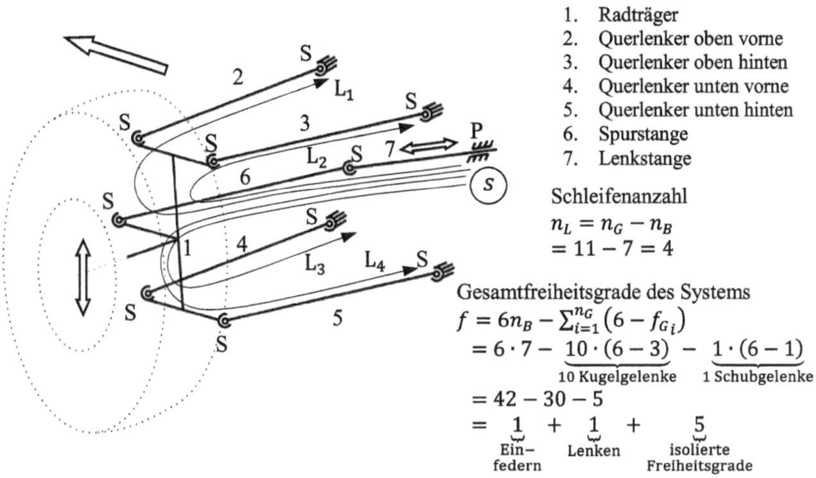

Abb. 12.27 Audi A5 – Fünflenkervorderradaufhängung links – Strukturbild

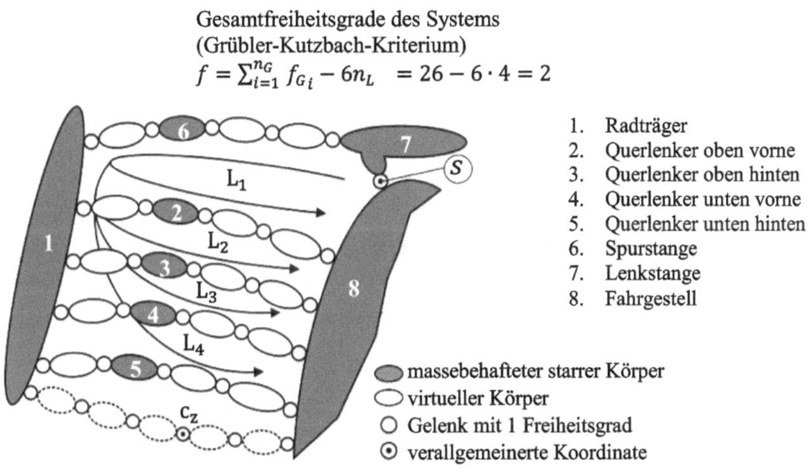

Abb. 12.28 Audi A5 – Fünflenkervorderradaufhängung –Topologie

wie im Fall der anderen Fahrzeuge, als Voraussetzung für eine effiziente Aufstellung der dynamischen Gleichungen.

12.1.3 Dynamik des Gesamtfahrzeugmodells

Nach der Berechnung der Kinematik des Gesamtfahrzeugmodells müssen zur Beschreibung der Dynamik die Bewegungsgleichungen des Systems aufgestellt werden. Dies kann besonders effektiv mit der Methode der kinematischen Differentiale nach

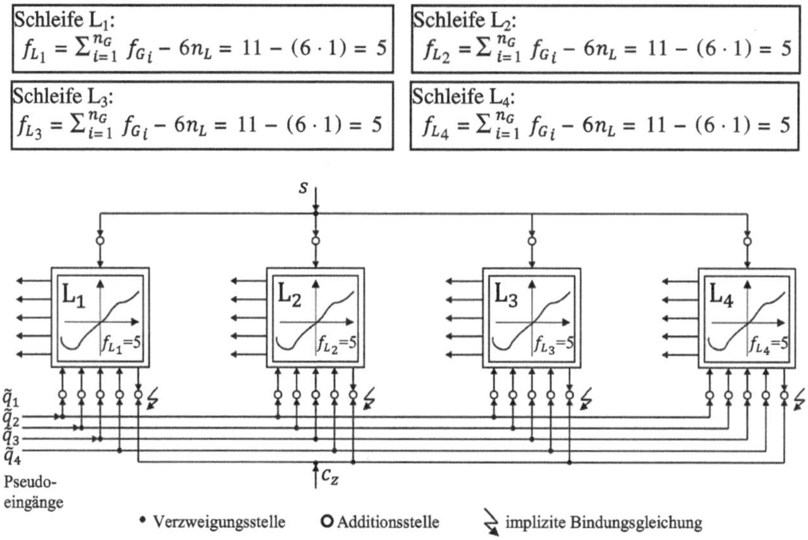

Abb. 12.29 Audi A5 – Fünflenkervorderradaufhängung – Blockschaltbild und Lösungsfluss

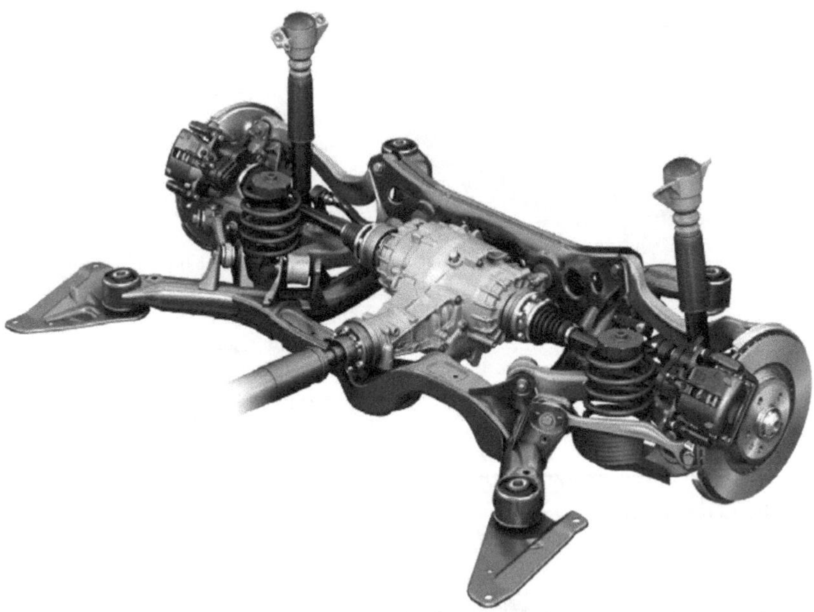

Abb. 12.30 Audi A5 – Trapezlenkerhinterradaufhängung (mit freundlicher Genehmigung der Audi AG, 2008)

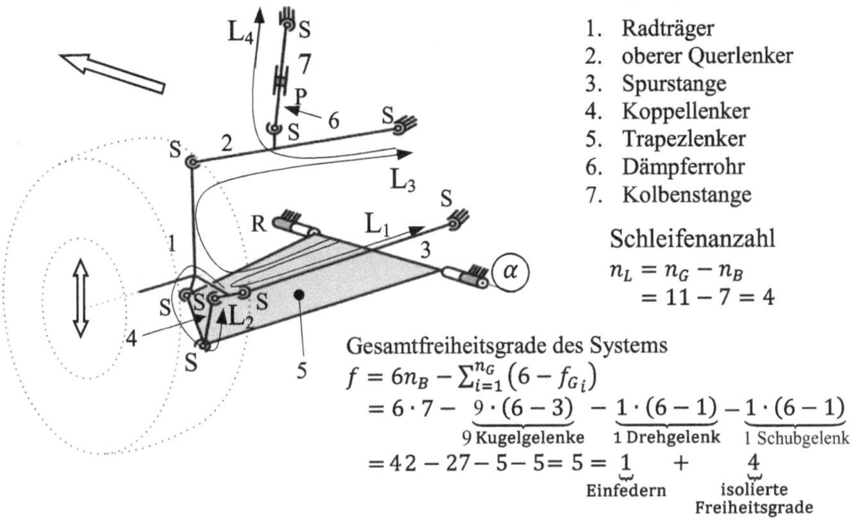

Abb. 12.31 Audi A5 – Trapezlenkerhinterradaufhängung – Strukturbild

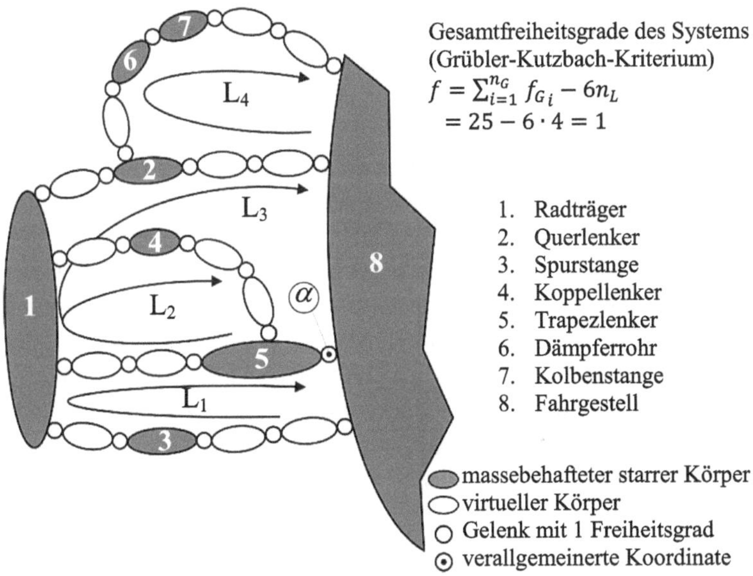

Abb. 12.32 Audi A5 – Trapezlenkerhinterradaufhängung – Topologie

Kecskeméthy und Hiller erledigt werden (vgl. dazu Hiller et al. 1986; Hiller und Kecskeméthy 1987; Kecskeméthy 1993 und Hiller 1995), wobei der numerische Aufwand durch zwei Optimierungsmöglichkeiten nochmals erheblich verringert werden kann.

Schleife L_1:
$$f_{L_1} = \sum_{i=1}^{n_G} f_{G_i} - 6n_L = 9 - (6 \cdot 1) = 3$$

Schleife L_2:
$$f_{L_2} = \sum_{i=1}^{n_G} f_{G_i} - 6n_L = 8 - (6 \cdot 1) = 2$$

Schleife L_3:
$$f_{L_3} = \sum_{i=1}^{n_G} f_{G_i} - 6n_L = 9 - (6 \cdot 1) = 3$$

Schleife L_4:
$$f_{L_4} = \sum_{i=1}^{n_G} f_{G_i} - 6n_L = 9 - (6 \cdot 1) = 3$$

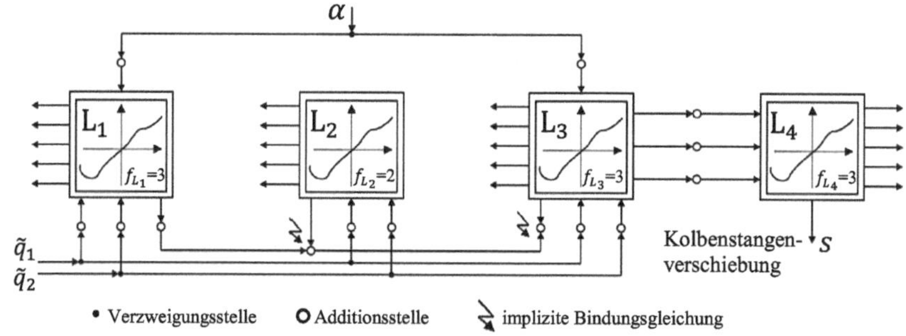

Abb. 12.33 Audi A5 – Trapezlenkerhinterradaufhängung – Blockschaltbild und Lösungsfluss

Durch die Ausnutzung der topologischen Struktur des Fahrzeugmodells ist es in weiten Bereichen möglich, Nulloperationen zu vermeiden und Terme günstig zusammenzufassen. Hierzu wird die Kopplung der mechanischen Subsysteme untereinander betrachtet, die sich anschaulich beispielsweise aus Abb. 12.12 entnehmen lässt. Dabei stellt man fest, dass einzelne Subsysteme kinematisch entkoppelt sind. Das bedeutet, dass Änderungen in einzelnen verallgemeinerten Koordinaten spezieller Subsysteme keinen Einfluss auf die Bewegung in anderen Subsystemen haben.

Als Beispiel für die Kopplung der Einzelelemente, Komponenten und Subsysteme ist nachfolgend die Massenmatrix eines Fahrzeugmodells mit $f = 15$ Freiheitsgraden abgebildet,[1] von der wegen ihres symmetrischen Aufbaus nur die obere Dreiecksform dargestellt ist (Abb. 12.36). Man erkennt den unterschiedlichen Einfluss der einzelnen Subsysteme auf die Elemente der Massenmatrix, die hier am Beispiel des Einflusses des linken Vorderrades veranschaulicht sind. Mit ■ sind die vom linken Vorderrad beeinflussten und mit $*$ die davon unbeeinflussten Massenmatrixelemente gekennzeichnet.

Zusätzlich zu dieser Optimierung ist die Zusammenfassung von Elementen der Massenmatrix möglich, wodurch sich wiederum die Anzahl der benötigten Rechenoperationen verringert. Zur näheren Erläuterung wird an dieser Stelle auf (Schnelle, 1990; Schmitz 1994; Pichler 1999) verwiesen.

[1]Dies entspricht dem Fahrzeug aus Abb. 12.12 ohne Berücksichtigung der Freiheitsgrade des Motorlagers und der Elastizitäten des Antriebsstranges.

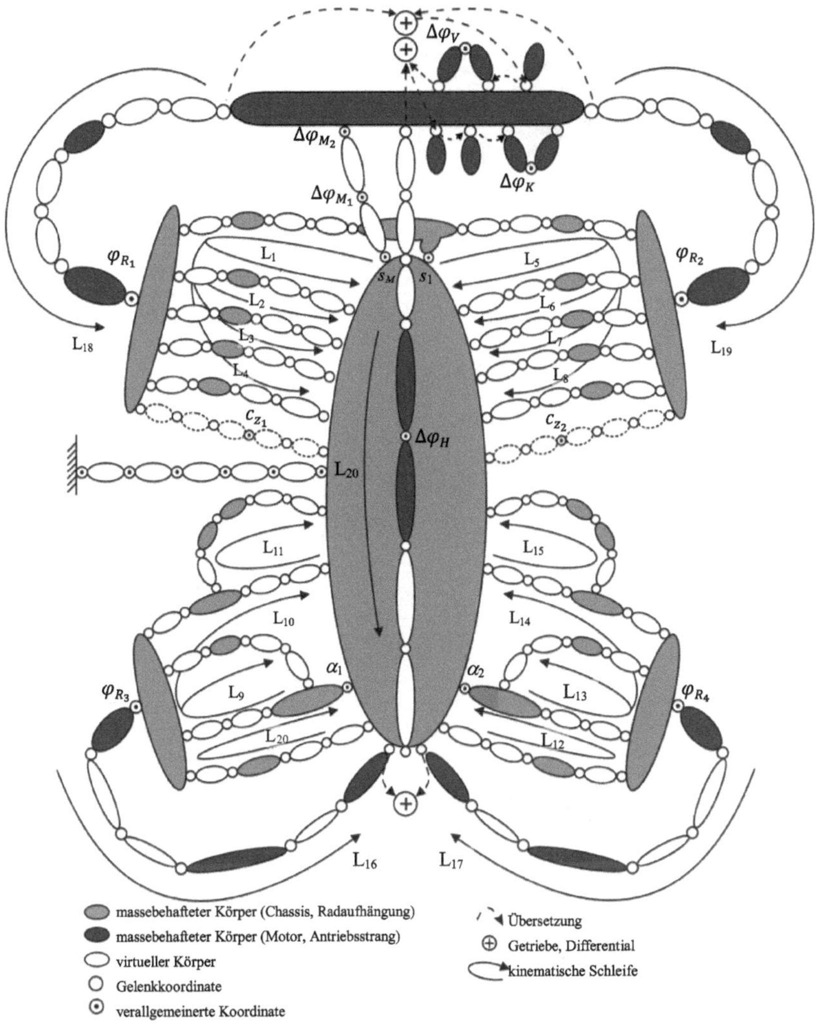

Abb. 12.34 Audi A5 – Topologie des Gesamtfahrzeugs

Tab. 12.3 Kinematische Struktur des Audi A5

Fahrzeugkomponente	Freiheitsgrade	Körper	Schleifen
Fahrgestell	6	1	0
Vorderradaufhängung	$2 \times 1 + 1$	13	2×4
Hinterradaufhängung	2×1	14	2×4
Motorlager	3	1	0
Antriebsstrang (inkl. aller Raddrehungen)	7	20	4
$\sum$	21	49	20

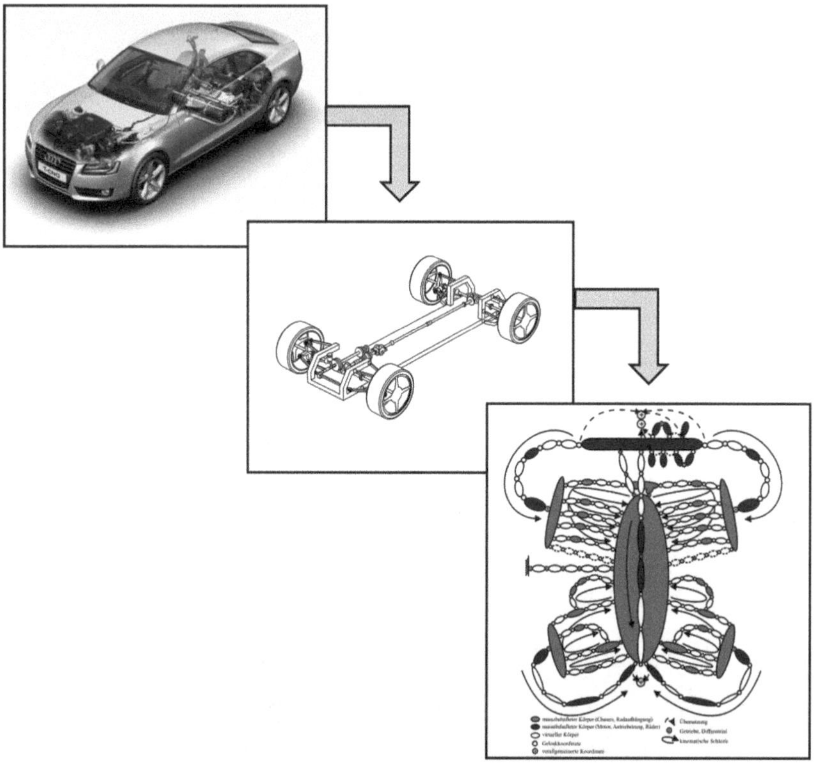

Abb. 12.35 Audi A5 – Stufen der kinematischen Modellbildung

$$\begin{bmatrix}
\blacksquare & 0 & 0 & \blacksquare & \blacksquare & \blacksquare & \blacksquare & \blacksquare & \blacksquare & * & * & 0 & 0 & 0 & 0 \\
 & \blacksquare & 0 & \blacksquare & \blacksquare & \blacksquare & \blacksquare & \blacksquare & \blacksquare & * & * & 0 & 0 & 0 & 0 \\
 & & \blacksquare & \blacksquare & \blacksquare & \blacksquare & \blacksquare & \blacksquare & \blacksquare & * & * & 0 & 0 & 0 & 0 \\
 & & & \blacksquare & \blacksquare & \blacksquare & \blacksquare & \blacksquare & \blacksquare & * & * & \blacksquare & * & * & * \\
 & & & & \blacksquare & \blacksquare & \blacksquare & \blacksquare & \blacksquare & * & * & \blacksquare & * & * & * \\
 & & & & & \blacksquare & \blacksquare & \blacksquare & \blacksquare & * & * & \blacksquare & * & * & * \\
 & & & & & & \blacksquare & \blacksquare & \blacksquare & 0 & 0 & \blacksquare & 0 & 0 & 0 \\
 & & & & & & & \blacksquare & \blacksquare & 0 & 0 & \blacksquare & 0 & 0 & 0 \\
 & & & & & & & & \blacksquare & 0 & 0 & \blacksquare & * & 0 & 0 \\
 & & & & & & & & & * & 0 & \blacksquare & 0 & * & 0 \\
 & & & & & & & & & & * & \blacksquare & 0 & 0 & * \\
 & & & & & & & & & & & \blacksquare & 0 & 0 & 0 \\
 & & & & & & & & & & & & * & 0 & 0 \\
 & & & & & & & & & & & & & * & 0 \\
 & & & & & & & & & & & & & & *
\end{bmatrix}
\begin{array}{l}
\left.\vphantom{\begin{matrix}1\\1\\1\\1\\1\\1\end{matrix}}\right\} \text{Freiheitsgrade des Fahrgestells} \\
\left.\vphantom{\begin{matrix}1\\1\\1\end{matrix}}\right\} \text{Freiheitsgrade der Vorderachse} \\
\left.\vphantom{\begin{matrix}1\\1\end{matrix}}\right\} \text{Freiheitsgrade der Hinterachse} \\
\left.\vphantom{\begin{matrix}1\\1\\1\\1\end{matrix}}\right\} \text{Freiheitsgrade der Räder}
\end{array}$$

Abb. 12.36 Koppelung der Subsysteme der Massenmatrix am Beispiel des Einflusses des linken Vorderrades

12.2 Simulation von Kraftfahrzeugen

Abhängig von der Aufgabenstellung, für die die in Abschn. 12.1 entwickelten komplexen Fahrzeugmodelle eingesetzt werden sollen, ist es notwendig, diese Modelle für die durchzuführenden unterschiedlichen Simulationen entsprechend aufzubereiten. Ziel ist es also, dafür eine geeignete Simulationsumgebung zu schaffen. Die zu erstellenden Simulationen haben im vorliegenden Fall in erster Linie mit fahrdynamischen Abläufen zu tun, wie sie im Zusammenhang mit unterschiedlichen Fahrzeugsicherheitssystemen, Komfortsystemen oder der immer breiter werdenden Palette der Fahrerassistenzsysteme auftreten. Als Beispiele seien hier genannt: aktive und passive Fahrzeugsicherheitssysteme, wie Antiblockiersysteme (ABS), Antriebsschlupfregelungen (ASR), elektronische Stabilitätsprogramme (ESP – Electronic Stability Program), automatische Abstandsregelungen (ACC – Adaptive Cruise Control) auf der aktiven Seite oder automatische Rückhaltesysteme zum Insassenschutz bei Überrollvorgängen als einem Beispiel aus der passiven Sicherheit. Hinter diesen Anwendungen steht nun eine bereits mehr als zwanzigjährige enge Zusammenarbeit in Form von konkreten Kooperations- und Entwicklungsprojekten mit der Fahrzeugzulieferindustrie sowie den Fahrzeugherstellern.

Zur Vermeidung von Unfällen werden dabei in den Fahrzeugen immer komplexere Regelsysteme eingesetzt. Dazu gehört z. B. das elektronische Stabilitätsprogramm ESP. Zusätzlich zur Regelung der Längsdynamik (ABS und ASR) berücksichtigt es, unter Betrachtung des Schwimmwinkels und der Giergeschwindigkeit, auch die Querdynamik (Erhardt und van Zanten 1995). Mit dem ESP soll die Stabilisierung der Fahrzeuge bei Situationen im physikalischen oder fahrerischen Grenzbereich gewährleistet und damit eine Überforderung des Fahrers vermieden werden. ABS, ASR und ESP sind bereits weit fortgeschritten und gehören heute in den meisten Fahrzeugmodellen zur Grundausstattung. Um die Entwicklungszeiten zu verkürzen und die Entwicklungskosten zu senken, wird bei solchen Systemen daher üblicherweise das Werkzeug der Fahrdynamiksimulation eingesetzt. In Zusammenarbeit mit der Robert Bosch GmbH wurde am Lehrstuhl für Mechatronik der Universität Duisburg-Essen in den Jahren 1990–1995 für die erste serienmäßige ESP-Entwicklung für die damalige S-Klasse (W140) der Daimler-Benz AG die Entwicklungsumgebung FASIM_C++ für dreidimensionale Fahrdynamiksimulationen erstellt. Diese wurde für die ESP-Entwicklung in Kombination mit kommerziellen Softwarepaketen in den unterschiedlichsten Anwendungsprojekten eingesetzt (Erhardt und van Zanten 1995).

12.2.1 Aufbau und Konzept von FASIM_C++

Das Simulationsprogramm FASIM_C++ bietet zum einen die Möglichkeit eines generellen Einblicks in das dynamische Systemverhalten des Fahrzeugs, zum anderen unterstützt es insbesondere die aufwendige Entwicklung von Fahrdynamikreglern. Das Programm besteht im Wesentlichen aus zwei Teilen: dem eigentlichen Fahrzeugmodell und dem Simulationsrahmen (Abb. 12.37).

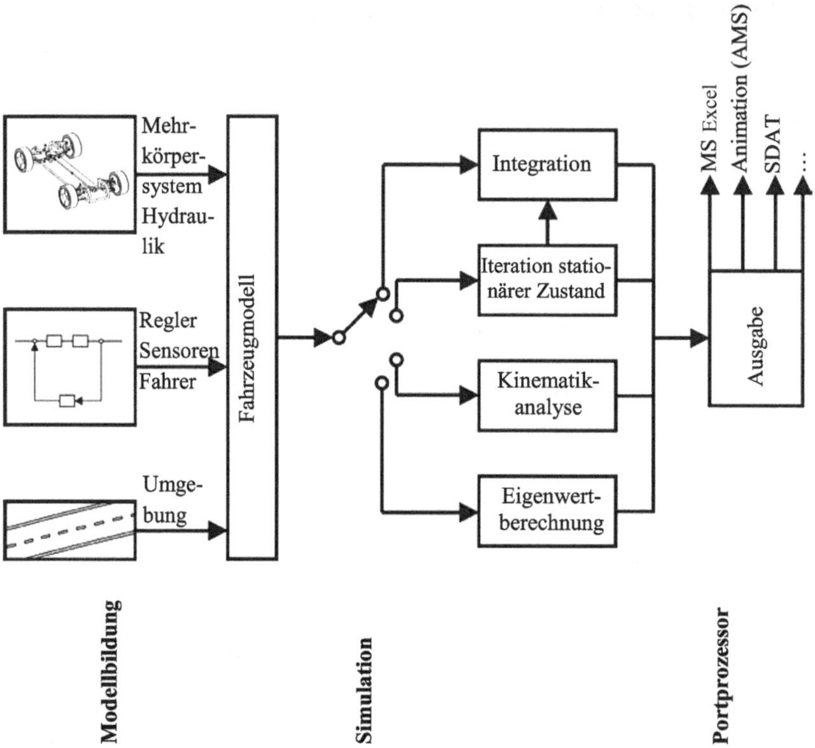

Abb. 12.37 Programmkonzept von FASIM_C++

Das Fahrzeugmodell lässt sich als Kombination

- eines Mehrkörpersystems zur Abbildung der mechanischen Eigenschaften,
- der Hydraulik für das Bremssystem,
- eines Fahrers,
- von zeitdiskreten Systemen wie Reglern und Sensoren und
- dem äußeren Einfluss durch die Umgebung

auffassen. Das Fahrzeugmodell kann zur Simulation oder zur Iteration von Gleichgewichtszuständen oder aber zur Analyse der Kinematik oder Linearisierung einschließlich einer Eigenwertberechnung dienen. Es stehen unterschiedliche Möglichkeiten zur Verfügung, um die Ergebnisse darzustellen. Das gesamte Programm kann über eine grafische Benutzeroberfläche WinFas (Adamski 2001) für Microsoft Windows bedient werden.

Für die Struktur eines solchen Simulationsprogramms ergeben sich zahlreiche Anforderungen:

- Wesentliche fahrdynamische Effekte eines Fahrzeugs müssen abgebildet werden.
- Es muss eine Trennung zwischen dem Simulationsrahmen (einschließlich numerische Integrationsverfahren) und der Systembeschreibung vorhanden sein.
- Der Austausch von Komponentenmodellen muss einfach sein. Zum Beispiel der Übergang von einfachen zu komplexen Komponentenmodellen oder der Austauschen von Radaufhängungstypen. Hierbei soll sich die Anzahl der jeweiligen Freiheitsgrade ändern können.
- Das Programm soll in seiner Struktur transparent sein, sodass Änderungen und Erweiterungen einfach möglich sind.
- Der Austausch von Komponentenmodellen muss einfach sein. Zum Beispiel der Übergang von einfachen zu komplexen Komponentenmodellen oder der Austauschen von Radaufhängungstypen. Hierbei soll sich die Anzahl der jeweiligen Freiheitsgrade ändern können.
- Während der Simulation muss ein einfacher Zugriff auf beliebige Systemgrößen (z. B. Sensorsignale) möglich sein.
- Die Eingabe von Stellsignalen vom Regler ins System muss ebenfalls einfach und flexibel sein.
- Niedrige Rechenzeiten, die durch effizientes Aufstellen der Bewegungsgleichungen erreicht werden können.

Als möglicher Lösungsansatz wurde die Konzeption der modular aufgebauten Simulationsumgebung FASIM_C++ erarbeitet. Sie wurde in der objektorientierten Programmiersprache C++ erstellt (Pichler 1999). Die Bewegungsgleichungen der mechanischen Komponenten werden in Minimalkoordinaten mit dem Verfahren der kinematischen Differentiale (Kap. 4) aufgestellt. Dieser Zugang erlaubt in einer speziellen Formulierung, auf die nachfolgend näher eingegangen wird, die Zerlegung des Fahrzeugs in Module (Fahrgestell, Vorderachse, Hinterachse, Reifen, Antriebsstrang, Motorlager) mit standardisierten Schnittstellen. Auch die übrigen nichtmechanischen Komponenten (Bremshydraulik, Umgebung, Fahrer, Verbrennungsmotor) werden als Module beschrieben.

Die modulare Struktur ist ein wesentlicher Vorteil des Simulationsprogramms FASIM_C++, da somit ein vergleichsweise einfaches Austauschen einzelner Systemkomponenten möglich ist. In dem nun folgenden Abschnitt wird ein Überblick über die bislang erstellten Module gegeben. Dem Anwender ist so die Auswahl passender Komponenten für sein Simulationsvorhaben möglich.

Wie ersichtlich ist, lassen sich folgende Grundprinzipien der Struktur von FASIM_C++ herleiten:

- Jedes Modul ist nach außen abgeschlossen und besitzt einen eigenen Datensatz sowie Methoden für die Initialisierung, für die Kinematik- und die Dynamikberechnung des Moduls (bei mechanischen Komponenten).

- Die interne Kommunikation zwischen den Modulen sowie mit einem übergeordneten Rahmen, der die Bewegungsgleichungen zusammenstellt, erfolgt über Schnittstellen, die nicht von der Komplexität des Moduls abhängen. Eine Änderung der Zahl der Freiheitsgrade äußert sich nur in der Dimension einiger Schnittstellengrößen und kann problemlos verarbeitet werden.
- Der Rechenfluss folgt dem Aufbau des Modells. Mit den verallgemeinerten Koordinaten als Eingang wird zunächst die Kinematik des Mehrkörpersystems in der Reihenfolge Fahrgestell, Achsen, Antriebsstrang sowie Räder berechnet. Daraufhin wird mit den nun bekannten kinematischen Werten die Dynamik der nichtmechanischen Module (Fahrer, Motor, Bremshydraulik) bestimmt. Schließlich erfolgt die Berechnung der Dynamik der mechanischen Komponenten des Mehrkörpermodells in umgekehrter Reihenfolge. Danach werden durch den Simulationsrahmen die Bewegungsgleichungen gebildet und diese anschließend in Zustandsform $\dot{\boldsymbol{x}} = \boldsymbol{f}(\boldsymbol{x}, t)$ gebracht. Nach der numerischen Integration der ersten Ableitung dieses Zustandsvektors wird dieser wiederum in die den Modulen entsprechenden verallgemeinerten Koordinaten zerlegt und der Rechenfluss beginnt von neuem.

Zur Durchführung eines Simulationsprojektes ist somit für den Anwender der folgende Arbeitsablauf vorgegeben. Zunächst wählt er aus der Modulbibliothek (s. Abschn. 12.2.2) die seinem Fahrzeugmodell entsprechenden Module aus. So könnte er beispielsweise nach der Auswahl eines Fahrgestells ein Modell für eine McPherson-Radaufhängung und eine Doppelquerlenkerachse wählen. Durch Hinzufügen eines Frontantriebsmoduls und eines dynamischen Reifenmodells wird der mechanische Bestandteil des Fahrzeugmodells komplettiert. Zur Vervollständigung des Gesamtmodells verwendet man weiterhin ein Fahrermodell, ein Modell für die Bremshydraulik sowie ein Motormodell. Zuletzt kann beispielsweise ein ABS- oder ESP-Regler installiert werden. Dem Anwender steht es nun frei, Parameter in den Steuerdatensätzen zu ändern oder individuelle Simulationsläufe zu erstellen (Kurvenfahrten, Fahrten über versetzte Bodenwellen usw.).

12.2.2 Modulare Struktur eines Fahrzeugmodells

Das Programm FASIM_C++, das primär für Straßenfahrzeuge entwickelt wurde, stellt die Bewegungsgleichungen komplexer modularer Mehrkörpersysteme mit aktiven Elementen in Minimalkoordinaten auf. Die Systeme werden als Starrkörpermodelle unterschiedlicher Komplexität abgebildet, die z. B. die nichtlineare Kinematik der Radaufhängungen berücksichtigt, die sich insbesondere im Auftreten von zahlreichen kinematischen Schleifen äußert und die für die korrekte Abbildung des dynamischen Verhaltens des Fahrzeugs eine wesentliche Rolle spielt.

Bei der Programmentwicklung wurde besonderes Gewicht auf das weitgehend automatische Aufstellen der Bewegungsgleichungen bei hoher Modularität des Gesamtprogramms und geringem Rechenzeitbedarf gelegt. Ferner sollen die einzelnen Module schnell erstellt und einfach ausgetauscht werden können. Wie dies realisiert worden ist, wird im nächsten Abschnitt erläutert.

Zur Realisierung eines hohen Modularitätsgrades ist eine systematische Strukturierung des Mehrkörpersystems „Fahrzeug" erforderlich. Die Schnittstellen zwischen den Modulen werden dabei so gelegt, dass sie beim Mehrkörpersystem an starren Verbindungen auftrennen. Dies bedeutet, dass jegliche Beschreibung der Gelenke in die Module gelegt wird, mit dem Vorteil, dass die Schnittstellen nach außen einheitlich behandelt werden können. Ein Mehrkörpersystem kann dadurch in anschauliche, realistische Baugruppen aufgeteilt werden (Pichler 1999).

Der Zusammenbau der einzelnen Module zu einem komplexen Mehrkörpersystem kann bei der gewählten Vorgehensweise als ein Zusammenstecken der einzelnen Baugruppen zu einem Gesamtsystem „Fahrzeug" interpretiert werden. Für jeden Typ einer Baugruppe wird ein Modul implementiert und in einer Bibliothek abgelegt. Da beim Aufstellen der Bewegungsgleichungen die benötigten Koppelelemente automatisch ermittelt werden, kann die Berechnung der Kinematik und Dynamik eines Moduls jeweils weitgehend unabhängig von allen anderen Modulen implementiert werden.

Um den Gedanken der Modularität und die Flexibilität dieses Konzeptes gebührend zu betonen, sollen in der Folge als Fahrzeugtypen neben einem reinen Pkw auch noch ein Gespann – bestehend aus Pkw und Wohnanhänger – sowie ein Sattelzug kurz vorgestellt werden. Deren Umsetzung in FASIM_C++ wird nachfolgend kurz erläutert.

Personenkraftfahrzeug Ein Fahrzeug wird in einem ersten Schritt in die Module Fahrgestell, Vorder- bzw. Hinterachse und die vier Räder unterteilt (siehe Abb. 12.38).

Die Unterscheidung der einzelnen Fahrzeugtypen (Fahrzeuge verschiedener Baureihen bzw. Hersteller) wird durch die Verwendung angepasster Module erreicht. So kann z. B. für den Modultyp Vorderachse eine Achse der folgenden Bauart ausgewählt werden: Abb. 12.38.

- Starrachse,
- Doppelquerlenkerachse,
- McPherson-Achse,
- Doppelgelenkfederbeinachse,
- Vierlenkerachse,
- Raumlenkerachse.

Mit jeder Bauart ist ein spezieller Datensatz verbunden, der die herstellerspezifischen Abmessungen und Parameter enthält.

Ein konkretes Beispiel für ein Fahrzeugmodell ist die Modellierung eines Mercedes-Benz W140 (Abb. 12.39), das Zielfahrzeug während der weiter oben erwähnten Kooperation mit der Fahrzeugzulieferindustrie. In seinem mechanischen Aufbau und seiner topologischen Struktur ist es dem zu Beginn dieses Kapitels vorgestellten hinterradgetriebenen 5er BMW sehr ähnlich. Die Vorderachse ist eine Doppelquerlenkerachse

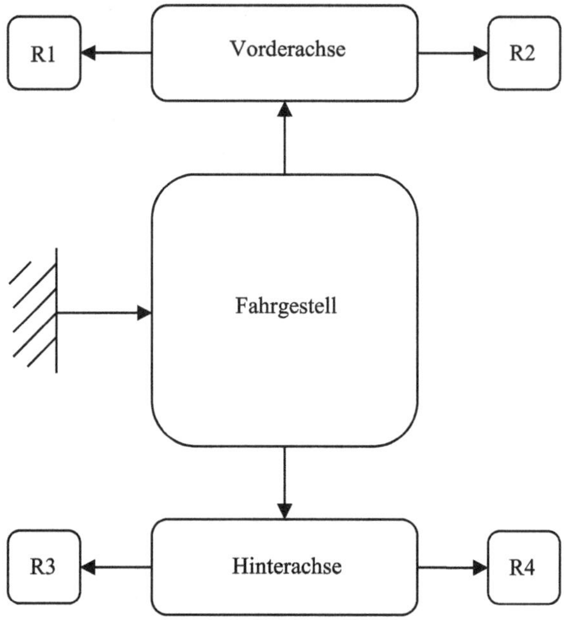

Abb. 12.38 Struktur eines Personenkraftfahrzeugs

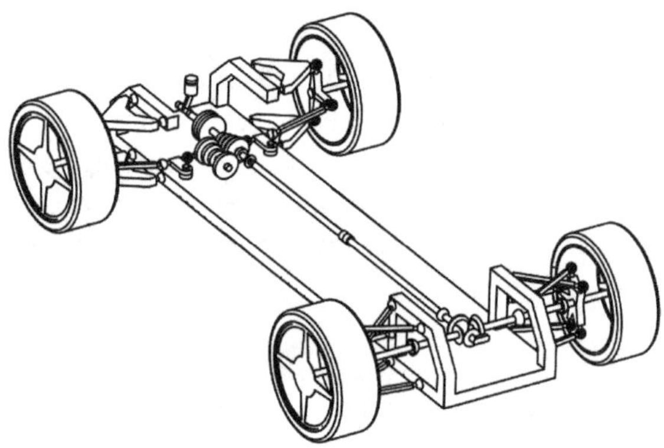

Abb. 12.39 Komplexes Mehrkörpermodell eines MB W140 (frühere S-Klasse)

mit drei Freiheitsgraden, wobei die Lenkung als ein Gelenkviereck mit Lenkdämpfer ausgeführt ist. Als Hinterachse wird das Modell einer Raumlenkerachse (je ein Freiheitsgrad) verwendet. Für den Antriebsstrang steht ein Heckantrieb mit Automatikgetriebe zur Verfügung. Das Rad ist in eine Felge, die zum Antriebsstrang gehört, und in einen Reifen unterteilt, die fest miteinander verbunden sind. Die Felge übernimmt den Drehfreiheitsgrad sowie die Masseneigenschaften des Rades. Das Reifenmodell kann aus mehreren Modellen mit unterschiedlicher Komplexität und Aufgabenstellung gewählt werden. Für Standardanwendungen wird ein Reifenmodell nach HSRI (s. Abschn. 7.4.6) eingesetzt. Eine genauere Beschreibung des Fahrzeugmodells ist in (Schmitz 1994) zu finden. Die kinematische Struktur ähnelt der des in Abschn. 12.1.1 wiedergegeben Fahrzeugs.

Wohnanhänger Durch konsequente Ausnutzung der Möglichkeiten der Programmiersprache C++ können in FASIM_C++ eine Vielzahl von Fahrzeugtypen simuliert werden, ohne dass ein neues Programm erstellt werden muss. Auf diese Weise ist es z. B. möglich einen Pkw mit Wohnanhänger zu simulieren (Abb. 12.40). Die zugehörige Modulstruktur ist in Abb. 12.41 dargestellt.

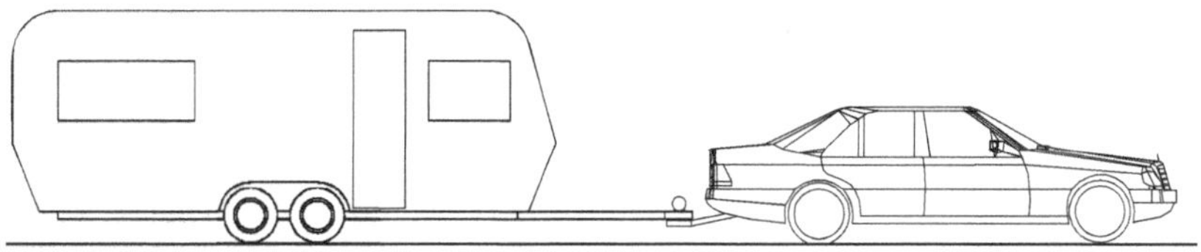

Abb. 12.40 Skizze eines Wohnwagengespanns

Abb. 12.41 Modulstruktur eines Wohnwagengespanns

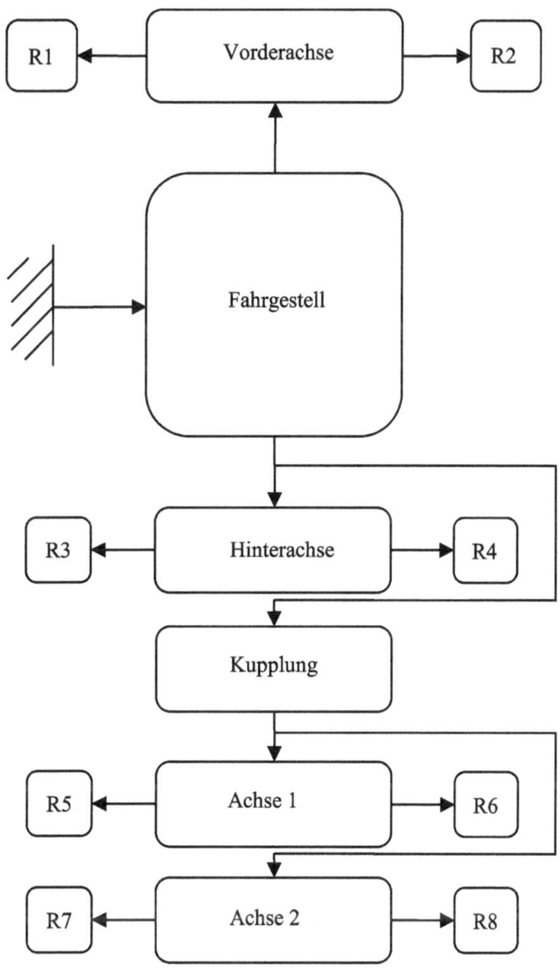

Da der überwiegende Teil von Wohnanhängern über eine Auflaufbremse verfügt (Uffelmann 1980), wurde auch das Anhängermodul mit dem Modell solch einer Bremse versehen. Da die Auflaufbremse ein Beispiel für ein strukturvariantes System darstellt, soll sie im Folgenden näher erläutert werden. Als Anhängerachse wird eine Drehstabfederachse verwendet.

Die Auflaufbremse erzeugt selbsttätig ein Bremsmoment, das durch den Auflaufvorgang des Anhängers beim Abbremsen des Zugfahrzeugs entsteht. Die Deichsel des Anhängers ist in einem bestimmten Bereich längsverschiebbar, sodass der Anhänger beim Bremsen die Deichsel durch die entstehende Längskraft gegen eine Feder und einen Dämpfer zusammenschiebt. Durch die Relativbewegung zwischen Anhänger und Zugfahrzeug wird so die Bremse betätigt. Die Deichsel besitzt zwei Anschläge. Wird einer der Anschläge erreicht, so muss der translatorische Freiheitsgrad der Kupplung abgeschaltet werden. Die Einschalt- bzw. Abschaltbedingung werden in diesem einfachen Modell durch eine Schätzung festgelegt. Die Entwicklungsumgebung FASIM_C++ ist zwar in der Lage zu jedem Zeitpunkt alle benötigten Größen exakt zu berechnen, doch hat es sich in diesem Fall gezeigt, dass eine Schätzung der notwendigen Kräfte zu einem guten und schnelleren Ergebnis führt. Für die Beurteilung, ob der Freiheitsgrad zugeschaltet werden muss oder nicht, dient zum einen die Anhängerlängskraft F_A:

$$F_A = m_A\, a_{abs} \tag{12.1}$$

mit

F_A : Deichsellängskraft [N],
m_A : Masse des Anhängers [kg],
a_{abs} : Beschleunigung in Koordinaten des Inertialsystems [m/s^2] (betrachtet wird nur der Anteil in der x-y-Ebene)

und zum anderen die Federkraft F_F der in der Deichsel eingebauten Feder

$$F_F = C_F x_{B_{max}} \tag{12.2}$$

mit

F_F : Federkraft [N],
c_F : Federkonstante [N/m],
$x_{B_{max}}$: Federweg bis zum Anschlag [m].

Solange $F_A \leq F_F$, d. h., solange die Kraft aus der Verzögerung kleiner bleibt als die Federkraft, ist der Freiheitsgrad zugeschaltet. Die Anschläge der Bremse sind jedoch so gewählt, dass sie sich bei Fahrten mit geringer Beschleunigung bzw. Verzögerung durch die aerodynamische Kraft des Anhängers und dem Rollwiderstand der Reifen im hinteren Anschlag befindet. Der Freiheitsgrad der Auflaufbremse wird dadurch abgeschaltet und die Berechnungszeit verkürzt sich.

Abb. 12.42 Skizze eines Sattelkraftfahrzeugs

Sattelkraftfahrzeug Im Unterschied zu dem vorhergehenden Beispiel des Wohnwagengespanns ist die Anhängerkupplung (Sattelkupplung) bei einem Sattelkraftfahrzeug (Abb. 12.42) vor der Hinterachse des Zugfahrzeugs angebracht. Das Modell eines Sattelkraftfahrzeugs zeigt, dass sich die Möglichkeiten von FASIM_C++ nicht auf Personenkraftfahrzeuge beschränken. Um dies prinzipiell zu zeigen, wurde ein einfaches Fahrzeugmodell entworfen. Das Gesamtfahrzeugmodell ist aber in der Lage, wesentliche Effekte bereits gut nachzubilden. Da bei einem Fahrzeug dieser Ausmaße (Länge ca. 15 m, Gewicht ca. 30 t) nicht mehr von starren Aufbauten ausgegangen werden kann, wurden im Fahrgestell der Zugmaschine eine und im Rahmen des Auflegers zwei konzentrierte Elastizitäten eingefügt. Die eingesetzten Module „Elastizität“ erlauben eine Verdrehung um die Fahrzeuglängsachse. Auf diese Weise soll der verwindungsweiche Rahmen nachgebildet werden. Die Modulstruktur des Sattelkraftfahrzeuges wird in Abb. 12.43 wiedergegeben. Insgesamt verfügt das Modell über 32 Freiheitsgrade. Die kinematische Topologie eines Sattelkraftfahrzeugs ist in Abb. 12.44 dargestellt. Sie ist sehr einfach gehalten und enthält nur eine kinematische Schleife (Lenkung).

12.2.3 Aufstellen der Bewegungsgleichungen

Bei der Berechnung der Kinematik des Systems wird auf bewährte Konzepte zurückgegriffen (Hiller 1989, s. auch Kap. 3). Hierbei wird die Berechnung der globalen Kinematik in eine relative Kinematik – d. h. Lösung der Bindungsgleichungen – und eine absolute Kinematik – d. h. Bestimmung der absoluten Position, Geschwindigkeit und Beschleunigung der Körper – unterteilt. Zur topologischen Strukturierung des Mehrkörpersystems wird der kinematische Transformator zur Darstellung des Übertragungsverhaltens einer kinematischen Einzelschleife und deren Verknüpfung zu einem kinematischen Netz

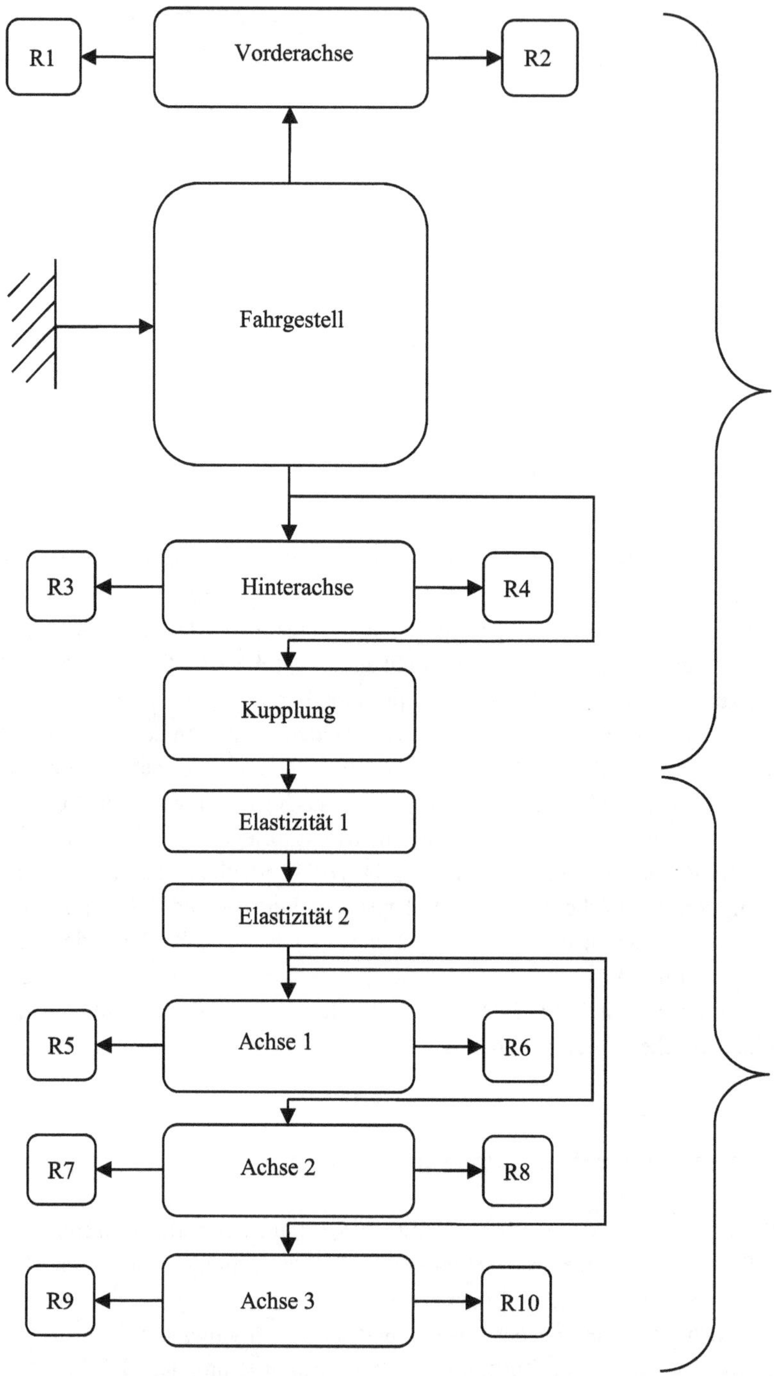

Abb. 12.43 Modulstruktur des Sattelkraftfahrzeugs

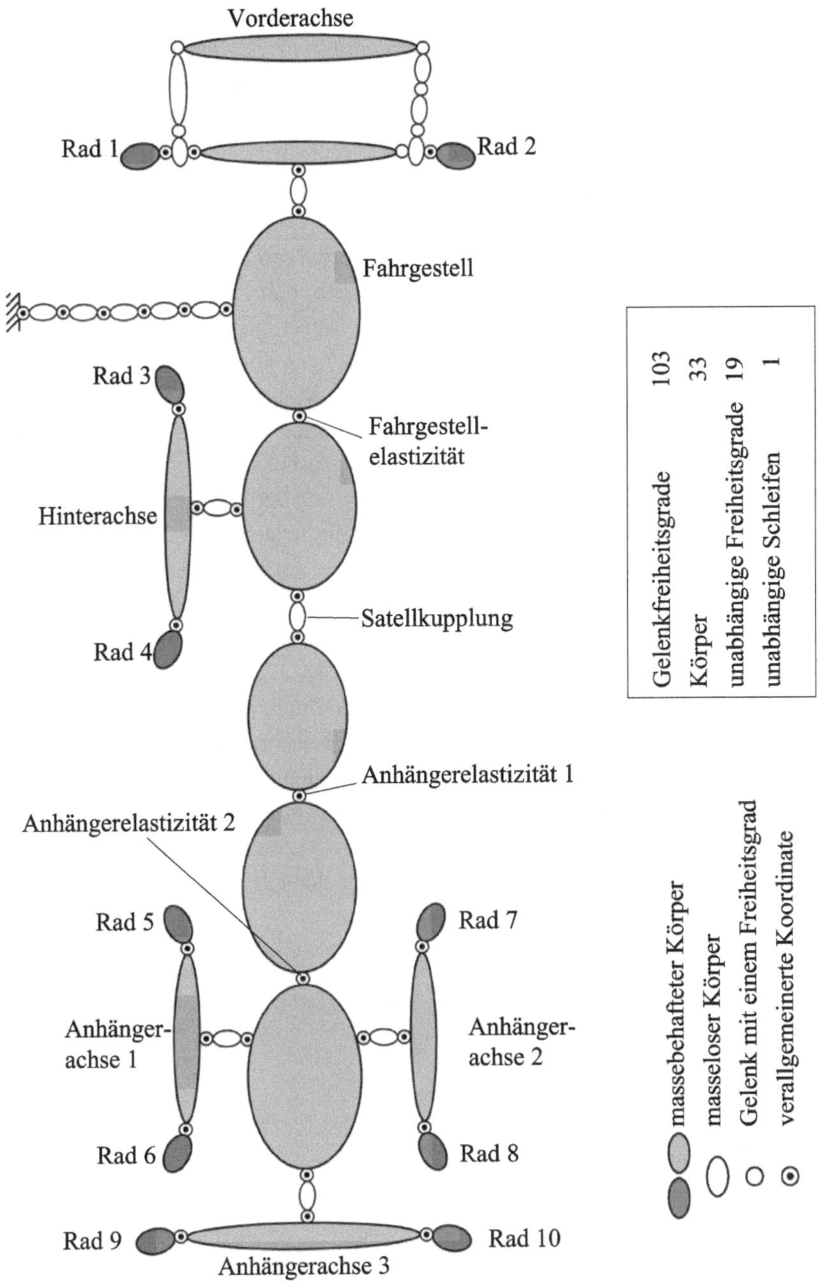

Abb. 12.44 Gelenkkörperdarstellung eines Sattelkraftfahrzeugs – Topologie

verwendet (Hiller et al. 1986), wobei hier nur eine kinematische Schleife auftritt. Die Kinematik der Einzelschleifen kann mit dem Verfahren des charakteristischen Gelenkpaares in rekursiver oder weitgehend rekursiver Form gelöst werden (Woernle 1988). Zur Berechnung der Kinematik kann zusätzlich das in der objektorientierten Programmiersprache C++ entwickelte Programmpaket Mobile verwendet werden (Kecskeméthy 1993).

Die Bewegungsgleichungen des Systems werden in Minimalkoordinaten aufgestellt, wobei die benötigten partiellen Ableitungen der Körperkoordinaten nach den verallgemeinerten Koordinaten mit dem Verfahren der kinematischen Differentiale ermittelt werden (Kecskeméthy and Hiller 1989). Diese Vorgehensweise basiert auf der oben erläuterten Behandlung der Kinematik. Die Bewegungsgleichungen können weitgehend automatisch aufgestellt werden, wenn die einzelnen Module des Systems, wie bereits verdeutlicht, in Baumstruktur miteinander verkoppelt sind und von der Wurzel beginnend zu den Blättern initialisiert werden. Die Schnittstellen werden hierbei selbstständig aufgebaut. Durch eine konsequente Partitionierung der Massenmatrix und der JACOBI-Matrizen können die infolge der Topologie des Systems auftretenden Nulloperationen vermieden werden (Pichler 1999). Der Einfluss der Koppelung der Subsysteme auf die Massenmatrix wurde bereits in Abschn. 12.1.3 für einen Pkw ausführlich erläutert (vgl. Abb. 12.36). Im Folgenden werden die Modulstruktur, die Gelenkkörperdarstellung und die schematische Darstellung der Massenmatrix eines Sattelkraftfahrzeugs in Abb. 12.43, 12.44, 12.45 dargestellt.

Die Berechnung wird insgesamt in eine Initialisierung, einen Kinematikteil (Position, Geschwindigkeit und kinematische Differentiale), bei dem das System von der Wurzel zu den Blättern durchgerechnet wird, und einen Dynamikteil (eingeprägte Kräfte bzw. Momente und Aufstellen der Bewegungsgleichungen), bei dem das System in umgekehrter Reihenfolge abgearbeitet wird, aufgeteilt.

Den verwendeten Bewegungsgleichungen liegt nach Kap. 4 das d'ALEMBERTsche Prinzip in der LAGRANGEschen Fassung zugrunde:

$$\sum_{i=1}^{n_B} \left[\left(m_i \ddot{\boldsymbol{r}}_{S_i} - \boldsymbol{F}_i \right)^T \cdot \delta \boldsymbol{r}_{S_i} + \left(\boldsymbol{\Theta}_{S_i} \dot{\boldsymbol{\omega}}_i + \boldsymbol{\omega}_i \times \boldsymbol{\Theta}_{S_i} \boldsymbol{\omega}_i - \boldsymbol{T}_{S_i} \right)^T \cdot \delta \boldsymbol{\varphi}_i \right] = 0 \tag{12.3}$$

mit den Bezeichnungen

n_B	: Anzahl der massebehafteten Körper,
$m_i, \boldsymbol{\Theta}_{S_i}$	: Masse und Trägheitstensor bezogen auf den Schwerpunkt S,
$\ddot{\boldsymbol{r}}_{S_i}$	: Beschleunigung des Schwerpunktes,
$\boldsymbol{F}_i, \boldsymbol{T}_{S_i}$	: eingeprägte Kraft bzw. Moment bzgl. ich des Schwerpunktes,
$\delta \boldsymbol{r}_{S_i}; \delta \boldsymbol{\varphi}_i$	: virtuelle Verschiebung und virtuelle Verdrehung.

Die virtuellen Verschiebungen aus Gl. (12.3) sind aufgrund der Bindungen des Systems nicht unabhängig voneinander. Um also die Bewegungsgleichungen des Mehrkörpersystems in Minimalkoordinaten darstellen zu können, ist die Einführung von f unabhängigen

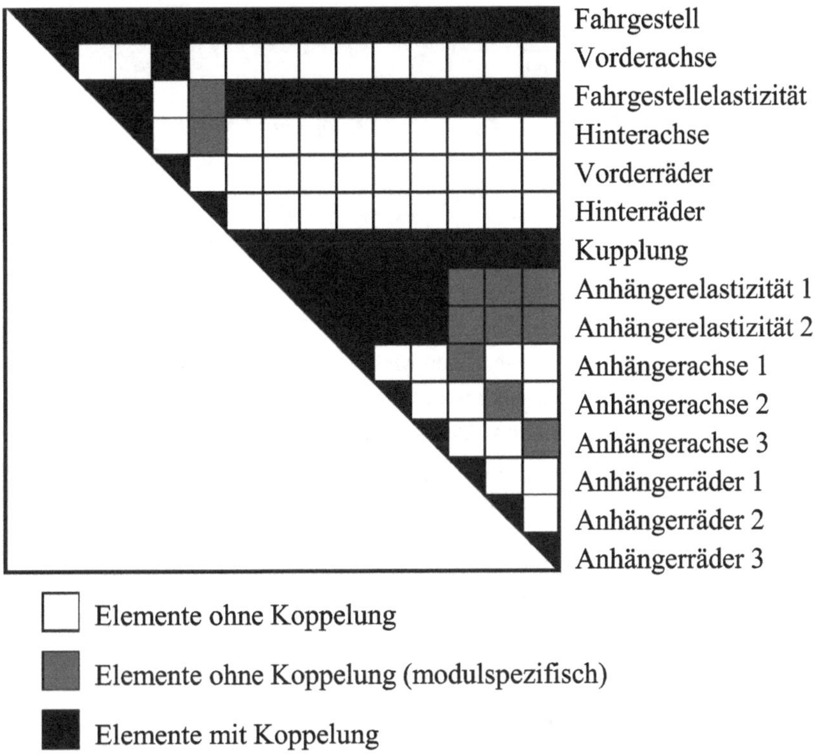

Abb. 12.45 Schematisierte Darstellung der Massenmatrix für den Sattelzug

verallgemeinerten Koordinaten $q_1, \ldots, q_f$ sinnvoll. Dabei entspricht f der Anzahl der Freiheitsgrade und bestimmt somit die Dimension der Massenmatrix. Die Bewegungsgleichungen des mechanischen Systems in Minimalkoordinaten ergeben sich zu

$$\boldsymbol{M}\ddot{\boldsymbol{q}} + \boldsymbol{b} = \boldsymbol{Q} \tag{12.4}$$

mit den Bezeichnungen und Dimensionen

$\boldsymbol{q}$: $[f \times 1]$ – Vektor der verallgemeinerten Koordinaten,
$\boldsymbol{M}$: $[f \times f]$ – verallgemeinerte Massenmatrix,
$\boldsymbol{b}$: $[f \times 1]$ – Vektor der verallgemeinerten Coriolis-, Zentrifugal- und Kreiselkräfte
$\boldsymbol{Q}$: $[f \times 1]$ – Vektor der verallgemeinerten eingeprägten Kräfte

Mithilfe des Verfahrens der kinematischen Differentiale werden unter Verwendung der Pseudogeschwindigkeiten $\tilde{\boldsymbol{r}}_{S_i}^{(j)}$, $\tilde{\boldsymbol{\omega}}_i^{(j)}$ und der Pseudobeschleunigungen $\tilde{\boldsymbol{r}}_{S_i}$, $\tilde{\boldsymbol{\omega}}_i$ die Elemente der Bewegungsgleichungen berechnet (Kecskeméthy and Hiller 1989; Kecskeméthy 1993). Die Elemente erhalten so die Form (Abschn. 4.6)

$$M_{j,k} = \sum_{i=1}^{n_B} \left[m_i \tilde{\boldsymbol{r}}_{S_i}^{(j)} \cdot \tilde{\boldsymbol{r}}_{S_i}^{(k)} + \tilde{\boldsymbol{\omega}}_i^{(j)} \cdot \left(\boldsymbol{\Theta}_{S_i} \tilde{\boldsymbol{\omega}}_i^{(k)} \right) \right], \tag{12.5}$$

$$b_j = \sum_{l=1}^{n_B} \left[m_i \tilde{\boldsymbol{r}}_{S_i}^{(j)} \cdot \tilde{\ddot{\boldsymbol{r}}}_{S_i} + \tilde{\boldsymbol{\omega}}_i^{(j)} \cdot \left(\boldsymbol{\Theta}_{S_i} \tilde{\dot{\boldsymbol{\omega}}}_i + \boldsymbol{\omega}_i \times \boldsymbol{\Theta}_{S_i} \boldsymbol{\omega}_i \right) \right], \tag{12.6}$$

$$Q_j = \sum_{l=1}^{n_B} \left[\tilde{\boldsymbol{r}}_{S_i}^{(j)} \cdot \boldsymbol{F}_i + \tilde{\boldsymbol{\omega}}_i^{(j)} \cdot \boldsymbol{T}_i \right]. \tag{12.7}$$

Um das Verfahren der kinematischen Differentiale auf die neu eingeführte Modulstruktur der Fahrzeuge korrekt zu übertragen, müssen die Bewegungsgleichungen umgeformt werden. Der Vorteil der dann verwendeten Methode liegt in der Modularisierung der benötigten Matrizen und Vektoren, sodass die einzelnen Elemente von den entsprechenden Modulen berechnet werden können. Deshalb sind die Gl. (12.8)–(12.10) in eine innere Summe innerhalb eines Moduls l über alle seine Körper n_B und eine äußere Summe über alle Module n_M unterteilt (Pichler 1999).

$$M_{j,k} = \sum_{i=1}^{n_B} \sum_{i \in l_i} \left[m_i \tilde{\boldsymbol{r}}_{S_i}^{(j)} \cdot \tilde{\boldsymbol{r}}_{S_i}^{(k)} + \tilde{\boldsymbol{\omega}}_i^{(j)} \cdot \left(\boldsymbol{\Theta}_{S_i} \tilde{\boldsymbol{\omega}}_i^{(k)} \right) \right], \tag{12.8}$$

$$b_j = \sum_{l=1}^{n_B} \sum_{i \in l_i} \left[m_i \tilde{\boldsymbol{r}}_{S_i}^{(j)} \cdot \tilde{\ddot{\boldsymbol{r}}}_{S_i} + \tilde{\boldsymbol{\omega}}_i^{(j)} \cdot \left(\boldsymbol{\Theta}_{S_i} \tilde{\dot{\boldsymbol{\omega}}}_i + \boldsymbol{\omega}_i \times \boldsymbol{\Theta}_{S_i} \boldsymbol{\omega}_i \right) \right], \tag{12.9}$$

$$Q_j = \sum_{l=1}^{n_B} \sum_{i \in l_i} \left[\tilde{\boldsymbol{r}}_{S_i}^{(j)} \cdot \boldsymbol{F}_i + \tilde{\boldsymbol{\omega}}_i^{(j)} \cdot \boldsymbol{T}_i \right]. \tag{12.10}$$

Die Vektoren mit dem Symbol „$\sim$" sind die bereits in Abschn. 4.6 eingeführten Pseudo-Geschwindigkeiten bzw. Pseudo-Beschleunigungen und werden wie folgt definiert:

$$\tilde{\boldsymbol{r}}_{S_i}^{(j)} = \frac{\partial \boldsymbol{r}_{S_i}}{\partial q_j}, \; \tilde{\ddot{\boldsymbol{r}}}_{S_i} = \sum_{j=1}^{f} \sum_{k=1}^{f} \frac{\partial^2 \boldsymbol{r}_{S_i}}{\partial q_j \partial q_k} \dot{q}_j \dot{q}_k, \tag{12.11}$$

$$\tilde{\boldsymbol{\omega}}_i^{(j)} = \frac{\partial \boldsymbol{\omega}_i}{\partial \dot{q}_j}, \; \tilde{\dot{\boldsymbol{\omega}}}_i = \sum_{j=1}^{f} \frac{\partial \boldsymbol{J}_{\omega_i}}{\partial q_j} \dot{q} \dot{q}_j; \boldsymbol{J}_{\omega_i} = \frac{\partial \boldsymbol{\omega}_i}{\partial \dot{q}} \tag{12.12}$$

mit

$m_i, \boldsymbol{\Theta}_i$: Masse und Trägheitstensor des Körpers i
$\boldsymbol{F}_i, \boldsymbol{T}_i$: eingeprägte Kraft, eingeprägtes Moment,
$\boldsymbol{\omega}_i$: Winkelgeschwindigkeit

Durch die Anwendung der Kinematik des Fahrzeugmodells können die Pseudo-Geschwindigkeiten und Pseudo-Beschleunigungen berechnet werden. Bedingt durch die Baumstruktur des Modells ist diese analytische Berechnung mithilfe der kinematischen

Differentiale wesentlich schneller als die konventionelle analytische Berechnung durch Differentiation der Lagebeziehungen. Die modulare Struktur wird aus der Massenmatrix des bereits beschriebenen Modells eines Sattelkraftfahrzeugs, die in Abb. 12.45 dargestellt ist, deutlich.[2]

Aus Abb. 12.45 ist ersichtlich, dass die Massenmatrix symmetrisch ist, sodass sie nur zur Hälfte ausgewertet werden braucht. Die Berechnung der einzelnen Elemente der Massenmatrix wird nun blockweise durchgeführt. Da mittels der Schnittstellen zwischen den Modulen der Weg von Inertialsystem (Wurzel) zum Modul (Blatt) bekannt ist, werden nur die Koppelungen berücksichtigt, die auf diesem Weg liegen. Bei allen anderen Koppelungen käme es systembedingt zu Nulloperationen. Die Berechnung der Blöcke ist in zwei Stufen unterteilt:

- Berechnung der Blöcke der Hauptdiagonalen und
- Berechnung der Blöcke der Nebendiagonalen.

Neben den Elementen, die strukturbedingt Null bleiben, gibt es noch Elemente, bei denen im Standardfall eine Koppelung vorliegt, es jedoch bedingt durch die spezielle Kinematik ebenfalls zu Nulloperationen kommt. Im speziellen Fall des hier betrachteten Sattelkraftfahrzeugs stehen die Räder senkrecht auf der Achse, sodass die Koppelterme zwischen Achse und Rad verschwinden (aufgrund des Skalarproduktes). Dies kann jedoch nicht automatisch erkannt und muss deshalb modulintern entsprechend behandelt werden, um so zu einer Rechenzeitoptimierung zu gelangen.[3] Auch für die Elemente des Vektors der verallgemeinerten Coriolis,- Zentrifugal- und Kreiselkräfte $\boldsymbol{b}$ und des Vektors der verallgemeinerten Kräfte $\boldsymbol{Q}$ werden nur die Rechenoperationen durchgeführt, die einen Beitrag ungleich Null zum Ergebnis liefern. Betrachtet man beispielsweise die Drehbewegung der Räder der dritten Anhängerachse, so wird deutlich, dass die Koordinaten der Räder zwar von den Bewegungen der zugehörigen Achse, der beiden Anhängerelastizitäten, der Anhängerkupplung, der Fahrgestellelastizität sowie natürlich des Fahrgestells beeinflusst werden, nicht aber von den Bewegungen der restlichen Module. Es ist einsichtig, dass eine Drehung eines anderen Rades keinen Einfluss auf das betrachtete Rad hat.

Die äußere Modellstruktur enthält keine kinematischen Schleifen. Innerhalb der einzelnen Module können aber sehr wohl Schleifen existieren (z. B. Lenkung, Radaufhängungen, …). Diese Schleifen werden modulintern über geeignete Mechanismen gelöst. Die Berechnung der Kinematik und der Dynamik erfolgt modulweise. Zuerst wird die Kinematik entsprechend der Baumstruktur bei der Wurzel beginnend ausgewertet. Danach wird die Dynamik in umgekehrter Reihenfolge berechnet.

---

[2]Die Module wurden zusammengefasst, da die Darstellung aller 32 Freiheitsgrade zu unübersichtlich wird.

[3]Eine Mitberechnung dieser Terme würde keine Ergebnisveränderung bewirken aber Rechenzeit verbrauchen.

Mit den verwendeten Verfahren können die einzelnen Module zu einem Mehrkörpersystem mit einer beliebigen Anzahl von Freiheitsgraden und Modulen in Baumstruktur verknüpft werden. Insbesondere können auf einfache Art die Module ausgetauscht und die Struktur des Gesamtsystems variiert werden. Das entwickelte Konzept kann auf den Fall erweitert werden, bei dem die Module zu Schleifen verknüpft sind. Diese Schleifenstruktur von Modulen erhält man beim Fahrzeug z. B. bei der Einführung von Achsträgern und bei der Modellierung des Antriebsstranges.

12.2.4 Numerische Integration

Es werden verschiedene Integrationsverfahren angeboten, die abhängig von der Aufgabe und dem zu simulierenden System gewählt werden können. Im Einzelnen stehen in FASIM_C++ folgende Verfahren zur Verfügung:

Einschrittverfahren:

- HEUN-Verfahren

Mehrschrittverfahren:

- Prädiktor-Korrektor-Verfahren nach ADAMS
- LSODAR-Integrationsverfahren (umschaltbar zwischen explizitem ADAMS- und impliziten BDF-Verfahren)

Einschrittverfahren Als einfaches Einschrittverfahren wird die Methode von EULER verwendet:

$$y_{i+1} = y_i + hf(t_i, y_i)\,. \tag{12.13}$$

Sie benötigt in der Regel sehr kleine Schrittweiten h, um gute Näherungswerte zu liefern (Schwarz 1993). Aus diesem Grund wird ein Verfahren nach HEUN verwendet, das die Funktion $f(t, y)$ an zwei Stellen auswertet. Geometrisch kann dieses Verfahren über die Steigungen interpretiert werden (Abb. 12.46). Die Fehlerordnung wird so von 1 auf 2 erhöht.

$$y_{i+1} = y_i + hf\left(t_i + \frac{h}{2}, y_i + \frac{h}{2} f(t_i, y_i)\right) \tag{12.14}$$

Der Vorteil dieser Methode ist ihre kürzere Rechenzeit. Bei anspruchsvollen Fahrmanövern z. B. mit blockierenden Reifen oder bei Überrollsimulationen ist die erreichbare Genauigkeit jedoch oftmals nicht mehr ausreichend, sodass komplexere Verfahren verwendet werden müssen.

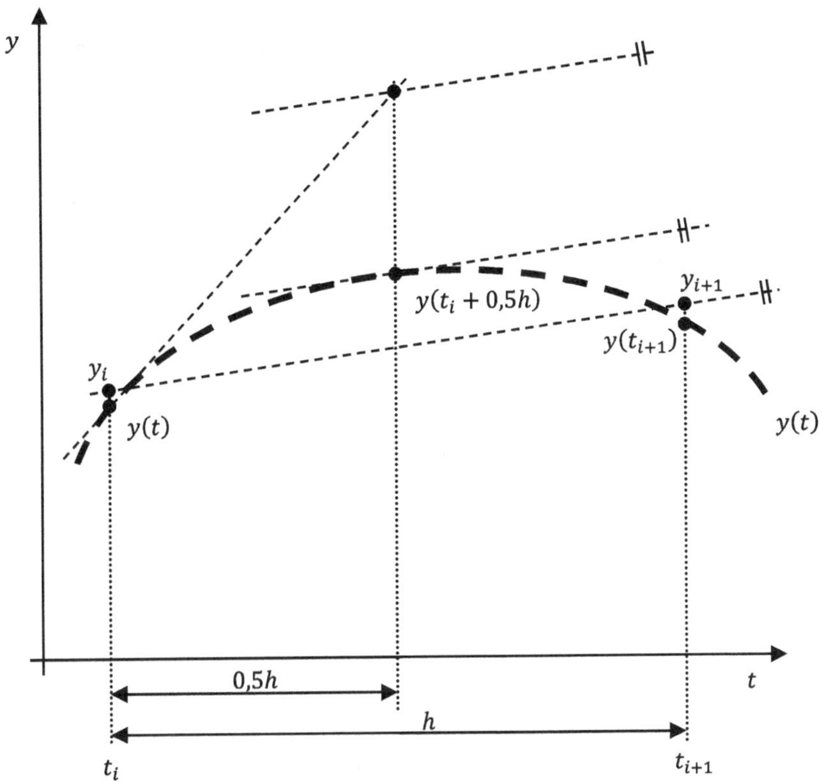

Abb. 12.46 Explizites Einschrittverfahren nach EULER

Ein großer Vorteil des Verfahrens liegt in seiner Echtzeitfähigkeit wie sie für Hardware-in-the-Loop-Simulationen vorausgesetzt wird. Für die Berechnung eines weiteren Zustandswertes werden nur Größen benötigt, die zum aktuellen Zeitschritt verfügbar sind (explizite Einschrittverfahren).

Mehrschrittverfahren Da bei der Modellierung eines Fahrzeugs als mechatronisches System Komponenten mit sehr unterschiedlichen Eigenfrequenzen eingebunden sein können, ist die Wahrscheinlichkeit groß, ein steifes System von Differentialgleichungen zu erhalten. Integrationsverfahren mit automatischer Schrittweitensteuerung versuchen, den lokalen Fehler so gering wie möglich zu halten. Überschreitet der Fehler einen vorgegebenen Maximalfehler, so wird die Schrittweite verkleinert. Unterschreitet der Fehler den Maximalfehler wesentlich, so wird die Schrittweite entsprechend vergrößert. Bei nichtsteifen Systemen kann in der Regel die Schrittweite abhängig vom betragsmäßig größten

Eigenwert (bzw. der kleinsten Zeitkonstante) gewählt werden, ohne dass das Stabilitätsgebiet des Integrationsverfahrens verlassen wird. Bei steifen Systemen ist dies problematisch, da eine Schrittweitenanpassung abhängig vom betragsmäßig größten Eigenwert zu numerischen Problemen mit Rundungsfehlern bei den Komponenten mit wesentlich geringeren Eigenwerten führen kann und zusätzlich zu erheblich längeren Rechenzeiten. Daher ist es erforderlich, FASIM_C++ mit numerischen Integrationsverfahren zu versehen, die sowohl steife als auch nichtsteife Differentialgleichungen integrieren können.

Zur numerischen Integration der Differentialgleichungen werden lineare Mehrschrittverfahren der Form

$$y_i = \sum_{n=0}^{K_1} \alpha_{i,n} y_{i-n} + h \sum_{n=0}^{K_2} \beta_{i,n} \dot{y}_{i-n} \tag{12.15}$$

genutzt, die in (Gupta et al. 1985) ausführlich beschrieben werden. Hierbei sind $\alpha_{i,n}$ und $\beta_{i,n}$ konstante Koeffizienten. Die Schrittweite h wird dabei vom Integrator intern gesteuert. Der Index i bezeichnet in dieser Formel den zuletzt durch numerische Integration ermittelten Wert.

Abhängig von der Größe der von der verwendeten Integrationsordnung q abhängigen Größen K_1 und K_2 lassen sich nun zwei spezielle Gruppen von Integrationsverfahren herleiten. Die expliziten Adams-Verfahren lassen sich aus Gl. (12.15) herleiten, indem man $K_1 = 1$ und $K_2 = q{-}1$ setzt. Im Rahmen der betrachteten Integrationsprogramme wird mit einer Ordnung q wischen Eins und Zwölf integriert (Shampine und Gordon 1984; Hindmarsh 1993). Adams-Formeln werden zur Lösung nichtsteifer Differentialgleichungen verwendet. Durch Umformung ergibt sich folgende Beziehung

$$y_i = y_{i-1} + h \sum_{n=0}^{q-1} \beta_n \dot{y}_{i-n}. \tag{12.16}$$

Auch die BDF-Formeln (BDF = Backward Differentiation Formula), die zur Lösung steifer Differentialgleichungen verwendet werden, sind Mehrschrittverfahren, die unmittelbar aus Gl. (12.15) folgen. Sie haben u. a. den Vorteil, wesentlich größerer numerischer Stabilitätsbereiche. Implizite Verfahren sind pro Schritt aufwendiger, erlauben aber größere Schrittweiten, was bei steifen Differentialgleichungen wichtig ist. Es ist aber zu beachten, dass der Dynamikeinfluss der betragsgrößten Eigenwerte numerisch weggedämpft wird.

Für $K_1 = q$ und $K_2 = 0$ ergibt sich nach einer kurzen Umformung

$$y_i = \sum_{n=1}^{q} \alpha_n y_{i-n} + h\beta_0 \dot{y}_i. \tag{12.17}$$

Diese Verfahren benötigen jedoch eine wesentlich höhere Rechenzeit. Da die Steifigkeit eines Systems eine lokale Eigenschaft ist, die durch die JACOBI-Matrix, der

Systemmatrix der lokalen Linearisierung, bestimmt wird, ändert sie sich bei den betrachteten nichtlinearen Systemen während der Simulation (Breitenecker 1996). Liegen alle Eigenwerte der Jakobi-Matrix wieder in derselben Größenordnung, so braucht das System nicht mehr mit den Methoden für steife Systeme behandelt zu werden und ein Umschalten auf Methoden für nichtsteife Systeme würde die Rechenzeit erheblich verkürzen.

Aus diesem Grund wird in FASIM_C++ das LSODAR-Integrationsverfahren zur Lösung steifer und nichtsteifer Differentialgleichungen verwendet. Es ist durch Auswertung eines in (Petzold 1980) beschriebenen Algorithmus in der Lage, steife bzw. nichtsteife Systeme zu erkennen und unterschiedlich zu behandeln. Zusätzlich ist ein Nullstellensucher (root-finding option) integriert, worauf im folgenden Abschn. 12.2.5 eingegangen wird.

12.2.5 Behandlung von Ereignissen

Die numerische Integration der Bewegungsgleichungen von Mehrkörpersystemen erfordert eine geeignete Ereignisbehandlung, wobei zwischen Zeit-, Schritt- und Zustandsereignissen unterschieden wird (Hörsken 1996; Otter 1995). Abbildung 12.47 verdeutlicht die in FASIM_C++ realisierte Schrittweiten- und Ereignissteuerung.

Zustandsänderungen treten im Fahrzeugmodell z. B. beim Blockieren der Räder auf, während die Schrittereignissteuerung von zeitdiskreten Systemen wie etwa Sensoren, Reglern oder Ausgabemodulen abhängt.

Strukturvariante Systeme Bei manchen Systemen ist es notwendig, während der Simulation die Anzahl der Freiheitsgrade oder das Übertragungsverhalten einzelner Module zu verändern. Dies macht jeweils ein Anhalten der Simulation und einen anschließenden

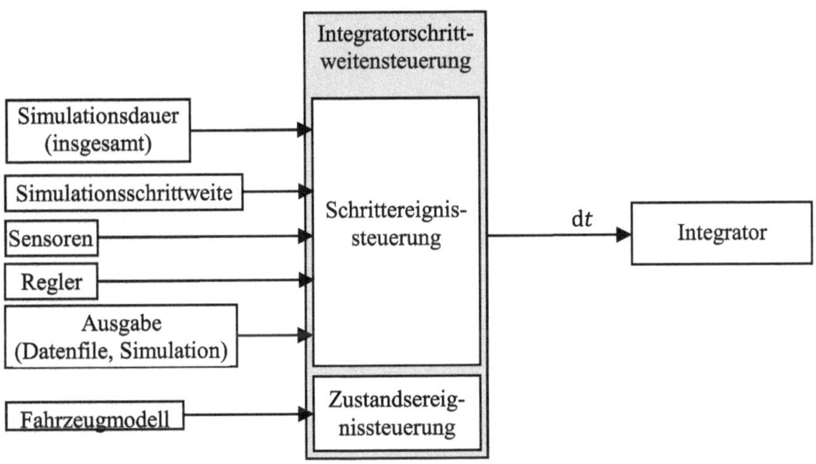

Abb. 12.47 Steuerung des Integrators

Neustart des Integrators notwendig. Die Anzahl der Freiheitsgrade ändert sich z. B. bei einem Bremsmanöver mit blockierenden Rädern. Sobald ein Rad blockiert, fällt der Drehfreiheitsgrad weg und das System muss neu konfiguriert werden. Sobald sich das Rad wieder dreht, wird der Freiheitsgrad wieder hinzugenommen und das System muss wiederum neu konfiguriert werden.

Aus diesem Grund wird eine Ereignisfunktion $\boldsymbol{g}(\boldsymbol{q}, t)$ definiert, die von den Zustandsgrößen und der Zeit abhängt. Die Elemente eines Ereignisvektors repräsentieren dabei einzelne Ereignisse (Blockieren eines Rades, Schalten des Automatikgetriebes, ...). Diese Funktion wird dem Integrator übergeben, sodass innerhalb eines Integrationsschrittes die Vorzeichenwechsel von Elementen des Vektors detektiert werden können. Je nach Ereignis wird die Anzahl der Freiheitsgrade angepasst und eine Reinitialisierung des Systems mit einem anschließenden Neustart des Integrators vorgenommen. Ein einfaches Beispiel für ein strukturvariantes System ist eine Auflaufbremse, die für das Modell eines Wohnwagens entworfen wurde. Sie wurde in Abschn. 12.2.2 vorgestellt. Ein weiteres Beispiel für eine Neukonfiguration ist die Behandlung von Stößen.

Zeitdiskrete Teilmodelle Die Entwicklungsumgebung FASIM_C++ wurde zur Entwicklung komplexer Regelsysteme entworfen. Da die verwendeten Regler und Sensoren zeitdiskrete Systeme sind, muss die Integration, abhängig von der Abtastzeit der Regler und Sensoren, unterbrochen werden. Dafür muss gewährleistet sein, dass der Integrator rechtzeitig den jeweiligen Integrationsschritt unterbricht, damit das entsprechende zeitdiskrete System aufgerufen werden kann. Zur Realisierung dieser Steuerung wird in FASIM_C++ eine Liste zeitdiskreter Systeme erstellt, die dem Integrator den nächsten Ausstiegszeitpunkt mitteilt. Nach Eingriff des zeitdiskreten Systems wird die Kontrolle wieder an den Integrator zurückgegeben. In dieser Liste sind neben Reglern und Sensoren auch die Ausgabemechanismen für die Simulationsdaten und die Animation enthalten.

Literatur

Adamski D (2001) Komponentenbasierte Simulation mechatronischer Systeme. Dissertation. Fortschritt-Berichte VDI, Reihe 10, Nr. 682. Universität Duisburg-Essen. VDI-Verlag

ATZ (2008) ATZ Extra: Der VW Golf VI. Bd: D 58922, Ausgabe: Sept 2009. Vieweg Verlag/GWV Fachverlag GmbH

Bardini R (2008) Auslegung von Überschlagschutzsystemen für Personenkraftwagen mithilfe der Simulation. Dissertation. Fortschrittberichte VDI, Reihe 12, Nr. 668. Universität Duisburg-Essen. VDI-Verlag, Düsseldorf

Breitenecker F (1996) Simulation kontinuierlicher Systeme. Carl-Cranz-Gesellschaft e.V., Oberpfaffenhofen Kursunterlagen

Erhardt R, van Zanten AT (1995) Die Regelung der Fahrdynamik im physikalischen Grenzbereich. VDI-Berichte, Bd 1224. VDI-Verlag, Düsseldorf, S 423–438

Frik S (1994) Untersuchungen zur erforderlichen Modellkomplexität bei der Fahrdynamiksimulation. Dissertation. Fortschritt-Berichte VDI, Reihe 12, Nr. 208. Universität – Gesamthochschule Duisburg

Guapta GK, Leimkuhler B (1985) Implementing linear multistep formulas for solving DAEs, Book. Dept. of Computer Science, University of Illinois at Urbana-Champaign

Hiller M (1995) Multiloop kinematic chains, and dynamics of multiloop systems. In: Angeles J, Kecskemethy A (Hrsg) Kinematics and dynamics of multi-body systems. Springer-Verlag, Wien

Hiller M (1989) Modeling the dynamics of a complete vehicle with nonlinear wheel suspension kinematics and elastic hinges. In: IUTAM-symposium on dynamics of controlled mechanical systems. Springer-Verlag

Hiller M, Kecskeméthy A, Woernle C (1986) A loop-based kinematical analysis of complex mechanisms. ASME-Paper 86-DET-184, New York. Presented at the Design Engineering Technical Conference, Columbus, Ohio, 5–8 Okt 1986

Hiller M, Kecskemethy A, Woernle C (1986–1988) Computergestützte Kinematik und Dynamik für Fahrzeuge, Robotor und Mechanismen. Carl-Cranz-Kurs V 1.16, Carl–Cranz–Gesellschaft, Oberpfaffenhofen

Hiller M, Kecskeméthy A (1987) A computer-oriented approach for the automatic generation and solution of the equations of motion for complex mechanisms. In Proceedings of the 7th World Congress on theory of machines and mechanisms, Bd 1. IFToMM, Pergamon Press, Spain, S 425–430

Hiller M, Kecskeméthy A (1989) Equations of motion of complex multibody systems using kinematical differentials. Trans Can Soc Mech Eng 13(4):113–121

Hörsken C (1996) Simulation von Stoßvorgängen bei Überrollmanövern von Kraftfahrzeugen

Hindmarsh AC, Radhakrishnan K (1993) Description and use of LSODE, the Livermore Solver for ordinary differential equations, LLNL report UCRL-ID-113855, Dezember 1993

Kecskemethy A (1993) Objektorientierte Modellierung der Dynamik von Mehrkörpersystemen mit Hilfe von Übertragungselementen. Dissertation. Fortschrittberichte VDI, Reihe 20, Nr. 88. Universität Duisburg. VDI-Verlag, Düsseldorf

Otter M (1995) Objektorientierte Modellierung mechatronischer Systeme am Beispiel geregelter Roboter. Dissertation. VDI-Verlag GmbH, Düsseldorf

Petzold LR (1980) Automatic selection of methods for solving stiff and nonstiff systems of ordinary differential equations. Technischer Bericht, Sandia National Laboratories

Pichler V (1999) Modellbildung der Dynamik von Kraftfahrzeugen unter Anwendung objektorientierter Konzepte. Dissertation. Fortschrittberichte VDI, Reihe 12, Nr. 382. Universität Duisburg. VDI-Verlag, Düsseldorf

Schmitz T (1994) Modellbildung und Simulation der Antriebsdynamik von Personenwagen. Dissertation. Fortschritt-Berichte VDI, Reihe 12, Nr. 224. Universität – Gesamthochschule Duisburg

Schnelle K-P (1990) Simulationsmodelle für die Fahrdynamik von Personenwagen unter Berücksichtigung der nichtlinearen Fahrwerkskinematik. Dissertation. Fortschritt-Berichte VDI, Reihe 12, Nr. 146. Universität Stuttgart

Schuster C (1999) Strukturvariante Modelle zur Simulation der Fahrdynamik bei niedrigen Geschwindigkeiten. Dissertation. Shaker Verlag GmbH, Universität – Gesamthochschule Duisburg

Schwarz HR (1993) Numerische Mathematik. Teubner, Stuttgart

Shampine LF, Gordon MK (1984) Computer-Lösung gewöhnlicher Differentialgleichungen. Das Anfangswertproblem. Übersetzung von J. Homann. Engeln-Müllges G (Hrsg) Vieweg & Sohn, Braunschweig

Uffelmann F (1980) Berechnung des Lenk- und Bremsverhaltens von Kraftfahrzeugzügen auf rutschiger Fahrbahn. Dissertation, TU Braunschweig

Woernle C (1988) Ein systematisches Verfahren zur Aufstellung der geometrischen Schließbedingungen in kinematischen Schleifen mit Anwendung bei der Rückwärtstranformation für Industrieroboter. Dissertation. Fortschrittberichte VDI, Reihe 18, Nr. 59. Universität Stuttgart. VDI- Verlag, Düsseldorf

Modell eines typischen komplexen Gesamtfahrzeugs

13

Dieses Kapitel zeigt die Modellierung eines typischen Fahrzeugs der Mittelklasse in FASIM_C++. Darüber hinaus werden die bei der Verifikation und Validierung des Modells angewendeten Methoden beschrieben (vgl. auch VDI-Richtlinie 2206 „Entwicklungsmethoden für mechatronische Systeme 2004“). Daraus geht das verifizierte Modell eines typischen Mittelklasse-Pkw hervor. Dieses Fahrzeugmodell wird anhand von realen Versuchsdaten von vier verschiedenen Mittelklassefahrzeugen auf seine Aussagefähigkeit hin untersucht. Mithilfe dieses Fahrdynamiksimulationsmodells können dann z. B. die in Kap. 14 dargestellten Untersuchungen zur Auslegung von Überschlagschutzsystemen durchgeführt werden.

13.1 Modellierung des Gesamtfahrzeugs

Wie in Abschn. 12.2.3 bereits beschrieben, basiert FASIM_C++ auf der Formulierung der Bewegungsgleichungen komplexer modularer Mehrkörpersysteme mithilfe der kinematischen Differentiale. Dieses Verfahren ermöglicht eine Zerlegung des Fahrzeugs in größere Einheiten (Module) mit standardisierten Schnittstellen. Die Schnittstellendefinitionen und die modulare Schreibweise der Bewegungsgleichungen können (Pichler 1999) entnommen werden. Das dynamische Verhalten der mechanischen Module wie Fahrgestell, Vorderachse, Hinterachse und Antriebsstrang, wird im allgemeinen System durch Differentialgleichungen zweiter Ordnung beschrieben. Das Verhalten der nichtmechanischen Komponenten wie Bremshydraulik, Umgebung, Fahrer und Motor wird hingegen über Differentialgleichungen erster Ordnung beschrieben.

Bevor alle Module, wie in Abschn. 12.2.2 dargestellt, zu einem Gesamtsystem zusammengefügt werden können, müssen zuerst die Submodule, die die Kinematik beschreiben, in FASIM_C++ „eingebaut“ werden. Die Kinematik kann hierzu entweder, wie z. B. in

D. Schramm et al., *Modellbildung und Simulation der Dynamik von Kraftfahrzeugen*,
https://doi.org/10.1007/978-3-662-54481-5_13

Abschn. 6.5.2 dargestellt, explizit berechnet oder mithilfe des Programmpaketes MOBILE (Kecskeméthy 1996) beschrieben werden.

Für das hier vorgestellte Gesamtfahrzeugmodell wurde die Kinematik der Radaufhängungen mit Mobile berechnet. Für die Modellierung von Mehrkörpersystemen sind in Mobile bereits elementare Grundbausteine wie Referenzkoordinatensysteme, Gelenke (Schub- und Drehgelenke), starre Verbindungen und Objekte zur Definition und Lösung von kinematischen Ketten in der Programmiersprache C++ implementiert.

Um die kinematischen Submodule einzubinden, existieren in FASIM_C++ Schnittstellen, sogenannte Schalen, die die zur Aufstellung der Bewegungsgleichungen notwendige Berechnung der globalen Kinematik erledigen. Zur Verdeutlichung der Einschalung der Mobile-Radaufhängungen in die Achsmodule ist in Abb. 13.1 beispielhaft die submodulare Struktur der Vorderachse dargestellt. Hierbei werden zur Berechnung der Achskinematik die eingeschalten MOBILE-Module zuerst von der Lenkung und vom Fahrgestell aus aktiviert. Dann wird in den MOBILE-Modulen die Radaufhängungskinematik berechnet. Zuletzt erfolgt die Berechnung des Stabilisators zwischen den beiden Radaufhängungen. Die Berechnung der Kinematik des Gesamtfahrzeugs geschieht gemäß dem in Abb. 13.1 dargestellten Fluss ausgehend vom Inertialsystem.

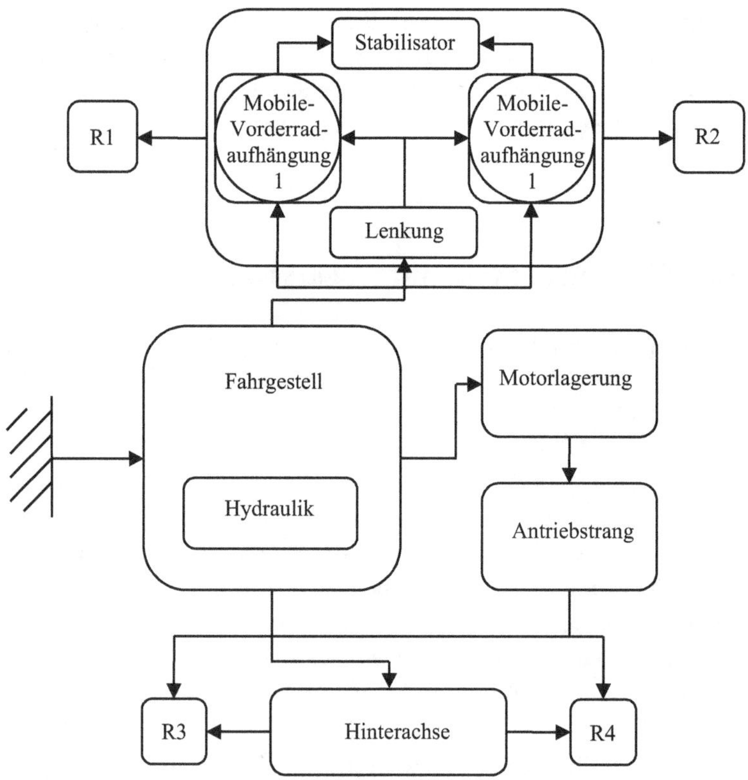

Abb. 13.1 Module des Gesamtfahrzeugs in FASIM_C++

Wenn alle nichtmechanischen und mechanischen Module (vgl. Abschn. 12.2.2) des Fahrzeugmodells vorhanden sind, können diese zu einem Gesamtmodell zusammengebaut werden. Der Zusammenbau der einzelnen Module wird in einem Textfile, dem sogenannten Vehicle-Pointerfile, vorgenommen. Weiterhin werden in diesem Steuerfile die Namen der für die Initialisierung der Module benötigten Datenfiles angegeben. Beim Start einer Simulation erfolgt im ersten Schritt (Initialisierung) das Einlesen der Modellparameter aus diesen Datenfiles, die Verwaltung der Daten sowie eine eventuell erforderliche Vorabberechnung konstanter Parameter.

Der zweite Schritt (Kinematik) umfasst die Berechnung der lokalen Kinematik der einzelnen Module. Im letzten Schritt (Dynamik) werden die eingeprägten Kräfte und Momente ermittelt sowie die zur Aufstellung der Bewegungsgleichungen erforderlichen Größen bereitgestellt.

Die Zusammenstellung der Module im Vehicle-Pointerfile ermöglicht die schnelle Modellierung verschiedener Mittelklassefahrzeuge mit unterschiedlichen Radaufhängungssystemen. Voraussetzung hierfür ist allerdings, dass die entsprechenden kinematischen Module und die jeweils zugehörige fahrzeugspezifischen Datensätze verfügbar sind. So sind in der Modellbibliothek von FASIM_C++ z. B. die in Tab. 13.1 aufgeführten Radaufhängungskinematiken implementiert. Im Zusammenhang mit den entsprechenden Datensätzen lassen sich damit vier verschiedene Mittelklassefahrzeuge (A–D) simulieren.

Zur Modellierung der Mittelklassefahrzeuge A–D wird für die Module Fahrer, Motor, Fahrgestell, Antriebsstrang, Hydraulik und Rad auf bereits vorhandene Module zurückgegriffen. Hier wurden lediglich Anpassungen der vorhandenen Datensätze vorgenommen. Dies war allerdings bei den Modulen Motor, Hydraulik und Antriebsstrang nur teilweise möglich, da hierfür nicht alle Daten verfügbar sind. Hier kommen Datensätze anderer vergleichbarer validierter Fahrzeuge zum Einsatz. Der Einfluss dieser Komponenten ist bei den in Abschn. 14.2 betrachteten Überschlagmanövern von untergeordneter Bedeutung, da nur das rollende Fahrzeug im ausgekuppelten Zustand betrachtet wird. Bei den Submodulen Lenkung und Stabilisator für die Vorder- und Hinterachse konnte ebenfalls auf bereits vorhandene Module zurückgegriffen werden. Dabei ist je nach Fahrzeugtyp der Stabilisator als einfacher Torsionsstab mit oder ohne Pendelstütze ausgeführt und die Lenkung wird entweder als Zahnstangen- oder Lenkstockhebelversion modelliert.

Da dem Reifen, der in FASIM_C++ als Submodul dem Antriebsstrang zugeordnet ist, bei allen Manövern als Kontaktelement zwischen Fahrbahn und Fahrzeug eine große

Tab. 13.1 Radaufhängungstypen von typischen Mittelklassefahrzeugen (vgl. Abschn. 6.2)

Fahrzeug	Vorderradaufhängung	Hinterradaufhängung
A	McPherson (Dämpferbein)	Raumlenker
B	McPherson (Federbein)	Deltalink (Verbundlenker)
C	McPherson (Federbein)	Multilink (Vierlenker)
D	Vierlenker	Doppelquerlenker

Bedeutung zukommt, wurde bei allen Fahrzeugen darauf geachtet, den Reifendatensatz möglichst mit detaillierten fahrzeugspezifischen Werten zu besetzen. So werden z. B. bei allen Modellen die korrekten Abmessungen der tatsächlich am Fahrzeug montierten Reifengröße berücksichtigt. Diese Daten sind zur Berechnung der genauen Kinematik des Rad-Straße-Kontakts erforderlich. Das FASIM_C++ zugrunde liegende kinematische Reifenmodell basiert auf dem in den Abschn. 7.4.1, 7.4.2 und 7.4.3 vorgestellten mechanischen Ersatzmodell zur Berechnung des Latsches. Danach kann der Bewegungszustand des Latsches in Abhängigkeit des Sturzwinkels sowie der Winkel- und Translationsgeschwindigkeit des Radträgers bzw. des Radmittelpunktes bestimmt werden. Dies ermöglicht dann die Berechnung von Reifenschräglauf und Schlupf. Die Berechnung der dynamischen Reifenkräfte geschieht mithilfe des HSRI-Reifenmodells (s. Abschn. 7.4.6) (Highway Safety Research Institute). Dieses Modell ermöglicht die Bestimmung von Reifenlängs- und Querkraft aus Reifenschräglauf und Schlupf. Zur Berechnung der Reifenkräfte mit diesem physikalischen Modell werden neben zwei reifenspezifischen Koeffizienten zur Berechnung der Gleitreibungskräfte die vertikale Federsteifigkeit und die auf die Normalkraft bezogene Längs- und Quersteifigkeit des Reifens benötigt. Diese Parameter sind für manche Reifenmodelle nicht oder nur teilweise verfügbar, sodass Parameter anderer vergleichbarer Reifentypen aus validierten Fahrzeugmodellen zum Einsatz kommen. Diese Vorgehensweise führt, wie die im nachfolgenden Abschnitt beschriebene Validierung der vier Fahrzeuge verdeutlicht, bei den für die Überschlagsimulation relevanten Fahrmanövern zu ausreichend genauen Fahrzeugmodellen.

13.2 Modellverifikation und -validierung

Um zu einer Bewertung der in Abschn. 13.1 beschriebenen Modelle in Bezug auf ihre Simulationsergebnisse zu gelangen, bieten sich verschiedene Verfahren an (s. hierzu auch (Pelz 2001; Kramer und Neculau 1998). In der Praxis hat sich aber v. a. die möglichst frühe Durchführung von Simulationsläufen, insbesondere schon in der Phase der Modellbildung, als wichtiges Korrektiv herausgestellt, um frühzeitig Modellfehler zu erkennen und schrittweise die Modellqualität zu verbessern. Diese Vorgehensweise führte bei den Gesamtmodellen der Mittelklassefahrzeuge A, B, C und D bereits vor der Durchführung von Validierung und Verifikation zu qualitativ aussagefähigen Modellen. Zusätzlich wurden die Fahrzeugmodelle für Überschlagmanöver auf Rampen bzw. Böschungen validiert. Die allgemeine Vorgehensweise bei der Bewertung der Modellqualität lässt sich grundsätzlich in die beiden Teile Verifikation und Validierung gliedern. Dabei beschäftigt sich die Modellverifikation mit der Frage, ob das Modell konzeptionell insgesamt und in seinen Komponenten den Anforderungen entspricht. Die Aufgabe der Modellvalidierung besteht dagegen darin, mithilfe von aus realen Versuchen gewonnenen Messdaten zu zeigen, dass das ausführbare Simulationsmodell für eine spezielle Anwendung geeignet ist (s. hierzu auch die VDI-Richtlinie 2206 „Entwicklungsmethoden für mechatronische

Systeme 2004“). Die für die Fahrzeuge A – D durchgeführten Schritte zur Validierung und Verifikation der Simulationsmodelle gliedern sich in folgende Aufgaben:

Verifikation

1. Plausibilitätstests
   - Überprüfung der Spur- und Sturzkurven von Vorder- und Hinterachse in den jeweiligen Radaufhängungssubmodulen.
   - Überprüfung stationärer Fahrzustände des Fahrzeuggesamtmodells anhand folgender Manöver:
     I. Schlupffreies Geradeausrollen bei 30 km/h,
     II. Kreisfahrt bei konstant 50 km/h.
2. Visuelle Inspektion und grafische Animation der Radaufhängungen und des Gesamtfahrzeugs.

Validierung

1. Exaktes Nachstellen der realen Versuchsszenarien in der Simulationsumgebung.
2. Erster visueller Vergleich von realen Versuchsvideos und animierten Simulationsergebnissen des Versuchsszenarios.
3. Beseitigung von Modellfehlern und Feinabstimmung der nicht exakt verfügbaren Modellparameter.
4. Grafische Gegenüberstellung der relevanten gemessenen und simulierten Daten der Wankwinkelgeschwindigkeit ω_x und der lateralen und vertikalen Beschleunigung a_y und a_z

Da eine komplette Diskussion dieser Verifikations- und Validierungsaufgaben für alle vier hier untersuchten Fahrzeuge den Rahmen dieses Buches überschreiten würde, sollen nachfolgend zur Darstellung der Methodik stellvertretend nur einige Beispiele zu den jeweiligen Punkten vorgestellt werden.

Als erster Plausibilitätstest zur Verifikation wurden für alle vier modellierten Fahrzeuge die Spur- und Sturzkurven der Vorder- und Hinterradaufhängungen berechnet. In Abb. 13.2 ist der Vergleich der gemessenen und der simulierten Spur- und Sturzkurvenverläufe am Beispiel von Fahrzeug A dargestellt. Die Abweichungen zwischen Simulation und Messung begründen sich aus der im Modell vernachlässigten Elastokinematik der Lagerungen. Jedoch bestätigen die Kurvenverläufe der Simulation trotz dieser Modellvereinfachungen eine gute Genauigkeit, sodass man das Verhalten der Radaufhängungen als verifiziert bezeichnen kann.

Der zweite Teil des Plausibilitätstests dient v. a. der Überprüfung des Gesamtfahrzeugmodells in Hinblick auf die prinzipielle Funktion von Reifen, Radaufhängungen, Stabilisatoren, Lenkung und Antriebsstrang.

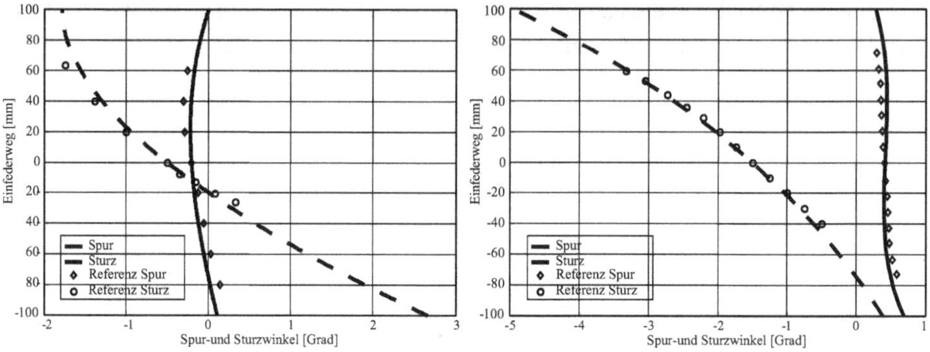

Abb. 13.2 Verifikation der Spur- und Sturzkurven am Beispiel des Fahrzeugs A

Abb. 13.3 Verifikation des Modellverhaltens bei einer Kreisfahrt mit konstant 50 km/h

Das schlupffreie Geradeausrollen mit 30 km/h bestätigt die korrekte Simulation eines stationären Fahrzustandes frei von Antriebs-, Lenkungs- und Fahrbahnanregungen. Im ausgekuppelten Zustand muss das Fahrzeug in einem quasi-stationären Zustand stabil rollen. Bei Vorliegen von Modellfehlern können sich hier z. B. schwingende Zustände, unplausible Fahrwege oder Simulationsabbrüche aufgrund von Instabilitäten ergeben.

Die Kreisfahrt bei konstanter Geschwindigkeit verifiziert dagegen das Gesamtmodell bei Antriebs- und Lenkungseinflüssen. Bei diesem Manöver muss sich, wie in Abb. 13.3 am Beispiel von Fahrzeug D dargestellt, nach einer gewissen Einrollphase eine stationäre Kreisbahn einstellen. Zur Prüfung der korrekten Arbeitsweise der Stabilisatoren muss sich bei stationärer Kreisfahrt mit deaktivierten Stabilisatoren ein größerer Fahrzeugwankwinkel einstellen.

Grundsätzlich ist die visuelle Inspektion der Teilmodelle bzw. des Gesamtmodells wie in Abb. 6.40 und 13.3 dargestellt von großem Nutzen. Durch den frühzeitigen Einsatz von Animationen lassen sich bereits beim Modellaufbau Fehler vermeiden. Außerdem untermauern sie eindrucksvoll und schnell die Plausibilitätsprüfungen und geben Hinweise auf mögliche Fehlerquellen, die sich bei der bloßen Analyse von Datenmaterial nicht ohne Weiteres erschließen.

Tab. 13.2 Zur Validierung der Fahrzeugmodelle verfügbare Fahrmanöver

Fahrzeug	Fahrmanöver
A	Böschungsüberfahrt auf trockenem verfestigtem Lehm mit Überschlag (s. Abb. 13.8 unten)
B	Rampenüberfahrten ähnlich SAE J857 bei unterschiedlichen Geschwindigkeiten und Rampenhöhen (s. Abb. 13.4)
C	Rampenüberfahrten ähnlich ADAC-Schraubtest bei unterschiedlichen Geschwindigkeiten und Rampenhöhen (s. Abb. 13.5)
D	Rampenüberfahrten ähnlich ADAC-Schraubtest bei unterschiedlichen Geschwindigkeiten und Rampenhöhen (s. Abb. 13.5) und Böschungsüberfahrten auf künstlicher, verstellbarer Böschung (s. Abb. 13.7)

Arbeitsschritt 1 im Rahmen der Validierung ist das exakte Nachstellen des jeweiligen Versuchszenarios. Hierzu stehen reale Versuchsdaten von Fahrmanövern auf Rampen und Böschungen zur Verfügung. Die verfügbaren Fahrmanöver sind in Tab. 13.2 zusammengestellt. Um die Versuche möglichst exakt in der Simulationsumgebung nachstellen zu können, ist eine ausführliche Dokumentation bereits bei der Versuchsdurchführung unabdinglich. Dies gilt insbesondere für die innerhalb einer Versuchsreihe variierenden Parameter. Bei allen Versuchsarten gleichermaßen sind diese Parameter das jeweilige Fahrzeuggewicht und eventuelle größere Zuladungen, z. B. in Form von Messtechnik und Dummies, sowie die Fahrbahnbeschaffenheit und die bei der Versuchsdurchführung vorherrschenden Witterungsbedingungen. Da die Versuche teilweise unter freiem Himmel durchgeführt wurden, ist diese Information zur Abschätzung der Reibungskoeffizienten zwischen Rad und Straße notwendig. Sind die Umgebungsbedingungen bekannt, so lassen sich die Gleitreibungsbeiwerte mithilfe von Literaturangaben abschätzen (Mitschke und Wallentowitz 2004, Robert Bosch GmbH 2007).

Des Weiteren müssen die von der Versuchsart abhängigen Konfigurationen bekannt sein. Abb. 13.4 stellt den Versuchsaufbau der Validierungsversuche mit Fahrzeug B dar. Entgegen der in der SAE-Richtlinie SAE J857 empfohlenen gekrümmten Führungsschiene wurde bei diesen Versuchen eine gerade Leitvorrichtung in Kombination mit einem Lenkeingriff verwendet. Das Fahrzeug wird von der Leitvorrichtung beschleunigt und rollt nach dem Ausklinken aus der Leitvorrichtung frei weiter. An einem definierten Punkt werden die Vorderräder innerhalb von 0,2 Sekunden um einen Winkel von 35° nach links eingeschlagen (s. Abb. 13.4), sodass das Fahrzeug mit den kurveninneren Rädern über die Rampe rollt. Die Rampe ist 5 m lang und 1 m breit. Ihre Höhe wurde bei den Versuchen zwischen 40 cm und 50 cm variiert, sodass es je nach Fahrzeuggeschwindigkeit (50–80 km/h) zu einem Überschlag oder zu einem Beinahe-Überschlag kommt. Bei den Versuchen, die zu einem Überschlag führten, wurde die Überschlagtendenz durch einen „Eingrabeffekt" der Räder im Bereich des Mutterbodens stark beeinflusst.

Da für diesen Effekt in FASIM_C++ kein spezielles Rad-Boden-Modell verfügbar ist, kann dieser nur durch einen Reibsprung angenähert werden (vgl. Abb. 14.9). Hierdurch

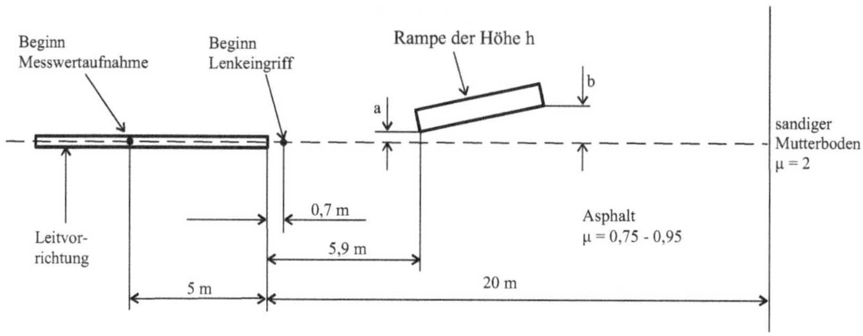

Abb. 13.4 Draufsicht des Versuchsaufbaus für die Rampenüberfahrt ähnlich SAE J857 (Abmessungen a und b sind fahrzeugabhängig)

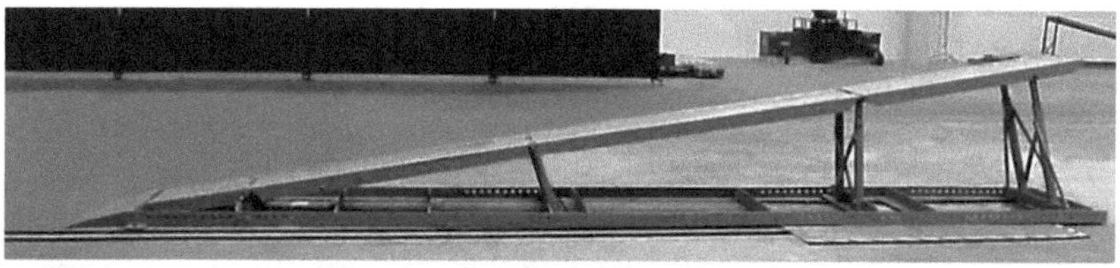

Abb. 13.5 5 m lange und höhenverstellbare Rampen für Validierungsversuche ähnlich ADAC-Schraubtest

kommt es in der Simulation zu einem zu starken Anstieg der Wankdrehrate beim Eintritt in den Mutterbodenbereich. Da die Fahrzeuge zu diesem Zeitpunkt in der Realität bereits größere Wankwinkel als 50° erreichen, wurde die Validierung für diese Manöver nur bis zu diesem Bereich betrachtet. Bei Fahrmanövern ohne Überschlag ist das Modell dagegen im gesamten Bereich validiert (s. Abb. 13.10).

Die zur Validierung von Fahrzeug C und D durchgeführten Rampenversuche sind vom Aufbau her vergleichsweise einfach. Diese Versuche wurden mit einer Stahlrampe entsprechend Abb. 13.5 durchgeführt. Hierbei rollt das Fahrzeug ohne Lenkeingriff bei ausgekuppeltem Antriebsstrang auf trockenem Asphalt mit den linken Rädern über die Rampe. Dabei wurde die Rampenhöhe zwischen 50 cm und 100 cm in Schritten von 10 cm variiert. Die untersuchten Geschwindigkeitsbereiche erstrecken sich von 18–72 km/h.

Zur Validierung von Fahrzeug A und D wurden Böschungsüberfahrten durchgeführt (Bardini et al. 1997). Abbildung 13.6 zeigt das in FASIM_C++ nachgebildete Böschungsmanöver auf trockenem, verfestigtem Lehm. Bei diesem Versuch rollt das Fahrzeug frei mit einer Geschwindigkeit von 57 km/h unter einem Anfahrwinkel von 11° geradewegs auf die Böschungskante zu. Beim Böschungsmanöver auf der in Abb. 13.7 abgebildeten künstlichen, verstellbaren Böschung gibt es nur eine im Winkel β gegen die horizontale geneigte Böschungsebene. Hier rollt das Fahrzeug frei mit einem Anfahrwinkel α von 15° oder 20° auf die 1,80 m hohe Böschungskante zu. Der getestete Geschwindigkeitsbereich bewegt sich zwischen 18 und 45 km/h. Der Gleitreibungsbeiwert auf der Böschung, der mit einer speziell beschichteten asphaltähnlichen Oberfläche verkleidet ist, wird zu $\mu\ =\ 1{,}0$

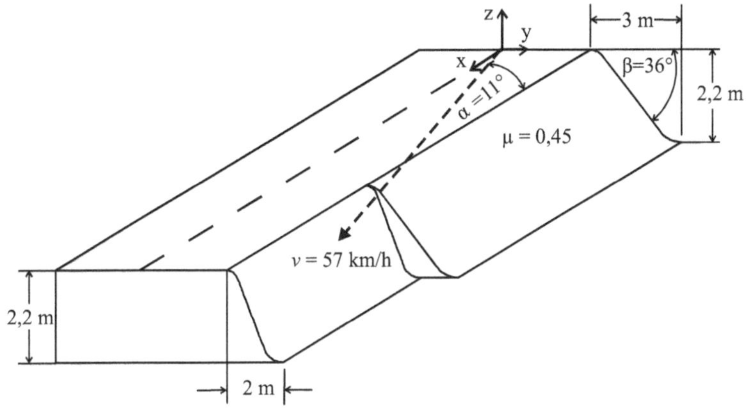

Abb. 13.6 Versuchsaufbau und -parameter des Böschungsmanövers zur Validierung von Fahrzeug A

Abb. 13.7 Versuchsaufbau der künstlichen, verstellbaren Böschung

angenommen. Um auf der relativ niedrigen Böschung zuverlässigere Überschläge zu erreichen, wird zusätzlich ein Lenkwinkeleinschlag zur oberen Böschungskante hin eingeführt. Dieser wird automatisch aktiviert, sobald die Fahrzeugmitte die obere Kante der Rampe erreicht.

Der Arbeitsschritt 2 der Validierung wird anhand des Böschungsmanövers mit Fahrzeug A verdeutlicht. Mithilfe der auszugsweise in Abb. 13.8 dargestellten Videovalidierung ist es möglich, die Fahrzeugkinematik des Modells auf das reale Verhalten abzustimmen. Dabei wurden folgende Unstimmigkeiten im Modellverhalten erkennbar:

1. zu starke Ein- und Ausfederbewegungen der Radaufhängungen (Ursache: nicht definierte Zug- und Druckanschläge der Federung),
2. zu starke Deformation der Räder (Ursache: nur lineare vertikale Federsteifigkeit),
3. ungewollte Bewegungen der Lenkung (Ursache: zu geringe Steifigkeit des Lenksystems) und
4. zu starke Wankbewegung des Fahrzeugaufbaus (Ursache: zu geringe Stabilisatorsteifigkeit).

Abb. 13.8 Vergleich zwischen Simulation und realem Versuch (Bardini et al. 1997)

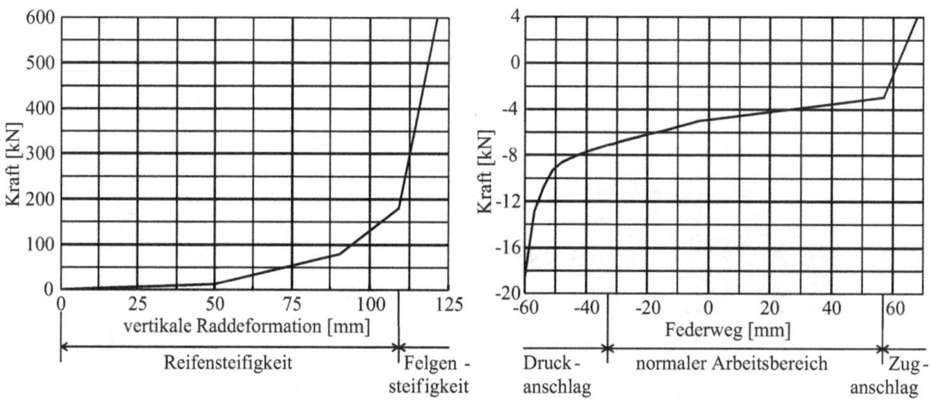

Abb. 13.9 Federkennlinien der Räder und Radaufhängung

Diese in der Videoanalyse entdeckten Auffälligkeiten münden direkt in Arbeitsschritt 3 der Validierung. Die Beseitigung von Modellfehlern und die Durchführung der Feinabstimmung setzen für alle hier modellierten Fahrzeuge bei diesen vier Punkten an. Die Punkte 1 und 2 beruhen auf einer nicht ausreichenden Definition der Arbeitsbereiche der Fahrzeugdaten. So sind zur Simulation von normalen Fahrdynamikmanövern in der Ebene oft lineare Federkennlinien für Radaufhängungen und Räder ausreichend. Bei der Simulation extremer Fahrmanöver im Grenzbereich, wie sie bei Fahrzeugüberschlägen auftreten, sind dagegen auch die oberen und unteren Grenzen der Arbeitsbereiche relevant. In Abb. 13.9 sind beispielhaft die nichtlinearen progressiven bzw. degressiven Federkennlinien der Räder und der Radaufhängungen eines der modellierten Fahrzeuge dargestellt. Bei den Rädern wurde der Bereich der Reifensteifigkeit um den Bereich der Felgensteifigkeit erweitert. Entsprechend der am jeweiligen Fahrzeug eingesetzten Felgengröße wird für die vertikale Radsteifigkeit auf den Materialkennwert von Stahl bzw. Aluminium umgeschaltet. Ähnlich wurden die Ein- und Ausfederwege der Radaufhängungen begrenzt.

Hierfür wurden die linearen Kennlinien des normalen Arbeitsbereichs mit den gemessenen Kennlinien der sogenannten Bump- und Reboundstops ergänzt.

Die Punkte 3 und 4 sind darauf zurückzuführen, dass aufgrund der Art und Weise der Modellierung des Lenkmechanismus und der Stabilisatoren die benötigten Modellparameter nicht direkt aus Messungen am realen Fahrzeug verfügbar sind. Das in FASIM_C++ eingesetzte Stabilisatormodell (vgl. Abb. 9.9) konzentriert die Eigenschaften des gesamten Stabilisators inklusive der weichen fahrzeugseitigen Lagerung in Gummihülsen in einem U-förmigen Mechanismus mit einer Drehfederkonstante, sodass das Stabilisatormodell vereinfacht nur als Kraftelement auf die Radaufhängungen wirkt. Daher muss der aus Messungen verfügbare reale Wert der Stabilisatorsteifigkeit entsprechend dem realen Fahrzeugverhalten angepasst werden. Ähnliches gilt für den idealisierten Lenkmechanismus bei dem die Feder- und Dämpferkonstante als konzentrierte Koeffizienten das Verhalten der gesamten Lenkung abbilden.

Im Rahmen der Feinabstimmung des Gesamtmodells werden die zuvor genannten, nicht exakt verfügbaren Modellparameter so angepasst, dass sich ein möglichst realitätsnahes Fahrzeugverhalten darstellen lässt. Zur Überprüfung des Erfolgs dieser Anpassungen werden in Arbeitsschritt 4 der Validierung, wie in Abb. 13.10 z. B. für Fahrzeug B dargestellt, die relevanten gemessenen und simulierten Daten einander grafisch gegenüber gestellt. Die Daten von Wankwinkel, Wankwinkelgeschwindigkeit, lateraler und vertikaler Beschleunigung stammen von einer Rampenüberfahrt mit einer Geschwindigkeit von

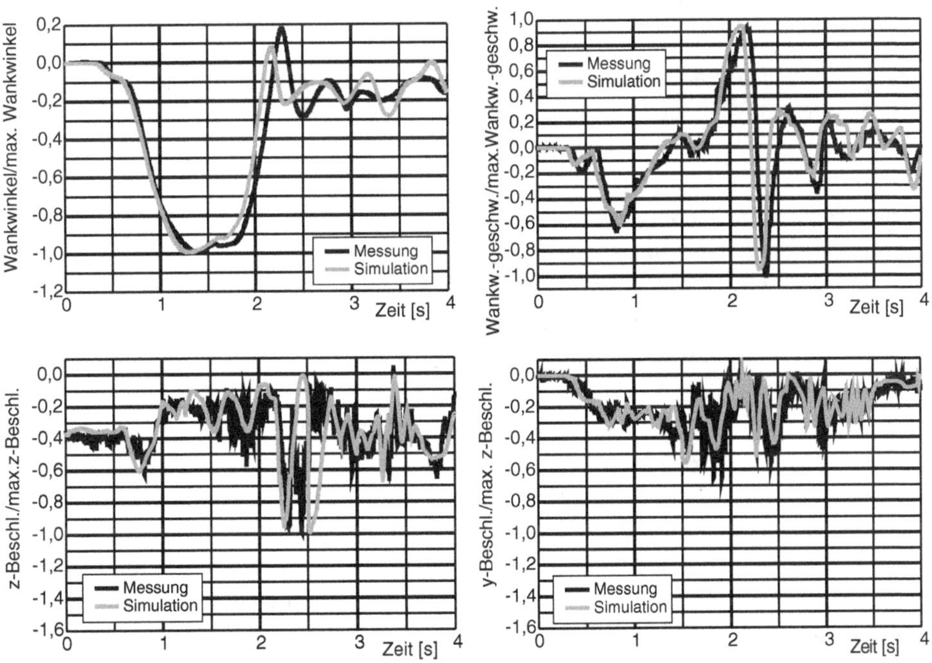

Abb. 13.10 Validierung einer Rampenüberfahrt ähnlich SAE J857 ohne Überschlag

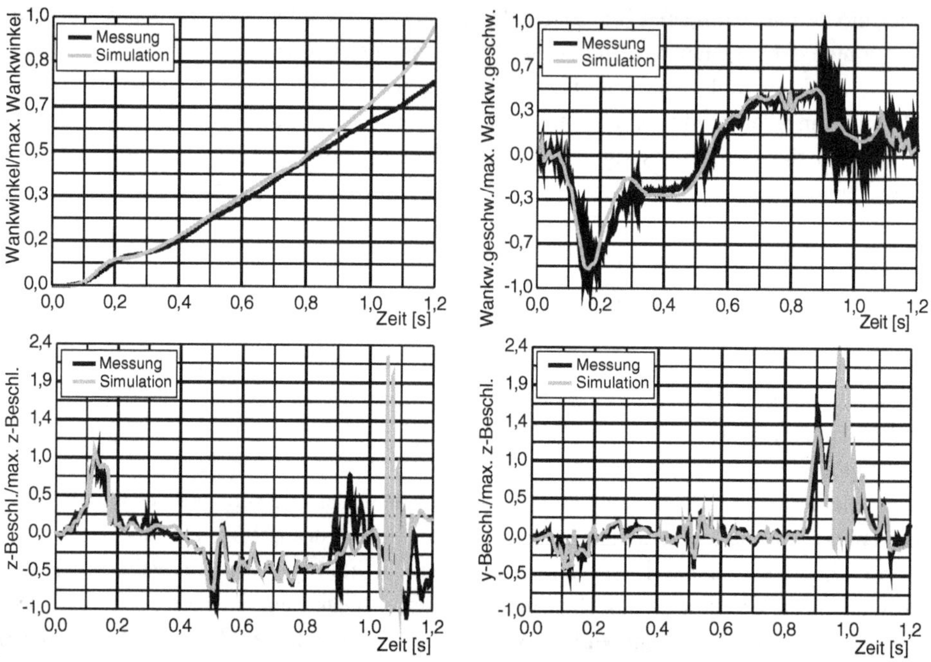

Abb. 13.11 Validierung einer Rampenüberfahrt ähnlich ADAC-Schraubtest mit Überschlag

68 km/h und 40 cm Rampenhöhe, die ohne Überschlag abläuft. In Abb. 13.11 sind dagegen die entsprechenden Kurven eines Überschlags auf einer einen Meter hohen Rampe bei 45 km/h mit Fahrzeug D dargestellt.

Abbildung 13.10 und 13.11 sollen hier stellvertretend für alle in Tab. 13.2 aufgeführten Fahrmanöver einen Eindruck der Güte der erstellten Modelle zur Simulation von Fahrzeugüberschlägen vermitteln. Insgesamt kann man allen Modellen eine hohe Güte bei der Simulation von Beinahe-Überschlägen bestätigen. Diese Aussage ist für Manöver mit Überschlag allerdings einzuschränken. Für Wankwinkel, die größer als 60° sind, kann das Modellverhalten nicht mehr als validiert betrachtet werden, da bei so großen Wankwinkeln einerseits das Reifenmodell keine sinnvollen Vertikal- und Querkräfte mehr berechnen kann (s. Abb. 13.12 ab 1,1 s) und andererseits Kontakte der Karosserie mit der Umgebung relevant werden. Diese Kontakte werden in den Modellen nicht berücksichtigt, da für die Überschlagsimulation eine validierte Berechnung bis zu einem Wankwinkel in der Größe des statischen Kippwinkels von Mittelklasse-Pkw (50–55°) ausreichend ist. Somit kann für die validierten Überschlagszenarien von den Modellen eine zuverlässige Aussage über das Auftreten von Überschlägen erwartet werden. Bis zu diesem Winkelbereich bestätigt die Validierung den für die Auslegung von Überschlagschutzsystemen relevanten Signalen qualitativ und quantitativ eine gute Genauigkeit, sodass der zur Auslösung von Überschlagschutzsystemen relevante Winkelbereich voll abgedeckt wird.

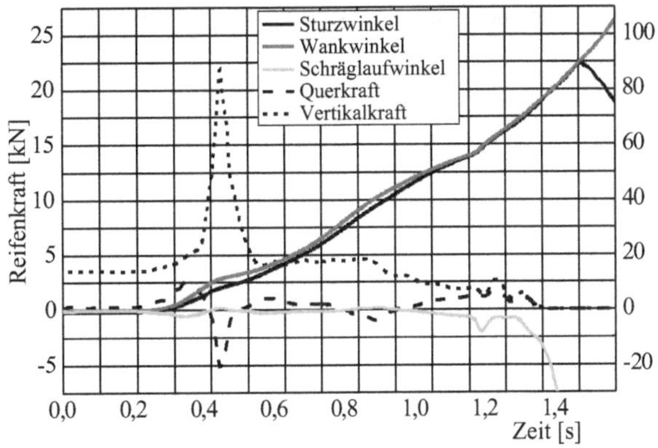

Abb. 13.12 Reifenkräfte am rampenabgewandten Hinterrad beim Überschlag

13.3 Parametrisiertes Fahrzeugmodell

Wie die vorherigen Abschnitte in diesem Kapitel zeigen, muss für die Neumodellierung eines Fahrzeugs ein beachtlicher Aufwand betrieben werden. Darüber hinaus ist eine große Anzahl von fahrzeugspezifischen Daten erforderlich. Um für Überschlagsimulationen mit anderen als den bisher hier validierten Fahrzeugen nicht auf die Verfügbarkeit detaillierter Fahrzeugdaten angewiesen zu sein, wurde untersucht, welche der Fahrzeugparameter tatsächlich relevant für das Überschlagverhalten von Pkw der Mittelklasse sind. Die Untersuchungen gliedern sich in drei Schritte:

13.3.1 Definition des Referenzmodells

1. Aufstellung eines durchschnittlichen Mittelklassefahrzeugmodells als Referenzmodell für die Parameteruntersuchung.
2. Sukzessive Untersuchung aller Modellparameter des Durchschnittsmodells im Hinblick auf ihren Einfluss auf das Wankverhalten des Fahrzeugs.
3. Verifikation des Verhaltens der parametrisierten Modelle anhand der validierten Originalmodelle.

Im ersten Schritt wurden, basierend auf der Zulassungsstatistik (Kraftfahrt-Bundesamt 2006) für Mittelklassefahrzeuge, die in Tab. 13.3 aufgeführten durchschnittlichen Fahrzeugparameter ermittelt. Die dabei berücksichtigten Fahrzeuge machen innerhalb ihrer Klasse einen Marktanteil von ca. 95 % aus (Abb. 13.13).

Als Modell für die Achskinematik wird für das Durchschnittsmodell die Kinematik von Fahrzeug C (s. Tab. 13.1) genutzt. In Abb. 13.14 ist die zugehörige topologische Struktur des Gesamtfahrzeugs dargestellt. Die McPherson-Vorderradaufhängung in der Federbeinausführung und die Mehrlenkerhinterradaufhängung mit vier Lenkern sind die

Tab. 13.3 Parameter des durchschnittlichen Mittelklassefahrzeugmodells

Nr.	Parameter	Durchschnittsmodell	max. Abweichung
	Fahrgestell:		
1.	Masse Fahrgestell [kg]	1.296,5	255,5
2.	Schwerpunktlage [m]	$-1,1855$	0,2353
		0	0
		0,2337	$-0,0337$
3.	Trägheitstensor [kgm²]	482,7	$-122,7$
		2.394,3	$-194,3$
		2.585,6	$-225,6$
4.	Sitzposition Insassen vorn [m]	$-1,3902$	0,0902
		$\pm 0,3699$	$\pm 0,0114$
		0,2735	$-0,0385$
	Vorderachse (McPherson mit Zahnstangenlenkung):		
5.	Masse desRadträgers [kg]	10,33	2,67
6.	Trägheitstensor des Radträgers [kgm²]	0,033	0,067
		0,083	0,167
		0,09	0,18
7.	Federkennung	s. Abb. 13.13	n. A.
8.	Dämpferkennung	s. Abb. 13.13	n. A.
9.	Halbe Spurbreite [m]	0,7461	0,0436
	Stabilisatorvorne:		
10.	Drehfeder-konstante [Nm/°]	6,4315	2,173
	Hinterachse (Mehrlenker):		
11.	Masse des Radträgers [kg]	8,21	1,79
12.	Trägheitstensor des Radträgers [kgm²]	0,0426	0,0574
		0,103	0,147
		0,1033	0,1667
13.	Federkennung	s. Abb. 13.13	n. A.
14.	Dämpferkennung	s. Abb. 13.13	n. A.
15.	Halbe Spurbreite [m]	0,7437	0,0353
16.	Radstand [m]	2,6897	$-0,1377$
	Stabilisator hinten:		
17.	Drehfeder-konstante [Nm/°]	7,3686	$-3,4586$

Tab. 13.3 (Fortsetzung)

Nr.	Parameter	Durchschnittsmodell	max. Abweichung
	Motorlager:		
18.	Ortsvektor zum Lagerpkt. [m]	0,0031	–0, 1431
		0	0
		0,0857	0,0713
	Rad:		
19.	Reifenradius [m]	0,3108	–0, 0123
20.	Längs-Trägheitsmoment [kgm^2]	1,375	0,05
21.	Quer-Trägheitsmoment [kgm^2]	0,85	0,1
22.	lineare vertikale Reifenfedersteifigkeit [N/m]	239.333	–10.667
23.	Radkennlinie	s. Abb. 13.9	n. A.

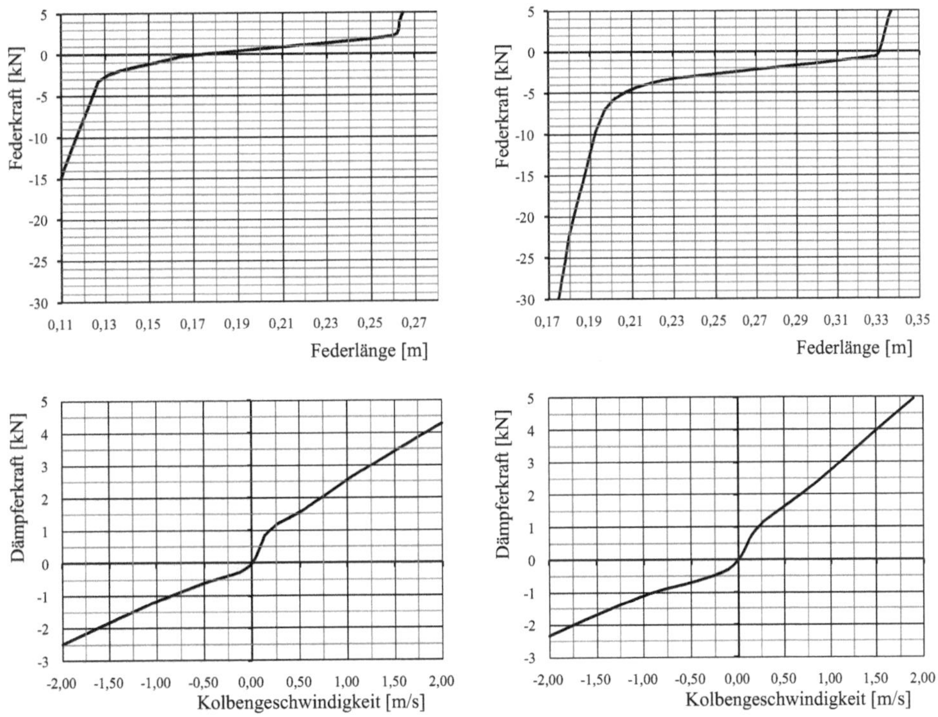

Abb. 13.13 Aufbaufeder- und Dämpferkennlinien der Vorderrad- (*links*) und Hinterradaufhängung (*rechts*) des durchschnittlichen Mittelklassefahrzeugmodells

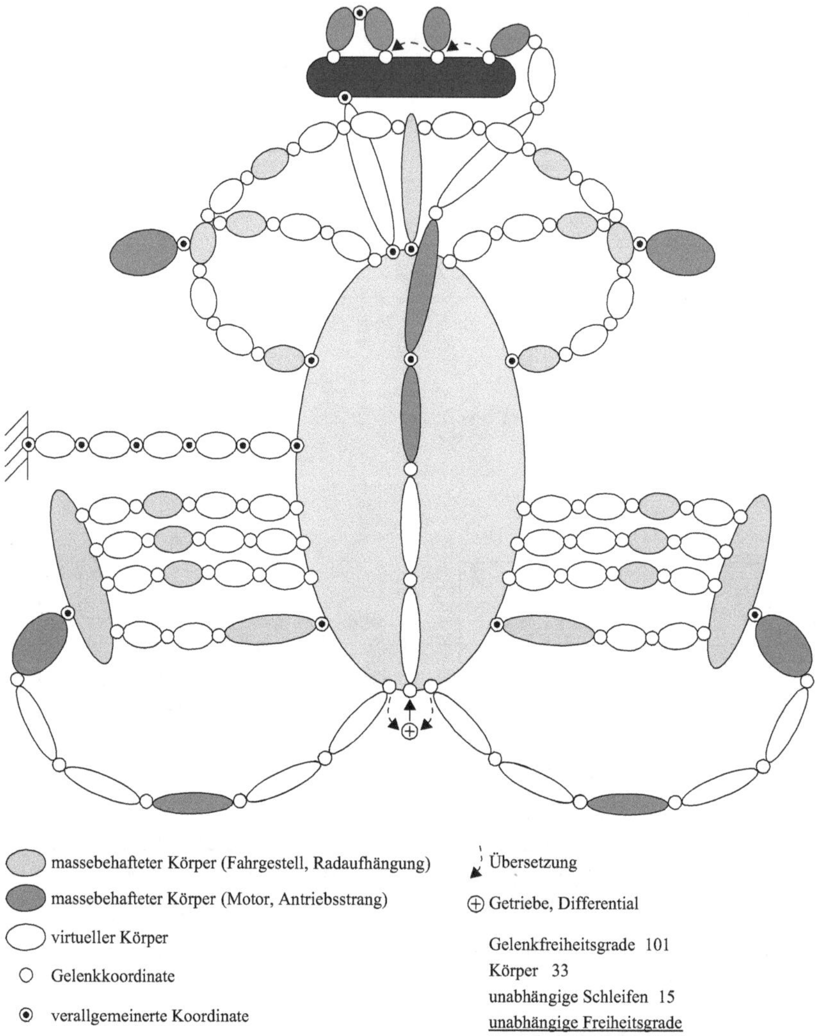

Abb. 13.14 Topologische Struktur des durchschnittlichen Mittelklassefahrzeugmodells

zum Zeitpunkt der Datenerhebung (Kraftfahrt-Bundesamt 2006) am weitesten in der Mittelklasse verbreiteten Achskinematiken. Die Anpassung der jeweiligen Parameter aus Tab. 13.3 kann in den meisten Fällen durch einfache Anpassung der entsprechenden Zahlenwerte in den Datenfiles vorgenommen werden. So wird beispielsweise die Verbreiterung oder Verengung der Spur durch die Veränderung der y-Koordinate des Radmittelpunktes erreicht. Die Veränderung der Feder- und Dämpferkennlinien der Radaufhängungen sowie die Kennlinie der Reifen sind dagegen aufwendiger. Zur Bestimmung der durchschnittlichen Kennlinien werden die Daten der validierten Fahrzeuge zugrunde gelegt, da ansonsten keine weiteren detaillierten Kennliniendaten zur Verfügung standen. Zur Bestimmung der Durchschnittsfederkennlinie werden die Kennlinien der validierten Fahrzeuge um ihre Einbaulänge verschoben. Die verschobenen Kennlinien operieren somit am gleichen Arbeitspunkt. Anschließend werden die Federkennlinien in ihren linearen und nichtlinearen Anteil zerlegt und die durchschnittlichen Steigungen und Längen des linearen Bereichs berechnet.

Daraufhin erfolgt die Addition des gemittelten nichtlinearen Anteils, der durch den Bump-Stop und den Rebound-Stop bedingt ist (vgl. Abb. 13.9 rechts). Abschließend muss die Kennlinie entsprechend der Einbaufederlänge von Fahrzeug C und unter Berücksichtigung der Federkraft in der Gleichgewichtslage (Vorspannung in Einbaulage) an den Arbeitspunkt des Durchschnittsfahrzeugs verschoben werden. Deutlich einfacher ist die Vorgehensweise bei der Bestimmung der durchschnittlichen Dämpferkennlinie. Hierzu ist nur die Mittelwertbildung an den jeweiligen Stützpunkten der Kennlinien erforderlich. Die Bestimmung der durchschnittlichen mittleren vertikalen Federsteifigkeit der Räder geschieht auf die gleiche Weise. Auch hier werden an den jeweiligen Stützpunkten die Mittelwerte gebildet. Die ermittelten Kennlinien zeigt Abb. 13.13.

Im zweiten Schritt gilt es nun, sukzessive die in Tab. 13.3 aufgeführten 23 Parameter auf ihre Auswirkungen auf das Wankverhalten des durchschnittlichen Mittelklassefahrzeugmodells hin zu untersuchen. Hierzu wurden für jeden der 23 Parameter Simulationen mit jeweils einem veränderten Wert durchgeführt und anschließend mit dem Referenzverhalten des Durchschnittsmodells verglichen. Die Bewertung geschieht auf Basis der Simulation einer Fahrt über eine 5 m lange und 0,5 m hohe Rampe mit einer Geschwindigkeit von 54 km/h. Als Bewertungskriterium wird ein Abweichungskorridor von 10 % des Referenzverhaltens festgelegt. Liegen die Auswirkungen einer Parameteränderungen im gesamten Signalverlauf innerhalb des Korridors, dann wird der Parameter als nicht dominant eingestuft und für das zu formulierende Parametermodell vernachlässigt. Als Variation der 23 Parameter werden die in Tab. 13.3 aufgeführten maximalen Abweichungen eingesetzt. Die maximale Abweichung markiert die jeweils größte im gesamten Datensatz festgestellte Änderung jedes Einzelwertes vom entsprechenden Mittelwert des Durchschnittsmodells. Beispielhaft ist in Abb. 13.15 die Auswirkung der Parametervariation für die Schwerpunktlage (Parameter Nr. 2 in Tab. 13.3) dargestellt. Aus der durchgeführten

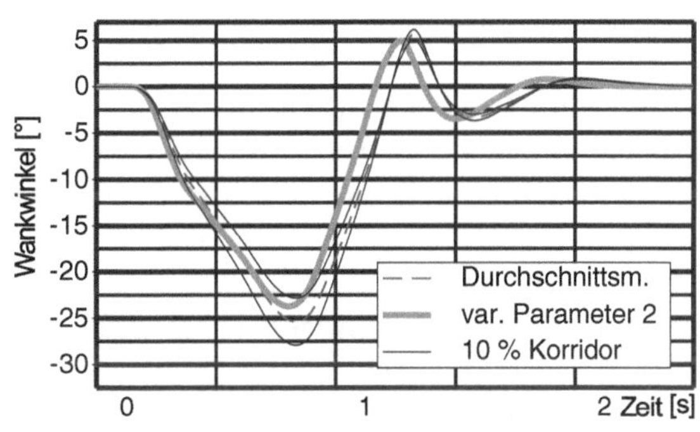

Abb. 13.15 Wankwinkelverlauf bei Variation von Parameter Nr. 2

Gesamtanalyse der Einflussparameter haben sich die folgenden acht Fahrzeugparameter als dominant herausgestellt:

- Masse Fahrgestell (Parameter Nr. 1),
- Schwerpunktlage des leeren Gesamtfahrzeugs (Parameter Nr. 2),
- Trägheitstensor des Fahrgestells (Parameter Nr. 3),
- Federkennung der Vorderachse (Parameter Nr. 7),
- Spurbreite der Vorderachse (Parameter Nr. 9),
- Federkennung der Hinterachse (Parameter Nr. 13),
- Spurbreite der Hinterachse (Parameter Nr. 15) und
- Radstand (Parameter Nr. 16).

Im dritten Schritt der Formulierung des parametrisierte Fahrzeugmodells wird überprüft, inwieweit ein Fahrzeugmodell mit 15 nicht dominanten konstant gehaltenen Parametern und 8 dominanten angepassten Parametern das Verhalten eines entsprechend detaillierten Fahrzeugmodells nachbilden kann.

13.3.2 Vergleich der parametrisierten Modelle mit den validierten Modellen

Zur Bewertung der Qualität der parametrisierten Fahrzeugmodelle werden mit diesen jeweils zwei unterschiedliche Rampenmanöver simuliert. Durch Gegenüberstellung der entsprechenden Simulationen mit den validierten Modellen aus Abschn. 13.2 lässt sich anschaulich die Güte der Parametermodelle darstellen. Die beiden folgenden Rampenmanöver liegen dem Vergleich zugrunde:

- Unkritisches Manöver mit geringer Überschlaggefahr:
  Rampenhöhe 0,5 m Geschwindigkeit 54 km/h.
- Kritisches Manöver mit hoher Überschlaggefahr:
  Rampenhöhe 0,7 m Geschwindigkeit 65 km/h.

Mit dem kritischen Manöver wurde speziell eine Konfiguration ausgewählt, die im Grenzbereich des Kippens liegt. Hiermit ist sichergestellt, dass die Parametermodelle auch in diesem Bereich zuverlässige Prognosen über das Kippverhalten ermöglichen. In Abb. 13.16 und 13.17 sind die simulierten Wankwinkel der jeweils in ihren acht Parametern angepassten Parametermodelle der Fahrzeuge A, B, C und D abgebildet. Zusätzlich enthält jedes Diagramm den Wankwinkelverlauf (gestrichelte Linie) des Durchschnittsmodells mit den stets konstant gehaltenen Parametern aus Tab. 13.3. Als Referenzverhalten dient der jeweilige Wankwinkelverlauf (schwarze durchgezogene Linie) des korrekten Modells. Bei den unkritischen Manövern kann für alle Parametermodelle eine deutliche Angleichung des Fahrzeugverhaltens vom Durchschnitts- an die Referenzmodelle erzielt

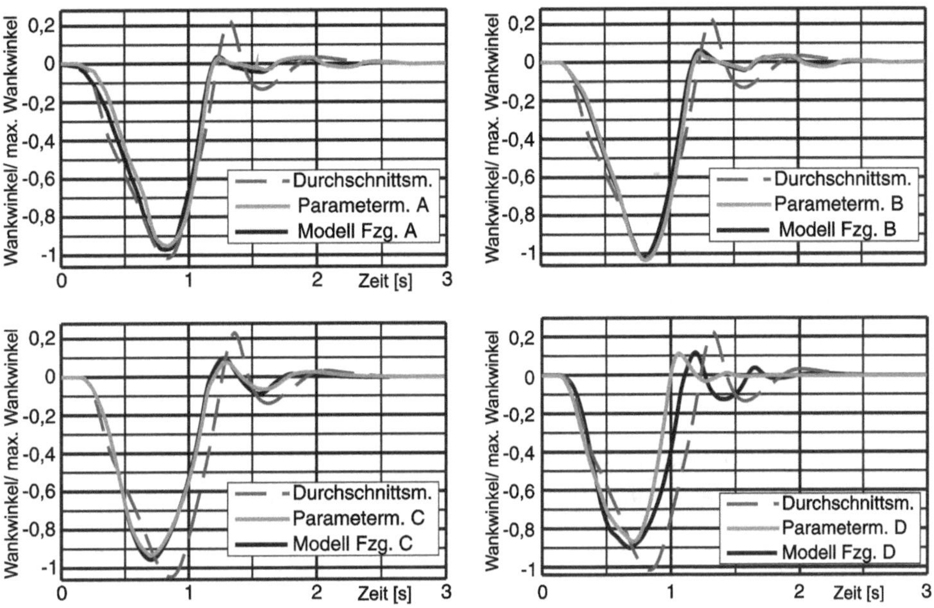

Abb. 13.16 Vergleich der parametrisierten Modelle mit den validierten Modellen in einem Fahrmanöver mit geringer Überschlaggefahr

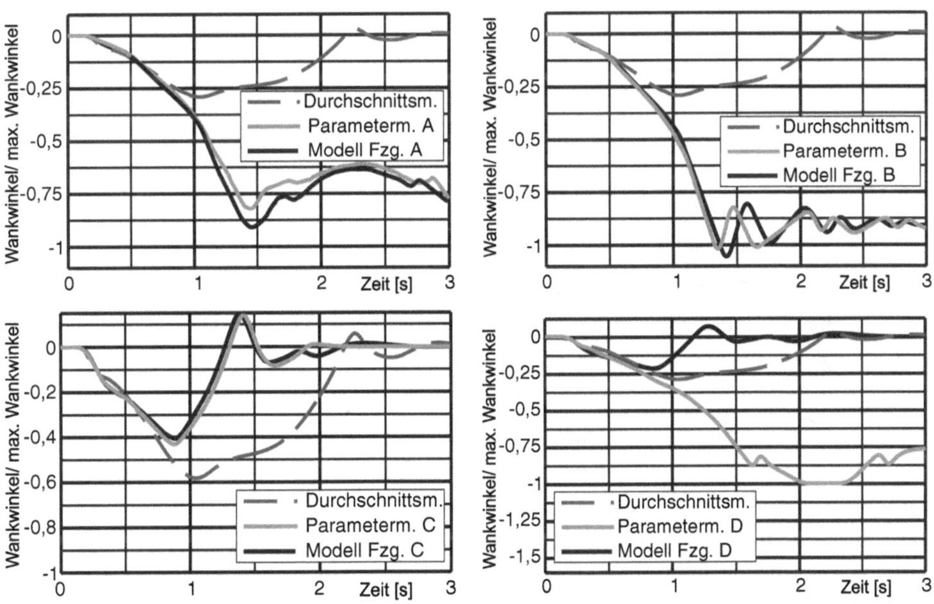

Abb. 13.17 Vergleich der parametrisierten Modelle mit den validierten Modellen in einem Fahrmanöver mit hoher Überschlaggefahr

Tab. 13.4 Allgemein gültige Parameter des Mittelklassefahrzeugmodells

Nr.	Parameter	Wert
	Fahrgestell:	
4.	Sitzposition Insassen vorn [m]	$-1,3902$
		$\pm 0,3699$
		0,2735
	Vorderachse (mit Zahnstangenlenkung):	
8.	Dämpferkennung	s. Abb. 13.13
	Stabilisator vorne:	
10.	Drehfeder-konstante [Nm/°]	6,4315
	Hinterachse (Mehrlenker):	
11.	Masse des Radträgers [kg]	8,21
12.	Trägheitstensor des Radträgers [kgm^2]	0,0426
		0,103
		0,1033
14.	Dämpferkennung	s. Abb. 13.13
	Stabilisator hinten:	
17.	Drehfederkonstante [Nm/°]	7,3686
	Motorlager:	
18.	Ortsvektor zum Lagerpunkt [m]	0,0031
		0
		0,0857
	Rad:	
19.	Reifenradius [m]	0,3108
20.	Längsträgheitsmoment [kgm^2]	1,375
21.	Querträgheitsmoment [kgm^2]	0,85
22.	lineare vertikale Reifenfedersteifigkeit [N/m]	239.333
23.	Radkennlinie	s. Abb. 13.9

werden. Diese Aussage lässt sich dagegen bei dem kritischen Manöver in der Nähe der Kippgrenze nur für die Parametermodelle der Fahrzeuge A, B und C bestätigen. Bei Fahrzeug D weicht das Parametermodell deutlich vom Referenzverhalten ab, sodass es hier sogar zu einem Fahrzeugüberschlag kommt, obwohl dieser im Referenzmodell nicht auftritt. Dies deutet darauf hin, dass es aufgrund der bei Fahrzeug D von den übrigen Modellen abweichenden Achskinematik der Vorderradaufhängung (s. Tab. 13.1) zu diesen Abweichungen kommen könnte.

Weitere Simulationen unter sukzessiver Rückanpassung der Parameter in Richtung der Originalparameter des Fahrzeugs D haben gezeigt, dass sich durch die Übernahme der korrekten Vorderachskinematik und Vorderachsfederkennlinien eine wesentlich verbesserte Modellgüte ergibt. Somit ist die Vorderachskinematik ebenfalls zu den in Abschn. 13.3 genannten dominanten Parametern zu zählen. Für Mittelklassefahrzeuge, die keine McPherson-Vorderradaufhängung haben, muss im Parametermodell auch die Vorderachse angepasst werden. Der Einfluss der Hinterachse auf das Fahrzeugverhalten ist dagegen deutlich geringer. Bei Verwendung der durchschnittlichen Hinterachsradaufhängung weisen die Ergebnisse aller Modelle nur geringe Abweichungen vom jeweiligen Referenzverhalten auf.

So bleibt zusammenfassend festzuhalten, dass das Parametermodell für die Simulation des Verhaltens von Mittelklassefahrzeugen mit McPherson-Vorderradaufhängung mit hoher Güte verwendet werden kann. Für andere Fahrzeuge bedarf es einer individuellen Prüfung. Die Notwendigkeit des Einsatzes der korrekten Vorderachskinematik im Parametermodell verringert den Modellierungsaufwand nicht in vollem Maße. Die in Tab. 13.4 zusammengefassten Parameter können aber nach wie vor als Durchschnittswerte beibehalten werden. Natürlich ist es grundsätzlich empfehlenswert, alle verfügbaren Daten eines zu simulierenden Fahrzeugs im Modell zu berücksichtigen. Doch falls diese z. B. in der frühen Phase einer Fahrzeugneuentwicklung nicht verfügbar sind, kann für Pkw der Mittelklasse auf die hier vorgestellten Parameter zurückgegriffen werden. Mithilfe eines so gewonnenen Modells lassen sich sowohl Parameter für die Durchführung von ersten realen Rollover-Applikationsversuchen abschätzen, als auch eine Vorabkalibrierung der Auslöseparameter für erste Versuchsfahrzeuge vornehmen (vgl. Abschn. 14.2).

Literatur

Bardini R, Hiller M, Schramm D, Herrmann T (1997) Einsatz der Simulation zur Entwicklung von intelligenten Rückhaltesystemen. VDI-Berichte, Bd 1354. VDI-Verlag, Düsseldorf, S 405–424

Kecskeméthy A (1996) MOBILE – Version 1.2 - user's guide and reference manual. Gerhard-Mercator-Universität - GH Duisburg, Fachgebiet Mechatronik

Kraftfahrt-Bundesamt (2006) Pressemitteilungen – Neuzulassungen von Pkw nach Segmenten und Modellreihen. http://www.kba.de/Stabsstelle/Presseservice/Pressemitteilungen/pressemitteilungen1998/SegmenteModelle/seg_1998.htm. Seitenabruf Okt/2006

Kramer Ulrich, Neculau Mihaela (1998) Simulationstechnik. Carl Hanser Verlag, München, Wien

Mitschke M, Wallentowitz H (2004) Dynamik der Kraftfahrzeuge, 4. Aufl. Springer-Verlag, Berlin

Pelz Georg (2001) Modellierung und Simulation mechatronischer Systeme. Hüthing Verlag, Heidelberg

Pichler V (1999) Modellbildung der Dynamik von Kraftfahrzeugen unter Anwendung objektorientierter Konzepte. Dissertation. Fortschrittberichte VDI, Reihe 12, Nr. 382. Universität Duisburg. VDI-Verlag, Düsseldorf

Robert Bosch GmbH (2007) Kraftfahrzeugtechnisches Taschenbuch, 26. Aktualisierte Aufl. Vieweg-Verlag, Wiesbaden

VDI-Richtlinie 2206 (2004) Entwicklungsmethodik für mechatronische Systeme. Beuth-Verlag GmbH, Berlin

Ausgewählte Anwendungen

14

Die ständig wachsende Komplexität von Kraftfahrzeugen auch im Bereich der Fahrdynamik macht den Einsatz der Fahrdynamiksimulation in einem effizienten Entwicklungsprozess unverzichtbar. Neben der Bewertung grundlegender Fahreigenschaften wie Komfort und Stabilität unter stützt die Simulation den Entwurfs- und Applikationsprozess von grundlegenden Fahrdynamikreglern wie dem Antiblockiersystem (ABS), der Antriebsschlupfregelung (ASR) oder dem elektronischen Stabilitätsprogramm (ESP) und darauf aufbauenden fortgeschrittenen Fahrdynamikfunktionen, wie z. B. Torque Vectoring (Rahimi Fetrati et al. 2016). Dabei ist es die Aufgabe des Simulationswerkzeugs, ein Fahrzeug im Rechner abzubilden, um es als Strecke in der Reglerapplikation zu verwenden. Dies wird in Abschn. 14.1 beispielhaft an den drei grundlegenden Fahrmanövern Lenkwinkelsprung, stationäre Kreisfahrt und doppelter Spurwechsel demonstriert. Dabei kommen jeweils drei der in den Kap. 10 und 11 beschriebenen Fahrzeugmodellierungen zum Einsatz.

Darüber hinaus findet die Fahrdynamiksimulation auch Anwendung im Bereich der Entwicklung und Applikation von passiven Sicherheitssystemen wie der Überschlagerkennung (Abschn. 14.2). Ein weiteres Anwendungsbeispiel ist mit der Regelung der Wankdynamik durch aktive Stabilisatoren in Abschn. 14.3 gegeben.

14.1 Simulation von Testmanövern

14.1.1 Simulation eines Lenkwinkelsprungs (ISO 7401)

Als Beispiel für ein Testverfahren, das dazu dient, das Fahrzeuggesamtsystem ohne den Fahrer zu bewertet, wird hier ein sogenanntes Open-Loop-Manöver (offener Regelkreis) analysiert. Mithilfe des in Kap. 13 beschriebenen Gesamtfahrzeugmodells wird ein

D. Schramm et al., *Modellbildung und Simulation der Dynamik von Kraftfahrzeugen*,
https://doi.org/10.1007/978-3-662-54481-5_14

Lenkwinkelsprung nach (ISO 7401 2003) simuliert. Bei diesem Manöver wird während einer stationären Geradeausfahrt mit konstanter Geschwindigkeit das Lenkrad idealerweise sprungartig auf den Stationärwert $\delta_{H,stat}$ eingeschlagen. Da es aus physikalischen Gründen nicht möglich ist, einen idealen Sprung zu erzeugen, wird in der Norm ersatzweise gefordert, dass die Zeitdauer, während der der Lenkwinkel Werte zwischen 10 % und 90 % seines stationären Wertes annimmt, unter 0,15 s hegt. Um Fehler bzw. Ungenauigkeiten bei der Auswertung zu berücksichtigen, wird der Zeitpunkt t_0, ab dem Ansprechzeiten des Fahrzeugs gemessen werden, erst definiert, wenn 50 % des stationären Lenkradwinkels erreicht sind.

Die Größe des Lenkradwinkels ist in Vorversuchen zu bestimmen. Er muss so gewählt werden, dass sich nach dem Einschwingvorgang eine stationäre Querbeschleunigung von $4\,m/s^2$ einstellt. Die Standardgeschwindigkeit beträgt dabei 100 km/h und die Fahrpedalstellung ist während der gesamten Testdauer konstant zu halten.

Für das hier verwendete Simulationsmodell ergibt sich unter den zuvor genannten Bedingungen bei einem Lenkwinkelsprung von 12° (s. Abb. 14.1) die geforderte Querbeschleunigung von $4\,m/s^2$ (s. Abb. 14.2). Somit kann nun das Ansprechen des Fahrzeugs auf den Lenkeinschlag bewertet werden. Eine schnelle und gut gedämpfte Fahrzeugreaktion ist hierbei wünschenswert.

Die Schnelligkeit der Fahrzeugreaktion wird über sogenannte Ansprechzeiten quantifiziert. Die am häufigsten verwendeten Ansprechzeiten sind die „response time" $T_{\dot{\psi}}$ und die „peak response time" T_{max} der Gierwinkelgeschwindigkeit. Die „response time" ist als die Zeitdauer von t_0 bis zum Erreichen von 90 % des stationären Wertes definiert. In Abb. 14.3 beträgt $T_{\dot{\psi}}$ 0,25 s. Die „peak response time" kann sowohl für die Querbeschleunigung als auch für die Gierwinkelgeschwindigkeit ermittelt werden. Allerdings wird vorrangig die

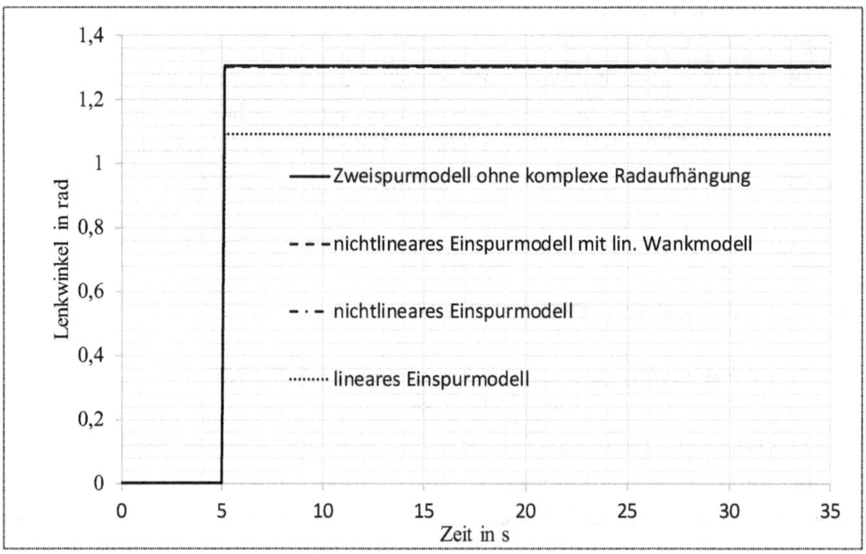

Abb. 14.1 Verlauf des Lenkwinkels beim Lenkwinkelsprung

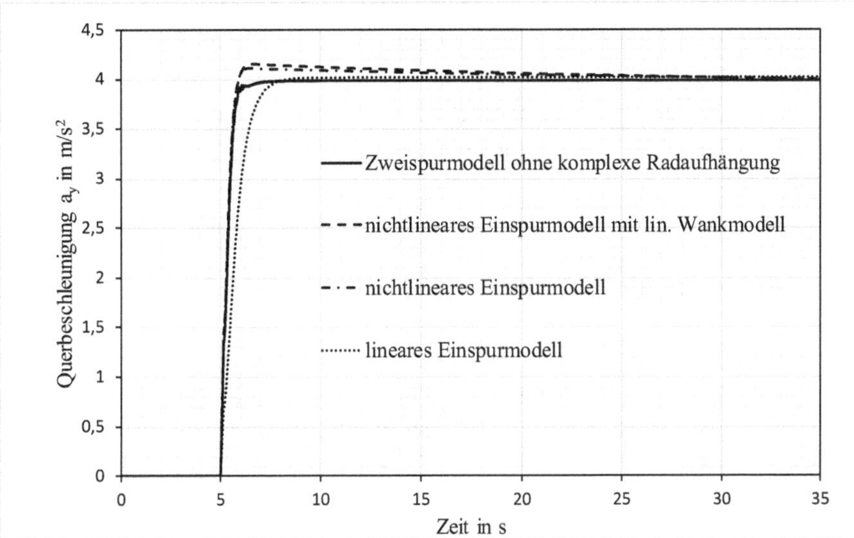

Abb. 14.2 Verlauf der Querbeschleunigung beim Lenkwinkelsprung

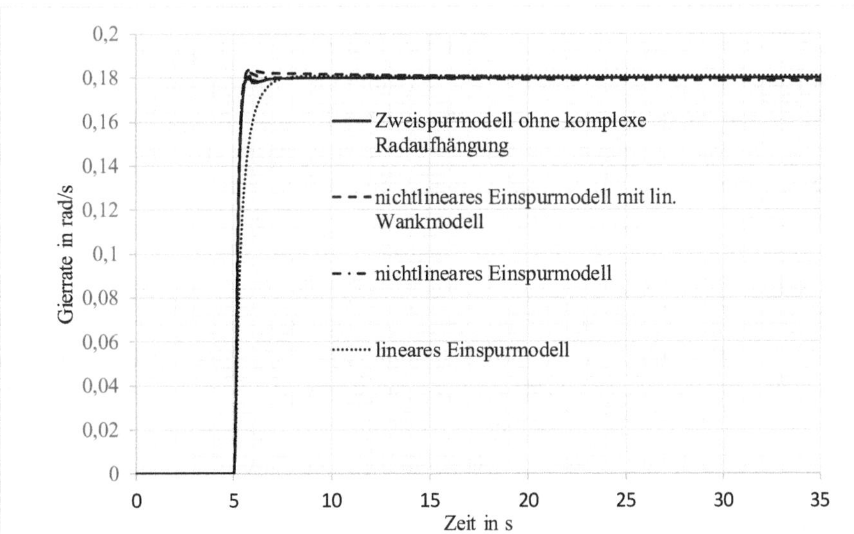

Abb. 14.3 Verlauf der Gierwinkelgeschwindigkeit beim Lenkwinkelsprung

Gierwinkelgeschwindigkeit zur Bewertung der Schnelligkeit herangezogen. In Abb. 14.3 beträgt $T_{\dot{\psi}}$ 0,32 s.

Die Bewertung der Dämpfung der Fahrzeugreaktion kann zum einen durch das Verhältnis von Maximalwert zu Stationärwert der Gierwinkelgeschwindigkeit oder zum anderen durch die in der Regelungstechnik verwendete normierte Überschwingweite

$$U_{\dot{\psi}} = \frac{\dot{\psi}_{max} - \dot{\psi}_{stat}}{\dot{\psi}_{stat}} \tag{14.1}$$

vorgenommen werden. Die Überschwingweite des hier simulierten Fahrzeugmodells beträgt 2,3 %. Dieser Wert deutet auf ein untersteuernd ausgelegtes, stabiles Fahrverhalten hin.

14.1.2 Simulation einer stationären Kreisfahrt

Das Fahrmanöver „stationäre Kreisfahrt"nach (ISO_4138 2004) ist eines der wichtigsten sogenannten Open-Loop-Manöver (offener Regelkreis) Standard-Prüfverfahren. Es wird sowohl bei Fahrversuchen als auch in der Simulation verwendet. Mit diesem Manöver lassen sich wichtige fahrdynamische Größen, wie Eigenlenkgradient, Gierverstärkung und Steuertendenz und damit Fahrverhalten und Stabilität von Kraftfahrzeugen bis in den fahrdynamischen Grenzbereich ermitteln. Hierfür werden Größen wie Lenkradwinkel, Fahrzeuggeschwindigkeit, Schwimmwinkel, Wankwinkel, Querbeschleunigung und Gierwinkelgeschwindigkeit aufgezeichnet.

Es gibt grundsätzlich vier Methoden, um die stationären Kreisfahrtwerte zu erhalten (ISO_4138 2004), von denen eine hier erläutert wird. Eine dieser Methoden benutzt eine Kreisfahrt mit konstantem Kreisradius und kann daher auch bei begrenzten Fahrdynamikflächen gut durchgeführt werden. Bei der Durchführung wird auf einem Bahnradius von mindestens 30 Metern ein Links- und ein Rechtskreis mit langsam und gleichmäßig ansteigender Geschwindigkeit gefahren. Hierdurch stellt sich jeweils eine Querbeschleunigung ein, die sich dann langsam und monoton bis zu einem Wert erhöht, ab dem der stationäre Zustand nicht mehr aufrechterhalten werden kann. Während der Steigerung der Geschwindigkeit muss der Fahrer den Lenkwinkel so anpassen, dass das Fahrzeug auf der Kreisbahn bleibt. Aufgrund der quasi stationären Versuchsbedingungen ist dieses Manöver für einen geübten Fahrer gut reproduzierbar und der Fahrer hat auf das Systemverhalten effektiv wenig Einfluss (Rau 2007). In der Simulation muss für diese Methode ein Fahrermodell eingesetzt werden, wie es z. B. in Kap. 13 beschrieben wird.

Hier soll jedoch eine andere Methode verwendet werden, bei der auf das Fahrermodell verzichtet werden kann. In diesem Fall wird, beginnend mit einem großen Radius das Lenkrad solange immer weiter eingeschlagen, bis das Fahrzeug nicht mehr auf der Bahn gehalten werden kann (s. Abb. 14.4 – 14.6).

14.1.3 Simulation eines doppelten Spurwechsels

Eine der Standardtestmethoden (ISO 1975) und (ISO 2000) im instationären Bereich ist der doppelte Fahrspurwechsel (ISO-Wedeltest). Das Ziel dieses Versuchs ist die Bewertung des Fahrverhaltens eines Kraftfahrzeugs im geschlossenen Regelkreis in einer

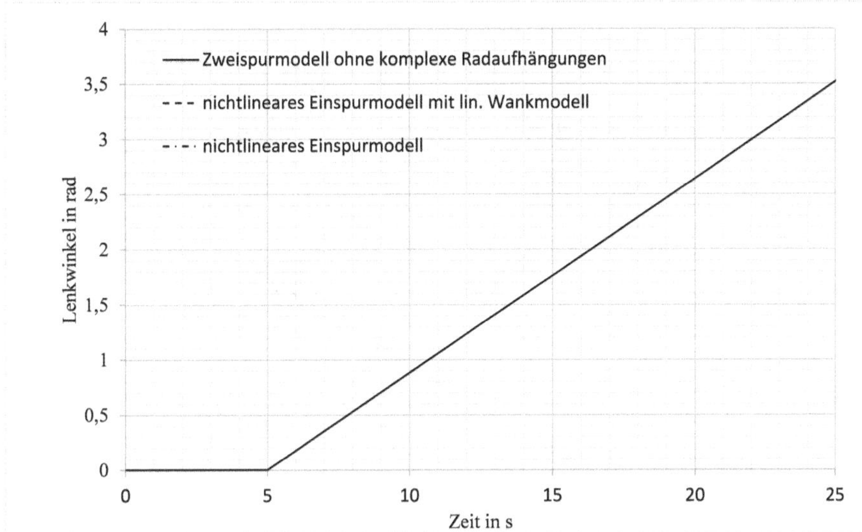

Abb. 14.4 Verlauf des Lenkwinkels bei der stationären Kreisfahrt

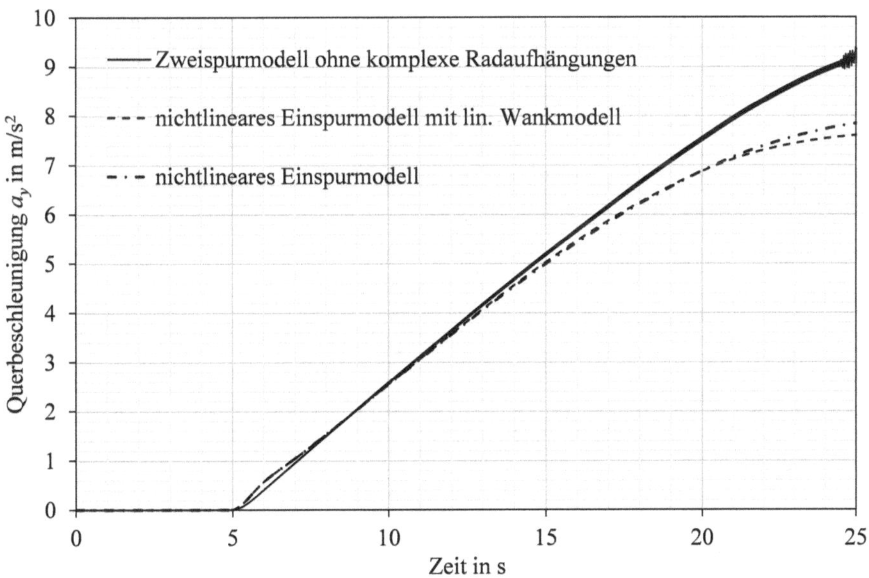

Abb. 14.5 Verlauf der Querbeschleunigung bei der stationären Kreisfahrt

praxisrelevanten Fahrsituation. Der Test simuliert hierzu ein Ausweichmanöver zusammen mit dem anschließenden Zurücklenken auf die rechte Fahrspur. In einer etwas modifizierten Form wurde dieser Test in einer modifizierten Form unter dem Namen „Elchtest" im Jahr 1997 einer breiteren Öffentlichkeit bekannt. Er ist heute fester Teil des Testprogramms von Automobilfirmen, Testzeitschriften und Organisationen.

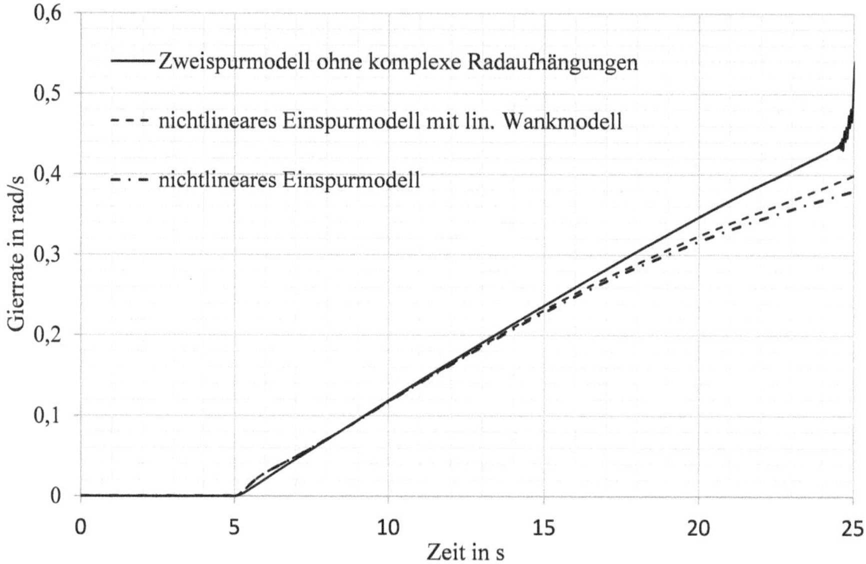

Abb. 14.6 Verlauf der Gierrate bei der stationären Kreisfahrt

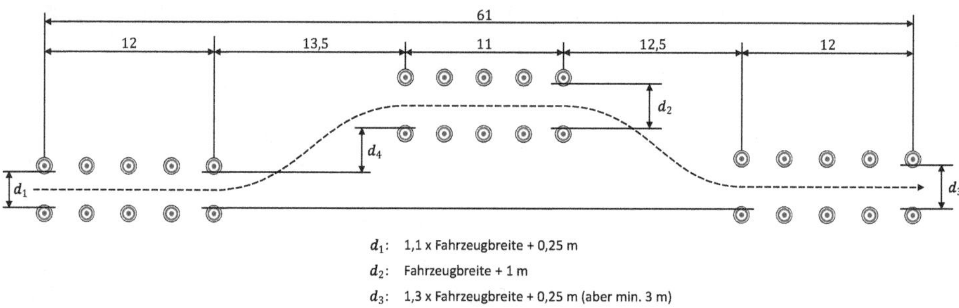

Abb. 14.7 Doppelter Spurwechsel (alle Abmessungen in *m*) nach (ISO 1975), s. auch (Reński 2001)

Die Abmessungen der Teststrecke sind mit einer Länge der Messstrecke von 110 m und einem seitlichen Versatz von 3,5 m festgelegt, Abb. 14.7. Die Breite wird dabei auf das jeweilige Testfahrzeug abgestimmt. Mit Lichtschranken am Anfang und Ende der Messstrecke wird die jeweilige Durchfahrtzeit gemessen. Das Beurteilungskriterium ist der Mittelwert der Durchfahrtzeiten aus mindestens drei fehlerfreien Fahrten, bei denen Pylonen nicht berührt werden dürfen. Zur Untersuchung der instationären Fahreigenschaften werden oft neben der Zeitmessung auch andere fahrdynamische Größen aufgenommen, wie z. B.

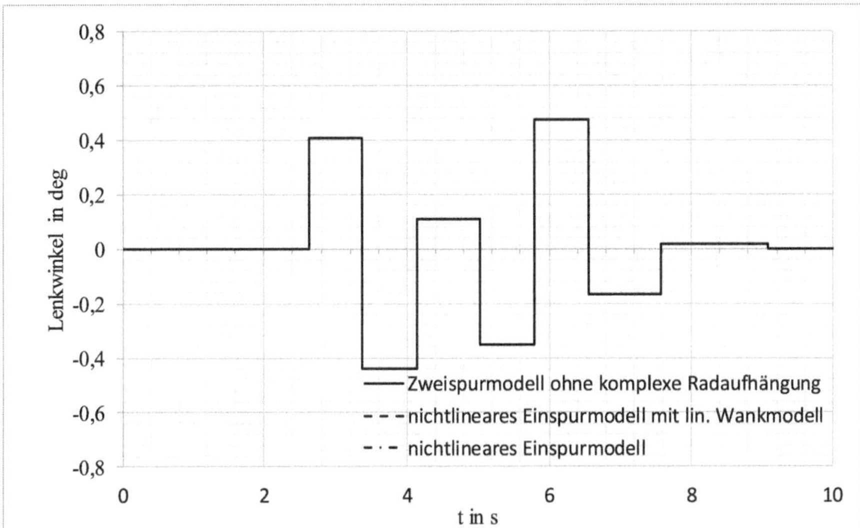

Abb. 14.8 Verlauf des Lenkwinkels beim doppelten Spurwechsel

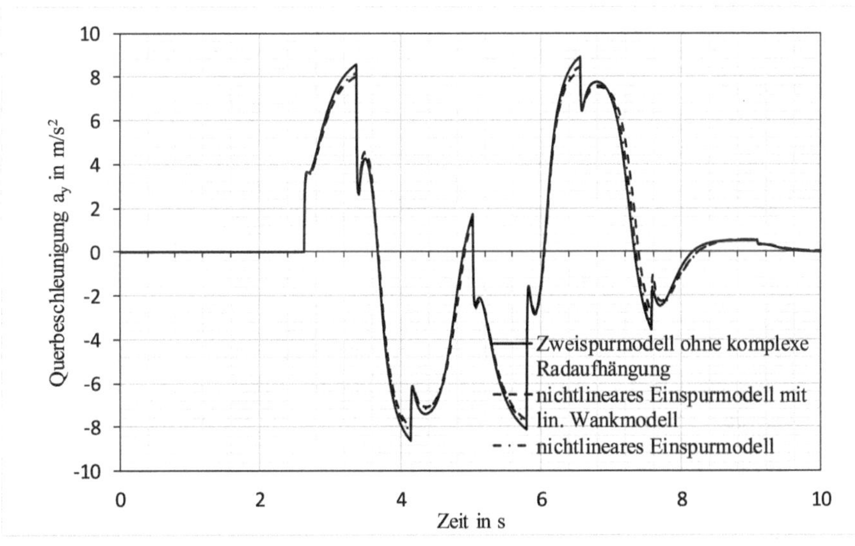

Abb. 14.9 Verlauf der Querbeschleunigung beim doppelten Spurwechsel

- Lenkradwinkel,
- Lenkradmoment,
- Querbeschleunigung,
- Gierrate,
- Fahrgeschwindigkeit sowie
- Schwimm- und Wankwinkel.

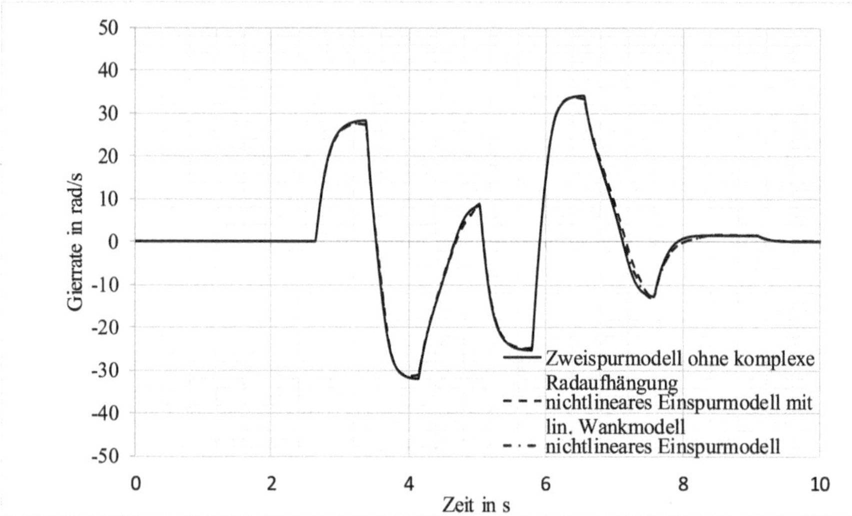

Abb. 14.10 Verlauf der Gierrate beim doppelten Spurwechsel

Zur Bewertung der Güte des Fahrverhaltens des getesteten Fahrzeugs werden u. a. die erforderlichen Lenkradbewegungen und die aufgetretene Querbeschleunigung herangezogen (s. Abb. 14.7 – 14.10).

14.2 Simulation von Fahrzeugüberschlägen

Als ein komplexes Anwendungsbeispiel wird in diesem Abschnitt die Unterstützung des Applikationsprozesses einer Überschlagerkennungsfunktion zur Steuerung von Rückhaltesystemen bei Pkws durch die Mehrkörpersimulation beschrieben, dabei stammen die folgenden Ausführungen im Wesentlichen aus (Bardini 2008). Der Applikationsprozess eines Überschlagschutzsystems ist im Rahmen der Gesamtfahrzeugentwicklung ein untergeordneter Teilprozess. Er ist v. a. von der Verfügbarkeit von Prototypenteilen und -fahrzeugen abhängig. Je früher im Ablauf der Produktentstehung auf diese zugegriffen wird, desto kostenintensiver gestaltet sich der Prozess insgesamt. Andererseits werden aber durch einen möglichst frühen Prozessbeginn die Reife und damit die Qualität der Applikation zum Serienstart erhöht und das Entwicklungsrisiko minimiert. Vor dem Hintergrund dieses Zielkonfliktes gilt es, einen möglichst optimalen Applikationsprozess zu finden. Hierzu kann die Simulation einen entscheidenden Beitrag leisten.

Um die Funktion einer Überschlagerkennung sicherzustellen, sind entsprechend der in Abb. 14.11 dargestellten Unfallszenarien diejenigen repräsentativen Versuchskonfigurationen abzuleiten, die das reale Unfallgeschehen möglichst umfassend abbilden. Diese müssen dann mithilfe der Simulation nachgestellt werden. Gemäß Abb. 14.11 können 81 % des feldrelevanten Überschlagunfallgeschehens mithilfe von vier Versuchsszenarien

Überschlag-ursache	Unfallszenario	Feldre-levanz	Versuchsszenario
seitlicher Rutschvorgang in Verbindung mit wechselndem Untergrund („Trip-over“)	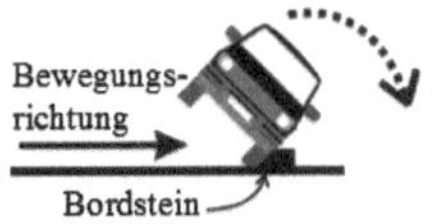 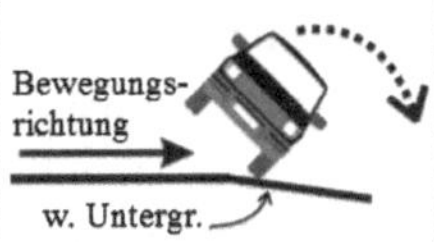	56 %	Bordstein  Sandbett 
Abkommen von der Fahrbahn auf eine abschüssige Ebene („Fall-over“)	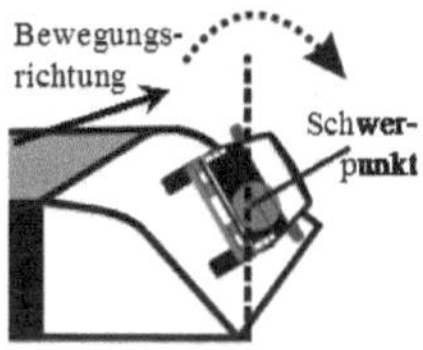	13 %	Böschung 
Überfahren eines rampenähnlichen Objektes („Flip-over“)		12 %	Rampe 
	Summe	81 %	

Abb. 14.11 Ableitung feldrelevanter Versuchsszenarien (Bardini 2008)

repräsentiert werden. Um eine sichere Aktivierung bei der Mehrzahl der realen Überschlagunfälle zu gewährleisten, sollten der Bordstein-, der Sandbett-, der Böschungs- und der Rampenversuch bei verschiedenen Geschwindigkeiten im Rahmen des Entwicklungsprozesses mit Prototypen durchgeführt werden.

Zur Minimierung des hierfür erforderlichen Aufwands sind zunächst die üblicherweise in den Entwicklungsprogrammen der Fahrzeughersteller berücksichtigten und ggf. für die Auslegung des Überschlagschutzes von Pkws relevanten Versuche zu betrachten. Von diesen etablierten Versuchen können z. B. beim lateralen Bordsteinanprall und beim VDA-Slalomtest sowie beim VDA-Spurwechseltest Synergien für die Auslegung der Überschlagerkennung genutzt werden. Bei dem standardmäßig als Seitencrash-Misuse-Versuch durchgeführten seitlichen Bordsteinanprall wird die No Fire-Schwelle üblicherweise auf Anprallgeschwindigkeiten zwischen 10 und 15 km/h appliziert. Bei höheren Geschwindigkeiten findet dann bei den beschleunigungsbasierten Sensorsystemen eine Auslösung über den Seitencrashalgorithmus statt.

Der Überschlag eines Mittelklasse-Pkws kann aus physikalischen Gründen nicht bei Geschwindigkeiten unterhalb von 17 km/h stattfinden. Damit ist davon auszugehen, dass in jedem Fall die Seitencrasherkennung vor der Überschlagerkennung greift. Dies geschieht normalerweise bereits bei Fahrzeugwankwinkeln unterhalb von 5°. Aufgrund dieser Synergie braucht zur Applikation der Überschlagerkennung beim Bordsteinanprall kein zusätzlicher Versuch im Entwicklungsprozess vorgesehen werden. Dies gilt ebenso für die im Rahmen der Fahrwerksentwicklung standardmäßig durchgeführten Fahrdynamiktests Slalom und Spurwechsel („Elchtest"). Die bei diesen Versuchen gemessenen Daten dienen bei der Applikation der Überschlagerkennung als robust zu erfüllende No Fire-Versuche.

Wie in Abb. 14.12 dargestellt, kann die Produktentstehung sowohl zeitlich als auch bezüglich der Produktreife in drei Phasen unterteilt werden. In der ersten Phase, die etwa drei Jahre vor Serienstart beginnt, stehen die frühen Prototypen zur Verfügung. Diese sind in Bezug auf ihre Aussagefähigkeit im Vergleich zum späteren Serienprodukt mit Einschränkungen behaftet. Materialien, Package und Konstruktionsdetails können sich im

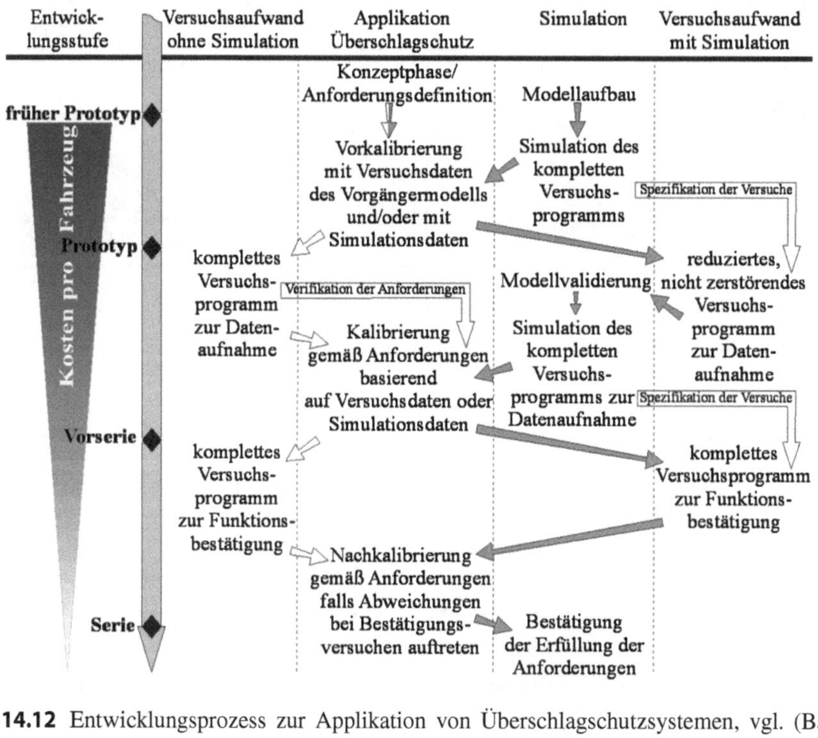

Abb. 14.12 Entwicklungsprozess zur Applikation von Überschlagschutzsystemen, vgl. (Bardini et al. 2007)

weiteren Verlauf der Entwicklungsphasen noch ändern. Daher könnten – im ungünstigsten Fall – die in dieser Phase aufgenommen Daten später zur Applikation ungeeignet sein. Hinzu kommt, dass Fahrzeuge dieser Baustufe sehr kostspielig und somit nur in geringer Anzahl für zerstörende Versuche verfügbar sind. Vor diesem Hintergrund ist ein Verzicht auf die Durchführung eines kompletten Versuchsprogramms zur ersten Datenaufnahme naheliegend. Jedoch erhöht sich damit auch das Entwicklungsrisiko, da eventuelle Probleme erst in der nächsten Prototypenphase, die ca. zwei Jahre vor Serienstart beginnt, entdeckt werden. Besteht allerdings der Anspruch, die Fahrzeuge bereits in dieser nächsten Entwicklungsstufe mit auslösefähigen Systemen auszustatten, so müssen Versuchsdaten zur ersten Datenaufnahme bereitgestellt werden.

Da für diese erste Applikation aber nicht die hohen Anforderungen wie bei einer feldtauglichen Applikation für den Endverbraucher bestehen, ist eine konservative Auslegung zugunsten hoher Misuse-Robustheit möglich. Damit erhöht sich auch die Toleranz gegenüber der für die erste Applikation bereitzustellenden Versuchsdaten, sodass für die Versuchsdurchführung auch Fahrzeuge des Vorgängermodells verwendet werden können. Dies setzt allerdings voraus, dass bei den in Abschn. 13.3 ermittelten acht dominanten Fahrzeugparametern zwischen Vorgänger- und Nachfolgermodell keine zu großen Abweichungen bestehen. Als Erfahrungswert für eine maximal zulässige Abweichung hat sich hierbei ein Wert von ca. 5 % bewährt. Darüber hinaus ist es auch möglich, durch das Einbringen bzw. Verschieben von Gewichten im Fahrzeug, eine Anpassung von Fahrzeuggewicht, Schwerpunktlage und Trägheitsmoment in gewissen Grenzen vorzunehmen.

Schaffen solche Maßnahmen keine Abhilfe oder existiert z. B. bei der Entwicklung eines neuen Fahrzeugs kein Vorgängermodell, dann können die Daten nur aus der Simulation gewonnen werden. Der Modellaufbau kann bereits in der Konzeptphase beginnen, sodass gleich bei Verfügbarkeit erster früher Prototypen eine Verifikation des Modells anhand von nicht zerstörenden Manövern, wie etwa Kreis- oder Slalomfahrten, vorgenommen werden kann. Mit diesem Modell lassen sich die in Abschn. 14.2.1 zusammengestellten Manöver simulieren, sodass ein erster Datensatz zur Applikation der Überschlagerkennung zur Verfügung steht.

Falls weder Simulations- noch Versuchsdaten in der frühen Prototypenphase zur Verfügung stehen, dann ist wie in Abb. 14.12 dargestellt während der zweiten Prototypenphase auf jeden Fall die Erzeugung eines kompletten Datensatzes zur Minderung des Entwicklungsrisikos erforderlich. Anderenfalls müssten während der Vorserienphase sowohl die Datenaufnahme als auch die Funktionsbestätigung erledigt werden. Eine sichere Erreichung des Serienstarts könnte dann nur unter Voraussetzung eines Null-Fehler-Prozessablaufs erreicht werden. Liegen in der zweiten Prototypenphase Simulationsdaten vor, ist eine Reduzierung der Crashversuche denkbar. Einerseits lassen sich dank der Simulation die Versuchsparameter der einzelnen Versuche im Vorfeld genauer festlegen und andererseits können die zerstörenden Versuche gänzlich entfallen. Da für eine robuste Algorithmus-Applikation zu jedem der Auslöseversuche aus Abb. 14.11 je drei Versuche notwendig sind (s. Abschn. 14.2.1), ist eine Beschränkung der realen Versuche nur auf die überschlagfreien Versuche möglich. Abgesehen von Sandbettversuchen sind alle Versuche, die zum Umsturz des Fahrzeugs führen, als zerstörend anzusehen. Bei Versuchen knapp unterhalb der Kippgrenze ist ggf. eine Reparatur des Fahrzeugs möglich. Bei Verzicht auf die zerstörenden Versuche lässt sich so der Bedarf an Versuchsfahrzeugen reduzieren. Unter Nutzung der überschlagfreien Versuche zur Validierung der Simulationsmodelle können dann die Versuche mit Überschlag durch die Simulation ersetzt werden.

Bei den Versuchen zur Funktionsbestätigung in der Vorserie (ab ca. 16 Monate vor Serienstart) besteht weniger Potenzial zur Einsparung von Versuchen durch die Simulation. Weil die Funktionsbestätigung definitionsgemäß dazu dient, die Funktion des Gesamtsystems (Hardware, Software und Rückhaltesysteme) im realen Fahrzeug nachzuweisen und zu dokumentieren, ist der Verzicht auf reale Versuche prinzipiell nicht möglich. Die Simulation kann hier in erster Linie einen Beitrag zur Versuchsdurchführung liefern, indem mit ihrer Hilfe die Versuchsparameter spezifiziert werden. Kommt es allerdings bei den Bestätigungsversuchen zu Abweichungen vom gewünschten Verhalten, so kann mithilfe der Simulation eine weiterführende Analyse des fraglichen Verhaltens durchgeführt werden. Ist eine Nachkalibrierung der Applikation erforderlich, liefert die Simulation weitere Daten des kritischen Manövers, z. B. in angrenzenden Geschwindigkeitsbereichen. Mithilfe der Insassensimulation müssen die Auswirkungen des eventuell geänderten Auslöseverhaltens auf die Erfüllung der Anforderungen des Insassenschutzes dann erneut überprüft werden. Ob das Ausmaß der Änderungen gar eine Wiederholung des gesamten Bestätigungsprogramms erfordert, ist im Einzelfall zu entscheiden.

14.2.1 Virtuelles Testgelände

In diesem Abschnitt werden die virtuellen Versuchsaufbauten, die zur Applikation eines Überschlagschutzsystems verwendet werden, beschrieben. Alle für eine solche Applikation benötigten Versuche sind in Tab. 14.1 zusammengestellt. Die Versuche sind in zwei Gruppen unterteilt. Die eine Gruppe umfasst die sogenannten Misuse-Versuche, die die extremen Fahrsituationen beinhaltet, bei denen eine Auslösung der nicht reversiblen Komponenten des Insassenschutzsystems inakzeptabel ist. Die andere Gruppe umfasst dagegen die sogenannten Use-Versuche, für die eine Auslösung der Rückhaltesysteme erwartet wird, aber nur dann, wenn es im Verlauf eines solchen Fahrmanövers auch tatsächlich zu einem Überschlag kommt. Daher sind hierbei zusätzlich die Auslöse- (Fire) und die Nichtauslöseversuche (No Fire) zu unterscheiden. Letztere dienen dazu, die Auslöseschwellen für jeden im Algorithmus vorgesehen Entscheidungspfad für den Fire- und No Fire-Fall voneinander abzugrenzen. Das bedeutet, dass für die Use-Versuche jeweils ein Versuch deutlich unterhalb der Auslöseschwelle (Wankwinkel $\leq 40°$), einer knapp unterhalb der statischen Kippgrenze (Wankwinkel 50–60°) und einer über der statischen Kippgrenze ($> 60°$) durchgeführt werden sollte.

Tab. 14.1 Zur Auslegung einer Überschlagerkennung benötigte Versuche

Misuse-Versuche	
Versuch	Applikationszweck
VDA-Slalomtest (10 Pylonen im Abstand von je 18 m auf einer Linie hintereinander)	Absicherung des Resonanzverhaltens („Aufschaukeln“)
VDA-Spurwechseltest (ISO 3888 Teil 2)	Robustheit der Applikation bei Standardmanövern
lateraler Bordsteinanprall bei 10–15 km/h	Test des Einflusses von lateralen Beschleunigungsimpulsen und Definition der oberen Grenze des No Fire-Bereichs
Fahrt über zwei hintereinander stehende Rampen jeweils mit den linken und rechten Rädern (Simulation einer Wechselböschung)	Robustheit bei hohen Wankwinkelgeschwindigkeiten
Sprung über eine Rampe mit allen Rädern (Simulation eines Sprunghügels)	Absicherung der Freiflugphase
Use-Versuche	
Versuch	Applikationszweck
lateraler Bordsteinanprall bei Geschwindigkeiten $\geq$ 15 km/h	Absicherung des Auslöseverhaltens beim Bordsteinanprall (laterales Rutschen mit hohem Beschleunigungsimpuls)
laterales Rutschen in ein Sandbett	Auslöseverhalten bei lateralem Rutschen mit niedrigem Beschleunigungsimpuls
Fahrt mit zwei Rädern über eine Rampe	Auslöseverhalten beim Schraubüberschlag (aufsteigendes Fahrzeug)
Fahrt über eine Böschung	Auslöseverhalten beim Schraubüberschlag (fallendes Fahrzeug)

Inwieweit eine Simulation dieser Manöver möglich und sinnvoll ist, wird an dieser Stelle diskutiert. Auf Seiten der Misuse-Versuche lassen sich alle Manöver bis auf den Bordsteinanprall mit hoher Zuverlässigkeit mithilfe eines wie in Abschn. 13.3 vorgestellten Mehrkörpermodells nachbilden. Für den Bordsteinanprall kann, wie bereits zuvor in diesem Abschnitt erwähnt, auf Applikationsdaten der Seitencrasherkennung zurückgegriffen werden. Daher stehen hierzu im Verlauf der Entwicklung Messdaten dieser Versuchsart zur Verfügung, sodass die Simulation dieses Manövers im Applikationsprozess nicht unbedingt erforderlich ist.

Ähnlich verhält es sich mit den beiden VDA-Tests (VDA 2006). Da es sich hierbei um sogenannte Closed-Loop-Tests handelt, sind die Ergebnisse stark vom Fahrereinfluss

Abb. 14.13 Virtueller VDA-Spurwechseltest (entspricht ISO 3888 Teil 2)

Abb. 14.14 Virtuelles Testgelände für die Misuse-Versuche Wechselböschung und Sprunghügel

bzw. in der Simulation von der Qualität des Fahrermodells geprägt. Abhängig davon ergeben sich z. B. bei dem in Abb. 14.13 dargestellten Spurwechseltest sehr unterschiedliche Messwerte. Hierbei sind die maximal realisierbaren Durchfahrtgeschwindigkeiten und damit die in der Applikation zu berücksichtigenden Maximalwerte bei geübten Fahrern höher als in der Simulation. Deshalb empfiehlt es sich auch hier, reale Messdaten zu berücksichtigen.

Der prinzipielle Aufbau der beiden verbleibenden Misuse-Versuche aus Tab. 14.1 ist in Abb. 14.14 dargestellt. Bei diesen Manövern lassen sich mithilfe von Rampenaufbauten die notwendigen Szenarien nachbilden. Zur Simulation der Wechselböschung können zwei 8,5 m lange Rampen mit zwischen 30 und 60 cm verstellbaren Höhen hintereinander angeordnet werden, sodass diese vom Fahrzeug wechselseitig überfahren werden können. Die Parameter Rampenhöhe, Rampenabstand und Fahrzeuggeschwindigkeit sind dabei so zu wählen, dass sich möglichst hohe Wankwinkelgeschwindigkeiten einstellen, ohne dass das Fahrzeug unkontrollierbar über die Rampen springt. Dies ist für Mittelklassefahrzeuge nur im Geschwindigkeitsbereich unterhalb von 70 km/h möglich. Zur Simulation des Sprunghügels sind theoretisch mit einem Rampenaufbau viele unterschiedliche Konfigurationen denkbar. Ziel dieses Manövers ist die Erzeugung einer Freiflugphase mit einer Dauer von mindestens 300 ms. Um Schäden am Fahrzeug zu vermeiden, hat sich hierfür der Einsatz einer niedrigeren Rampe mit maximal 35 cm Höhe, die im Geschwindigkeitsbereich von 60 bis 80 km/h befahren wird, bewährt.

Bei den Use-Versuchen aus Tab. 14.1 gelten für die Simulation des Bordsteinanpralls im Use-Fall die gleichen Bedingungen wie bereits zuvor für den Misuse-Fall beschrieben. Anders verhält es sich dagegen beim lateralen Rutschen in ein Sandbett (siehe Abb. 14.15).

Abb. 14.15 Virtuelles laterales Rutschen in ein Sandbett

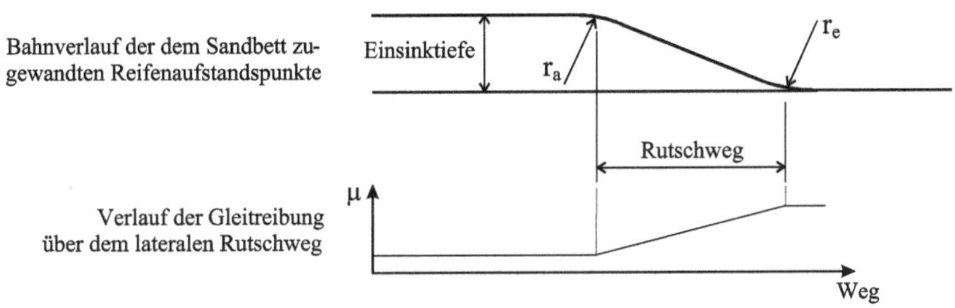

Abb. 14.16 Bodenmodellierung für laterales Rutschen in ein Sandbett

Bei diesem Manöver findet keine Auslösung über die Seitencrasherkennung statt, weil hier der starke laterale Beschleunigungsimpuls zu Beginn des Überschlagunfalls ausbleibt. Daher ist beim Sandbett wie auch bei den Manövern „Rampe" und „Böschung" die Generierung der zur Applikation benötigten Signale jeweils für die drei bereits erwähnten Versuchsszenarien erforderlich (1. Wankwinkel $\leq$ 40°; 2. Wankwinkel 50 – 60°; 3. Wankwinkel > 60°). Das Sandbettmanöver nimmt hierbei eine Sonderstellung ein. Im Gegensatz zu den anderen sind diese Versuche in der Realität mit geringen Beschädigungen am Fahrzeug durchführbar. Hier werden durch das allmähliche Einsinken der Räder in den Sand und das anschließende Abrollen des Fahrzeugs im Sand größere plastische Deformationen verhindert, sodass eine weitere Verwendung des Testfahrzeugs denkbar ist. Die Simulation dieser Manöver ist allerdings ohne einen vorherigen Verifikationsversuch mithilfe der Mehrkörpersimulation nicht möglich. Für eine aussagefähige Simulation sind durch einen Versuch die in Abb. 14.16 dargestellten Parameter Einsinktiefe sowie Länge des Rutschweges im Sandbett zu ermitteln. Mithilfe dieser, aus einem realen Sandbettüberschlagversuch zu ermittelnden Messwerte, ermöglicht ein empirischer Modellierungsansatz über die Anpassung des Verlaufs der in Abb. 14.16 dargestellten Funktion der Gleitreibung die Verifikation des Sandbettmanövers. Hierbei wird der im realen Versuch durch das Einsinken der Räder im Sand entstehende Eingrabeffekt durch eine kontinuierlich ansteigende Reibkraft auf einer sich absenkenden Oberfläche nachgebildet. Der prinzipielle Aufbau der beiden verbleibenden Use-Versuche aus Tab. 14.1 ist in Abb. 14.17 dargestellt. Welche Parameter etwa für die Rampenhöhe, den Anfahrwinkel,

Abb. 14.17 Virtuelles Testgelände für Use-Versuche „Böschung“ und „Rampe“

die Böschungsgeometrie und die Fahrzeuggeschwindigkeit für Mittelklasse-Pkw geeignet sind, wird in Abschn. 14.2.2 anhand von Simulationsergebnissen erörtert.

Um bei den hier beschriebenen Manövern auch das zugehörige Verhalten der Insassen beurteilen zu können, bietet sich die Verwendung eines Insassensimulationswerkezeugs an, das bereits validierte Modelle von Crashtest-Dummies enthält (z. B. MADYMO, Coo et al. 1991). Hierzu können die in der Fahrdynamiksimulation berechneten Positions- und Orientierungsdaten des Fahrgestells als Bewegungsvorgabe für den Fahrzeuginnenraum verwendet werden. Diese müssen hierfür in Bezug auf das Inertialsystem vorliegen. Bei Versuchen, die wie in diesem Abschnitt beschrieben mithilfe der Fahrdynamiksimulation durchgeführt werden, können die Daten gleich im benötigten Bezugssystem ausgegeben werden.

Stammen die Daten dagegen aus realen Crashversuchen, so ist ein nicht unerheblicher Aufwand zur entsprechenden Aufbereitung der Messdaten erforderlich.

14.2.2 Simulationsergebnisse

Mithilfe der Simulation der in Tab. 14.1 zusammengefassten Misuse- und Use-Manöver kann ein Algorithmus zur Überschlagerkennung im frühen Stadium der Fahrzeugentwicklung verifiziert und in der in Abb. 14.12 dargestellten Weise bei der Applikation unterstützt werden. Die sich bei den verschiedenen Manövern einstellenden Charakteristika der Fahrzeug- und Insassenbewegung bestimmen die Anforderungen an den Algorithmus und den Insassenschutz. Hierzu werden jeweils geeignete Versuchsparameter ermittelt, sodass sich die für den Überschlagschutz kritischen Parameter einstellen. Insbesondere bei den Manövern mit Überschlag ist zur Abschätzung der Auslöseanforderungen die Simulation des Insassenverhaltens erforderlich. Im Folgenden werden dafür ausgewählte Simulationsergebnisse von verschiedenen Manövern vorgestellt.

14.2.2.1 Misuse-Versuche

Wie bereits in Abschn. 14.2.1 diskutiert, nimmt der Bordsteinanprall eine Sonderrolle ein und wird daher hier als Misuse-Versuch nicht weiter betrachtet. Stattdessen sollen die beiden Manöver VDA-Spurwechseltest (Abb. 14.13) und Wechselböschung (Abb. 14.14) als ein weniger kritisches und ein kritisches Manöver repräsentativ untersucht werden.

Der VDA-Spurwechseltest (VDA 2006), der auch unter dem Namen „Elchtest“ bekannt ist, stellt für moderne Pkws der Mittelklasse kein Überschlagrisiko mehr dar. Umfangreiche und aufwendige Tests mit Personenwagen, die auf dem US-amerikanischen Markt verkauft werden, zeigen, dass Pickups und SUVs bei diesem Versuch eher zu Überschlägen neigen. Die meisten Pkws verhalten sich dagegen beim Spurwechseltest sehr unempfindlich bezüglich der Überschlagneigung. Dies bestätigt sich auch in den hier mit dem durchschnittlichen Mittelklassefahrzeugmodell durchgeführten Simulationen. In Abb. 14.18 ist der Verlauf der Wankrate des Spurwechselmanövers mit 60 km/h dargestellt. Als maximale Drehrate um die Fahrzeuglängsachse treten hier 22°/s auf. Diese Drehrate hat ausreichend Rotationsenergie um den Fahrzeugschwerpunkt maximal um weitere 3 mm anzuheben. Dies ist bei dem in diesem Manöver auftretenden maximalen Wankwinkel von weniger als 5° unkritisch. Auch ein Erreichen der Plausibilitätsschwelle des Algorithmus ist unwahrscheinlich, da die maximale laterale Verzögerung bei 0,7 g liegt. Daher kann der VDA-Spurwechseltest in Bezug auf die Misuse-Sicherheit insgesamt eher als ungefährlich eingestuft werden.

Deutlich kritischer stellt sich dagegen das Wechselböschungsmanöver dar. Eine Wankwinkelgeschwindigkeit von 112°/s in Verbindung mit einer lateralen Beschleunigung von 1g und einer vertikalen Beschleunigung von 1,2 g können bei einer unzureichenden Algorithmusapplikation schnell zu Fehlauslösungen führen. Dieses Manöver erzeugt im Augenblick des Rückpralls des Fahrzeugs aus der Wankbewegung der ersten Böschung beim Auffahren auf die zweite Böschung hohe Wankraten und Beschleunigungen. In Abb. 14.18 entspricht dieser Moment dem Zeitpunkt von 1,85 s. Der zugehörige Moment der Animation des Manövers ist in Abb. 14.19 abgebildet.

Hier ist zu erkennen (der Auslösealgorithmus wurde in das Simulationsmodell eingebunden und sein Zustand wird in der Animation durch eine farbige Kugel über der Motorhaube dargestellt), dass zu diesem Zeitpunkt der Algorithmus den Plausibilitätszustand ausgibt. Es kommt aber nicht zu einer Auslösung, da die Wankrate mit 122°/s bei dem zu diesem Zeitpunkt vorliegenden gegenläufigen Wankwinkel von 6° nicht für eine kippgefährdende Schwerpunkterhöhung ausreicht. Im Rahmen einer Gesamtapplikation

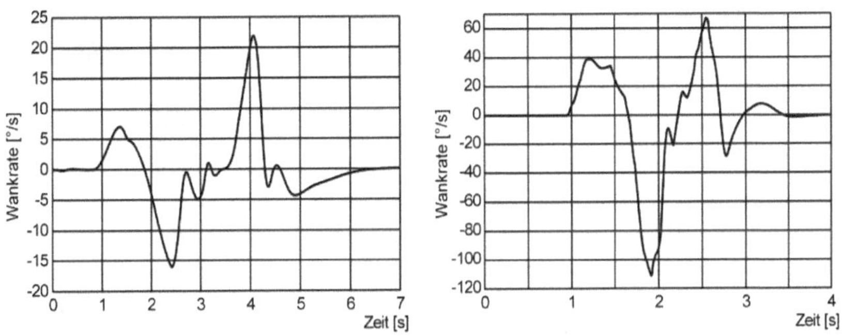

Abb. 14.18 Wankrate des durchschnittlichen Mittelklassefahrzeugmodells beim VDA-Spurwechseltest (*links*) und bei der Fahrt über eine Wechselböschung (*rechts*) jeweils mit 60 km/h

Abb. 14.19 Fahrt über eine Wechselböschung mit 60 km/h (t = 1,85 s)

über alle Use- und Misuse-Fälle wäre zu überprüfen, inwieweit die Plausibilitätsschwellen erhöht werden können, ohne dass sich eine solche Parameteranpassung negativ auf die Erreichung der Use-Anforderungen auswirkt. Die folgenden drei Abschnitte analysieren diese Use-Anforderungen genauer.

14.2.2.2 Überfahren einer Rampe

Wie bereits in Abschn. 14.2.1 beschrieben, sind zur Algorithmus-Applikation der Use-Versuche verschiedene Schwellen einzustellen. Das bedeutet, es sind jeweils Versuche unterhalb der Auslöseschwelle (Wankwinkel 30–40°), knapp unterhalb der statischen Kippgrenze (Wankwinkel 50–60°) und über der statischen Kippgrenze (> 60°) durchzuführen. Um diese Schwellwerte unter feldrelevanten und reproduzierbaren Bedingungen im Versuch tatsächlich zu erreichen, sind die Parameter Rampenhöhe und Fahrzeuggeschwindigkeit für jedes Fahrzeugmodell individuell zu definieren. Hierbei kann die Simulation die Versuchsplanung sehr effizient unterstützen.

Die Simulationen können aufwendige Vorversuche bzw. risikoreiche Fehlversuche vermeiden, indem im Vorfeld die in Abb. 14.20 dargestellte Matrix berechnet wird. Der Matrix liegen die Erkenntnisse aus der Unfallforschung zugrunde, dass Überschlagunfälle typischerweise nicht bei Geschwindigkeiten oberhalb von 70 km/h auftreten und, dass rampenähnliche Hindernisse nicht höher als 1,2 m sind (Ajluni 1989; Harkey 1999).

Aus den hier durchgeführten Untersuchungen zu den Rampenversuchen ergibt sich eine steigende Überschlagneigung der Fahrzeuge mit sinkendem Gewicht, sinkender Trägheit sowie Verringerung der Spurbreite und des Radstandes. Für ein durchschnittliches Mittelklassefahrzeugmodell lassen sich in Anlehnung an Abb. 14.20 z. B. mit einer Rampenlänge von 5 m und einer Rampenhöhe von 80 cm bei Geschwindigkeiten von 30, 40 und 60 km/h die zur Applikation benötigten Daten erzeugen. Die entsprechenden Wankwinkelverläufe dieser Manöver sind in Abb. 14.21 dargestellt. Abhängig von den Anforderungen des Insassenschutzes kann so die Auslöseschwelle für das Überschlagmanöver auf der Rampe appliziert werden. Für die Anforderungen des Insassenschutzes beim Überschlag gilt

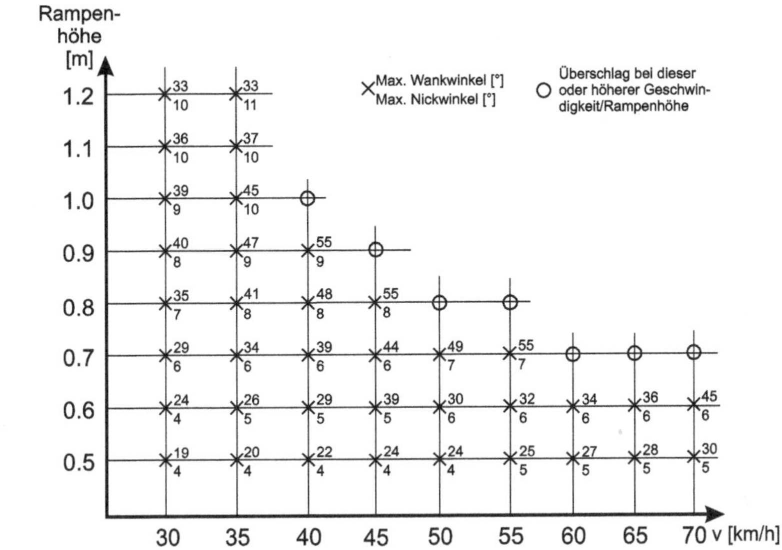

Abb. 14.20 Maximale Wank- und Nickwinkel abhängig von Rampenhöhe und Geschwindigkeit des durchschnittlichen Mittelklassefahrzeugmodells (Rampenlänge konstant 5 m)

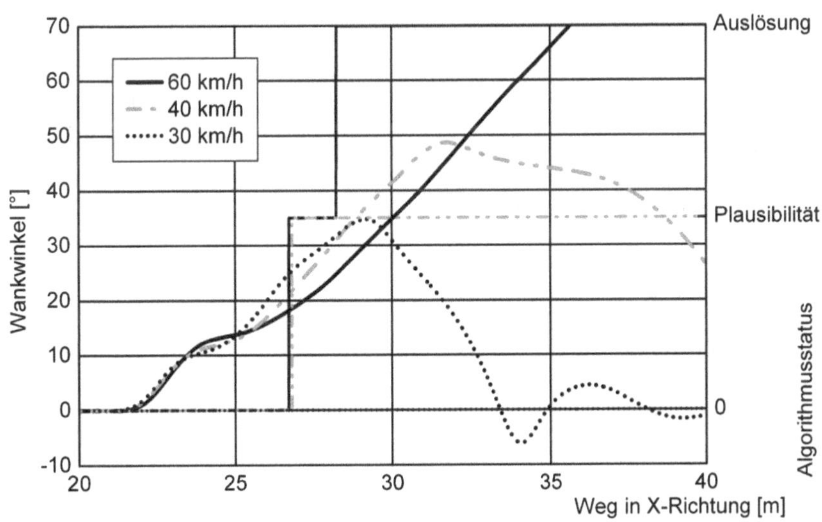

Abb. 14.21 Wankwinkel und Auslösestatus bei Rampenüberfahrten mit verschiedenen Geschwindigkeiten bei 80 cm Rampenhöhe und einer Rampenlänge von 5 m

prinzipiell, dass eine möglichst frühzeitige Auslösung der Rückhaltesysteme wünschenswert ist. Jedoch darf diese frühe Auslösung nicht zu Lasten der Misuse-Robustheit gehen. Daher muss von Seiten des Insassenschutzes auch ein spätestmöglicher Auslösezeitpunkt vorgegeben werden. Dieser lässt sich für den Windowbag mithilfe der Insassensimulation bestimmen. Für die Auslösung des Gurtstrammers gibt es dagegen keinen zu späten Auslösezeitpunkt im Sinne einer OOP-Problematik (Out of Position). Hier ergibt sich lediglich eine Verringerung der Schutzwirkung bei einer späteren Auslösung. Darüber hinaus muss die Insassensimulation entscheiden, ob eine bestimmte Unfallsituation überhaupt die Aktivierung von irreversiblen Rückhaltesystemen rechtfertigt. Dies ist nur sinnvoll, wenn ein entsprechendes Schutzpotenzial zu erwarten ist bzw. wenn es auch tatsächlich zu einem Überschlag kommt.

Die in Abb. 14.22 dargestellten Screenshots von einer Fahrdynamiksimulation (links) und der dazu gehörenden MADYMO-Insassensimulation (rechts) verdeutlichen am Beispiel eines Rampenmanövers den Einsatz der Simulation. Bei diesem mit einer Geschwindigkeit von 80 km/h über eine 35 cm hohe Rampe gefahrenen Manöver kommt es nicht zu einer Auslösung durch den Erkennungsalgorithmus. Die Richtigkeit dieses Auslöseverhaltens bestätigt der hier bei der Insassensimulation eingesetzte ungegurtete 50 % male Hybrid III Dummy. Sämtliche Belastungskennwerte dieser Simulation liegen deutlich unterhalb der gesetzlichen Grenzwerte, sodass hier keine Einleitung von Schutzmaßnahmen erforderlich ist. Darüber hinaus zeigt sich während der Fahrt über die Rampe kaum eine Relativbewegung zwischen Dummykopf und Fahrzeuginnenraum, sodass das OOP-Risiko bei Rampenmanövern eher als gering bezeichnet werden kann.

Es fällt lediglich die starke Verlagerung des Insassen am Ende der Simulation auf. Doch wäre bei einer realen Person, aufgrund der aktiv ausgeübten Haltekräfte des Insassens, nicht mit einer so starken Verlagerung zu rechnen. Bei der Durchführung dieser Simulation mit Gurt wird die Situation weiter entschärft. Auch hier konnte, wie bei den Misuse-Manövern auf der Wechselböschung (vgl. Abschn. 14.2.2.1), kein Schutzbedarf für die Insassen festgestellt werden.

Weitere Insassensimulationen haben gezeigt, dass eine kritische Verlagerung des Dummykopfes beim Rampenmanöver erst bei Erreichen eines Fahrzeugwankwinkels von etwa 60° eintritt. Dies bedeutet, dass für die Berechnung einer robusten Auslöseentscheidung im Vergleich zum Bordsteinanprall oder Sandbett (vgl. Abschn. 14.2.2.4) relativ viel Zeit zur Verfügung steht. Eine Auslösung bei einem Wankwinkel von 25°, wie sie die in Abb. 14.21 dargestellte Applikation liefert, eliminiert daher das OOP-Risiko weitestgehend und ermöglicht zusätzlich eine frühe Anbindung der Insassen an die Fahrzeugbewegung durch die Gurtstrammer.

14.2.2.3 Überfahren einer Böschung

Analog der im vorhergehenden Abschnitt beschriebenen Vorgehensweise zur Definition geeigneter Versuchsparameter wird auch für die Böschung eine Matrix der sich in Abhängigkeit von der Geschwindigkeit ergebenden maximalen Wank- und Nickwinkel erstellt. Allerdings kommt bei den Böschungsmanövern noch der Anfahrwinkel α zur Böschungskante als zusätzlicher Variationsparameter hinzu. Um herauszufinden, welcher Anfahrwinkel zu einem möglichst großen Wankwinkelaufbau führt, wurden an einer Böschung mit einem Neigungswinkel β von 35° bei einer Fahrgeschwindigkeit

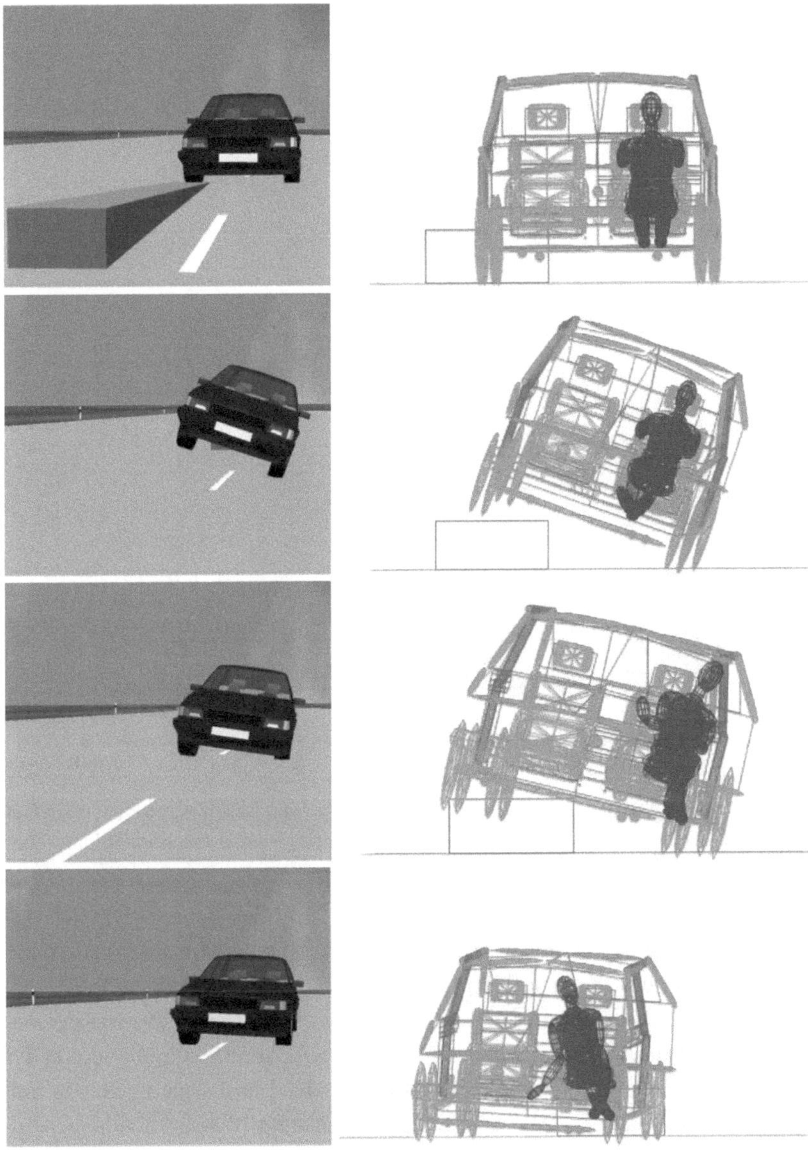

Abb. 14.22 Rampenmanöver mit 35 cm Rampenhöhe und 80 km/h

von 40 km/h Simulationen mit Anfahrwinkeln α von 5° bis 32,5° durchgeführt. Die Ergebnisse dieser Simulationen sind in Tab. 14.2 zusammengefasst. Die angegebenen maximalen Wankwinkel wurden alle innerhalb einer Strecke von 8 m gemessen (Länge des geneigten Böschungsteils in Querrichtung). Die größten Wankwinkel stellen sich danach bei Anfahrwinkeln zwischen 20° und 30° ein.

Tab. 14.2 Wank- und Nickwinkel in Abhängigkeit vom Anfahrwinkel α bei einer Böschungsüberfahrt ($v = 40$ km/h, $\beta = 35°$, $\mu = 0,9$)

Anfahrwinkel α[°]	5,0	7,5	10,0	12,5	15,0	17,5	20,0	22,5	25,0	27,5	30,0	32,5
Nickwinkel [°]	4	5	7	10	12	13,0	14	15	16	18	20	22
Wankwinkel [°]	38	39	39	40	45	50	55	63	64	62	60	57

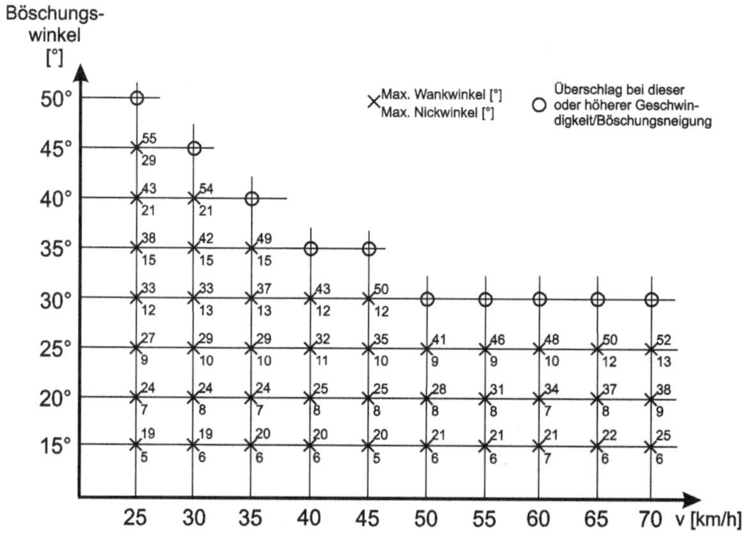

Abb. 14.23 Maximale Wank- und Nickwinkel abhängig von Böschungswinkel und Geschwindigkeit des durchschnittlichen Mittelklassefahrzeugmodells (mit Lenkeingriff und konstantem Anfahrwinkel von 20°)

Wie die Auswertungen verschiedener Unfallstatistiken (Mohamedshah und Council 2007) und (Otte und Krettek 2005) zeigen, kommen die Fahrzeuge bei Überschlagunfällen an Böschungen meistens mit Winkeln zwischen 5° und 25° von der Fahrbahn ab. Daher wird für die weiteren Untersuchungen unter Berücksichtigung dieser Feldrelevanz ein Anfahrwinkel von 20° ausgewählt. Ein weiterer Einflussparameter, der im realen Unfallgeschehen relevant ist, ist ein eventueller Lenkeingriff des Fahrers (Ajluni 1989) und (Mohamedshah und Council 2007). Normalerweise versucht der Fahrer, sobald er das Abkommen von der Fahrbahn bemerkt, wieder zurück auf die Straße zu lenken. Ein solcher Lenkeingriff führt, wenn er bei einem bereits auf der Böschung fahrenden Fahrzeug ausgeführt wird, zu einer Erhöhung der Überschlagneigung. Daher liegt den Simulationen zur Erstellung der in Abb. 14.23 dargestellten Matrix jeweils ein voller Lenkeinschlag entgegen der Böschung zugrunde. Dieser wird ausgeführt, wenn das vordere böschungsabgewandte Rad auf die Böschungskante fährt.

In Anlehnung an Abb. 14.23 lassen sich für das durchschnittliche Mittelklassefahrzeugmodell die Parameter Böschungsneigung und Fahrzeuggeschwindigkeit geeignet auswählen. Die für die Applikation von Böschungsüberschlägen erforderlichen Daten können z. B. bei einer Böschungsneigung von 35° mit Geschwindigkeiten von 25, 38 und 43 km/h erzeugt werden. Hierbei sind eine Mindesthöhe von 3,3 m und eine Mindestlänge von 20 m erforderlich, da anderenfalls das Fahrzeug zu früh wieder auf die horizontale Ebene kommt und der gewünschte Wankwinkel nicht erreicht wird. Steht diese Höhe etwa aus versuchstechnischen Gründen nicht zur Verfügung, dann sollten Konfigurationen mit größeren Böschungswinkeln gewählt werden. Auch die Verwendung von geringeren Anfahrwinkeln erlaubt kleinere Böschungshöhen, wobei sich dann wiederum die erforderliche Länge der Böschung erhöht. In Abb. 14.24 sind die sich bei den zuvor genannten Parametern ergebenden Wankwinkelverläufe dargestellt. Abhängig von den Anforderungen des Insassenschutzes kann damit die Auslöseschwelle für das Überschlagmanöver auf der Böschung appliziert werden.

Wie bei der Applikation des Rampenmanövers (vgl. Abschn. 14.2.2.2) muss auch für das Böschungsmanöver der optimale Kompromiss zwischen rechtzeitiger Auslösung und Misuse-Robustheit eingestellt werden. Dafür ist mithilfe der Insassensimulationen der spätestmögliche Auslösezeitpunkt (vgl. Abschn. 14.2.2.2), der die ungehinderte Entfaltung des Windowbags ermöglicht, zu ermitteln.

Die in Abb. 14.25 dargestellten Screenshots von einer Fahrdynamiksimulation (links) und der dazu gehörenden MADYMO-Insassensimulation (rechts) verdeutlichen die typische Insassenkinematik eines Böschungsmanövers. Bei diesem, mit einem Anfahrwinkel von 15° und einer Geschwindigkeit von 50 km/h über eine um 55° geneigte Böschung gefahrenem Manöver, kommt es bei einem Wankwinkel von 30° zu einer Auslösung. In

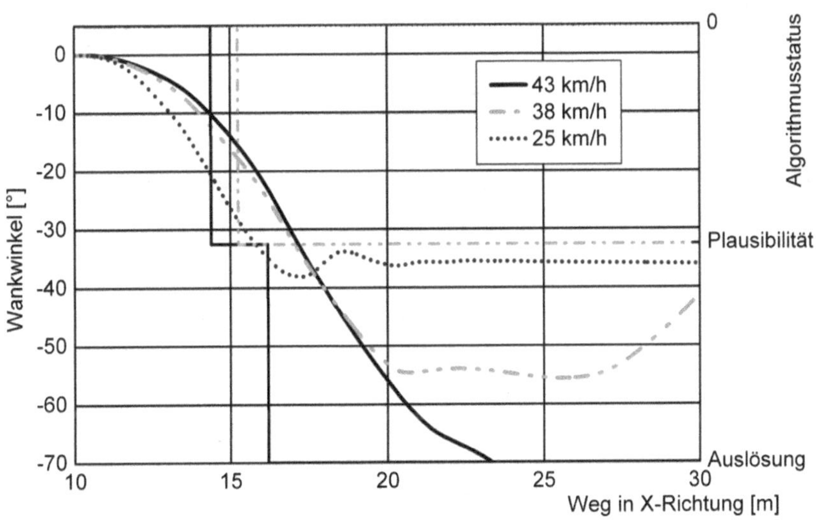

Abb. 14.24 Wankwinkel und Auslösestatus bei Böschungsüberfahrten mit verschiedenen Geschwindigkeiten bei 20° Anfahrwinkel und 35° Böschungswinkel

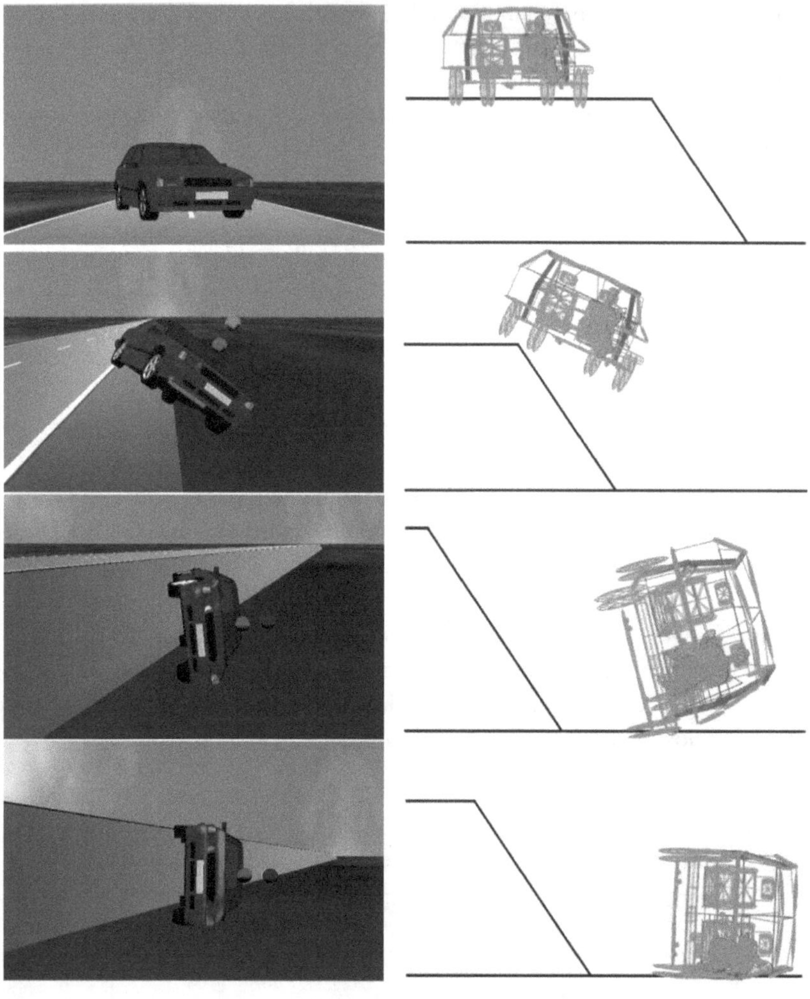

Abb. 14.25 Böschungsmanöver mit 2,2 m Böschungshöhe, 55° Böschungswinkel, 15° Anfahrwinkel und 50 km/h Fahrgeschwindigkeit

Abb. 14.25 wird der Augenblick der Überschlagerkennung durch den Auslösealgorithmus von der oberen der beiden über dem Fahrzeug erscheinenden Kugeln visualisiert. Die untere Kugel signalisiert den Zeitpunkt der Erkennung der Plausibilitätsschwelle. Bei dem abgebildeten Manöver geschieht diese Erkennung bei einem Wankwinkel von 25°. Die Rechtzeitigkeit dieses Auslöseverhaltens bestätigt der hier bei der Insassensimulation eingesetzte angegurtete 50 % male Hybrid III Dummy.

Zahlreiche Insassensimulationen haben gezeigt, dass während der Fahrt über die Böschung kaum eine Relativbewegung zwischen Dummykopf und Fahrzeuginnenraum stattfindet. Daher kann auch bei der Böschung das OOP-Risiko eher als gering bezeichnet werden. Wie bei der Rampe, kommt es erst zu stärkeren Relativbewegungen des Insassen wenn es durch die Räder zu einem Wiederaufprall auf den Boden kommt bzw. wenn die Karosserie direkten Bodenkontakt ($\varphi > 90°$) hat. Über alle untersuchten Böschungsmanöver konnte hier festgestellt werden, dass frühestens bei Erreichen eines Fahrzeugwankwinkels von etwa 35° eine OOP-relevante Situation auftreten kann. Dies bedeutet, dass für die Berechnung einer robusten Auslöseentscheidung, ähnlich wie beim Rampenüberschlag (vgl. Abschn. 14.2.2.2), relativ viel Zeit zur Verfügung steht. Ein Auslöseverhalten, wie es die in Abb. 14.24 dargestellte Applikation liefert, erfüllt bei einer guten Misuse-Robustheit somit die Voraussetzungen zur Vermeidung von OOP-Risiken und ermöglicht zusätzlich die frühe Anbindung der Insassen an die Fahrzeugbewegung mithilfe der Gurtstrammer.

14.2.2.4 Sandbett

Die vorwiegend nur in Fahrzeugquerrichtung ablaufenden Überschlagszenarien der Tripover-Kategorie (vgl. Abb. 14.11) werden durch den Bordsteinanprall und durch das Sandbett repräsentiert. Die Definition von geeigneten Versuchsparametern für das Sandbettmanöver durch die Simulation ist allerdings mit Einschränkungen behaftet. Die empirischen Modellparameter des Rad-Boden-Kontaktes des Sandbettmanövers sind nicht ohne eine erneute Validierung, auf Basis von Versuchsdaten, auf andere Fahrzeuge übertragbar (vgl. Abschn. 14.2.1). Das Modell hat allein für das im Rahmen eines Validierungsversuchs gewonnene Eingrabverhalten Gültigkeit. Ändern sich die Räder oder die Beschaffenheit des Untergrundes, ist eine Anpassung der empirischen Versuchsparameter (vgl. Abb. 14.16) erforderlich. Daher sind die im Folgenden dargestellten Ergebnisse nicht direkt auf andere Mittelklassefahrzeuge zu übertragen. Dennoch gibt das Modell die Tendenzen und die Größenordnungen von Versuchsparametern für Mittelklassefahrzeuge als Anhaltspunkte wieder.

Beim Sandbettrollover sind, wie bei der Rampe und der Böschung, jeweils Versuche unterhalb der Auslöseschwelle (Wankwinkel 30–40°), knapp unterhalb der statischen Kippgrenze (Wankwinkel 50–60°) und über der statischen Kippgrenze (> 60°) durchzuführen. Hierzu wurden mit dem durchschnittlichen Mittelklassefahrzeug Simulationen mit verschiedenen lateralen Rutschgeschwindigkeiten durchgeführt. Die Ergebnisse dieser Simulationen sind in Tab. 14.3 aufgeführt. In Anlehnung an diese Ergebnisse können die relevanten Auslöseschwellen beispielsweise bei Geschwindigkeiten von 22, 24 und 33 km/h erreicht werden. In Abb. 14.26 sind die sich bei den zuvor genannten Parametern ergebenden Wankwinkelverläufe dargestellt. Abhängig von den Anforderungen

Tab. 14.3 Maximal erreichter Wankwinkel abhängig von der Rutschgeschwindigkeit beim Eintritt in das Sandbett

Laterale Rutschgeschwindigkeit [km/h]	17	20	21	22	23	24	25	27	30	33
Wankwinkel [°]	12	19	25	33	46	52	100	180	180	180

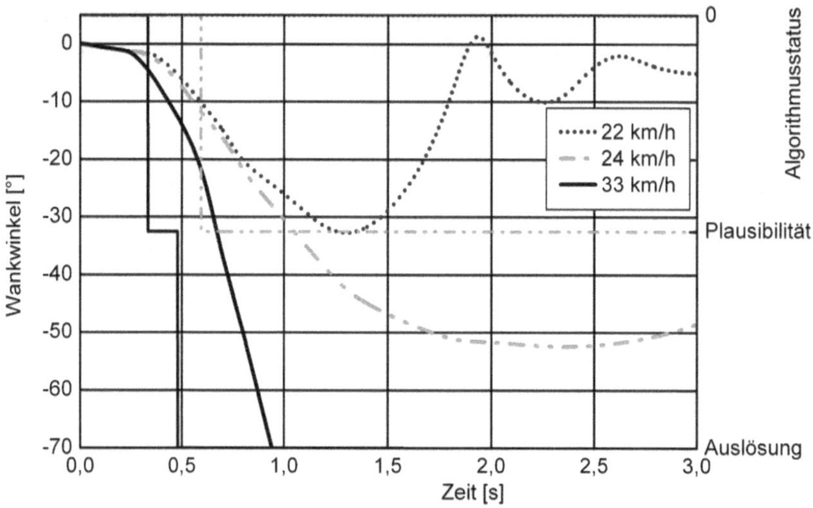

Abb. 14.26 Wankwinkel und Auslösestatus bei Sandbettmanövern mit verschiedenen Geschwindigkeiten

des Insassenschutzes kann damit die Auslöseschwelle für das Überschlagmanöver im Sandbett appliziert werden.

Wie bei der Applikation des Rampen- und des Böschungsmanövers muss auch für das Sandbettmanöver der optimale Kompromiss zwischen rechtzeitiger Auslösung und Misuse-Robustheit eingestellt werden. Dafür ist mithilfe der Insassensimulationen der letztmögliche Auslösezeitpunkt, der die ungehinderte Entfaltung des Windowbags ermöglicht, zu ermitteln. Die in Abb. 14.27 dargestellten Screenshots einer Fahrdynamiksimulation (links) und der dazu gehörenden MADYMO-Insassensimulation (rechts) verdeutlichen die typische Insassenkinematik eines Sandbettmanövers. Bei diesem, mit einer lateralen Rutschgeschwindigkeit von 33 km/h simuliertem Manöver, kommt es bei einem Wankwinkel von 11° zu einer Auslösung. In Abb. 14.27 wird auch der Augenblick der Überschlagerkennung durch den Auslösealgorithmus von der oberen der beiden über dem Fahrzeug erscheinenden Kugeln visualisiert. Die untere Kugel signalisiert den Zeitpunkt der Erkennung der Plausibilitätsschwelle. Bei dem abgebildeten Manöver geschieht diese Erkennung bereits bei einem Wankwinkel von 6°. Die Rechtzeitigkeit dieses Auslöseverhaltens bestätigt der hier bei der Insassensimulation eingesetzte angegurtete 50 % male Hybrid III Dummy. Zahlreiche Insassensimulationen haben gezeigt, dass während des Rutschens des Fahrzeugs durch das Sandbett bereits bei geringen Wankwinkeln Relativbewegungen zwischen Dummykopf und Fahrzeuginnenraum auftreten. Diese werden durch eine kontinuierlich während des Eingrabvorgangs wirkende laterale Verzögerung verursacht. Diese laterale Verzögerung liegt typischerweise bei Werten zwischen 1 und 2,5 g.

Daher muss bei den Sandbettüberschlägen das OOP-Risiko eher als hoch eingestuft werden. Im Gegensatz zu Rampen und Böschungsmanövern kommt es beim Sandbett bereits früh zum Kontakt zwischen Dummykopf und Seitenscheibe. Über alle hier

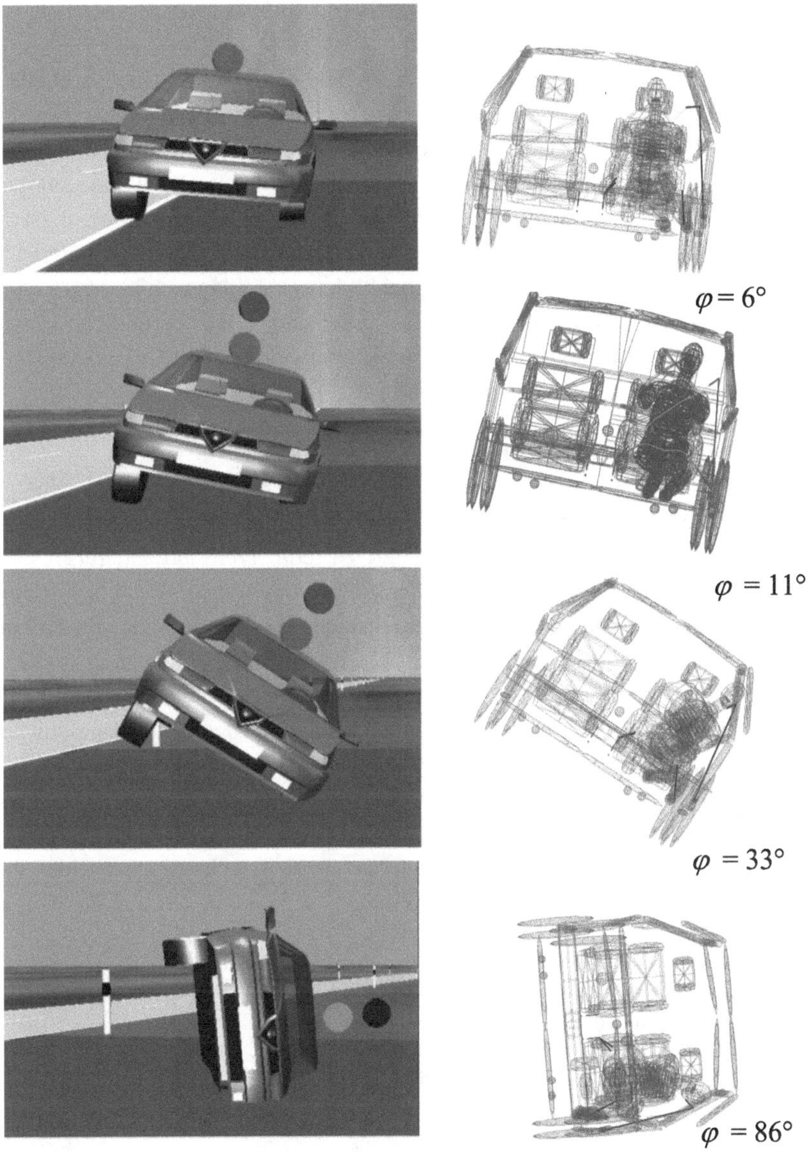

Abb. 14.27 Sandbettmanöver mit 33 km/h lateraler Rutschgeschwindigkeit

untersuchten Sandbettmanöver konnte festgestellt werden, dass bereits bei Erreichen eines Fahrzeugwankwinkels von etwa 12° eine OOP relevante Situation auftreten kann. Dies bedeutet, dass für die Berechnung einer robusten Auslöseentscheidung relativ wenig Zeit zur Verfügung steht. Das in Abb. 14.27 dargestellte Auslöseverhalten mit einer Auslöseentscheidung bei einem Wankwinkel von 11° erfüllt somit die Voraussetzungen zur Vermeidung von OOP-Risiken bei gleichzeitig guter Misuse-Robustheit.

14.3 Regelung der Wankdynamik durch aktive Stabilisatoren

Neben den Fahrwerkskomponenten im engeren Sinne wie Räder, Reifen, Radbremsen, Radträger, Radführung, Lenksystem, Federung und Dämpfung und (passiven) Stabilisatoren sind mittlerweile bei vielen Fahrzeugen auch aktive Komponenten Teil des Fahrwerks. Diese aktiven Komponenten werden eingesetzt, um z. B. Fahrwerkregelsysteme zu realisieren. In diesem Abschnitt wird das in Kap. 10 besprochene Modellierungsverfahren eines Einspurmodells mit zusätzlicher linearer Wankdynamik genutzt, um ein Fahrwerkregelsystem mit aktiven Stabilisatoren nachzubilden. Abbildung 14.28 zeigt beispielhaft eine Doppelquerlenkerachse mit integriertem Stabilisator. Eine ausführliche Darstellung, einschließlich einer Diskussion möglicher Realisierungen, enthält (Öttgen 2005).

14.3.1 Passive Stabilisatoren

Stabilisatoren werden bei Achsen mit Einzelradaufhängung verwendet, um einerseits die Querneigung des Aufbaus bei der Kurvenfahrt zu reduzieren und andererseits die Tendenz zum Unter- oder Übersteuern (Eigenlenkverhalten) zu beeinflussen. Wie in Kap. 9 bereits erläutert, hat der Stabilisator die Funktion eines Torsionsstabs, der am Aufbau drehbar gelagert ist. Durch unterschiedliche Einfederungen der Radaufhängungen einer Achse entsteht eine Torsion des Stabes verbunden mit einem Drehmoment, das über einen Hebelmechanismus Kräfte an den Radaufhängungen einprägt. Dies führt insgesamt zu einer Verhärtung der Aufbaufederung und somit zu einer Verringerung des Wankwinkels. Nachteilig wirkt sich jedoch die Kopplung beider Radaufhängungen einer Achse bei einseitigen Fahrbahnanregungen auf den Fahrkomfort aus.

Die Summe der Stabilisatorsteifigkeiten der beiden Achsen entscheidet über die bewirkte Wankreduzierung. Über die Verteilung der Steifigkeiten auf die Vorder- und

Abb. 14.28 Realisierung eines aktiven Stabilisators (Mit freundlicher Genehmigung der BMW Group 2009)

Hinterachse lassen sich die Radvertikalkraftdifferenzen an der jeweiligen Achse und damit das Eigenlenkverhalten des Fahrzeugs beeinflussen.

14.3.2 Steifigkeitsverteilung zwischen Vorder- und Hinterachse

Im Folgenden werden Simulationsergebnisse von (Öttgen 2005) benutzt, die mit einem linearen Wankmodell gewonnen wurden. Das Wankmodell wird durch die in Kap. 10 abgeleitete Gleichung beschrieben:

$$\begin{aligned}&\Theta_{xx,A}\ddot{\varphi} + 2\left(s_{D,v}^2 d_v + s_{D,h}^2 d_h\right)\dot{\varphi}\\&+2\left(s_{F,v}^2 c_{F,v} + \frac{c_{St,v} l_{St,v} s_{St,v}}{2b_v^2} + s_{F,h}^2 c_{F,h} + \frac{c_{St,h} l_{St,h} s_{St,h}}{2b_h^2}\right)\varphi\\&= m_A a_y \left(h_S - h_W\right).\end{aligned} \tag{14.2}$$

Um den Einfluss der Steifigkeitsverteilung des Fahrwerks sichtbar zu machen und die Identifikation der physikalischen Parameter zu erleichtern, wird zusätzlich der Parameter λ_{FD} eingeführt, der die Verteilung der Federsteifigkeiten und Dämpfungsmasse zwischen Vorder- und Hinterachse näherungsweise beschreibt. Damit werden einfache Zusammenhänge zwischen vorderem und hinterem Stabilisator erreicht. Es gilt

$$c_{F,v} = \lambda_{FD} c_F, c_{F,h} = (1 - \lambda_{FD})\, c_F \tag{14.3}$$

für die Wankelastizitäten und

$$d_v = \lambda_{FD} d, d_h = (1 - \lambda_{FD})\, d \tag{14.4}$$

mit$\lambda_{FD} \in [0\ 1]$ für die Wankdämpfungen. Damit erhält man durch Einsetzen der Gl. (14.3) und (14.4) in Gl. (14.2) zunächst noch ohne Berücksichtigung der Stabilisatoren die Bewegungsgleichung

$$\begin{aligned}&\Theta_{xx,A}\ddot{\varphi} + 2\left(s_{D,v}^2 \lambda_{FD} + s_{D,h}^2 (1 - \lambda_{FD})\right) d\dot{\varphi} + 2\left(s_{F,v}^2 \lambda_{FD} +\right.\\&\left. s_{F,h}^2 (1 - \lambda_{FD})\right) c_F \varphi = m_A a_y \left(h_S - h_W\right).\end{aligned} \tag{14.5}$$

Für ein typisches Mittelklassefahrzeug ermittelt (Öttgen 2005) beispielsweise aus Referenzmessungen mithilfe eines Identifikationsverfahrens die Werte

$$\lambda_{FD} = 0,69, c_F = 36390 \frac{\mathrm{N}}{\mathrm{m}}, d = 5401 \frac{\mathrm{Ns}}{\mathrm{m}}. \tag{14.6}$$

Entsprechend wie bei den Parametern der Radaufhängung wird auch die Aufteilung der Stabilisatorsteifigkeiten zwischen Vorder- und Hinterachse durch einen skalaren Parameter $\lambda_{FD} \in [-1\ 1]$ beschrieben:

$$c_{St,v} = \frac{1}{2}(1+\lambda)c_{St}, c_{St,h} = \frac{1}{2}(1-\lambda)c_{St}. \tag{14.7}$$

Für das gegebene Beispielfahrzeug ergab sich hier beispielhaft ein Wert für die Gesamtstabilisatorsteifigkeit von $c_{St} = 2882\,\frac{\text{Nm}}{\text{rad}}$.

Um die Effekte unterschiedlicher Steifigkeitsverteilungen zwischen Vorder- und Hinterachse zu verdeutlichen, sind in Abb. 14.29 jeweils die Trajektorien eines Fahrzeugs bei der Einfahrt in einen ortsfesten Kreis in der x_E, y_E-Ebene mit identischen Lenkbewegungen, Fahrzeuggeschwindigkeit $\left(v = 15\,\frac{m}{s}\right)$ und Haftreibungsbeiwert ($\mu = 1$) dargestellt. Die verwendeten Fahrzeugkonfigurationen unterscheiden sich jedoch in der Verteilung der Gesamtsteifigkeit der Stabilisatoren an der Vorder- und Hinterachse durch den Verteilungsparameter $\lambda \in [-1\ 1]$. Für $\lambda = -1$ wird die gesamte Steifigkeit an der Hinterachse und mit $\lambda = 1$ an der Vorderachse angenommen. Die Trajektorien des Fahrzeugschwerpunktes in Abb. 14.29 zeigen, dass ein Fahrzeug bei einer Steifigkeitsverteilung zur Vorderachse ($\lambda = 1$) ein stärker ausgeprägtes untersteuerndes Fahrverhalten aufweist, als bei einer Verteilung in Richtung Hinterachse ($\lambda = -1$). In der Konsequenz führt dies zu einem größeren Kurvenradius.

In Abb. 14.30 sind die Wankwinkel φ und die Radlenkwinkel δ_R aus stationären Kreisfahrten aufgetragen, die sich ergeben bzw. eingestellt werden müssen, um einen Kreis mit Radius $R = 50\,\text{m}$ mit einer identischen Fahrzeuglängsgeschwindigkeit zu durchfahren. In Abb. 14.31 erkennt man, dass die Verteilung λ der Stabilisatorsteifigkeiten kaum Einfluss auf den Wankwinkel hat. Die Zunahme der Gesamtsteifigkeit c_{St} bewirkt jedoch eine deutliche Reduzierung des Wankwinkels.

Abbildung 14.30 zeigt bei einer stärkeren Verteilung der Steifigkeit zur Vorderachse hin einen steigenden Radlenkbedarf, um denselben Kreis zu durchfahren. Hier bewirkt der Gesamtsteifigkeitswert lediglich, dass bei größeren Werten der Einfluss des Parameters λ größer wird.

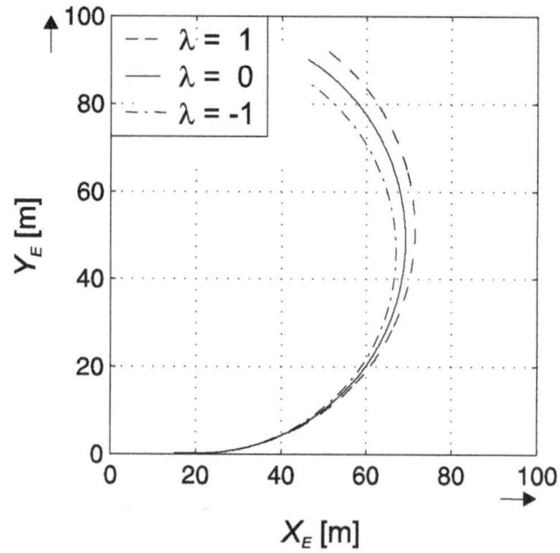

Abb. 14.29 Trajektorien mit unterschiedlichen Verteilungen der Stabilisatorsteifigkeit

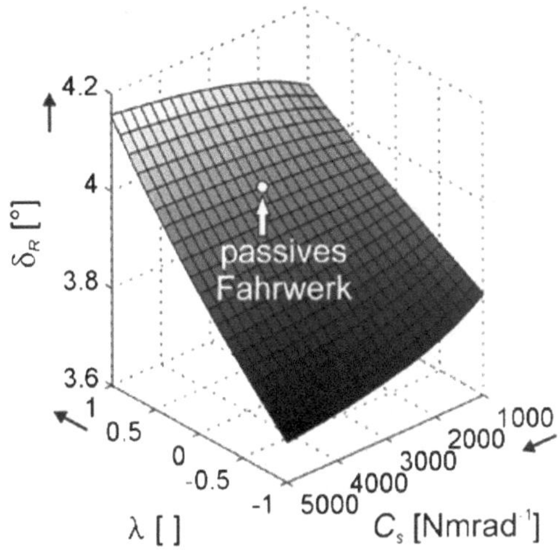

Abb. 14.30 Radlenkwinkel bei stationären Kreisfahrten

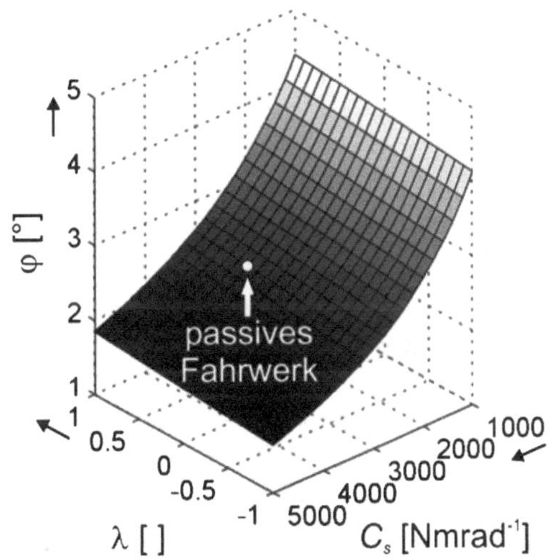

Abb. 14.31 Wankwinkel bei stationären Kreisfahrten

Bei passiven Fahrwerken wird üblicherweise eine untersteuernde Fahrzeugabstimmung angestrebt, um dem Fahrer in kritischen Situationen die Möglichkeit zu geben, das Fahrzeug durch eine für ihn naheliegende Aktion (stärker einlenken) zu kontrollieren. Andererseits verliert ein stark untersteuerndes Fahrzeug an Agilität und wird als weniger wendig wahrgenommen. Aus diesen widersprechenden Zielen ergibt sich der Wunsch nach einem tendenziell übersteuernden Fahrzeug im normalen Fahrbetrieb und einem untersteuernden Fahrzeug in kritischen Fahrsituationen. Der in diesem Abschnitt besprochene Ansatz zur Auflösung dieses Zielkonfliktes ist der Einsatz aktiver Stabilisatoren, um situationsabhängig geeignete Momente an der Vorder- und Hinterachse einzubringen. Auf diese Weise ist, anders als bei einem Fahrzeug mit passivem Fahrwerk, fast der gesamte in Abb. 14.31 dargestellte Arbeitsbereich nutzbar. Hinzu kommt, dass hier eine

Reduzierung der Wankbewegungen und das jeweils gewünschte Eigenlenkverhalten nahezu unabhängig voneinander und von der jeweiligen Fahrsituation abhängig eingestellt werden können.

14.3.3 Regelung der Wankdynamik durch aktive Stabilisatoren

Als Stellglieder für die Wankstabilisierung dienen aktive Stabilisatoren, s. Abb. 14.28. Dazu werden die Torsionsstäbe der passiven Stabilisatoren durch elektrische oder hydraulische Aktuatoren ersetzt, die aktiv ein Drehmoment $M_{St,v}$ an der Vorder- und $M_{St,h}$ an der Hinterachse einprägen, s. Kap. 9. Die eingeprägten Drehmomente stützten sich über die Pendelstütze am Radträger ab und leiten durch die Reaktionskräfte ein Drehmoment um die Fahrzeuglängsachse in den Aufbau ein. Auf diese Weise ist eine Wankstabilisierung realisierbar und durch Aufteilung der eingeprägten Momente auf die Vorder- und die Hinterachse das Eigenlenkverhalten des Fahrzeugs beeinflussbar.

14.3.4 Reglerentwurf

Der Reglerentwurf erfolgt bei (Öttgen 2005) anhand des reduzierten Fahrzeugmodells im kontinuierlichen Zeitbereich, da auf diese Weise Standardauslegungsverfahren für kontinuierliche Systeme verwendet werden können. Dabei wird eine Regelung vorgeschlagen, die einerseits durch das Gesamtstabilisatormoment M_{St} die Wankdynamik, aber auch durch eine Verteilung der Stabilisatormomente an der Vorder- und Hinterachse $M_{St,v}$ und $M_{St,h}$ die Eigenlenkdynamik aktiv beeinflussen. Der von (Öttgen 2005) verwendete Regelkreis für die Regelung der Wankdynamik ist in Abb. 14.32 dargestellt. Der Wankwinkel ist dabei durch entsprechende Schätzverfahren mithilfe z. B. eines Winkelgeschwindigkeitssensors zu ermitteln, wie (Lich und Breitmaier 2003) bei der Überrollsensierung zeigen.

Die Regelgröße ist der Wankwinkel φ_{ist} und die Stellgröße das gesamte Stabilisatormoment M_{St}. Die messtechnisch erfassbare Querbeschleunigung a_y stellt aus regelungstechnischer Sicht eine Störgröße dar. Darüber hinaus sind noch die Führungsgröße φ_{soll}

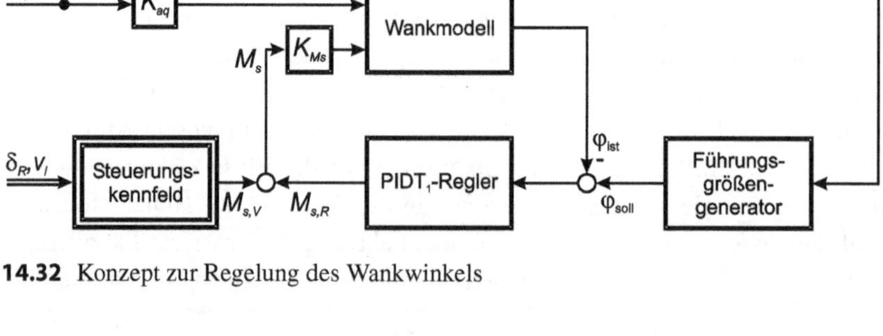

Abb. 14.32 Konzept zur Regelung des Wankwinkels

und das Vorsteuerungsmoment $M_{S,V}$ in Abhängigkeit des Radlenkwinkels δ_R und der Fahrzeuglängsgeschwindigkeit v_e zu berücksichtigen, deren Bestimmung später behandelt wird. Die Beschreibung der Wankdynamik des reduzierten Modells ändert sich mit dem Gesamtstabilisatormoment M_{St} und der Verteilung $\lambda \in [-1\ 1]$ wie folgt:

$$\ddot{\varphi} + \left(\frac{d_v s_{d,v}^2 + d_h s_{d,h}^2}{2\Theta_{xx,A}}\right)\dot{\varphi} + \left(\frac{c_v s_{f,v}^2 + c_h s_{f,h}^2}{2\Theta_{xx,A}}\right)\varphi = K_{a_y} a_y + K_{Ms} M_{st} \tag{14.8}$$

mit der bezogenen Zentrifugalkraftanregung

$$K_{a_y} a_y = \frac{m\left(h_S - h_W\right)}{\Theta_{xx,A}} a_y \tag{14.9}$$

und dem aktiven bezogenen Wankmoment

$$K_{Ms} M_{St} = \left(\frac{\frac{1}{2}\left(1+\lambda\right) s_{f,v}}{2a_v b_v \Theta_{xx,A}} + \frac{\frac{1}{2}\left(1-\lambda\right) s_{f,h}}{2a_h b_h \Theta_{xx,A}}\right) M_{St}. \tag{14.10}$$

Die Übertragungsfunktion des linearen Wankmodells aus Gl. (14.8) als Regelstrecke im Bildbereich lautet

$$G_s\left(s\right) = \frac{1}{\Theta_{xx,A} s^2 + \frac{d_v s_{d,v}^2 + d_h s_{d,h}^2}{2} s + \frac{c_v s_{f,v}^2 + c_h s_{f,h}^2}{2}}. \tag{14.11}$$

Nach der Übertragungsfunktion aus Gl. (14.11) entspricht die Strecke einem PT_2-Glied. Eigenkreisfrequenz und Dämpfung der Regelstrecke ergeben sich zu

$$\omega_0 = 6{,}318\ \frac{\text{rad}}{\text{s}}, \quad D = 0{,}47. \tag{14.12}$$

Der Frequenzgang des linearen Wankmodells nach Gl. (14.11) ist in Abb. 14.33 dargestellt. Für die Auswahl der Reglerstruktur sind die Eigenschaften Stabilität und stationäre Genauigkeit des Regelkreises entscheidend. Hinzu kommt das Bestreben, den Regelkreis möglichst schnell zu machen und eine hohe Dämpfung zu erreichen. Diese Anforderungen stehen allerdings im Gegensatz zueinander, weshalb ein guter Kompromiss gefunden werden muss. Es bietet sich dafür ein PID-Regler an.

Im Hinblick auf die Realisierbarkeit wird für die Regelung der Wankdynamik ein $PIDT_1$-Regler – auch als realer PID-Regler bekannt – ausgewählt, dessen Übertragungsfunktion wie folgt lautet:

$$G_R\left(s\right) = K_R\left(1 + \frac{1}{T_I s} + T_D \frac{s}{1 + T_1 s}\right). \tag{14.13}$$

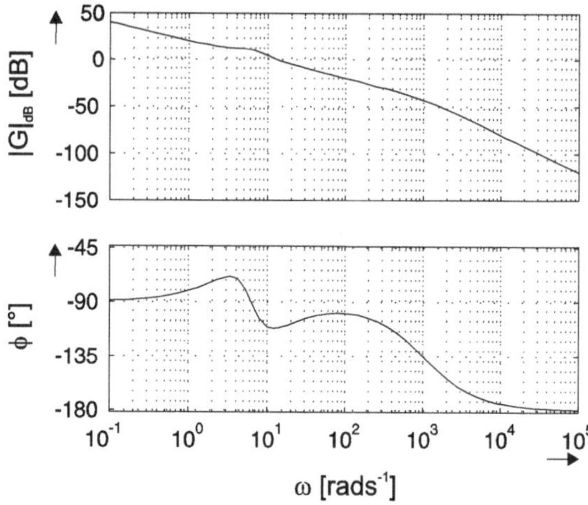

Abb. 14.33 Frequenzgang (Bode-Diagramm) der Regelstrecke

Bei der Reglerauslegung wird das Frequenzkennlinienverfahren angewendet (Öttgen und Bertram 2003), bei dem ein Rückschluss von dem Verhalten des offenen Systems auf das geschlossene System möglich ist (Lunze 2001). Neben dem Stabilitätsverhalten kann auch eine qualitative Aussage über das Einschwingverhalten, d. h. über Dämpfung und Schnelligkeit, getroffen werden. Der Frequenzgang des offenen Systems hat folgende Form:

$$G_0(s) = K_{MS} G_s(s)\, G_R(s) \tag{14.14}$$

mit

$$K_{MS} = \frac{\frac{1}{2}(\lambda + 1)s_{f,v}}{2a_v b_v} + \frac{\frac{1}{2}(1 - \lambda)s_{f,h}}{2a_h b_h}. \tag{14.15}$$

Für die Stabilität des geschlossenen Regelkreises bei Gegenkopplung ist es notwendig, dass der Phasengang bei der Durchtrittsfrequenz ω_T des Amplitudenganges durch die $0dB$-Linie nicht unterhalb der 180°-Linie liegt. Die Durchtrittsfrequenz ist darüber hinaus ein Maß für die Schnelligkeit des Systems. In Gl. (14.16) sind die Reglerverstärkung und Zeitkonstanten zusammengestellt, wobei eine Gesamtverstärkung des offenen Regelkreises von $K_0 = 10$ gewählt wird:

$$K_R = 28155,\ T_I = 0{,}306\,\text{s},\ T_D = 0{,}072\,\text{s},\ T_1 = 0{,}01\,\text{s}. \tag{14.16}$$

Der Frequenzgang des offenen Regelkreises aus Gl. (14.14) ist in Abb. 14.34 abgebildet. Dort ist abzulesen, dass das System im gesamten Arbeitsbereich stabil ist, da der Phasengang nicht unterhalb der 180°-Linie verläuft. Das System besitzt eine Phasenreserve von etwa $\phi_R \approx 68°$, was auf eine hohe Dämpfung hinweist. Die Durchtrittsfrequenz von ca. $\omega_T \approx 13{,}5\,\text{rad}^{-1}$ deutet auf eine kurze Einstellzeit hin.

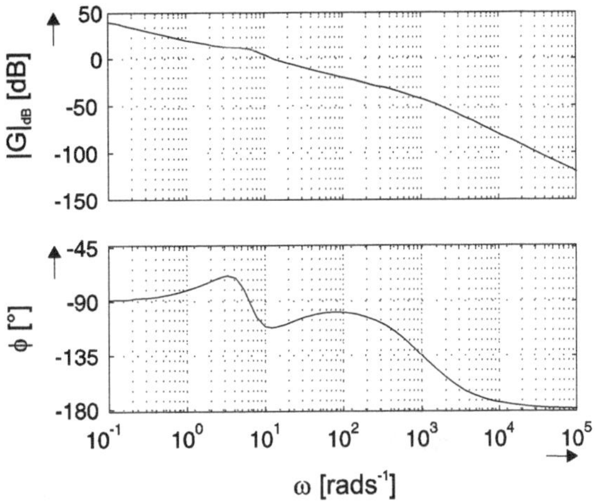

Abb. 14.34 Bode-Diagramm des offenen Regelkreises

14.3.5 Führungs- und Störverhalten

Der Regler zur Wankstabilisierung eines Fahrzeugs wird in (Öttgen 2005) anhand von Führungs- und Störgrößensprüngen bewertet. Dazu wurden Simulationen mithilfe eines zeitdiskreten linearen Wankmodells durchgeführt. Für die ausführliche Beschreibung und Diskussion sei auf (Öttgen 2005) verwiesen.

14.3.6 Wankmomentenverteilung mit Fuzzy-Logik

Bisher wurde ein Regler zur Wankstabilisierung eines Fahrzeugs mithilfe aktiver Stabilisatoren verwendet. Dazu wurde zunächst das Gesamtstabilisatormoment des Fahrzeugs geeignet geregelt. Zusätzlich gestatten aktive Stabilisatoren natürlich auch eine Beeinflussung des Eigenlenkverhaltens eines Fahrzeugs. Dies wird wieder anhand des Einspurmodells mit linearer Wankdynamik diskutiert, s. Abb. 14.35. Als Eingangsgröße dient jetzt der Fahrerwunsch in Form des Lenkradwinkels δ_H, der über die Lenkungsübersetzung i_L zu einem Radlenkwinkel $\delta_R = \frac{1}{i_L}\,\delta_H$ führt. Die Fahrzeuglängsgeschwindigkeit wird zusammen mit der Umgebungsgröße Haftreibungsbeiwert μ als weiterem Parameter behandelt. Der Wankwinkel φ_{ist} wird mit dem oben erläuterten $PIDT_1$-Regler geregelt. Zusätzlich wird jetzt die Stellgröße Gesamtstabilisierungsmoment M_{St} abhängig von der Querbeschleunigung a_y dem Haftreibungsbeiwert μ und der Fahrzeuglängsgeschwindigkeit v_L mithilfe eines linguistischen Fuzzy-Algorithmus (Zadeh 1973; Mamdani und Assilian 1975) zwischen Vorder- und Hinterachse verteilt (Öttgen und Bertram 2004).

14.3.7 Wirkprinzip

In diesem Abschnitt wird das Wirkprinzip aktiver Stabilisatoren zur Beeinflussung des Eigenlenkverhaltens durch Radvertikalkraftverlagerung an einer Achse näher erläutert.

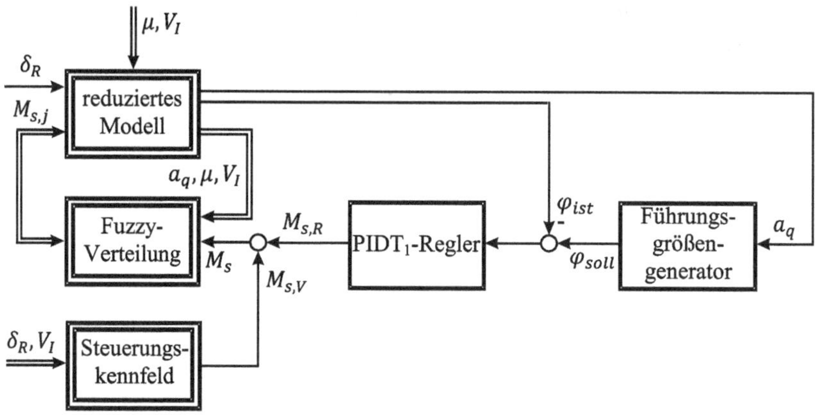

Abb. 14.35 Konzept zur aktiven Verteilung der Wankmomente

Abb. 14.36 Identifizierte Reifencharakteristik der Vorderachse bei einem Haftreibungsbeiwert von $\mu = 1$

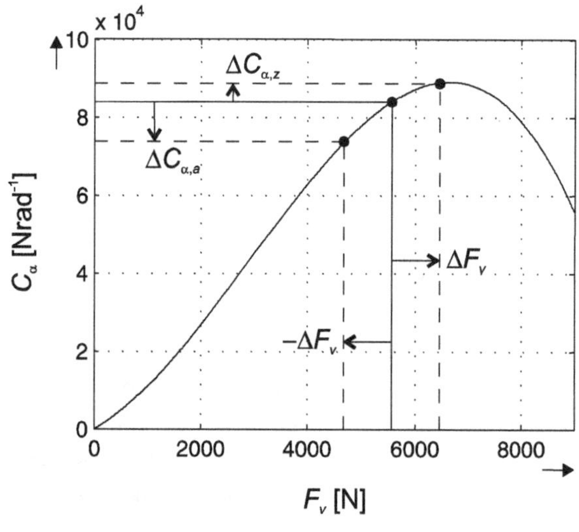

Die Schräglaufsteifigkeit, die zur Bestimmung der Radseitenkraft verwendet wird, hängt nichtlinear von der jeweiligen Vertikalkraft des entsprechenden Rades ab. Als Ansatz für die Bestimmung der Schräglaufsteifigkeit in Abhängigkeit der Vertikalkraft wurde in (Öttgen 2005) ein Polynom dritter Ordnung gewählt. Der identifizierte Zusammenhang für die Räder an der Vorderachse bei einem Haftreibungsbeiwert von $\mu = 1$ ist in Abb. 14.36 abgebildet. Mit durchgezogenen Linien sind die Radvertikalkraft und die Schräglaufsteifigkeit bei Geradeausfahrt mit symmetrischer Massenverteilung der linken und rechten Fahrzeugseite dargestellt. Die Einfahrt in einen Kreis bewirkt nun eine Radlastdifferenz von $2\Delta F_V$. Aufgrund des nichtlinearen Zusammenhangs verliert das an Vertikalkraft abnehmende Rad mehr an Schräglaufsteifigkeit, als das an Vertikalkraft zunehmende Rad gewinnt

$$\left|\Delta c_{\alpha,z}\right| < \left|\Delta c_{\alpha,a}\right| . \tag{14.17}$$

Ein größeres Stabilisatormoment an dieser Achse bei Kurvenfahrt führt zu einer weiteren Erhöhung der Radvertikalkraftdifferenz (Gl. (14.18) und (14.19)):

$$\begin{aligned} F_{v,VL} = &\left(\frac{l_h}{l}\frac{mg}{2} - \frac{ma_y h_W}{s_R} + \frac{\Theta_{xx,D}}{s_R}\ddot{\varphi}\right) - \frac{d_v s_{d,v}^2}{2s_R}\dot{\varphi} \\ &- \frac{c_{f,v} s_{f,v}^2}{2s_R}\varphi - \frac{M_{S,v} s_{f,v}}{2b_v s_R}, \end{aligned} \tag{14.18}$$

$$\begin{aligned} F_{v,VR} = &\left(\frac{l_h}{l}\frac{mg}{2} - \frac{ma_y h_W}{s_R} + \frac{\Theta_{xx,D}}{s_R}\ddot{\varphi}\right) - \frac{d_v s_{d,v}^2}{2s_R}\dot{\varphi} \\ &- \frac{c_{f,v} s_{f,v}^2}{2s_R}\varphi - \frac{M_{S,v} s_{f,v}}{2b_v s_R}. \end{aligned} \tag{14.19}$$

Somit verringert sich die Summe der Schräglaufsteifigkeiten an dieser Achse. Für den Aufbau der entsprechenden Radseitenkraft ist ein größerer Schräglaufwinkel erforderlich. Das bedeutet, dass eine Erhöhung des Stabilisatormoments an einer Achse eine Verringerung der Schräglaufsteifigkeit und Vergrößerung der Schräglaufwinkel zur Folge hat. Mit einem höheren Moment an der Vorderachse ist nun ein stärker untersteuerndes und mit einer Erhöhung des Moments an der Hinterachse ein stärker übersteuerndes Fahrzeugverhalten erzielbar. Durch eine aktive Verteilung der Stabilisatormomente zwischen Vorder- und Hinterachse kann daher fahrzustandsabhängig ein verschieden stark ausgeprägtes unter- bzw. übersteuerndes Fahrzeugverhalten eingestellt werden. Die Verteilung der Momente erfolgt durch den Parameter $\lambda \in [-1\ 1]$. Dadurch wird mit $\lambda = -1$ das gesamte Moment an der Hinterachse und mit $\lambda = 1$ an der Vorderachse eingeprägt (Abb. 14.37).

14.3.8 Potential einer Wankmomentenverteilung

Nachdem bereits der Einfluss der Steifigkeitsverteilung passiver Stabilisatoren zwischen Vorder- und Hinterachse dargestellt wurde, wird nun das Potenzial der aktiven Wankmomentenverteilung bezüglich des Eigenlenkverhaltens eines Fahrzeugs mithilfe aktiver Stabilisatoren aufgezeigt. In Abb. 14.38 sind drei Trajektorien aus Einfahrten in einen

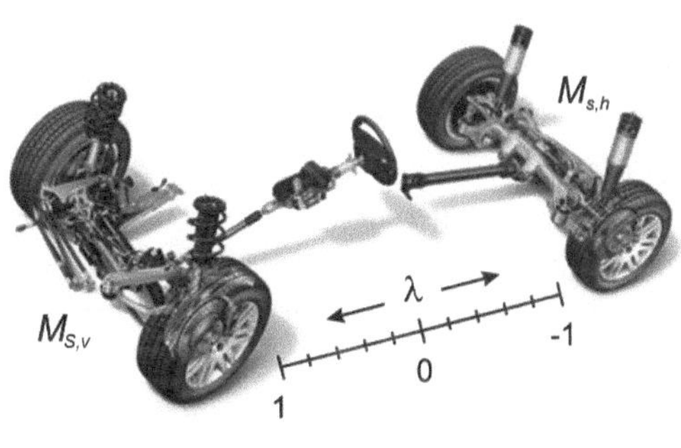

Abb. 14.37 Verteilung der Stabilisatormomente zwischen Vorder- und Hinterachse

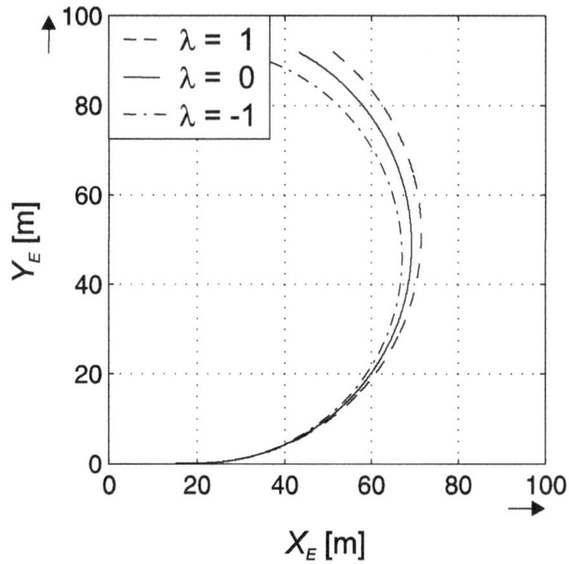

Abb. 14.38 Trajektorien mit unterschiedlicher Verteilung des Gesamtstabilisatormoments

Kreis mit dem reduzierten Fahrzeugmodell bei einer Fahrzeuglängsgeschwindigkeit von $v_i = 15\frac{\text{m}}{\text{s}}$ und einem Haftreibungsbeiwert von $\mu = 1$ abgebildet.

Die drei Fahrzeugkonfigurationen unterscheiden sich lediglich durch unterschiedliche Verteilungen des Gesamtstabilisatormoments von $\lambda = -1$ 1, $\lambda = 0$ und $\lambda = 1$. Das Gesamtstabilisatormoment wird dabei in Abhängigkeit von dem beschriebenen Reglerentwurf bestimmt. Im Vergleich zu der Steifigkeitsverteilung der passiven Stabilisatoren ist der Einfluss mit aktiven Stabilisatoren aufgrund der betragsmäßig höheren Stabilisatormomente noch größer. So zeigt das Fahrzeug bei einer Verteilung von $\lambda = -1$ mit einem Kreisradius von $R = 44{,}9$ m ein deutlich neutraleres Fahrverhalten als das Fahrzeug bei einer Verteilung von $\lambda = 1$ mit $R = 52{,}1$ m. Somit bedeutet eine Verteilung zur Hinterachse einen Zuwachs im Bereich der Agilität durch eine Verringerung des vom Fahrer aufzubringenden Lenkaufwandes, um das Fahrzeug einer gewünschten Bahn folgen zu lassen. In Abb. 14.39 sind ergänzend dazu die Querbeschleunigungs- und Wankwinkelverläufe abgebildet. Anhand der stationären Querbeschleunigungen in Abb. 14.39a ist zu erkennen, dass das Fahrzeug mit der Verteilung zur Vorderachse ($\lambda = 1$) einen signifikant größeren Lenkradwinkelbedarf hat, um denselben Kreis zu durchfahren. Die Wankwinkelverläufe in Abb. 14.39b verdeutlichen noch einmal die Abhängigkeit der Führungsgröße von der Querbeschleunigung durch das im Algorithmus parallel mitsimulierte passive Wankmodell.

Ein untersteuerndes Fahrzeug hat in instabilen und kritischen Fahrsituationen durch das Schieben über die Vorderräder klare Vorteile. Denn das Fahrzeug ist für den Fahrer leichter zu beherrschen, da er der Kurve folgend einen größeren Lenkradwinkel aufbringen muss. Im stabilen und sicheren Fahrbetrieb jedoch zeigt sich ein neutraler abgestimmtes Fahrzeug wesentlich lenkwilliger und besitzt ein größeres

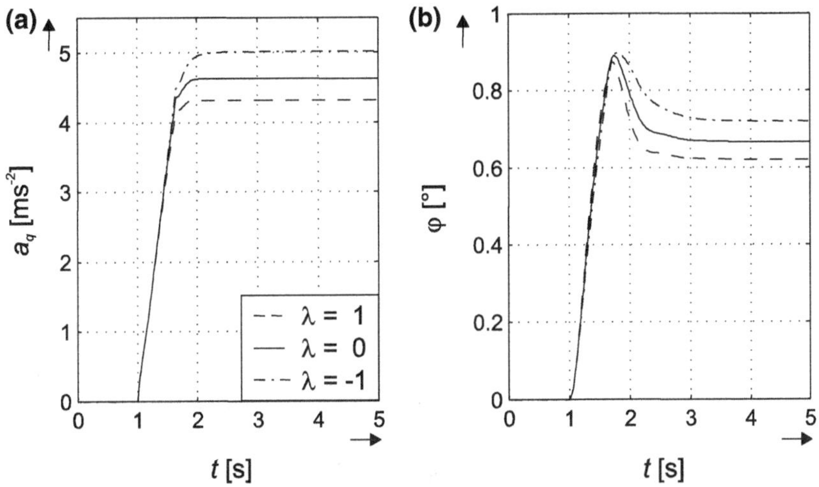

Abb. 14.39 Querbeschleunigungen (**a**) und Wankwinkel (**b**) mit unterschiedlichen Verteilungen des Gesamtstabilisatormoments

Seitenführungspotenzial für z. B. plötzlich auftretende kritische Fahrsituationen. Die Vorteile beider Fahrzeugkonfigurationen werden in (Öttgen 2005) durch eine fahrzustandsabhängige Verteilung der Stabilisatormomente mit Fuzzy-Logik vereint.

14.4 Fahrsimulatoren

Fahrsimulatoren unterschiedlicher Bauart und Komplexität sind heute ein unverzichtbares Hilfsmittel für Forschung und Entwicklung insbesondere auf dem Gebiet der Fahrzeugtechnik. Sie eignen sich dafür, das komplexe Zusammenspiel zwischen Fahrer, Umwelt und Fahrzeug realitätsnah und effizient zu beschreiben. Simulatoren wurden bereits seit Mitte des 20. Jahrhunderts in der Forschung und Entwicklung aber auch als Hilfsmittel für risikoloses Training in vielen industriellen Bereichen genutzt. Auch in der Luft- und Raumfahrt werden Simulatoren bereits seit langem eingesetzt. Die ersten in der Automobiltechnik eingesetzten Fahrsimulatoren kamen in den 1970er Jahren auf. Allerdings konnten Untersuchungen gerade auf dem Gebiet der Fahrzeugdynamik zu Beginn noch nicht befriedigend bearbeitet werden. Mit der damals verfügbaren Hardware ließ sich die Fahrdynamik noch nicht mit dem erforderlichen Realitätsgrad abbilden. Auch die Entwicklung echtzeitfähiger Simulationsalgorithmen einschließlich der numerischen Lösungsverfahren war noch nicht auf einem ausreichenden Entwicklungsstand. Erst massiv steigende CPU-Rechenleistungen und neue, leistungsfähige numerische Lösungsalgorithmen machten es möglich, hinreichend komplexe Modelle der Fahrzeuge und Verkehrssituationen in Echtzeit zu berechnen. Parallel ermöglichen heutige Methoden der Visualisierung virtueller Realitäten völlig neue Möglichkeiten. Hinzu kam die Entwicklung von Algorithmen, die es gestatteten, die berechneten Simulationsergebnisse in Bewegungen des Simulators so umzusetzen, dass ein realistisches Fahrgefühl erzeugt wurde. So konnte die Komplexität der zu simulierenden Systeme zusammen mit dem Immersionsgrad (Realitätsempfinden) stetig gesteigert werden. Damit waren die Grundvoraussetzungen für Fahrsimulatoren auch auf dem Gebiet der Fahrdynamik geschaffen.

14.4.1 Einsatzgebiete und Realisierungen von Fahrsimulatoren

Wichtige Anwendungsgebiete von Fahrsimulatoren sind die Simulation der Fahrdynamik und Untersuchungen im Bereich der Mensch-Maschine-Schnittstelle. Letzteres ist möglich, da die durch den Fahrsimulator Versuchspersonen Umgebung eintauchen können, die der Realität zumindest nahekommt (Immersion). Insbesondere für die Entwicklung von Systemen, die eine komplexe Schnittstelle zwischen Fahrer und Fahrzeug darstellen (z. B. für den Bereich der Fahrerassistenz) stellen Fahrsimulatoren ein hervorragendes Werkzeug dar. Sie werden immer dann eingesetzt, wenn nur auf klassischen Offline-Simulationen basierende Analysen nicht ausreichen, weil der Fahrer ein entscheidender und agierender Teil des Gesamtsystems ist. Der Simulator ist auch dann das einzige Mittel zur Untersuchung von Fragestellungen im Bereich der Automobiltechnik, wenn Versuche mit realen Fahrzeugen auf Teststrecken oder gar im öffentlichen Straßenverkehr zu riskant sind oder wenn noch keine Prototypen zur Verfügung stehen.

Die Vorteile der zumindest teilweisen Vermeidung realer physikalischer Tests mit Prototypfahrzeugen durch den Einsatz von Fahrsimulatoren ähneln denen anderer Simulationstechniken, die im vorliegenden Buch beschrieben werden:

- Reproduzierbarkeit und Vergleichbarkeit von Testreihen,
- volle Kontrolle und große potentielle Variationsbreite der Umgebungsbedingungen und Vermeidung von Umweltreizen, die die Versuchspersonen bei realen Fahrversuchen beeinflussen können,
- Kostenersparnis gegenüber Realtests bei der Versuchsdurchführung und durch den Verzicht auf kostenintensive Prototypen,
- Effizienzsteigerung bei den Entwicklungsprozessen, da der Fahrsimulator bereits in frühen Entwicklungsphasen einsetzbar ist, wenn noch kein gegenständlicher Prototyp verfügbar ist,
- gefahrlose Versuchsdurchführung auch bei der Erprobung kritischer Situationen.

Andererseits kann eine Fahrt im Simulator Fahrversuche mit einem realen Fahrzeug nie vollständig ersetzen. Je nach betrachtetem Versuchsszenario und eingesetztem Simulator ergeben sich einige Einschränkungen:

- wahrnehmungsphysiologische Einschränkung der Fahrsimulation durch das eingesetzte Bild- und Bewegungssystem,
- Szenarien-Gestaltung und Darstellung von Fahrzeugen und Systemen,
- Ausfall von Versuchspersonen aufgrund von Kinetose („Simulatorkrankheit“ oder „motion sickness“) sowie
- ein verändertes Fahrverhalten der Versuchspersonen, da diese im Simulator in der Regel risikoreicher und weniger regelkonform fahren.

Fahrsimulatoren müssen, je nach Einsatzgebiet, unterschiedlichste Anforderungen erfüllen. So ist die Leistung des Bewegungssystems des Simulators für die Untersuchung der in diesem Buch behandelten Fahrdynamik entscheidend. Gerade für diesen Einsatzzweck ist die Vermittlung eines realistischen Fahreindrucks unverzichtbar. Mit zunehmender Komplexität, Größe des zu realisierenden Bewegungsraums und Universalität des Simulators steigt jedoch der Erstellungs- und Betriebsaufwand das Bewegungssystem überproportional an.

Fahrsimulatoren sollen in jedem Fall ein möglichst realitätsnahes Verhalten von Fahrer und Fahrzeug sowie deren Kombination in unterschiedlichen Testszenarien gewährleisten. Hierzu sind verschiedene, teilweise widersprüchliche, Eigenschaften des Simulators erforderlich:

- Präzise Simulationsmodelle zur Beschreibung des physikalischen Verhaltens der beteiligten Systeme sowie deren Wechselwirkung,
- die Möglichkeit, alle beteiligten Komponenten und Systeme in Echtzeit zu simulieren,
- die Immersion des Fahrers, in die Fahrsituation. Die Fahraufgabe muss, ggf. zusammen mit Nebentätigkeiten weitestgehend so durchführbar sein, wie es auch in der realen Umgebung der Fall wäre.

Die Methoden zur gezielten Modellierung und Simulation des Fahrzeugs oder einzelner Komponenten wurden, nach Schaffung der Grundlagen in den ersten 9 Kapiteln, in den Kap. 10 und 11 im Detail beschrieben. Diese gewährleisten bei einer entsprechenden Umsetzung auf eine leistungsfähige Rechnerhardware eine Simulation der Fahrzeugbewegung in Echtzeit (Unterreiner 2013; Unterreiner et al. 2013). Die in den Kap. 12 und 13 beschriebenen Methoden sind hier bisher nur bedingt oder auch gar nicht einsetzbar. Dies gilt in ähnlicher Form für kommerzielle Simulationsprogramme wie z. B. ADAMS.

Nachfolgend wird die Fahraufgabe und die daraus resultierenden maßgeblichen Anforderungen an Fahrsimulatoren beschrieben, siehe auch (Maas 2017).

Die Strukturierung der Handlungsstrategien beim Lösen von Aufgaben im Allgemeinen insbesondere aber auch beim Führen eines Kfz im Besonderen lässt sich nach (Donges and Naab 1996) in drei Verhaltensebenen darstellen, Abb. 14.40.

Die Aufgabe der Fahrzeugführung ohne weitere Nebentätigkeiten kann in drei zeitliche Ebenen aufgeteilt werden, s. Abb. 14.41. Dabei unterscheiden sich Dauer und Komplexität von Aufgaben innerhalb der Ebenen der Fahraufgabe sehr stark. Die Bearbeitung der Aufgaben im Regelkreis Fahrer-Fahrzeug-Umwelt basiert jedoch immer auf Sinnesreizen.

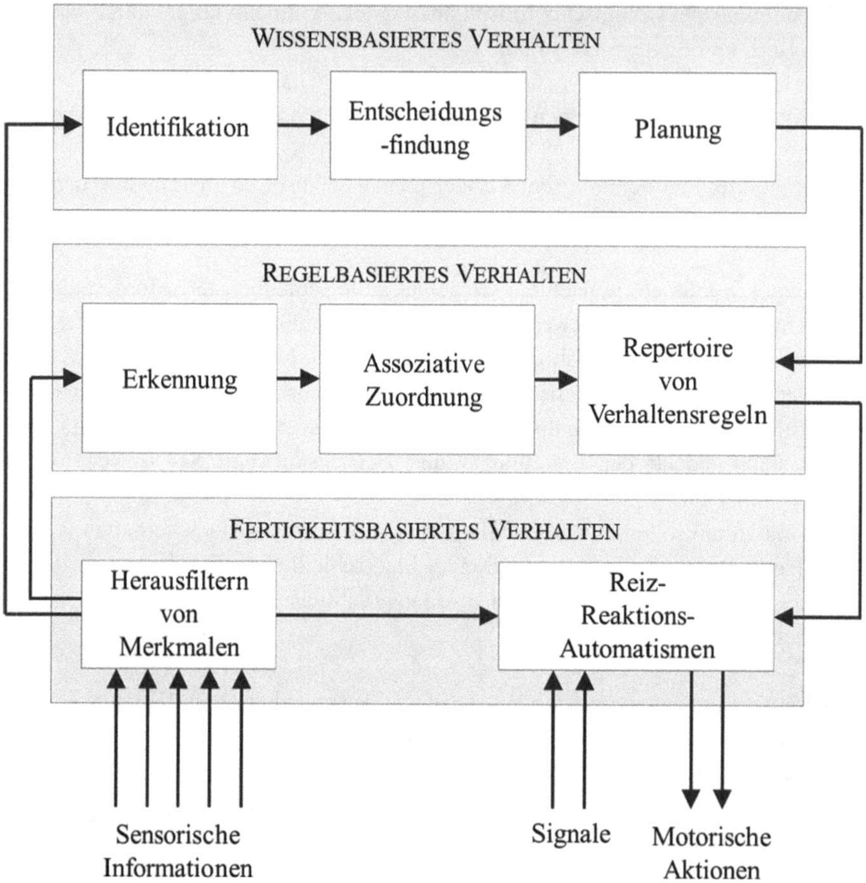

Abb. 14.40 Drei Ebenen der Fahraufgabe nach (Rasmussen 1983)

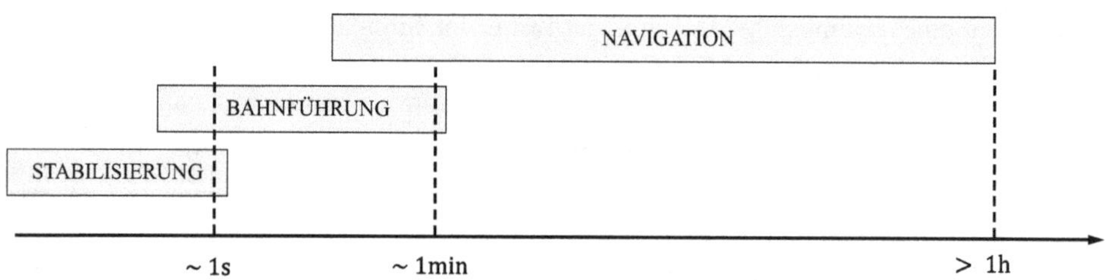

Abb. 14.41 Zeitliche Modellvorstellung der Fahrzeugführungsaufgabe nach (Donges and Naab 1996)

Andererseits können sich die Art der Aufnahme (Sinneskanal) sowie die Verarbeitung jeweils erheblich unterscheiden. Der Bediener (Fahrer) des Fahrsimulators arbeitet grundsätzlich mit erworbenem Wissen. Abhängig von der Aufgabe greift der Mensch dabei auf unterschiedliche Reiz-Reaktions-Mechanismen zurück, Abb. 14.40:

- Bei stabilisierenden Handlungen (z. B. dem Ausgleichen plötzlich auftretenden Seitenwinds) geschieht dies auf der Basis reiner Reiz-Reaktionen. Dieses meist antrainierte Verhalten läuft sehr schnell ab und ist unmittelbar mit einem Stimulus verknüpft. Hier ist keine weitere bewusste Interpretation der Situation durch den Fahrer erforderlich.
- Das regelbasierte Verhalten beruht auf Lösungsstrategien auf der Basis eintrainierter Regeln wie z. B. dem regelkonformen Erkennen und Befolgen der Informationen von Straßenschildern.
- Für die Orientierung in unbekannten Gebieten wird ein Fahrer Informationen aus der Umgebung (etwa die Lage markanter Gebäude oder Landmarken) aufnehmen. Durch eine Verknüpfung dieser Informationen wird er dann bewusst eine Handlung einleiten.

Wichtig für die Entwicklung von Fahrsimulatoren unter Berücksichtigung des in Abb. 14.40 dargestellten Drei-Ebenenmodells ist insbesondere das Zusammenspiel der Sinneskanäle (Reize) mit Reaktionen auf einer bestimmten Ebene der Fahrzeugführung. Damit ein Fahrsimulator ausreichend realitätsnahe Handlungsmuster ermöglicht, müssen die vom Fahrer erwarteten und benötigten Stimuli zur Verfügung gestellt werden. So ist es bei der Darstellung hochdynamischer Szenarien unverzichtbar, die notwendigen Stimuli für haptische Sinneseindrücke bereitzustellen, wenn das Zusammenspiel von Fahrer und Fahrzeug auf der Stabilisierungsebene analysiert werden soll. Fahrsimulatoren, die zur Untersuchung hochdynamischer Vorgänge benutzt werden, sind daher technisch deutlich aufwendiger als solche, die für Studien bei Langzeitfahrten mit Nebenaufgaben genutzt werden. Untersuchungen, die kein oder nur wenig dynamisches Fahrverhalten abbilden müssen, lassen sich häufig bereits mit sehr einfachen Simulatoren erfolgreich durchführen.

14.4.2 Der Regelkreis Fahrer-Fahrzeug-Umwelt

Die Betrachtung der Wahrnehmung und das daraus folgende Handeln beim Führen eines Kfz lässt sich mit einem vereinfachten Drei-Phasenmodell gut beschreiben. Dieses Modell umfasst die Verarbeitungsstufen

- Perzeption (Informationsaufnahme),
- Kognition (Informationsverarbeitung) und
- Motorik (Informationsabgabe).

Zur Auswahl der relevanten Informationsquellen und der Weiterverarbeitung der gewonnenen Informationen wird ein Mensch seine Aufmerksamkeit situationsangepasst auf die drei Phasen des Informationsverarbeitungsprozesses verteilen. Eine jeweils geeignete

Aufmerksamkeitsverteilung wird dabei in der Regel erlernt. Die Güte der Lernleistung entscheidet dabei, wie gut eine Aufgabe durchgeführt werden kann und ob es in extremen Fällen zu Fehlleistungen kommen kann.

Verschiedene Formen der Aufmerksamkeit lassen sich in den Dimensionen Selektivität und Intensität unterscheiden. Mit dem Begriff der selektiven Aufmerksamkeitszuwendung wird beschrieben, dass der Mensch sich zwischen verschiedenen und in der Regel miteinander konkurrierenden Informationsquellen entscheiden muss.

Weiterhin muss der Mensch seine Aufmerksamkeit in der Regel auf verschiedene, simultan von ihm wahrgenommene Reize aufteilen. Bei einem Aufmerksamkeitswechsel wird er sich von einem Reiz abwenden, um sich anschließend einem anderen zuzuwenden. Das Aktivierungsniveau ist ein Maß für die Intensität der Aufmerksamkeit (Wachheit) und damit für die Fähigkeit, auf Reize zu reagieren. Hierbei sind die herabgesetzte Vigilanz (andauernde Aufmerksamkeit bei eintöniger Reizfrequenz, z. B. ein erfahrener Fahrer auf langen, eintönigen Autobahnstrecken) und die Daueraufmerksamkeit (hoher Anteil relevanter Stimuli) von Bedeutung. Für die Perzeption (Wahrnehmung von Sinneseindrücken) spielen beim Führen eines Kfz der Gesichtssinn (visuelle Stimuli), die Akustik (auditive Wahrnehmung) sowie die Bewegungs- und Positionswahrnehmung (Haptik und vestibuläre Wahrnehmung) eine wichtige Rolle.

Aus diesen Betrachtungen lassen sich die erforderlichen Informationsquellen bei einem Fahrsimulator ableiten:

Zum Führen eines Kfz werden in der Regel eine Fusion von optischen, auditiven und haptischen Reizen eingesetzt. Genau dieselben Kanäle können auch genutzt werden, um über Eingabegeräte und Sensoren, Informationen an das Fahrzeug zu übermitteln.

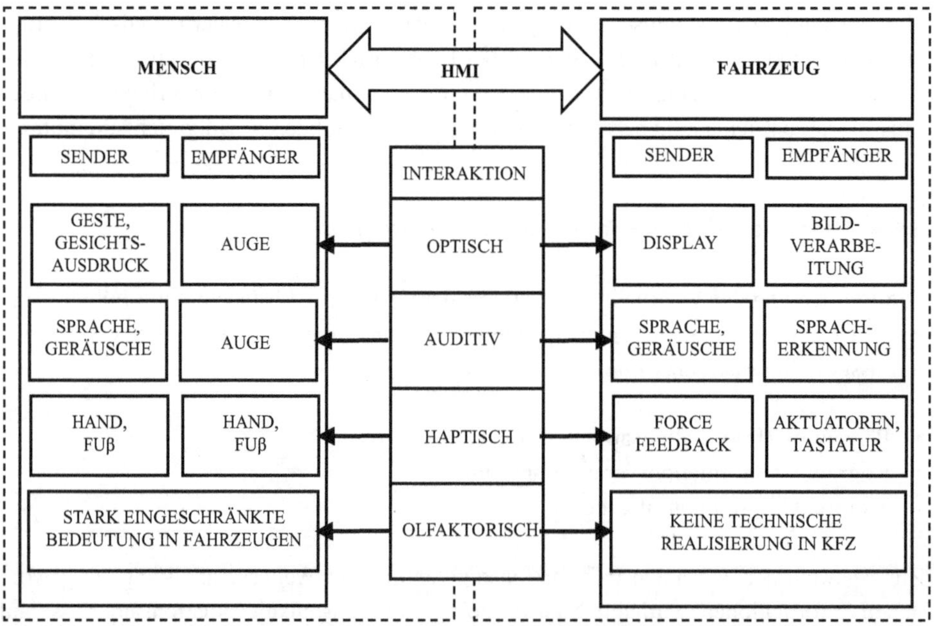

Abb. 14.42 Kanäle der Mensch-Maschine-Interaktion im Fahrsimulator nach (Hiesgen 2011)

Während der Fahrer den Großteil der Informationen über den Gesichtssinn aufnimmt, werden auch bei heutigen Fahrzeugen noch die meisten „Eingaben“ über haptische Bedienelemente erfasst. Die wichtigsten Bedienelemente sind das Lenkrad und die Pedale, über die die Bewegung des Fahrzeugs festgelegt wird. Eingesetzt wird ein breites Spektrum weiterer Bedienelemente in unterschiedlichen fahrzeugtauglichen Ausprägungen, von der Sprachsteuerung bis hin zu bildverarbeitenden Sensorik, die es ermöglicht, über Gesten Eingaben zu machen (Abb. 14.42).

14.4.3 Aufbau von Fahrsimulatoren

Der Fahrsimulator kann, unabhängig vom Komplexitätsgrad seines Aufbaus, prinzipiell in die Teilbereiche

- Simulationskern,
- Fahrerarbeitsplatz,
- Bewegungssystem und
- Umgebungsdarstellung

gegliedert werden. Deren jeweils spezifische Ausprägung muss häufig an die Anforderungen des geplanten Simulator-Versuchs angepasst werden müssen, Tab. 14.4.

Nachfolgend werden die wichtigsten Teilsysteme von Fahrsimulatoren beschrieben. Für weitere Details zum Aufbau von Fahrsimulatoren sei z. B. verwiesen an die Arbeiten von (Negele 2007; Capustiac et al. 2011b; Capustiac 2011; Hiesgen 2011; Maas 2017).

14.4.4 Simulationsmodelle und Schnittstellen

Die Simulation des Fahrzeugs und seiner Umgebung sind die zentralen Funktionselemente eines Fahrsimulators. Der Simulationskern muss alle für den Simulatorversuch relevanten physikalischen Effekte nachbilden und die Wechselwirkung mit den Eingaben

Tab. 14.4 Strukturierung der Elemente von F&E-Fahrsimulation nach (Hiesgen 2011)

Simulation	Fahrerarbeitsplatz	Bewegungssystem	Umgebungsdarstellung
Fahrdynamik Fahrerassistenzsysteme Umgebungsverkehr Fahrbahn/-untergrund Umgebung Witterung ...	Cockpit Mensch-Maschine Schnittstellen HIL-Elemente Ergonomie ...	Anzahl der Freiheitsgrade Beschleunigungsvermögen Max. Geschwindigkeit Frequenzbänder Motion Cueing ...	Projektions-/Visualisierungsart Blickfeld Auflösung 2D/3D .... Geräuschquellen 3D Sound ...

des Fahrers möglichst realistisch gestalten. Insbesondere muss die Fahrzeugdynamik mit der jeweils mindestens erforderlichen Genauigkeit abgebildet werden. Zusätzlich sind ausreichend realistische Modelle für andere Verkehrsteilnehmer und die Umwelt zu verwenden. Maßgeblich ist dabei die erforderliche Modellierungstiefe. Bei typischen urbanen Fahrsituationen sind ggf. 20 und mehr Fahrzeuge beteiligt. Dazu kommen u. U. weitere Verkehrsteilnehmer wie Fußgänger oder Radfahrer. Eine zu hohe Modellierungstiefe würde die für den Einsatz in einem Simulator erforderliche Echtzeitsimulation erschweren oder vollständig verhindern. Sinnvoll ist daher der Ansatz, das eigene Fahrzeug (EGO-Fahrzeug) mit einer sehr hohen physikalischen Detailtreue zu simulieren, dabei gleichzeitig die übrigen Verkehrsteilnehmer stark vereinfacht zu berechnen. Der Simulationskern eines Fahrsimulators muss stets sowohl mit dem Fahrerarbeitsplatz als auch der Umgebungsdarstellung in Echtzeit kommunizieren. Aktionen des Fahrers müssen Reaktionen des Systems hervorrufen, deren zeitlicher Ablauf dem in der Realität entspricht und ebenfalls unverzüglich durch den Fahrer wahrnehmbar sein. Nur wenn diese Bedingung erfüllt ist, wird ein Simulatorversuch den Regelkreis Fahrer, Fahrzeug und Umwelt so genau abbilden, dass die entsprechenden Erkenntnisse gewonnen werden können.

Da die Simulation der Fahrdynamik in harter Echtzeit erfolgen muss, ist es zwingend erforderlich, ein echtzeitfähiges Fahrdynamikmodell einzusetzen. Hierfür kommen einerseits die in Kap. 10 behandelten linearen und nichtlinearen Fahrzeugmodelle in Frage, mit entsprechenden Erweiterungen durch Wankmodelle. Möglich ist jedoch der Einsatz optimierter Varianten der in Kap. 11 besprochenen Modelle.

Die Methoden zur Modellbildung und Simulation eines Fahrzeugs sowie einzelner Systeme des Fahrzeugs werden in den Kap. 10 bis 13 dieses Buches beschrieben.

Der Fahrerarbeitsplatz im Fahrsimulator muss gewährleisten, dass die Versuchsperson während einer Fahrt im Simulator genauso mit dem Fahrzeug interagieren kann, wie in einem realen Fahrzeug. Dazu zählen in erster Linie die Bedienelemente, die zwingend zur Fahrzeugführung benötigt werden, wie Lenkrad und Pedale. Darüber hinaus werden für den Simulatorversuch ggf. weitere Ein- und Ausgabegeräte am Fahrerarbeitsplatz benötigt, um einen vorgegeben Versuchsplan abzuarbeiten. So können z. B. auch neuartige Bedienelemente im Simulator getestet werden. Hinzu kommen ggf. noch weitere Installationen, wie Sensoren zur Überwachung des Fahrers. Ein Beispiel hierfür wären Sensoren, mit denen die Bewegung der Pupillen oder auch die Blickrichtung erfasst werden kann.

Für eine erfolgreiche Simulatorstudie ist weiterhin entscheidend, dass die Versuchsperson die „Fahrt“ als reale ernsthafte Aufgabe und nicht als Spiel wahrnimmt und entsprechend agiert. Hierzu gehört es zum Beispiel, zu verhindern, dass wie in einem Computerspiel große Risiken eingegangen werden, da im Simulator nichts Ernsthaftes passieren kann. Dies wird durch eine Reihe von Äußerlichkeiten, wie z. B. das Einsteigen in ein realistisch anmutendes Cockpit durch eine Fahrzeugtür aber auch durch eine klare Instruktion der Probanden und eindeutig formulierte Aufgabenstellungen unterstützt.

Das Spektrum der heute eingesetzten unterschiedlichen Varianten von Simulatoraufbauten reichen von einfachen Lenkrädern, über nachgebaute Cockpits bis hin zu Vollfahrzeugen, die auf einer Bewegungsplattform befestigt werden. Einfache Aufbauten haben im Gegensatz zu Vollfahrzeugen den entscheidenden Vorteil, dass sowohl die Handhabung als auch die Integration in eine Simulation relativ einfach ist.

Das zentrale Bedienelement und entscheidend für die Querführung und Stabilisierung des Fahrzeugs ist das Lenkrad. Dieses fungiert als bidirektionalen Schnittstelle zwischen Fahrer und Fahrzeug. Das Lenkrad dient einerseits der Festlegung der Bewegungsrichtung, hat andererseits aber auch die wichtige Funktion der Rückmeldung des Fahrbahn- und Fahrzeugzustands. Dies wird auch als Lenkgefühl bezeichnet und wirkt sich maßgeblich auf das Verhalten des Fahrers aus. Die Darstellung eines realistischen Lenkgefühls ist in einem Simulator sehr aufwendig. Eine Ursache hierfür ist, dass der Fahrer dieselben Stimuli im Simulator teilweise anders wahrnimmt und interpretiert als im realen Fahrzeug. So wird die Lenkung oftmals dann als realitätsnäher empfunden, wenn diese eine deutlich größere Handkraft als im realen Fahrzeug hat, da u. U. zusätzliche normalerweise zeitgleich auftretende Kräfte aus der Fahrzeugquerbeschleunigung in vielen Simulatoren fehlen. Dies zeigt, dass zumindest ein Teil der Querbeschleunigung durch entsprechende Eingriffe in das Lenkmoment kompensiert werden kann.

Zur Darstellung der Umgebung des Fahrzeugs gehören auch die Visualisierung und auditive Stimuli. Haptische Signale, wie etwa Vibrationen aufgrund einer unebenen Fahrbahn, müssen durch das Bewegungssystem realisiert werden. Sowohl die Art der Darstellung der Umgebung wie auch die Bewegungssysteme fallen bei den unterschiedlichen Simulatoren sehr verschieden aus.

Der wichtigste Teil der Umgebungsdarstellung ist die optische Präsentation des simulierten Szenarios. Neben dem Realitätsgrad der dargestellten Objekte, sind im Bereich der Visualisierung insbesondere

- der zeitliche Versatz zur Simulation,
- der Blickwinkel (optischer Fluss) und
- erkennbare Bildränder

von entscheidender Bedeutung.

Der Großteil der zum Führen eines Kraftfahrzeugs erforderlichen Information wird visuell aufgenommen. Daher verhindert auch bereits ein geringer zeitlicher Versatz (Totzeit) zwischen Simulation und visueller Darstellung, dass eine sichere Führung des Fahrzeugs im Simulator verhindert wird. Das simulierte Fahrzeug ist dann nur schlecht fahrbar. Im Extremfall wird der Regelkreis Fahrer, Fahrzeug und Umwelt instabil.

Der optische Fluss vermittelt dem Fahrer über die zeitliche Winkeländerung zu Objekten („Vorbeiziehen") im Sichtfeld das Gefühl für Geschwindigkeit. Das Fehlen des optischen Flusses (z. B. bei der Verwendung eines ebenen Bildschirms vor dem Simulator) verhindert eine sichere Einschätzung der eigenen Geschwindigkeit und zerstört damit den realistischen Fahreindruck. Verstärkt werden kann der Geschwindigkeitseindruck durch geschwindigkeitsabhängige Fahrbahnanregungen (Vibrationen). Das seitliche Sichtfeld ist auch erforderlich, wenn Fahrbahnen mit starker Krümmung sicher befahren werden sollen.

Um eine möglichst gute Immersion der Probanden in die Simulation zu ermöglich, muss eine entsprechende Infrastruktur für den Fahrsimulator installiert werden. Dies betrifft insbesondere die Visualisierung der Umgebung. Simulatoren in der automobilen Entwicklung und Forschung bedienen sich daher meist einer sogenannten Projektions-Cave. Diese Caves umschließen den Fahrerarbeitsplatz des Simulators so, dass der Fahrer in alle Richtungen das projizierte Umgebungsbild sehen kann. Die äußere Form der Cave kann die Formen eines Quaders, eines Zylinders oder auch einer Kuppel annehmen. Zylindrische aber insbesondere sphärische Projektionsflächen haben den großen Vorteil, dass der Fahrer stets senkrecht auf die Projektionsfläche schaut. Ein Nachteil dieser Lösung ist der zu investierende große technische Aufwand.

14.4.5 Bewegungssysteme

Bewegungssysteme zur Vortäuschung einer realen Fahrzeugbewegung sind erforderlich, um den Versuchspersonen ein realitätsnahes Gefühl für die Bewegung des Fahrzeugs zu vermitteln. Geeignete Bewegungssysteme sind aufgrund der aufwendigen Hardware in der Regel sehr kostenintensiv. Sie müssen jedoch mindestens dann eingesetzt werden, wenn Versuche durchgeführt werden sollen, bei denen die Fahrdynamik und deren Rückmeldung an den Fahrer Gegenstand der Untersuchung sind. Der in Abb. 14.43 dargestellte Simulator von Toyota stellt eine der höchsten Ausbaustufen dieser Art von Simulatoraufbau dar.

In diesem Fall wird das gesamte, in der weißen Kuppel verbaute Visualisierungssystem mitsamt dem ebenfalls enthaltenen Vollfahrzeug von einem Hexapod in Bewegung versetzt. Der Hexapod kann die Kuppel in alle sechs Raumrichtungen bewegen. Er wird allerdings hauptsachlich für das Rollen und Nicken des Fahrzeugs um die x – bzw. die y – Achse eingesetzt. Das Gieren des Fahrzeugs wird durch eine freie Drehung der Kuppel um deren Hochachse dargestellt. In diesem Fall können auch längere laterale oder longitudinale Beschleunigungen simuliert werden. Hierzu wird der gesamte Aufbau

Abb. 14.43 Toyota Fahrsimulator

über einen großen $x - y$ Tisch translatorisch bewegt. Für die realistische Vermittlung der Fahrgeschwindigkeit an den Fahrer ist u. a. die hochfrequente Vertikalanregung, verursacht durch das Abrollen der Reifen auf der Fahrbahn, entscheidend. Hierfür sind bei diesem Simulator an den vier Rädern aktive Stempel verbaut. Diese regen die Räder entlang der jeweiligen radfesten z – Achse an.

Aufbauten mit ähnlichen Funktionsumfängen werden bei nahezu allen großen Fahrzeugherstellern und in einigen Forschungseinrichtungen eingesetzt.

Bei der Einleitung der Bewegung in den Simulator muss zwischen zwei grundsätzlich verschiedenen Ansätzen unterschieden werden:

- Die „reale“ Bewegung (Beschleunigung), wie sie aus der Simulation der Fahrzeugdynamik gewonnen wird, wird direkt und unverändert eingeleitet oder
- die Bewegungen (Beschleunigungen) werden durch eine geschickte Ansteuerung der Bewegungssysteme so modifiziert, dass auch geringere Bewegungsintensitäten ausreichen, um einen realistischen Bewegungseindruck zu vermitteln.

Die zweite Methode wird als Motion Cueing (Bewegungsreiz) bezeichnet. Ein Motion-Cueing-Algorithmus wandelt die Bewegung eines Fahrzeugmodells in Simulator-Eingabebefehle um, so dass für den Probanden ein realistischer Bewegungseindruck entsteht, obwohl tatsächlich nicht die in der Realität vorhandenen Bewegungen durchgeführt werden. Das zugrundeliegende Prinzip wird verständlich am Beispiel einer langgezogenen Kurvenfahrt und der dabei auftretenden Querbeschleunigungen, die der Fahrer als Zentripetalkräfte wahrnimmt. Würden die realen Bewegungen des Fahrzeugs direkt und unverändert durch das Bewegungssystem des Simulators abgebildet, so wäre das Rollen des Fahrzeugs z. B. über einen Hexapod relativ einfach darstellbar. Die seitliche Beschleunigung könnte durch das seitliche Verfahren des gesamten Aufbaus erfolgen. Aufgrund des begrenzten Arbeitsraums des Schlittensystems würde der Simulator jedoch schnell an die Grenzen seiner Bewegungsmöglichkeiten stoßen. Dies kann durch den Einsatz von Motion Cueing Algorithmen vermieden werden. Hierbei wird die Erdbeschleunigung eingesetzt, um dem Fahrer das Gefühl der Querbeschleunigung zu vermitteln. Zu diesem Zweck wird die gesamte Kuppel durch das Bewegungssystem stark geneigt. Das parallele Mitdrehen des Bildes erzeugt beim Fahrer den Eindruck, dass er sich nahezu horizontal bewegt. Die Erdbeschleunigung bekommt durch die starke Neigung des Simulators eine starke Komponente in Fahrzeugquerrichtung, die vom Fahrer als laterale Beschleunigung interpretiert wird. Die Anwendung dieser Technik setzt voraus, dass der Fahrer keinen optischen Bezugspunkt zu unbewegten Teilen hat. Die Bestimmung der Sollwerte für die Regelung der Aktoren des Bewegungssystems stellt für diese Art der Bewegungssimulation eine sehr komplexe mathematische Aufgabe dar. Näheres zum Thema Motion Cueing (den zu verwendenden Wash-Out Filtern) kann spezialisierten Schriften zu diesem Bereich entnommen werden, z. B. (Capustiac et al. 2011, b; Capustiac 2011)

14.4.6 Durchführung von Versuchen mit Fahrsimulatoren

Versuche mit Fahrsimulatoren sind Erweiterungen der seit langem weit verbreiteten Entwicklungsmethodik auf der Basis von (Echtzeit-) Simulationen und Hardware-in-the-Loop (HiL-) Simulationen. Der eigentliche Simulationsalgorithmus muss imstande sein, alle relevanten physikalischen Effekte mathematisch abzubilden und numerisch in Echtzeit zu simulieren. Weiterführende Informationen zur Simulation des Fahrzeugs sowie den verschiedenen Systemen im Fahrzeug können sowohl den Kap. 10 und 11 als auch der weiteren einschlägigen Literatur entnommen werden.

Voraussetzung für die erfolgreiche Durchführung eines Simulatorversuchs ist, dass der Fahrer die dargestellte Fahraufgabe als real akzeptieren kann. Dies hängt in erster Linie davon ab, wie realistisch die dargebotenen Reize für den Fahrer sind. Gleichwohl sind für viele Versuche bereits einfache Simulatoraufbauten ausreichend.

Die Durchführung eines Simulatorversuchs gliedert sich im Wesentlichen in die nachfolgend beschriebenen Schritte (s. Abb. 14.44).

14.4.6.1 Vorbereitung des Simulator Set Ups und Festlegung der Studienziele

Eine Simulatorstudie besteht fast immer aus mehreren Stufen. Vor der eigentlichen Simulatorstudie werden üblicherweise mehrere Vorstudien durchgeführt, um das Set-Up des Simulators zu validieren und ggf. zu optimieren.

Vor der Durchführung der Testreihen muss das Untersuchungsziel präzise definiert werden und darauf aufbauend ein Simulationsszenario gestaltet werden. Gleichzeitig ist genau zu definieren, welche „Messgrößen" im Versuch aufgenommen werden sollen. Hierzu muss sichergestellt werden, dass alle gewünschten Größen mit den vorhandenen Modellen und dem verfügbaren Simulatoraufbau erhoben werden können.

14.4.6.2 Vorbereitung der Versuchsperson

Die Vorbereitungsphase wird genutzt, um die bevorstehende Aufgabe zu erläutern. Die Versuchsperson wird mit der Fahraufgabe vertraut gemacht. Oft werden die Versuchspersonen zusätzlich mit Fahr-Nebenaufgaben beschäftigt. Vor Beginn des Versuchs muss klar definiert sein, was von der Versuchsperson erwartet wird.

Die Bedienung von Fahrsimulatoren weicht häufig von der Bedienung realer Fahrzeuge oder es werden speziell prototypische Bedienungen getestet. Daher muss vor Antritt der ersten Fahrt der Simulator und dessen Bedienung kurz erläutert werden. Diese Phase kann zusätzlich genutzt werden, um eine erste Datenerhebung mit dem Probanden durchzuführen.

14.4.6.3 Eingewöhnung am Fahrsimulator

Die Bedienung eines Fahrsimulators weicht im allgemeinen von der Bedienung eines realen Fahrzeugs ab. Aus diesem Grund muss die Bedienung des Fahrzeugs „erlernt" werden. Hierzu dient die Eingewöhnungsphase an die Fahrt im Simulator. Zudem laufen viele

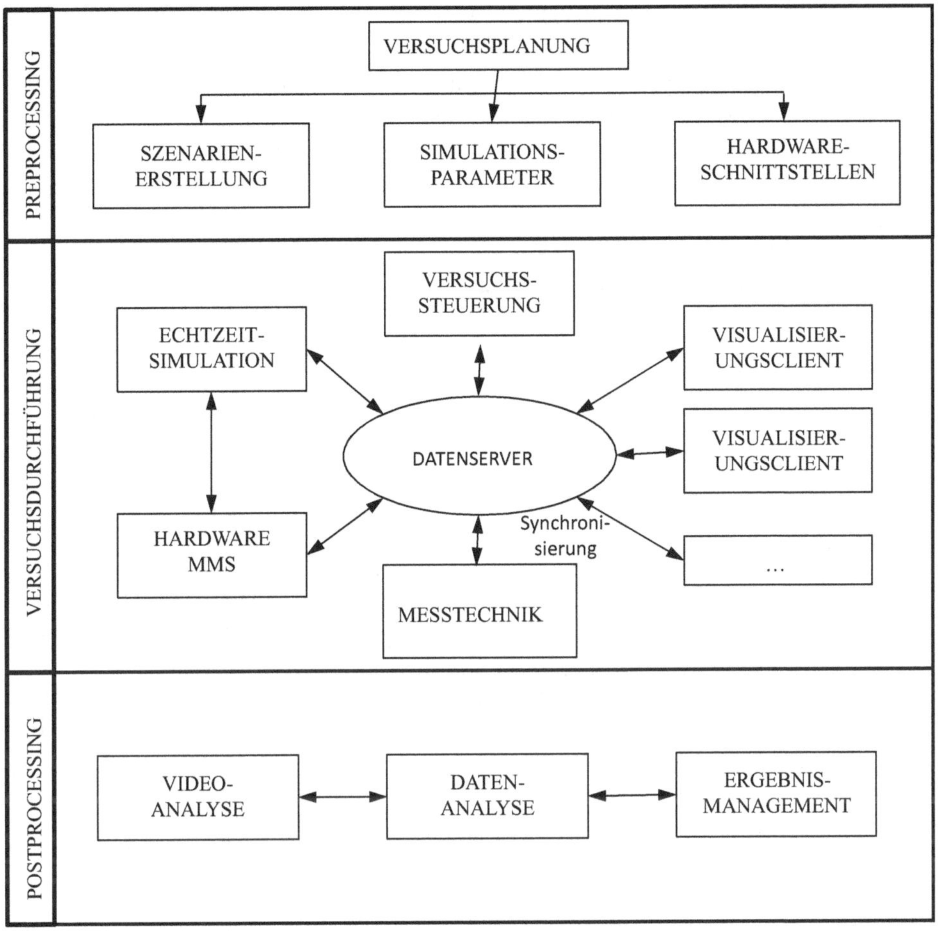

Abb. 14.44 Gesamtablauf einer Fahrsimulatorstudie nach (Hiesgen 2011)

Handlungen beim Führen eines Fahrzeugs unterbewusst ab. Für das Eingewöhnen muss ausreichend Zeit vorgesehen werden. Die Fähigkeit zu einer intuitiven Bedienung des Simulators ist dann besonders wichtig, wenn hochdynamische Manöver gefahren werden sollen, die auf Reiz-Reaktionsmuster zurückgreifen (fertigkeitsbasierte Verhaltensmuster), Abb. 14.40. Die notwendige Zeit zur Einstellung auf den Simulator kann abhängig vom Aufbau und den geplanten Untersuchungen einige Zeit in Anspruch nehmen.

14.4.6.4 Durchführung des Simulatorversuchs

Während des Simulatorversuchs werden die gewünschten „Messgrößen" aufgezeichnet und gespeichert. Viele Signalverläufe können dabei sehr leicht direkt aus den Simulationsmodellen gewonnen werden. Dies gilt auch für in der Realität nur mit großem Aufwand zu messende Signale, wie beispielsweise dem Schwimmwinkel. Dieser ist bei einem realen

Fahrzeug nur mit einem erheblichen Aufwand zu erfassen, kann aber bei einem Fahrsimulator direkt aus dem Simulationsmodell entnommen werden. Neben diesen werden in der Regel zusätzliche objektive Werte aufgenommen (s. unten), die nach der Studie ausgewertet oder weiterverarbeitet werden sollen. Hinzu kommen ggf. weitere objektive personenbezogene Daten, die Aufschluss über das Befinden oder die Reaktionen der Versuchsperson geben, wie z. B. EKGs oder Hautleitwerte, s. z. B. (Hesse 2011), aber auch die Bewegung der Pupillen, bzw. die Blickrichtung.

Unabdingbar für die erfolgreiche Durchführung des Versuchs ist, dass die Versuchsperson ihre Fahraufgabe unbeeinträchtigt wahrnehmen kann.

14.4.6.5 Erhebung weiterer Daten

Nach dem Versuch können bei Bedarf weitere Daten erhoben werden. Dies betrifft z. B. die erneute Befragung der Versuchspersonen nach dem Test nach subjektiven Eindrücken.

14.4.7 Erfassung von Messwerten bei Simulatorversuchen

Messdaten lassen sich in einem Simulatorversuch sehr viel einfacher erfassen als in der Realität. So sind z. B. alle Zustandsgrößen bereits aus der Simulation bekannt und müssen lediglich mitgeschrieben werden. Andere Größen, welche bei realer Fahrt nicht oder nur mit hohem Aufwand messbar wären sind ebenfalls sehr einfach zu erfassen, Tab. 14.5. Hinzu kommt, dass im Idealfall kein Messrauschen auftritt.

Weitere Vorteile der im Simulatorversuch herrschenden Laborbedingungen sind die Möglichkeiten vergleichsweise einfach gezielt das Verhalten des Fahrers zu beobachten.

14.4.8 Realisierung einfacher Fahrsimulatoren

Die folgenden Ausführungen beschreiben beispielhaft Konzepte für Simulatoren, wie sie am Lehrstuhl für Mechatronik der Universität Duisburg-Essen, teilweise in Zusammenarbeit mit der Westfälischen Hochschule realisiert wurden und betrieben werden. Die

Tab. 14.5 Mögliche Messwerte beim Fahrsimulatorversuch

Fahrzeug und Verkehr	Fahrer bezogene Messwerte	Befragung
Objektive Fahrzeugparametern Längs-, Quer- und Vertikaldynamik Einzelne Simulationsgrößen für das Fahrzeug(-system)	Beobachtung des Verhaltens (z. B. durch Video) Physiologische Werte wie z. B. Herzrate, Hautleitwert etc.	Fragebogen zu verschiedenen Zeiten während des Versuchs Freie Befragung Subjektive Bewertung

vorgestellten Ausbaustufen orientieren sich am mechanischen Aufbau von Cockpit und Bewegungsplattform.

Die Schlüsselkomponente jedes Simulators ist die installierte Simulationsumgebung. Diese kann für Simulatoren unterschiedlicher Ausbaustufen unabhängig von der Ausgestaltung der Hardware weitgehend identisch sein. Versuche auf verschiedenen Simulatoren können daher umgesetzt werden können, ohne dass jedes Mal die Simulationssoftware modifiziert werden muss.

14.4.8.1 Einfacher Schreibtischsimulator

Für eher anspruchslose Anwendungen reichen Simulatoraufbauten aus, die der Entwickler direkt an seinem Schreibtisch betreiben kann, Abb. 14.45. Derartige Simulatoren bieten nur eine sehr einfache Mensch-Maschine Schnittstelle. Oft werden für diese Art von Simulatoren Lenkräder und Pedalerie aus dem Bereich der Unterhaltungselektronik eingesetzt. Die Visualisierung kann auf einem handelsüblichen PC-Monitor erfolgen. Mensch-Maschine Schnittstelle und Visualisierung sind leicht skalierbar und können schnell an die Anforderungen der Simulation anpassbar.

Ohne Fahrzeugumgebung und auch wegen der meist kleinen Monitore ist der Immersionsgrad bei einem solchen Simulator eher gering. Direkte Schlüsse auf das reale Verhalten im Fahrzeug sind daher nicht immer möglich. Dennoch kann sich ein derartig einfacher Aufbau bei vielen Anwendungen bewähren. Insbesondere lassen sich spätere größer angelegte Simulatorstudien gut und effizient vorbereiten. Bei der Entwicklung von

Abb. 14.45 „Schreibtisch“ Fahrsimulator © Lehrstuhl für Mechatronik, Universität Duisburg-Essen

Systemen oder dem Design von Simulator-Studien kann der Entwicklung direkt an seinem Arbeitsplatz Änderungen vornehmen und austesten. Mit diesen „Vorstudien" kann dann die gewünschte Studie mit einem komplexeren Simulator zielsicher durchgeführt werden.

14.4.8.2 Cockpit Simulator

Eine erste Erhöhung des Realitätsempfinden kann durch den Einsatz einer sogenannten Sitzkiste (eines Cockpits) erreicht werden. Hier werden die typischen Mensch-Maschine Schnittstellen (Pedale, Lenkrad und Anzeigen) eines Fahrzeugs in ein eigens gestaltetes Cockpit integriert, Abb. 14.46. Bereits diese Steigerung bewirkt in der Regel eine deutlich bessere Immersion in das Fahrgeschehen.

Derartige Aufbauten sind wegen ihrer guten Transportfähigkeit sehr beliebt für den Einsatz auf Messen oder zu Demonstrationszwecken. Aber auch einfache Studien können effizient mit einem solchen Simulator durchgeführt werden. Die Visualisierung reicht bei Sitzkisten von einfachen PC-Monitoren bis hin zu aufwendigen 360° Projektionen.

14.4.8.3 Statischer Fahrsimulator mit Komplettfahrzeug

Die Verwendung eines Vollfahrzeugs ist ein weiterer großer Schritt hin zur Realitätsnähe eines Fahrsimulators, Abb. 14.47. Der Fahrer befindet sich hier in der ihm vertrauten Fahrzeugumgebung mit den gewohnten Bedienelementen, Abb. 14.48 und 14.49. Auch das Einsteigen in ein vollständiges Fahrzeug unterstützt das Eintauchen in das Fahrgeschehen.

Abb. 14.46 Messeaufbau © Lehrstuhl für Mechatronik, Universität Duisburg-Essen

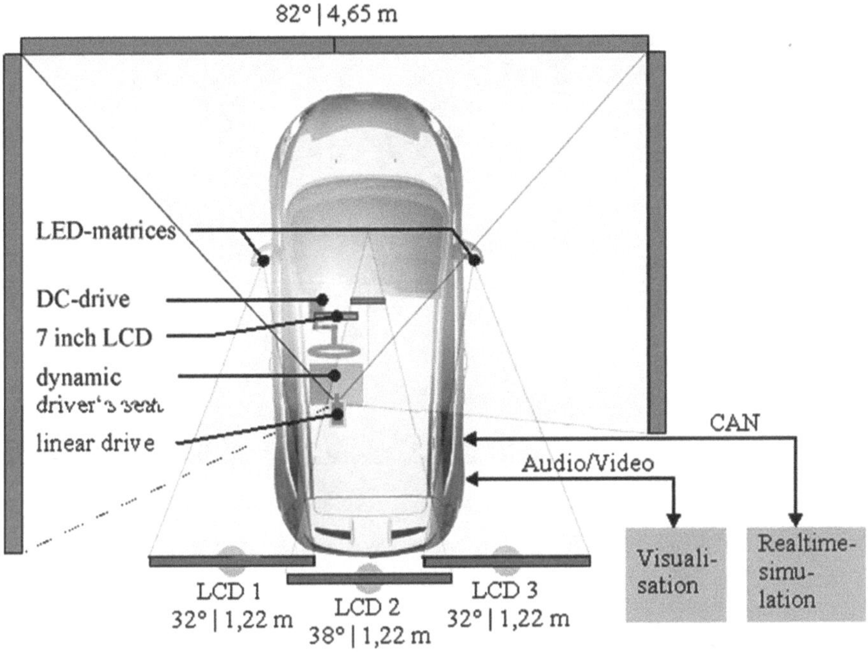

Abb. 14.47 Aufbau eines statischen Simulators am Beispiel des Ford Fiesta-Fahrsimulators am Lehrstuhl für Mechatronik der Universität Duisburg Essen © Lehrstuhl für Mechatronik, Universität Duisburg-Essen

Abb. 14.48 Fahrersicht aus im Ford-Fiesta Fahrsimulator des Lehrstuhls für Mechatronik an der Universität Duisburg-Essen © Lehrstuhl für Mechatronik, Universität Duisburg-Essen

Durch die Verwendung eines kompletten Fahrzeugs als Fahrsimulator erhöht sich allerdings auch der Aufwand erheblich. Insbesondere werden die Anforderungen an die räumlichen Gegebenheiten deutlich erhöht. Es wird in der Regel ein eigener Raum für den Simulator benötigt, in den das Gesamtfahrzeug gestellt werden kann, Abb. 14.47.

Abb. 14.49 Innenraum des dynamischen Fahrsimulators am Lehrstuhl für Mechatronik der Universität Duisburg Essen © Lehrstuhl für Mechatronik, Universität Duisburg-Essen

Dieser Raum muss häufig auch voll klimatisiert werden. Außerdem muss eine Möglichkeit bestehen, die Fahrzeugumgebung zu visualisieren, Abb. 14.48. Meist werden hierfür Projektoren und die sogenannte Aufprojektion verwendet. Dies erfordert einen minimalen Abstand zwischen Fahrzeug und Projektionsfläche, um Schatten- und Reflexionseffekte zu vermeiden durch das Fahrzeug selbst erzeugt werden. Das menschliche Auge kann im Nahbereich (bis ca. 2m vom Auge entfernt) alleine durch die notwendige Fokussierung auf eine Entfernung Rückschlüsse auf die Lage eines Objekts zu treffen. Daraus ergibt sich insbesondere ein Minimalabstand zwischen den Augen des Fahrers und der Projektionsfläche. Bei einer zu nahe am Fahrerarbeitsplatz gelegenen Projektionsfläche würden sich die Augen des Fahrers auf den Nahbereich fokussieren. Damit erschienen alle Objekte, die auf der Leinwand gezeigt werden, zunächst einmal sehr nah zu sein. Wird ein Objekt in der virtuellen Realität dargestellt, das nicht im unmittelbaren Nahbereich des Augenpunkts ist, so passt das Bild nicht zum Fokuspunkt des Auges. In der Folge kann die Simulation als unrealistisch empfunden werden (Negele 2007). Zudem ist es deutlich weniger ermüdend, wenn sich die Projektionsfläche in einem Abstand zum Auge befindet der mit entspanntem Auge betrachtet werden kann.

Aus diesen Überlegungen folgt, dass für einen Simulator mit einem Vollfahrzeug ein Raum mit einer Grundfläche von 5×5 m oder mehr benötigt wird.

14.4.8.4 Dynamische Fahrsimulatoren

Fahrsimulatoren, die mit Bewegungssystemen ausgestattet sind, können verschiedene Ausbaustufen des Fahrerarbeitsplatzes haben. Abhängig von den Ansprüchen und Gegebenheiten können Sitzkisten, einfache Cockpitaufbauten oder Vollfahrzeuge eingesetzt werden. Das Bewegungssystem muss dabei an die Nutzlast angepasst sein. Bewegungssysteme können entsprechend der möglichen Anregungen kategorisiert werden. Mit einigen Ausnahmen wird die Ausbaustufe für den Fahrerarbeitsplatz, die Visualisierung und ein

Bewegungssystem so aufeinander abgestimmt, dass der Realitätsgrad der Subsysteme sich nicht grundlegend unterscheidet.

14.4.8.5 Dynamischer Fahrsimulator mit einem Realfahrzeug nachempfundenen Cockpit

Für das Projekt DesignStudio NRW wurde am Lehrstuhl für Mechatronik der Universität Duisburg Essen eine kompakte und kostengünstige Form eines dynamischen Fahrsimulators aufgebaut (Proff et al. 2015), Abb. 14.50 und Tab. 14.6. In diesem Fall wurden elektromechanische Aktuatoren verbaut, um die Fahrzeugdynamik realistisch, aber gleichzeitig auch kostengünstig, abzubilden, Abb. 14.51. Dabei ist das übergeordnete Ziel, den Immersionsgrad (das Realitätsempfinden) zu steigern und somit weitere Untersuchungsfelder zu erschließen.

Dieser Simulator ist ein sehr guter Kompromiss zwischen Realitätsgrad und Komplexität des Simulators. Insbesondere der sehr kompakte, modulare Aufbau ist im Vergleich zu den in den kommenden Abschnitten gezeigten Systemen vorteilhaft.

Das Cockpit befindet sich im Mittelpunkt einer zylindrischen Leinwand, Abb. 14.50. Mehrere leistungsstarke Projektoren stellen das Umgebungsbild dar. Die Bilder der Einzelprojektoren werden in Echtzeit so transformiert, dass auf der gekrümmten Leinwand eine verzerrungsfreie Darstellung entsteht und sich die Kanten der Bilder überlappen, ohne dass dies vom Betrachter wahrgenommen wird. Für den Betrachter entsteht hierdurch ein durchgängiges Bild, das ca. 252° des Sichtfelds des Fahrers verzerrungsfrei abdeckt

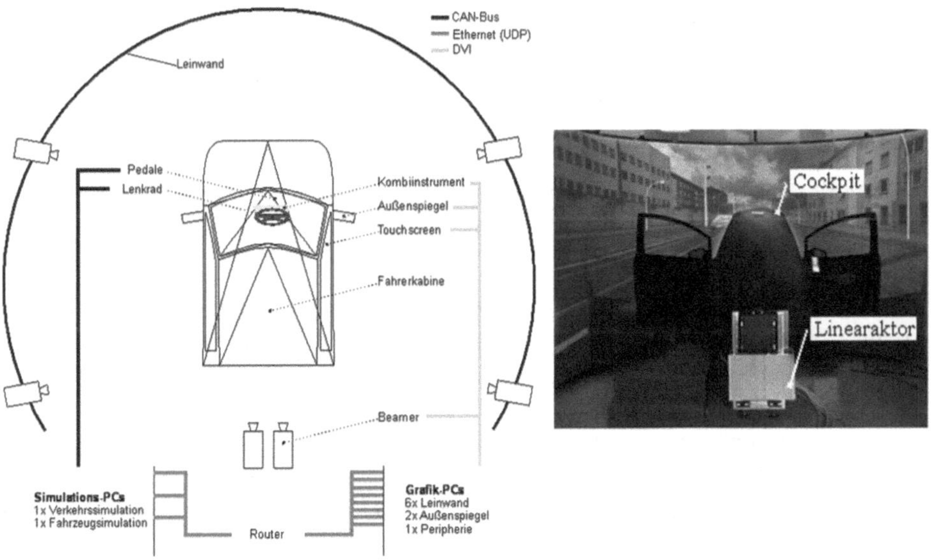

Abb. 14.50 Aufbau des dynamischen Simulators am Lehrstuhl für Mechatronik der Universität Duisburg Essen © Lehrstuhl für Mechatronik, Universität Duisburg-Essen und (Capustiac 2011; Maas 2017)

Tab. 14.6 Technische Daten der Bewegungsplattform

Größe	Werte
Grundfläche	2,50m × 2,00m × 1,50m (L × B × H)
Wank-Winkel	10 Grad
Roll-Winkel	10 Grad
Aktuatorhub	380 mm vertikal
Maximale Frequenz	40 Hz
Aufbaugewicht	350 kg
Gesamtgewicht	1300 kg

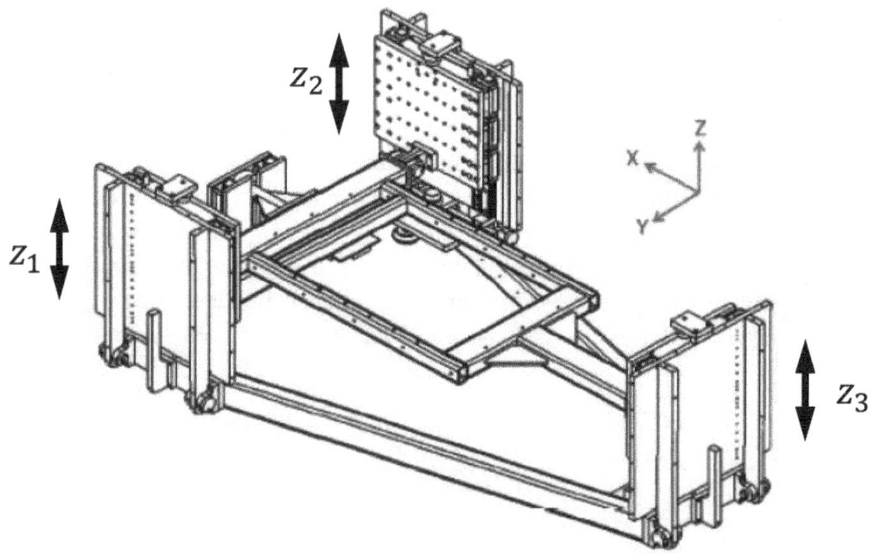

Abb. 14.51 Modell der Bewegungsplattform mit drei Linearmotoren © Lehrstuhl für Mechatronik, Universität Duisburg-Essen

(Proff et al. 2015). Dieser Bereich reicht für die Durchführung einer normalen Fahrt vollkommen aus. Auch scharfe Kehren sowie die Unterstützung des Schulterblicks beim Abbiegen oder beim Spurwechsel sind realistisch darstellbar. Der Bereich hinter dem Fahrzeug wird durch mehrere Monitore repräsentiert, die dann im Rückspiegel gesehen werden. Alternativ können direkt kleine Displays als Rückspiegel am Cockpit angebracht werden. Zusätzlich werden weitere Anzeigeelemente für das Kombiinstrument sowie ein weiterer frei konfigurierbarer Monitor im Innenraum zur Mensch-Maschine Interaktion verwendet.

Der Fahrerarbeitsplatz befindet sich in einem eigens für diesen Simulator angefertigten Monocoque. Durch die Ausstattung mit einem normalen Fahrzeugsitz und einem entsprechenden Instrumentencluster unterstützt das Cockpit den Eindruck eines sehr realistischen Fahrgefühls, das dem eines Vollfahrzeugs sehr nahekommt.

Die eingesetzte elektromechanische Bewegungsplattform bietet mit ihren drei leistungsstraken Linearmotoren die Möglichkeit, den Aufbau mit den drei Freiheitsgraden Wanken, Nicken und Heben zu bewegen. Im Unterschied zu anderen Simulatoren werden die Aktuatoren dazu verwendet, ausschließlich die „realen" Starrkörperbewegungen des Fahrzeugaufbaus zu reproduzieren. Es wird hier also kein Motion Cueing eingesetzt. Die elektromechanischen Aktuatoren sind für die Erzeugung hochdynamischer Bewegungen ausgelegt und ermöglichen Anregungsfrequenzen bis zu 40 Hz und Beschleunigungen von bis zu 20 m/s^2 in vertikaler Richtung. Dadurch lassen sich auch Fahrbahnanregungen, wie sie durch normale Straßenoberflächen aber auch durch Bodenschwellen oder Kopfsteinpflaster hervorgerufen werden, realitätsnah nachbilden. Erreicht wird dies durch die Kombination leistungsfähiger Aktuatoren und der geringen Masse des Cockpits. Durch die realitätsnahen Fahrbahnrückmeldungen entsteht ein sehr realistisches Fahrgefühl (Proff et al. 2015).

14.4.8.6 Dynamische Vollfahrzeugsimulatoren

Die in Abb. 14.51 beschriebene Bewegungsplattform wurde mit Erweiterungen der Aktuatorik auch verwendet, um einen Fahrsimulator für ein Vollfahrzeug aufzubauen, s. Abb. 14.52.

Allen beschriebenen Simulatoren ist gemeinsam, dass ein modifizierter Fahrerarbeitsplatz aus einem realen Fahrzeug oder ein Vollfahrzeug verwendet wird. Der Fahrerarbeitsplatz muss für den Simulator je nach Einsatzzweck teilweise modifiziert werden. Unabdingbar sind jedoch ein Force-Feedback an der Lenkung sowie Aktuatoren oder andere Hilfsmittel, um das richtige Pedalgefühl zu erzeugen. Außerdem muss eine entsprechend ausgebaute Rechnerhardware gewährleisten, dass die Fahrereingaben an die Simulationsumgebung übergeben und dort in Echtzeit verarbeitet werden. Bei dem oben beschriebenen Fahrsimulator mit Linearmotoren kommen beispielsweise 2 Rechner zur Simulation des Fahrzeugs und der Umgebung zum Einsatz sowie weitere 6 Rechner zur

Abb. 14.52 Bewegungsplattform mit Gesamtfahrzeug ©Foto: Annette van de Locht

Erzeugung der grafischen Darstellung und der Transformation auf die gekrümmte Projektionsfläche. Hinzu kommen weitere 2 Rechner für die Rückspiegel sowie ein weiterer Rechner für die Peripherie.

Bei Vollfahrzeugen mit einer elektrischen Servolenkung ist es unter Umständen auch möglich, das notwendige Force-Feedback für die Simulation direkt über den bereits vorhandenen Aktor der Servolenkung einzuspielen. In diesem Fall kann auf einen zusätzlichen Aktor verzichtet werden. Ansonsten muss dafür gesorgt werden, dass sowohl die Lenkung (als eines der zentralen Elemente der Mensch-Maschine Interaktion) die gewohnte haptische Schnittstelle zum Fahrzeug bietet.

Dynamische Simulatoren, die ein Vollfahrzeug als Fahrerarbeitsplatz verwenden, bewegen das Fahrzeug in der Regel zusammen mit der Umgebungsdarstellung in Richtung aller sechs Starrkörper-Freiheitsgrade des Fahrzeugs. Der hierfür verfügbare Arbeitsraum ist natürlich begrenzt durch die mechanische Auslegung des Bewegungssystems. Außer den notwendigen sechs Aktoren werden oft weitere aktive Achsen (Aktoren) eingesetzt, um eine Redundanz bei der Erzeugung der Bewegung zu schaffen. Diese kann für die optimierte Gestaltung der Bewegung ausgenutzt werden kann. So werden bei aufwendigen Simulatoren beispielsweise sehr große Arbeitsräume eines translatorischen $x-y$ Schlittensystems mit der hohen Dynamik eindimensionaler Hub-Aktoren kombiniert werden. Da dennoch die Arbeitsräume aller Simulatoren naturgemäß weiterhin begrenzt sind, ist es bei länger anhaltenden Beschleunigungen entlang einer Achse nicht möglich, den vorgegebenen Beschleunigungsverlauf mit dem Aufbau direkt abzubilden. Hierzu sind weitere Maßnahmen bei der Ansteuerung der Aktuatoren erforderlich.

Bei dynamischen Vollfahrzeugsimulatoren wird das Fahrzeug meist im Inneren einer Projektionskuppel positioniert. Dabei wird dem Fahrer ein 360°-Blickfeld auf die virtuelle Umgebungsdarstellung geboten, verbunden mit einem sehr hohen Immersionsgrad. Weiterhin kann durch geschickte Regelung der Aktoren die Erdbeschleunigung genutzt werden, um dem Fahrer das Gefühl einer realen Beschleunigung in lateraler oder longitudinalen Richtung zu vermitteln. In diesem Fall wird die eingeprägte Schwerkraft genutzt, um beispielsweise die während einer Kurvenfahrt auftretenden Querbeschleunigungen zu erzeugen. Hierzu wird das gesamte Fahrzeug zusammen mit dem Sichtsystem so geneigt, dass die Erdbeschleunigung eine entsprechend große Komponente entlang der entsprechenden Fahrzeugachse hat. Da sich hierbei die relative Position des Fahrers zur Projektionsleinwand ebenso wenig ändert wie das projizierte Bild, wird diese Beschleunigungskomponente als Längs- oder Querbeschleunigung interpretiert. Dieses Vorgehen ist unter dem Begriff Motion Cueing bekannt, s. auch Abschn. 14.4.5. Bei konsequenter Implementierung entsprechend leistungsfähiger Algorithmen erfährt der Fahrer hierbei einen realitätsnahen Beschleunigungsstimulus, den er bei korrekter Ausführung nicht oder nur schwer von dem realen Bewegungseindruck unterscheiden kann. Die tatsächlichen Bewegungen des Systems dürfen dabei von der Versuchsperson allerdings nicht erfasst werden können. Daher müssen einige Bewegungen unterhalb der Wahrnehmungsschwelle für den Fahrer stattfinden.

14.4.8.7 Beispiele für kommerzielle dynamische Vollfahrzeugsimulatoren.

Der dynamische Fahrsimulator des DLR in Braunschweig unterscheidet sich von anderen Simulatoren durch das spezielle kinematisch und kinetisch sehr interessante Bewegungssystem. Für das Bewegungssystem wird wieder ein hydraulisch betriebener Hexapod verwendet (Pattberg 2005) und (Stöbe 2006). Jedoch hängt in diesem Fall die Kabine mit dem Fahrzeug unterhalb der oberen Gelenke, s. Abb. 14.53. Diese ungewöhnliche kinematische Anordnung ermöglicht besonders große translatorische und rotatorische Bewegungen, Tab. 14.7.

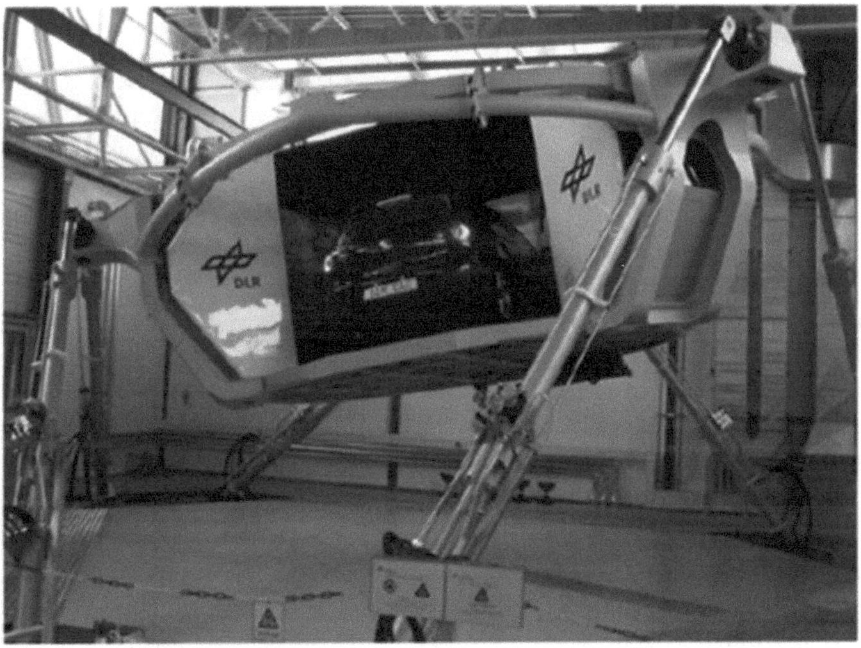

Abb. 14.53 DLR Simulator in Braunschweig (Stöbe 2006)

Tab. 14.7 Arbeitsraum und Dynamik des DLR-Simulators (Stöbe 2006)

	Weg	Geschwindigkeit	Beschleunigung
Längs	±1,5 m	±2 m/s	±10 m/s²
Quer	±1,4 m	±2 m/s	±10 m/s²
Vertikal	±1,4 m	±2 m/s	±10 m/s²
Rollen	–20 deg/ +21 deg	±50 deg/s	±250 deg/s²
Nicken	±21 deg	±50 deg/s	±250 deg/s²
Wanken	±21 deg	±50 deg/s	±250 deg/s²

Abb. 14.54 Daimler-Fahrsimulator – Bewegungsmechanismus (links) und 360-Grad-Visualisierung (rechts) (Quelle: Daimler AG)

Der Simulator der Daimler AG ist einer der modernsten und aufwendigsten Fahrzeugsimulatoren, s. Abb. 14.54. Das Fahrzeug mit Fahrerarbeitsplatz und alle zur Umgebungsdarstellung notwendigen Elemente (Visualisierung und Sound) sind in einer großen Kuppel verbaut. Die Kuppel wird wieder von einem hydraulisch betriebenen Hexapod getragen, so dass Bewegungen um alle sechs räumlichen Freiheitsgrade realisiert werden können.

Zusätzlich zum Bewegungssystem des Hexapods, nutzt dieser Simulator eine hochdynamische Linearachse, um den kompletten Aufbau über mehrere Meter zu verfahren. Dies eröffnet in diesem Fahrsimulator die Möglichkeit, auch länger andauernde Beschleunigungen, wie sie z. B. in langgezogenen Kurven auftreten, realistisch abzubilden. Die Kuppel kann um 90° gedreht werden, so dass die Linearachse sowohl Fahrzeugbewegungen in Quer- als auch in Längsrichtung darstellen kann.

Literatur

Ajluni KK (1989) Rollover potential of vehicles on embankments, sideslopes, and other roadside features. Public Roads 52(4):107–113.

Bardini R, Nagelstraßer M, Wronn O (2007) Applikation Test und Absicherung einer Überschlagsensorik am Beispiel des neuen BMW X5. In VDI-Bericht, Nr. 2013. VDI-Verlag, Düsseldorf, S 149–167.

Bardini R (2008) Auslegung von Überschlagschutzsystemen für Personenkraftwagen mithilfe der Simulation. Dissertation. Fortschrittberichte VDI, Reihe 12, Nr. 668. Universität Duisburg-Essen. VDI-Verlag, Düsseldorf.

Capustiac NA (2011) Development and application of smart actuation methods for vehicle simulators. Dissertation, Universität Duisburg-Essen.

Capustiac A, Banabic D, Schramm D, Ossendoth U (2011a) Motion cueing: from design until implementation. Proceedings of the Romanian Academy Series A-Mathematics Physics Technical Sciences Information Science 12(3):249–255.

Capustiac A, Hesse B, Schramm D, Banabic D (2011b) A human centered control strategy for a driving simulator. The International Journal of Mechanical & Mechatronics Engineering IJMME-IJENS 11(01):45–52.

de Coo PJA, Wismans J, Niboer JJ (1991) Advances in MADYMO crash simulations. SAE technical paper series 910879, Warrendale, USA.

Donges E, Naab K (1996) Regelsysteme zur Fahrzeugführung und-stabilisierung in der Automobiltechnik. Automatisierungstechnik 44(5):226–236.

Harkey D L (1999) The effect of roadside design on rollover. SAE passenger car rollover toptec. San Diego, USA.

Hesse B (2011) Wechselwirkung von Fahrzeugdynamik und Kfz-Bordnetz unter Berücksichtigung der Fahrzeugbeherrschbarkeit. Dissertation, Universität Duisburg-Essen.

Hiesgen G (2011) Effiziente Entwicklung eines menschzentrierten, integralen Querführungsassistenzsystems mit einem Fahrsimulator. Dissertation, Universität Duisburg-Essen.

ISO N. (1975). "TR 3888: Road Vehicles-Test procedure for a severe lanechange manœuvre. Genf: Intern." *Organization for Standardization.*

ISO (2000). ISO 3888-2: Passenger cars – Test track for a severe lane-change manoeuvre – Part 2: Obstacle avoidance.

ISO 7401 (2003) Technical committee ISO/TC 22, road vehicles, subcommittee SC 9, vehicle dynamics and road-holding ability: road vehicles — lateral transient response test methods — open-loop test methods. International standard ISO 7401.

ISO_4138 (2004). Passenger Cars - Steady-State Circular Driving Behaviour - Open Loop Test Methods. Genf, International Organisation for Standardisation.

ISO_4138 (2004). Passenger Cars - Steady-State Circular Driving Behaviour - Open Loop Test Methods. Genf, International Organisation for Standardisation.

Lich T, Breitmaier B (2003) Optimierte Überrollsensierung zur frühzeitigen Überschlagerkennung. Automotiv Electronics. Sonderausgabe ATZ/MTZ Automotiv Engineering Partners März 2003.

Lunze J (2001) Regelungstechnik 1 Systemtheoretische Grundlagen, Analysen und Entwurf einschleifiger Regelung. Springer, Berlin.

Mamdani EH, Assilian S (1975) An experiment in linguistics synthesis with a fuzzy logic controler. Int J Man Mach Stud 7:1–13.

Maas N (2017) Konzeptionierung, Auslegung und Umsetzung von Assistenzfunktionen für die Übergabe der Fahraufgabe aus hochautomatisiertem Fahrbetrieb. Dr.-Ing. Dissertation. Universität Duisburg-Essen.

Mohamedshah Y, Council F (2007) Synthesis of rollover research. http://www.suvdriving.net/References/Synthesis.pdf. Seitenabruf Feb 2007.

Negele H-J (2007) Anwendungsgerechte Konzipierung von Fahrsimulatoren für die Fahrzeugentwicklung. Technische Universität München.

Otte D, Krettek C (2005) Rollover accidents of cars in the German road traffic–an In-depth-analysis of injury and deformation pattern by GIDAS. In 19. International technical conference on the enhanced safety of vehicles, Washington DC, 05–0093.

Öttgen O (2005) Zur modellgestützten Entwicklung eines mechatronischen Fahrwerkregelungssystems für Personenkraftwagen. Dissertation. Fortschrittberichte VDI, Reihe 12, Nr. 610. Universität Duisburg-Essen. VDI-Verlag, Düsseldorf.

Öttgen O, Bertram T (2003) Aktive Beeinflussung des Eigenlenk- und Wankverhaltens eines Pkws. Automatisierungstechnik Bd 51, Heft 7. Oldenburg Verlag.

Öttgen O, Bertram T (2004) Entwicklung eines Sollwertgenerators für fahrdynamische Regelungssysteme. VDI/VDE GMA Fachtagung Steuerung und Regelung von Fahrzeugen und Motoren, AutoReg 2004. VDI-Berichte 1828, VDI Düsseldorf, S 485–495.

Pattberg B (2005) Der Wirklichkeit Nahe: Autofahren in der Simulation – Assistenzfunktionen sicher und effizient erproben. Ignition 13:(2005):60–63.

Proff H, Brand M, Mehnert K, Schmidt JA, Schramm D (2015) Elektrofahrzeuge für die Städte von morgen: Interdisziplinärer Entwurf und Test im DesignStudio NRW. Springer-Verlag, Berlin.

Rahimi Fetrati S, Teufel S, Schramm D (2016) Electrification of Torque-Vectoring system to improve the vehicle driving dynamics. 7th International Munich Chassis Symposium 2016, München.

Rasmussen J (1983) Skills, rules, and knowledge; signals, signs, and symbols, and other distinctions in human performance models. IEEE T Syst Man Cyb SMC-13(3):257–266.

Rau M (2007) Koordination aktiver Fahrwerk-Regelsysteme zur Beeinflussung der Querdynamik mittels Verspannungslenkung. Promotion, Stuttgart.

Reński A, (2001). Identification of driver model parameters. Int J Occup Saf Ergon 7(1):79–92.

Stöbe M (2006) Die Fahrsimulatoren des DLR - Funktionen und Anwendungsmöglichkeiten Braunschweig. Deutsches Zentrum für Luft- und Raumfahrt e.V. http://www.elib.de/50202/1/stoebe_zvb-kolloquium2006.pdf.

Unterreiner M (2013) Modellbildung und Simulation von Fahrzeugmodellen unterschiedlicher Komplexität. Doktor Dissertation, Duisburg-Essen.

Unterreiner M, Schramm D, Ossendoth U (2013) Untersuchung des Immersionsgrades eines bewegten Fahrsimulators in Abhängigkeit der Fahrzeugmodellkomplexität. VDI VDE Mechatronik, RWTH Aachen University.

VDA (2006) Verband der Automobilindustrie e. V. (VDA), VDA-Spurwechseltest. http://www.vda.de/de/vda/intern/organisation/abteilungen/technik_04.htm Seitenabruf Dez/2006.

Zadeh LA (1973) Outline of a new approach to the analysis of complex systems and decision processes. IEEE Trans Sys Man Cyber SMC-3: 28–44.

Über die Autoren

Prof. Dr.-Ing. Dr. h.c. Dieter Schramm studierte an der Universität Stuttgart Mathematik. Seine Tätigkeit als wissenschaftlicher Mitarbeiter an der Universität Stuttgart schloss er mit der Promotion über ein Thema aus der Theoretischen Mechanik im Jahre 1986 ab. Danach war er 18 Jahre in der Automobilindustrie bei den Firmen Bosch und Tyco Electronics tätig, u. a. als Entwicklungsleiter und Geschäftsführer. Seit 2004 leitet er den Lehrstuhl für Mechatronik an der Universität Duisburg-Essen. Seit 2006 ist er Dekan der Fakultät für Ingenieurwissenschaften.

Prof. Dr.-Ing. habil. Dr. h.c. mult. Manfred Hiller i.R. studierte an der Universität Stuttgart Luft- und Raumfahrttechnik. Nach Promotion und Habilitation im Fach Mechanik in Stuttgart wechselte er 1987 an die Universität Duisburg (heute Universität Duisburg-Essen), um dort von 1991 bis 2004 den ersten Lehrstuhl für Mechatronik in Deutschland zu leiten. Während dieser Zeit und davor an der Universität Stuttgart beschäftigte er sich über mehr als 25 Jahre mit der Modellbildung und Simulation von Kraftfahrzeugen, oft in Kooperation mit Fahrzeugherstellern und führenden Systemlieferanten.

Dr.-Ing. Roberto Bardini studierte an der Universität Duisburg (heute Universität Duisburg-Essen) Maschinenbau. Er promovierte am Lehrstuhl für Mechatronik bei Professor Hiller und arbeitet seit 2000 als Entwicklungsingenieur auf dem Gebiet der Fahrzeugsicherheit, zunächst bei der Firma Audi und seit 2003 bei der Firma BMW. Er beschäftigt sich bereits seit seinem Studienabschluss 1996 mit der räumlichen Mehrkörpersimulation von Insassen und Fahrzeugen. Speziell zur Auslegung von Insassenschutzsystemen bei Fahrzeugüberschlägen hat er Simulationswerkzeuge entwickelt und erfolgreich in der Praxis eingesetzt.

D. Schramm et al., *Modellbildung und Simulation der Dynamik von Kraftfahrzeugen*,
https://doi.org/10.1007/978-3-662-54481-5

Stichwortverzeichnis

A
Abrollumfang, 153, 154
Absolutkinematik, 63, 67–69, 202–203
  Antriebsstrang, 202
  Gleichungen, 65, 67, 298
  kinematische Differentiale, 81–83
Absolutkoordinaten, 58, 63, 67, 68, 81–83
  Ableitung, 82
Abtriebswelle, 189–192, 195, 202
  Drehwinkel, 191
Achskinematik, 110, 255, 256, 360
  Berechnung, 346
  Modell, 357
  Vorderradaufhängung, 358, 364
Achskörper, 107
Achsprüfstand, 140, 141
Achsquerkräfte, 248
Ackermannwinkel, 226, 232
Additivität, 24
Adhäsionsreibung, 151
aktiver Stabilisator, 6, 220, 221, 249, 253, 366, 394–405
Anfahrwinkel, 352, 381, 386–390
Ansprechzeit, 368
Anströmgeschwindigkeit, 212
Anströmwinkel, 212, 213
Antiblockiersystem, 187, 323, 367
Antriebsmoment, 236, 241, 265, 266
  Berechnung, 242, 266, 288
Antriebsschlupf, 152, 153, 155–157
Antriebsschlupfregelung, 187, 323, 367
Antriebsstrang, 5, 7, 10–12, 15, 95, 145, 235, 265, 266, 297, 303–305, 307, 314, 321, 325, 326, 328, 338, 345, 347, 349, 352, 360
  Absolutkinematik, 202, 203
  Bewegungsgleichungen, 203
  Elastizität, 320
  Koordinaten, 312, 316
  Modellierung, 187–205
  Relativkinematik, 203
APPELLsche Gleichungen, 74, 75
Applikationsprozess, 367, 374, 379
Arbeit
  virtuelle, 74, 121, 210
Aufbaudämpfer, 216, 259, 285
Auftrieb, 213
Auftriebskraft
  aerodynamische, 213
Ausgleichsgetriebe siehe Differential

B
Baumstruktur, 43, 44, 54, 55, 59
Beschleunigung, 11, 29, 31, 67, 78, 82, 85, 90, 92, 130
  absolute, 90, 331
  Berechnung, 29, 31
  rotatorische, 282, 284
  verallgemeinerte, 82
Beschleunigungsterme, 91
  verallgemeinerte, 80
Betriebsbremse, 210–212
Bewegungsgleichung, 92, 95, 98–101, 107, 109–111, 113, 114, 116, 297, 317, 325–327, 331–338
  Berechnung, 97
  kinematische Differentiale, 130
  komplexes Mehrkörpersystem, 73–92
  in Minimalkoordinaten, 78–80

D. Schramm et al., *Modellbildung und Simulation der Dynamik von Kraftfahrzeugen*,
https://doi.org/10.1007/978-3-662-54481-5

Bewegungsschraube, 29, 30
Bewegungswinder, 29, 76, 78
Bezugssystem, 32, 33, 58, 68, 79, 98, 131, 382
körperfestes, 32, 58
Bindung
geometrische, 46, 75
holonome, 75
kinematische, 76
nichtholonome, 75
Bindungsgleichung
globale, 65
implizite, 62, 81
lokale, 64, 65
Blockschaltbild, 61, 63–65, 70, 71, 125, 135–137, 301, 302, 305, 309, 311–313
Doppelgelenkfederbein-Vorderradaufhängung, 302
Fünflenkervorderradaufhängung, 318
Integral-IV-Hinterradaufhängung, 305
McPherson-Federbeinradaufhängung, 311
Trapezlenkerhinterradaufhängung, 320
Bordsteinanprall, 375, 376
Böschung, 348, 351–353, 375, 379, 380, 382
Manöver, 353, 381, 383, 384
Neigung, 386
Bremskraftverteilung, 237
Bremsmoment, 211, 237, 241–243, 267, 311, 330
Bremspedalstellung, 11, 237, 242–244, 271
normierte, 268
Bremsschlupf, 152, 153, 155, 156
Bremsvorrichtung, 105
Bump-Stop, 361
Bürstenmodell, 155

C

charakteristische Geschwindigkeit, 234
CORIOLIS-Beschleunigung, 31
CORIOLIS-Kraft, 289–291
verallgemeinerte, 92, 335, 337
COULOMBsche Reibung, 158, 166, 209

D

d'ALEMBERTsches Prinzip, 73–75, 92, 334
für starre Körper, 78–80, 83, 100
Dämpfer, 8, 105, 111, 114, 119, 122, 123–125, 130, 132, 133, 195, 208, 217, 246, 248, 255, 258–261, 285, 286, 299, 313, 328, 330, 355, 364
Lagerung, 216
Dämpferbein, 105, 111, 121, 126, 127, 347
Dämpferelement, 104, 215, 217
Dämpferkennlinie, 216, 359–361
Deichselmodell, 293
Diagonalreifen, 153
Differential, 16, 82, 83, 190, 191, 199–201, 242, 265, 266, 360
kinematisches, 68, 81–85, 91, 92, 130, 138, 203, 317, 325, 334–337, 345
Sperrwirkung, 200
Doppelgelenkfederbein-Vorderradaufhängung, 298–302
Blockschaltbild, 302
reales System, 299, 300
Strukturbild, 299, 301
Topologie, 300, 301
Doppelquerlenkerachse, 56, 62, 63, 70, 105, 110, 326, 327, 394
Doppelquerlenker-Radaufhängung, 53, 54, 56–61, 69–71, 110, 112, 113
Drehachse, 27, 34–36, 38, 49, 64, 85, 107, 108, 148, 173, 256, 269, 270, 277–279, 284
momentane, 50
Drehbewegung, 26, 27, 33–42, 63, 79, 123, 191, 195, 337
Parametrisierung, 34–36
Drehgelenk, 47, 48–51, 54, 56, 62, 65, 69, 85, 107, 109–111, 113, 114, 116, 123, 124, 145, 190, 192, 196, 203, 218, 219, 306, 308, 346
Differenzwinkelgeschwindigkeit, 202
Drehparameter, 33, 34, 36
Dreh-Schubgelenk, 47–49, 51
Drehtensor, 26–28, 30, 33, 36–38, 176
Eigenschaften, 37
inverser,37
orthogonaler, 37
transponierter, 37
Drehung, 27, 28, 33, 38–40, 46, 79, 95–97, 126, 127, 132, 176, 192, 235, 256, 278
isolierte, 53, 70, 109
räumliche, 33–36
Drehwinkel, 27, 34–36, 38, 47, 64, 69, 191, 202, 256, 269, 270, 274
Drehzeiger, 27, 35, 36, 38, 278
kleine Drehungen, 38

Winkelgeschwindigkeit, 38
Dreieckslenker, 105, 308
Durchtrittsfrequenz, 400
dyadisches Produkt, 25, 36

E

Eigenlenkgradient, 231–234, 370
Eigenlenkverhalten, 217, 221, 232, 233, 252, 394, 395, 398, 401, 403
Eigenverhalten, 235
Einfederbewegung, 270, 302
allgemeine, 274
räumliche, 269
Einflussgrößen, 161, 170
Eingänge
steuernde, 6
eingeprägte Kräfte, 78, 83, 100, 148, 202, 209, 210, 219, 255, 288, 334
verallgemeinerte, 80
Einlauflängen, 184
Einzelkraft, 8
Einzelradaufhängung, 3, 53, 63, 103–105, 107, 259, 273, 394
Elastomerlager, 190
Elchtest, 371, 376, 383
elektronische Stabilitätskontrolle, 187
Elementardrehung, 35, 38
Elementpaare
höhere, 50
niedrige, 50
Erregervektor, 268
EULER-Beschleunigung, 31
EULER-Gleichung, 289
EULER-Parameter, 35
EULER-Winkel, 35, 48

F

Fahrdynamik, 1–3, 6, 10, 30, 146, 150, 170, 203, 220, 221, 252, 253, 323, 345, 354, 367, 370, 376, 382, 386, 389, 392, 405, 406, 407, 411, 412, 414
Fahrermodell, 15, 293–296, 326, 370, 380
Fahrmanöver, 2, 10, 170, 293, 338, 348, 351, 352, 356, 363, 367, 370, 378
extremes, 354
Fahrpedalstellung, 236, 242, 368
normierte, 271
Fahrstabilität, 8, 234
Fahrverhalten, 3, 5, 8, 103, 104, 187, 196, 207, 217, 231, 249, 253, 370, 374, 407, 409
neutrales, 232, 404
übersteuerndes, 232, 233, 403
untersteuerndes, 232, 396, 403
Fahrzeug siehe auch Gesamtfahrzeug
allradgetriebenes, 188, 307
frontgetriebenes, 188, 203, 307
heckgetriebenes, 188, 298
Fahrzeugaufbau, 11, 12, 16, 95–101, 104, 105, 133, 171, 192, 217, 220, 237, 248, 255, 256, 258, 270, 281, 425
Drallsatz, 259
Impulssatz, 258
Kinematik, 271–277
Kräfte, 259
Massenmittelpunkt, 259, 270
Wankbewegung, 353
Fahrzeugdynamik, 1, 5, 9–12, 16, 146
Simulation, 7
Fahrzeugmechanik, 1
Fahrzeugmittelebene, 95
Fahrzeugmodell, 2, 6–10, 12, 297, 298, 307, 317
Detaillierungsgrad, 7
komplexes, 1, 4, 7, 9, 11, 12
modulares, 326–331
parametrisiertes, 357, 362
Fahrzeugreaktion, 368
Dämpfung, 369
Fahrzeugsicherheitssystem, 323
Fahrzeugsimulationssystem
kommerzielles, 12–15, 123, 407, 427
FASIM_C ++, 293, 323–326
Federvorspannung, 215
Federbein, 105, 111, 113, 114, 121, 122, 298–302, 308, 310, 311, 347, 357
Federelemente, 214, 215
Federkennlinie, 149, 261, 354, 361, 365
Federkraft, 202, 261, 286
Federkraftgesetz, 261
Federweg, 118, 121, 138, 140, 208, 217, 330, 350, 354
Feldkraft
elektrische, 209
magnetische, 209
Fertigungsradius, 154
Festsattelbremse, 211

Finite Elemente-System, 9, 10
Fire, 378
Fixpunktdrehung, 27, 33–35
Formwiderstand, 212
Freiheitsgrad, 7, 9, 14, 26, 27, 35, 43, 46, 47, 49, 51–61, 66, 70, 76, 77, 79, 85, 86, 91, 100, 106, 107, 109–111, 113, 114, 116, 123, 132, 134, 136, 189–191
  isolierter, 54, 57, 59–62, 69, 111, 124
Frequenzen bei Fahrzeugteilsystemen, 10
Führungsbewegung, 30, 31, 99, 281
Führungsgröße, 398, 404
Fundamentalgleichung
  der Dynamik, 74
  für Punktmassen, 74
Fünflenker-Vorderradaufhängung, 312, 316
  Blockschaltbild, 318
  reales System, 316
  Strukturbild, 317
  Topologie, 317
Fünfpunktradaufhängung, 47, 50, 52–54, 132–134, 136, 138–140, 311
Funktionsbestätigung, 377, 378
Fuzzy-Algorithmus, 401
Fuzzy-Logik, 401, 405

G

Gangpolkurve, 154, 155
Gegenwirkungsprinzip, 207
Gelenk, 8, 10, 43–47, 50, 51, 54
  ebenes, 48, 49, 50, 51
  einwertiges, 57
  komplexes, 50, 51
  virtuelles, 43, 44
Gelenkfreiheitsgrad, 43, 47, 56
Gelenkkoordinate, 47, 54, 55
  natürliche, 47, 54, 67
  relative, 47, 60, 61, 63, 67
Gelenk-Körper-Darstellung, 56
Gelenkpaar
  charakteristisches, 85
Gelenkparameter
  invariante, 58
Gelenkviereck, 63, 64, 66, 67, 123, 328
  räumliches, 63–67, 70
  Relativkinematik, 63, 65–67
Gelenkwelle, 105, 189, 190, 191, 196–198, 202, 203
Geradeausfahrt, 166, 231, 233, 234, 368, 402
Gesamtantriebsmoment, 236, 242, 266
Gesamtfahrzeug (siehe auch Fahrzeug), 2, 3, 43, 421
  Masse, 245, 246
  Momentengleichgewicht, 246
  räumliches, 297–342
  skalare Gleichung, 238
  Topologie, 306, 314, 319
Gesamtfahrzeugmodell, 10–15, 187
  allradgetriebenes, 188, 242, 307, 312, 322
  Anforderungen, 6, 7
  Dynamik, 317, 320
  frontgetrieben, 188–190, 195, 196, 200, 201, 242, 307
  heckgetrieben, 188, 242, 297, 298
  Kinematik, 298, 307, 312, 313, 324
  Koordinaten, 191
  Modularisierung, 297, 336
Gesamtfreiheitsgrad, 52, 54
Gesamtstabilisatorsteifigkeit, 396
Gesamtübersetzung, 202
Geschwindigkeit, 11, 21, 28, 29, 31, 33, 34, 77
  absolute, 90, 262
  charakteristische, 234
  kritische, 234, 235
  lokale, 209
  verallgemeinerte, 209, 270
Geschwindigkeitsregler, 293
Getriebe, 11, 50–52, 190, 191, 200, 265, 360
Getriebeübersetzung, 236, 265
Getriebewelle, 200–202
Giergeschwindigkeit, 225, 231–233, 323
Gierverstärkung, 234, 370
Gierverstärkungsfaktor, 233
Gierwinkel, 95, 96, 225, 294, 296
Gierwinkelgeschwindigkeit, 368–370
Gleichlaufgelenk, 190, 195–197
  kinematische Schleife, 196
Gleichungssystem
  differential-algebraisches, 9
Gleitgeschwindigkeit, 155, 181, 211
Gleitreibkoeffizient, 159, 161
Gleitreibspannung, 159
Grübler-Kutzbach-Kriterium, 52, 134, 302
Gummi-Verbund-Elemente, 221–223
Gürtel, 146, 150, 153–155, 170, 181
Gürtelreifen, 10, 153, 154, 156

H

Haftreibspannung, 159
Halbstarrachse, 103, 105, 107
HAMILTONsche Gleichungen, 74, 75
Hardware-in-the-Loop-Simulation (HiL), 6, 7, 13, 339, 416
Hauptträgheitsmoment, 77
Homogenität, 24
HSRI-Reifenmodell, 170, 181–183, 328, 348
hybride mechanische Systeme, 10
Hydrolager, 190, 193–195
  mechanisches Ersatzsystem, 193, 194
Hysteresereibung, 151

I

Identifikation, 4
Identifikationstechnik, 4, 395
implizite Formulierung, 58
Impulssatz, 119, 229, 237, 243, 258, 262
Inertialsystem, 30, 32, 38, 58, 60, 79, 95, 97–99, 130, 172–174, 189, 202, 226, 237–239, 241, 255, 256, 270–272, 274, 281, 283, 306, 330, 337, 346
Innenwiderstand, 212
Insassenbewegung, 382
instationäres Reifenverhalten, 146, 168, 183
Integral IV-Hinterradaufhängung, 302, 304, 305
  Blockschaltbild, 304
  reales System, 307
  Strukturbild, 304
  Topologie, 304
Integrallenker, 302
Integrallenkerradaufhängung, 113
Invarianzeigenschaft, 23

J

JACOBI-Matrix, 66, 67, 79–82, 91, 138, 272, 275–277, 280–282, 289, 334, 340
JOURDAINsches Prinzip, 75, 210

K

Kammscher Kreis, 167
KARDAN-Gelenk, 54, 196, 307
KARDAN-Gleichungen
  kinematische, 40, 41, 97, 273
KARDAN-Winkel, 35, 38, 40, 93, 95
  Drehungsfolge, 95
  ebene Elementardrehung, 35
  Nullstellung, 41, 42
  singuläre Stellung, 41
  Transformationsmatrix, 38, 97
Karkasse, 146, 181
Karosserie, 10, 57, 95, 212, 235, 299, 303, 309, 316, 356, 391
Kette, kinematische, 45
  mit Baumstruktur, 43, 44
  ebene, 46, 49
  geschlossene, 44
  offene, 43, 44
  räumliche, 46
  sphärische, 46, 49, 50
  teilweise geschlossene, 45
  vollständig geschlossene, 45, 46
Kinematik, 7, 9
  absolute siehe Absolutkinematik, 68
  globale, 68, 69, 137, 203
kinematische Differentiale, 68, 81–85, 91, 92, 130, 138, 203, 317, 325, 334–337, 345
  der ersten Art, 82
  der zweiten Art, 82
kinematische KARDAN-Gleichungen, 40, 41, 97, 273
kinematische Kette, 45
  teilweise geschlossene, 45
  vollständig geschlossene, 45, 46
  Zusammenbau, 55–62
kinematische Modellbildung, 307, 308, 312, 315, 316, 322
kinematische Schleife, 3, 16, 44, 57, 63, 70, 107, 109, 113, 114, 116, 196, 199, 200, 298, 300, 305, 307, 311, 314, 321, 326, 331, 334
  unabhängige, 44, 69, 124, 133, 199
kinematische Transformatoren, 61–63, 275
Kinetik, 9, 235
kinetische Energie des starren Körpers, 77, 78
Knotenpunkt, 8
Komponenten, 2–6, 8, 13, 20, 21
  Darstellung, 22, 23
Komponentenzerlegung, 19, 21, 22
Kontakt-Geometrie, 170
Kontaktkräfte, 147–168
Kontaktpunkt, 147, 171, 174–176, 262, 285
kontinuierliches System (KOS), 9, 398
Koordinaten

abhängige, 79, 307
unabhängige, 54, 58, 67, 77, 79, 83, 101
verallgemeinerte, 51, 54
Koordinatensystem, 19, 20
aufbaufestes, 259, 260, 272, 278, 289
orthonormiertes, 21
Koppelmasse, 118, 119
Kopplungsgleichung
lineare, 61, 63
Kraft, 77
äußere, 207, 209, 237, 245
deterministische, 209
eingeprägte, 78, 80, 83, 100, 148, 202, 209, 210
innere, 207
stochastische, 209
verallgemeinerte, 92, 292
Kraftelemente
masselose, 9, 218
parallel geschaltete, 216
in Reihe geschaltete, 216
Kraftgesetz, 9, 192, 209, 210, 215, 216
Kraftschluss 151, 158, 162
Kraftschlussbeiwert, 11, 151, 160, 161
maximaler, 160, 161
Kraftschlusskoeffizient, 167
Kraftübertragung, 147
in Umfangsrichtung, 156
Kreisbahn
notwendiger Lenkwinkel, 231, 232
Kreiselkräfte
verallgemeinerte, 79, 80, 101, 335, 337
Kreisfahrt, 231–234, 349, 350, 367, 370
Kreuzprodukt, 20, 25, 36
kritische Geschwindigkeit, 234, 235
Krümmungskreismittelpunkt, 226
Krümmungsradius, 227
Kugelgelenk, 47–49, 51, 53, 54, 56, 61, 62, 65, 69, 70, 85, 86, 107, 109, 111, 113, 114, 116, 122–124, 126, 132, 133, 196
Kupplung, 190, 200, 202, 203, 265, 266
Kurbelwelle, 190, 191, 198, 199, 202
Kursregelung, 294

L

Lage, 26, 30, 32, 33
Lager, 8
Lagerkraft
natürliche, 210
Lagerrichtung
gesperrte, 210
LAGRANGEsche Gleichungen, 74–76
erster Art, 74–76
zweiter Art, 74, 77, 78
Lagrangesche Identität, 20
LAGRANGEsche Multiplikatoren, 76
Längslenker, 105, 107
Längslenkerachse, 107, 109
Längsschlupf, 152
laterales Rutschen, 379–381
Latsch, 147, 149
Latschlänge, 149, 154, 155, 158, 159, 161, 164
Latschfläche, 151, 159, 171, 173, 181, 182
Gleitbereich, 163, 181
Haftbereich, 163, 181
Laufgrad, 52
Laufstreifen, 146, 152, 154, 155, 158, 161–163, 209
Laufstreifenprofil, 146, 157
Lenkachse, 115, 116, 118, 127–129, 225, 278, 279, 299
Lenkerdrehachse, 107, 278
Lenkerebene, 105
Lenkmoment, 165, 413
Lenkradwinkel, 6, 11, 231, 236, 244, 257, 268, 269, 271, 287, 368, 373, 401, 404
Lenkrollhalbmesser, 115, 117
Lenkübersetzung, 236, 295
nichtlineare, 269
Lenkverhalten, 217, 221
instationäres, 231, 234
stationäres, 231–234
Lenkwinkelsprung, 183, 204, 205, 367
lineares Einspurmodell, 7, 13, 14, 225–235
Bewegungsgleichungen, 226–230
als dynamisches System, 230
Zustandsnormalform, 230
Luftkraft, 212–214
Luftmoment, 212
Luftwiderstand, 212
Luftwiderstandsbeiwert, 214, 237
Luftwiderstandskraft, 212, 237

M

Magic Formula Reifenmodell, 170, 177–180, 238, 239, 263, 264, 285

Masse
  Fahrgestell, 358, 362
Massenkopplung, 189
Massenmatrix, 79, 80, 84, 289–291, 335
  Einfluss des Antriebsstranges, 203
  Sattelzug, 332–335, 337
  Subsysteme, 320, 322
Massenmittelpunkt, 8, 85, 225, 228, 237, 252 270
mathematische Modelle, 4, 168
McPherson-Federbeinradaufhängung
  Blockschaltbild, 311
  mit elastischem Querlenkerlager, 308, 310
  reales System, 309
  Strukturbild, 310
  Topologie, 311
McPherson-Prinzip, 105, 111, 121
McPherson-Radaufhängung, 111, 113, 114, 121
  mit elastischem Querlenkerlager, 308, 310
Mechanismus
  überbestimmter, 53
  zwangläufiger, 53
Mehrkörpermodell, 10, 123
Mehrkörpersystem (MKS), 8, 11, 43, 58, 59, 334
  kinematisch nicht zusammenhängendes, 44
  kinematisch zusammenhängendes, 43, 44
  komplexes, 11, 298, 327
Mehrlenkerachse, 105, 313
Mehrlenkerhinterradaufhängung, 357
Mehrlenkerradaufhängung, 105, 302, 313
Methode der finiten Elemente (FEM), 4, 9, 10, 170, 210, 221
Minimalkoordinaten, 61, 78–80, 305, 325, 326, 334, 335
Mischformen, 168
Misuse-Fälle, 384
Misuse-Robustheit, 377, 370
Misuse-Versuch, 375, 378–380, 382–393
Mittelklasse-Fahrzeugmodell, 16, 345, 347, 348, 357
  Parameter, 358
Mobile, 334, 346
Modell
  mathematisches, 4, 6
Modellbibliothek, 347
Modellbildung, 1, 3, 4, 6
  experimentelle, 4
  theoretische, 4
Modellfehler, 348–350, 354
Modelluntersuchung, 6
Module, 2, 68, 325, 326, 331, 336, 337, 341
  des Gesamtfahrzeugs, 325, 327, 345
  mechanische, 345
  nicht-mechanische, 325
Moment
  eingeprägtes, 78, 80, 83, 100, 148, 202, 206, 209, 220, 288
Momentanpol, 154, 226
Momentenkennfeld
  Motor, 242, 266
Motorblock, 187
  Kraftkopplung, 189
  Massenkopplung, 189
  räumliche Bewegung, 189
Motordrehmoment, 200, 221, 249
Motordrehzahl, 190, 199, 236, 242
Motorgehäuse, 190, 202
Motorlager, 189, 190–195
  kinematischer Transformator, 193
Motorstuckern, 10, 193

N

Nachlauf, 116, 118, 164
Nachlaufstrecke, 116
Nachlaufversatz, 116
Nachlaufwinkel, 116
Nachspur, 115
Netze
  kinematische, 63, 64
Nickdynamik, 14
Nicken, 192, 414, 425, 428
Nickschwingungen, 119, 208
Nickwinkel, 95, 96, 191, 385, 386, 388
No Fire, 376, 378, 379
Normalbeschleunigung, 227
Normaldruckverteilung, 158
Normalkraft, 142, 148, 150, 151, 209, 217, 229, 348
numerische Integration, 325, 338–341

O

Oberflächenkraft, 209
OOP-Risiko, 386, 390, 392
Open-loop Manöver, 367, 370

P

Peak response time, 368
Personenkraftfahrzeug, 327, 328, 331
Phasengang, 400
Phasenreserve, 400
physikalisches Modell, 145–147, 170, 181
Plausibilität, 383, 384, 390, 392
Plausibilitätstest, 349
POISON-Gleichung, 29
Polfläche
  radträgerfeste, 51, 52
Postprozessor, 15
Präprozessor, 12
Pressung, 149, 150, 181
Prinzip
  von JOURDAIN, 75, 210
  der virtuellen Arbeit, 121, 210
Produktentstehung, 374, 376
Profilelement, 156–159, 162
Profilrillen, 146
Profilstollen, 146, 148, 155
Prototyp, 2, 374–377, 406
Pseudo-Beschleunigungen, 82, 91, 335
Pseudo-Eingangsgeschwindigkeit, 82, 130
Pseudo-Geschwindigkeit, 82, 100, 335

Q

Quaternionen, 35
Querbeschleunigung, 226, 235, 238, 246, 368–371, 373, 374, 398
  stationäre, 368
Querdynamik, 7, 119, 225, 323
Querkräfte, 107, 108, 145, 166–169, 230, 246, 248, 250, 356
Querlenker, 3, 53, 54, 56, 57, 59, 60, 62, 63, 69, 70, 71, 105, 110
Querschlupf, 162, 166, 168, 177, 179, 240

R

Rad, 145
Radachse, 103
Radaufhängung, 103–117
  nichtlineare Kinematik, 297
  im Zweispurmodell, 268–292
Radaufhängungskinematik, 98, 100, 221, 255–260
Radaufhängungspunkte, 98
Radaufhängungssystem, 103, 221
Radaufstandsfläche siehe Latsch 147, 149
Radaufstandspunkt, 153, 228
Radbewegungszustand
  quasistationärer, 183
Radführung, 122, 131, 165, 302
Radgeometrie
  mechanisches Ersatzmodell, 173
Radkräfte, 147, 166, 183, 184, 238, 263
Radlager, 105
Radlast, 147, 149, 158, 161, 162, 166, 239, 250, 253
Radlastschwankungen, 119, 181
Radlastverteilung, 225, 253
Radmittelebene, 115, 172
Radradius, 152, 173, 176
  dynamischer, 154
  statischer, 149, 154
Radstand, 295, 358, 362
Rad-Straße-Kontakt, 16, 145, 148, 170, 175, 348
Rad-Straße-Kontaktpunkt, 176, 285
Radsturz, 165
Radträger, 8, 50–52, 57, 69, 70, 103, 105, 107, 110, 111, 122–130, 132–134, 136, 145, 168, 171–176, 268–270, 274–277, 279–282, 285, 299, 302, 306, 313, 358, 364
Radvertikalkraftverlagerung, 401
Rampe, 348, 351, 352, 355
  ADAC, 351, 352
  Manöver, 380
  SAE J857, 351
Rastpolkurve, 154
Raumlenkerachse, 53, 54, 327, 328
Raumlenkerradaufhängung, 131
Reaktionskraft, 74–76, 207, 209
  lokale, 210
  verallgemeinerte, 210
Reaktionsmoment, 209, 289
Reboundstop, 355
Rechenregeln
  für Vektoren, 19
Regelgröße, 398
Regelstrecke, 399, 400
Reglerauslegung, 400
Reglerentwurf, 398–401
Reibungswiderstand, 212
Reifen, 146, 147

Rückstellmoment, 164
Reifeneinfederung, 149
Reifenkontaktkräfte, stationäre, 147 148
Reifenkraft, 168, 179, 182, 184, 225, 229, 238–241, 262, 263, 285, 357
dynamische, 181, 184, 241, 244, 264, 348
Horizontalkomponenten, 168, 177, 228, 239
Reifenlängssteifigkeit, 184
Reifen-Latsch siehe Latsch, 145, 147
Reifenmittelebene, 115
Reifenmodell, 119, 146
kinematisches, 147
physikalisches, 147
Reifennachlauf, 164
Reifenradius, 150, 153, 173, 359
dynamischer, 153–155, 295
statischer, 150
Reifenseitensteifigkeit, 182
Reifensteifigkeit
vertikale, 182
Relativbewegung, 30, 31, 46, 98, 99, 107, 128, 151, 330, 386, 391
Relativkinematik, 61, 63, 65–68, 70, 71, 82, 134, 199–202, 275
Relativkoordinaten, 65, 67
response time, 368
RODRIGUES-Parameter, 35
Rollrichtung, 150, 162, 173
Rollwiderstand, 150
Rollwiderstandskraft, 150
Rotation, 27, 30, 77, 83, 272
Rückstellmoment
Reifen, 164, 165, 177, 181–183

S
Sandbett
Manöver, 375, 378, 379–381, 391–393
Scheibenbremse, 210
Scherdeformation, 152
Scherverformung der Profilelemente, 156
Schleife
ebene, 55
kinematische, 3, 16, 44, 57, 63, 70, 107, 109, 113, 114, 116, 196, 199, 200, 298, 300, 305, 307, 311, 314, 321, 326, 331, 334
Schließbedingung, 58, 59
Schlupf, 152–157, 159–162, 166–168
Schlupfgröße, 147, 166, 177
absolute, 168
Schlupfkurve, 159, 161, 167
Schräglauf, 162
Schräglaufsteifigkeit, 163, 182, 184, 229, 238, 250, 252, 253, 402, 403
degressiver Verlauf, 253
Schräglaufwinkel, 162–164
Schräglenker, 274, 277–284
Schräglenkerachse, 105, 108, 110
Schräglenkerdrehachse, 278
Schräglenkerradaufhängung, 111, 277, 284
Schraubachse, 29, 50, 52, 114
momentane, 52
des Radträgers, 51, 115
Schraubbewegung, 50
Schraubenfeder, 105, 111, 132, 133
Schraubgelenk, 47, 48, 51
Schrittweitensteuerung
automatische, 339
Schubgelenk, 47–51, 54, 56, 62, 69, 109, 113, 114, 116, 123, 124, 173, 192, 305, 308, 319
Schubspannung, 158
Schwerpunktlage, 358, 361, 362, 377
Schwimmbewegung, 225
Schwimmwinkel, 225, 228, 231
Seitenkraft, 162, 165
Rad, 162–164
Seitensteifigkeit, 182, 184
Simulation von Kraftfahrzeugen, 323–342
Simulationsmodell, 1, 7, 293, 349, 378, 407, 411–414
Simulationsumgebung, 6, 12, 15, 323, 325, 349, 351, 419, 426
Sparse-Methoden, 58
Spatprodukt, 20, 89, 90
Spreizungswinkel, 115, 118
Sprunghügel, 379, 380
Spur, 104, 115, 117, 140
Spurbreite, 358, 384
Spurfläche, 52
fahrgestellfeste, 51, 52
Spurkurve, 349
Spurlenker, 110, 111
Spurstange, 54, 57, 58, 69, 104, 105, 111, 122–125, 127, 129, 130, 132, 133, 299
Spurweite, 110, 113, 115, 117, 253, 295
Spurwinkel, 138, 139, 140, 236, 350
Spurwinkelkurve, 139, 140

Stabilisator, 122, 125, 132, 133, 208, 218–221, 287, 346, 347, 358
aktiver, 6, 220, 221, 249, 253, 366, 394–405
Moment, 220, 403
passiver, 217, 218, 394
Steifigkeit, 394
Torsionsmoment, 219
Stabilisatorhebel, 218
Stabilisatorlängen, 249
Standardgelenk, 50, 51
Standebene, 114–116
Starrachse, 105–107, 327
starrer Körper, 8, 57, 95, 298
allgemeine Bewegung, 26–30
Starrkörperschlupf, 152, 177
stationäre Reifeneigenschaften, 146, 177, 179
Stationärwert, 368, 369
Staudruck, 212
Steifigkeitsverteilung, 395
Stellgröße, 398
Störgröße, 398
Straßenkontaktpunkte, 262
Sturz, 110, 113, 114
Sturzkurve, 140, 349
Sturzseitenkraft, 165
Sturzwinkel, 104, 114, 165, 174, 176, 181, 348, 350
Sturzwinkelkurve, 140
Subsysteme eines Fahrzeugmodells, 10, 11, 16, 187, 190, 297, 320
Symbole
Gelenk-Körper-Darstellung, 56, 57
System/e, 1–4
holonome, 75
kontinuierliches, 9
mechanisches, 8–10
mechatronisches, 2
nichtholonome, 75
Systemabgrenzung, 207
Systemdynamik, 5
Systemmatrix, 230, 234, 341

T

Tangentialspannung, 158, 163, 164
Tellerrad, 200
Tensor, 19
schiefsymmetrischer, 34
2. Stufe, 24
Tensorprodukt, 25
Topologie, 43, 134, 196, 301, 302, 304, 306, 311, 313, 314, 316, 317, 319, 321, 331, 333, 334
topologische Methoden, 61
topologische Struktur, 3, 56, 57, 62, 65, 69, 313, 357, 360
Torsionsstab, 208, 217, 219, 249, 347, 394, 398
Trägheitskräfte, 78, 250
Trägheitstensor, 77, 83, 92, 100, 101, 270, 298, 299, 334, 336, 358, 362, 364
Transformation, 23, 24, 26
Koordinaten, 23
Transformationsmatrix, 23, 27
Eigenschaften, 24
Orthogonalitätsbedingung, 24
Translation, 26
Translationsgeschwindigkeit, 29, 129, 181, 270, 283, 348
absolute, 271
Trapezlenker, 112, 113, 313
Trapezlenker-Hinterradaufhängung, 318, 319
Blockschaltbild, 318
reales System, 318
Strukturbild, 319
Topologie, 319

U

Überschlagerkennung, 367, 374–377, 379, 382, 390, 392
Überschlagneigung, 383, 384, 388
Überschlagunfallgeschehen, 374
Überschwingweite, 369, 370
übersteuerndes Fahrzeug, 232, 233, 235, 397, 403
Übertragungselement, 61, 63, 64, 67, 189
Übertragungsmechanismus, 63
Umfang, 147, 155, 167
Umfangskraft, 148, 151, 152, 155, 156, 158–161, 163, 166
Umfangsschlupf, 152, 154
Umfangsschlupfkurve, 159, 161
Umfangssteifigkeit, 160, 182, 184
Umgebungsbedingungen, 11, 351, 406
Umgebungswind, 212
untersteuerndes Fahrzeug, 232, 233, 235, 370, 396, 397, 403, 404

Use-Fälle, 384
Use-Versuche, 378–382

V
Validierung, 1, 345, 348, 349–356, 378, 391
VDA-Slalomtest, 379
VDA-Spurwechseltest, 375, 379, 380, 382, 383
Vector-Loop-Methode, 59
Vektor, 19
physikalischer, 20
der verallgemeinerten eingeprägten Kräfte, 79, 335
der verallgemeinerten Koordinaten, 79, 335
der verallgemeinerten Kreiselkräfte, 79, 290, 291, 335
Vektorfunktion
lineare, 24
Vektorprodukt, 20, 25
verallgemeinerte Koordinaten, 51, 54, 79, 335
Verbundlenkerachse, 105, 107
Verifikation, 345, 348
Verschiebung, 21, 29, 33, 45, 47
virtuelle, 78, 79, 83, 334
Verzahnungseffekt, 151
Verzögerungsglied erster Ordnung, 183
Vierlenkerradaufhängung, 311, 312
reales System, 312
Strukturbild, 313
Topologie, 313
Viertelfahrzeugmodell, 117, 118
ebenes, 119
virtuelle Geschwindigkeitsänderungen, 75
virtuelle Leistung, 75
virtuelle Verschiebung, 78, 83, 334
unabhängige, 79
virtuelles Testgelände, 378, 380, 382
Volumenkraft, 207, 209
Vorderradaufhängung, 104, 298–302, 305, 308, 312, 314, 317, 318, 321, 346, 347, 357, 365
Achskinematik, 358, 364, 365
Vorlauf, 116, 118
Vorspurwinkel, 115
Vorwärtskinematik, 60, 63, 68, 193

W
Wälzen, 152
Wankbewegung, 246, 304, 353, 383, 398
Wankdämpfung, 395
Wankdynamik, 248, 250, 252, 367, 394, 398, 399, 401
Wankelastizität, 395
Wankmodell, 395, 404, 412
lineares, 245–253, 368, 369, 395, 399, 401
Wankmoment, 246, 399
Wankmomentenverteilung, 401, 403
aktive, 402
Wankpol, 245, 246, 248, 249, 251
Wankreduzierung, 394
Wankschwingungen, 119
Wankstabilisierung, 220, 398, 401
Wanksteifigkeit, 217
Wankwinkel, 95, 97, 217, 245, 246, 248, 250, 349, 350, 352, 355–357, 361, 362, 373, 376, 378–381, 383–394, 396–398, 401, 404, 405
Wechselböschung, 379, 380, 382–384, 386
Wechselwirkung, 32, 33, 63, 65
Winkelbeschleunigung, 78, 83, 89, 90, 97, 98, 100, 130, 238, 266, 275, 281, 283
Winkelgeschwindigkeit, 21, 25, 29, 33, 38, 40, 77, 78, 88–91, 97, 98, 100, 129, 152, 155, 175, 176, 196, 198, 202, 204, 205, 238, 258, 260, 269, 272, 275, 281, 283, 336, 398
des starren Körpers, 77
Wulstring, 146

Z
Zentraldifferential, 242, 265, 266
Zentripetalbeschleunigung, 31
Zentripetalkraft, 415
verallgemeinerte, 92
Zugstrebe, 105, 132, 133
Zustandsgleichungen, 244, 268, 292
Zwangsbewegung, 9
Zwei-Punkt-Lenker, 113
Zweispurmodell, 255–296

MIX
Papier | Fördert
gute Waldnutzung
FSC® C083411

Zeitfracht Medien GmbH
Ferdinand-Jühlke-Straße 7
99095 Erfurt, Deutschland
produktsicherheit@kolibri360.de